STRIEGLER/WERNER

Dammbau in Theorie und Praxis

Dammbau in Theorie und Praxis

von

Dr.-Ing. habil. W. Striegler
Dresden

Dr.-Ing. D. Werner
Weimar

mit 253 Bildern und 85 Tafeln

VEB VERLAG FÜR BAUWESEN · BERLIN

Vertriebsrechte für alle Staaten mit Ausnahme der sozialistischen Länder:
Springer-Verlag Wien · New York

Vertriebsrechte für die sozialistischen Länder:
VEB Verlag für Bauwesen, Berlin

ISBN-13:978-3-211-80929-7 e-ISBN-13:978-3-7091-7972-7
DOI: 10.1007/978-3-7091-7972-7

DK 624.13 KB 463
ES 20 E 6 Bestellnummer 9/1/0751

Softcover reprint of the hardcover 1st edition 1969
VLN 152 · Dg.-Nr. 905/45/69 Deutsche Demokratische Republik
Gesamtherstellung: Druckerei Fortschritt Erfurt

Vorwort

Ohne großzügige und moderne Verkehrsanlagen sowie Speicherbauten zur Deckung des Wasserbedarfs und zum Hochwasserschutz ist im Zuge der wissenschaftlich-technischen Revolution keine industrielle Weiterentwicklung mehr denkbar. Daher stehen alle Länder im Straßen-, Eisenbahn-, Kanal- und Talsperrenbau vor volkswirtschaftlich entscheidenden Aufgaben. Darin nimmt der Verkehrs- und Staudammbau eine vorrangige Stellung ein.

Die unübersehbaren Fortschritte der Ingenieurgeologie, der Bodenmechanik und des maschinellen Erdbaues geben dem Bauingenieur heute die Voraussetzungen, Dammbauten in kurzer Bauzeit zu verwirklichen, die noch vor wenigen Jahren unvorstellbar gewesen sind. Der neuzeitliche Dammbau erfordert daher eine komplexe Betrachtungsweise, um die verschiedenartigen Einflüsse und Wechselwirkungen zwischen Verwendungszweck, Beanspruchung, Dammbaustoff, Konstruktion und Bauausführung zu erfassen. Dabei werden dem Bauingenieur stets neuartige technisch-wirtschaftliche Aufgaben gestellt. Diese stürmische Entwicklung des Dammbaues verlangt daher durch das ständige Zusammenwirken vieler Wissenschaftsgebiete ein Höchstmaß an Komplexität.

Daraus entsteht das dringende Bedürfnis nach einer geschlossenen Darstellung des Dammbaues, in der alle Wissensgebiete gebührend eingeordnet sind.

Da seit vielen Jahren keine deutschsprachige Monographie auf diesem Spezialgebiet erschienen ist, unternehmen die Verfasser mit dem vorliegenden Buch den Versuch, die in unzähligen Einzelveröffentlichungen verstreuten Erkenntnisse zu sammeln und zeitgemäß darzustellen.

Dabei werden sowohl die theoretischen Grundlagen als auch die praktischen Erkenntnisse der Bauausführung behandelt.

Der komplexe Charakter des Dammbaues soll durch eine zusammengefaßte Wissensvermittlung über Dammbaustoffe, Entwurf und Konstruktion von Verkehrs- und Staudämmen sowie Bauausführung und Überwachung der Dammbauten stets in den Vordergrund gestellt werden.

Projektanten und Technologen aus dem Verkehrs- und Wasserbau, Studierenden und allen am Damm- und Erdbau interessierten Fachleuten soll dieses Buch als Grundlage und Leitfaden zur Lösung der mannigfaltigen theoretischen und praktischen Probleme des Dammbaues dienen. Mit Hilfe des Literatur- und Quellenverzeichnisses kann in Einzelfragen tiefer eingedrungen werden.

Es ist den Verfassern eine angenehme Pflicht, den Herren Prof. Dr.-Ing. habil. *Bobe*, Dresden, Prof. Dipl.-Ing. *Ludwig*, Dresden und Prof. Dr.-Ing. *Wölfel*, Weimar,

für die Aufgeschlossenheit zur Bearbeitung des Buches und für die Durchsicht des Manuskriptes zu danken.
In gleicher Weise möchten die Verfasser allen Fachkollegen, Institutionen und Betrieben für die zahlreichen Hinweise, Beratungen sowie für das Bildmaterial ihren Dank aussprechen.
Der VEB Verlag für Bauwesen hat in anerkennungswerter Weise die Gestaltung und Herausgabe des Buches gefördert.
Hinweise und Meinungen über Inhalt, Gliederung und Gestaltung zur Verbesserung des Buches nehmen die Verfasser gern entgegen.
Die Abschnitte 1 bis 4 wurden von Dr.-Ing. habil. *W. Striegler* und die Abschnitte 5 bis 6 von Dr.-Ing. *D. Werner* bearbeitet.

Dresden und Weimar im September 1967

Die Verfasser

Inhaltsverzeichnis

1. Bedeutung des Dammbaues

Dammbauten als Fundamente für Verkehrswege und als Absperreinrichtungen für Wasserbauten gehören zu den ältesten Ingenieurbauwerken der Menschheit. Zahlreiche geschichtliche Überlieferungen legen noch heute Zeugnis von umfangreichen Straßen- und Staudammbauten ab, die im Altertum bei zahlreichen Völkern in hoher Blüte standen. In mühevoller Handarbeit wurden Dammbauwerke geschaffen, die die Einflüsse und Beanspruchungen der Jahrhunderte überdauerten [1, 2].

Während in China, Indien und Ägypten zahlreiche Dämme für Speicheranlagen zu Bewässerungszwecken errichtet wurden, dienten im Mittelalter in Mitteleuropa die Stauanlagen vorwiegend der Kraftgewinnung und den Aufbereitungsanlagen für den Bergbau. Diese vor Jahrhunderten errichteten kunstvollen Dammbauten lassen bereits eine hohe handwerkliche Fertigung erkennen. Die wissenschaftlich-technische Durchdringung des Dammbaues blieb jedoch lange Zeit im Vergleich zur Entwicklung auf anderen Gebieten der Bautechnik (Brückenbau, Hochbau) zunächst zurück, so daß erst vor wenigen Jahrzehnten infolge der zunehmenden Erkenntnisse auf den Gebieten der Ingenieurgeologie, der Bodenmechanik, des Erdbaues und durch die Produktion leistungsfähiger Erdbaumaschinen der Dammbau als Sondergebiet des Erdbaues eine vorrangige Bedeutung erlangte [3].

Die rasche industrielle Entwicklung, der Ausbau des Eisenbahn- und Straßennetzes sowie die Forderung nach höheren Staudämmen für Wasserkraft- und Speicheranlagen, für Hochwasserschutz und Wasserversorgung erteilten der allgemeinen Erdbaumechanik [4] starke Impulse, die zwangsläufig zu einer systematischen Entwicklung und Vertiefung der bisherigen Erkenntnisse im Dammbau führten.

Während anfänglich im Verkehrsbau infolge einer ungenügenden Verdichtung des Dammkörpers zwischen der Vollendung der Dammschüttung und der Inbetriebnahme der Straße oder Eisenbahn eine übliche Überwinterung des Dammes angesetzt wurde, verlangen die heutigen Verkehrsverhältnisse eine sofortige Nutzung und damit einen sachgemäßen Einbau und Verdichtung der Dammbaustoffe.

Durch ein dichtes Verkehrsnetz infolge Besiedelung, Industrieanlagen und hochwertiger landwirtschaftlicher Nutzflächen ist es in Mitteleuropa oftmals notwendig, die Verkehrswege auf schlecht- bzw. nichttragfähigem Baugrund zu errichten. Dadurch ergeben sich schwierige Dammgründungen, die einen hohen Kostenaufwand erfordern. Der Wissensstand in der Bodenmechanik und im Erdbau in Verbindung mit dem Einsatz leistungsfähiger moderner Erdbaumaschinen erlaubt es deshalb heute, größte Dammbauvorhaben zu verwirklichen, die noch vor einigen Jahren unvorstellbar gewesen sind.

Trotz zahlreicher Erfolge des Dammbaues für Wasserbauten mit geringer Stauhöhe hielt man noch zu Beginn unseres Jahrhunderts den Bau hoher Staudämme

Tafel 1. Anwendungsgebiete des Dammbaues

Anwendungsgebiete des Dammbaues

- Verkehrsbau
  - Eisenbahnbau
    - Dämme für Eisenbahnbauten
  - Straßenbau
    - Dämme für Straßenbauten
  - Verkehrswasserbau
    - Dämme für Kanalbauten und Binnenwasserstraßen
- Wasserbau
  - Verkehrswasserbau
  - Talsperrenbau
    - Dämme für Speicherbauten, Wasserkraftanlagen und Hochwasserschutzbecken
  - Fluß- und Seebau
    - Dämme für Fluß-, See- und Deichbauten
- Sondergebiete
  - Metallurgie und Bergbau
    - Dämme für Absetzbecken der metallurgischen Industrie und Schutzanlagen für Tankhöfe

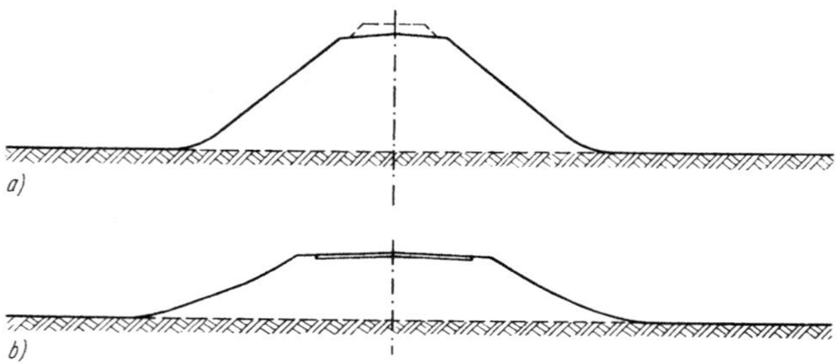

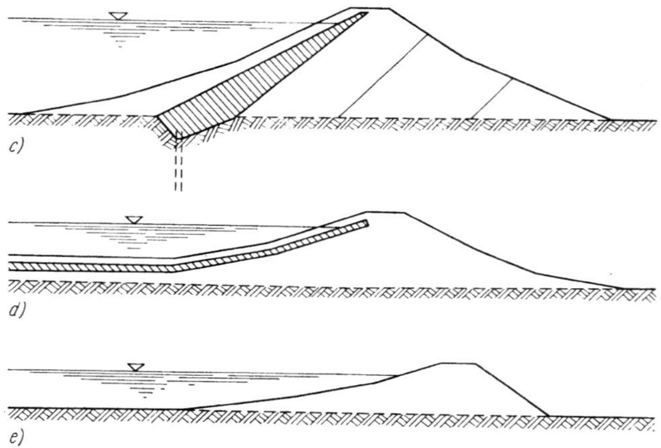

Bild 1. Charakteristische Dammquerschnitte
a) Eisenbahndamm; b) Straßendamm; c) Staudamm;
d) Kanaldamm; e) Deich

für ein gefährliches Wagnis [5]. Es gab zwischen den Fachleuten widersprüchliche Meinungen über das Verhalten der Dammbaustoffe unter dem Einfluß des Wassers, über die Gestaltung der Böschungen und über den Einbau und die Verdichtung der Fels- und Lockergesteine im Dammkörper [6].
Die internationalen Ergebnisse der Forschungs- und Entwicklungsarbeiten auf den Gebieten der Boden- und Felsmechanik und der neuzeitlichen Erdbaumaschinen ermöglichten, daß heute in allen Ländern der Erde hohe Staudämme errichtet werden. Nach statistischen Angaben des 8. Talsperren-Kongresses in Edinburgh (1964) sind in den Jahren von 1950 bis 1963 27 Staudämme zwischen 77 und 155 m fertiggestellt worden, und seit 1963 befinden sich bereits 31 Dämme zwischen 85 und 300 m im Bau [7].
Diese Zahlenangaben beweisen, daß in allen Ländern durch die rasche Entwicklung der Dammbau auf ein höheres Niveau gebracht wurde. Daraus erwachsen ständig neue, zahlreiche Probleme und Aufgaben für die Boden- und Felsmechanik sowie für die Produktion von Baumaschinen und für die Fertigungstechnologien im neuzeitlichen Dammbau.

1.1. Anwendungsgebiete des Dammbaues

Der Dammkörper, der als Fundament zur Übertragung der Verkehrsbelastung auf den tragfähigen Baugrund und als Absperrorgan für einen Stauraum über eine Talbreite dient, kann entsprechend den unterschiedlichen Aufgaben eine vielseitige Anwendung im Verkehrs- und Wasserbau und für Sondergebiete finden (Tafel 1). Die Gliederung und die äußere Form des Dammes werden durch die verschiedenartigen Aufgaben und Beanspruchungen unter Berücksichtigung der in wirtschaftlich vertretbarer Entfernung zur Verfügung stehenden Fels- oder Lockergesteine bestimmt.
Die Eisenbahn- und Straßendämme, die vorwiegend durch statische und dynamische Verkehrslasten sowie durch klimatische Einflüsse beansprucht werden, besitzen gegenüber den Staudämmen eine einfache Gliederung. Die Anwendung des Dammbaues im Wasserbau erstreckt sich auf den Verkehrswasserbau, den Seebau und auf den Talsperrenbau, wobei dem Entwurf und der Ausführung der Staudämme eine besondere Beachtung beigemessen werden muß (Bild 1). Unter Sondergebieten sollen Dämme für Absetz- und Speicherbecken des Bergbaues und der metallurgischen Industrie verstanden werden. Schutzanlagen für Tankhöfe sowie Becken für Mineralstoffe der erdölverarbeitenden Industrie sind Dammbauten, die besonderen Bedingungen unterliegen.

1.2. Einteilung der Dämme

Der Dammbau, der sich infolge der Verwendung auf die in Baustellennähe anstehenden Fels- und Lockergesteine als natürliche Dammbaustoffe stützt, gliedert sich in Erd- und Steindammbau (Tafel 2).
Auf der Grundlage sorgfältiger Erkundungsarbeiten über die Dammbaustoffe, eingehender Wirtschaftlichkeitsuntersuchungen und der Erarbeitung optimaler Fertigungstechnologien kann der Aufbau des Dammes als homogener oder ge-

gliederter Damm festgelegt werden. Dabei ist stets zu berücksichtigen, daß der Dammbau in wirtschaftlicher Hinsicht nur dann erfolgreich bleibt, wenn die Besonderheiten der Dammbaustelle und der Dammbaustoffe beim Entwurf und bei der Festlegung der Bauverfahren berücksichtigt werden [8, 9, 10].

Tafel 2. Gliederung der Dammbauten

- Dammbau
  - Erddamm (Lockergestein)
    - Homogener Erddamm
      - „Trocken“damm
      - „Spül“damm
    - Gegliederter Erddamm
  - Steindamm (Felsgestein)
    - Homogener Steindamm
      - Steinsetzdamm
      - Steinschüttdamm
    - Gegliederter Steindamm

Im Dammbau gibt es trotz der umfangreichen wissenschaftlichen Erkenntnisse und jahrzehntelanger Erfahrungen keine Standardlösung. Der jeweilige Verwendungszweck und die Beanspruchung (Dämme im Verkehrs-, Wasser- oder Bergbau) erfordern unter Berücksichtigung der örtlichen Verhältnisse (Talform, Geländeoberfläche und Baugrundverhältnisse) und der natürlichen Dammbaustoffe (Fels- und Lockergestein) eine standsichere Konstruktion und eine wirtschaftliche Bauausführung. Daher gliedern sich die Erddämme auch nach fertigungstechnischen Gesichtspunkten in Trockendämme und in Spüldämme, die entweder nach der trockenmechanischen Einbauweise oder nach hydromechanischen Verfahren errichtet werden.
Entsprechend dem von den Dammbaustoffen abhängigen Bauverfahren können die Steindämme in Steinsetzdämme und Steinschüttdämme gegliedert werden.
Die ständig steigenden Aufgaben und Belastungen, die an die Dammbauten gestellt werden, erfordern sowohl bei Beginn der Vorbereitungs- und Projektierungsarbeiten als auch bei der späteren Ausführung eine sehr enge Zusammenarbeit, in die Fachleute benachbarter Gebiete der Geowissenschaften (Ingenieurgeologie, Petrographie, Geophysik, Fels- und Bodenmechanik), des Wasserbaues, der Baumaschinen und der Bauwirtschaft mit einbezogen werden müssen.
Die große Bedeutung des Dammbaues in der Gegenwart soll durch den Vergleich einiger markanter Staudämme (Bild 2), die in den vergangenen 20 Jahren gebaut worden sind oder sich noch im Bau befinden, unter Berücksichtigung der Angaben aus Tafel 3 besonders hervorgehoben werden.
Dabei erfordert der Einsatz teuerer Erdbaumaschinen, die zur Bewältigung der stark anwachsenden Dammkubaturen unbedingt notwendig sind, eine präzise und weitgreifende Vorbereitung, um den Bau von Dämmen in einer so geringen Bauzeit zu ermöglichen, die vor wenigen Jahren noch unvorstellbar gewesen ist (Tafel 3).

Aus dem Verwendungszweck, den Beanspruchungen und den Dammbaustoffen können wesentliche Merkmale und Unterschiede im Aufbau und der Gliederung zwischen einem Verkehrsdamm und einem Staudamm abgeleitet werden, die in Tafel 4 gegenübergestellt worden sind.

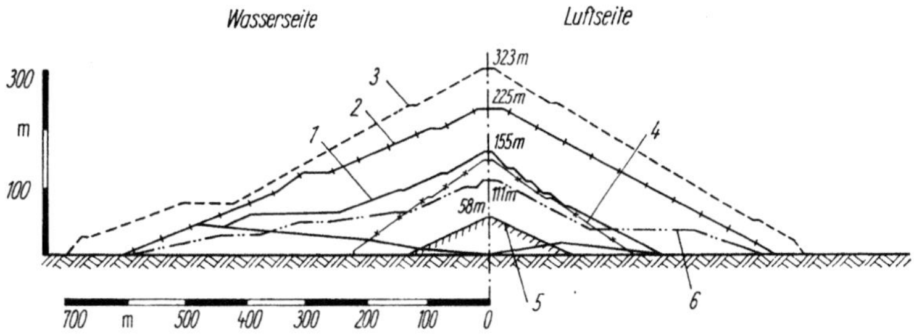

Bild 2. Vergleich der Umrisse der Staudämme nach Tafel 3

1 ——————— Göschenenalp (Schweiz)
2 —+—+—+—+—+—+— Oroville (USA)
3 — — — — — — Nurek (UdSSR)
4 —x—x—x—x—x—x- Gepatsch (Österreich)
5 ┬┬┬┬┬┬┬┬┬┬┬┬┬ Hennetalsperre (DBR)
6 —··—··—··—··— Assuan (VAR)

Tafel 3. Kennwerte einiger bekannter Staudämme

Staudamm	Bauzeit	max. Dammhöhe [m]	Dammkubatur [Mill. m³]	Kronenlänge [m]
Hennetalsperre DBR	1952 bis 1955	58	1,3	376
Ăssuan (Sadd-El-Aali) VAR	1960 bis 1970	111	40	3500
Gepatsch Österreich	1960 bis 1964	153	7,5	600
Göschenenalp Schweiz	1955 bis 1960	155	9,35	540
Oroville USA	1962 bis 1967	225	60	—
Nurek UdSSR	1964 bis 1970	323	45	730

Tafel 4. Allgemeiner Vergleich zwischen Verkehrs- und Staudamm

	Verkehrsdamm	Staudamm
Aufgabe	Übertragung der Verkehrsbelastung unter Berücksichtigung der Tragfähigkeit und Standsicherheit des Dammkörpers auf den tragfähigen Baugrund	Absperrung von Flüssigkeiten (Wasser) oder Suspensionen (Schlämmen) über die gesamte Talbreite zur Erzeugung eines Stauraumes, der dauernd oder zeitweise als Speicher verwendet wird
Beanspruchung	1. durch statische und dynamische Verkehrsbelastung vorwiegend in vertikaler Richtung 2. durch jahreszeitlich unterschiedliche klimatische Einflüsse (Niederschläge, Hitze- und Frostwirkung)	1. durch Übertragung des Staudruckes über den Stützkörper auf den Baugrund 2. durch Strömungskräfte und Erosionswirkung infolge Durchsickerung 3. durch Porenwasserspannungen infolge Stauspiegelschwankungen 4. durch Auftriebswirkungen
Gliederung und Form	1. meist homogene oder vereinzelt horizontal gegliederte Dämme 2. Querschnittsform abhängig (Eisenbahn, Straße) von Dammart, Dammbaustoff, Einbauweise, Tragfähigkeit des Untergrundes und dem Landschaftsbild	1. meist vertikal gegliederte Dämme, vereinzelt homogene Dämme 2. Querschnittsform abhängig von der Dammart (Staudamm, Kanaldamm, Deich), vom Dammbaustoff (Erd- oder Steindamm), und von der Technologie („Trocken"- oder „Spül"damm)

2. Die Dammbaustoffe

Alle natürlich vorkommenden Fels- und Lockergesteine (Fels- und Erdarten) sowie alle künstlichen Gesteine (Schlacken und Kesselaschen) aus anorganischer nicht wasserlöslicher Beschaffenheit, die nach ihrem Gefüge und ihrer Konsistenz einen entsprechend den Anforderungen im Dammbau gesicherten Einbau und Verdichtung gestatten, können als Dammbaustoffe Verwendung finden. Die erdgeschichtlich begründeten, geologischen und bodenmechanischen Festigkeitseigenschaften der Fels- und Lockergesteine erfordern für die vielfältigen Aufgaben im Dammbau eine sorgfältige Auswahl der Baustoffe. Die natürlichen Dammbaumaterialien sind als Baustoff und Baugrund unterschiedlicher statischer und dynamischer Dauerbeanspruchung (Verkehrsbelastung, Wasserdruck) und verschiedenartigen klimatischen Einflüssen (Niederschläge, Frost- und Hitzewirkung) ausgesetzt.

2.1. Einteilung der Dammbaustoffe

Die Eignung der natürlichen und künstlichen Baustoffe für die vielseitige Verwendung im Dammbau steht mit den Festigkeitseigenschaften sowie mit den technologischen Forderungen in unmittelbarem Zusammenhang.
Die Gesteinsklassifizierung dient zur Einordnung nach charakteristischen Merkmalen und Eigenschaften und erleichtert die Schaffung einheitlicher Bewertungsmaßstäbe. Die Einteilung der Fels- und Lockergesteine nach bestimmten Klassifikationsmerkmalen ist aus folgenden Gründen notwendig:

1. Festlegung von Eigenschaften und Merkmalen mit dem Ziele zur schnellen und überschläglichen Ermittlung der Abhängigkeiten zu anderen Kennziffern
2. Erarbeitung von Grenzwerten zur schnellen Ermittlung der Eignung für eine bestimmte bautechnische Verwendung

Mit der Entwicklung der Ingenieurgeologie und der Bodenmechanik konzentrierte sich die Einteilung nach bekannten bodenmechanischen Gesichtspunkten anfänglich nur auf die feinkörnigen Erdstoffe [11, 12, 13], während in der Geologie die Einteilung und Bezeichnung der Gesteine vorwiegend nach genetischen Gesichtspunkten erfolgte. Für den gesamten Bereich der Dammbaustoffe (Fels- und Lockergesteine) gibt es noch keine Einheitlichkeit in der Klassifizierung.

2.1.1. Klassifizierung der Felsgesteine

Durch die unterschiedlichen, mineralchemischen, texturellen und strukturellen Merkmale des Felsgesteins ist eine Klassifizierung auf diesem Gebiete sehr schwierig. In zahlreichen Arbeiten [14, 15, 16] wurde versucht, auf genetischer Grundlage eine Gliederung der Fels- und Lockergesteine vorzunehmen, ohne bisher zu einem brauchbaren Ergebnis gekommen zu sein. Infolgedessen teilt *Keil* [11, 17, 18] die

Tafel 5. Einteilung der Fels- und Lockergesteine nach ingenieurgeologisch-bautechnischen Prinzipien [20]

FELSGESTEINE

<table>
<tr><th></th><th>witterungsbeständige
(schwer verwitternde)</th><th>witterungsempfindliche
(leicht verwitternde)</th><th>(leicht)
wasserlösliche</th></tr>
<tr><td>Tiefengesteine</td><td>Granit, Syenit, Diorit, Gabbro</td><td rowspan="5">jedes Gestein, sofern in angewittertem Zustand und gelockertem Kornverband vorliegend, und Sonnenbrennerbasalt</td><td>–</td></tr>
<tr><td>Oberflächengesteine</td><td>Porphyre, Basalte, Diabes, Liparit</td><td>–</td></tr>
<tr><td>Ganggesteine</td><td>Lamprophyre, Aplit, Pegmatite</td><td>–</td></tr>
<tr><td>Regionalmetamorphe (geschieferte) Gesteine</td><td>Gneis, Glimmerschiefer, Phyllit, Marmor, Quarzit, Grauwacke</td><td>–</td></tr>
<tr><td>Kontaktmetamorphe Gesteine</td><td>Hornfels, Frucht- und Knotenschiefer</td><td>–</td></tr>
<tr><td>Klastische Sedimentgesteine</td><td>Konglomerate und Sandsteine mit kieselsäurehaltigem bzw. kalkigem Bindemittel</td><td>Konglomerate und Sandsteine mit tonigem Bindemittel
Schieferton, Mergelstein, Tonschiefer</td><td>–</td></tr>
<tr><td>Chemische Sedimentgesteine</td><td>Dolomit, Kalkstein</td><td>Mergelstein</td><td>Salze i. e. S.
Gips,
Anhydrit</td></tr>
<tr><td>Organische Sedimentgesteine</td><td>Kieselschiefer</td><td>Braunkohle</td><td>–</td></tr>
</table>

LOCKERGESTEINE

nichtbindige (rollige, kohäsionslose)	bindige (haftfeste, kohäsive)	organische (organogene)
Blöcke, Steine, Schotter, Verwitterungsschutt, -grus Kies, Sand	lehmiger / schluffiger / toniger, } Kiessand Löß(lehm) Geschiebelehm, -mergel Verwitterungslehm Gehängelehm Auelehm (ton), Ton	Torf, Faulschlamm (Wiesenkalk)

Fels- und Lockergesteine nach dem Festigkeitsprinzip ein, indem er, auf der Grundlage der mineralchemischen Zusammensetzung, die Dammbaustoffe in feste und veränderlichfeste Fels- bzw. Erdarten unterscheidet. Dieses Stabilitätsprinzip beruht auf der Dauerstabilität des Feinstgefüges. Die veränderliche Festigkeit wird durch die Kristallstruktur (strukturstarres und strukturelastisches Gitter) und in Zusammenhang damit durch die spezifische Empfindlichkeit und Kornoberfläche der wasserempfindlichen Tonminerale gegenüber den mechanischen und klimatischen Beanspruchungen verursacht.
Auf Grund der bedeutsamen Rolle der Witterungseinflüsse auf die veränderliche Festigkeit der Gesteine hinsichtlich der Tragfähigkeit, der Frostveränderlichkeit, der Standsicherheit und Verwendbarkeit als Baugrund und Erdbaustoff schlägt *Klengel* [19, 20] eine Einteilung nach dem unterschiedlichen Grad ihrer Witterungsempfindlichkeit vor. Die Einteilung erfolgt nach ingenieurgeologischen-bautechnischen Prinzipien in witterungsbeständige, witterungsempfindliche und (leicht) wasserlösliche Fels- und Lockergesteine (Tafel 5).
Ausgehend vom Kreislauf der Gesteine (Tafel 6), erfolgt die Bewertung der einzelnen Fels- und Lockergesteine als Dammbaustoffe unter Angabe von einigen Festigkeitswerten und wesentlichen technischen Merkmalen, um das Verhalten gegenüber den Witterungseinflüssen und damit die Eignung für die Zwecke des Dammbaues zu charakterisieren (Tafel 7 und 8).

Tafel 6. Benennung der Fels- und Lockergesteine, dargestellt am Kreislauf der Gesteine [20]

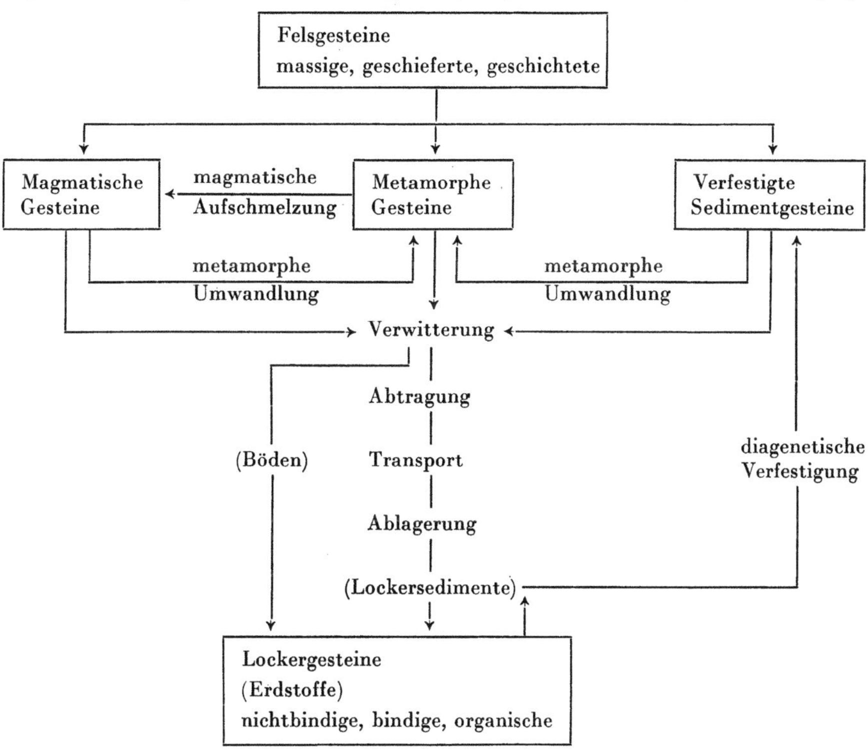

Tafel 7. Bewertung der Felsgesteine als Dammbaustoffe

Gesteins-klasse	Gesteins-gruppe	Wichtige Vertreter	Rohwichte γ [Mp/m^3]	Würfeldruck-festigkeit [kp/cm^2]
Fels-gesteine	*Massige* (magmatische Gesteine)	Granit, Syenit	2,6 ··· 2,8	1600 ··· 2400
		Diorit, Gabbro	2,8 ··· 3,0	1700 ··· 3000
		Porphyr	2,6 ··· 2,8	1800 ··· 3000
		Diabas, Melaphyr, Basalt	2,8 ··· 3,0	1800 ··· 2500 (4000 für Basalt)
		Liparit, Trachyt, Phonolith	2,4 ··· 2,6	1700 ··· 2500
	geschieferte (metamorphe) Gesteine	Gneis, Granulit	2,6 ··· 3,0	1500 ··· 2800
		Quarzit	2,7 ··· 2,8	1500 ··· 3000
		Marmor	2,65 ··· 2,85	800 ··· 1800
		Amphibolit	2,7 ··· 3,1	1700 ··· 3000
		Hornfels	2,6 ··· 2,8	1500
		Grauwackenschiefer, Hornblendeschiefer, Chloritschiefer	2,6 ··· 2,7	< 1000
		Phyllit	2,6 ··· 2,8	< 500
		Glimmerschiefer	2,6 ··· 2,8	< 1000
		Knotenschiefer		< 1000
	geschichtete (verfestigte Sedimente)	Konglomerat		< 1000
		Grauwacke	2,6 ··· 2,65	1500 ··· 3000
		Sandstein	1,9 ··· 2,6	100 ··· 1000
		Tonschiefer, Schieferton	2,5 ··· 2,6	200 ··· 300
		Kalkstein, Dolomit, Mergelstein	1,7 ··· 2,85	200 ··· 600
		Kieselschiefer	2,6 ··· 2,65	1000 ··· 2000
		Salze i. e. S., Anhydrit, Gips	1,9 ··· 2,3	< 500
		Braunkohle		

Technische Merkmale	Verhalten gegenüber den Witterungseinflüssen	Eignung als Dammbaustoffe	
spröde zäh — grob gebankt bis unregelm. geklüftet — fein- bis grobkörnig, meist kompaktes Korngefüge	witterungsbeständig *Ausnahmen:*	in Abhängigkeit vom Flächengefüge verschiedene Kluftkörperform sowie -größe, und damit unterschiedlich geformte und verschieden große Stücke bei der Gewinnung anfallend	bester Dammbaustoff für Stützkörper von Stein- bzw. Steinschüttdämmen im Wasser- und Verkehrsbau, die Rauhigkeit, die äußere Form und die Stückgröße ermöglichen steile Böschungen. Beim Einbau in hohen Schüttlagen Entmischungsgefahr und starke Setzungen möglich, bei verdichtetem Einbau sind 1···2 m Schüttlagen für Steinstaudämme erforderlich; keine Entmischungsgefahr, geringe Setzungen, Kornzertrümmerung nur bei schwersten Verdichtungsmaschinen teilweise möglich. Verdichtung ist nur mit Mammutrüttlern, schwersten Vibrationswalzen oder dem Druckstrahlverfahren möglich; geeignet für Steinschüttungen und Setzpacklage für Deck- und Schutzschichten gegen Wellenschlag, Eisgang und Erosion
zäh, oft säulig verschleißfest oft spröde, oft bankig bis plattig — Grundmasse feinkörnig, dicht oder glasig oft poröses Korngefüge	kaolinisierte, angewitterte Glieder z. B. Wassersäufergranit		
sprödе. sehr hart, zäh — fein- bis grobkörnig schwach geschiefert, oft massig, gebankt bis plattig	witterungsbeständig		
stark geschiefert, plattig bis blättrig	*Ausnahmen:* kaolinisierte, angewitterte, tektonische, stark beanspruchte Glieder		bestes Material für Basisschüttungen auf feuchtem Baugrund von Verkehrsdämmen, Baustoffe für Böschungspflaster, Rigolen, Reibungsfüße sowie für Kunstbauten
gebankt bis plattig, fein- bis grobkörnig, Festigkeit abhängig von der Art der Kornbindung und des Bindemitteltyps	witterungsbeständig: kalkiges, kieseliges Bindemittel		als Dammbaustoff für Steinschüttdämme und Verkehrsdämme gut geeignet, Stückgröße und Festigkeit bestimmen Schütthöhe, Verdichtung mit Rütteldruckgeräten, schweren Vibrationswalzen, Stampfplatten und hydromechanischem Verfahren; geeignet für Deck- und Schutzschichten; bei plattiger Ausbildung sind Scherflächen zu beachten. Der Grad der Verwitterung und die Stückgröße bestimmen die Kornzertrümmerung
	witterungsempfindlich: toniges Bindemittel		
feingeschichtet, plattig bis blättrig	witterungsempfindlich witterungsbeständig bei metamorphen Gliedern		
feingeschichtet, bankig bis plattig	witterungsbeständig		
Festigkeit abhängig vom Tonanteil	witterungsempfindlich		
plattig bis blättrig, splittrig	witterungsbeständig		
als Dammbaustoffe ungeeignet	wasserlöslich		als Dammbaustoffe ungeeignet
	witterungsempfindlich		

Tafel 8. Bewertung der Lockergesteine als Dammbaustoffe

Gesteins- klasse	Gesteins- gruppe	Wichtige Vertreter	Allgemeine Kennwerte: Kornverteilung	Allgemeine Kennwerte: Rohwichte γ [Mp/m^3]
Locker- gesteine	nichtbindige (rollige oder kohäsionslose)	Blöcke Steine, Schotter		1,9 ··· 2,2
		Verwitterungsschutt	Kiessand mit Steinen	1,8 ··· 2,1
		Kies Sand	reiner Kies sandiger Kies kiesiger Sand reiner Sand	1,7 ··· 2,0
		Verwitterungsgrus	sandiger Kies	1,8 ··· 2,0
	bindige (haftfeste)	lehmiger schluffiger toniger Kiessand	schluffig-toniger, kiesiger Sand	1,7 ··· 2,0
		Löß(lehm)	(tonig) schwach sandiger Schluff	1,7 ··· 1,8
		Geschiebelehm Geschiebemergel	schwach tonig, schluffig-kiesiger Sand	1,8 ··· 2,0
		Verwitterungslehm	schwach tonig, schluffig-kiesiger Sand	1,8 ··· 2,1
		Gehängelehm Auelehm(ton) sandiger Ton	tonig, sandiger Schluff bis stark toniger Schluff	1,6 ··· 1,8
		Ton	schluffiger Ton	< 1,6
	organische (organogene)	Kies, Sand, Lehm, Ton } mit > 30% organischer Substanz		1,1 ··· 1,4
		Torf Faulschlamm		1,0 ··· 1,2

Technische Merkmale bzw. Grad d. Bindigkeit	Verhalten gegenüber den Witterungseinflüssen	Eignung als Dammbaustoffe
Kornzusammensetzung Ungleichförmigkeitsgrad, Kornform und Rauhigkeit bestimmen die Tragfähigkeit; hohe Durchlässigkeit, Frostsicherheit, scheinbare Haftfestigkeit bei Korndurchmesser < 2 mm ∅	witterungsbeständig	sehr gut geeignet als Stützkörpermaterial für Erd- und Steindämme, sehr gute Tragfähigkeit und Festigkeit; Material für Reibungsfüße, Rigolen; Verdichtung mit schweren Verdichtungsmaschinen
	witterungsbeständig	geeignetes Material für Stütz- und Füllkörper bei Stau- und Verkehrsdämmen, Kornzertrümmerung beachten
	witterungsbeständig	für statische Belastung sehr gute Tragfähigkeit, Verlagerungsempfindlichkeit bei dynamischer Beanspruchung in Abhängigkeit von Kornform, Rauhigkeit und Ungleichförmigkeitsgrad, Vibrationsverdichtung; hervorragendes Material für sämtliche Filteranlagen
vorwiegend kantiges Material unterschiedlicher Festigkeit	witterungsempfindlich	insbesondere geeignet für Füllkörper im Staudammbau und für Verkehrsdämme. Bei Verdichtung entsteht eine Kornzertrümmerung
schwachbindig, geringe Bildsamkeit, geringe Haftfestigkeit, mittlere Wasserdurchlässigkeit	witterungsempfindlich, Frostveränderlichkeit, geringe Wasseraufnahmefähigkeit, geringe Quell- und Schrumpfungserscheinung	als Stützkörpermaterial unter Beachtung der Einbaukonsistenz zu verwenden, als Grundstoffe für Tonbeton und Hydraton, trockenmechanische Verdichtung bei optimalem Wassergehalt; als Stützkörper gut geeignet
		neigt zu Erosionsschäden an Böschungen, als Dammbaustoff sofort verdichten, glattes Erdplanum, setzungsempfindlich
mittelbindig, mittlere Bildsamkeit, Zunahme der Haftfestigkeit, geringe Wasserdurchlässigkeit	witterungsempfindlich, Frostveränderlichkeit, mittlere Wasseraufnahmefähigkeit, mittlere Quell- und Schrumpfungserscheinung	Tragfähigkeit, Setzungsempfindlichkeit und Rutschsicherheit sind abhängig vom Grad der Bindigkeit und vom Wassergehalt, gut verdichtbar, Druck- und Stoßverdichtung; mit zunehmendem Wassergehalt Abnahme der Scherfestigkeit durch Porenwasserüberdruck, mittlere Zusammendrückbarkeit
starkbindig, Zunahme der Bildsamkeit u. Kohäsion, praktisch undurchlässig		als natürliches Erddichtungsmaterial besonders geeignet für zentrale und geneigte Innendichtungen, normal bis mäßig verdichtbar
hochbindig, größte Bildsamkeit, Tonmineralgehalt, max. Zusammendrückbarkeit, praktisch undurchlässig	witterungsempfindlich, Frostveränderlichkeit, große Wasseraufnahmefähigkeit, starke Quell- und Schrumpfungserscheinungen	als Tonzugabe für Tonbeton und Hydraton besonders verwendbar, schwer bzw. nicht verdichtbar
organische und tonige Bestandteile bestimmen den Grad der Bindigkeit		als Dammbaustoff ungeeignet
meist wassergesättigt und locker gelagert		

2.1.2. Klassifizierung der Lockergesteine

Die erdgeschichtlich begründete Entstehung der Lockergesteine ist als Ursache für das unterschiedliche mineralchemische und bodenmechanische Verhalten anzusehen. Eine natürliche, alle Eigenschaften und Arten erfassende Klassifizierung scheidet somit infolge der mannigfaltigen und veränderlichen Eigenschaften aus. Es hat jedoch nicht an Versuchen gefehlt, die Lockergesteine in Systeme nach verschiedenartigen Gesichtspunkten einzuordnen, um bestimmte Gruppen mit charakteristischen, gleichen oder ähnlichen Eigenschaften und Merkmalen besser und schneller unterscheiden zu können. Die Kornverteilung und das plastische Verhalten dienen dabei im wesentlichen als Grundlage der Einteilung. Das in der Bodenmechanik allgemein bekannte Einteilungs- und Benennungssystem der Gesteinsklassifizierung unterscheidet nichtbindige (rollige), bindige (haftende), chemische und organische Lockergesteine (Erdstoffe) (Tafel 6).

2.1.2.1. Klassifizierung nach der Kornverteilung

Die Lockergesteine kommen für die Verwendung im Dammbau in überwiegendem Maße gemischtkörnig vor, so daß die Einteilung allein nach der Kornzusammensetzung nicht als ausreichend betrachtet werden kann. Die Korngrößenverteilung von Erdstoffen gestattet nur allgemeine Hinweise über die bodenmechanischen Eigenschaften und bildet erst in Zusammenhang mit weiteren Kennziffern (Bildsamkeit, Wasseraufnahmefähigkeit) eine wesentliche Grundlage für Klassifizierungssysteme für die Zwecke des Straßen-, Erd- und Wasserbaues.

Die Einteilung und Benennung der einzelnen Kornfraktionen stimmt im allgemeinen mit der Bezeichnung der Erdart überein, und der Erdstoff wird nach derjenigen Kornfraktion genannt, deren Anteil am größten ist.

Die Korngrößeneinteilung und die Bezeichnung der Erdstoffe sind in Richtlinien und Normen festgelegt worden, wobei über die Korngrößen in internationalem Maßstab noch keine vollkommene Übereinstimmung erzielt werden konnte.

Zur Einteilung der Erdstoffe nach der Kornzusammensetzung können zweckmäßigerweise Dreiecksnetze herangezogen werden, nachdem der Erdstoff in drei Kornfraktionen eingeteilt worden ist. Nach dieser Methode der Korngrößenverteilung wurde die typische Struktur-Klassifizierungskarte des *US Bureau of Soil Systems* dargestellt. Bei der Anwendung dieser Klassifizierungsmethode ist auf die unterschiedlichen Korngrößengrenzen zu achten (Bild 3a und b).

Die Kornverteilung bildet ebenfalls die Grundlage für das seit 1952 gültige einheitliche Klassifizierungssystem in den USA und beruht auf dem von *Casagrande* entwickelten *Airfield Klassification System* [21, 22].

Das System nach *Casagrande*, das insbesondere für Straßen- und Flugplatzbauten Anwendung fand, teilt die Erdstoffe in sechs Hauptgruppen mit den in Tafel 9 dargestellten Buchstaben ein, die den Kornaufbau und die Zusammendrückbarkeit symbolisieren.

Die Einteilung nach *Casagrande* erfolgt nach fallenden Tragfähigkeitseigenschaften und findet als Klassifizierungssystem *(United-Soil-Classifications-System, USCS)* auch in abgeänderter Form in anderen Ländern (*engl. Road-Research Laboratorium*, deutsche Richtlinien und Standards) Anwendung [117].

Bild 3. Klassifizierung nichtbindiger Lockergesteine
a) Einteilung nach dem Dreiecksnetz, Struktur-Klassifizierungskarte nach US Bureau of Soil System [22]

a)

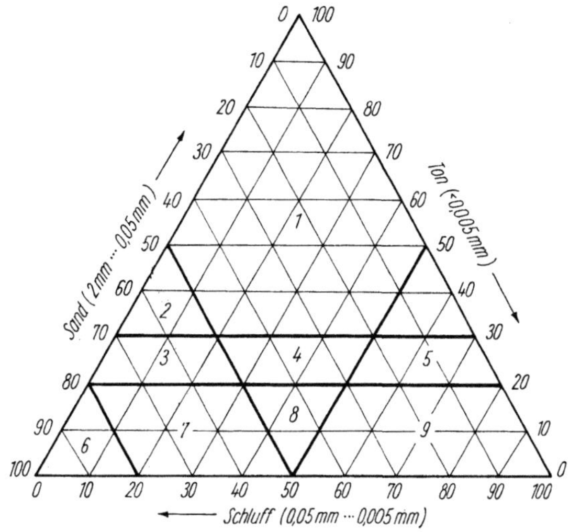

Klasse	*% Sand*	*% Schluff*	*% Ton*
Sand	*80 bis 100*	*0 bis 20*	*0 bis 20*
sandiger Lehm	*50 bis 80*	*0 bis 50*	*0 bis 20*
Lehm	*30 bis 50*	*30 bis 50*	*0 bis 20*
schluffiger Lehm	*0 bis 50*	*50 bis 100*	*0 bis 20*
sandiger toniger Lehm	*50 bis 80*	*0 bis 30*	*20 bis 30*
toniger Lehm	*20 bis 50*	*20 bis 50*	*20 bis 30*
schluffig-toniger Lehm	*0 bis 30*	*50 bis 80*	*20 bis 30*
sandiger Ton	*50 bis 70*	*0 bis 20*	*30 bis 50*
Ton	*0 bis 50*	*0 bis 50*	*30 bis 100*
schluffiger Ton	*0 bis 20*	*50 bis 70*	*30 bis 50*

1 Ton, *2* sandiger Ton, *3* sandig-toniger Lehm, *4* toniger Lehm, *5* schluffig-toniger Lehm, *6* Sand, *7* sandiger Lehm, *8* Lehm, *9* schluffiger Lehm

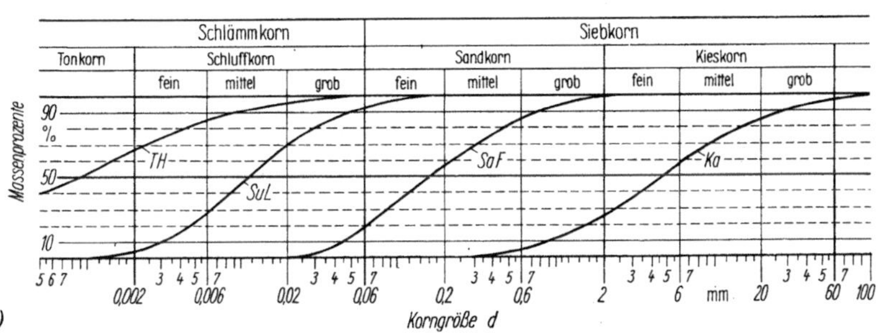

b)

b) Einteilung nach der Kornverteilungslinie
Ka gut abgestufter sandiger Kies; SaF mäßig abgestufter schluffiger Sand; SuL Schluff geringer Zusammendrückbarkeit; TH Ton hoher Zusammendrückbarkeit

Tafel 9. Gruppensymbole der Klassifizierung der Lockergesteine nach Casagrande [117]

Bezeichnung der Hauptgruppen	Gruppe	Symbol	Zu unterscheidende Eigenschaften		Symbol
Grobkörnige Erdstoffe $> 50\%$ Kornanteil mit $d > 0{,}06$ mm	Kies	*K* (*G*)	bis 10% Kornanteile mit $d < 0{,}1$ mm	gut abgestuft	*a* (*W*)
				mäßig abgestuft	*m* (*P*)
				gleichkörnig	*g* (*U*)
			$10 \cdots 20\%$ Kornanteile mit $d < 0{,}1$ mm	gut abgestuft	*aF* (*C*)
				mäßig abgestuft	*F* (*P*, *F*)
	Sand	*S* (*S*)	gut oder mäßig abgestuft und mehr als 20% Kornanteile mit $d < 0{,}1$ mm	überwiegend tonig	*T* (*F*)
				überwiegend schluffig	*Su* (*F*)
Feinkörnige Erdstoffe $> 50\%$ Kornanteil mit $d < 0{,}06$ mm	Schluff	*Su* (*M*)	geringe Zusammendrückbarkeit	$w_f < 0{,}35$	*L* (*L*)
	Ton	*T* (*C*)	mittlere Zusammendrückbarkeit	$w_f = 0{,}35 \cdots 0{,}50$	*M* (*I*)
	organische Tone und Schluffe	*O* (*O*)	hohe Zusammendrückbarkeit	$w_f > 0{,}50$	*H* (*H*)
Torf und sumpfige organische Erdstoffe		T_f (F_t)			

Tafel 10. Klassifizierung nichtbindiger Lockergesteine [117]

Kies $> 50\%$ $d > 2$ mm		
reiner Kies	Kies mit Feinkornanteil	
$< 10\%$ $d < 0{,}1$ mm $< 5\%$ $d < 0{,}02$ mm	$10 \cdots 20\%$ $d < 0{,}1$ mm $5 \cdots 10\%$ $d < 0{,}02$ mm	$> 20\%$ $d < 0{,}1$ mm $> 10\%$ $d < 0{,}02$ mm
gut abgestufter Kiessand, *Ka* $U > 7$; $C > 1 < 3$	gut abgestufter schwach toniger Kiessand, *KaF*	Kiessand mit größerem Feinkornanteil $w_{fa} \geqq 0{,}07$ überwiegend tonig, *KT* $w_{fa} < 0{,}07$ überwiegend schluffig, *KSu*
mäßig abgestufter Kiessand, *Km* $U > 3$; $C < 10 > 3$	mäßig abgestufter schwach toniger oder schluffiger Kiessand, *KF*	
gleichkörniger Kies, *Kg* $U < 3$		

Zur weiteren Unterscheidung wird für nichtbindige Erdstoffe der

$$\text{Ungleichförmigkeitsgrad } U = \frac{d_{60}}{d_{10}} \tag{1}$$

und der

$$\text{Abstufungsgrad } \quad C = \frac{(d_{30})^2}{d_{10} \cdot d_{60}} \tag{2}$$

verwendet.

d_{30} Korngröße bei 30% Siebdurchgang
d_{60} Korngröße bei 60% Siebdurchgang
d_{10} Korngröße bei 10% Siebdurchgang

Im Normalfall werden die Erdstoffe durch zwei Buchstaben gekennzeichnet. Erdstoffe mit Merkmalen zweier Gruppen werden durch Kombination der Gruppensymbole unterschieden. Mit Hilfe der in Tafel 9 u. 10 angegebenen Gruppen und Symbole ist eine hinreichende Eingruppierung der nichtbindigen Erdstoffe nach der Kornverteilung möglich.

2.1.2.2. Klassifizierung nach der Bindigkeit

Die alleinige Verwendung der Kornverteilungslinie als Kriterium der Einordnung bindiger Erdstoffe nach Festigkeitsmerkmalen kann zu groben Fehleinschätzungen führen, so daß deshalb das Klassifizierungssystem nach *Casagrande* bereits Hinweise auf den unterschiedlichen Grad der Zusammendrückbarkeit enthält (Tafel 9).
Der Unterschied der feinkörnigen Erdstoffe [21, 22] wird daher in dem Grad der Zusammendrückbarkeit, gemessen durch die Fließgrenze w_f, zum Ausdruck gebracht. Die von *Casagrande* eingeführten Grenzwerte w_f zur Einteilung bindiger Erdstoffe beruhen auf der unterschiedlichen Zusammendrückbarkeit und kommen im Plastizitätsdiagramm (Bild 4a) vor. Es erscheint jedoch zweckmäßiger, die bindigen Erdstoffe nach dem unterschiedlichen Grad der Bindigkeit einzuteilen, der als Maßstab der Wasserbindefähigkeit durch mehrere bodenmechanische

Sand $> 50\%$ $d < 2$ mm		
reiner Sand	Sand mit Feinkornanteil	
$< 10\%$ $d < 0{,}1$ mm $< 5\%$ $d < 0{,}02$ mm	$10 \cdots 20\%$ $d < 0{,}1$ mm $5 \cdots 10\%$ $d < 0{,}02$ mm	$> 20\%$ $d < 0{,}1$ mm $> 10\%$ $d < 0{,}02$ mm
gut abgestufter Sand und kiesiger Sand, *Sa* $U > 7$; $C > 1 < 3$	gut abgestufter, schwach toniger Sand und kiesiger Sand, *SaF*	Sand oder kiesiger Sand mit größerem Feinkornanteil $w_{fa} \geqq 0{,}07$ überwiegend tonig, *ST* $w_{fa} < 0{,}07$ überwiegend schluffig, *SSu*
mäßig abgestufter Sand und kiesiger Sand, *Sm* $U > 3$; $C < 7$ oder > 3	mäßig abgestufter, schwach toniger oder schluffiger Sand, *SF*	
gleichkörniger Sand, *Sg* und kiesiger Sand $U < 3$		

Angaben (Bildsamkeit, Verformungsindex, Wasserbindevermögen, Quellfähigkeit und das mineralchemische Verhalten) bestimmt werden kann [23].
Tafel 11 enthält einen Vorschlag, die bindigen Erdstoffe nach den Wasserkennzahlen nach *Atterberg* in vier Bindigkeitsbereiche (schwachbindig, mittelbindig, starkbindig und hochbindig) nach dem Grad der Wasserbindefähigkeit einzuteilen.

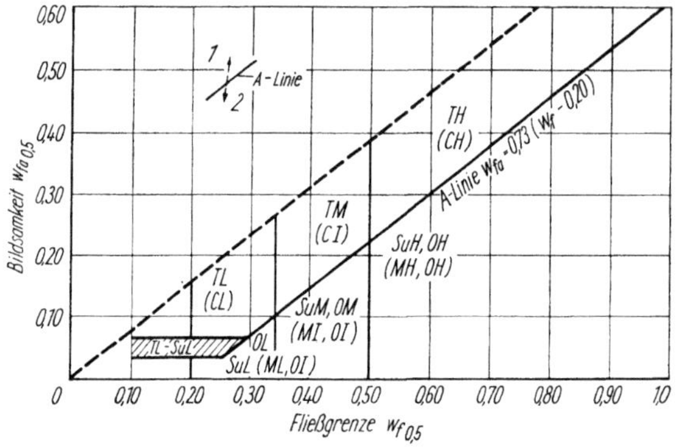

Bild 4. Klassifizierung bindiger Lockergesteine [117]

a) Einteilung nach dem Plastizitätsdiagramm von *Casagrande*; die Konsistenzgrenzen beziehen sich dabei auf Korngrößen $d \leqq 0,5$ mm Dmr.: *1* Bindigkeit und Trockenfestigkeit nehmen zu, Durchlässigkeit nimmt ab; *2* Bindigkeit und Trockenfestigkeit nehmen ab, Durchlässigkeit nimmt zu

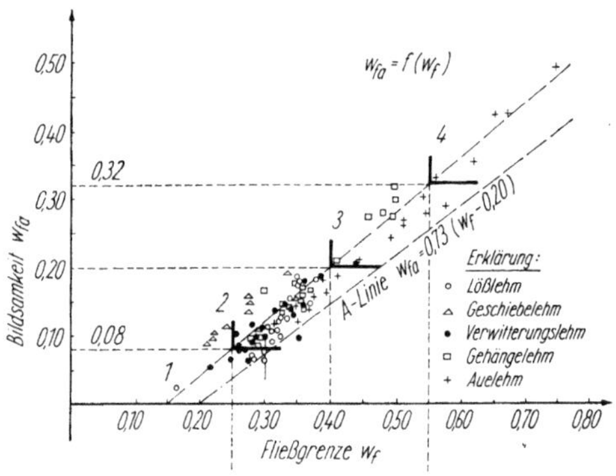

b) Einteilung nach der Bindigkeit [23] (Grenzwerte der Bindigkeit nach Tafel 11 u. 18): *1* schwachbindig; *2* mittelbindig; *3* starkbindig; *4* hochbindig

Tafel 11. Klassifizierung bindiger Lockergesteine [23]

Kennwerte	Bindigkeit	Erdstoffe
$w_f < 0,25$ $w_{fa} < 0,08$	schwachbindig	Schluffe, Feinsande, Gesteinsmehl schluffiger oder toniger Feinsand
$w_f = 0,25 \cdots 0,40$ $w_{fa} = 0,08 \cdots 0,20$	mittelbindig	tonige Schluffe, Schluffsand organische Schluffe
$w_f = 0,40 \cdots 0,55$ $w_{fa} = 0,20 \cdots 0,32$	starkbindig	schluffige und sandige Tone Schluffton, organische schluffige Tone
$w_f > 0,55$ $w_{fa} > 0,32$	hochbindig	fetter Ton, organische Tone

2.2. Eigenschaften und Anwendung der Dammbaustoffe

2.2.1. Eigenschaften der Felsgesteine als Dammbaustoffe

Während für den Entwurf und die Ausführung von Dammbauten aus Lockergesteinen ausreichende Projektierungsgrundlagen und umfangreiche Kenntnisse über die Gewinnung, den Transport, den Einbau und die Verdichtung von Erdstoffen seit vielen Jahrzehnten im In- und Ausland vorliegen, besteht bei den Dammbaustoffen aus Felsgesteinen noch manche Unklarheit. Die Ursache dafür liegt einmal in der Vielzahl der anstehenden felsigen Materialien, die entsprechend ihrer erdgeschichtlichen Entstehung und dem Verwitterungsgrad eine sehr unterschiedliche Festigkeit besitzen können, begründet und zum anderen in der Schwierigkeit der Untersuchung derartig grobkörniger Gesteinsfraktionen, die entsprechend kostspielige und großformatige Versuchseinrichtungen erfordert und mit einem beträchtlichen Aufwand an Zeit und Material verbunden ist.
Demzufolge fehlt auch bisher eine geeignete, für die Belange des Dammbaues aufgestellte Gesteinsklassifizierung der Felsgesteine, die es gestattet, nach zweckmäßigen Parametern (Kennziffern des Haufwerkes nach der Gewinnung und Kennziffern des Schüttmaterials nach der Verdichtung) eine Auswahl der Felsgesteine für den Steindammbau zu treffen. Die in Tafel 7 dargestellte Bewertung der Felsgesteine für die Zwecke des Dammbaues kann nach Vorlage weiterer Projektierungskennwerte in gelöstem und eingebautem Zustand entsprechend erweitert und ergänzt werden. Die genaue Kenntnis der unterschiedlichen Materialeigenschaften erfordert eine gründliche Voruntersuchung, da die Abmessungen und die Wirtschaftlichkeit der Steindämme für Stau- und Verkehrsanlagen von den zulässigen Scherbeanspruchungen und dem Formänderungsverhalten des eingebauten Schüttmaterials wesentlich beeinflußt werden.
Der Bau von Steindämmen nimmt gegenwärtig insbesondere für Stauanlagen eine immer größere Verbreitung an, so daß die Entwicklung noch nicht als abgeschlossen angesehen werden kann und zahlreiche Probleme noch gelöst werden müssen (Bild 2). Eine Vervollkommnung und Erhöhung der Wirtschaftlichkeit des Steindammbaues ist nach *Grischin* [24] an die Erfüllung folgender Forderungen gebunden:

1. eingehendes Studium der Kenngrößen und ihrer Zusammenhänge des Steinschüttmaterials
2. Verbesserung der Berechnungsmethoden für die Standsicherheit des Steindammes
3. Untersuchung der Wechselwirkungen zwischen Steinschüttung und Erdschüttung bei Erdsteindämmen und
4. Untersuchung der zweckmäßigsten Technologien im Steindammbau

Die Wirtschaftlichkeit des Steindammes durch Senkung der Investitionskosten ist an genaue gesteinstechnische Untersuchungen gebunden, die die Voraussetzung für eine zweckmäßige Technologie und einen ungehinderten Bauablauf ermöglichen. Dabei ist es unumgänglich, daß die Kennwertermittlung des gesprengten und verdichteten Haufwerkes mit technologischen Großversuchen (Sprengversuche, Probeschüttungen und Verdichtungsversuche) konform verlaufen muß, um die erforderlichen Projektierungskennwerte zu erhalten [25].

2.2.1.1. Gesteinstechnische Untersuchungen

Tafel 12 enthält eine schematische Übersicht über die gesteinstechnischen und -technologischen Probleme und Untersuchungen, die beim Entwurf und der Ausführung eines Steindammes erforderlich sind.
Während die gesteinstechnischen Untersuchungen auf Grund ingenieurgeologischer Vorarbeiten sich aufgliedern in die Ermittlung der technischen wichtigsten Gesteinseigenschaften und die ingenieurgeologische Feststellung des erforderlichen Gesteinsanfalls an der Gewinnungsstelle, ergeben sich im weiteren Verlauf der Untersuchungen wesentliche gegenseitige Wechselbeziehungen zwischen einer zweckmäßigen, wirtschaftlich vertretbaren Technologie und den entwurfsmäßig erforderlichen Bedingungen an die Kennwerte des gelösten und verdichteten Schüttmaterials.

Tafel 12. Schema der gesteinstechnischen und gesteinstechnologischen Untersuchungen der Felsgesteine als Dammbaustoffe

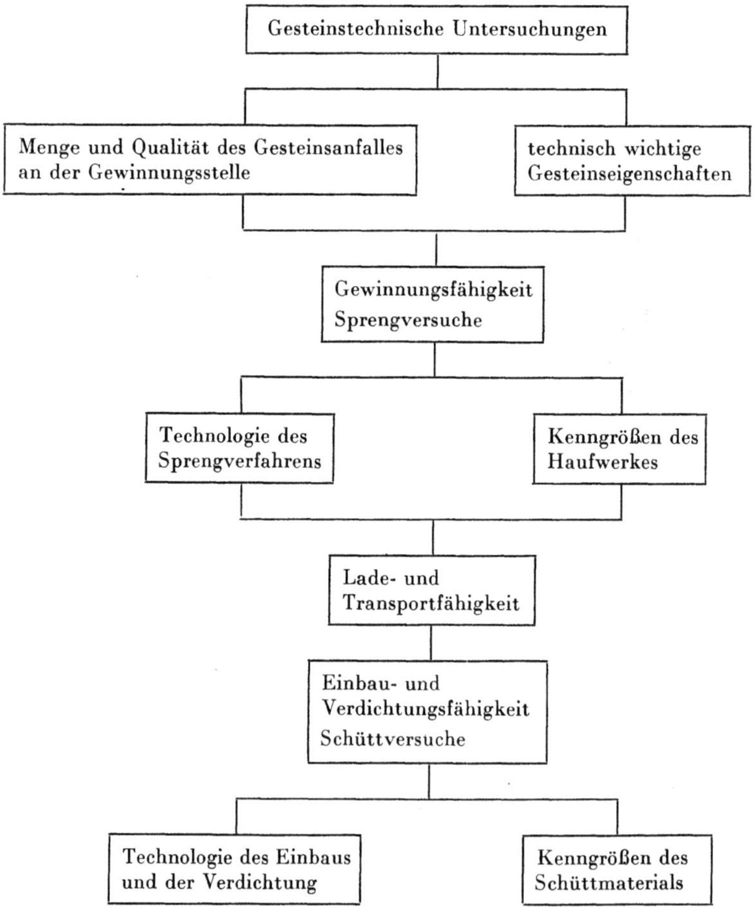

Auf Grund einer Zusammenstellung der Projektierungskennwerte für Steindämme nach *Stein* [25] werden unter Hinweis auf gültige Richtlinien für den Entwurf, Bau und Betrieb von Talsperren an die Dammbaustoffe für Stützkörper von Steindämmen folgende allgemeine Forderungen erhoben:

1. „Das Gesteinsmaterial muß druckfest, wasser- und wetterbeständig sowie durchlässig sein und eine hohe Scherfestigkeit und geringe Zusammendrückbarkeit aufweisen.“
2. „Das Gestein darf beim Einbau und unter der Verdichtungswirkung nicht zum Splittern neigen. Der Veränderung der Kornverteilung infolge Kornzertrümmerung ist stets eine besondere Beachtung zu schenken.“ [25]

Unter Berücksichtigung der Prüfverfahren zur Untersuchung natürlicher Felsgesteine sind nach *Stein* [25] zur Klärung der Verwendbarkeit von Felsgesteinen als Dammbaustoffe die in Tafel 13 dargestellten gesteinstechnischen und gesteinstechnologischen Prüfungen erforderlich. Bild 5 zeigt charakteristische Kornverteilungslinien von Erd- und Steindämmen.

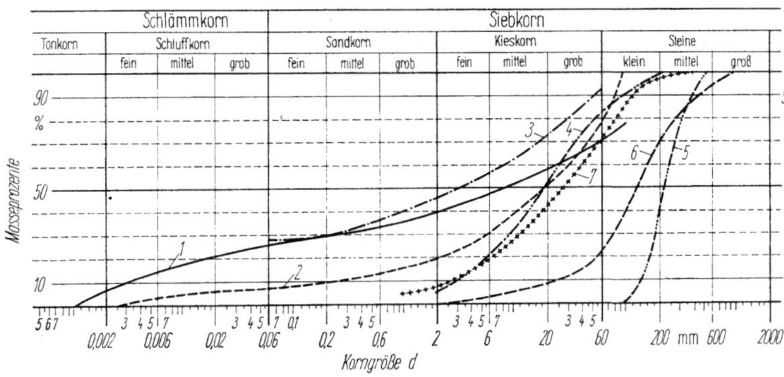

Bild 5. Kornverteilungslinien von Erd- und Steinstaudämmen

1 verlehmter Talschotter; *2* verunreinigter Talschotter; *3* gemischtkörniges, bindiges und steiniges Verwitterungsmaterial; *4* Quarzporphyr (Ohratalsperre DDR); *5* plattig-phyllitischer Tonschiefer; *6* Talsperre Lichtenberg (DDR); Gneis (Zentr. Hydrotechn. Labor Gersdorf); *7* Talsperre Schönbrunn (DDR); Tonschiefer (Zentr. Hydrotechn. Labor Gersdorf)

2.2.1.2. Berechnungsgrundwerte

Verformbarkeit

Die Ermittlung der Zusammendrückung von Steinschüttungen als Maßstab der lotrechten Verformbarkeit besitzt im neuzeitlichen Dammbau eine besondere Bedeutung, da für den Entwurf und die Konstruktion hoher Steindämme zuverlässige Voraussagen für die zu erwartenden Setzungen und Bewegungen des Dammkörpers notwendig sind. Erfahrungswerte und Ergebnisse von Setzungsmessungen ausgeführter Steindämme im In- und Ausland genügen nicht, um ausreichende Angaben über die Deformationseigenschaften grobkörniger Steinschüttungen zu erhalten.

Die Gestaltung des Dammquerschnittes und die Ausbildung der Außendichtung bei Staudämmen werden wesentlich durch die Deformationen infolge Eigengewichtes des Dammes und der Wasserauflast beeinflußt. Durch eingehende

Tafel 13. Überblick über Versuchsziel und Projektierungskennwerte von Steinschüttungen [25]

Lfd. Nr.	Versuchsfolge	Versuchsziel	zu bestimmende Parameter
1	2	3	4
1	gesteinstechnische Untersuchungen	1. mineralogisch-petrographische Eigenschaften	mineralogische Zusammensetzung, Größenverhältnis und Form der Gesteinsmineralien, Struktur, Textur, Verband und Gefüge
		2. physikalisch-technische Eigenschaften	Reindichte, Rohdichte, Dichtigkeitsgrad, Wasseraufnahme, Frostbeständigkeit, Säurebeständigkeit
		3. Festigkeitseigenschaften	Härte, Druckfestigkeit, Biegefestigkeit, Stoßfestigkeit, elastische Eigenschaften
		4. Vorabschätzung über den qualitätsmäßigen Anfall während der gesamten Bauzeit	Angaben über die mögliche Streuung der Korngrößen und Kornverteilung
2	Sprengversuche	1. optimale Sprengtechnologie unter den gegebenen örtlichen Verhältnissen im Steinbruch	statistische Parameter des Gesteinsverbandes (Hauptkluftscharen; Abstand und Lage), Vorgabe, Bohrlochabstand, Zündfolge, Lademenge, Besatz usw.
		2. Haufwerksparameter des nach der optimalen Sprengtechnologie gewonnenen Schüttmaterials	Kornform, Oberflächenbeschaffenheit und physikalisch-technische Eigenschaften der einzelnen Kornfraktionen, Kornverteilung
3	Schüttversuche	1. optimale Einbautechnologie des nach der optimalen Sprengtechnologie gewonnenen Schüttmaterials	maximal zulässige Schütthöhe, günstigste Wasserzugabe, Anzahl der Verdichtungsübergänge
		2. Parameter der nach der optimalen Einbautechnologie hergestellten Schüttung	Porenzahl ε bzw. Trockenrohdichte, Kornverteilung, Laufzeitgeschwindigkeit seismischer Wellen
4	Qualitätsmerkmale der Schüttung	1. Scherfestigkeit	Winkel der inneren Reibung φ und scheinbare Kohäsion c
		2. Kompressibilität	Verdichtungszahl E oder Tangentenmodul (unter Berücksichtigung der elastisch-plastischen und Kriecheigenschaften der Schüttung)
		3. Wasserdurchlässigkeit	Durchlässigkeitswert B oder Durchlässigkeitsbeiwert k für verschiedene Strömungsrichtungen

Untersuchungen sind deshalb Formänderungszahlen grobkörniger Steinschüttungen für den Bau- und Betriebszustand zu ermitteln, um eindeutige Kennwerte für die Ermittlung des Spannungs- und Formänderungszustandes für hohe Steindämme zu erhalten [26].
Infolge der unregelmäßigen Zusammensetzung der Steinschüttung, des Einflusses von Kornform und Kornrauhigkeit sowie der örtlichen starken Beanspruchungen am Einzelkorn treten bei Belastung außer den elastisch-plastischen Verschiebungsanteilen sogenannte Kriecherscheinungen in Abhängigkeit von der Zeit, der Belastung, der Porenzahl und den Kriecheigenschaften des Schüttmaterials auf. Für die grobkörnigen Schüttungen im Steindammbau kann demnach das Hookesche Gesetz keine Anwendung finden, so daß die Setzungen unter der Einwirkung der Belastung p in Abhängigkeit von der Zeiteinheit t sich aus einem elastisch-plastischen und einem kriechenden Setzungsanteil zusammensetzen [27, 28].
Die Ursachen für die Formänderungen von Steindämmen bilden einen Komplex aus den Einflüssen von Dammkonstruktion, Belastungszeit, Technologie und Dammbaustoff.
Um die Größe der Verformbarkeit von Steinschüttungen deshalb genauer als bisher zu erfassen, müssen nach *Stein* [25] die Einflußfaktoren vertikale Belastung p, Einwirkungsdauer der Laststufe, Anfangsporenzahl ε_A bzw. Anfangsporenanteil n_A der Schüttung (Vorverdichtung), Kornverteilungskurve und Ungleichförmigkeitsgrad U, maximale Korngröße d, Form und Oberflächenbeschaffenheit des Einzelkornes, Festigkeit des Korngerüstes, Vorhandensein bindiger Beimengungen, Gesteinsfestigkeit und Feuchtigkeitsgrad des Schüttmaterials und chemische Eigenschaften unterschieden werden.
Die Größe der Formänderungen ist im wesentlichen von der maximalen Belastung des Steindammes abhängig, so daß die Zusammendrückungsversuche mit Steinschüttungen stets diesen größtmöglichen Pressungen entsprechen müssen, die örtlich an die Größenordnung der Gesteinsfestigkeit heranreichen können.
Wie aus den Kompressionsversuchen mit Erdstoffen bekannt ist, tritt mit der Laststeigerung eine Verschiebung der Einzelkornbestandteile ein, die zwangsläufig eine Verdichtung bewirkt. Neben den elastischen Kornformänderungen treten plastische Verformungen und, je nach den Ablagerungsbedingungen und der Gesteinsfestigkeit, örtliche Überbeanspruchungen auf, die nach Größe der Belastung zu einer Kornzertrümmerung führen können. Wiederholte Lastwechsel z. B. bei starken Stauspiegelschwankungen, dynamische Verkehrsbelastungen sowie die starke Beanspruchung bei der mechanischen Verdichtung durch Verdichtungsmaschinen im Bauzustand bestimmen unter Berücksichtigung einer auftretenden Kornzertrümmerung die Größe der Steifezahlen E[kp/cm^2].
Untersuchungen von *Schluttig* und *Schön* [29] ergaben bei der Ermittlung der Steifezahlen E für das Schüttmaterial der *Ohratalsperre* mit Pressungen bis max $\sigma = 20$ kp/cm^2 eine deutliche Kornzertrümmerung (geräuschvolles Abplatzen der Spitzen und Kanten des Quarzporphyrs).
Während in Laborversuchen wiederholt festgestellt werden konnte, daß bei der Deformation grobstückigen Schüttmaterials in wenigen Minuten bereits 80 bis 90% der Gesamtsetzung der jeweiligen Laststufe erreicht werden, ergeben praktische Beobachtungen des Setzungsverlaufes an Steindämmen eine weitaus längere Zeit [28]. Die durch die Belastung entstehenden und von der Zeit abhängigen Kriecherscheinungen an Steinschüttdämmen sind noch Gegenstand weiterer Untersuchungen.

Da die Ermittlung der Steifezahlen den tatsächlichen Einbaubedingungen möglichst weitgehend entsprechen soll, sind die Kompressionsversuche mit der Anfangsporenzahl ε_A zu beginnen, die dem Einbau im Damm entspricht.
Aus den Versuchen von *Schluttig* und *Schön* [29] ist mit zunehmender Trockenrohwichte γ_t ein deutlicher Anstieg der Steifezahl bis 1000 kp/cm^2 zu erkennen.
Ausgehend von den Erfahrungen zur Herstellung idealer Kornzusammensetzungen (Fuller-Kurve, Talbot-Kurve) nach dem Prinzip des kleinsten Hohlraumes (Bild 8b), die im Beton- und Erdstaudammbau schnell Eingang gefunden haben, bilden sie auch für die Kornverteilung der grobkörnigen Steinschüttungen die Voraussetzungen einer hohlraumarmen, tragfähigen und verlagerungssicheren Schüttung [30]. Je ungleichförmiger die Schüttung ist, desto größer sind die Lagerungsdichte und der Verformungswiderstand, der auch durch die Steifezahl E ausgedrückt werden kann.
Die Form und die Oberflächenbeschaffenheit des Einzelkornes bestimmen wesentlich die Festigkeit gegen Verschiebung. Extrem kantige und zackige Kornformen sowie der Grad der Rauhigkeit erhöhen den Verformungswiderstand. Im Zusammenhang damit wird die Verformbarkeit durch die Gesteinsfestigkeit bestimmt, da bei der lotrechten Beanspruchung die Einzelkornbestandteile unterschiedlich auf Zug, Druck, Biegung oder Schub beansprucht werden [12]. Durch die Beanspruchung können Plastizitäts- bzw. Kriecherscheinungen bei Steinschüttungen hervorgerufen werden. Daraus erhebt sich die Forderung nach möglichst hoher Druckfestigkeit und einer gut abgestuften Steinschüttung.
Allgemein kann gesagt werden, daß die Setzungen an Steindämmen um so größer sind, je geringer die Verdichtung, je höher die Belastung, je kleiner die Druckfestigkeit und je gleichförmiger die Kornzusammensetzung ist. *Grischin* [24] weist außerdem darauf hin, daß eine Wassersättigung des Schüttmaterials bedeutende Setzungen des Schüttkörpers nach sich ziehen kann. Durch Versuche am Nurek-Damm konnten infolge Wassersättigung Setzungen in der Größe von 4,3% gemessen werden. Dieser Erscheinung muß bei bindigen Beimengungen besondere Aufmerksamkeit geschenkt werden.

Scherfestigkeit

Die außerordentliche Bedeutung der Scherfestigkeit für die Bemessung von Steindämmen besteht darin, daß die Scherfestigkeit grobkörniger Schüttungen von einer Vielzahl von Einflußfaktoren bestimmt wird, die experimentell und rechnerisch schwer zu erfassen sind. In zahlreichen Arbeiten [12, 31, 32, 33, 34], die sich mit dem Zusammenhang zwischen Spannung und Verformung von grobkörnigen Erdstoffen befassen, wurde daher versucht, die mechanischen Eigenschaften durch vereinfachte Annahmen zu idealisieren.
In der Bodenmechanik wird für die Scherspannung in der Scherfläche die Coulombsche Bruchbedingung benutzt,

$$\tau_s = c_s + \sigma \tan \varphi_s \ [kp/cm^2] \tag{3}$$

wobei c_s als Scherhaftfestigkeit und $\tan \varphi_s = \mu_s$ als Reibungsbeiwert und σ als Normalspannungen bezeichnet werden. Für trockene oder wassergesättigte, rollige Erdstoffe und Steinschüttungen lautet die Bruchbedingung:

$$\tau_s = \sigma \tan \varphi_s \ [kp/cm^2] \tag{4}$$

Die Scherfestigkeit τ_s besteht somit nur aus Reibungsfestigkeit.

Da die Modellgesetze zur Übertragung der Einflußgrößen der Scherfestigkeit von Sanden und Kiesen auf grobkörnige Steinschüttungen zur Zeit noch nicht bekannt sind, ist es erforderlich, Großscherversuche an natürlichen und gebrochenen Gesteinen durchzuführen [25].
Mit zunehmender Korngröße der Dammbaustoffe erhöht sich die Anzahl der Einflußfaktoren auf die Scherfestigkeit sehr wesentlich. Während bei rolligen Erdstoffen (Sand, Kies) die Scherfestigkeit vorwiegend durch Kornverteilung, Korngröße und die Lagerungsdichte bestimmt wird, nimmt die Anzahl der veränderlichen Einflußfaktoren bei grobkörnigen Steinschüttungen erheblich zu, wie nach *Wittke* [34] aus Tafel 14 ersichtlich ist. *Idel* [33], *Wittke* u. a. haben versucht, die verschiedenartigen Einflüsse auf die Scherfestigkeit grobkörniger Schüttungen zu erfassen.
Nach *Wittke* [34] können die Einflußfaktoren auf die Scherfestigkeit in einzelnen Gruppen zusammengefaßt werden, um eine bessere Übersicht zu erhalten.

Tafel 14. Zusammenstellung der Veränderlichen nach Wittke [34], *die die Scherfestigkeit eines nichtbindigen Erdstoffes bestimmen*

	Gruppe	Veränderliche			
		I	II	III	IV
1	Einzelkorn	Material-reibungswinkel / Material-beschaffenheit, Oberflächen-beschaffenheit	Kornform	Korngröße	Korngrößen-zusammen-setzung
2	räumliche Anordnung des Einzelkornes (Schüttung)	Lagerungsart	Porenvolumen Berührungs-winkel	—	—
3	Füllung der Hohlräume	Wassergehalt	—	—	—
4	Beanspruchung der Schüttung	Spannungs- und Verformungsbedingungen	Beanspruchungs-richtung (Anisotropie)	absolute Größe der Belastung / oberhalb und im Bereich der Materialfestigkeit	
5	Versuch	Verhältnis der Probenabmessungen	Verhältnis der Probenabmessungen zu den Kornabmessungen	Belastungs-geschwindig-keit	Verformungs-geschwindig-keit

Einflußgruppe: Einzelkorn

In dieser Gruppe sind die veränderlichen Größen des Einzelkornes (Materialreibungsbeiwert, Kornform, Kornrauhigkeit, Korngröße) enthalten, die sich an einer trockenen gestörten Probe ermitteln lassen.

Der Reibungsbeiwert wird durch die Oberflächeneigenschaften des Einzelkornes (Härte, Elastizitätseigenschaften) sowie durch Verunreinigung der Oberfläche wesentlich beeinflußt. Eckige und rauhe Kornformen des Einzelkornes erhöhen wesentlich die Größe des Reibungswinkels φ.
Durch zahlreiche Untersuchungen konnte die Beziehung zwischen Scherfestigkeit von Steinschüttungen und der Korngröße nachgewiesen werden, wobei der Winkel der inneren Reibung Φ sich aus dem bekannten Reibungswinkel φ zwischen den einzelnen Teilchen und dem Verzahnungswinkel ψ zusammensetzt. Ein gutabgestufter Kornaufbau einer Steinschüttung bildet die Voraussetzung einer hohen Scherfestigkeit, wobei auf den abmindernden Einfluß von Feinstkornbestandteilen geachtet werden muß.

Einflußgruppe: Räumliche Anordnung des Einzelkornes

Ausgehend von Kugelanordnungen, versucht *Wittke* [34], den Einfluß von Lagerungsart, Porenvolumen und Berührungswinkel bei Kugelschüttungen auf die Scherfestigkeit nachzuweisen. Durch zahlreiche Untersuchungen wird bestätigt, daß die Kornverteilung und damit die Porenzahl ε der Steinschüttung bei Versuchsbeginn wesentlichen Einfluß auf die Größe des Reibungsbeiwertes besitzt, d. h., mit zunehmender Rohdichte ϱ_t nimmt die Scherfestigkeit zu. Dies wurde ebenfalls durch zahlreiche Großscherversuche im Staudammbau unter Berücksichtigung der Normalspannungen bestätigt.

Einflußgruppe: Füllung der Hohlräume

Im Staudammbau muß dem Einfluß des Wassergehaltes auf die Steinschüttung eine besondere Beachtung geschenkt werden. Die Größe der Scherfestigkeit ist im trockenen und nassen Zustand zu bestimmen.
In Laborversuchen von *Bernatzik* [31] und *Idel* [33] konnte nachgewiesen werden, daß die Benetzung der grobkörnigen Schüttmaterialien mit Wasser keinen Einfluß auf den Reibungsbeiwert zeigte. In der Praxis ist jedoch der Wassereinfluß auf die Beständigkeit der Gesteinsfestigkeit zu beachten.

Einflußgruppe: Beanspruchung der Schüttung

Auf Grund von zahlreichen Großscherversuchen und Beobachtungen an hohen Steindämmen ergeben sich für verschiedene Beanspruchungen des gleichen Schüttmaterials unterschiedliche Werte für die Scherfestigkeit, d. h., daß für den Wert der Scherfestigkeit die Spannungs- und Verformungsbedingungen maßgebend sind, denen die Steinschüttung im triaxialen oder im ebenen Spannungszustand unterliegt.
Die absolute Größe der Belastung besitzt für die Scherfestigkeit der Steinschüttung eine wesentliche Bedeutung. Demzufolge unterscheidet *Wittke* zwei Belastungsbereiche:

1. Der Korn-anKorn-Druck zwischen den einzelnen Körnern ist so groß, daß die dem Bruchvorgang entgegenwirkenden Kräfte nur als Reibungskräfte angesehen werden können. Die absolute Größe der Belastung hat keinen Einfluß auf den Reibungsbeiwert.
2. Durch die Belastung wird die Bruch- und Schubfestigkeit des Gesteinsmaterials erreicht bzw. überschritten, so daß kein reiner Reibungsvorgang mehr vorliegt. Der Reibungsbeiwert ist von der absoluten Größe der Belastung abhängig. Die Scherfestigkeit wird dann teilweise von der Bruchfestigkeit des Gesteins

bestimmt. Damit ist in Abhängigkeit von der Kornabstufung eine deutliche Kornzertrümmerung zu beobachten.

Einflußgruppe: Versuchsdurchführung

Durch die Bestimmung der Scherfestigkeit im Laborversuch ergeben sich gegenüber den natürlichen Verhältnissen zwangsläufig Einflüsse, die zu Meßfehlern führen (Verhältnis der Probenabmessungen, Verhältnis Probenabmessungen zu Kornabmessungen). Die Belastungs- und die Verformungsgeschwindigkeit, mit der die Probe abgeschert wird, stimmt mit den natürlichen Verhältnissen im Dammbau oft nicht überein und kann einen wesentlichen Einfluß ausüben.

Stein [25] gibt einen ausreichenden Überblick über die zahlreichen zusammenhängenden Einflüsse der Versuchsdurchführung zur Bestimmung der Scherfestigkeit von Steinschüttungen.

Der Ermittlung der Gesamtscherfestigkeit durch Großscherversuche kommt daher bei Steinschüttungen in Abhängigkeit von den verschiedenen Einflußfaktoren eine ausschlaggebende Bedeutung zu, um die Erkenntnisse und gegenseitigen Wechselbeziehungen zu vervollständigen. Erst dann können Modellgesetze abgeleitet werden, um mit vereinfachten Bedingungen die Scherfestigkeit von Steinschüttungen zu bestimmen.

Die bekannten Untersuchungen der Scherfestigkeit gehen auf die klassische Coulomb-Mohrsche Bruchhypothese zurück, die den Abschervorgang als reinen Reibungsvorgang auffaßt. Dabei wird sowohl an natürlichen Erdstoffen als auch an Kugelschüttungen zumindest für Normalspannungen $\sigma \leqq 5$ kp/cm^2 der allgemein bekannte lineare Zusammenhang zwischen Scherspannung τ und Normalspannung σ bestätigt.

Durch den Staudammbau [28] und durch den Großtagebau der Braunkohlenindustrie [41] hat sich in den letzten Jahren die Beanspruchung der Dammbaustoffe erhöht, so daß man gezwungen ist, das Scherfestigkeitsverhalten des Schüttmaterials bei wesentlich größeren Normalspannungen zu untersuchen. Durch das Anwachsen der Dammlasten insbesondere für Steinstaudämme wird das Probematerial im Triaxialgerät mit maximalen Seitendrücken $\sigma_{III} \leqq 100$ kp/cm^2 beansprucht [28]. Damit ist eine wesentliche Erhöhung der Abmessungen der Versuchsgeräte verbunden. Bei Steindämmen von mehreren 100 m Höhe (Tafel 3 und 15) kann die Größe der Scherfestigkeit nicht aus niedrigen Normalspannungen $\sigma \leqq 10$ kp/cm^2 einfach linear extrapoliert werden [41]. Die Scherfestigkeit ist für den tatsächlich auftretenden Spannungs- und Verformungszustand zu ermitteln. Durch den Bau von Schergeräten, insbesondere Triaxialgeräten mit hohen Seitendrücken σ_{III}, war es erst möglich, daß Scherverhalten von Dammbaustoffen unter hohen Normalspannungen genauer zu untersuchen [32, 35].

Auf Grund zahlreicher Ergebnisse aus dem internationalen Staudammbau können aus den Scherfestigkeitsuntersuchungen folgende Schlußfolgerungen gezogen werden:

1. Die Mohrsche Umhüllende besitzt bei zunehmendem Seitendruck einen flacheren Verlauf.
2. Die Ursache dieses Verlaufes scheint in den Bruchvorgängen der einzelnen Kornbestandteile begründet zu sein, wobei der Bruch weniger unter der Beanspruchung infolge des Seitendruckes als vielmehr während des Abschervorganges beobachtet werden kann.

Tafel 15. Scherfestigkeit unter hohen Normalspannungen

Staudamm	Schüttmaterial	Körnung Ø [mm]	Abstufung	Max. Seitendruck σ_{III} [kp/cm²]	min φ_0	Bemerkungen
Oroville-Damm (USA) $h = 225$ m	Flußgeröll	—	gut abgestuft	9	41°	geringer Kornbruch
				39	37°	starker Kornbruch
Furnas-Damm (Brasilien) $h = 125$ m	harter Quarzit	25 ··· 10	mäßig abgestuft	60	34°	starker Kornbruch; Bruchverformung 12 ··· 20%
	Basalt	170 ··· 5	gut abgestuft	25	39°	wenig Kornbruch; Bruchverformung 10 ··· 15%
Mica-Damm (Kanada) $h = 240$ m	Gneis	200 ··· 4	gut abgestuft	40	30°	starker Kornbruch bei geringem Seitendruck
	Kiessand	80 ··· 0,1	gut abgestuft	32	37°	geringer Kornbruch; Bruchverformung 3 ··· 7%
Gepatsch-Damm (Österreich) $h = 150$ m	Kiessand	—	—	20	30°	—
	Augengneis	—	—	15	32°	sehr starke Kornzertrümmerung
Triaxialversuche nach *Leussink* und *Blinde*	gleichförmiger Quarzsand	1,0 ··· 0,2	gleichkörnig	20	33°	Bruchverformung etwa 25%
				70	30°	
	gemischtkörniger Kies (Betonkies)	24 ··· 2	gut abgestuft (Fullerkurve)	3	40,5°	geringer Kornbruch
				50	33°	starker Kornbruch
	Einkornkies	24 ··· 18	gleichkörnig	2	40°	geringer Kornbruch
				17	31°	Kornbruch bei geringem Seitendruck

3. Mit zunehmender Beanspruchung tritt eine Kornzertrümmerung ein, die von der Kornabstufung der Steinschüttung abhängig ist. Gut abgestuftes Schüttmaterial mit hoher Lagerungsdichte neigt weniger zum Kornbruch.

Tafel 15 enthält eine Zusammenstellung der kleinsten Reibungswinkel φ_0 von Steinschüttungen und rolligen Erdstoffen verschiedener Staudämme in Abhängigkeit von der Kornzusammensetzung und der Beanspruchung durch den maximalen Seitendruck σ_{III}.
Da bis vor wenigen Jahren keine Möglichkeit bestand, die Scherfestigkeit von Steinschüttungen unter hohen Normalspannungen zu untersuchen, wurde das Scherverhalten vielfach aus den Ergebnissen mit geringen Normalspannungen extrapoliert, so daß man mit Reibungswinkeln für Steinschüttungen von $\varphi_0 \geqq 45°$ rechnete. Dies führte zu groben Fehlern, wie aus den Ergebnissen der Tafel 15 durch die Abnahme des Reibungswinkels mit zunehmender Normalspannung sehr deutlich zu ersehen ist. Der Neigungswinkel der Tangente an einen Spannungskreis durch den Ursprung wird mit φ_0 bezeichnet. Der kleinste Winkel ergibt sich im allgemeinen für den größten Spannungskreis und wird nach *Casagrande* [28] Entwurfswinkel genannt (Bild 6).

Bild 6. Scherfestigkeiten von Steinschüttungen bei hohen Normalspannungen, Triaxialversuche mit Einkornkies 18 bis 24 mm Dmr. [35]

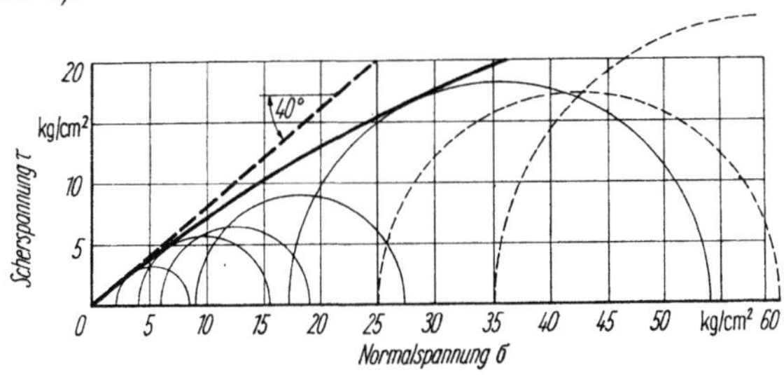

Aus den Ergebnissen der Scherfestigkeitsuntersuchungen vom Furnas- und Mica-Damm (Tafel 15) ist deutlich ersichtlich, daß starke lotrechte Pressungen zu erheblichen Kornzertrümmerungen und Verformungen der Felsschüttungen führen können. In Abhängigkeit von der Kornabstufung liegt die Bruchverformung etwa zwischen 10 und 20%.
Nach *Casagrande* [28] ergeben relativ gut abgestufte Steinschüttungen mit geringer Porenzahl ε die geringste Abnahme der Scherfestigkeit. Dies wurde auch durch die Untersuchungen von *Leussink* und *Blinde* [35] bestätigt. Beim Scherverhalten unter hohen Normalspannungen handelt es sich daher nicht um Reibungsfestigkeit des ursprünglichen Korngerüstes, sondern die Reibungsfestigkeit ist während des Bewegungsvorganges von der Gesteinsfestigkeit und der Kornverteilung abhängig.

Durchlässigkeit

Bei Steinstaudämmen mit Außen- oder Innendichtung sowie bei durch- oder überströmten Steindämmen ist für die Berechnung der Sickerlinie, der Sickerwassermenge und der Standsicherheit des Bauwerkes die Größe der Wasserdurchlässigkeit erforderlich. Durch zahlreiche Versuche an Steinschüttdämmen konnte nachgewiesen werden, daß infolge der unregelmäßigen grobkörnigen Schüttmaterialien eine lineare Abhängigkeit zwischen der Filtergeschwindigkeit v und dem hydrostatischen Gefälle i nicht vorhanden ist, so daß die normalen Durchlässigkeitsbeiwerte k [cm/s] nicht mehr anwendbar sind.

Schaef [36] führte aus diesem Grunde den Durchlässigkeitswert B [cm^2/s^2] ein und stellt Zusammenhänge mit der mittleren Korngröße, der Kornform, der Kornverteilung, der Porenzahl, der Viskosität der Flüssigkeit und ihrer Strömungsrichtung auf.

Die Durchlässigkeitsversuche können sowohl im Laboratorium als auch im Feld durchgeführt werden, wobei stets zu beachten ist, daß die Einbaubedingungen, die Lagerungsdichte und die Kornzertrümmerung beim Einbau den im Damm vorhandenen Verhältnissen entsprechen müssen.

Schaef [36] hat ein Durchlässigkeitsgerät (600 mm Durchmesser, $h = 2000$ mm) für grobkörnige Schüttmaterialien mit einem maximalen Durchmesser von 120 mm entwickelt, das mit piezometrischen Druckabnehmern verbunden ist.

Bei einem mittleren Korndurchmesser von 50 bis 100 mm tritt eine ausbreitende Strömung auf, so daß für derartige Schüttmaterialien das Gesetz nach *Darcy* keine Gültigkeit besitzt. *Schaef* verwendet deshalb für die Ermittlung des Durchlässigkeitswertes B das Widerstandsgesetz

$$v^2 = Bi \quad [cm^2/s^2]$$

bei vollständig turbulenter Flüssigkeitsbewegung.

$$v^2 = \frac{i\,d_m 2g\,M}{C\left[\frac{n^3}{(1-n)^2}\right]} \tag{5}$$

$$B = \frac{d_m M}{\left[\frac{n^3}{(1-n)^2}\right]} \frac{2g}{C} \tag{6}$$

d_m mittlerer Korndurchmesser [cm]
M Formbeiwert
n Porenanteil
g Erdbeschleunigung [cm/s^2]
C Widerstandsbeiwert

Auf Grund von Durchlässigkeitsversuchen, die auf der Baustelle der Hennetalsperre mit Geröll aus Tonschiefer und Kalkstein von Korngrößen zwischen 20 und 350 mm Korndurchmesser ausgeführt wurden (Bild 7a), gibt *Leussink* [37] Filtergeschwindigkeiten v zwischen 10 cm/s und 5 m/s an. Das Geröll wurde in Rohre von 1,5 m Durchmesser mit einem Porenanteil $n = 40$ bis 42% und mit unterschiedlichem Gefälle i durchströmt. Dabei konnten Reynoldssche Zahlen R_e zwischen 300 und 6000 festgestellt werden. Es wurde ebenfalls bestätigt, daß bei grobkörnigen Steinschüttungen kein linearer Zusammenhang zwischen Filtergeschwindigkeit v und dem hydrostatischen Gefälle i besteht (Bild 7b).

Für den Bau eines Staudammes [38] aus phyllitischem Tonschiefer konnte der Durchlässigkeitsbeiwert in einer Versuchsgrube (2 m × 1 m), die mit Lehm abgedichtet wurde, ermittelt werden, in die das Schüttmaterial unter gleichen Einbaubedingungen wie später im Damm eingebracht wurde. Bei einem konstant gehaltenen Wasserspiegel über dem Schüttplanum konnte für den unverdichteten plattigen Tonschiefer ein k-Wert von $1 \cdot 10^{-3}$ m/s und in verdichtetem Zustand ein k-Wert von $2 \cdot 10^{-5}$ m/s ermittelt werden.

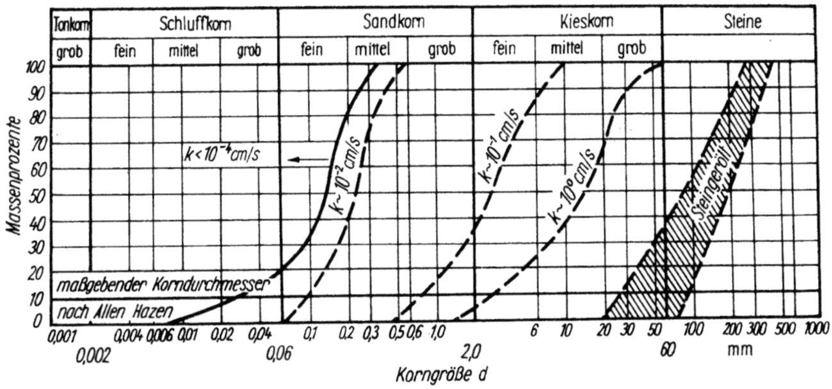

Bild 7. Kornverteilungslinien und Durchlässigkeiten von Steinschüttungen [37]
a) Kornverteilungskurven und Durchlässigkeitsbeiwerte

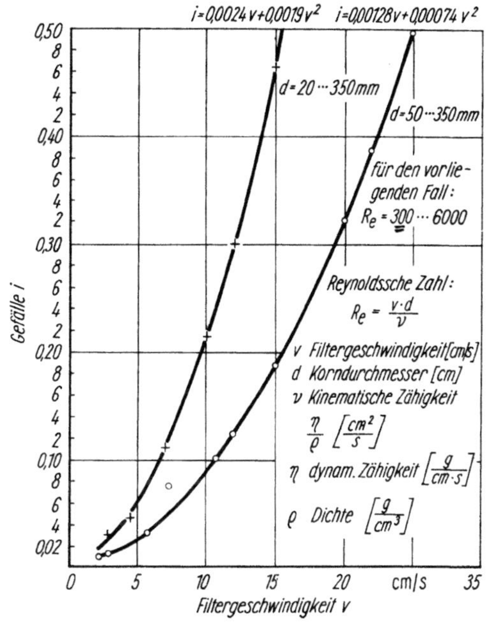

b) Ergebnisse von Durchlässigkeitsversuchen mit grobem Steingeröll d = 20 bis 350 mm Dmr. und 50 bis 350 mm Dmr.

Mit Hilfe ähnlicher Versuchseinrichtungen wurde am Lewis-Smith-Damm eine Durchlässigkeit von $k = 2 \cdot 10^{-6}$ m/s und $2{,}5 \cdot 10^{-6}$ m/s und durch *Zeller* und *Zeindler* [39] am Staudamm Göschenenalp ein k-Wert von $1 \cdot 10^{-7}$ und $1 \cdot 10^{-4}$ m/s gemessen. Die Schwankungen in der Größe des Durchlässigkeitsbeiwertes sind auf die unterschiedliche Zusammensetzung des Stützkörpermaterials (Endmoränenschotter) zurückzuführen.

Die Durchlässigkeit der Schüttung aus Schiefer am Oberbecken des Pumpspeicherwerkes Vianden wurde durch Versickerungsversuche aus Filterbrunnen nachgewiesen.

Als größte Durchlässigkeit für Steinstaudämme wird allgemein $k = 1 \cdot 10^{-2}$ bis $1 \cdot 10^{-3}$ m/s angegeben.

2.2.2. Eigenschaften der Lockergesteine als Dammbaustoffe

Am Kreislauf der Gesteine (Tafel 6) sind die Wechselwirkungen und die Entstehung der Lockergesteine (-sedimente) infolge Verwitterungs-, Abtragungs- und Ablagerungserscheinungen aus Felsgesteinen dargestellt worden. Entsprechend der mineralchemischen Zusammensetzung und der Struktur gliedern sie sich dabei in nichtbindige Lockergesteine (rollige, nichthaftfeste oder kohäsionslose Erdarten bzw. Erdstoffe), in bindige Lockergesteine (haftfeste oder kohärente Erdarten bzw. Erdstoffe) und in organische Lockergesteine.
Der Baugrund zur Gründung der Dämme und die für den Dammbau erforderlichen, natürlichen Baustoffe können aus Felsgestein (Festgestein) oder aus unverfestigtem Lockergestein (Erdstoff) bestehen, wobei zwischen beiden Gesteinsarten zahlreiche Übergänge möglich sind, wie aus den Tafeln 7 und 8 ersichtlich ist.

2.2.2.1. Nichtbindige Lockergesteine

Dadurch, daß zwischen den einzelnen festen Körnern (Feststoffanteil) nichtbindiger Lockergesteine keine Haftfestigkeit vorhanden ist, herrscht im Vergleich zu den bindigen Lockergesteinen in unbelastetem und trockenem Zustand ein Einzelkorngefüge vor. Diese Struktur der nichtbindigen Erdstoffe (Größenordnung der Gemengteile) wird durch die Kornverteilung > 0,06 mm Durchmesser bestimmt. Als bekannte Erdstoffe treten Geröll, Kies und Sand auf.

2.2.2.1.1. Kornzusammensetzung und allgemeine Eigenschaften

Das Verhalten der nichtbindigen Erdstoffe gegenüber Wasser wird insbesondere durch die festen Oberflächen der Teilchen als Begrenzung der Strömungsbereiche bestimmt. Die damit verbundenen physikalisch-mechanischen Vorgänge werden insbesondere durch bodenmechanische Kennziffern (Dichte der Festbestandteile, Korndurchmesser, Kornform, Porenanteil, spezifische Oberfläche usw.) charakterisiert.

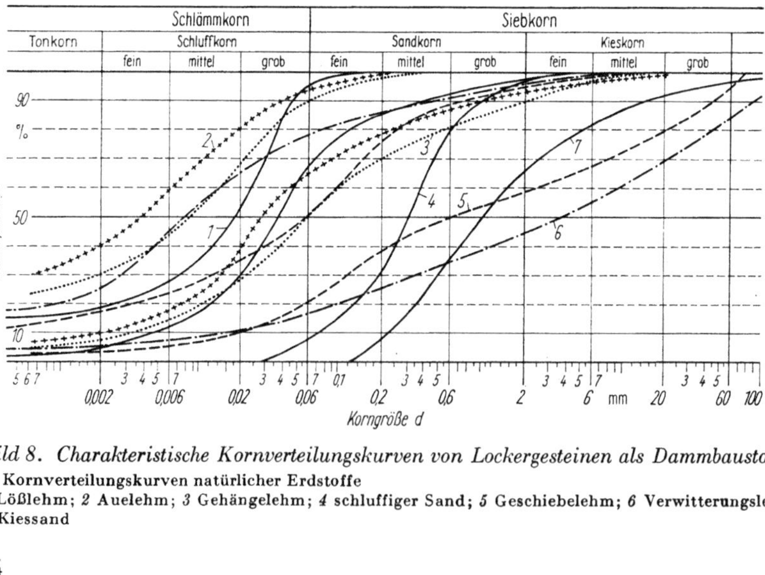

Bild 8. Charakteristische Kornverteilungskurven von Lockergesteinen als Dammbaustoffe
a) Kornverteilungskurven natürlicher Erdstoffe
1 Lößlehm; *2* Auelehm; *3* Gehängelehm; *4* schluffiger Sand; *5* Geschiebelehm; *6* Verwitterungslehm; *7* Kiessand

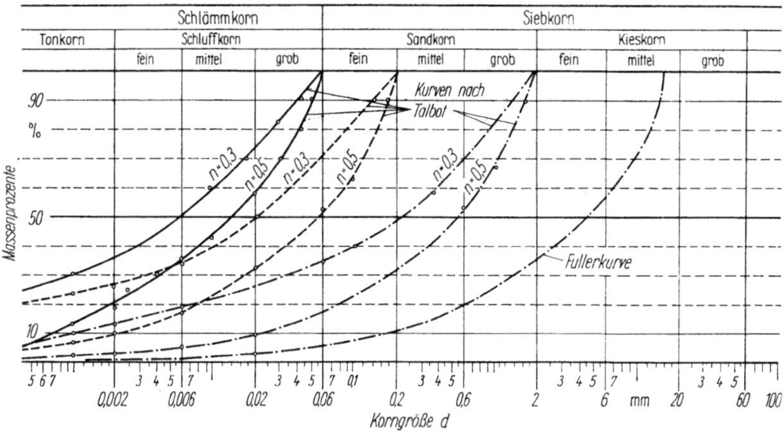

Bild 8

b) **Kornverteilungskurven künstlich zusammengesetzter Erdstoffmischungen nach *Talbot* und *Fuller***

Die Anteile der Kornfraktionen im Sand- und Kiesbereich sowie die Anteile im Bereich > 60 mm Korndurchmesser (Geröll, Steine) werden als Prozentsatz der Gesamtmasse der Probe als Kornverteilungslinie (Integralkurve) aufgetragen und ermöglichen bereits allgemeine Hinweise über das bodenmechanische Verhalten. Über die Größe und Grenzen der einzelnen Kornfraktionen besteht keine internationale Übereinstimmung, so daß in diesem Zusammenhang Angaben aus dem internationalen Schrifttum nur bedingt übertragbar sind. Die Grenzen und Bezeichnungen der einzelnen Korngruppen der Erdstoffe ist für deutsche Verhältnisse aus Bild 8a ersichtlich.

Die Kornzusammensetzung (Kornverteilung, Korngröße) bildet in Zusammenhang mit der Kornform und Kornrauhigkeit unter einer konstanten Verdichtungsarbeit die Voraussetzung für weitere bodenmechanische Parameter, wie Lagerungsdichte, Durchlässigkeit, Verformbarkeit und Scherfestigkeit (Tafel 16).

Das von *Hazen* eingeführte Verhältnis des Korndurchmessers bei 60 Masse-% Siebdurchgang der Kornverteilungskurve zum Korndurchmesser bei 10 Masse-% gibt als Ungleichförmigkeitsgrad U wesentliche Hinweise über Kornabstufung, Hohlraumgehalt und Lagerungsdichte nichtbindiger Erdstoffe (Bild 3b und 11b).

$U = \frac{d_{60}}{d_{10}}$ Ungleichförmigkeitsgrad

$U < 5$ gleichförmig

$U = 5$ bis 15 ungleichförmig

$U > 15$ sehr ungleichförmig

Unter der spezifischen Oberfläche O_s eines Erdstoffes versteht man die Oberflächensumme seiner Einzelteilchen je Raumeinheit der Festmasse

$$O_s = \frac{6}{d_w} \ [\mathrm{cm^2/cm^3}] \qquad (7)$$

Sie wird mit Hilfe des wirksamen Korndurchmessers d_w aus der Siebanalyse ermittelt.

Tafel 16. Schema der Zusammenhänge bodenphysikalischer Kennziffern verdichteter Erdstoffe

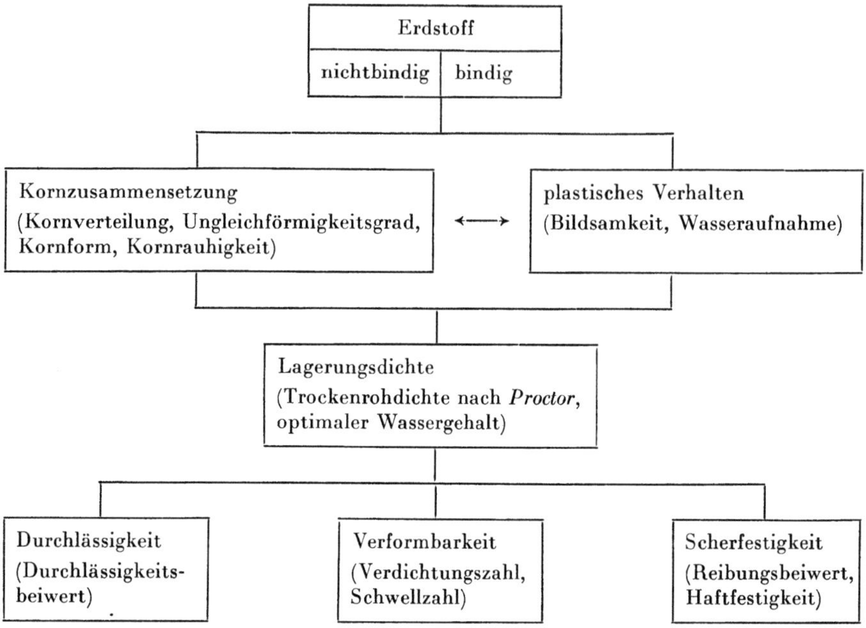

Zur Bestimmung der Durchlässigkeit und der Hydrationserscheinungen ist die spezifische Oberfläche O_s von besonderer Bedeutung.
Zur besseren Klärung der Zusammenhänge zwischen der Lagerungsdichte, Verformbarkeit und Scherfestigkeit von nichtbindigen Erdstoffen ist es notwendig, den Grad der Kornrauhigkeit zu ermitteln. Nachdem *Ohde*, *Kozeny*, *Rex* und *Peck* Verfahren zur Rauhigkeitsbestimmung beschrieben haben, werden von *Jänke* [40] eine Methode und ein Gerät zur Ermittlung des Kornrauhigkeitsgrades dargestellt, das sich auf den Sand- und unteren Kiessandbereich anwenden läßt.
Der Rauhigkeitsgrad von Sanden kann mit Hilfe eines Ausflußgerätes unter Berücksichtigung gleicher Ausflußzeiten als Verhältniswert zwischen der Ausflußzeit des untersuchten sandigen Materials und der Ausflußzeit des gebrochenen, sehr gleichförmigen Standardmaterials ermittelt werden. Die einzelnen Kornbereiche besitzen einen unterschiedlichen Rauhigkeitsgrad, der sich auf die Rauhigkeit der Gesamtmischung als Funktion der spezifischen Oberflächen der Teilbereiche auswirkt und demzufolge umgerechnet werden muß.
Die nach *Jänke* [40] angegebenen Beziehungen zwischen dem Reibungsbeiwert μ und der Rauhigkeitszahl r_g sollen die Bedeutung bei Sanden und Feinkiesen unterstreichen.

	r_g	μ
$\varepsilon = 0{,}70$	0,68	0,64
	0,78	0,71
$\varepsilon = 0{,}50$	0,63	0,67
	0,69	0.72

Reindichte

Die Reindichte ϱ_s ist die Masse der Raumeinheit der festen Substanz (ohne Poren) und beträgt in Abhängigkeit von der Art des Minerals für rollige Erdstoffe $\varrho_s = 2{,}64$ bis $2{,}67$ g/cm³.

Hohlraumgehalt

Jedes Lockergestein besteht aus Festsubstanz und Hohlräumen, die entweder teilweise oder vollkommen mit Wasser gefüllt sind.
Das Zweiphasensystem enthält die Anteile Festsubstanz, Luft oder Wasser und im Dreiphasensystem sind stets alle drei Anteile enthalten. Die zahlenmäßige Größe der Poren kann entweder durch die Porenzahl ε oder durch den Porenanteil n nach Bild 9 dargestellt werden.

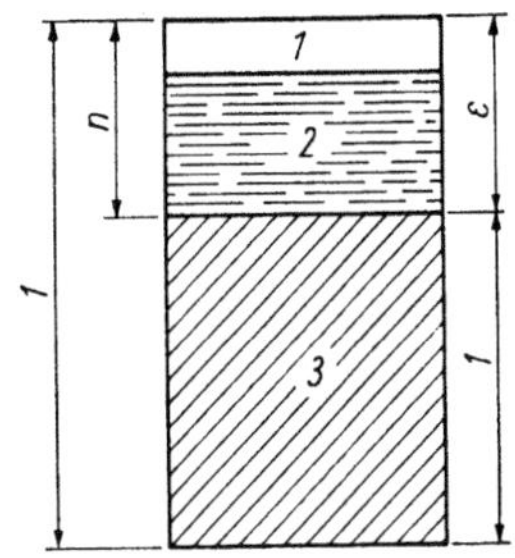

Bild 9. Porenanteil n und Porenzahl ε
1 Luft-Vol.; *2* Wasser-Vol.; *3* Festmasse-Vol.

$$\text{Porenanteil } n = \frac{V - V_t}{V} = 1 - \frac{m_t}{V \varrho_s} \tag{8}$$

$$\text{Porenzahl } \varepsilon = \frac{V - V_t}{V_t} = \frac{V \varrho_s}{m_t} - 1 \tag{9}$$

V Gesamtvolumen der Probe; m_t Trockenmasse; $V_t = m_t/\varrho_s$ Volumen der Festbestandteile; ϱ_s Reindichte [g/cm³]. Zwischen beiden Werten bestehen folgende Beziehungen:

$$n = \frac{\varepsilon}{1 + \varepsilon} \tag{10}$$

$$\varepsilon = \frac{n}{1 - n} \tag{11}$$

Bei völliger Wassersättigung ist

$$\varepsilon_w = w \frac{\varrho_s}{\varrho_w} \tag{12}$$

ϱ_w Reindichte des Wassers. Aus Rohdichte ϱ und Wassergehalt w kann ε berechnet werden nach

$$\varepsilon = \frac{\varrho_s(1 + w)}{\varrho} - 1 \tag{13}$$

Die Lagerungsdichte rolliger Erdstoffe kann unter Verwendung der Porenzahl ε durch das Verdichtungsverhältnis

$$D_{\varepsilon} = \frac{\varepsilon_0 - \varepsilon_n}{\varepsilon_0 - \varepsilon_d} \tag{14}$$

oder unter Bezugnahme auf den Porenanteil n durch den Verdichtungsgrad

$$D_n = \frac{n_0 - n_n}{n_0 - n_d} \tag{15}$$

bestimmt werden

ε_0 bzw. n_0 Porenzahl bzw. Porenanteil für lockerste Lagerung
ε_d bzw. n_d Porenzahl bzw. Porenanteil für dichteste Lagerung
ε_n bzw. n_n Porenzahl bzw. Porenanteil für natürliche Lagerung

2.2.2.1.2. Berechnungsgrundwerte

Lagerungsdichte

Die Verdichtung der Dammbaustoffe oder des Untergrundes ist eine unerläßliche wirtschaftliche Maßnahme, dem Erdbaustoff bautechnisch günstige Eigenschaften zu geben. Unter Verdichtung ist jeder Vorgang einer mechanischen Beanspruchung zu verstehen, der den Hohlraumgehalt der eingebauten Erdbaustoffe herabsetzt, womit eine Vergrößerung der Scherfestigkeit und eine Verminderung ihrer Durchlässigkeit, ihrer Zusammendrückbarkeit, ihrer Wasseraufnahme- und Quellfähigkeit verbunden ist.

Die Hohlräume des nichtbindigen Erdstoffes sind entweder vollkommen mit Wasser oder teils mit Wasser und teils mit Luft gefüllt, so daß durch eine Verdichtung ein Teil dieser Luft aus den Poren des Erdbaustoffes herausgepreßt wird und durch den freigewordenen Porenraum eine größere Lagerungsdichte des Erdstoffes entsteht.

Nachdem *Proctor* [42] die Grundlagen für die Versuchsdurchführung und die bodenmechanischen Zusammenhänge der Erdbaustoffe unter der Verdichtung dargestellt hat, wurden in vielen Ländern intensive Untersuchungen gemacht, um die Beziehungen zwischen der Verdichtung und den Erdstoffen sowie die Fehlergrenzen und die praktischen Einsatzmöglichkeiten im Laboratorium und auf der Baustelle zu ermitteln (Bild 10) [43, 44, 45, 46].

Infolge der Verdichtung eines nichtbindigen Erdstoffes wird durch die Erhöhung der Reibung der einzelnen Festbestandteile und durch die Verringerung des Porenanteils zwangsläufig die Trockenrohdichte, die als Maß der Lagerungsdichte angesehen werden kann, erhöht.

Die sogenannte Proctordichte ist die Rohdichte einer nach bestimmten Versuchsbedingungen in ein Gefäß eingestampften Erdprobe. Die Durchführung des Proctorversuches als Verdichtungsversuch im Laboratorium oder auf der Baustelle ist in den Ländern in Richtlinien und Standards festgelegt worden. Die damit erreichbare Dichte entspricht etwa der mechanischen Verdichtung, die auf der Baustelle mit den bekannten Verdichtungsmaschinen erreicht werden kann. Im allgemeinen wird dabei die Erdprobe bei einem bestimmten Wassergehalt in einem Metallzylinder (10 cm Durchmesser, 12 cm Höhe) in drei gleich starken

Schichten eingebaut und jede Schicht durch 25 gleichmäßig auf ihrer Oberfläche verteilte Schläge eines 2,5 kp schweren Stampfers mit 30 cm Fallhöhe verdichtet. Dieser Versuch wird bei unterschiedlichen Wassergehalten an einer gut durchmischten Probe mehrfach durchgeführt. Die infolge der Verdichtung erhaltenen Trockenrohdichten ϱ_t werden als Ordinaten und die dazugehörigen Wassergehalte w als Abszissen aufgetragen und durch eine Kurve verbunden. Der maximale Wert der Kurve gibt die einfache Proctordichte ϱ_p, und der dazugehörige Wassergehalt wird als optimaler Wassergehalt w_p bezeichnet (Bild 10). Die Verdichtungsarbeit wird durch folgende Gleichung festgelegt:

$$A = \frac{zmgh}{Fa} \tag{16}$$

A	geleistete Verdichtungsarbeit [Mpm/m³]	
z	Anzahl der Stampfschläge	Schicht
m	Masse des Stampfers [kg]	Schicht
h	Fallhöhe des Stampfgewichtes [cm]	
g	Erdbeschleunigung [9,81 m/s²]	
F	Grundfläche des Zylinders [cm²]	
a	Dicke jeder Erdschicht [cm]	

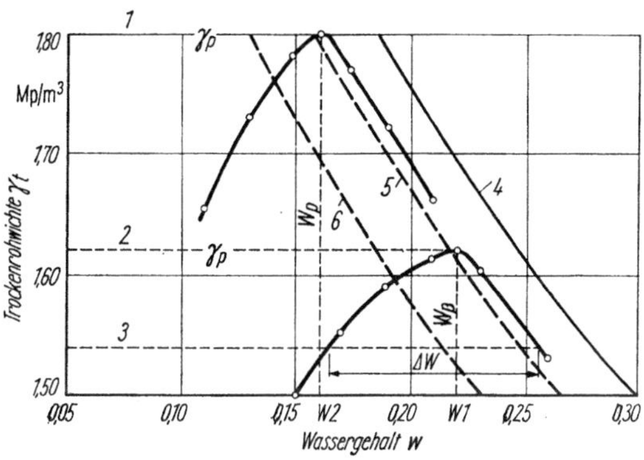

Bild 10. Ergebnisse eines Verdichtungsversuches nach der einfachen und verbesserten Proctordichte
einfache Proctordichte = 60 Mpm/m³ Verdichtungsarbeit
verbesserte Proctordichte = 275 Mpm/m³ Verdichtungsarbeit
1 100% verbesserte Proctordichte;
2 100% einfache Proctordichte;
3 95% einfache Proctordichte;
4 Sättigungslinie (Reindichte 2,70 g/cm³);
5 5% Luftgehalt;
6 10% Luftgehalt

Entsprechend der für die Praxis erforderlichen Verdichtung wurde für die einfache Proctordichte eine Verdichtungsarbeit von $A = 60$ Mpm/m³ festgelegt. Aus Bild 10 ist ersichtlich, daß der Grad der mit gleicher Verdichtungsarbeit erreichbaren Dichte vom Wassergehalt des Erdstoffes abhängig ist. Um die größere Lagerungdichte (Trockenrohwichte γ_p nach *Proctor*) zu erreichen, ist die Verdichtung bei einem optimalen Wassergehalt erforderlich. Wird die Verdichtungsarbeit erhöht, so steigen die Trockenrohwichten an und die optimalen Wassergehalte verringern sich [47, 48, 49].

Eine größere Lagerungsdichte unter der Verdichtung kann erreicht werden, je ungleichförmiger die Kornverteilung des nichtbindigen Erdstoffes ist, und je gedrungener und kantiger die Kornformen sind [48, 50].

Aus Bild 11a und b ist ersichtlich, daß die ungleichförmigen schwachbindigen Kiessande im Vergleich zu den gleichförmigen Kiesen und Sanden größere Trockenrohwichten γ_p nach *Proctor* ergeben. Die in den Proctorkurven dargestellten charakteristischen Abhängigkeiten zwischen Wassergehalt und Trockenrohwichte γ_p gelten strenggenommen nur für korngrößenmäßig gut abgestufte nichtbindige Erdstoffe. Die bei gleichkörnigen Kiesen und Sanden ($U < 5$) unter der Ver-

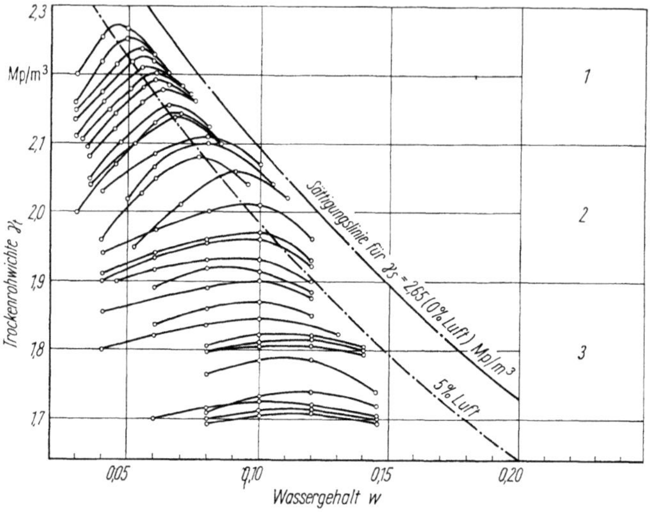

Bild 11. Verdichtung nichtbindiger Erdstoffe [48]

a) Zusammenhang zwischen Trockenrohwichte γ_t und Wassergehalt w_p von Kiesen und Sanden: *1* schwachbindige Kiese; *2* Kiese; *3* Sande;

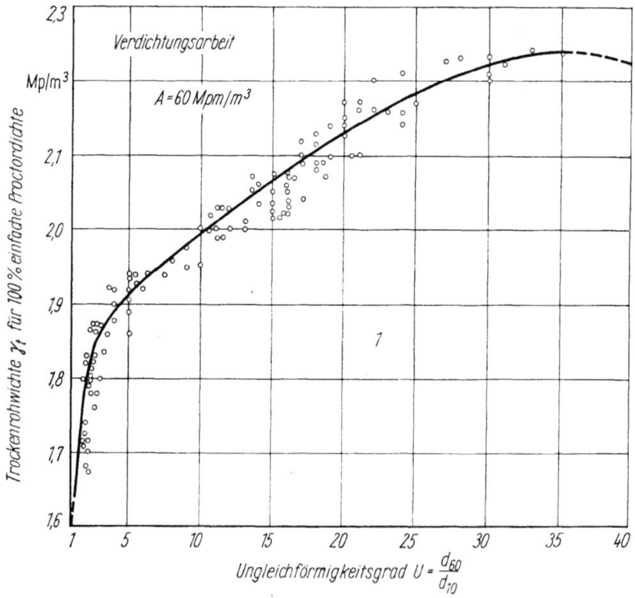

b) Einfluß des Ungleichförmigkeitsgrades U auf die Trockenrohwichte γ_t für Sande und gut abgestufte Kiese: *1* Sande und stetig abgestufte Kiese dichtung auftretenden Trockenrohwichten sind vom Wassergehalt ziemlich unabhängig und die Proctorkurven zeigen einen flachgekrümmten Verlauf (Bild 11a). Die Form der Verdichtungskurven und die Zunahme der Trockenrohwichten von $\gamma_p = 1{,}70$ Mp/m³ (gleichförmige Sande) bis $\gamma_p = 2{,}20$ Mp/m³ (ungleichförmiger Kiessand) wird trotz gleicher Verdichtungsarbeit im wesentlichen von der Kornzusammensetzung bestimmt.

Die graphische Darstellung in Bild 11b besitzt nur für Sande und gut abgestufte Kiessande Gültigkeit [48].

Bei optimalem Wassergehalt wird in ungleichförmigen, nichtbindigen Erdstoffen durch die Oberflächenspannung des Porenwassers eine scheinbare Kohäsion erzeugt, die bei steigendem Wassergehalt und Abnahme der Luft in den Poren vermindert wird. Die in Bild 10 eingetragene Sättigungslinie gilt für den Fall, daß sämtliche Poren des verdichteten Erdstoffes mit Wasser gesättigt sind und die Probe keine Lufteinschlüsse enthält. Gleichlaufend zur Sättigungslinie können die Kurven für unterschiedlichen Luftanteil in das Diagramm eingetragen werden.

Bei geringer Festigkeit des Einzelkornes und unregelmäßigen Kornformen (Verwitterungsmaterial, z. B. Granit- bzw. Syenitgrus) tritt unter der mechanischen Verdichtung während des Versuches eine Kornzertrümmerung ein, die zu erheblichen Veränderungen in der Kornverteilung nach der Versuchsdurchführung führt.

Nach Untersuchungen an Kiesmischungen, gebrochenem Kalkstein, Schlacke und Verwitterungsgrus soll für das normale Verdichtungsgerät (10 cm Durchmesser) ein zulässiges Größtkorn von 20 mm nicht überschritten werden.

Durchlässigkeit

Die Durchlässigkeit nichtbindiger Erdstoffe besitzt für den Dammbau infolge der verschiedenartigen Aufgaben (Durchsickerungen bei Staudämmen, Absenkung der Sickerlinie, Entwässerungsanlagen bei Verkehrsdämmen) eine besondere Bedeutung. Die Durchlässigkeit hängt von der Korngröße, Kornverteilung, Kornform und Rauhigkeit der Körner, vom Porenanteil, vom hydraulischen Gefälle, von der Wasserbindefähigkeit und von der Zähigkeit des Wassers ab. Die einzelnen Verfahren zur Bestimmung der Durchlässigkeit nichtbindiger Materialien sind in Richtlinien und Versuchsanleitungen der Geohydrologie und der Bodenmechanik enthalten. Der Durchlässigkeitsbeiwert k [m/s] wird aus der Wassermenge ermittelt, die in der Zeiteinheit mit einem bestimmten Gefälle durch eine Erdprobe strömt, wobei im allgemeinen eine laminare Strömung vorausgesetzt wird.

Nach *Darcy* bewegt sich das Wasser laminar und die Filtergeschwindigkeit kann für praktische Belange mit hinreichender Genauigkeit angegeben werden.

$$v = ki \text{ [m/s]} \tag{17}$$

v Filtergeschwindigkeit [m/s]

$i = \frac{h}{l}$ hydraulisches Gefälle

h Druckhöhenabfall [m]

l Durchflußlänge [m]

k Durchlässigkeitsbeiwert [m/s]

Tafel 17. Bodenphysikalische Eigenschaften von Dammbaustoffen

a) nichtbindige Erdstoffe

Gesteins-gruppe	Erdstoff	Kornverteilung	Rein-wichte γ_s [p/cm^3]	Durchlässigkeits-beiwert k [m/s]	Verdichtungs-zahl E (Belastungs-bereich 1 … 4 kp/cm^2) [kp/cm^2]	Scherfestigkeit τ [kp/cm^2]	
						Reibungs-winkel φ	Haftfestig-keit c_s [kp/cm^2]
Nicht-bindige Erdstoffe	Schotter, scharfkantig	—	2,64 … 2,65	$> 10^0$	1500 … 3000	$> 40°$	—
	Kies, gleichförmig	$s'K \cdots gK$	2,65	$10^0 \ldots 1 \cdot 10^{-2}$	1000 … 2000	35 … 40°	—
	Kiessand, ungleichförmig	$\bar{s}K \cdots s'gK$	2,65	$10^{-1} \ldots 10^{-2}$	800 … 1500	33 … 38°	—
	Fein- bis Mittelsand, gleichförmig	$fS \cdots mS$	2,65	$1 \cdot 10^{-3} \ldots 3 \cdot 10^{-3}$	500 … 1000	33 … 36°	—
	Sand, sehr fein, ungleichförmig	$su'S \cdots mS$	2,65 … 2,67	$1 \cdot 10^{-4} \ldots 2 \cdot 10^{-4}$	400 … 800	30 … 34°	—

Tafel 17. Bodenphysikalische Eigenschaften von Dammbaustoffen

b) bindige Erdstoffe

Gesteins-gruppe	Erdstoff	Kornverteilung	Korngröße [%] mm Ø < 0,002 mm Ø	Reinwichte γ_s [p/cm³]	Wasserkennzahlen nach *Atterberg* und *Ohde* w_a / w_1	w_f / w_0	w_{fa} / w_{01}	Wasseraufnahmefähigkeit w_b [%]	Durchlässigkeitsbeiwert k [m/s]	Verdichtungszahl E Belastungsbereich 4…8 kp/cm² [kp/cm²]	Scherfestigkeit τ [kp/cm²] Reibungswinkel φ	Haftfestigkeit c_s [kp/cm²]
Bindige Erdstoffe	Verwitterungslehm	*t'su'$\overline{s}$K* bis *tski' Su*	4 … 20	2,68…2,74	0,18…0,21	0,25…0,40	0,08…0,20	40…70	$10^{-8}…10^{-10}$	130…180	25…33°	0,15…0,30
					0,20…0,25	0,30…0,50	0,15…0,25					
	Löß	*t's'Su* bis *s'Su*	2…10	2,65…2,67	0,17…0,21	0,24…0,36	0,05…0,15	40…60	$10^{-7}…10^{-8}$	100…200	24…30°	0,10…0,20
					0,15…0,20	0,30…0,40	0,15…0,20					
	Lößlehm	*t'$\overline{s}$Su* bis *ts'Su*	5…20	2,67…2,70	0,18…0,23	0,25…0,37	0,06…0,18	40…60	$10^{-8}…10^{-9}$	140…250	24…28°	0,15…0,30
					0,20…0,25	0,35…0,50	0,15…0,25					
	Geschiebemergel	*t'su ki'S* bis *t$\overline{su}$ S*	5…15	2,68…2,72	0,18…0,24	0,26…0,36	0,08…0,18	40…60	$10^{-9}…10^{-10}$	150…350	28…34°	0,20…0,50
					0,12…0,24	0,32…0,50	0,15…0,25					
	Geschiebelehm	*t'su$\overline{s}$K* bis *t$\overline{su}$ ki' S*	3…15	2,68…2,71	0,10…0,14	0,20…0,35	0,10…0,18	40…60	$10^{-9}…10^{-10}$	170…300	26…32°	0,15…0,30
					0,15…0,25	0,32…0,52	0,15…0,25					
	Gehängelehm	*$\overline{t}$s'Su* bis *t'ki' $\overline{s}$ Su*	10…30	2,68…2,74	0,17…0,23	0,30…0,50	0,10…0,30	50…70	$10^{-8}…10^{-10}$	120…250	18…25°	0,20…0,50
					0,22…0,30	0,40…0,60	0,18…0,34					
	Auelehm und Aueton	*$\overline{t}$s' Su* bis *t'ki' s Su*	10…40	2,69…2,75	0,20…0,26	0,35…0,70	0,15…0,40	50…80	$10^{-9}…10^{-11}$	80…130	14…22°	0,30…0,60
					0,25…0,35	0,40…0,70	0,18…0,35					
	Ton	*t$\overline{s}$ Su* bis *s' su T*	> 50	> 2,70	> 0,20	> 0,40	> 0,20	> 80	$< 10^{-10}$	< 80	< 15°	> 0,50
					> 0,25	> 0,50	> 0,25					

$$Q = vF \tag{18}$$

Q Durchflußmenge [m³]
F Durchflußquerschnitt [m²]

$$Q = kiF = k\frac{h}{l}F \quad [\mathrm{m^3/s}] \tag{19}$$

$$k = \frac{Ql}{Fh} \quad [\mathrm{m/s}] \tag{20}$$

Der Begriff Wasserdurchlässigkeitskoeffizient k nach *Darcy* ist stets an die laminare Strömung gebunden, die etwa der Filtergeschwindigkeit verhältnisgleich ist. Tafel 17a enthält mittlere Durchlässigkeitsbeiwerte k [m/s].

Die Gesetzmäßigkeiten, die sich beim Wasserdurchfluß durch die Porenräume der verschiedensten Erdbaustoffe ergeben, werden nicht nur durch die physikalisch-mechanischen, sondern auch durch die physikalisch-chemischen Verhältnisse des durchlässigen Erdstoffes und des Durchflußmediums bestimmt. Nach *Ludewig* [51] lassen sich für das Filtergesetz beim Durchfluß des Wassers durch natürliche Lockergesteine Gesetzmäßigkeiten und Gültigkeitsbereiche in Abhängigkeit vom hydraulischen Gefälle und von der Kornzusammensetzung unterscheiden. Die Sande und Kiese liegen dabei vorwiegend im Bereich der laminaren und teilturbulenten Strömung.

Seit der Kenntnis des Darcyschen Gesetzes ist wiederholt versucht worden, die Zusammenhänge zwischen den bodenphysikalischen Kennwerten und der Größe des Durchlässigkeitsbeiwertes rechnerisch zu erfassen, um zeitaufwendige und kostspielige Durchlässigkeits- und Pumpversuche zu sparen. Die Untersuchungen der Einflußfaktoren sind ständig erweitert und vertieft worden, ohne bisher zu einem befriedigenden Ergebnis zu gelangen.

Dadurch, daß die Wasserdurchlässigkeit nichtbindiger Erdstoffe vor allem durch die Größe und Form der Porenräume bestimmt wird, steht sie mit der Kornverteilung in unmittelbarem Zusammenhang.

Verschiedene Beziehungen, die sich auf den Kornaufbau stützen, sind in zahlreichen Arbeiten von *Kozeny* [52], *Terzaghi* [53], *Jurina* [54] und *Zunker* [55] in der allgemeinen Form $k = C\, d_m{}^2$ dargestellt worden, wobei erhebliche Unterschiede in der Auffassung für C und d_m zu erkennen sind. *Hazen* gibt für einen Ungleichförmigkeitsgrad $U = 5$ und für einen wirksamen Korndurchmesser 0,1 mm bei einer Temperatur von 10°C folgenden k-Wert in Abhängigkeit von der Korngröße an:

$$k_{10} = 116\, d_{10}^2 \quad [\mathrm{cm/s}] \tag{21}$$

Beyer [56] hat auf Grund eines umfangreichen Versuchsmaterials für mitteldicht gelagerte Kiese und Sande nachgewiesen, daß für die meisten praktischen Fälle die Möglichkeit besteht, mit Hilfe der Bezugskorngröße $d_{10\%}$ in Verbindung mit dem Ungleichförmigkeitsgrad die zeitraubende und umständliche Ermittlung der wirksamen Korngröße d_w zu umgehen und den k-Wert mit hinreichender Genauigkeit aus graphischen Darstellungen zu bestimmen.

Für praktische Zwecke des Dammbaues wird vor allem so vorgegangen, daß der Durchlässigkeitsbeiwert k im Laboratorium bei unterschiedlichen Porenzahlen ε gemessen wird. Die Versuche werden im Durchlässigkeitsgerät bei entsprechender vertikaler Belastung vorgenommen und bei konstanter Druckhöhe nach der Beziehung

$$k = \frac{Ql}{Fth} \text{ [m/s]} \tag{22}$$

(Q Wassermenge in der Zeit [t], l durchströmte Länge [m], F Probenquerschnitt [m²], h Druckhöhe [m], t Zeiteinheit [s])
und bei veränderlicher Druckhöhe nach der Formel

$$k = 2{,}3 \frac{fl}{Ft} \log \frac{h_1}{h_2} \text{ [m/s]} \tag{23}$$

(f Querschnitt des Standrohres, h_1 Anfangsdruckhöhe [m], h_2 Enddruckhöhe [m]) berechnet.
Bild 12 zeigt die Ergebnisse eines Druckdurchlässigkeitsversuches, woraus der Durchlässigkeitsbeiwert k in Abhängigkeit von der Porenzahl ε abgelesen werden kann.

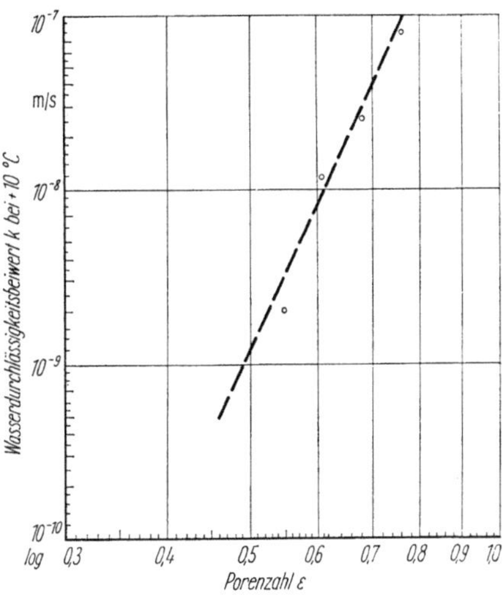

Bild 12. Abhängigkeit des Durchlässigkeitswertes k von der Porenzahl ε (Ergebnis eines Druckdurchlässigkeitsversuches von Verwitterungslehm $w_a = 0{,}26$, $w_f = 0{,}35$, $w_{fa} = 0{,}09$)

Da im praktischen Dammbau die Durchlässigkeit stets gegenüber Wasser bestimmt werden muß, ist die Viskosität des Wassers in Abhängigkeit von der Temperatur bei allen Versuchen zu berücksichtigen [12, 54].
Zusammenfassend können folgende Faktoren genannt werden, die die Durchlässigkeit nichtbindiger Erdstoffe beeinflussen. Der Wasserdurchlässigkeitsbeiwert k [m/s] ist abhängig:

1. linear vom Quadrat der Bezugskorngröße $d_{10\%}$ unter Berücksichtigung eines Formbeiwertes
2. von der sich aus der lotrechten Beanspruchung ergebenden Porenzahl ε
3. von der Viskosität des Wassers als Funktion der Temperatur und
4. vom Luftgehalt des Porenwassers

Scherfestigkeit

Die Scherfestigkeit nichtbindiger Erdstoffe (Sand und Kies) setzt sich aus dem Reibungswiderstand an der Oberfläche der Festbestandteile und aus Gefüge-

widerstand (Verzahnungswiderstand), der infolge der unterschiedlichen Struktur der Körner auftreten kann, zusammen.
Das Coulombsche Reibungsgesetz lautet für rollige, nichtbindige Erdstoffe

$$\tau_s = \sigma \tan \varphi_s \quad [\mathrm{kp/cm^2}] \tag{24}$$

wobei σ die Normalspannung und φ_s den Reibungswinkel im Bruchzustand bedeuten.

Infolge der unterschiedlichen Bewegungsvorgänge (Verschiebung, Drehung, Hebung) der einzelnen unregelmäßig geformten Festbestandteile beim Gleit- und Bruchvorgang, kann der Reibungs- und Gefügewiderstand bei nichtbindigen Erdstoffen verschieden groß sein.
Infolge des größeren Gefügewiderstandes bei natürlich abgelagerten rolligen Erdstoffen tritt beim Abschervorgang eine Auflockerung ein, während ein lockergelagertes nichtbindiges Material verdichtet wird. Aus dem Scherspannungs-Verschiebungs-Diagramm von Scherversuchen mit dichtem und lockerem rolligem Erdstoff lassen sich die verschiedenen Werte der Bruch- und Gleitfestigkeit erkennen (Bild 13a). Bei der Anwendung dieser Festigkeiten ist demnach stets die Möglichkeit einer bestimmten Scherverschiebung unter Berücksichtigung der Lagerungsverhältnisse zu beachten.
Für die Ermittlung der Scherfestigkeit für Dammbauten sind unter Berücksichtigung der auftretenden Porenzahlen ε stets obere und untere Grenzwerte anzugeben. Die Scherfestigkeit ist keine konstante Größe. Ihre Ermittlung ist in Abhängigkeit von der Zeit, der Belastungsgeschwindigkeit und der Belastungshöhe stets unter natürlichen Verhältnissen durchzuführen. Die Scherfestigkeit eines nichtbindigen Erdstoffes wird wesentlich von der Lagerungsdichte bestimmt. Bild 13b zeigt für geringe Normalspannungen $\sigma < 5$ kp/cm² eine lineare Abhängigkeit zwischen Scherspannung τ von der Porenzahl ε [41]. Bei den Versuchen konnte festgestellt werden, daß kurz vor dem Bruchzustand eine Auflockerung einsetzt.
Der Reibungswinkel beim Scherversuch im wassergesättigten Sand ist etwa um 1 bis 2° geringer als beim trockenen Sand, da die Wasserhülle um das einzelne Sandkorn keine Haftfestigkeit bewirken kann. Der wassergesättigte Sand besitzt keine Haftfestigkeit c_s.

Die kritische Dichte, insbesondere bei Standsicherheitsaufgaben im wassergesättigten Sand, hat eine große Bedeutung. Ein Sand besitzt dann die kritische Dichte, wenn während des Abschervorganges weder eine Verdichtung noch eine Auflockerung auftreten kann.

1. Liegt eine dichtere Lagerung vor, als der kritischen Dichte entspricht, so kann bei einer Schubbeanspruchung nur eine Auflockerung eintreten, bei der keine zusätzliche Belastung des Porenwassers erfolgt.
2. Ist eine größere Porenzahl ε als die kritische Dichte vorhanden, so tritt eine Verdichtung, d. h. Hohlraumverminderung des wassergesättigten Sandes ein. Dies kann infolge einer schnellen Schubbelastung zu einem Porenwasserfluß führen.

Die Scherfestigkeit des Sandes hängt demnach nicht nur vom Winkel der inneren Reibung, von der jeweiligen Normalspannung, sondern auch von relativer Lagerungsdichte gegenüber der kritischen Dichte ab.

Die Geschwindigkeit der Laststeigerung beeinflußt den Verlauf des Porenwasseraustrittes und somit die Größe der Scherfestigkeit des wassergesättigten Sandes. Durch Scherversuche mit Sanden [41] konnte festgestellt werden, daß mit anwachsenden Normalspannungen die Abweichungen von der Scherspannungsgeraden zunehmen. Dabei ist ein deutlicher Unterschied zwischen lockerer und dichter Lagerung zu erkennen (Bild 13c).

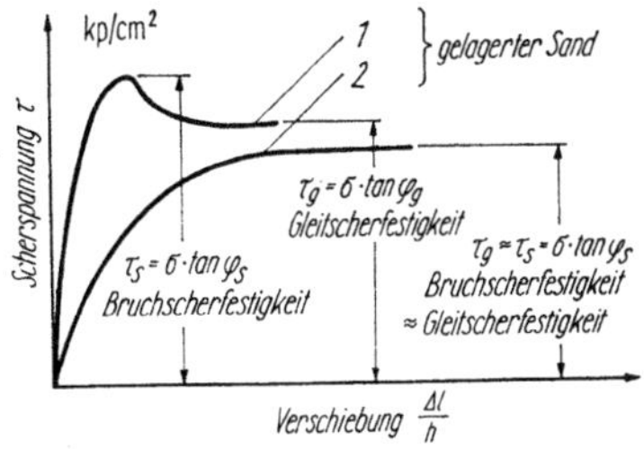

a) Scherspannungs-Verschiebungs-Diagramm
τ_s *Bruchscherfestigkeit* $= \sigma \tan \varphi_s$
τ_g *Gleitscherfestigkeit* $= \sigma \tan \varphi_g$
1 **dicht gelagerter Sand;**
2 **locker gelagerter Sand;**

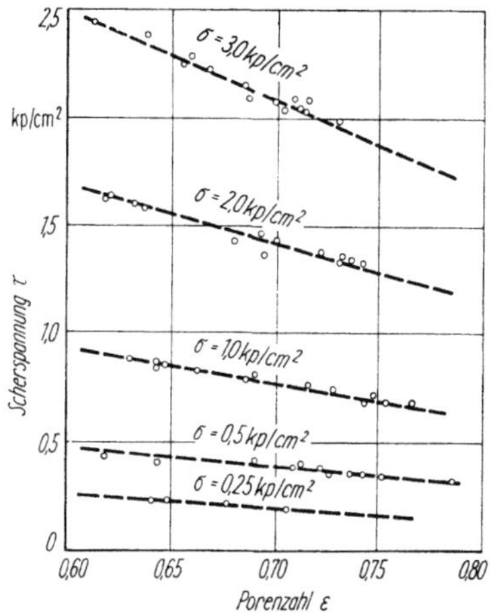

b) Abhängigkeit der Scherspannung von der Porenzahl ε [41] eines Sandes bei verschiedenen Normalspannungen σ

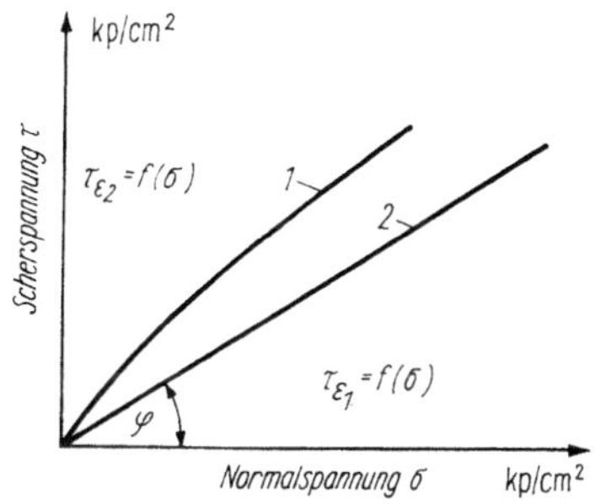

c) Scherspannungs-Normalspannungs-Diagramm eines Sandes bei niedrigen Normalspannungen σ
1 **dicht gelagert;** *2* **locker gelagert**

Bild 13. Scherfestigkeiten nichtbindiger Erdstoffe

2.2.2.2. Bindige Lockergesteine

2.2.2.2.1. Kornzusammensetzung und allgemeine Eigenschaften

Die bindigen Erdstoffe unterscheiden sich von den nichtbindigen Erdstoffen durch die Korngrößenzusammensetzung und den mineralchemischen Aufbau der Einzelkornbestandteile, die dem Erdstoff in Abhängigkeit vom jeweiligen Wassergehalt ein plastisches Verhalten (Bildsamkeit) verleihen. Die bindigen Erdstoffe stellen ein gemischtkörniges Lockergestein dar, das aus Feinstbestandteilen

< 0,002 mm Durchmesser und gröberen Fraktionen bis zur Korngröße des Sandes und Kiessandes reichen kann.

Entsprechend der Korngrößenverteilung, der spezifischen Oberfläche und dem mineralchemischen Verhalten können Lehme und Tone als Hauptvertreter der bindigen Erdstoffe unterschieden werden (Bild 8a).

Lehme sind gemischtkörnige, bindige Lockergesteine, die durch physikalische und chemische Verwitterung aus Fels- und Lockergesteinen hervorgegangen sind (Tafel 6). Sie bilden ein Gemenge von Quarz, Tonsubstanz und Gesteinsresten, das infolge der Eisenhydroxidfärbung gelb bis braun gefärbt sein kann. Neben Trümmermineralen, wie Quarz, Feldspat, Glimmer, Serizit u. ä. treten insbesondere in den feineren Bestandteilen die Tonminerale stärker hervor. Die Lehme werden nach der Art des Ursprungsgesteins als Lößlehme, Geschiebelehme und Verwitterungslehme (Gneislehme, Phyllitlehme) oder nach dem Ort der Ablagerung als Gehängelehme, Auelehme u. a. bezeichnet. Die Bezeichnung der Tone ist ebenfalls nicht einheitlich und geschieht zum größten Teil nach dem Ablagerungsort und teilweise auch nach dem Ausgangsgestein.

Die Tone sind feinkörnige Lockergesteine und bilden ein Mineralgemenge, das durch chemische Verwitterung aus feldspathaltigen Gesteinen hervorgegangen ist und im Korngrößenbereich des Schluffes und Ultraschluffes liegt. Die korngrößenmäßige Betrachtung der Tone ist nicht eindeutig, da die Größe der Tonminerale nicht ausschließlich an den Bereich $\leqq$ 0,002 mm Durchmesser gebunden ist. Im besonderen Falle werden die Tone nach der jeweiligen Tonmineralgruppe (Kaolinit- und Illitgruppe mit starrem Strukturgitter, Montmorillonitgruppe mit ausweitbarem Strukturgitter) und nach dem Kationenaustauschvermögen charakterisiert.

Die Reindichte ϱ_s der bindigen Erdstoffe hängt von der Dichte der einzelnen gesteinsbildenden Minerale ab und kann zwischen den Grenzen 2,67 und 2,75 g/cm^3 schwanken (Tafel 17b).

Konsistenzgrenzen und Wasseraufnahmefähigkeit

Während auf dem Gebiet der keramischen Untersuchungen zahlreiche Verfahren zur Ermittlung des plastischen Verhaltens (Bildsamkeit) bekannt geworden sind [58, 59], benutzt man in der Bodenmechanik die vom Wassergehalt abhängige Konsistenz als Grad der Plastizität. Jede Konsistenzgrenze eines bindigen Erdstoffes ist an einen bestimmten Wassergehalt gebunden, bei dem unter einer festgelegten Versuchsdurchführung [60, 61, 62] der bindige Erdstoff charakteristische Festigkeitseigenschaften aufweist. Zur Bestimmung dieser Konsistenzgrenzen sind deshalb relativ leicht erkennbare Zustandsformen (flüssig, breiig, weich, steif, halbfest und fest) der bindigen Erdstoffe gewählt worden. Nach internationaler Übereinkunft wird die Bestimmung der Wasserzahl an der Fließgrenze w_f im allgemeinen mit dem Fließgrenzenapparat nach *Casagrande* ermittelt, wobei mindestens vier Versuche mit unterschiedlichem Wassergehalt durchgeführt werden müssen.

Obwohl wiederholt zahlreiche Versuche im Ausland von *Wasiljew* [63], *Stefanoff* [64] u. a. unternommen worden sind, durch Einführung von verschiedenen Kegeleindringgeräten die Fehlereinflüsse zu vermeiden, konnte das bekannte Fließgrenzengerät bisher noch nicht ersetzt werden. Durch verschiedene Arbeiten von *Stefanoff* [64], sowie von *Matschak* und *Rietschel* [65] wurden analytische und graphische Zusammenhänge zwischen den Fließgrenzenbestimmungen nach der Standardmethode von *Casagrande* und den Kegeleindringgeräten aufgestellt.

Auf Grund der Wasserkennzahlen nach *Atterberg* ($w_{fa} = w_f - w_a$) und des natürlichen Wassergehaltes w_n läßt sich die Zustandsform (zahl) $w_z = \frac{w_f - w_n}{w_{fa}}$ des bindigen Erdstoffes bestimmen.

Die Festigkeitseigenschaften bindiger Erdstoffe, charakterisiert durch das plastische Verhalten, werden in Abhängigkeit vom jeweiligen Wassergehalt durch den Kornaufbau, durch die Struktur der feinsten Teilchen und durch das mineralchemische Verhalten bestimmt. Demzufolge können diese Konsistenzgrenzen zweckmäßigerweise als Merkmale für eine Klassifizierung herangezogen werden (Bild 4a und b). Infolge der unterschiedlichen bodenphysikalischen und mineralchemischen Zusammensetzung, die als Ursache des plastischen Verhaltens angesehen wird, können die bindigen Erdstoffe mit Hilfe von Wasserkennzahlen nach dem Grad der Bindigkeit eingeteilt werden [23].

Unter dem allgemeinen Begriff Bindigkeit soll die Wasserbindefähigkeit eines Erdstoffes verstanden werden, die durch mehrere bodenmechanische Angaben (Bildsamkeit w_{fa}, Verformungsindex w_{01}, Wasserbindevermögen w_b) bestimmt werden kann.

Der lineare Zusammenhang zwischen der Fließgrenze w_f und der Bildsamkeit w_{fa}, den bereits *Casagrande* in seinem Plastizitätsdiagramm aufgezeigt hat, wurde für mitteleuropäische, unterschiedlich bindige Lehme und Tone bestätigt (Bild 4b). In Abhängigkeit von den wasserbindenden Feinstkornbestandteilen (Tonminerale) wurden Grenzbereiche der Bindigkeit (schwachbindig, mittelbindig, starkbindig und hochbindig) mit Hilfe der Wasserkennzahlen von *Atterberg* (w_f, w_{fa}) oder *Ohde* (w_0, w_{01}) festgelegt [23]. Während im schwachbindigen Bereich die innere Wasserbindefähigkeit, die durch die Adsorptions- und Hydrationswirkungen der Tonminerale hervorgerufen wird, keine besondere Rolle spielt, sondern die Kapillaritätserscheinungen und Schwerkrafteinflüsse überwiegen, nimmt mit steigender Fließgrenze w_f der Einfluß der mineralchemischen Wasserbindung zu [66, 67]. Infolge zahlreicher mineralchemischer Untersuchungen kann die Fließgrenze $w_f = 0{,}40$ etwa als unterer Grenzwert für die Wasserbindefähigkeit von Tonen angesehen werden. Dies bedeutet, daß das plastische Verhalten bindiger Erdstoffe mit $w_f \geqq 0{,}40$ vorwiegend durch den Mineralgehalt und durch die mineralchemische Wasserbindung der Feinstkornbestandteile bestimmt wird [23].

Durch den gleichförmigen Kornaufbau und die ziemlich einheitliche mineralchemische Zusammensetzung liegen die Lößlehme eng begrenzt im schwach- und mittelbindigen Bereich, während Auelehme (-tone) sich bis in den stark- und hochbindigen Bereich erstrecken (Tafel 18). Der Anteil an wasserbindenden Tonmineralen der Feinstkornbestandteile ($< 0{,}002$ mm Korndurchmesser) bestimmt bei Tonen und Lehmen die Bindigkeit und damit die Lage im Plastizitätsdiagramm.

Die von *Ohde* [68] eingeführten Wasserkennzahlen $w_{01} = w_0 - w_1$ können ebenfalls als Grundlage der Einteilung nach Tafel 18 herangezogen werden. Sie besitzen gegenüber den Kennzahlen (w_a, w_f) den Vorteil, daß dynamische und physiologisch bedingte Versuchsfehler besser ausgeschaltet werden können und wertvolle Rückschlüsse auf Steifezahlen, Reibungsbeiwert und Durchlässigkeitswerte k_{10} im Zustand der Erstbelastung gestatten [12, 57]. Analog zur Darstellung im Plastizitätsdiagramm $w_{fa} = f(w_f)$ ergibt sich auch für $w_{01} = f(w_0)$ ein hinreichend linearer Zusammenhang, der eine entsprechende Einteilung nach der Bindigkeit ermöglicht [23].

Tafel 18. Bodenphysikalische Grenzwerte bindiger Erdstoffe nach Bindigkeitsbereichen [23]

Bindigkeitsbereich	Wasserkennzahlen nach *Atterberg*	nach *Ohde*	nach *Neff*	Einfache Proctordichte γ_p [Mp/m³]	w_p	Verdichtbarkeit	Steifezahl[1]) E [kp/cm²]
Schwachbindig	$w_f < 0{,}25$ $w_{fa} < 0{,}08$	$w_0 < 0{,}35$ $w_{01} < 0{,}16$	$w_b \leqq 0{,}40$	$> 1{,}90$	$< 0{,}11$	gut verdichtbar	> 200
Mittelbindig	$w_f = 0{,}25 \cdots 0{,}40$ $w_{fa} = 0{,}08 \cdots 0{,}20$	$w_0 = 0{,}35 \cdots 0{,}55$ $w_{01} = 0{,}16 \cdots 0{,}27$	$w_b = 0{,}40 \cdots 0{,}60$	1,90 ··· 1,75	0,11 ··· 0,17	normal verdichtbar	200 ··· 150
Starkbindig	$w_f = 0{,}40 \cdots 0{,}55$ $w_{fa} = 0{,}20 \cdots 0{,}32$	$w_0 = 0{,}55 \cdots 0{,}75$ $w_{01} = 0{,}27 \cdots 0{,}38$	$w_b = 0{,}60 \cdots 0{,}80$	1,75 ··· 1,60	0,17 ··· 0,22	mäßig verdichtbar	150 ··· 100
Hochbindig	$w_f > 0{,}55$ $w_{fa} > 0{,}32$	$w_0 > 0{,}75$ $w_{01} > 0{,}38$	$w_b \geqq 0{,}80$	$< 1{,}60$	$> 0{,}22$	schwer bzw. nicht verdichtbar	< 100

[1]) bezogen auf die einfache Proctordichte

Das durch die mineralchemischen Eigenschaften hervorgerufene Verhalten der bindigen Erdstoffe kann außerdem nach *Skempton* [69] durch die Ermittlung der kolloidalen Aktivität A charakterisiert werden, die sich als Verhältniszahl aus Bildsamkeit w_{fa} und dem Korngrößenanteil $< 0{,}002$ mm Durchmesser ergibt. *Skempton* legte folgende mineralbedingte Grenzbereiche der Aktivität fest:

inaktiver	Bereich $A < 0{,}75$
normalaktiver	Bereich $0{,}75 < A < 1{,}25$
aktiver	Bereich $A > 1{,}25$

Auf Grund zahlreicher bodenmechanischer Untersuchungen können im allgemeinen die mitteleuropäischen Dichtungslehme und -tone zum größten Teil als normalaktiv angesehen werden [23].

Die Wasseraufnahmefähigkeit eines bindigen Erdstoffes in der Zeiteinheit, die durch die Veränderung des Meniskusstandes im Kapillarrohr des Aufnahmegerätes dargestellt wird, beruht auf einer komplexen Wirkung verschiedener sich überlagernder Einflüsse, wie Kornzusammensetzung, spezifische Oberfläche, Wasseranlagerung verschiedener Mineraltypen und Vorgänge der mineralchemischen Wasserbindung.

Zahlreiche Arbeiten von *Enslin* [70], *Neumann* [66], *Neff* [71] und *Klengel* [72] enthalten Darstellungen über unmittelbare Zusammenhänge der Wasserbindefähigkeit mit anderen Kennwerten.

Mit Hilfe des Gerätes nach *Neff* [71] wird die Wasseraufnahmefähigkeit in der Zeiteinheit von jeweils 1 g des zu untersuchenden Probematerials mit Korndurchmesser $< 0{,}06$ mm bestimmt. *Neff* definiert die Wasseraufnahmefähigkeit als Wasserbindevermögen

$$w_b = \frac{\max w}{g_t} 100 \quad [\%] \tag{25}$$

Entgegen der Festlegung von *Neff* wurde die maximale Wasseraufnahme erst nach 3 bis 4 Stunden Versuchsdauer festgestellt. Dadurch, daß der Zeitpunkt der Beendigung der Wasseraufnahme bei den Lehmen und Tonen nicht genau festgelegt werden kann, ergeben sich zwangsläufig gewisse Streuungen. Somit besteht nur bedingt die Möglichkeit, in Anlehnung an die festgelegten Bindigkeitsbereiche, Grenzbereiche für das Wasserbindevermögen w_b festzulegen (Tafel 18).

Die Bestimmung des Wasserbindevermögens w_b ist eine Schnellprüfmethode, die nur gewisse Tendenzen der Zusammenhänge mit anderen bodenmechanischen Kennziffern gestattet. Sie bietet jedoch die Möglichkeit, den Anteil an mineralchemischen Bestandteilen im Ultraschluffbereich in qualitativer Hinsicht schnell zu bestimmen [23].

2.2.2.2.2 Berechnungsgrundwerte

Lagerungsdichte

Nach internationaler Übereinkunft wird die Versuchsdurchführung nach *Proctor* [42] als Bezugsbasis benutzt, um feinkörnige Erdstoffe nach einer festgelegten Verdichtungsarbeit A [Mpm/m³] zu verdichten. Unter der Proctordichte ϱ_p [g/cm³] ist dabei ein nach der Proctorprüfung zu ermittelnder Festigkeitswert des Erdstoffes zu verstehen, der entsprechend der Verdichtungsarbeit A durch den günstigen Wassergehalt w_p und die größtmögliche Trockenrohdichte ϱ_p des Erdstoffes dargestellt wird.

Als Bezugsbasis dient bei den in Tafel 19 angegebenen Werten stets 100% der einfachen Proctordichte.
In Bild 14a sind einige charakteristische Proctorkurven verschiedener Lehmarten mit dem entsprechenden Verlauf der Porenzahl ε aufgetragen worden. Daraus läßt sich bereits erkennen, daß die Proctorkurven mit abnehmender maximaler Trockenrohwichte γ_p und zunehmendem Wassergehalt eine flachere Krümmung infolge stärkerer innerer Wasserbindung annehmen. Die parabelförmig verlaufenden Kurven von stark- bis hochbindigen Lehmen sind im Vergleich zu den schwachbindigen Lehmen weiter geöffnet. Aus der Feuchtrohwichte γ_f und dem Wassergehalt w läßt sich die Trockenrohwichte γ_t und die Porenzahl wie folgt ermitteln:

$$\gamma_t = \frac{\gamma_f}{1 + w} \qquad \gamma_s \text{ Reinwichte} \tag{26}$$

$$\varepsilon = \frac{\gamma_s}{\gamma_t} - 1 \tag{27}$$

Tafel 19. Bodenphysikalische Grenzwerte verdichteter Erdstoffe nach der einfachen Proctordichte

	Erdstoffe		Reinwichte γ_s [Mp/m³]	Trockenrohwichte γ_p $A = 60$ Mpm/m³ [Mp/m³]	optimaler Wassergehalt w_p	Porenzahl ε_p
Nichtbindige Erdstoffe	Kiese	gut abgestuft	2,65 ··· 2,67	2,10 ··· 2,25	0,06 ··· 0,04	0,26 ··· 0,18
		mäßig abgestuft		1,90 ··· 2,10	0,10 ··· 0,05	0,40 ··· 0,26
		gleichkörnig		1,80 ··· 1,90	0,12 ··· 0,08	0,47 ··· 0,40
	Sande	gut abgestuft	2,65 ··· 2,66	1,80 ··· 2,00	0,12 ··· 0,08	0,47 ··· 0,32
		mäßig abgestuft		1,80	0,08	0,47
		gleichkörnig		1,70 ··· 1,85	0,05 ··· 0,08	0,56 ··· 0,43
Bindige Erdstoffe	Löß (Lößlehme)		2,65 ··· 2,70	1,70 ··· 1,85	0,18 ··· 0,13	0,58 ··· 0,36
	Geschiebelehme		2,68 ··· 2,72	1,80 ··· 2,0	0,14 ··· 0,11	0,52 ··· 0,37
	Verwitterungslehme		2,68 ··· 2,74	1,75 ··· 1,95	0,17 ··· 0,10	0,65 ··· 0,40
	Gehängelehme		2,68 ··· 2,74	1,65 ··· 1,85	0,21 ··· 0,14	0,65 ··· 0,44
	Auelehme (tone)		2,69 ··· 2,75	1,50 ··· 1,75	0,27 ··· 0,16	0,88 ··· 0,50
	Tone		2,70 ··· 2,78	< 1,50	> 0,25	< 0,50

Bild 14. Verdichtung bindiger Erdstoffe [23]

a) Zusammenhang zwischen Trockenrohwichte γ_p und Wassergehalt w_p von Lehmen:
1 Geschiebelehm;
2 Verwitterungslehm;
3 Lößlehm;
4 Gehängelehm;
5 Auelehm;

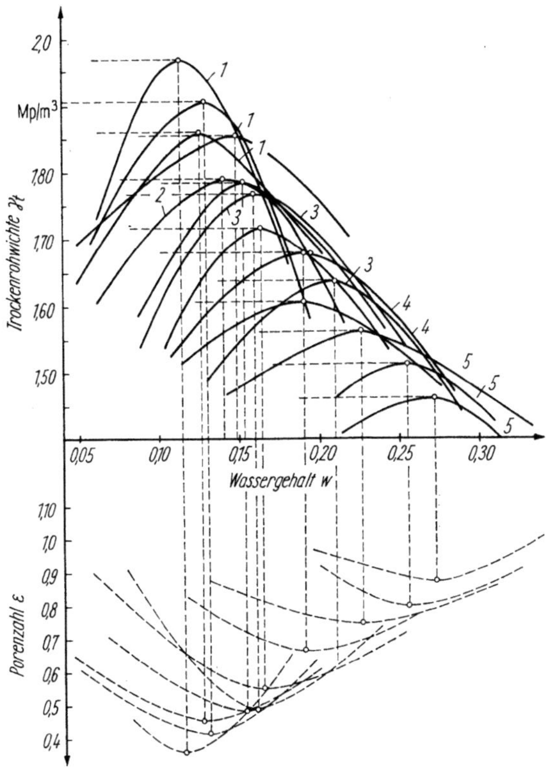

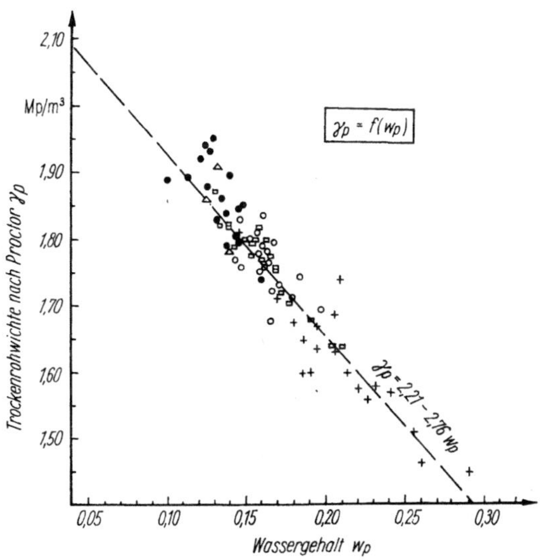

b) Ermittlung einer Regressionsgeraden als Funktion zwischen der Trockenrohwichte γ_p und dem optimalen Wassergehalt w_p

Bereits aus dem Verlauf von wenigen Proctorkurven unterschiedlich bindiger Erdstoffe läßt sich erkennen, daß zwischen der Größe der Trockenrohwichte γ_p und dem optimalen Wassergehalt w_p ein hinreichend linearer Zusammenhang besteht, wie durch eine Regressionsanalyse bestätigt werden kann (Bild 14b). Für mitteleuropäische Lehme und Tone konnte die Beziehung $\gamma_p = 2{,}21 - 2{,}76\, w_p$ mit Hilfe einer Regressionsanalyse ermittelt werden [23]. Vergleichende Betrachtungen mit Ergebnissen von Proctorversuchen unter gleichen Versuchsbedingungen aus dem internationalen Schrifttum [44, 48] ergaben eine gute Übereinstimmung.

Aus der Verteilung der Trockenrohwichten γ_p einiger mitteleuropäischer Lehmarten ist zu erkennen, daß die meisten Lehme einen Wert von γ_p zwischen 1,70 und 1,85 besitzen, wobei die schwach- bis mittelbindigen Erdstoffe im Bereich $\gamma_p > 1{,}75$ Mp/m³ und die hoch- bis starkbindigen Erdstoffe $\gamma_p < 1{,}75$ Mp/m³ auftreten. Der Trockenrohwichte $\gamma_p = 1{,}75$ Mp/m³ kommt in Verbindung mit $w_f = 0{,}40$ die Bedeutung eines Grenzwertes der Verdichtungsfähigkeit zu. Zwischen der Bindigkeit, gemessen mit Hilfe von w_f, w_{fa} oder w_0, w_{01} und der Verdichtbarkeit lassen sich deshalb folgende Schlußfolgerungen treffen (Tafel 18):

schwachbindiger Erdstoff → gut verdichtbar
mittelbindiger Erdstoff → normal verdichtbar
starkbindiger Erdstoff → mäßig verdichtbar
hochbindiger Erdstoff → schwer bzw. nicht verdichtbar

Als Maßstab für die Verdichtbarkeit wird dabei stets der einfache Proctorversuch herangezogen. Die Einteilung der bindigen Erdstoffe nach dem Grad der Bindigkeit läßt sich somit auf die Verdichtbarkeit erweitern, wie aus Bild 15 ersichtlich ist.

Einige ähnliche Zusammenhänge zwischen den Konsistenzgrenzen, dem optimalen Wassergehalt und der Trockenrohwichte wurden für ungarische Erdstoffe von *Cáspár* [73] und *Szilvágyj* [74] dargestellt, ohne eindeutige Grenzwerte anzugeben. Dabei wurde der besondere Einfluß des Tonmineralgehaltes auf die Verdichtbarkeit herausgestellt, und die Erdstoffe wurden in vier Gruppen eingeteilt.

Die Zunahme der Bindigkeit bedeutet, wie aus der Tafel 18 für die verschiedenen Lehmarten ersichtlich ist, daß die Trockenrohwichte γ_p wesentlich abnimmt. Das Anwachsen der wasserbindenden Tonminerale ruft im Erdstoff eine starke innere Wasserbindung hervor und bedeutet, daß die stark- bis hochbindigen Erdstoffe kaum oder nicht mehr nach *Proctor* verdichtet werden können.

Von besonderer praktischer Bedeutung ist der Einfluß der Verdichtungsarbeit auf die Veränderung der bodenmechanischen Eigenschaften [75]. Mit der steigenden Anzahl der Arbeitsübergänge der Verdichtungsmaschinen nimmt die Trockenrohwichte des Dammbaustoffes zu. Durch die Zunahme der Trockenrohwichte γ_p eines mit steigender Verdichtungsarbeit ($A = 60$ bis 275 Mpm/m³) verdichteten Lößlehmes ist eine Verringerung des optimalen Wassergehaltes w_p und der Porenzahl ε verbunden (Bild 16). Der Einfluß der bodenmechanischen Eigenschaften bei Steigerung der Verdichtungsarbeit von der einfachen zur verbesserten Proctordichte soll am Beispiel unterschiedlich bindiger Erdstoffe (Löß- und Auelehme) dargestellt werden, wobei für die einzelnen Verdichtungsstufen eine prozentuale Abstufung der Schlagzahl erfolgte, um eine möglichst gleichmäßige Verdichtung über die gesamte Probe zu erhalten (Bild 17a bis d). Aus den Dar-

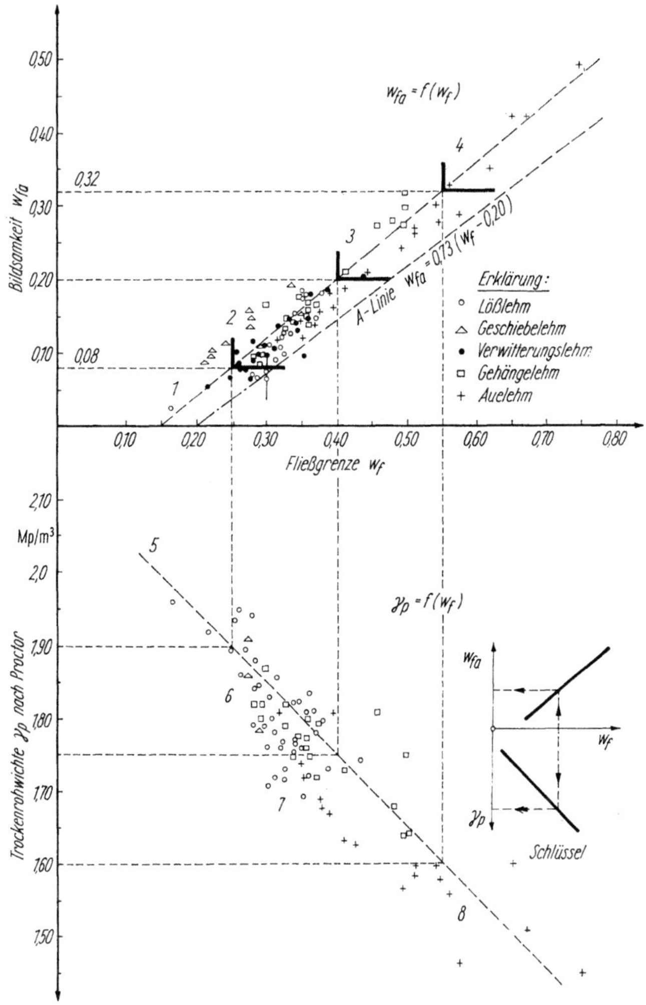

Bild 15. Zusammenhang zwischen der Fließgrenze w_f, der Bildsamkeit w_{fa} und der einfachen Trockenrohwichte γ_p nach Proctor [23]

1 schwachbindig; *2* mittelbindig; *3* starkbindig; *4* hochbindig; *5* gut verdichtbar; *6* normal verdichtbar; *7* mäßig verdichtbar; *8* schwer- bzw. nicht verdichtbar

stellungen ist der Einfluß der Bindigkeit bei steigender Verdichtungsarbeit zu erkennen. Die Scherfestigkeitsparameter $\mu = \tan \varphi$ und c_s wurden an teilweise wassergesättigten Proben bei steifer bis halbfester Konsistenz bestimmt. Die Steigerung der Verdichtung an bindigen Proben erfolgte stets bei einer Zustandszahl $w_z = 0{,}9$ bis 1,1 (Grenze zwischen steifer und halbfester Konsistenz).

Die verbesserte Proctordichte ϱ_{pv} von Erdstoffen kommt nur an stark beanspruchten Dammgliedern zur Anwendung. In zahlreichen Ländern wird nur mit

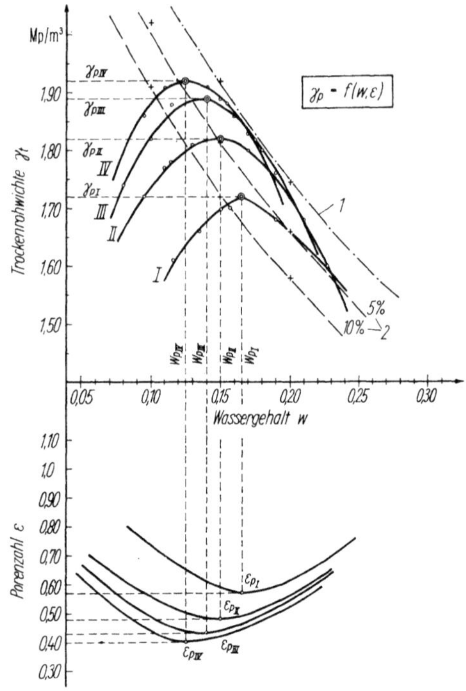

Bild 16. Einfluß der Verdichtungsarbeit beim Proctorversuch auf die Trockenrohwichte γ_p, auf die Porenzahl ε und den optimalen Wassergehalt w_p, Lößlehm $w_a = 0{,}21$, $w_f = 0{,}36$, $w_{fa} = 0{,}15$, $\gamma_s = 2{,}70$ p/cm³
$A_1 = 60$ Mpm/m³ (einfache Proctordichte)
$A_2 = 130$ Mpm/m³
$A_3 = 200$ Mpm/m³
$A_4 = 275$ Mpm/m³ (verbesserte Proctordichte)
1 **Sättigungslinie;** *2* **Luftporen**

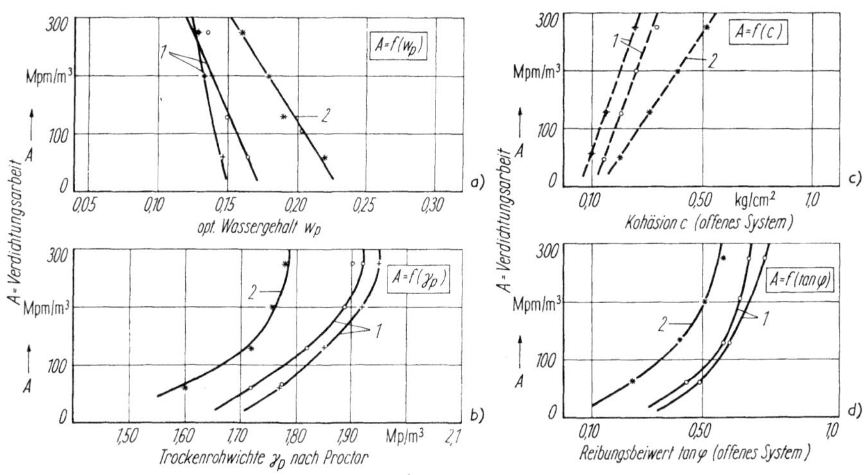

Bild 17. Einfluß der Verdichtungsarbeit bei unterschiedlich bindigen Erdstoffen

a) Einfluß auf den optimalen Wassergehalt w_p; *1* Lößlehm; *2* Auelehm;
b) Einfluß auf die Trockenrohwichte γ_p; *1* Lößlehm; *2* Auelehm;
c) Einfluß auf die Haftfestigkeit c; *1* Lößlehm; *2* Auelehm;
d) Einfluß auf den Reibungsbeiwert μ; *1* Lößlehm; *2* Auelehm

	γ_s	w_a	w_f	w_{fa}
Lößlehm	2,70	0,21	0,36	0,15
Auelehm	2,73	0,21	0,52	0,31

der einfachen Proctordichte ϱ_p gearbeitet. Die Verdichtungsart des Proctorversuches kommt der Wirkungsweise des Stampfbaggers sehr nahe.
Der klimatisch bedingte, sehr unterschiedliche Wassergehalt auf den Dammbaustellen erfordert eingehende Untersuchungen über den Einfluß des Einbauwassergehaltes auf die durch den Proctorversuch erreichten Festigkeitswerte. *Zeller* und *Schneller* [76] haben an unterschiedlichen Erdbaustoffen von schweizerischen Dammbaustellen den Zusammenhang zwischen Einbauwassergehalt w_e, Setzung s, Durchlässigkeitsbeiwert k und Porenwasserspannungen u ermittelt (Bild 18). Dabei ergaben sich für maximale Trockenrohwichten die geringsten Setzungen und die geringsten Durchlässigkeiten bei einem Wassergehalt w_e, der etwa im Bereich vom optimalen Wassergehalt w_p liegt. Während das Minimum der Durchlässigkeit aber auch rechts von w_p liegen kann (nasse Seite), ergeben trocken eingebaute Erdstoffe in bezug auf w_p wesentlich größere Durchlässigkeitswerte. Diese Ergebnisse wurden bereits von *Bjerrum* [43] mitgeteilt.

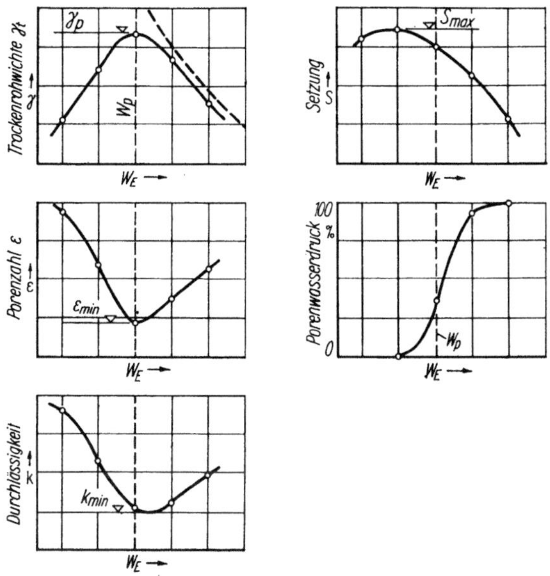

Bild 18. Zusammenhang zwischen Einbauwassergehalt, Verdichtung, Setzung, Durchlässigkeit, Scherfestigkeit und Porenwasserdruck für einen bindigen Erdstoff [76]

Den Bestrebungen, die feinkörnigen, insbesondere die bindigen Dammbaustoffe auf der nassen Seite einzubauen, stehen jedoch technologische Schwierigkeiten des Einbaues (Wellenbildung und Einsinken der Verdichtungsmaschinen) und vor allem eine ungünstige Wirkung auf die Scherfestigkeit entgegen. Ein erhöhter Einbauwassergehalt w_e gegenüber w_p bedingt während des Konsolidationsvorganges große Porenwasserspannungen, die die Scherfestigkeit herabsetzen (Bild 19).
Die Scherfestigkeit verdichteter bindiger Erdstoffe wird demnach vom Einbauwassergehalt, von der Lagerungsdichte und vom Sättigungsgrad bestimmt. Die in Bild 19 erkennbare Abnahme der Scherfestigkeit ist auf Zunahme der Sättigung zurückzuführen. Auf der nassen Seite verdichtete Proben sind dagegen weitgehend mit Wasser gesättigt und besitzen somit nur einen geringen Rei-

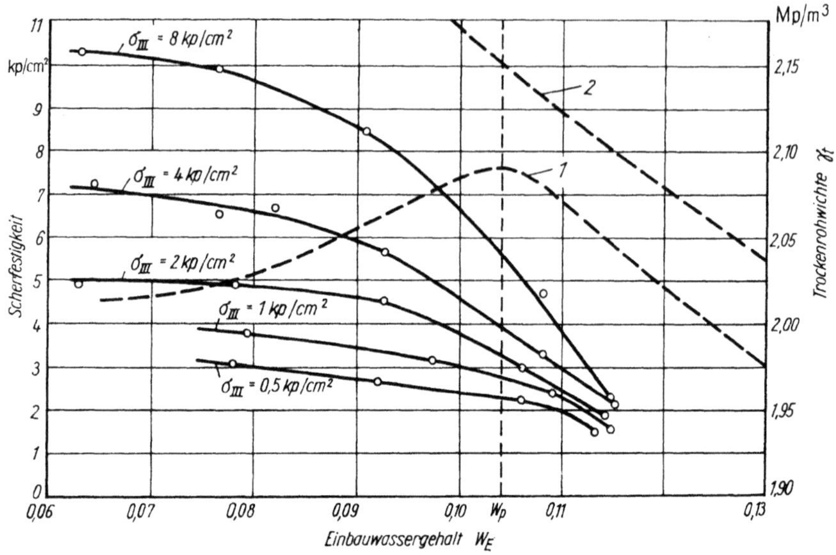

Bild 19. Scherfestigkeit eines verdichteten Moränenlehms in Abhängigkeit vom Einbauwassergehalt [43]

1 Verdichtungskurve; *2* 100% Sättigung

bungsanteil, wobei die auftretenden Porenwasserspannungen von der Größe des Anfangsporenwasserdruckes abhängig sind [75].

Über die durch den Einbauwassergehalt w_e bedingten günstigen und ungünstigen Einflüsse ist von Fall zu Fall zu entscheiden, welchen Forderungen bei der Ausführung des Dammes der Vorzug zu geben ist.

Der Einbauwassergehalt der natürlichen Erddichtungsstoffe sollte wenige Prozente über w_p liegen, wobei der Luftgehalt der Poren die Durchlässigkeit verringert und die Entstehung der Porenwasserspannungen ungünstig beeinflußt. Beim Einbau schwerdurchlässiger Erdstoffe in stark beanspruchte Dammzonen (Kerndichtungen, Basisschichten von Dämmen) sind deshalb Porenwassermessungen an verdichteten Proben, die meist in Verbindung mit dem Triaxialversuch ausgeführt werden, unumgänglich [77].

Durchlässigkeit

Im Vergleich zu den rolligen Erdstoffen besteht keine Möglichkeit, den Durchlässigkeitskoeffizienten bindiger Erdstoffe aus den bodenphysikalischen Kennziffern zu bestimmen. Die Kornzusammensetzung und der mineralchemische Aufbau erschweren die rechnerische Ermittlung der Durchlässigkeit. Die Größe der Durchlässigkeit bindiger Erdstoffe steht in direktem Zusammenhang mit der Benetzbarkeit der feinsten Teilchen, d. h., je feinkörniger die Erdstoffteilchen sind, desto kleiner wird auch der für die Wasserbewegung zur Verfügung stehende Porenraum.

Dieser sogenannte spannungsfreie Porenraum [54, 78] stellt ein Kriterium für die Durchlässigkeit von Erdstoffen mit feinkörniger Struktur dar und wird durch die Kornzusammensetzung und die mineralchemisch begründete Wasserbindefähigkeit bestimmt. Während in einer Erdstoffmischung bis zur Korngröße $d \geqq 0{,}002$ mm Durchmesser mechanisch-physikalische Einflüsse beobachtet werden können, werden im sogenannten kolloidalen Bereich $d \leqq 0{,}002$ mm Durchmesser die Eigenschaften maßgebend durch chemisch-physikalische Vorgänge beeinflußt. Aus der Vielzahl der zusammenhängenden Einflüsse für die Durchlässigkeit bindiger Erdstoffe werden folgende wesentliche Faktoren betrachtet:

1. *Korngröße:* Innerhalb des bindigen Erdstoffes bilden die Poren ein weit verzweigtes, unregelmäßiges Netzwerk, so daß infolge der Reibungskräfte eine lineare Strömung des Wassers angenommen werden kann. Je größer die Porenfeinheit, um so besser die Dichtungswirkung [23, 51].
2. *Porenzahl ε:* Einen wesentlichen Einfluß auf die Größe des Durchlässigkeitsbeiwertes k hat die Lagerungsdichte, die durch die Trockenrohdichte ϱ_{tr} eines verdichteten bindigen Erdstoffes dargestellt werden kann (Bild 14). In verdichtetem Zustand liegen vor allem Kapillarsysteme vor, in denen Reibungs- und Adhäsionskräfte dem Wasserdurchfluß entgegenwirken. Die geringste Wasserdurchlässigkeit wird etwa bei maximaler Trockenrohdichte ϱ_t und bei einem Wassergehalt im Bereich von w_p erreicht [43, 75].
3. *Viskosität:* Die Viskosität des Wassers, die eine Funktion der Temperatur ist, beeinflußt den Durchlässigkeitskoeffizienten. Die in Laborversuchen ermittelten k-Werte beziehen sich meist auf +20 °C [2, 57].
4. *Luftgehalt:* Der Gehalt an löslichem Gas im Porenwasser der Erdstoffe behindert den Wasserdurchfluß und besitzt bei natürlich vorkommenden und künstlich zusammengesetzten Erddichtungsstoffen eine besondere Bedeutung.
5. *Struktur des bindigen Erdstoffes:* Die Kornform (Kugeln, Stäbchen, Plättchen) und die Struktur (Waben-, Flocken- und Krümelstruktur) üben einen beachtlichen Einfluß auf den Durchströmungsprozeß aus. Insofern bildet die Anordnung der Teilchen untereinander, insbesondere im gestörten Zustand, eine wesentliche Voraussetzung der unterschiedlichen Durchlässigkeit in vertikaler und horizontaler Richtung.
6. *Mineralchemische Wasserbindung:* Je mehr wasserbindende Feinstbestandteile (Tonminerale) im Schluff- bzw. Tonkornbereich vorhanden sind, um so stärker sind die Adsorptions- bzw. Hydrationswirkungen. Mit zunehmender Porenfeinheit und der damit verbundenen mineralchemischen Wasserbindung nimmt der Einfluß der Bremskräfte aus reiner Schwerkraft zugunsten der Adsorptions- und Hydrationswirkung ab. Infolge der vorwiegend gemischtkörnigen Zusammensetzung der Lehme und Tone sind beide Wirkungen nicht zu trennen, sondern bilden eine komplexe Erscheinung, die die Durchlässigkeit und damit Beständigkeit gegenüber Wasser bestimmen. Die einzelnen Einflüsse können durch die bodenmechanischen Parameter nicht erfaßt werden [23].

Obwohl *Terzaghi* [4, 53], *Kozeny* [52] und *Jurina* [54] über den spannungsfreien Porenraum versucht haben, die Wasserdurchlässigkeit rechnerisch zu erfassen, sind für praktische Belange stets Laborversuche notwendig.
Die Laborversuche können an gestörten und ungestörten Proben bei konstanter oder fallender Druckhöhe ausgeführt werden [12, 60, 62]. Infolge der zahlreichen Fehlereinflüsse, die mit der Laborbestimmung zwangsläufig verbunden sind

(Randstörungseffekt, Einbaufehler, Lufteinschlüsse usw.), kann bei bindigen Erdstoffen auch damit nur die Größenordnung des k-Wertes festgestellt werden. Die Durchlässigkeitsbeiwerte k [m/s] für bindige Erdstoffe sind in Tafel 17b enthalten. Auf Grund zahlreicher Druckdurchlässigkeitsversuche von Lehmen und Tonen, deren k-Werte in Abhängigkeit von der Porenzahl ε aufgetragen wurden, läßt sich allgemein feststellen, daß schwach- bis starkbindige Erdstoffe, die nach dem Proctorversuch verdichtet worden sind, einen ausreichenden Wasserdurchlässigkeitsbeiwert $k \leqq 1 \cdot 10^{-9}$ m/s besitzen [23, 75]. Eine ausreichende Trockenrohwichte γ_p, in Abhängigkeit von der Bindigkeit, bedingt auch eine genügende Dichtungswirkung und Beständigkeit.
Die von *Ohde* [68] eingeführten lastabhängigen Wasserkennzahlen w_0 und w_1 gestatten u. a. auch wertvolle Rückschlüsse auf den Durchlässigkeitskoeffizienten $k_{1,0}$ für die Erstbelastung. Durch Vergleichsuntersuchungen der Durchlässigkeit [23] mit dem Verfahren nach *Ohde* ergibt sich, daß insbesondere für bindige Erdstoffe ($w_0 > 0{,}50$; $w_{0,1} > 0{,}25$) eine brauchbare Übereinstimmung erzielt werden kann. Durch Untersuchungen von *Nishida* [79] besteht außerdem die Möglichkeit, den k-Wert mit Hilfe der Bildsamkeit w_{fa} in seiner Größenordnung abzuschätzen.

Formänderungen

Die lotrechte Zusammendrückung eines Erdstoffes kann als Maß des elastisch-plastischen Verhaltens (Verformungs- bzw. Steifezahlen) unter einer Belastung angesehen werden und beruht auf der Verringerung des Hohlraumgehaltes. Während bei den nichtbindigen gemischtkörnigen Lockergesteinen die Formänderungen vorwiegend von der Kornzusammensetzung und damit von der Lagerungsdichte bestimmt werden, hängen die Verformungszahlen bei verdichteten bindigen Erdstoffen insbesondere vom Wassergehalt, von der Bindigkeit und von der Trockenrohwichte ab.
Das bekannte Drucksetzungs- oder Druckporenzifferdiagramm beim Druckversuch mit behinderter Seitenausdehnung [12, 60] bildet die Grundlage zur Ermittlung der Steife- oder Schwellzahlen verdichteter bindiger Erdstoffe. Die mit Hilfe des Einbauwassergehaltes errechneten Zustandszahlen $w_z = \frac{w_f - w_n}{w_{fa}}$ unterscheiden sich nur wenig von 1,0, d. h., die in bezug auf den Proctorversuch ermittelten Steifezahlen müssen trotz einer teilweisen Sättigung der steifen bis halbfesten Konsistenzform zugeordnet werden [23].
Aus den unterschiedlich bindigen Lehmen konnten die in Tafel 18 angegebenen Grenzwerte ermittelt werden, wobei mit zunehmender Bildsamkeit w_{fa} die Steifezahlen E, die für den Belastungsbereich $p = 4{,}5$ bis $9{,}5$ kp/cm^2 ermittelt wurden, als Maß der lotrechten Zusammendrückung abnehmen.

Scherfestigkeit

Die Ermittlung der Scherfestigkeit bindiger Erdstoffe ist ein schwieriges Problem der Bodenmechanik und Gegenstand wiederholter zahlreicher Diskussionen in vielen Veröffentlichungen und Tagungen [12, 62, 77]. Die Scherfestigkeit bindiger Erdstoffe wird vor allem durch die Erscheinung der Porenwasserspannungen bestimmt. Erst wenn z. B. der Porenwasserdruck, der infolge einer schnellen Belastungszunahme im schwerdurchlässigen Erdstoff entsteht, auf Null herabgesetzt wird, kann die Scherfestigkeit in voller Größe wirksam werden. Die Scherfestigkeit bindiger Erdstoffe setzt sich daher aus der Scherhaftfestigkeit c_s und dem Produkt zwischen dem Winkel der inneren Reibung φ und dem wirksamen Druck oder Korn-zuKorn-Druck $\bar{\sigma}$ zusammen:

$$\tau_s = c_s + (\bar{\sigma} - u) \tan \varphi \ [\mathrm{kp/cm^2}] \qquad (28)$$

c_s Scherhaftfestigkeit [kp/cm²]
$\bar{\sigma}$ Gesamtspannungen, totale Spannungen [kp/cm²]
u Porenwasserspannungen [kp/cm²]
$\sigma = (\bar{\sigma} - u)$ wirksame Spannungen [kp/cm²]

Die Größe des Porenwasserdruckes hängt von der Belastungsgeschwindigkeit des Baugrundes oder Baustoffes, d. h. von der Bauzeit, vom zeitlichen Verlauf der Konsolidierung des Erdstoffes, von der Mächtigkeit und der Durchlässigkeit ab.

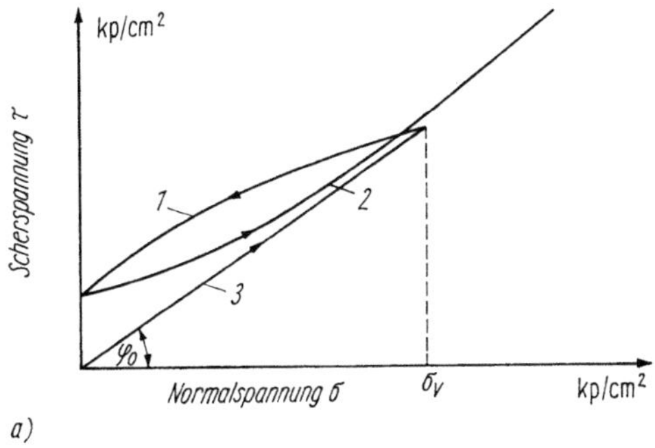

Bild 20. Scherfestigkeiten bindiger Erdstoffe
a) Scherfestigkeitsdiagramm nach *Hvorslev* für langsame Belastung, Entlastung und Wiederbelastung;
1 Entlastung; *2* Wiederbelastung;
3 Erstbelastung;

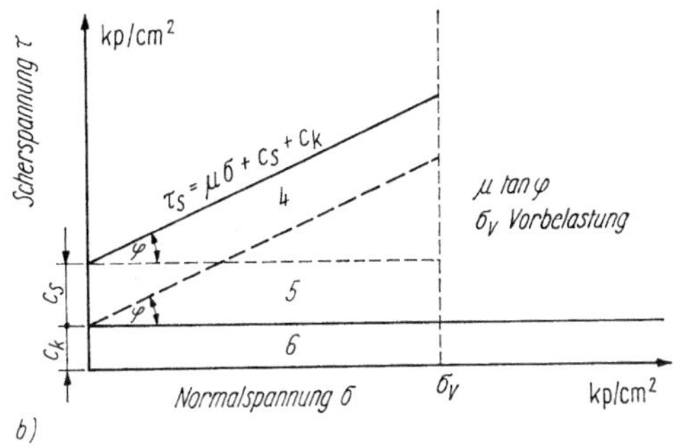

b) Scherspannungs-Normalspannungs-Diagramm, aufgeteilt nach Kapillarfestigkeit, Reibungsfestigkeit und Scherhaftfestigkeit;
4 Scherhaftfestigkeit;
5 Reibungsfestigkeit;
6 Kapillarfestigkeit;

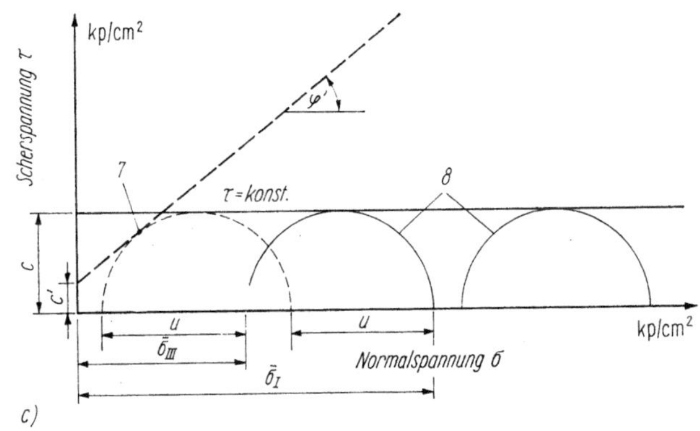

c) wirksame und totale Spannungen im geschlossenen System bei wassergesättigten Erdstoffen;
7 wirksame Spannungen;
8 totale Spannungen

Entsprechend dem Belastungszustand (Erstbelastung, Entlastung und Wiederbelastung) kann die Gesamtscherfestigkeit in Kapillarfestigkeit c_K, Reibungsfestigkeit $\sigma \tan \varphi$ und Scherhaftfestigkeit c_s aufgeteilt werden [60, 62] (Bild 20a und b).

$$\tau_s = c_s + c_k + \sigma \tan \varphi \tag{29}$$

Die Kapillarfestigkeit c_K wird bei Wassersättigung zu Null, während die Scherhaftfestigkeit c_s von der Erst- bzw. Wiederbelastung abhängt.
Die Versuche zur Bestimmung der Scherfestigkeit können in Flachschergeräten und dreiaxialen Druckgeräten durchgeführt werden. Beim dreiaxialen Versuch ist die axiale Spannung die größte Hauptspannung σ_1, die beiden anderen Hauptspannungen σ_2 bzw. σ_3 sind beide gleich dem Zelldruck. Dabei sind grundsätzlich folgende Versuchsdurchführungen mit unterschiedlichen Entwässerungsbedingungen möglich:

1. *Unentwässerte Versuche:* Während der Wirkung der allseitigen Spannung ist keine Entwässerung und deshalb kein Porenwasserdruckausgleich möglich. Die Probe kann nicht konsolidieren (Schnellversuch). Werden diese Versuche mit gesättigten bindigen Erdstoffen unter der Messung des Porenwasserdruckes ausgeführt, dann erhält man die Spannungsverhältnisse nach Bild 20c ($\varphi = 0$ Analyse) [77].
2. *Konsolidierte unentwässerte Versuche:* Unter der Beanspruchung der allseitigen Spannung ist eine Entwässerung der Probe möglich, so daß sie deshalb unter dieser Belastung völlig konsolidieren kann. Während des Abschervorganges ist keine Entwässerung möglich (Schnellversuch mit konsolidierter Probe). Dieser Belastungsfall kann bei verdichteten Dammbaustoffen wiederholt auftreten.
3. *Entwässerte Versuche:* Während der gesamten Versuchsdauer ist eine Entwässerung möglich, so daß unter der allseitigen Belastung eine vollständige Konsolidierung eintritt und beim Abschervorgang kein Porenwasserdruck entsteht (Langsamversuch). Nach Ausgleich aller Porenwasserspannungen kann bei einer langsamen Schubbelastung die Größe der Scherfestigkeit eines bindigen Erdstoffes nach Bild 20b bestimmt werden (Verfahren der wirksamen Spannungen).

Die Größe der Scherfestigkeit eines bindigen Erdstoffes ist also keine Materialkonstante, sondern abhängig von der Belastungsgeschwindigkeit und vom Zustand einer Erstbelastung sowie einer Ent- bzw. Wiederbelastung der Probe.
Welche der angegebenen Versuchsdurchführungen im Einzelfall für die Belange des Dammbaues anzuwenden ist, hängt von der jeweiligen Aufgabenstellung ab. Bei allen Untersuchungen wird die Gesamtscherfestigkeit ermittelt [62].
Die in Tafel 17b angegebenen Scherfestigkeitswerte beziehen sich auf konsolidierte, entwässerte Versuche.

2.3. Einflüsse auf die Ausführung von Dammbauten

2.3.1. Einfluß der Gewinnungsfestigkeit

Eine baustoffgerechte und einheitliche Festlegung der Kosten für den Gewinnungsvorgang von Fels- und Lockergesteinen besitzt für die Planung und Ausführung von Dammbauten eine nicht zu unterschätzende Bedeutung. Das Gewinnen der unterschiedlich festgelagerten Fels- und Erdarten beeinflußt nicht nur die Höhe der Investitionskosten, sondern übt einen wesentlichen Einfluß auf die gesamte Dammbautechnologie aus. Als Maßstab einer einheitlichen Einteilung der

Gesteine nach der Gewinnungsfestigkeit wird der Widerstand angesehen, den das Gestein der Veränderung seiner Beschaffenheit zum Zeitpunkt der Gewinnung entgegensetzt [80].
Diese Einteilung soll möglichst einheitliche und objektiv begründete Angaben enthalten, um allen am Dammbau Beteiligten die Möglichkeit zu geben, die Gewinnungsklasse, unabhängig von subjektiven Einflüssen, nach einheitlich reproduzierbaren und in die Praxis übertragbaren Meßwerten zu bestimmen.
Als Gewinnungsklasse wird eine Gruppe von Locker- und Felsgesteinen verstanden, die in bezug auf die Hand- oder Maschinengewinnung ähnliche oder gleiche Festigkeitseigenschaften aufweisen. Unter dem Gewinnungsprozeß ist demnach ein Arbeitsvorgang zum Lösen und Laden von Fels- und Lockergesteinen zu verstehen, wobei die auftretenden Widerstände (Eindring- und Trennwiderstand) und Kräfte in unmittelbarem Zusammenhang mit dem Gewinnungsgerät stehen [80].
Graben z. B. ist ein Lösevorgang, der in ursprünglicher Form mit dem Spaten ausgeführt wird. Die Bewegungsrichtung des Lösegerätes vollzieht sich vorwiegend lotrecht zur Abtragungsfläche feinkörniger Lockergesteine.
Schürfen ist ein Lösevorgang, bei dem das Schürfgerät vorwiegend parallel zur Geländeoberfläche ausschließlich feinkörniger Lockergesteine bewegt wird.
Reißen ist ein Lösevorgang, der in reiner Form mit den Reißhacken von Aufreißern ausgeführt wird. Dieser Vorgang tritt jedoch in Verbindung mit der Grabwirkung beim Hoch- und Tieflöffel bei festgelagerten bindigen Erdstoffen und Felsgesteinen geringer Festigkeit auf.
Bohren beinhaltet das Eindringen eines rotierenden oder schlagenden Bohrwerkzeuges in den Gesteinsverband und kommt vorwiegend als Vorarbeit für den Sprengvorgang zur Anwendung. Durch das Sprengen wird das Felsgestein oder Lockergestein mit hohem Lösewiderstand infolge einer raschen Umsetzung des Sprengstoffes gelöst.
Die Einteilung der Fels- und Lockergesteine kann nur dann sinnvoll und zweckmäßig erscheinen, wenn die gesteinstechnischen Parameter besonders berücksichtigt werden, weil die Fels- bzw. Erdbaustoffe mittels einer Maschine bewegt und aus ihrem Gefügeverband herausgebrochen oder -gelöst werden.
Das Verhalten gegenüber diesen Bruchbeanspruchungen muß auf der Grundlage von einheitlichen, reproduzierbaren Maßzahlen für die Gewinnungsfestigkeit bestimmt werden. Die Bestimmung des erforderlichen Zeitaufwandes für das Lösen von 1 m^3 Fels- bzw. Erdmaterial hat sich in bezug auf die frühere Handgewinnung und auch für das maschinelle Gewinnen im modernen Erdbau als unzureichend erwiesen, da eine Vielzahl von wesentlichen Einflußfaktoren (Grabtiefe, Lösewerkzeug, Baggertyp, Gerätezustand, Maschinistenqualifizierung u. ä.) unberücksichtigt geblieben sind.
Die Einteilung der Gesteine nach deutschen Verhältnissen erfolgt nach 8 bzw. 10 Gewinnungsklassen mit ungenügenden Angaben über die bodenmechanischen bzw. gesteinstechnischen Eigenschaften und entspricht nicht mehr den Anforderungen des modernen Erdbaues [11, 15].
Die in Tafel 20 aufgestellte Einteilung umfaßt 10 Gewinnungsklassen, die nur unzureichende Angaben mit subjektivem Charakter über die Festigkeitseigenschaften der Erd- und Felsarten enthalten und auf Handlösegeräte orientieren.
Während in Ungarn für Hand- und Maschinengewinnung getrennte Klassifizierungssysteme bestehen, stützt sich die sowjetische Einteilung ausschließlich auf

Tafel 20. Einteilung der Fels- und Lockergesteine nach der Gewinnungsfestigkeit (Handgewinnung) [117]

Gewinnungs-klasse	Lösegerät	Erd- bzw. Felsarten
1	Schöpfgerät	*schlammige Erdart*, auch Triebsand ohne Wurzeln
2	Schaufel	*leichte Erdart* ohne nennenswerten inneren Zusammenhang, wie lose Muttererde, loser Sand, Kiessand, trockene lose Asche, stechbarer und zersetzter Torf, sandiger Kleiboden
3	Schaufel, zum Teil Spaten	*mittlere Erdart* mit innerem Zusammenhang, wie lehmig-toniger Sand, Löß; ferner auch Kiessand mit zersetztem Torf und Marschboden, festgelagerter Lehm, leichter Ton
4	Spaten, zum Teil Breithacke	*schwere Erdart* mit starkem innerem Zusammenhang, wie sandiger Lehm und Ton, nasser festgelagerter Sand, leichter Mergel und Kleiboden sowie loses Felsgeröll
5	Breit- und Kreuzhacke	*Hackboden* mit starkem innerem Zusammenhang, wie festgelagerter Lehm und Ton, mittlerer bis schwerer Mergel, verwittertes Trümmergestein sowie nasser Lehm und Ton, die am Spaten klebenbleiben
6	Kreuz- und Spitzhacke	*leichter Hackfelsen*, wie fester Mergel, schieferartiger Fels, Kalkmergel, Konglomerate, Steine, Kreide, weicher Sandstein
7	Brechstangen, Keile Aufbruchhämmer	*schwerer Hack- und Brechfelsen*, nichtkompakter klüftiger Felsen, schieferartiger Fels oder Stein- und Moränengeschiebe
8	leichte Sprengmittel	*weicher Sand- und Kalkstein*, Tonschiefer und Konglomeratgestein, Keupersandstein, poröser Kalkstein
9	mittlere Sprengmittel	*mittlerer Kalk und Sandstein*, schwere Konglomeratgesteine mit bindigen Erdarten, versetzter Fels-Quarzsandstein (Grauwacke, Kieselschiefer, dichter Kalkstein)
10	schwere Sprengmittel	*Fels in Bänken*, harter Kalkstein, Erstarrungsgesteine (Vulkangestein und umgewandelte Gesteine, Granit, Gneis, Basalt, kristallisierter Schiefer)

die Art der Gewinnungsmaschine, wobei besondere Eigenschaften (Fülleigenschaften u. a.) berücksichtigt werden.
Das sowjetische Einteilungssystem umfaßt 11 Gewinnungsklassen, wobei die mit Gewinnungsmaschinen zu lösenden Lockergesteine den Gruppen 1 bis 6 und die nach der Bohrarbeit mit genormten Bohrhämmern zu gewinnenden Felsgesteine in die Gruppen 1 bis 5 unterteilt werden.

Spezielle Untersuchungen zur Erfassung der Wechselwirkung zwischen Gesteinsart und Lösegerät wurden von *Dombrowski* [82], *Kühn* [83, 85], *Bala* [81] u. a. vorgenommen.
Während die Arbeiten von *Dombrowski* sich unter Anwendung unterschiedlicher Koeffizienten des Lösewiderstandes auf den Universalbagger stützen, wendet sich *Kühn* vorwiegend dem Flachbaggereinsatz zu.

Vorschlag einer Klassifizierung der Lockergesteine nach bodenmechanischen Kennwerten [80]

Die wesentlichste Voraussetzung einer Einteilung nach objektiven Kriterien ist eine einheitliche Bezugsbasis. Durch die Vielfalt der boden- und felsmechanischen Einflußfaktoren und durch die sehr unterschiedlichen Gefüge- und Festigkeitsverhältnisse der Fels- und Lockergesteine kann sich der vergleichende Meßwert vorerst nur auf sämtliche Lockergesteine beziehen. Da der in seinen vielfältigen Formen auftretende Lösevorgang des Grabwerkzeuges etwa mit dem Schervorgang beim Eindringen einer Schneide verglichen werden kann, soll durch den Eindringwiderstand einer Schneide die Lösefestigkeit des Gesteins für den Vorschlag einer Klassifizierung gemessen werden.
Durch zahlreiche Schneiden-Eindringversuche [80] (Abmessungen der Schneide 5 mm × 30 mm) konnten die Abhängigkeiten zwischen dem Eindringwiderstand S_W und dem natürlichen Wassergehalt auf der Baustelle und im Laboratorium unter Berücksichtigung unterschiedlicher Bindigkeit aufgezeigt werden. Als Grenzwerte der Bindigkeit wurden die in Tafel 18 festgelegten Bindigkeitsbereiche auch als Grundlage für eine Einteilung nach der Gewinnungsfestigkeit verwendet. Zwischen dem Eindringwiderstand der Schneide S_W als Vergleichsmaßstab zur Einteilung der Gewinnungsklassen, der Bindigkeit und dem natürlichen Wassergehalt konnten Zusammenhänge ermittelt werden, die als Vorschlag zur Klassifizierung nach bodenmechanischen Kennwerten dienen sollen [80].
Rollige und verkittete nichtbindige Erdstoffe ordnen sich ebenfalls in das Klassifizierungssystem ein. Tafel 21 und Bild 21 enthalten die Grenzwerte zur Einordnung der Lockergesteine [80] nach der Gewinnungsfestigkeit unter Beibehaltung von 6 Gewinnungsklassen auf der Grundlage der Bindigkeitsbereiche nach Tafel 18.
Eine besondere Beachtung muß bei diesem Vorschlag dem Einfluß des Grobkornes auf die Gewinnungsfestigkeit geschenkt werden, wobei zwischen der Grundsubstanz und den grobkörnigen Bestandteilen unterschieden werden muß.
Je nach dem Anteil an Grobkorn und dem Grobkorndurchmesser wird die Erhöhung des Lösewiderstandes einen unterschiedlichen Betrag aufweisen. Die feinkörnigen Erdstoffe mit Grobkornanteilen nach Tafel 21 werden wie folgt eingestuft:

1. Einordnung der feinkörnigen Grundsubstanz nach Bindigkeit und natürlichem Wassergehalt
2. Die Menge und die Abmessungen des Grobkornanteiles kann entsprechend der in Tafel 21 dargestellten Angaben die Gewinnungsklasse maximal bis 3 Klassen erhöhen

Diese Vorschläge einer objektiven Einteilung der Gewinnungsklassen besitzen folgende Vorteile [80]:

1. Die Festlegung der Gewinnungsklassen nach bodenmechanischen Gesichtspunkten kann bereits während der Baugrunderkundung und Projektierung nach den bekannten Wasserkennzahlen (Bindigkeit) und nach dem natürlichen Wassergehalt erfolgen

Tafel 21. Vorschlag zur Einteilung der Lockergesteine nach bodenphysikalischen Kennziffern [80]

Gewinnungsklassen

Gesteinsgruppe	Gewinnungsklasse	Bindigkeitsgrad nach Tafel 18	Porenanteil n; natürlicher Wassergehalt w_n	Eindringwiderstand E_w [kp/cm²] Drehscherfestigkeit τ' [kp/cm²]	Einfluß von Grobkorn und Steinen	Hinweise für Handgewinnung
Lockergestein	1	—	—	—	—	Schöpfgerät
	2	nichtbindig	$n > 0{,}25$	$E_w < 13{,}0$ $\tau' < 0{,}8$	—	Schaufel
		schwachbindig	$w_n > 0{,}18$			
		mittelbindig	$w_n > 0{,}26$			
		starkbindig	$w_n > 0{,}34$			
	3	nichtbindig	$n < 0{,}25$	$E_w = 13 \cdots 20$ $\tau' = 0{,}8 \cdots 1{,}5$	Lockergesteine der Gew.-Kl. 2 mit 10 ··· 30% Kornbestandteilen $d = 60 \cdots 200$ mm ⌀	Schaufel, zum Teil Spaten
		schwachbindig	$w_n = 0{,}15 \cdots 0{,}18$			
		mittelbindig	$w_n = 0{,}20 \cdots 0{,}26$			
		starkbindig	$w_n = 0{,}28 \cdots 0{,}34$			
	4	schwachbindig	$w_n = 0{,}11 \cdots 0{,}15$	$E_w = 20 \cdots 27$ $\tau' = 1{,}5 \cdots 2{,}3$	Lockergesteine der Gew.-Kl. 2 mit > 30% $d = 60 \cdots 200$ mm ⌀	Spaten, zum Teil Breithacke
		mittelbindig	$w_n = 0{,}16 \cdots 0{,}20$		Lockergesteine der Gew.-Kl. 2 mit 10 ··· 30% $d > 200$ mm ⌀	
		starkbindig	$w_n = 0{,}23 \cdots 0{,}28$		Lockergesteine der Gew.-Kl. 3 mit 10 ··· 30% $d = 60 \cdots 200$ mm ⌀	

	5	schwachbindig	$w_n = 0{,}06 \cdots 0{,}11$	$E_w = 27{,}5 \cdots 65$ $\tau' = 2{,}3 \cdots 3{,}6$	Lockergesteine der Gew.-Kl. 2 mit 30% $d > 200$ mm ∅	Breit- und Kreuzhacke
					Lockergesteine der Gew.-Kl. 3 mit > 30% $d = 60 \cdots 200$ mm ∅	
		mittelbindig	$w_n = 0{,}16 \cdots 0{,}20$		Lockergesteine der Gew.-Kl. 3 mit $10 \cdots 30$% $d > 200$ mm ∅	
		starkbindig	$w_n = 0{,}18 \cdots 0{,}23$		Lockergesteine der Gew.-Kl. 4 mit $10 \cdots 30$% $d = 60 \cdots 200$ mm ∅	
	6	schwachbindig	$w_n < 0{,}06$	$E_w > 65$ $\tau' = 3{,}6$	Lockergesteine der Gew.-Kl. 3 mit > 30% $d > 200$ mm ∅	Kreuz- und Spitzhacke
		mittelbindig	$w_n < 0{,}12$		Lockergesteine der Gew.-Kl. 4 mit > 30% $d = 60 \cdots 200$ mm ∅	
					Lockergesteine der Gew.-Kl. 4 mit $10 \cdots 30$% $d > 200$ mm ∅	
		starkbindig	$w_n < 0{,}18$		Lockergesteine der Gew.-Kl. 5 mit $10 \cdots 30$% $d = 60 \cdots 200$ mm ∅	
Felsgestein	$7 \cdots 10$	Reproduzierbare, einheitliche Meßwerte liegen für die Felsgesteine noch nicht vor				Brechstangen, Aufbruchhämmer, Sprengmittel

2. In Zweifelsfällen kann durch die Proctornadel der Eindringwiderstand E_w[kp/cm^2] gemessen werden. Der Einsatz der einfachen kreuzförmigen Drehflügelsonde auf der Baustelle erlaubt ebenfalls eine überschlägliche Bestimmung der Drehscherfestigkeit τ'[kp/cm^2].
3. Die 10 Gewinnungsklassen werden beibehalten, wobei die Gewinnungsklassen 1 bis 6 nach bodenmechanischen Merkmalen eingeteilt werden können. Die Gewinnungsklassen 7 bis 10 (Felsgesteine) verbleiben vorerst in der entsprechenden Einteilung, da die geologischen Einflüsse (Verwitterungsgrad, Gesteinsfestigkeit, Art des Bindemittels, Flächengefüge, Klüftigkeit, Schieferung, Schichtung usw.) mit einheitlicher Bezugsbasis schwierig zu erfassen sind.

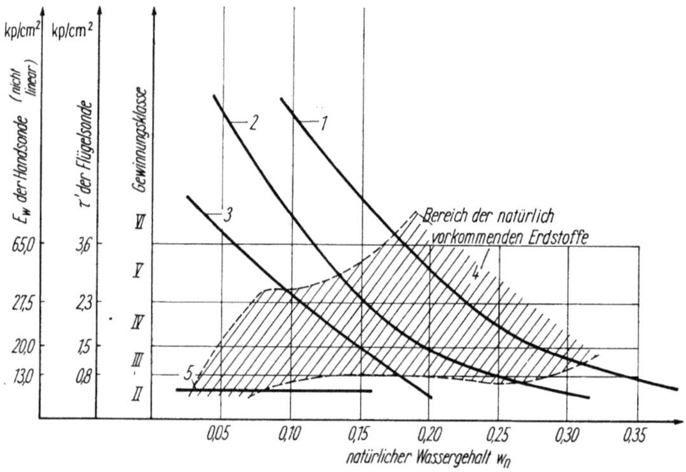

Bild 21. Einteilung der Gewinnungsklassen 1 bis 6 in Abhängigkeit von den bodenphysikalischen Kennziffern [80] *(Bindigkeit, natürlicher Wassergehalt, Eindringwiderstand und Drehscherfestigkeit)*

1 starkbindig; *2* mittelbindig; *3* schwachbindig; *4* Bereich der natürlich vorkommenden Erdstoffe; *5* rollig

Während die Einteilung in 10 Gewinnungsklassen sich noch an die Klassifizierung bestehender Einteilungssysteme anlehnt, sind die Gewinnungsklassen im Hinblick auf den Einsatz von universellen Gewinnungsmaschinen im Erd- und Dammbau auf wenige zu reduzieren [84].

Mit zunehmender Größe und Leistungsfähigkeit können die Gewinnungsmaschinen im Erd- und Dammbau universell eingesetzt werden, und die effektive Leistung des maschinellen Lösegerätes wird nur noch in geringem Maße von der Lösefestigkeit des Fels- und Lockergesteines bestimmt.

2.3.2. Einfluß der Lade- und Transportfähigkeit

Die großen Unterschiede, die infolge des Gewinnungsvorganges zwischen dem primären und dem sekundären Gefüge [85] bei den Fels- und Lockergesteinen entstehen, erfordern eine gewisse Abschätzung der Lade- und Transportmöglichkeiten. Während beim Einsatz von Standbaggern und Erdtransportmaschinen die

Bewertungsunterschiede nicht so deutlich in Erscheinung treten, wird die Transportleistung von Flachbaggermaschinen (Planierraupe, Schürfkübel) sehr wesentlich von den füllmechanischen Beanspruchungen bestimmt [83]. Die Eigenart der Füllbewegungen bedingt, daß die Füllung des Flachbaggergrabgefäßes in Abhängigkeit von dem Gefüge der Fels- und Lockergesteine in weiten Grenzen schwanken kann.
Nach *Kühn* [83] hängt der Füllungsgrad von den Gefügeeigenschaften des Gesteins und der Füllmechanik der Gewinnungsmaschine ab, d. h., ob das Gestein in das Grabgefäß nur hineingeschoben wird (Ladeschaufel, Löffel) oder ob es durch einen schmalen Schlitz hochgepreßt (Schürfkübel) werden muß.
Durch den Begriff der kinetischen Bodenzähigkeit η_b versucht *Kühn*, das Verhalten der sekundären Struktur des gelösten Erd- bzw. Felsmaterials zu charakterisieren und gibt Zusammenhänge zwischen dem Füllungsgrad bei Schürfkübeln und der Tragfähigkeit an [83].
Für die Dammbaustoffe läßt sich demnach folgende allgemeine Einteilung treffen.

Gut ladefähige Dammbaustoffe:
schwachbindige Sande und Kiese (Gewinnungsklasse 2 und 3)

Mäßig ladefähige Dammbaustoffe:
schlammig, breiige Erdstoffe, feste Erdschollen (Gewinnungsklasse 1, 4 und 5)

Schwer ladefähige Dammbaustoffe:
schiefrige und plattige Felsgesteine, unregelmäßige Stückgröße (Gewinnungsklasse 6 bis 10)

2.3.3. Einfluß der Einbaufähigkeit

Hierbei ist zwischen dem trockenmechanischen und hydromechanischen Einbau zu unterscheiden:

Die trockenmechanische Einbauweise gliedert sich in den Einbau feinkörniger Lockergesteine unter Berücksichtigung eines günstigen Einbauwassergehaltes bei gegebener Verdichtungsarbeit und in den Einbau von reinen oder gemischtkörnigen Felsschüttungen nach dem Prinzip des kleinsten Hohlraumes. Dabei erweisen sich alle schieferigen, plattigen und sperrigen Felsgesteine als schlecht einbaufähig.
Die hydromechanische Einbauweise bevorzugt in erster Linie alle schwachbindigen Erdstoffe bis zur Korngröße des Mittelsandes, während alle gemischtkörnigen Lockergesteine und felsigen Gesteinsmassen für den hydromechanischen Transport ausscheiden.

2.3.4. Einfluß der Verdichtungsfähigkeit

Beim stoffgerechten Einbau muß das Gestein mit der sekundären Struktur durch mechanische Verdichtungsarbeit in eine möglichst dichte Lagerungsform übergeführt werden. Um die zweckmäßigste Verdichtungsform zu wählen, ist es notwendig, den Einfluß der Verdichtungsfähigkeit auf die unterschiedlichen mechanischen Vorgänge kennenzulernen.

Zu diesem Zwecke ist es im allgemeinen erforderlich, die Fels- und Lockergesteine in fünf Gruppen unterschiedlicher Verdichtungsfähigkeit einzuteilen:

1. Felsige, grobstückige Massen (Steinbruchmaterial, Haufwerk nach Sprengungen) mit massigem Gefüge (bankig, blockig) können entsprechend der Stückgröße nur mit schwersten Verdichtungsmaschinen wirkungsvoll verdichtet werden.
   Die Verdichtungsfähigkeit hängt von der Gesteinsfestigkeit, von der Stückgröße, von der Zusammensetzung der Schüttung, von der Form der Oberflächenrauhigkeit und vom Verwitterungsgrad ab.
   Zur Erreichung einer hohen Lagerungsdichte können diese Massen als gut bis bedingt verdichtungsfähig angesehen werden.
2. Vorwiegend gemischtkörnige feste Gesteinsmassen (Verwitterungsschutt, Steinbruchabraummaterial, Geröllablagerungen) bilden die Voraussetzung eines scherfesten Einbaues mit hoher Lagerungsdichte. Diese Materialien besitzen vielfach eine Kornzusammensetzung nach der Fullerkurve und sind sehr gute Dammbaustoffe, insbesondere für Stütz- und Füllkörper. Sie sind gut bis sehr gut verdichtungsfähig.
3. Kohäsionslose Lockergesteine (Schotter, Geröll, Kies und Sand)
   Die Kornzusammensetzung, der Ungleichförmigkeitsgrad, die Kornform, die Kornrauhigkeit und die Korngröße, in Abhängigkeit von der Dicke der Lagenschüttung, bestimmen die Größe der Trockenrohwichte als Maßstab der Lagerungsdichte. Unter Berücksichtigung des Ungleichförmigkeitsgrades, der Kornform und Kornrauhigkeit sind sie als gut verdichtungsfähig anzusehen.
4. Gemischtkörnige, schwachbindige Lockergesteine (tonig, schluffige, kiesige Sande, lehmiger Felsschutt, Lößlehme, Gehängelehme, Verwitterungslehme, Geschiebemergel, Geschiebelehme) werden nach der Kornverteilungskurve durch ein langgestrecktes Kornband charakterisiert und enthalten oftmals jede Kornfraktion. Dabei wird das Verhalten als Dammbaustoff durch die Größe des wasserempfindlichen Anteils bestimmt. Infolge der großen Kornbandbreite besitzen sie eine gute Kornabstufung und ergeben unter der mechanischen Verdichtung eine hohe Lagerungsdichte. Je mehr derartige Kornverteilungskurven nach dem Prinzip des kleinsten Hohlraumes (Fullerkurve) aufgebaut sind, um so besser sind diese Erdarten zu verdichten. Sie sind im allgemeinen gut bis sehr gut verdichtungsfähig.
5. Bindige Lockergesteine (Auelehme und Tone)
   Das bodenmechanische Verhalten dieser bindigen Erdstoffe wird durch den Grad der Bindigkeit bestimmt. Der Anteil des Wassergehaltes bestimmt sowohl die plastischen Eigenschaften als auch die Festigkeit und erschwert somit den Einbau- und Verdichtungsvorgang. In Abhängigkeit vom Grade der Bindigkeit können diese bindigen Erdstoffe als mäßig bis schwer verdichtungsfähig angesprochen werden.

3. Entwurf und Konstruktion von Verkehrsdämmen

3.1. Gliederung und Querschnitte von Verkehrsdämmen

Die trapezförmigen Querschnittsformen der Verkehrsdämme werden im wesentlichen durch die Eigenschaften der natürlichen Dammbaustoffe bestimmt und sind demzufolge, im Vergleich zu Ingenieurbauwerken aus künstlichen Baustoffen, in der Vergangenheit nur einer geringen Wandlung unterworfen gewesen. Die vom Regelquerschnitt des Verkehrsweges und vom Dammbaumaterial abhängige äußere Form entspricht unter Berücksichtigung der Beanspruchung einem Minimum an Dammkubatur.

Die Forderungen, die im modernen Verkehrsbau an die Gestaltung der Dammquerschnitte gestellt werden, führen dabei zu Dammkonstruktionen, die oftmals stark von der Trapezform abweichen. Flache Böschungsneigungen, Ausrundungen am Dammfuß und an der Dammschulter sowie große Dammbreiten an der Sohle werden wiederholt durch landschaftsgestalterische Gesichtspunkte oder durch eine

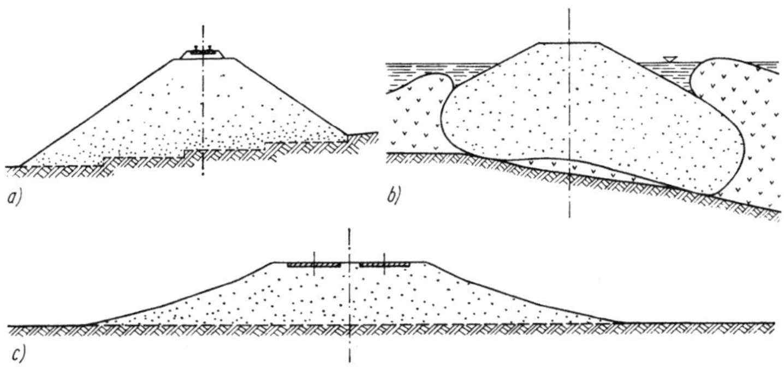

Bild 22. Schematische Querschnittsformen von Verkehrsdämmen
a) Eisenbahndamm auf geneigtem Baugrund;
b) Verkehrsdamm auf tiefliegendem nichttragfähigem Baugrund unter Wasser;
c) Autobahndamm mit geschwungener Böschungslinie und Ausrundungen am Böschungsfuß

geringe Tragfähigkeit des setzungsempfindlichen Untergrundes bedingt. Die Frage nach dem Umfang der Massenbewegung wird durch den hohen Mechanisierungsgrad diesen gestalterischen und trassierungsmäßigen Gesichtspunkten oftmals untergeordnet (Bild 22).

Die Gestaltung und die Gliederung des Querschnittes eines Verkehrsdammes werden durch den Verwendungszweck (Eisenbahn- oder Straßendamm), Verkehrs-

belastungen, Witterungsverhältnisse, Dammbaustoffe, Baugrundverhältnisse, topographische Lage und Forderungen der Bauausführung bestimmt.
Die für den Entwurf und die Konstruktion von Erdbauten maßgebenden Faktoren – Verwendungszweck, örtliche Verhältnisse, Baugrund und Dammbaustoffe – sind in Tafel 22 zusammengestellt worden und beeinflussen in hohem Maße die Technologie der Erdbauten, bei denen die Dämme eine vorrangige Stellung einnehmen.

Tafel 22. Einflußfaktoren auf den Entwurf und die Konstruktion von Erdbauten

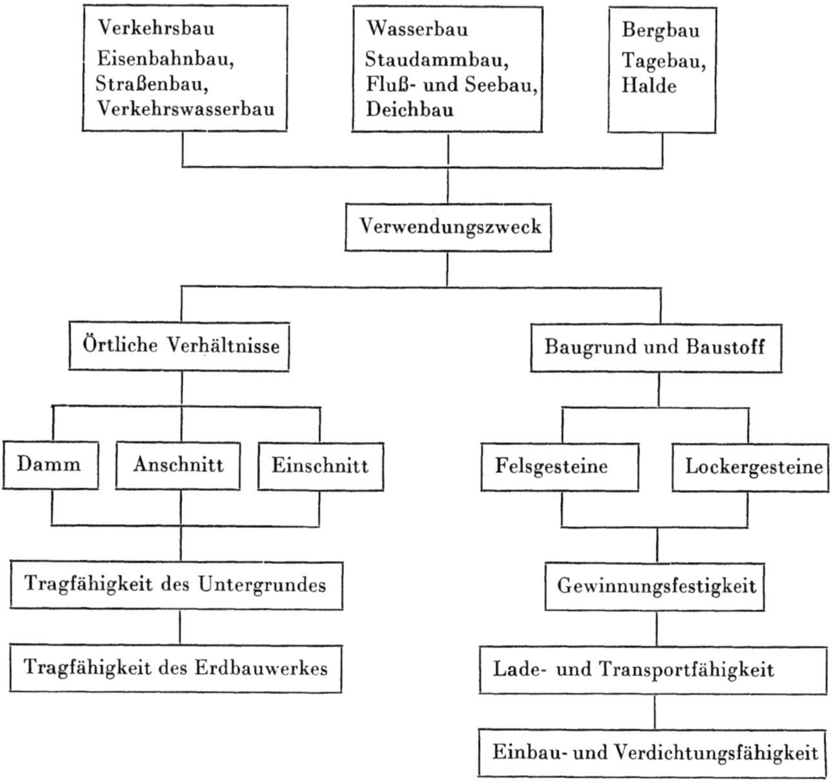

Die Bezeichnungen der Konstruktionselemente im Dammbau sind aus Bild 23 ersichtlich. Die Dammhöhe bezieht sich bei horizontalem Untergrund auf die Höhe in der Dammachse oder bezeichnet bei geneigtem Gelände den maximalen lotrechten Unterschied zwischen einer Dammschulter und dem Gelände.
Die Aufstandsfläche des Dammes auf dem Baugrund wird als Dammsohle oder Dammfuß bezeichnet. Der sich darauf aufbauende Dammkörper (Dammitte oder Dammkern) wird nach außen durch die Dammböschungen begrenzt und findet den Abschluß in der Dammkrone mit den seitlichen Dammschultern. Die Breite an der Dammkrone wird durch die Regelquerschnitte der Eisenbahnen, Straßen oder Autobahnen bestimmt. Die Breite am Dammfuß wird durch das Dammbaumaterial und durch die Geländeverhältnisse festgelegt (Tafel 23).

Tafel 23. Böschungsneigungen verdichteter Erdstoffe für Verkehrsdämme

Gesteinsgruppe	Erdstoff (verdichtet)	Dammhöhe [m]	Böschungsneigung	Bildsamkeit w_{fa}	Feuchtrohwichte γ_f [Mp/m³]	Scherfestigkeit τ Reibungswinkel $\varphi°$	Scherhaftfestigkeit c[kp/cm]
Nichtbindige Erdstoffe	Kiessand und Steine *)	unabhängig von der Dammhöhe	1 : 1,5				
	grober Sand *)		1 : 1,7				
	feiner Sand *)		1 : 2				
Bindige Erdstoffe	Schluff (Löß, Lößlehm)	0 ··· 3 3 ··· 6 6 ··· 9 9 ··· 12 12 ··· 15	1 : 1,6 1 : 2 1 : 2,2 1 : 2,3 1 : 2,4	< 0,10	1,8	25	0,25
	magerer Lehm sandiger, schwach toniger Schluff (Geschiebemergel, Geschiebelehm)	0 ··· 3 3 ··· 6 6 ··· 9 9 ··· 12 12 ··· 15	1 : 1,25 1 : 1,6 1 : 1,8 1 : 1,9 1 : 2	0,10 ··· 0,20	1,9	25	0,50
	fetter Lehm und magerer Ton schwach sandiger schluffiger Ton (Auelehm, Aueton)	0 ··· 3 3 ··· 6 6 ··· 9 9 ··· 12 12 ··· 15	1 : 1,25 1 : 1,7 1 : 2,1 1 : 2,4 1 : 2,5	0,20 ··· 0,30	2,0	17,5	1,0
	fetter Ton (ungeeignet)	0 ··· 3 3 ··· 6 6 ··· 9 9 ··· 12 12 ··· 15	1 : 1,25 1 : 1,4 1 : 2,6 1 : 3,2 1 : 3,5	> 0,30	2,0	10	1,75

*) bei mindestens mitteldichter Lagerung

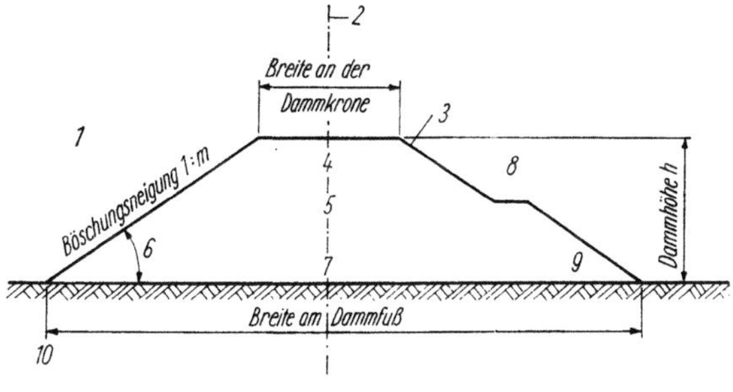

Bild 23. Bezeichnung der Konstruktionselemente im Dammbau

1 Dammschüttung; *2* Dammachse; *3* Dammschulter; *4* Dammkrone; *5* Dammkörper; *6* Böschungswinkel; *7* Dammsohle; *8* Berme; *9* Dammfuß; *10* Baugrund

Im Vergleich zu den Staudämmen werden die Verkehrsdämme infolge geringerer Beanspruchung und der einfacheren Technologie als homogene oder als einfach gegliederte Dämme ausgeführt. Unter Berücksichtigung der stark wechselnden dynamischen Belastung im Bereich der Dammkrone und infolge der sehr unterschiedlichen Dammbaustoffe wird im Verkehrsdammbau die horizontale Gliederung bevorzugt. Da die stärksten Beanspruchungen durch Verkehrs- und Klimaeinflüsse sich an der Dammkrone und an den Dammböschungen auswirken, sind an diesen Dammgliedern die verlagerungssicheren und witterungsunempfindlichen Dammbaustoffe einzubauen (Bild 24a bis c).

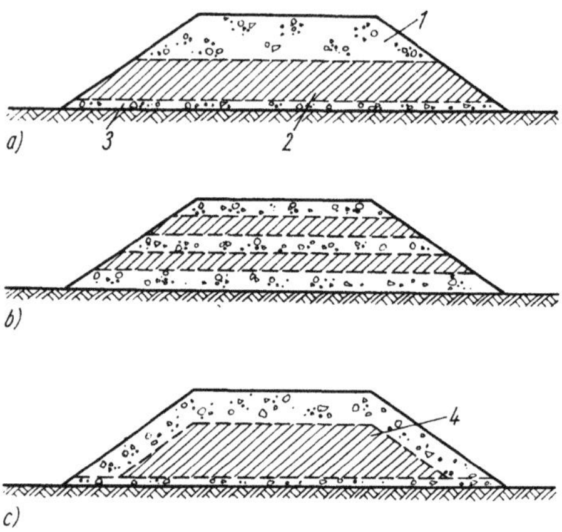

Bild 24. Gliederung von Verkehrsdämmen
a) Sicherung der Dammkrone;
1 nichtbindige Dammbaustoffe (Sand, Kies);
2 verwitterungs- und wasserempfindliche, bindige Dammbaustoffe (Lehm, Ton);
3 kapillarbrechende Schicht;

b) mehrfache horizontale Gliederung;

c) Sicherung der Dammböschung durch nichtbindige Erdstoffe;
4 Dammkörper aus bindigen Erdstoffen

Der oberflächennahe Bereich an Eisenbahnen und Straßen, der durch die Verkehrs- und klimatischen Einwirkungen am stärksten beansprucht wird und dessen Aufgabe darin besteht, die Verkehrslasten auf den natürlichen oder künstlichen Untergrund (Baugrund oder Damm) zu übertragen, wird allgemein als Tragkörper bezeichnet.

3.1.1. Querschnitte von Eisenbahndämmen

Der Eisenbahnoberbau (Gleise, Weichen und Bettung) überträgt die durch die Fahrzeuge hervorgerufenen Kräfte auf den Eisenbahnunterbau, der die Gründung für den Oberbau darstellt. Nach dem Schrifttum des Eisenbahnbaues umfaßt der Unterbau den eigentlichen Erdkörper in Form von Dämmen, Einschnitten und in besonderen Fällen auch Brücken, Durchlässe und Tunnel [86, 87, 88, 89]. Es erscheint daher im Hinblick auf die Tragfähigkeit des Erdkörpers von Eisenbahnanlagen zweckmäßig, den Begriff „Unterbau“ stets im engeren Sinne einer Gründung auf natürlichem oder künstlichem Untergrund zu verwenden. Die ausreichende Tragfähigkeit des Erdkörpers ist die Voraussetzung für eine betriebssichere und dauerhafte Lage des Oberbaues. Zur raschen Entwässerung des Planums und wegen der maschinellen Bettungsreinigungsarbeiten ist das Dammprofil bei eingleisigen Bahnen mit einseitiger Querneigung von 1 : 25 bei nichtbindigen und 1 : 20 bei bindigen Erdstoffen auszuführen (Bild 25a).

Die Breite der Dammkrone muß dabei so bemessen werden, daß die Querschnitte den Bettungskörper aufnehmen können und zu beiden Seiten ein Randweg von mindestens 40 cm Breite verbleibt. Die Kronenbreite ist bei eingleisigen Normalspurbahnen mit 6,0 m und bei einer zweigleisigen Normalspurbahn mit 10,0 m festgelegt. Bei Krümmungsstrecken mit Radius $R < 2000$ m wird eine Verbreiterung des Planums vorgenommen. Die Randwege sollen bis 30 cm unter die Bettung greifen und aus einer 10 cm dicken Schicht von Steinkohlenschlacke oder granulierter Hochofenschlacke hergestellt werden. Das Erdplanum zweigleisiger und mehrgleisiger Bahnen ist stets zweiseitig geneigt auszubilden (Bild 25b). Die nach-

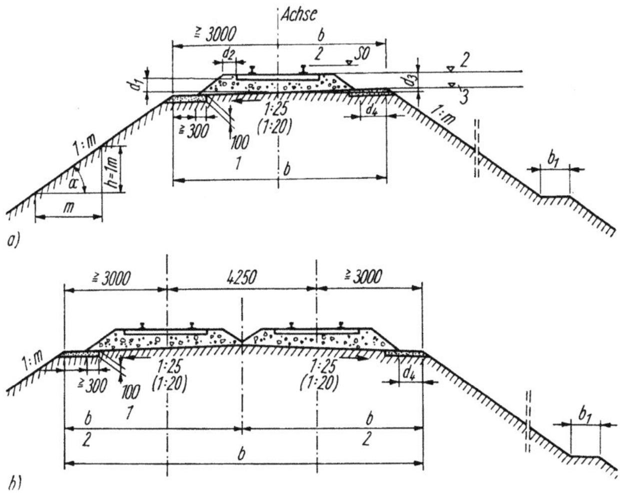

Bild 25. Regelquerschnitte von Eisenbahnen

a) eingleisige Normalspurbahn (Dammstrecke);
1 Schlacke; *2* Bahnkrone; *3* Unterbauplanum;
b) zweigleisige Normalspurbahn (Dammstrecke);
b Breite der Dammkrone oder des Erdplanums; *1* Schlacke; b_1 Breite der Berme (Böschungsabsatz); d_1 Bettungshöhe; d_2 Breite des Bettungsrandes; d_3 Höhe des Bettungskörpers; d_4 Breite des Randweges; $\tan \alpha = 1 : m$ Böschungsneigung
Querneigung des Planums: nichtbindige Erdstoffe 1 : 25, bindige Erdstoffe 1 : 20

trägliche Verbreiterung des Bahnkörpers durch eine lagenweise Anschüttung hat nach entsprechender Abstufung so zu erfolgen, daß ein Erdkörper mit einheitlicher Dichte und Tragfähigkeit entsteht. Die Anschüttung darf nicht Ausgangspunkt von Rutschungen sein (Bild 26a). Die Gestaltung des Dammquerschnittes mit Gradienten in verschiedener Höhenlage ist nach Bild 26b auszuführen. Bei beengten Raumverhältnissen ist auf die Grabenmulde zu verzichten und eine Tiefenentwässerung auszuführen. Bei Schüttung von Dämmen auf einer Geländeneigung $> 20\%$ (1 : 5) ist unter Berücksichtigung der Baugrundverhältnisse eine Abtreppung erforderlich, um eine gleitsichere Verbindung mit dem Untergrund zu gewährleisten (Bild 26c). Die Breite der Verzahnungsstufen richtet sich dabei nach technologischen Forderungen. Bei elektrifizierten Strecken gelten für die Dammquerschnitte die Richtlinien für die Errichtung von Fahrleitungen mit den jeweiligen Nennspannungen, wobei die Mastfundamente nicht in die Bahngräben eingebaut werden dürfen und einen Abstand von 2,30 m von der Gleisachse haben müssen. Außer diesen Regelprofilen sind für folgende Streckenabschnitte besondere Profilentwürfe vorzusehen:

1. Dammhöhe größer als 12 m
2. Trasse an Steilhängen mit Neigung größer als 1 : 3 oder an besonders rutschgefährdetem Untergrund
3. Dammschüttungen unter dem Wasserspiegel
4. Dammgründung auf nichttragfähigem tiefliegendem Untergrund
5. Ausführung von Dämmen nach dem hydromechanischen Verfahren

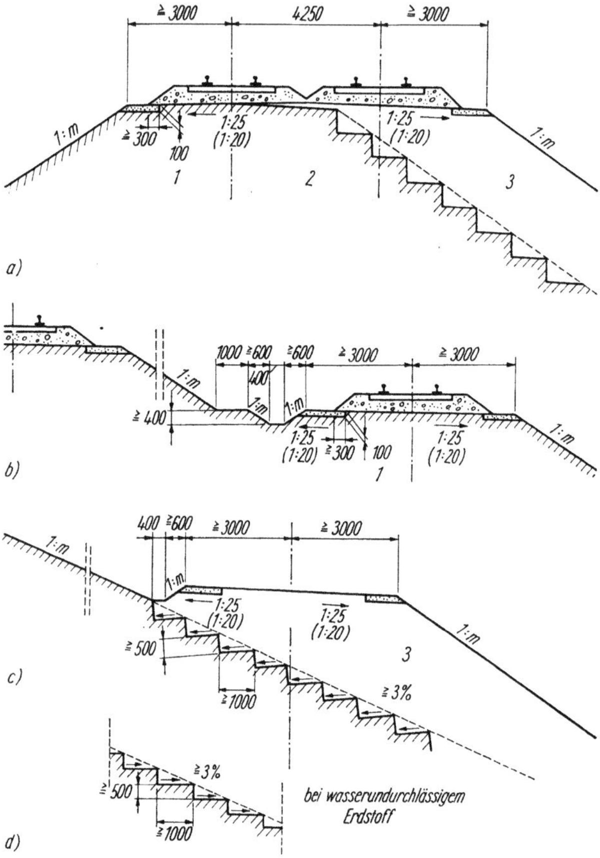

Bild 26. Sonderbauweisen für Eisenbahndämme

a) nachträgliche Dammverbreiterung; *1* Schlacke; *2* vorhandener Dammkörper; *3* Anschüttung;

b) Dämme in verschiedener Höhenlage; *1* Schlacke;

c) Anschüttungen bei geneigtem Untergrund;

d) bei wasserundurchlässigem Erdstoff

3.1.2. Querschnitte von Straßendämmen

Die Linienführung legt unter Berücksichtigung der Wirtschaftlichkeit und der Verkehrssicherheit (straßenverkehrstechnische Gesichtspunkte) die Trasse im Gelände fest, wobei für die Gestaltung der Erdbauwerke straßenbauliche, erdbautechnische und landschaftsgestalterische Gesichtspunkte eine wesentliche Rolle spielen. Die baulichen Bestandteile eines Straßenquerschnittes sind in Bild 27a enthalten. Die Kronenbreite b_k für Straßendämme wird durch die Regelquerschnitte für zwei- und vierspurige Fahrbahnen bestimmt. Die Angaben über die Breite von Randstreifen, Seitenstreifen, Fahrbahn einschließlich Nebenspur sind aus Richtlinien und Vorschriften des internationalen Straßenbaues [57, 90] zu entnehmen. Bild 27b enthält Richtwerte für Böschungsneigungen von Straßendämmen in Abhängigkeit von der Dammhöhe. Die geschwungene Böschungslinie mit der Ausrundung am Dammfuß gewährleistet im allgemeinen eine ausreichende Standsicherheit der Böschung und fügt sich gut in das Landschaftsbild ein. Diese

Bild 27
Bauliche Bestandteile des Straßenquerschnittes
a) Bezeichnung der Bestandteile;
1 Böschung;
2 Randstreifen;
3 Seitenstreifen;
4 Nebenfahrspur;
5 Seitenbahn;
6 Fahrbahn;
7 Leitstreifen;
8 Trennstreifen;

b) Richtwerte für Böschungsneigungen

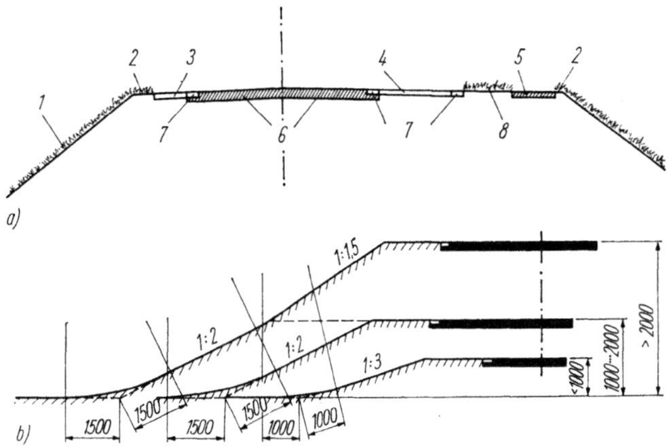

Bild 28
Bauliche Bestandteile des Autobahnquerschnittes
a) Bezeichnung der Bestandteile;
1 Richtungsfahrbahn;
2 Böschung;
3 Randstreifen;
4 Haltespur;
5 Leitstreifen;
6 Hauptspur;
7 Mittelstreifen;

b) Richtwerte für Böschungsneigungen

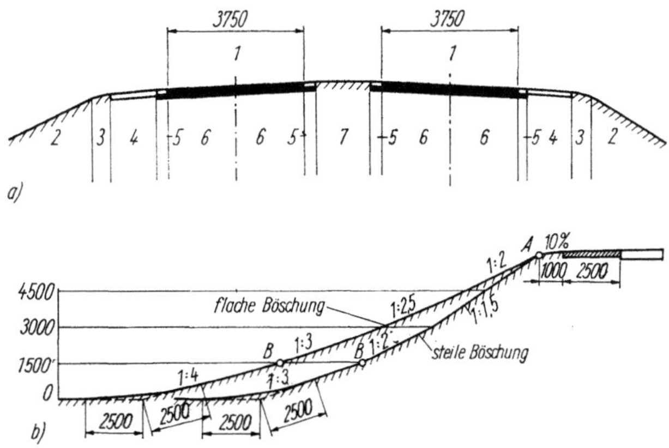

gleichen Forderungen werden auch bei den breiten Autobahnquerschnitten erhoben. Hierbei unterscheidet man in Abhängigkeit vom Landschaftscharakter Dammquerschnitte mit flacher und steiler Böschung (Bild 28a und b). Aus der Gestaltung der Dammquerschnitte von Straßen- und Autobahndämmen ist zu erkennen, daß durch diese ästhetischen Gesichtspunkte hohe Dammkubaturen entstehen können.

3.2. Beanspruchung und Tragfähigkeit der Verkehrsdämme

Für die Verkehrsdämme können als Dammbaustoffe die in Tafel 7 und 8 aufgeführten geeigneten natürlichen Fels- und Lockergesteine Verwendung finden, die auf trockenmechanischem oder hydromechanischem Wege verlagerungssicher in den Damm eingebaut und verdichtet werden müssen.

Als ungeeignet scheiden folgende natürliche Erdstoffe aus:

1. organische Erdstoffe mit durchschnittlich > 6% Humusgehalt
2. wasserlösliche Salze
3. Erdstoffe, die > 5% an Anhydrit, Gips und anderen löslichen Salzen enthalten

Alle Hochofen- und Braunkohlenaschen sind nach den bisherigen Erfahrungen als Dammbaustoffe im Verkehrsbau anzusehen [91]. Nach *Löser* [92] eignen sich Braunkohlenaschen (Rostaschen, Brennkammer- und Filteraschen) unter Berücksichtigung ihrer spezifischen Eigenschaften zum Bau von Verkehrsdämmen, wenn Schutzmaßnahmen zur Verhinderung der Versickerung von Aschewässern in den Untergrund vorgesehen sind. Bezüglich des Anteils an wasserlöslichen Stoffen wird bei der Verwendung im Verkehrsbau von *Löser* keine Beschränkung auferlegt.

3.2.1. Eisenbahndämme

3.2.1.1. Beanspruchung des Eisenbahnunterbaues

Der Eisenbahnunterbau wird durch die Verkehrslasten, die über Schienen, Schwellen und Gleisbettung auf das Erdplanum übertragen werden, und die klimatischen Einflüsse (Niederschläge, Hitze- und Frostwirkung) beansprucht (Bild 29).

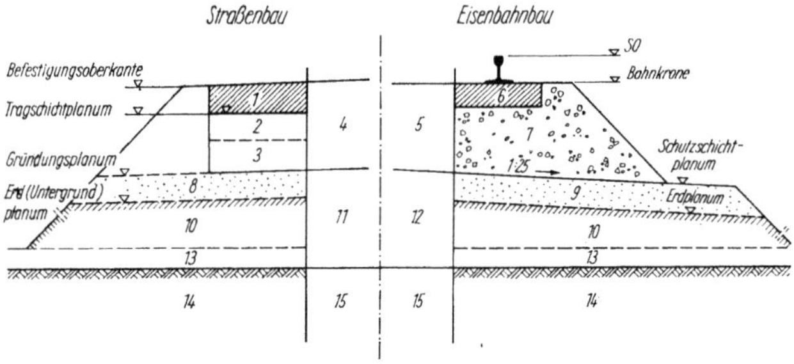

Bild 29. Bezeichnungen des Tragkörpers im Straßen- und Eisenbahnbau

1 Deckschicht; *2* obere Tragschicht; *3* untere Tragschicht; *4* Befestigung; *5* Oberbau; *6* Schwelle; *7* Gleisbettung; *8* Unterbettungsschicht; *9* Planumsschutzschicht; *10* Dammkörper; *11* Gründung; *12* Gründung (Unterbau); *13* Dammbettung; *14* Erd- und Felsarten in ungestörter Lagerung; *15* Untergrund

Verkehrseinfluß

Unter den statischen und dynamischen Verkehrslasten entsteht je nach den elastischen Eigenschaften der Schwellen (Holzschwellen, Betonschwellen) ein gleichmäßig oder ungleichmäßig verteilter Schwellendruck, der im Mittel bei gleichmäßiger Druckverteilung etwa 2,0 kp/cm^2 betragen kann (Bild 30). Dieser Druck ist bei Schwellen mit kleiner Auflagefläche entsprechend größer und bei kleinem Schwellenabstand entsprechend kleiner. Die weitere Verteilung dieses Schwellendruckes über die Gleisbettung auf dem Erdplanum ist von der Dicke und damit von der Elastizität der Gleisbettung und der Planumsschichten abhängig. Im allgemeinen tritt ein ziemlich gleichmäßig verteilter Bettungsdruck auf.

Der Bettungsdruck der Verkehrslasten und die Spannungen unter den Planumsschichten sind um so kleiner, je größer die Dicken und die Steifezahlen der Gleisbettung und der Planumsschutzschichten sind. Von besonderer Bedeutung ist die Größe des Druckverteilungswinkels, der in Abhängigkeit von der Höhe des Schotterbettes sowie von der Art und dem Zustand der Bettung zwischen 30 und 45° schwanken kann.

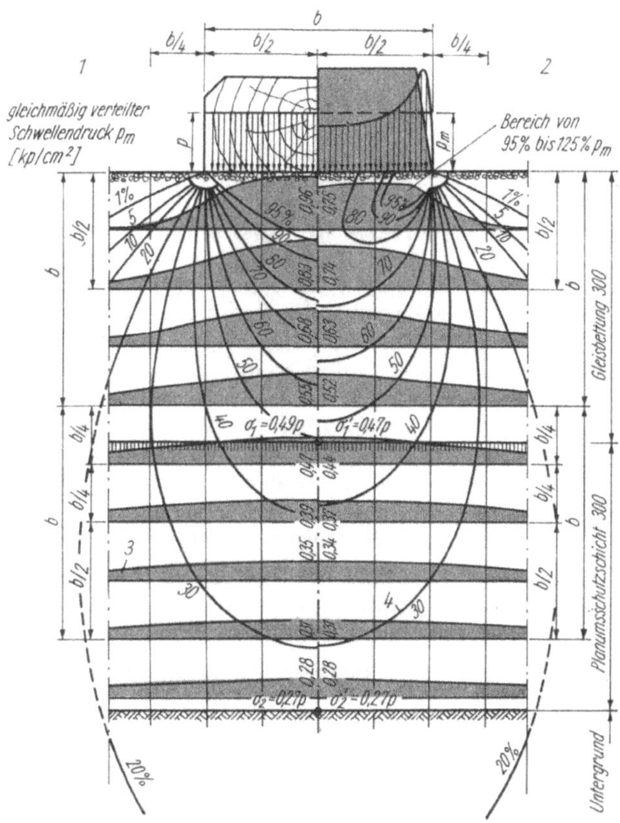

Bild 30
Druckverteilung unter Holz- und Betonschwellen im Eisenbahnbau [96]
1 Holzschwelle schlaffe Lastplatte;
2 Betonschwelle starre Lastplatte;
3 Spannungsverteilung „Glockenkurven";
4 Kurven gleicher Spannung (Isobaren) „Druckzwiebel"

Entsprechend den unterschiedlichen Elastizitätsmoduln werden die Spannungen in den einzelnen Konstruktionselementen abgebaut und dann im Untergrund mehr oder weniger räumlich verteilt.

Die Tragfähigkeit des Eisenbahnuntergrundes ist jedoch keine Konstante, sondern verändert sich mit steigendem Lastwechsel infolge höherer Fahrgeschwindigkeiten [93].

Die Gleisbettung, Planumsschutzschichten und Untergrund sind als ein geschichteter Tragkörper anzusehen, dessen elastische Eigenschaften bei hohen Fahrgeschwindigkeiten vom dynamischen E-Modul abhängen, der wiederum auf die Größe der Fahrzeug-, Gleis- und Bodenschwingungen einen Einfluß hat. Die Gleis- und Bodenschwingungen sind bei guter Gleislage (keine Schienenstöße und gut verdichtete Gleisbettung) und einem Unterbau mit großer Steifezahl schwächer als bei unsachgemäßer Gleislage und gering tragfähigen Schichten des Planums und des Unterbaues. Die verschiedenartigen Einflüsse dieser Schwingungen auf den Erdkörper sind noch unbekannt. Die tatsächlichen Beanspruchungen des Erdplanums und der Planumsschutzschichten bilden einen Komplex aus Bodenpressungen und Moduln bei ruhender und schnellbewegter Verkehrsbelastung und sind noch Gegenstand umfangreicher Forschungsarbeiten.

Witterungseinfluß

Die Niederschläge versickern durch die Hohlräume im Schotter und werden auf dem Erdplanum aufgefangen und infolge der Querneigung zum Bahngraben abgeleitet. Ein unsachgemäß hergestelltes Planum (Spurrillen und Schottersäcke) verhindern den Wasserabfluß und bewirken ein Aufweichen des Untergrundes. Durch das rasche Eindringen des Frostes in die lockere Gleisbettung wird beim Tauvorgang der Untergrund aufgeweicht und aufgelockert.

Nach *Schaible* [97] erfolgt das Aufweichen und Verschlammen des Eisenbahnuntergrundes in der ähnlichen Weise wie im Straßenbau, jedoch mit dem Unterschied, daß die Durchfeuchtung von oben her größer ist und rascher vor sich geht. Durch den dynamischen Einfluß wird das Gleis zum Schwingen gebracht, wobei eine starke Pumpwirkung auf den aufgeweichten Untergrund ausgeübt wird.

Diese Vorgänge werden durch Frostauflockerung und Wassersättigung während der Tauperiode intensiviert. Die Aufweichungen führen durch den Verkehrseinfluß zu weiteren Vertiefungen, wodurch der seitliche Wasserabfluß verhindert wird. Schwachbindige Erdstoffe können bereits durch eine geringe Erhöhung des Wassergehaltes ihre Konsistenz und damit ihre Tragfähigkeit verlieren [15, 98, 99].

3.2.1.2. Sicherungsmaßnahmen gegen Tragfähigkeitsschäden

Das Erdplanum zeigt infolge der Beanspruchung durch Verkehrslasten und durch die klimatischen Einflüsse insbesondere bei bindigem Baugrund hauptsächlich folgende Schäden (Bild 31a und b):

1. Verformung des Erdplanums und gegenseitiges Durchdringen von Unterbau und Gleisbettung
2. Schäden durch Hitze- und Frosteinwirkung im Unterbau

Diese Planumsschäden vergrößern sich im Laufe der Zeit durch die Verkehrs- und klimatischen Einwirkungen und erfordern erhebliche Unterhaltungs- und Baukosten sowie erhöhte Betriebskosten durch Langsamfahrstellen. Planumsschäden verursachen eine veränderliche Gleislage und einen unruhigen Fahrzeuglauf. Sie führen zwangsläufig zu Betriebsgefahren und können Ausgangspunkt von Dammrutschungen sein.

Durch zusätzliches Unterstopfen der Gleise werden die Ursachen nicht beseitigt, sondern in vielen Fällen noch verstärkt.

Wasserempfindliche, schwachbindige Erdstoffe, die bereits bei geringer Wasserzugabe in den weichplastischen bis breiigen Zustand übergehen, dringen unter der

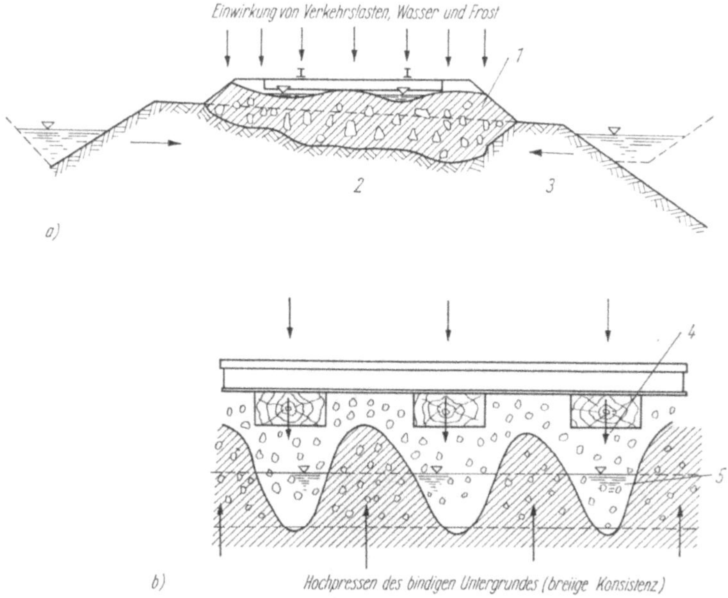

c)

Bild 31
Verformung des Unterbauplanums und Bildung von Schottersäcken

a) Einwirkung von Verkehrslasten, Wasser und Frost;
b) Hochpressen des Untergrundes;
1 Gemenge von Schotter und breiigem bindigem Untergrund;
2 bindiger Untergrund;
3 Wasserzutritt bei An- und Einschnitten;
4 Absinken der Gleisanlage;
5 Wasser;
c) verschlammte Gleisbettung durch aufsteigenden bindigen Untergrund

Verkehrsbelastung im Schotter der Gleisbettung nach oben. Dadurch entstehen verschlammte Gleise, Spritzschwellen und infolge des gegenseitigen Durchdringens erhebliche Gleissenkungen und Verformungen des Erdplanums (Bild 31b und c). Durch die laufende Unterstopfung bei Unterhaltungsarbeiten entstehen die sogenannten Schottersäcke (Bild 32a). Es zeigt sich dabei, daß diese Schäden häufig auf grobe Baufehler zurückzuführen sind, indem unzweckmäßige Dammbaustoffe an der Dammkrone bei ungenügender mechanischer Verdichtung verwendet wurden. Zur Beseitigung stark ausgebildeter Schottersäcke ist es zweckmäßig, im Bereich der Dammkrone nichtbindige Dammbaustoffe zur Verringerung der Rutschgefahr bei entsprechender Lagerungsdichte lagenweise einzubauen (Bild 32b). Unzulässige Verformungen des Unterbaues sind bei häufigen und schweren Verkehrslasten auf geringe Verformungszahlen des Erdplanums zurückzuführen. Eine ungenügende Lagerungsdichte, gemessen an den Dichtewerten nach *Proctor* γ_p, w_p, bedingt bei erhöhter Wasserzugabe eine starke Abnahme des Verformungswiderstandes und führt zu unregelmäßigen Setzungen des Dammes und damit zu Verformungen der Gleislage. Der laufende Verkehrseinfluß bewirkt eine Aufwöl-

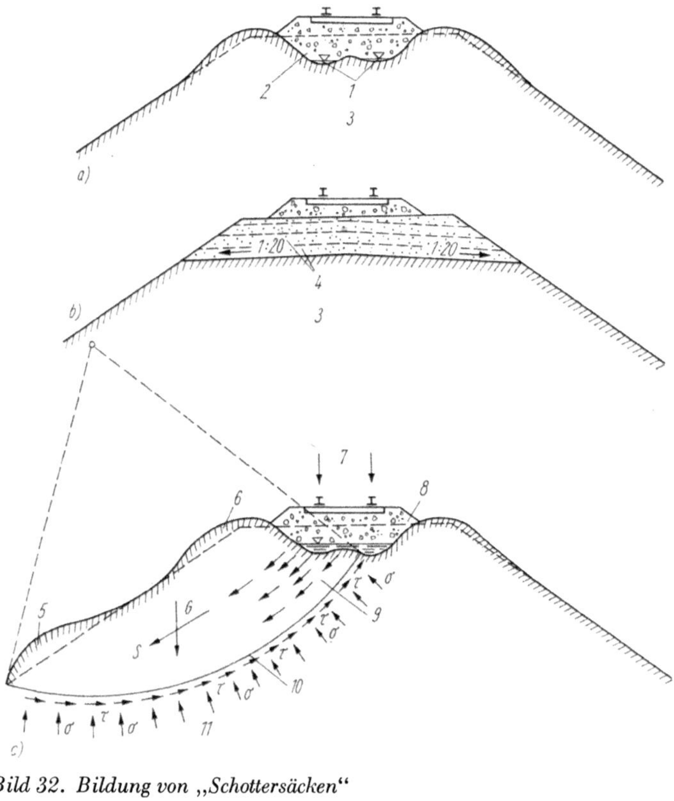

Bild 32. Bildung von „Schottersäcken“

a) Verformung der Dammkrone; b) Beseitigung von Schottersäcken; c) Böschungsrutschung als Folge von Schottersäcken; *1* Schottersäcke mit Wasser; *2* Verformung des Erdplanums; *3* bindiger Erdstoff; *4* lagenweiser Einbau nichtbindiger Erdstoffe; *5* Aufwölbung; *6* Aufwölbung am Randweg; *7* Verkehrsbelastung; *8* Schottersäcke; *9* aufgeweichte Zone; *10* Gleitfläche; *11* Böschungsrutschung

bung der Dammschultern, und durch die damit verbundene Verhinderung des Wasserabflusses tritt eine Sättigung des bindigen Baugrundes ein.
Die Wasseranreicherung in den Schottersäcken kann somit eine Böschungsrutschung an Dämmen auslösen, da im oberen Bereich der Gleitfläche durch Porenwasserspannungen und Abnahme der Kohäsion die Scherfestigkeit wesentlich herabgesetzt wird. Die damit verbundenen Verformungen können darauf zurückgeführt werden, daß durch die kurzzeitigen Verkehrsbelastungen das Porenwasser nicht ausgedrückt wird und der Untergrund unter der Gleisbettung nicht konsolidieren kann.
Durch allmähliche Überwindung der Scherspannungen in der Gleitfläche kann ein Böschungsbruch, verursacht durch die Wassersättigung in den Schottersäcken, am Damm auftreten. Unsachgemäße Anschüttungen können als vorgezeichnete Gleitfläche diesen Vorgang noch begünstigen.
Durch Frost- und Tauwechsel können Eislinsen entstehen, die zusätzlich zu unregelmäßigen Verformungen der Gleislage führen. Durch Wassernachschub in die Frost- und Tauzone tritt eine weitere wesentliche Beeinträchtigung der Konsistenz des bindigen Dammbaustoffes ein und führt zu einem Tragfähigkeitsverlust. Insbesondere schwach- bis mittelbindige Erdstoffe besitzen eine geringe Wasseraufnahme und führen schnell beim Tauvorgang zur Wassersättigung [100, 101].
Die Planumsschäden können durch folgende Maßnahmen zur Verbesserung der Eigenschaften des Eisenbahnunterbaues behoben oder weitgehend eingeschränkt werden:

1. Verhinderung gefährlicher Durchfeuchtung des Unterbaues
2. Erhöhung der Tragfähigkeit des Unterbaues

Die allgemeinen Maßnahmen erstrecken sich dabei sowohl auf den Ober- als auch auf den Unterbau. Der Unterbau kann dabei durch Abdichtung, Entwässerung und Herstellung von Planumsschutzschichten wesentlich verbessert werden.
Verbesserung des Oberbaues: Durch oberbautechnische Maßnahmen (kleiner Schwellenabstand, bessere Schotterverdichtung, Verwendung von Holzschwellen statt Betonschwellen, Schienenschweißung u. ä.) können eine ruhige Gleislage erreicht und die Fahrzeug-, Gleis- und Bodenschwingungen herabgesetzt werden.
Untergrundverbesserung durch Abdichtung: Der Untergrund kann durch mechanische Verdichtung, durch Einpressen von Zementmörtel oder Chemikalien sowie durch Wassersperrschichten (Einbau von Folien) ausreichend abgedichtet und verfestigt werden. Damit ist eine Verringerung der Wasserdurchlässigkeit und eine Erhöhung des Verformungswiderstandes verbunden [108].
Entwässerung des Untergrundes: Die vielseitigen Entwässerungsmaßnahmen (Gräben, Tiefenentwässerung, Rigolen u. ä.) bewirken durch Abführen und Fernhalten von Niederschlags- und Grundwasser eine wesentliche Erhöhung der Tragfähigkeit und der Frostsicherheit [96, 102].
Herstellung von Planumsschutzschichten: Unter Planumsschutzschichten sind bautechnische Maßnahmen zu verstehen, die die erforderliche Tragfähigkeit des Unterbaues gewährleisten und die eine Zerstörung des Erdplanums durch Wasser und Frost dauerhaft verhindern. Die Schutzschichten sind besonders bei frostveränderlichen Erdstoffen erforderlich. Im einzelnen übernehmen sie folgende Aufgaben [96]:

1. Verteilung des Bettungsdruckes und der Achslasten, ohne schädliche Verformung auf das Erdplanum zu übertragen

2. Ableitung des Oberflächenwassers, so daß möglichst keine längere Berührung mit dem anstehenden Untergrund eintritt
3. Kapillarität des Untergrundes beseitigen und das Aufsteigen des Erdstoffes in die Gleisbettung verhindern
4. ausreichende Tragfähigkeit und lastverteilende Wirkung
5. Sicherung des Untergrundes gegen Frostschäden

Die Aufgaben dieser Schutzschichten stimmen mit denen der oberen und unteren Tragschichten im Straßenbau überein. Dabei ist zu beachten, daß diese Tragschichten zur Befestigung der Straßenkonstruktion und die Planumsschutzschichten zum Eisenbahnunterbau und damit zur Gründung gehören (Bild 29). Das Planum des Unterbaues und der Schutzschicht sind mit einem Quergefälle 1: 20 herzustellen und mit Lehren $\pm$ 20 mm abzugleichen. Die Schutzschicht ist über die gesamte Planumsbreite herzustellen und insbesondere bei Einschnitten über die gesamte Länge des Abschnittes vorzunehmen (Bild 33a bis c).

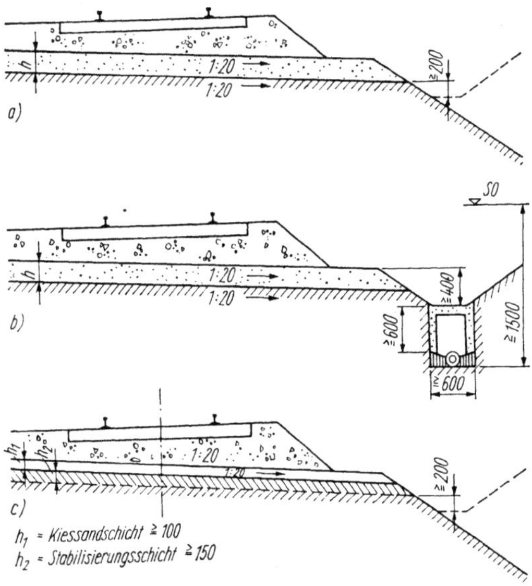

Bild 33. Schutzschichten und Entwässerungsanlagen im Eisenbahnunterbau
a) Schutzschicht aus Kiessand;
b) Schutzschicht aus Kiessand mit Tiefenentwässerung;
c) Stabilisierungsschicht;

Die Planumsschichten können nach folgenden Verfahren hergestellt werden [47]:

Die Korngemische von Kiessand-, Brechsand- und Splittschichten müssen einen großen Ungleichförmigkeitsgrad und eine hohe Lagerungsdichte aufweisen. Die erforderliche Wasserdurchlässigkeit muß gewährleistet sein [103]. Der Kiessand muß witterungsbeständig und frostsicher sein, $U \geqq 5$, Reibungswinkel $\varphi \geqq 32°$. Das Material muß scharfkantig und gut verdichtbar sein und der Filterregel nach *Terzaghi*

$$\frac{D_{15}}{d_{85}} < 4 < \frac{D_{15}}{d_{15}}$$

entsprechen.

Die Dicken h der Schutzschichten betragen in der Regel 20 cm. Bei ungenügend tragfähigem Untergrund kann eine Erhöhung erforderlich werden.
Starre Platten aus Stahl- und Spannbeton verteilen die Verkehrslasten sehr gleichmäßig, so daß nur geringe Bodenpressungen entstehen, und vermindern die Gleis- und Bodenschwingungen durch ihr großes Gewicht. Sie gewährleisten eine gute Gleislage für hohe Fahrgeschwindigkeiten und ermäßigen die Unterhaltungsarbeiten.
Ausgehend von den Erfahrungen im Straßenbau, haben die verschiedenen Verfahren der Erdstabilisierung (mechanische Stabilisierung, Kalk-, Zement- und Bitumenstabilisierung) in der Herstellung tragfähiger Planumsschichten im Eisenbahnbau ein weites Anwendungsgebiet gefunden [104, 105, 106, 107].

3.2.1.3. Anforderungen und Tragfähigkeitskennwerte

Der unterschiedlich tragfähige Baugrund darf nur mit den zulässigen Pressungen belastet werden, die den Lagerungsverhältnissen bei nichtbindigen und der Konsistenz bei bindigen Erdstoffen entsprechen. Die Planumsschichten sollen den Druck der Verkehrslasten, der als Bettungsdruck auf sie wirkt, bis auf die Tragfähigkeit des Untergrundes vermindern, so daß die Pressungen keine schädlichen Verformungen des Erdplanums hervorrufen. Die Ausführungsart und die Dicke der Planumsschutzschichten sind deshalb so zu wählen, daß die Beanspruchungen infolge Verkehrslasten kleiner als die Tragfähigkeit des Untergrundes sind. Die Tragfähigkeit des Untergrundes und der Planumsschutzschichten ist somit abhängig von der Scherfestigkeit und der Lagerungsdichte und wird durch den Verformungswiderstand bestimmt.

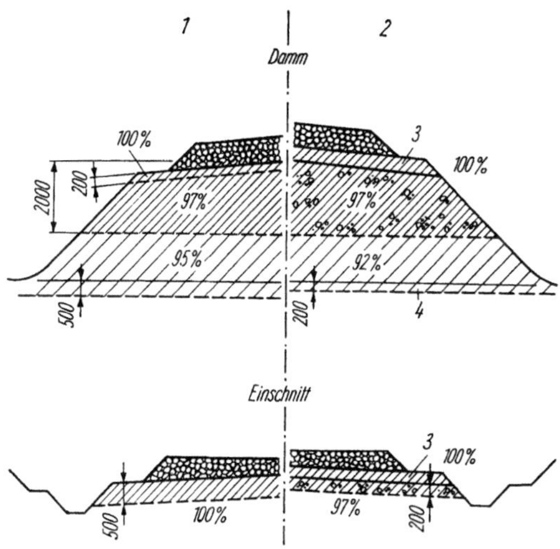

Bild 34. Verdichtungswerte für den Eisenbahnunterbau in Prozent der einfachen Proctordichte [117]
1 nichtbindiger Erdstoff;
2 bindiger Erdstoff;
3 Schutzschicht 100% Proctordichte
4 anstehender Erdstoff

Im internationalen Schrifttum besteht noch keine Übereinstimmung, durch welchen Kennwert, außer der Lagerungsdichte, dieser Verformungswiderstand einheitlich bestimmt werden kann. *Spang* [96] verwendet die Bezeichnung Drucksetzungsbeiwert als Oberbegriff für die verschiedenen Kenngrößen z. B. statischer Elastizitätsmodul E_s, Zusammendrückungsmodul M_E, Tragfähigkeitsbeiwert E_{P2} aus der Zweitbelastung, Bettungsziffer C_B, Federzahl c sowie die Steifeziffer E.

Der Tragfähigkeitsbeiwert (Tragwert) E_{P2}, der durch den Lastplattenversuch ermittelt wird, kann als vorläufiger Kennwert, bis genauere Ergebnisse vorliegen, Verwendung finden (Tafel 24). Die Verdichtungswerte für den Unterbau werden durch die Trockenrohdichten ϱ_p nach *Proctor* ausgedrückt (Bild 34) und sind in entsprechenden Richtlinien und Standards festgelegt worden [117].

3.2.2. Straßendämme

Die ständig steigende Anzahl der Kraftfahrzeuge und die damit verbundene rasche Entwicklung des Straßenverkehrs erfordert dauerhafte, tragfähige, witterungsbeständige und gut befahrbare Fahrbahnoberflächen. Die großen Belastungen und die hohen Geschwindigkeiten der Fahrzeuge führten nicht nur zu Veränderungen in der Trassierung der Straßen, sondern stellen insbesondere erhöhte Anforderungen an die Tragfähigkeit der Fahrbahnkonstruktionen (Befestigung der Straße) und des Untergrundes (Gründung der Straße als Damm oder Einschnitt).
Der geringe Verkehr, der einfache Aufbau der Straßenkonstruktionen und die leicht auszuführenden Unterhaltungs- und Instandsetzungsarbeiten bildeten im wesentlichen die Ursachen, daß erst vor wenigen Jahrzehnten mit systematischen Untersuchungen des „Tragfähigkeitsproblems" in vielen Ländern begonnen wurde [109, 110]. Dabei wurde frühzeitig festgestellt, daß neben der Bemessung der Deckenkonstruktion dem Untergrund von Straßen, eine außerordentliche Bedeutung zukommt, so daß sich daraus bald, als spezielle Fachrichtung, die Bodenmechanik des Straßenbaues entwickelte.
Die Schwierigkeit der Untersuchungen der Tragfähigkeitsforderungen an die Straßengründungen ist in der unterschiedlichen stark wechselnden Beanspruchung durch verschiedene mechanische und klimatische Einflüsse begründet:

1. Unter den mechanischen Beanspruchungen sind die statische Belastung aus dem Gewicht der Fahrzeuge, die dynamische Einwirkung aus Stößen und Schwingungen und die horizontalen Kraftwirkungen durch Anfahren und Bremsen zu verstehen
2. Die klimatischen Beanspruchungen durch Schrumpfung und Schwellung des Untergrundes sowie durch Frost- und Tauwirkung rufen eine Änderung des Wassergehaltes und damit der Tragfähigkeit des Untergrundes hervor

Die engen Wechselbeziehungen zwischen der Art und Weise der Belastung (ruhend, bewegt, kurzzeitig- oder periodisch wirkend), die Häufigkeit der Lastwiederholungen, die Wirkungen der klimatischen Einflüsse sowie die mechanischen Wechselwirkungen zwischen den Befestigungsschichten und dem Untergrund (Damm oder Einschnitt) verlangen, daß das Problem der Tragfähigkeit von Straßengründungen nur komplex, als organisches Ganzes, betrachtet werden muß [111, 112].

3.2.2.1. Beanspruchung des Straßenuntergrundes

Der Aufbau einer Straßenbefestigung ist deshalb heute in Abhängigkeit von der zu erwartenden Verkehrsbelastung nach dem zur Verfügung stehenden Baustoff und den bautechnischen Möglichkeiten zu bemessen. Aus Gründen der Wirtschaftlichkeit muß daher stets versucht werden, die Befestigungsschichten der Straße durch volle Ausnutzung der Tragfähigkeit des Untergrundes so dünn wie möglich zu halten. Trotz der Schwierigkeiten in der Ermittlung der Dicke der Straßenbefestigung ist eine Über- oder Unterbemessung zu vermeiden. Deshalb ist die genaue Kenntnis der Tragfähigkeitswerte des Straßenuntergrundes als Grundlage zur Bemessung unbedingt notwendig.

Verkehrseinfluß

Im Gegensatz zu den massiven, frostfrei gegründeten Fundamenten des Ingenieur- und Tiefbaues bestehen die Straßenbefestigungen aus dünnen Fahrbahndecken auf der Oberfläche, die die Kräfte aus der Fahrzeugbelastung übernehmen, auf den Untergrund übertragen und im Bereich der Witterungseinflüsse liegen. Die Tragfähigkeit der Gesamtkonstruktion wird durch das gegenseitige Verformungsvermögen von Befestigungsschicht und Untergrund bestimmt.

Unter dem räumlichen Spannungszustand erleidet der Untergrund lotrechte Deformationen, denen die flächenhaft gestützte Straßenbefestigung in jedem Punkte der Berührungsfläche folgen muß.

Nach schematischer Betrachtung kann der Bruch in folgenden Arten auftreten [12]:

1. Der Bruch der Befestigung tritt ein, wenn die lotrechten Deformationen eine kritische Größe erreichen, bei der die Biegezugfestigkeit in der unteren Zone der Befestigung erreicht wird – starre Fahrbahnbefestigung
2. Treten infolge weiterer Spannungserhöhung im Untergrund übermäßig starke lotrechte Deformationen auf, so tritt zunächst eine teilweise, nach dem Bruch des Untergrundes aber vollständige Zerstörung der Straßenbefestigung ein – flexible Fahrbahnbefestigung

Die maßgebenden Faktoren sind demnach die Biegezugfestigkeiten der unteren Zone der Befestigungsschichten und der Verformungsmodul des Straßenuntergrundes. Die Bezeichnungen der Bauteile und Konstruktionsschichten für Straßendämme sind in Bild 29 enthalten.

Für die statische Belastung aus den Fahrzeugen sind die maximale Radlast, der Berührungsdruck zwischen Reifen und Fahrbahndecke und die Form und Größe der Radaufstandsfläche maßgebend [109].

Die Erfassung der dynamischen Kräfte ist auch abhängig von der Verteilung der Verkehrsbelastung innerhalb des Verkehrsraumes und der Belastungsdauer.

Zur Bemessung der Fahrbahnbefestigungen wurden eine Anzahl Verfahren entwickelt, die man in empirische, halbempirische [12, 113] und theoretische Verfahren einteilen kann.

Infolge der lastverteilenden Wirkung der starren Betonfahrbahn werden nur geringe Druckbeanspruchungen auf den Untergrund übertragen. Bei einer flexiblen Fahrbahndecke wird der Straßenuntergrund, bezogen auf die Flächeneinheit und gleiche Verkehrslast, viel stärker beansprucht. Im normalen Falle betragen die lotrechten Druckbeanspruchungen in etwa 1,50 bis 2,00 m Tiefe nur noch 10% der Spannungen aus Eigengewicht der Befestigungsschichten und des Untergrundes. Damit kann etwa der Bereich der größten Beanspruchungen und Deformationen im Straßenkörper, auch Arbeitszone genannt, abgegrenzt werden. Die Dicke der Arbeitszone ist weiterhin abhängig von der Größe der Lasten und von der Zusammendrückbarkeit des Untergrundes [113].

Die dynamischen Beanspruchungen (Erschütterungen) der Verkehrslasten bewirken insbesondere bei gleichkörnigen Fein- und Mittelsanden ($U < 5$) eine Kornumlagerung. Bei dünnen Fahrbahndecken können die Erschütterungen noch bis 1,50 m Tiefe festgestellt werden, die zu ständigen Verformungen und Setzungen des Untergrundes führen. Starke dynamische Beanspruchungen an den Querfugen der Betondecken verursachen erhebliche Rißbildungen. Die Umlagerungserscheinungen bei Sanden wirken sich bei flexiblen Fahrbahnkonstruktionen nicht so schädlich aus.

Witterungseinfluß

Die klimatischen Einflüsse (Niederschläge, Trockenperioden, Frost- und Tauwirkungen) im oberflächennahen Bereich des Straßenuntergrundes rufen ständige Eigenbewegungen hervor, die infolge der Veränderung des Wassergehaltes die Tragfähigkeit wesentlich beeinflussen [110].

Schwellen und Schrumpfen

Mit einer unregelmäßigen und unkontrollierbaren Verteilung des Wassers im Straßenuntergrund (seitlicher Wasserzufluß, Wasseraufnahme durch ungeschützten Randstreifen, kapillarer Wasseranstieg, unwirksame Entwässerungsanlagen) ist zwangsläufig eine unregelmäßige Volumenänderung des Erdstoffes verbunden. Die Schwellungs- und Schrumpfungserscheinungen bewirken eine unregelmäßige Auflagerung der Fahrbahndecke auf dem Untergrund. Diese Festigkeitsveränderungen treten an den Fahrbahnrändern wesentlich stärker als in Fahrbahnmitte in Erscheinung. Durch eine ausreichende Verdichtung kann diesen Eigenbewegungen wirksam begegnet werden. Eine dichte Fahrbahnoberfläche, geschlossene Fugen an Betonplatten, eine einwandfreie Entwässerung und Grasnarbe an den Böschungs- und unbefestigten Randstreifen verhindern den Wassereintritt wesentlich und verringern derartige Festigkeitsveränderungen. Zusätzlich bewirkt der steigende Feuchtigkeitsgehalt bei bindigen Erdstoffen einen Festigkeitsverlust [110] (Bild 35).

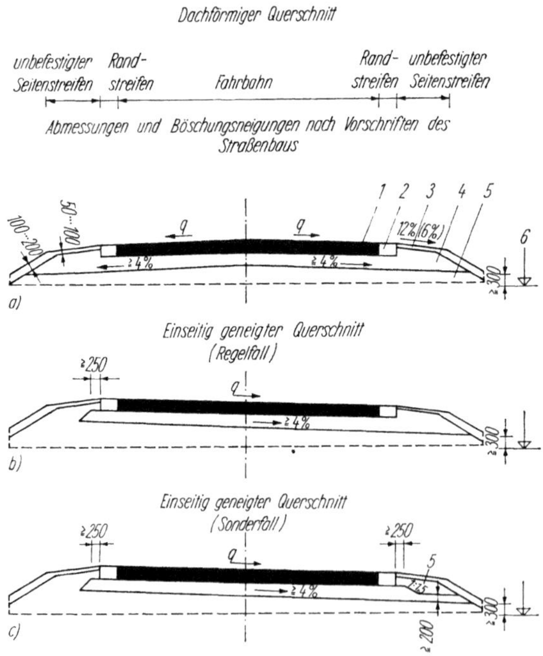

Bild 35. Entwässerung von Straßen auf Dammstrecken [112]

a) dachförmiger Querschnitt;
1 Fahrbahnbefestigung;
2 Randstreifen;
3 Mutterboden;
4 Frostschutzschicht;
5 Dammschüttung;
6 OK Gelände oder Mulde bzw. Grabensohle;

b) einseitig geneigter Querschnitt (Regelfall);

c) einseitig geneigter Querschnitt (Sonderfall)

Frosteinwirkungen

Nach den bisherigen Erkenntnissen und Erfahrungen auf dem Gebiet des „Bodenfrostes“ sind die Frost- und Tauschäden an das Vorhandensein von Wasser, Frost, frostveränderlichen Erdstoffen und Verkehr gebunden [99, 114]. In einem umfangreichen Schrifttum sind die Ergebnisse über Ursachen, Wirkungen und Zusammenhänge niedergelegt worden [15, 97, 98]. Unter der Frosteinwirkung kann es insbesondere bei schwach- bis mittelbindigen Erdstoffen und bei möglichem Wassernachschub zur Eislinsenbildung kommen, wodurch eine Hebung der Befestigungsschichten und eine Zerstörung der Struktur des frostveränderlichen Untergrundes verbunden ist. Durch den nachfolgenden Tauprozeß tritt eine Wasseranreicherung in der obersten Zone des Straßenuntergrundes ein, die bis zur vollständigen Wassersättigung führen kann. Damit tritt eine Veränderung der Konsistenz und der Tragfähigkeit ein. Erdstoffe mit geringer Bildsamkeit $w_{fa} < 0{,}20$, die bei Erhöhung des Wassergehaltes in die breiige bis flüssige Konsistenz übergehen, sind besonders frostveränderlich. Zur allgemeinen Beurteilung des Grades der Frostgefährlichkeit wurde von *Schaible* [97] ein Kornkriterium entwickelt. Bild 36 zeigt das Kornkriterium nach dem DDR-Froststandard.

Klengel [98] führt zur eindeutigen Unterscheidung der Frostveränderlichkeit infolge der unterschiedlichen mineralchemischen Zusammensetzung der bindigen Erdstoffe den Frostveränderlichkeitsgrad als Verhältnis aus Frostintensität und Konsistenz sowie den Frosthebungsgrad ein.

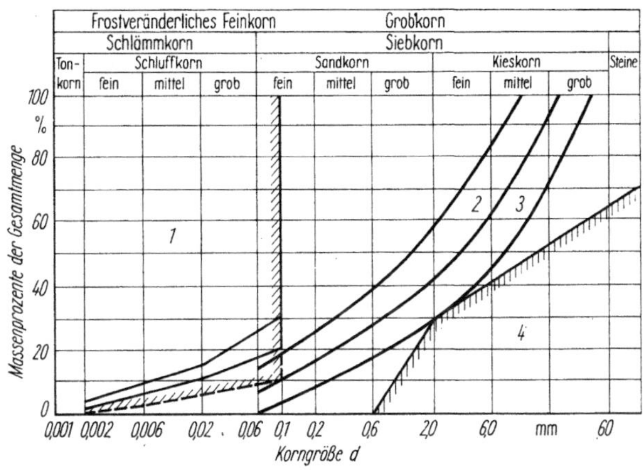

Bild 36. Kornkriterium und Grenzkornbereiche für mechanisch verfestigte Verschleiß- und Tragschichten

1 Körnungsbereiche für frostveränderliche Erdstoffe;
2 mechanisch verfestigte Verschleißschichten;
3 mechanisch verfestigte Tragschichten;
4 Bereich mit zu hohem Anteil an Grobkorn

3.2.2.2. Sicherungsmaßnahmen gegen Tragfähigkeitsschäden

Das Zusammenwirken von starken Verkehrsbelastungen unter ungünstigen klimatischen Verhältnissen führt zu massiert auftretenden Tragfähigkeitsschäden an Dämmen und Einschnitten von Straßen. Für mitteleuropäische Verhältnisse können als Hauptursachen der Straßenschäden vor allem konstruktive Mängel im Aufbau und in der Bemessung der Straßenbefestigung, Veränderungen des Untergrundes im oberflächennahen Bereich, unzureichende Unterhaltungsmaßnahmen der Entwässerungsanlagen einschließlich der Fahrbahnoberflächen, Randstreifen und Gräben sowie Senkungs- und Sackungserscheinungen des tieferen Untergrundes genannt werden [115, 116].

Die Sicherungsmaßnahmen bestehen in einer schnellen und ausreichenden Entwässerung des Straßenkörpers durch genügende Querneigung und ausreichendes Längsgefälle, in einer Abdichtung der Straßenoberfläche mit geschlossenen Überzügen und im Einbau von Frostschutzschichten [97].
Die Frostsicherung, die im Tief- oder Hocheinbauverfahren auf den frostveränderlichen Straßenuntergrund aufgebracht und vorschriftsmäßig verdichtet werden muß, verhindert den kapillaren Wasseranstieg und erhöht die Tragfähigkeit. Nach *Schaible* [97] muß das Frostschutzmaterial

1. eine ausreichende Frostsicherheit gegenüber dem frostveränderlichen Untergrund,
2. eine gut abgestufte Kornzusammensetzung an Fein- und Grobkorn bis 100 mm Durchmesser zur Erhöhung der Tragfähigkeit,
3. eine gute Verdichtbarkeit und
4. eine Kornbeständigkeit gegenüber dem Verkehrs- und Witterungseinfluß haben.

Das Frostschutzmaterial muß verlagerungssicher sein ($U > 7$) und eine ausreichende Scherfestigkeit haben. Es eignen sich gemischtkörnige Sande, Kiessande, Gerölle, Brechprodukte aus Steinbrüchen, Feinsplitt bis Grobsplitt sowie beständige und granulierte Hochofenschlacke. In Dammstrecken mit geringer Höhe ist darauf zu achten, daß die Unterkante der Frostschutzschicht mindestens 30 cm über der Geländeoberfläche oder der Grabensohle liegt, damit eine einwandfreie Abführung des Wassers aus der Frostschutzschicht gewährleistet ist (Bild 35).

3.2.2.3. Anforderungen und Tragfähigkeitskennwerte

Die Voraussetzung zur einwandfreien Bemessung der Tragschichten an Dämmen und Einschnitten ist eine sachgemäße Verdichtung der Gründungsschichten. Als Kontrollwert der Verdichtung werden vorwiegend die einfache Trockenrohdichte ϱ_p nach *Proctor* oder die aus der Größe der Zusammendrückung ermittelten Tragwerte E_{p2} des Plattendruckversuches verwendet. Von *Siedeck* [30] und *Voß* [48] sind durch Untersuchungen an Tragschichten von Straßen die Zusammenhänge der Tragwerte E_{p2} mit der einfachen Proctordichte ϱ_p an bindigen und nichtbindigen Erdstoffen ermittelt worden (Bild 37a und b). Dabei ergab sich, daß die Zusammenhänge zwischen Verdichtung und Tragfähigkeit wesentlich durch die Kornzusammensetzung, Kornform und Kornrauhigkeit der einzelnen Tragschichten bestimmt werden. Je nachdem, ob es sich um gleichförmige oder gut abgestufte Sande und Kiese oder um schluffige Kiese bzw. Verwitterungsmaterialien handelt, ergeben sich abweichende Zusammenhänge. Die in Bild 37 eingetragenen E_{p2}-Werte sind mit einer Lastplatte von 30 cm Durchmesser in 10 bis 15 cm Tiefe unter dem Erdplanum gemessen worden [48].
Die in zahlreichen Ländern festgelegten Tragfähigkeitsanforderungen im Verkehrsbau beziehen sich auf das von *Proctor* entwickelte Verdichtungs-Prüfverfahren. Die mit einer wirtschaftlichen Verdichtungsarbeit ($A = 60$ Mpm/m^3) erzielte Trockenrohdichte ϱ_p in Abhängigkeit vom optimalen Wassergehalt w_p ist somit die wesentlichste Kennzahl für die Tragfähigkeit (Bild 38) [113, 117].
Der Proctorversuch bildet gleichzeitig die Grundlage für das CBR-Verfahren, das als Bemessungsverfahren im Straßenbau verwendet wird [45]. Die Verdichtungsanforderungen sind in den Ländern unterschiedlich, wobei die höheren Dichtewerte teils für die feinkörnigen und teils für die grobkörnigen Erdstoffe gelten. Im allgemeinen werden den Frostschutzschichten und Unterbettungsschichten die

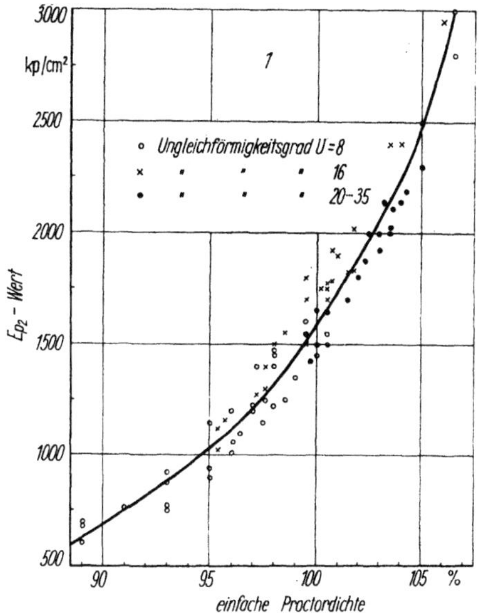

Bild 37. Beziehungen zwischen Proctordichte und Tragwerten [48]

a) Tragwerte für ungleichkörnige Kiessande in Dämmen

1 sandige Kiese

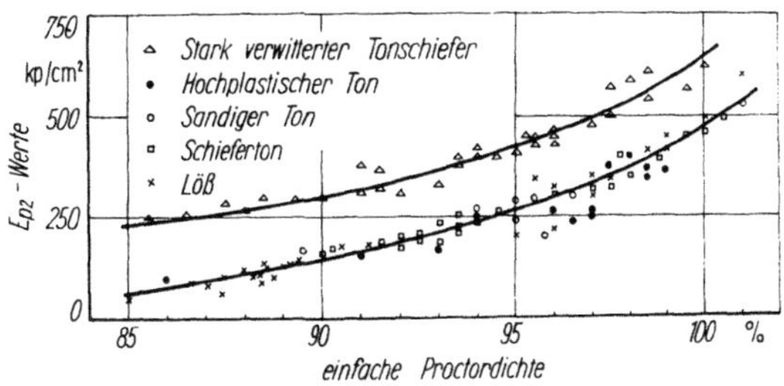

b) Tragwerte für bindige Erdstoffe

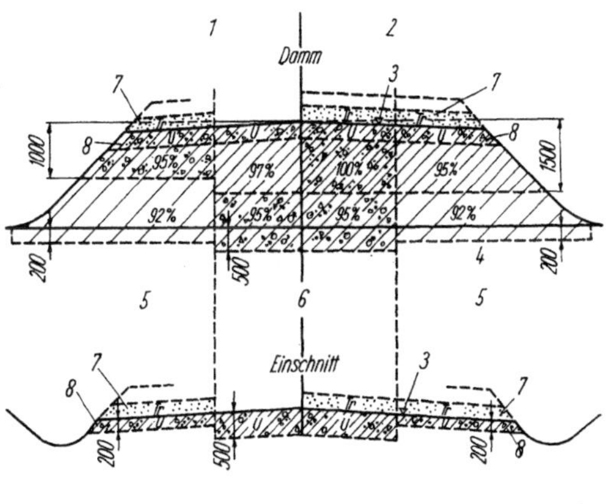

Bild 38. Verdichtungswerte für Straßengründungen in Prozent der einfachen Proctordichte [117]
Die Belastungsklassen sind in Abhängigkeit von der Achslast und der Anzahl der Übergänge in Richtlinien zur Klassifizierung im Straßenwesen festgelegt

1 Belastungsklasse 1 bis 3;
2 Belastungsklasse 4 und 5;
3 Gründungsplanum;
4 Geländeoberkante;
5 bindiger Erdstoff;
6 nichtbindiger Erdstoff
7 Tr Tragschicht
8 U Unterbettungsschicht

höheren Werte zugeordnet, während die Dichtewerte nach unten abnehmen (Bild 38).
Tafel 24 enthält Tragfähigkeitsanforderungen für Straßenbauten, wobei Tragwerte für den Damm- und Einschnittsbereich in Abhängigkeit für Belastungsklassen 1 bis 5 unterschieden werden [117].
Die Dichtewerte sind grundsätzlich nach Belastungsklassen unterteilt, wobei für die Klassen 1 bis 3 geringere Forderungen für den Bereich der Arbeitszone erhoben werden.
Für die Tragwerte E_{p2} wurde die Bedingung erhoben, daß der Quotient aus dem Tragwert der Zweitbelastung durch den Tragwert der Erstbelastung die Größe 2,2 als Sicherheit gegen bleibende Verformung nicht überschreiten soll. Können bei feinkörnigen Erdstoffen infolge eines zu hohen Wassergehaltes die vorgeschriebenen Tragfähigkeits- und Verdichtungswerte nicht eingehalten werden, so sind geeignete Maßnahmen (Einmischen von Branntkalk, Entwässerung und Austrocknung) einzuleiten [118].

Tafel 24. Tragfähigkeitswerte E_{p2} [kg/cm^2] im Verkehrsbau [117]

Untergrund	Straßen: Konstruktionsschicht	Straßen: für die Belastungsklassen 1 … 3	Straßen: für die Belastungsklassen 4 und 5	Flugplätze	Eisenbahnen
Frostsicher	Unterbettung	≧ 800	≧ 800		Planum ≧ 600
	untere Tragschicht	nicht erforderlich	≧ 1100		
Frostveränderlich	Unterbettung	≧ 350			Planum ≧ 350
	untere Tragschicht	≧ 800	≧ 1100		Schutzschicht ≧ 600

3.3. Gestaltung und Sicherung von Böschungen für Verkehrsdämme

3.3.1. Wahl der Böschungsneigungen für Dämme

Beim Entwurf von Erdbauwerken ist neben den Beanspruchungen und der Tragfähigkeit oberflächennaher Tragschichten, der Gestaltung der Böschungen im Damm-, Anschnitts- und Einschnittsbereich eine besondere Beachtung zu schenken. Die Gestaltung der Dammböschungen hängt vom Dammbaustoff, von der Einbauweise, von den Untergrundverhältnissen und von der Geländeform ab. In erster Linie wird die Standsicherheit der Dammböschungen von der Art, vom sachgemäßen Einbau und von der Verdichtung der Dammbaustoffe bestimmt. Im allgemeinen können die Böschungen von Dämmen, die nach der trockenmechanischen Einbauweise hergestellt werden, steiler ausgeführt werden als Dämme nach der hydromechanischen Einbauweise [121].

3.3.1.1. Böschungsneigungen für trockenmechanische Einbauweise

Da mit zunehmender Korngröße nichtbindigen Schüttmaterials die Scherfestigkeit erhöht wird (Tafel 23), können Verkehrsdämme aus Steinschüttungen, Geröllen und Talschotter ($h < 20$ m) unter Berücksichtigung der jeweiligen Einflußfaktoren mit Böschungsneigungen von 1 : 1 bis 1 : 1,5 hergestellt werden. Besondere Beachtung verdient dabei der Einfluß der Kornzertrümmerung durch die Wirkung schwerer Verdichtungsmaschinen auf witterungsempfindliches Gesteinsmaterial geringer Festigkeit. Beim Bau eines hohen Verkehrsdammes wurde witterungsempfindlicher Tonschiefer als sprengfestes Gestein im Einschnitt gewonnen. Durch die Gewinnung, den Transport, den Einbau und die Verdichtung mit mehreren Übergängen wurde infolge Kornzertrümmerung feinkörniger Erdstoff mit geringer Scherfestigkeit in den Dammkörper eingebaut.

Eine Böschung aus nichtbindigen Erdstoffen ist unabhängig von der Höhe stets standsicher, wenn der Neigungswinkel kleiner als der Reibungswinkel bei lockerer Lagerung ($D_\varepsilon = 0{,}15$ bis 0,30) ist [121].

Für Böschungsneigungen an Verkehrsdämmen können unabhängig von der Dammhöhe die in Tafel 23 angegebenen Neigungen verwendet werden, sofern kein Strömungsdruck wirksam ist und kein Wasser aus der Böschung austreten kann. Diese Angaben beziehen sich auf mindestens mitteldichte Lagerung $D_\varepsilon \leqq 0{,}35$. Steilere Böschungsneigungen sind in Ausnahmefällen durch hohe Lagerungsdichten, große Kornrauhigkeit und kantige Kornformen möglich. Die Standsicherheit ist dann besonders nachzuweisen.

Schwachbindige Erdstoffe (Feinsande und Schluffe), die bei geringer Wasseraufnahme ihre Konsistenz verändern, sind wasserempfindliche Erdstoffe und müssen daher zweckmäßiger in Dammitte eingebaut werden. Die Böschungen derartiger Dammbaustoffe sind sofort gegen Erosion und Abwehung durch ingenieurbiologische Maßnahmen zu sichern [121].

Die zulässige Böschungsneigung bindiger Erdstoffe ist von der Scherfestigkeit und von der Böschungshöhe abhängig. Bei gleicher Böschungsneigung und einheitlich aufgebautem Dammkörper ist die Standsicherheit geringer, je größer die Dammhöhe ist. Die in Tafel 23 angegebenen Neigungen für verdichtete Dämme können als Richtwerte angesehen werden, wobei der unterschiedlich bindige Dammbaustoff mit mindestens steifer Konsistenz (Zustandszahl $w_z = 0{,}75$ bis 1,00) eingebaut werden muß. Böschungen aus bindigen Erdstoffen sind gegen Witterungseinflüsse (Hitzewirkung, Niederschlag, Frostwirkung) besonders empfindlich. Das Eindringen von Wasser sowie das Austrocknen ist unter allen Umständen zu vermeiden. Bindige Erdstoffe mit weicher Konsistenz dürfen keine Anwendung finden.

Werden nicht einheitlich aufgebaute Dämme aus Schichten mit unterschiedlichen bodenmechanischen Eigenschaften errichtet (Wasserdurchlässigkeit und Scherfestigkeit wechseln sehr stark), so können aus Gründen der Wirtschaftlichkeit die Böschungen mit gebrochner Linie ausgebildet werden.

Der trockenmechanische Einbau der Dammbaustoffe muß in Lagen erfolgen, deren Dicke der Tiefenwirkung der Verdichtungsmaschinen anzupassen ist, wobei in einer Schüttlage nur gleichartige Massen Verwendung finden sollen (Bild 24b). Innerhalb der Schüttung muß eine durchgehend gleichmäßige Verdichtung nach den jeweiligen Anforderungen an die Tragfähigkeit (Tafel 24) erfolgen [121].

3.3.1.2. Böschungsneigungen für hydromechanische Einbauweise

Ein charakteristisches Merkmal von Dämmen, die auf hydromechanische Weise hergestellt werden, sind bemerkenswerte flache Böschungsneigungen (1 : 2 bis 1 : 5). Der hydrostatische Druck des wassergesättigten Materials in Dammitte verlangt durchlässige Seitendämme und flache Dammböschungen.

3.3.2. Böschungsschäden

Die in erheblichem Umfang auftretenden Böschungsschäden sind auf mannigfaltige und oftmals zusammenhängende Ursachen zurückzuführen. Beim Bewegungsvorgang einer Rutschung kann schon innerhalb weniger Minuten der Tragkörper für die Gleislage einer Eisenbahn oder für die Fahrbahn einer Straße teilweise oder vollkommen zerstört werden.
Vor dem Bau von Dämmen und Einschnitten sind zur Verhinderung größerer Schäden an künstlichen und natürlichen Böschungen die hydrologischen und geologischen Verhältnisse und die bodenmechanischen Eigenschaften des Dammbaustoffes und des Untergrundes eingehend zu untersuchen. Wenn an Damm- oder Einschnittsböschungen sowie an natürlichen Hängen Bewegungen und Zerstörungen irgendwelcher Art auftreten, wird im allgemeinen von einer Rutschung gesprochen, ohne die Ursachen näher zu untersuchen.

Bild 39
Erosionsschäden an einer Böschung

Durch systematische Untersuchungen und Auswertung zahlreicher Schadensfälle an Böschungen von Verkehrswegen in den letzten Jahrzehnten können folgende Erscheinungsformen von Böschungsschäden an der Oberfläche sowie im tieferen Untergrund unterschieden werden:

Erosionsschäden entstehen, wenn die Strömungskraft des Wassers Erdstoffteilchen aus der Böschung herauslöst und fortführt, so daß sich anfänglich zahlreiche kleinere Erosionsrinnen und schließlich tiefe Rinnen und Kolke bilden. Entsprechend der Schleppkraftabnahme lagern sich am Böschungsfuß erst die gröberen und in einiger Entfernung die feineren Bestandteile ab (Bild 39).

Erdfließen stellt sich ein, wenn schwachbindige Erdstoffe, insbesondere gleichförmige Feinsande und Grobschluffe, infolge von Wasseraufnahme fließfähig geworden sind. Nichtbindige Erdstoffe neigen dann zum Fließen, wenn sie von Wasser durchströmt und hierbei aufgelockert werden, so daß die Erdstoffteilchen im Wasser schwimmen. Dieses sogenannte Setzungsfließen stellt sich bei lockergelagertem, wassergesättigtem Sand ein. Durch eine äußere Belastung tritt eine Setzung und damit eine dichtere Lagerung ein, die einen Wasserüberschuß und somit einen Fließvorgang bewirkt.

Böschungsrutschungen treten dann ein, wenn entlang einer ebenen oder gekrümmten Gleitfläche die Scherfestigkeit überwunden wird und der Erdkörper, mehr oder weniger in sich verformt, aus der Ebene der Damm- oder Einschnittsböschung mit unterschiedlicher Geschwindigkeit ausbricht. Am oberen Böschungsrand treten deutliche Zugrisse in Erscheinung, während am Böschungsfuß Stauchungen und Aufwölbungen eintreten (Bild 40).

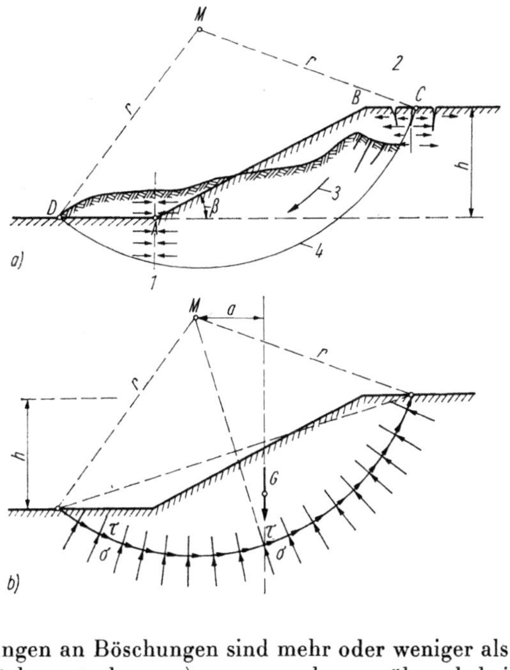

Bild 40. Böschungsrutschung entlang einer Gleitfläche
a) Bewegungsvorgang;
1 Druckspannungen (Stauchung);
2 Zugspannungen;
3 Bewegung;
4 Gleitfläche;

b) Ansatz der Kräfte

Erosions- und Fließerscheinungen an Böschungen sind mehr oder weniger als Oberflächenschäden (Oberflächenrutschungen) anzusprechen, während bei Böschungsrutschungen die Gleitzone meist im tieferen Bereich verläuft (Tiefenrutschungen) [119], [120].

Das richtige Erkennen und die sachgemäße Zuordnung zu den Arten von Böschungsschäden an Verkehrswegen ist eine wesentliche Voraussetzung für die zweckentsprechende Wahl der Sicherungsmaßnahmen (s. Tafel 25).

3.3.3. Sicherungsmaßnahmen an Dammböschungen

Die Maßnahmen zur Festigung und Sicherung von Erdbauten erhöhen die Standsicherheit und dienen zur Beseitigung von Schäden. Sie stützen sich dabei im wesentlichen auf technische (bodenmechanische bzw. erdbautechnische) und biologische (pflanzliche) Bauweisen. Die technischen und biologischen Sicherungsmaßnahmen gliedern sich dabei unter Berücksichtigung des unterschiedlichen Schwierigkeitsgrades je nach den Beanspruchungen in folgende Einzelaufgaben, die in Tafel 25 zusammengestellt worden sind [122]:

1. Schutz der Erdböschungen gegen Erosion durch Niederschlags- und Schichtwasser und Wind einschließlich Behebungsmaßnahmen
2. Schutz vor Hang- oder Böschungsrutschungen im oberflächennahen bzw. tieferen Bereich und Beseitigung von Rutschungen
3. Schutz der Ufer von Gewässern gegen Erosionen und Sanierung von Schäden

Die Sicherungsmaßnahmen zur Gründung von Dämmen auf nichttragfähigem, setzungsempfindlichem Untergrund (Reibungsfüße, vertikale Sanddränagen, Moorsprengverfahren u. ä.) stehen mit dem Baugrund in enger Wechselbeziehung und werden in Abschn. 3.5. behandelt. Die technischen Bauweisen gliedern sich dabei in erdstatische (Böschungsabflachung, Vorschüttung, Stützmauerkonstruktionen) und in Entwässerungsmaßnahmen (Dränagen, Sickerleitungen, Verhinderung von Schrumpfrissen) [122].

Für eine sachgemäße und wirksame Beseitigung der Böschungsschäden ist es allgemein notwendig, durch eingehende ingenieurgeologische und bodenmechanische Untersuchungen die Ursachen zu klären. Dazu gehören u. a.:

1. Beurteilung der äußeren Veränderungen am Dammkörper (Risse am oberen Böschungsrand, Aufwölbungen und Hebungen am Böschungsfuß)
2. Untersuchung der geologischen und bodenmechanischen Verhältnisse durch Sondierungen, Bohrungen und Probenentnahme
3. Ermittlung der hydrologischen Verhältnisse im Bereich des Dammes sowie des Untergrundes und
4. Berücksichtigung der jahreszeitlich schwankenden, klimatischen Einflüsse, wie Frost- und Hitzewirkung

Bild 41 enthält eine schematische Zusammenstellung der Ursachen für Böschungsschäden an Dämmen, gegliedert nach der Verminderung der widerstehenden Kräfte und der Vergrößerung der angreifenden Kräfte.

3.3.3.1. Technische Sicherungsmaßnahmen

Erdbautechnische Maßnahmen (Bild 42a bis d):

Die Böschungsverflachung bewirkt die Verringerung der zur Rutschung drängenden Kräfte am Rutschkörper und setzt die Schleppkraft des Wassers an der Oberfläche der Böschung herab. Sie bildet in vielen Fällen ein wirksames Mittel zur Verhinderung von Rutschungen. Bei beengten Raumverhältnissen ist die Anordnung einer Stützkonstruktion (Stützmauer, Pfahlkonstruktion) erforderlich. Wasseraustrittsstellen bei nichtbindigen, feinkörnigen Erdstoffen sollen zusätzlich mit einer ausreichenden Kiessandschicht abgedeckt werden.

Die Standsicherheit einer Dammböschung kann dadurch erhöht werden, daß am Böschungsfuß eine Gegenschüttung vorgeschüttet wird. Die Vorschüttung bei

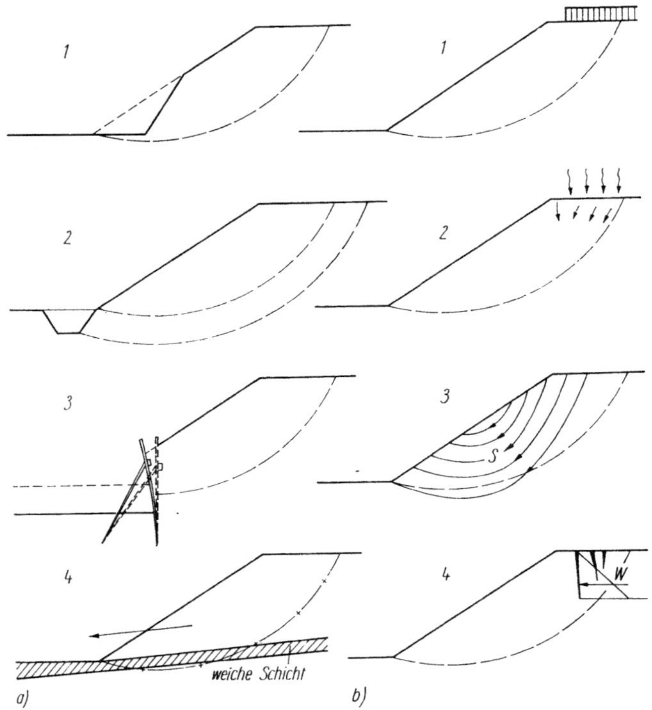

Bild 41. Schematische Darstellung der Ursachen von Schäden an Dammböschungen

a) Verminderung der widerstehenden Kräfte
1 Anschneiden des Böschungsfußes; *2* Graben am Böschungsfuß; *3* Nachgeben der Baugrubenwand; *4* weiche Schicht im Untergrund
b) Vergrößerung der angreifenden Kräfte; *1* Auflasten; *2* Durchfeuchtung des Erdkörpers; *3* Strömungsdruck; *4* Wasserdruck in Spalten

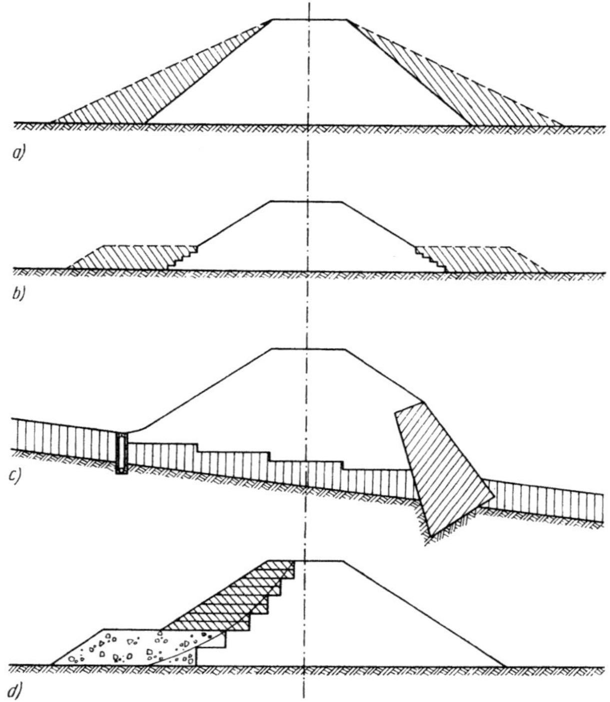

Bild 42. Technische Sicherungsmaßnahmen an Verkehrsdämmen

a) Böschungsverflachung;
b) Vorschüttung;
c) Stützmauerkonstruktion;
d) Wiederherstellung eines Dammes nach einer Rutschung

Tafel 25. Technische und biologische Sicherungsmaßnahmen an Böschungen von Verkehrsdämmen

	Sicherungsmaßnahmen an Erdböschungen gegen Erosionen durch Niederschlags- und Schichtwasser und Wind	Sicherungsmaßnahmen gegen Rutschungen: Oberflächenrutschung	Sicherungsmaßnahmen gegen Rutschungen: Tiefenrutschung	Sicherungsmaßnahmen an Ufern von Gewässern gegen Erosionen		
Technische Maßnahmen	Abflachung der Böschungen	richtige Wahl der Böschungsneigung	Entwässerung der Dammkrone	starre Befestigung		Ufermauern
	Andeckung von Kiessand oder Steinen	Entwässerung des Fußes durch Tiefenentwässerung in Längs- und Querlage, lotrechte Sickerschlitze, horizontale und vertikale Bohrungen	Aufbringen von Gegengewichten			Buhnen und Leitwerke
	Pflasterung oder Aufbringung von Zement-Spritzputz mit oder ohne Bewehrung	Anordnung von schräg-verlaufenden oder netzwerkartigen Rigolen aus Bruchsteinmauerwerk in der Böschung Kiessandschutzschicht	Entlastung durch Abtrag			Steinpackung, verkeilt
	Einbau von Entwässerungsleitungen, Rinnen und Kaskaden, Fassung des Schichtwassers durch Sickerleitungen	Einbau von Material mit großem Reibungswinkel	Verpfählung durch Pfahlböcke			Spundwände
	Abfanggräben hinter der oberen Böschungskante (Einschnitt), Grabenschalen	Schließen der Schrumpf- und Zugrisse	Anordnung von Spundwänden und Bohrpfahlwänden			Betonplatten mit Vorfuß
	Flechtwerke aus Weidenzweigen, Einbau von Palisadenwänden	Verpfählung und Vernagelung	Risse mit Zement-Ton-Gemisch ausfüllen			Pflasterung auf 10 ··· 15 cm sandfreier Kiesschicht
		Einmischen von Kalk in die Oberfläche	Abstützung durch Stützmauern aus Beton oder Bruchsteinmauerwerk	Nachgiebige Befestigung	Wasserwechselzone	Faschinen
			Ersatz des rutschgefährlichen Materials			Flechtwerke
			Entwässerung durch Elektroosmose			Rauhflechtwerke
			Kaustische Verfestigung		Unterwasserzone	Sinkstücke
						Steinwurf, Drahtnetze
						Tetrapoden

Tafel 25. (Fortsetzung)

	Sicherungsmaßnahmen an Erdböschungen gegen Erosionen durch Niederschlags- und Schichtwasser und Wind	Sicherungsmaßnahmen gegen Rutschungen: Oberflächenrutschung	Sicherungsmaßnahmen gegen Rutschungen: Tiefenrutschung		Sicherungsmaßnahmen an Ufern von Gewässern gegen Erosionen
Biologische Maßnahmen	Mutterbodenandeckung (10 ··· 30 cm Dicke) und Einsaat von Gras- und Kleesamen ohne oder mit Bepflanzung von Bäumen und Sträuchern	Wasserentzug durch Baumwurzeln sowie Verdunstung mittels Laubwerks Die Wirkung der Verdunstung ist abhängig von der Art der Bepflanzung, den Untergrundverhältnissen, der Tiefe der zu entwässernden Schicht		Überwasserzone und Wechselzone	Aufbringen einer Rasendecke
	Auslegen oder Annageln von Rasensoden oder Rasenteppich auf besonders gefährdeten Böschungsflächen	Wurzeln verdübeln den Baugrund: Flachwurzeler bis 0,5 m Tiefe Tiefwurzeler bis 2,0 m Tiefe (Ausnahmen bis 5,0 m Tiefe)			Bepflanzung von Bäumen und Sträuchern
	Mutterbodenandeckung (5 ··· 10 cm Dicke) auf dem anstehenden Untergrund oder in den Dammbaustoff eingemischt, Einsaat mit oder ohne Bepflanzung von Bäumen und Sträuchern				Spreitlagen aus Weiden mit und ohne Flechtwerke
	Bepflanzung mit Bäumen und Sträuchern nach Standortwahl ohne Mutterbodenandeckung			Unterwasserzone	Anpflanzung von Schilf, Binsen und Seggen
	Aufbringen von Samengemischen (Gräser, Kräuter, Sträucher), vermischt mit Bitumenemulsionen				

rolligen Dammbaustoffen hat nach Entfernen der Mutterbodenschicht lagenweise aus nichtbindigen Erdstoffen zu erfolgen. Die erforderlichen Abmessungen der Vorschüttung werden durch erdstatische Berechnungen festgelegt. Bei Böschungen aus bindigen Dammbaumaterialien kann auch bindiger Erdstoff verwendet werden, wobei die unterste 1 m dicke Lage aus Kiessand herzustellen ist.
Kann eine Böschung nicht auf der ganzen Höhe flach angelegt werden, so ist auf tragfähigem Baugrund eine Stützmauer am Böschungsfuß anzuordnen. Dabei ist auf eine ausreichende Entwässerung der Mauer sowie auf die Standsicherheit der Böschung beim Aushub der Baugrube zu achten.
Die Baugruben für Stützmauern an bestehenden Böschungen dürfen nur abschnittsweise ausgehoben werden (Bild 41a).
Böschungsbefestigungen aus Steinmaterial sind, auf örtliche Gegebenheiten beschränkt, dort anzuwenden, wo die Böschung steiler ausgeführt werden soll, als es die Scherfestigkeit gestattet. Pflasterungen, Steinpackungen und Stützmauern aus Trocken- oder Mörtelmauerwerk können dazu verwendet werden. Während die Pflasterungen nur zur Abdeckung des Dammes herangezogen werden können, dienen die dickeren Steinpackungen oftmals als Teil des Stützkörpers im Verkehrsdamm.

Entwässerungsmaßnahmen (Bild 43 und 44)

Eine Durchfeuchtung der Dammböschung und des Dammfußes ist stets zu verhindern. Das hangseitig zufließende Oberflächenwasser ist durch einen Hanggraben zu fassen und in geeigneten Abständen in Durchlässen zur Talseite abzuleiten. Das Wasser, das auf einem Grundwasserträger dem Damm zufließt, muß

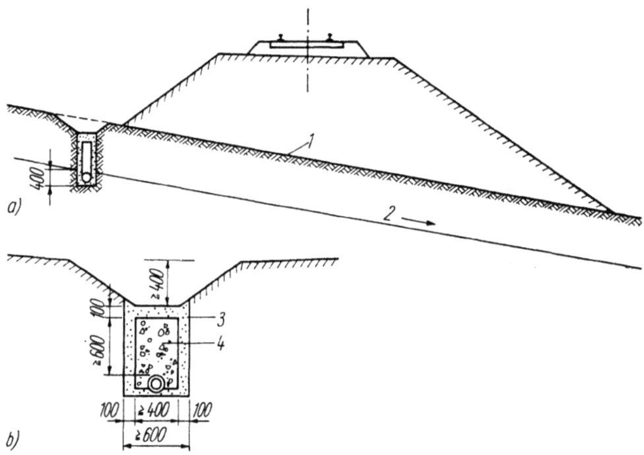

Bild 43. Entwässerungsmaßnahmen an Verkehrsdämmen
a) Hanggraben mit Tiefenentwässerung; *1* Geländeoberkante; *2* Grundwasserträger; b) Tiefenentwässerung; *3* Kiessand; *4* Splitt oder Kies

durch eine Tiefenentwässerung aufgefangen werden, die mindestens 40 cm in den Grundwasserträger einbindet. Die Ausbildung und der Aufbau einer Tiefenentwässerung ist in Bild 43b dargestellt.
Zur Entwässerung einzelner nasser Stellen sowie Wasseraustritte auf größeren Flächen der Dammböschungen eignen sich Steinsicker, die je nach dem Grade der Durchfeuchtung in Abständen von 5,0 bis 15,0 m angeordnet werden können. Entsprechend den Wasseraustrittsstellen können sie durch dach- bzw. bogenförmige

Quersickerungen verbunden werden. Die Steinsicker müssen aus witterungsbeständigen Bruchsteinen hergestellt werden (Bild 44a und b).
Bei Dammböschungen aus unterschiedlich bindigen Erdstoffen zeigen sich oft starke Oberflächenrutschungen, die infolge unkontrollierbarer Wasseraustrittsstellen auf Frost- oder Tauschäden zurückgeführt werden können.
Als wirksame Sicherungsmaßnahme kann eine mindestens 50 cm starke Frostschutzschicht mit einer 10 cm dicken Mutterbodenschicht auf der Böschung angewendet werden [121, 122] (Bild 44c).

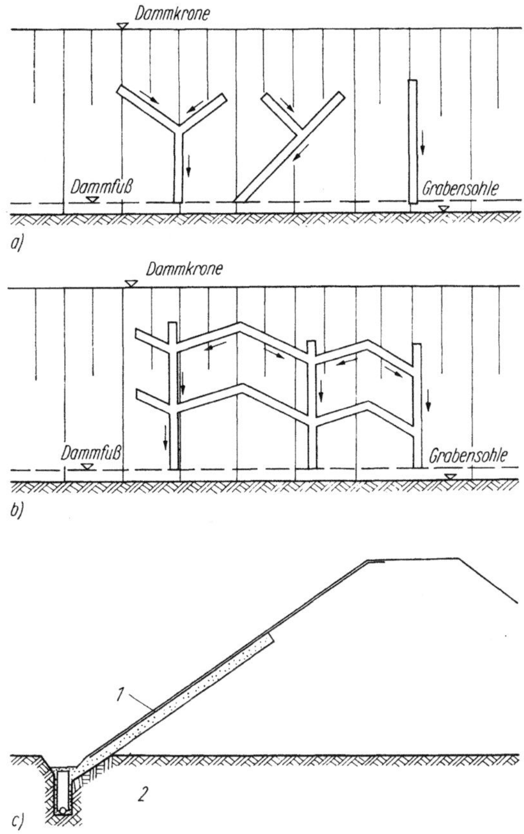

Bild 44
Entwässerungsmaßnahmen in Dammböschungen
a) schräg- und lotrecht verlaufende Rigolen;
b) netzartige Verzweigung der Rigolen;
c) Kiessandschutzschicht;
1 Kiessandschicht;
2 Tiefenentwässerung

3.3.3.2. Ingenieurbiologische Sicherungsmaßnahmen

Ingenieurbiologische Bauweisen, auch Lebendverbau genannt, sind biologisch ausgerichtete ingenieurtechnische Verfahren, bei denen die Pflanze zum Baustoff wird. Dabei dienen die Anwendung der Pflanze und die Ausnutzung ihrer biologischen Faktoren ingenieurtechnischen Aufgaben. Die Pflanze wird in erster Linie zum Schutz bzw. zur Stabilisierung der Erd- und Felsbaustoffe herangezogen. Während die oberirdischen elastischen Triebe der Pflanzen im allgemeinen die Oberflächen der Erd- und Felsbauwerke vor dem direkten Angriff

durch Wind, Wasser, Eis oder Schnee schützen und die klimatischen Beanspruchungen abmindern, erhöhen die unterirdischen Teile (Wurzeln, Sprossen) teilweise die Festigkeit des Erd- bzw. Felsmaterials. *Kruedener* [123] versteht im allgemeinen unter dem biologischen Ingenieurwesen die Mobilisierung der lebendigen Kräfte der Natur.
Die Bedeutung der ingenieurbiologischen Bauweisen kann an folgenden Hauptaufgaben [124] dargestellt werden:

1. Durch die spezifischen Anforderungen an den Standort können aus der Art der Vegetation bestimmter Pflanzen grobe Hinweise über das Bodenprofil ohne Aufschlußarbeiten erhalten werden. Pflanzenbiologische Gutachten sind in diesen Fällen einzuholen.
2. Aus der Verpflichtung zur Erhaltung und Schonung der natürlichen Landschaft erwachsen für die ingenieurbiologischen Bauweisen immer neue Aufgaben. Die Dammbauten müssen durch den Lebendverbau verschönert und organisch in das Landschaftsbild eingefügt werden.
3. Durch ihre natürliche Wirkungsweise können die Pflanzen an geeigneten Stellen ebenso gut oder besser eine wirksame Maßnahme zur Festigung und Sicherung der Erd- und Felsbauten für Verkehrsanlagen darstellen.

Nach den Richtlinien und Vorschriften für landschaftsgärtnerische Arbeiten werden folgende Begriffe unterschieden:

Rohboden	ist unbelebter, durch Bodenlebewesen nicht aufgeschlossener Boden aus tiefen Lagen
Kulturboden	ist vegetationsfreundlicher Boden, zum Teil durchwurzelt und durchlüftet
Mutterboden	ist die obere von Pflanzenwurzeln und Bodenfauna erschlossene, mit Humusanteil versehene Bodenschicht
Kulturfeindlicher Boden	ist aus tieferer Bodenschicht stammender, chemisch überlasteter Boden, der keinen Pflanzenwuchs gestattet
Werkstoffe	sind Steine, Holzpfähle, Bodenverfestigungsmittel usw.

Zwischen den technischen und biologischen Maßnahmen bestehen technische und wirtschaftliche Grenzen, die oftmals nicht genau abgegrenzt werden können (Tafel 25). Die Wirkungsweise der Pflanze ist in vielen Fällen der wirksamste und wirtschaftlichste Schutz von Erdbauwerken [125, 126, 127].

Vorteile der ingenieurbiologischen Bauweisen:

1. Der Lebendverbau verbindet die Verkehrsbauwerke organisch mit dem umgebenden Landschaftsbild
2. Bei sachgemäßer Pflege, insbesondere in den ersten Jahren der Anpflanzung, können die ingenieurbiologischen Maßnahmen ein hohes Alter mit längeren Zeiträumen ohne Unterhaltungsarbeiten überdauern
3. Verfestigung der Böschungsflächen, Schutz gegen Erosion, Verwitterung und Schnee mit zunehmendem und andauerndem Wirksamwerden des Wurzelwerkes
4. Durch die Regulierung des Wasserhaushaltes mit zweckentsprechenden Pflanzen treten eine Entwässerung und eine biologische Verbesserung des Bodens ein
5. Geringe Baukosten und Einsparung an künstlichen Baustoffen. Die Unterhaltungskosten für den Lebendverbau können bei guter Fachkenntnis und gut organisiertem Einsatz der Arbeitskräfte niedrig gehalten werden

Nachteile der ingenieurbiologischen Bauweisen:

1. Die Wirksamkeit der biologischen Maßnahmen ist nicht zuverlässig und nur schätzbar. Sie ist vielen Zufälligkeiten (Güte des Pflanzengutes, Eignung des Bodens, Witterung, Pflege der Pflanzungen) unterworfen. Im Anfangsstadium tritt keine oder nur eine sehr begrenzte Wirkung ein
2. Die Bauzeit der biologischen Sicherungsmaßnahmen ist vom Vegetationsrhythmus der Pflanzen abhängig
3. In den ersten Jahren sind termingebundene Pflegearbeiten unbedingt notwendig
4. Gefährdung des Verkehrsweges durch Windbruch und damit Beschädigungen der Böschungen

Da die Abgrenzung der Anwendungsbereiche der technischen und biologischen Maßnahmen nicht exakt festgestellt werden kann, ist es zweckmäßig, frühzeitig einen Fachmann hinzuzuziehen. Zur Durchführung der ingenieurbiologischen Maßnahmen sind zahlreiche Anleitungen und Empfehlungen für die Anwendung im Erd- und Wasserbau erschienen [122].

Sicherung von Erd- und Felsböschungen an Verkehrsdämmen

Eine dauerhafte ingenieurbiologische Sicherung ist bei Erdböschungen bis zu einer Neigung von 1 : 1, im Sonderfall von 1 : 0,75 möglich, sofern nicht die erdstatisch erforderliche Standsicherheit eine flachere Böschungsneigung erfordert. Böschungen, die zusätzlich dem Angriff durch bewegtes Wasser unterliegen, werden nach Bild 49 gesichert.
Zur Befestigung von Damm- und Einschnittsböschungen für Verkehrsbauten können Rasen, Flechtwerke, Buschlagen sowie Sonderverfahren (Rasensodenstreifen, Grasschnitt und Strohauflagen, Bitumenemulsionen, Aufspritzen von Rasen- und Gehölzsaat usw.) allgemeine Anwendung finden [128, 129].

Rasenbau (Bild 45a bis f)

Für das Aufbringen einer Rasendecke müssen die Bedingungen des natürlichen Wachstums, die pflanzensoziologischen Gesichtspunkte sowie der Nährstoffbedarf in bezug auf den Standort und den geforderten Zweck erfüllt sein. Die Anwendungsform des Rasens ist von der Böschungsneigung abhängig.
Eine wüchsige, dichte und damit schnell wirksame Grasnarbe kann sich nur auf Mutterboden entwickeln. Die Dicke soll dabei mindestens 15 cm betragen. Es ist eine innige Verbindung mit dem Rohboden herzustellen, der vorher aufzurauhen ist. Bei reinem Kies oder Schotter als Dammbaustoff ist eine lehmige oder sandige Filterschicht vor dem Mutterboden aufzubringen. Durch eine gute Verzahnung des Mutterbodens ist dem Abrutschen vorzubeugen.
Die sicherste Aussaatzeit ist, um der sommerlichen Dürre auszuweichen, Frühjahr bis Mai bzw. Spätsommer bis Herbst. Je nach den Bedingungen des Bodens, des Klimas, der Wasserverhältnisse und der Lage zur Sonne ist die Zusammensetzung der Aussaatmischung der Gras- und Kräuterarten durch den Ingenieurbiologen zu treffen. Kombinationen verschiedener Kräuter sind häufig ratsam [124].
Rasensoden (-platten oder -ziegel) (25 cm × 25 cm) werden sofort nach dem Verlegen wirksam. Auf stärker beanspruchten Böschungen sind die Rasensoden mit Holzpfählen zu vernageln. Stehen nicht genügend Rasensoden zur Verfügung, sind einfache (1,50 m Abstand mit 35° Neigung) oder kreuzweise (1,50 m Abstand und flacher als 45° Neigung) Diagonalstreifen anzulegen. Die Zwischenfelder

werden durch Aussaat befestigt. Die Gewinnung, die Lagerung und das Verlegen richtet sich nach den vorliegenden Empfehlungen und Anleitungen [130].
Bei normaler Wasserabführung genügen die Anwendungsformen mit Rasensoden nach Bild 45. Bei zusätzlichem Oberflächenwasser sind zum Schutze einer unbefestigten Böschungsfläche gegen Wassererosion (Rinnen- und Runsenbildung) die Böschungsschultern durch Rasensoden in Reihenverlegung zu sichern.

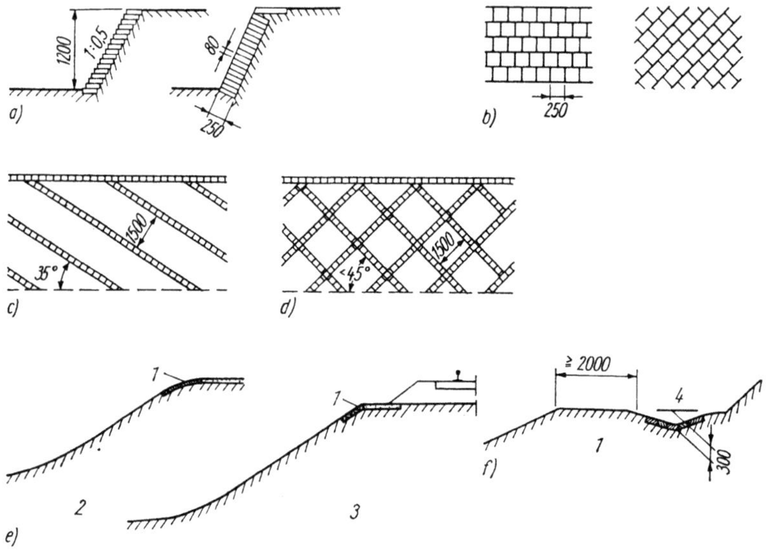

Bild 45. Rasenbau

a) Kopfrasen; b) Flachrasen; c) einfache Diagonalstreifen; d) kreuzweise Diagonalstreifen; e) Ausbildung der Dammschultern; f) Ausbildung der Hangmulde; *1* Rasensoden; *2* Straßen; *3* Eisenbahnen; *4* Hangmulde

Auf Geröll- und Steinschüttungen sind Rasenplatten auf einer etwa 10 bis 15 cm dicken Mutterbodenschicht mit Lehmunterlage aufzubringen. Frische Felsböschungen können entsprechend dem Gefüge, den Schichten und Klüftungen mit standortgerechten Gräsern durch Rasensoden oder mittels Überrieselung mit Mutterboden-Grassamengemischen gesichert werden.
Auf Baustellen mit einem sehr großen Bedarf an Rasen bei sofortiger Beanspruchung ist die Verwendung von Rollrasen zweckmäßig.

Flechtwerksbau (Bild 46a bis d)

Flechtwerke bestehen aus bodenständigem Buschwerk und anderen Baumarten, die als einfaches und kreuzweises Diagonalgeflecht zur Sicherung der Böschung angewendet werden. Im Abstand von 1,50 bis 3,00 m werden diagonal aufsteigende Flachzäune aus totem oder austriebsfähigem Material eingebaut. In Erosionsrinnen sind die Flechtzäune quer zur Abflußrichtung einzubauen. Zweckmäßig sind austriebsfähige Weiden zu verwenden. Diese sind in den unteren Lagen (mindestens $^1/_3$ der Flechtwerkshöhe) in den Untergrund einzulegen, damit die Bewurzelung erfolgen kann. Bei fehlendem Mutterboden sind die Zwischenfelder mit sogenannten Pioniergehölzen (Erle, Pappel, Birke) zu besetzen [124].

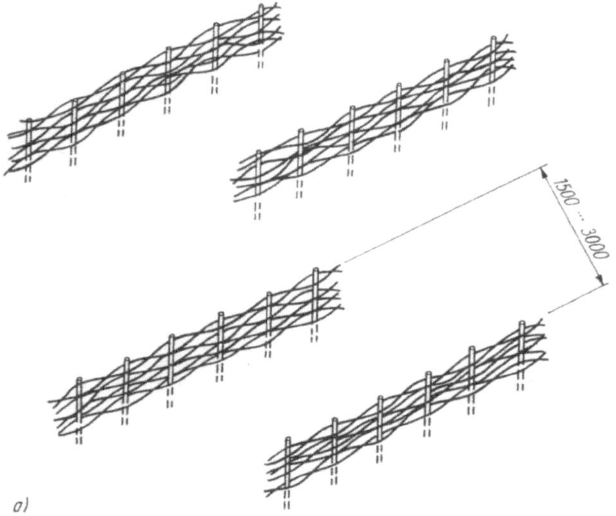

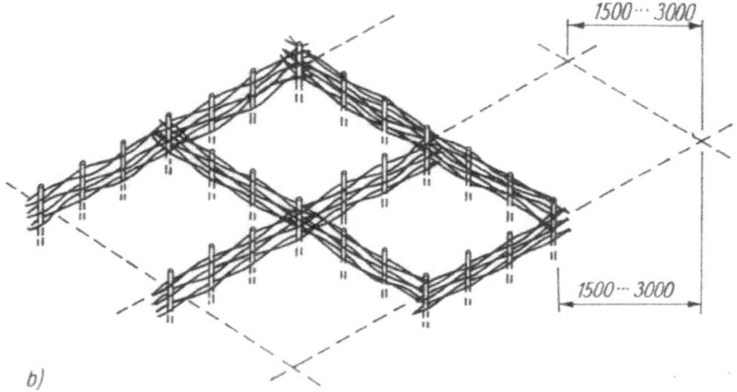

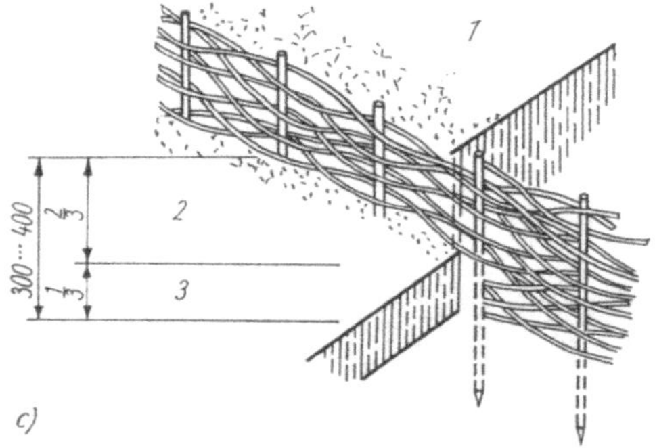

Bild 46. ***Flechtwerksbau***

a) Diagonalflechtwerk; b) netzartiges Flechtwerk; c) Detaildarstellung des Flechtwerksbaues; *1* Steckhölzer; *2* beliebige Ruten; *3* austriebsf. Ruten; d) beschädigte Flechtwerke an einer Dammböschung

Buschlagenbau (Bild 47a und b)

Diese ingenieurbiologische Bauweise ist bei großen Hangflächen von noch besserer, mechanisch wirksamerer und sichererer Haltbarkeit. Die Entfernung der einzelnen

a)

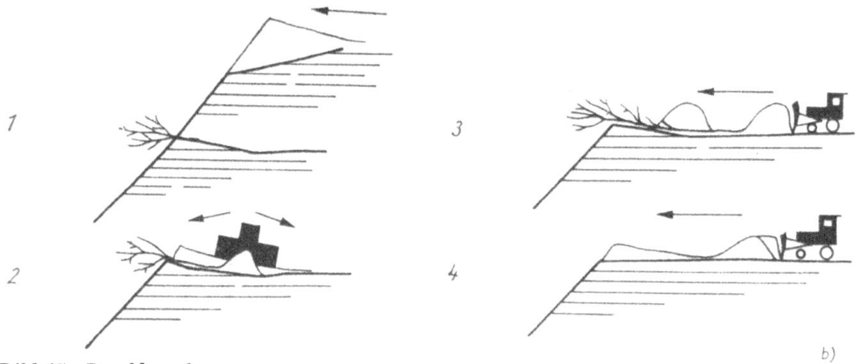

Bild 47. Buschlagenbau

a) Buschlagenbau auf einer Dammböschung; b) Einbau der Buschlagen während der Dammschüttung; *1* Schütten; *2* Ausbreiten; *3* Ausbreiten und bedecken; *4* Planieren

---

Bild 48. Beispiele für Ufersicherungen durch technische Maßnahmen [122] ▶

a) Sicherungen des Böschungsfußes durch Steinwurf und der Böschung durch Pflaster mit Weidenstecklingen bei wenig veränderlicher Sohle; b) Sicherungen des Böschungsfußes aus Steinpackung und Pfählen sowie der Böschung aus Pflaster bei stark veränderlicher Sohle; c) Sicherungen des Böschungsfußes mit Senkfaschine und Steinwurf sowie der Böschung aus Pflaster bei stärker veränderlicher Sohle und hohem Niedrigwasser; d) Sicherungen der Böschung durch doppeltes Pflaster und Kiesfilterschicht im Bereich der Wasserspiegelschwankungen einer Stauanlage; *1* Steinwurf; *2* Pflaster, verfugt oder mit Weidenstecklingen; *3* Kiesfilter bei bindigem Boden; *4* Rasensoden; *5* Pflaster aus Natursteinen oder Betonfertigteilen, verfugt oder mit Weidenstecklingen; *6* Holzpfähle, Spundwände, Altschienen oder dgl.; *7* Steinpackung; *8* Kies; *9* Senkfaschinen; *10* Kiesfilter zur Verringerung der Abströmgeschwindigkeit und Sogwirkung

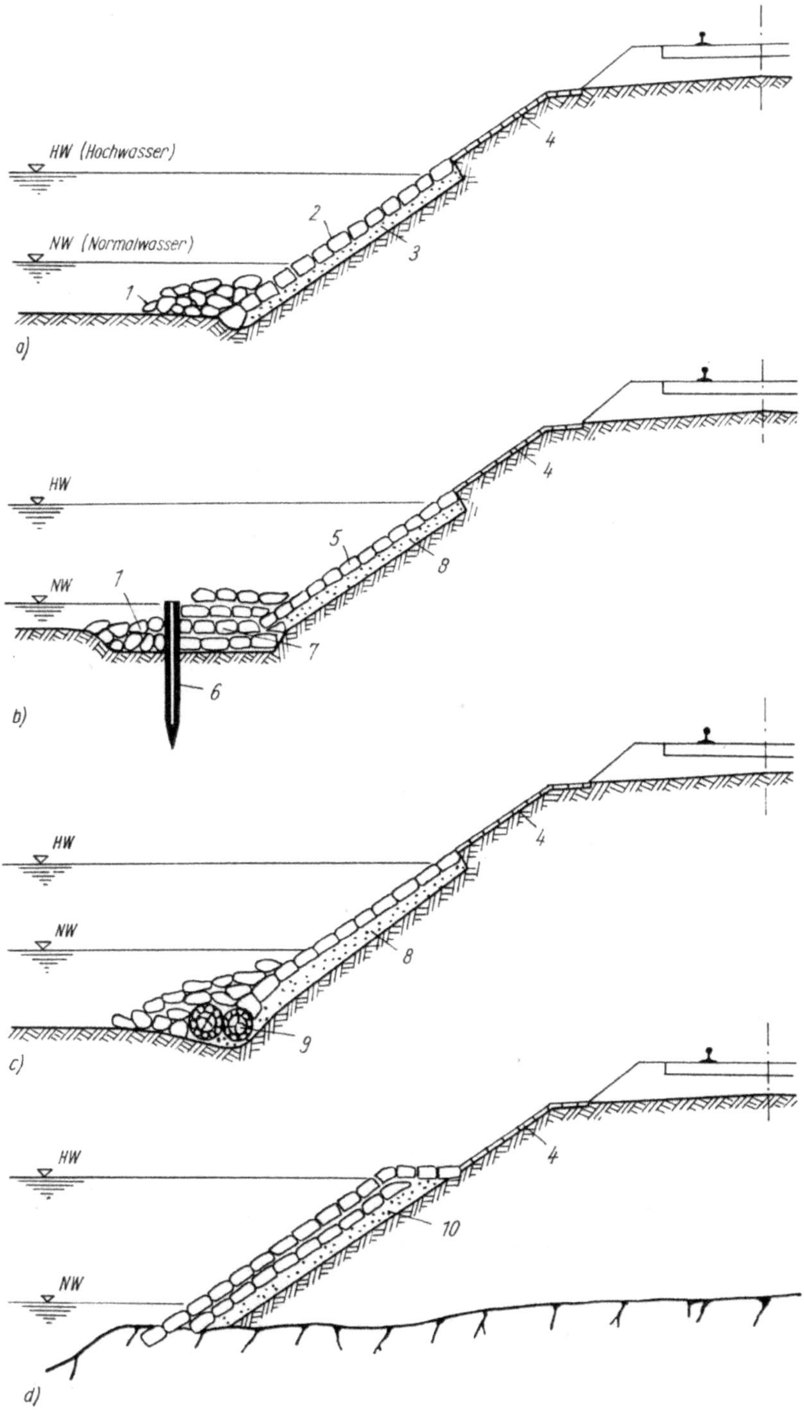
HW (Hochwasser)
NW (Normalwasser)
1
2
3
4
a)
HW
NW
1
4
5
6
7
8
b)
HW
NW
4
8
9
c)
HW
NW
4
10
d)

Buschlagen ist von der Böschungsneigung sowie von der Standfestigkeit der Massen abhängig [127]. Die Buschlagen können vorwiegend bei Dämmen verwendet werden, indem Weide, Erle oder Pappel in Längen bis 8 m mit dem dicken Ende in die Böschung verlegt werden. Während die einfache Buschlage aus starkverzweigtem und zum Teil austriebsfähigem Material besteht, werden bei gemischten Buschlagen zusätzlich bewurzelte Jungpflanzen mit beigelegt (2 Stück/m^2).
Die bei der Grünverbauung im Hochgebirge bewährten Buschlagen setzen sich auch immer mehr im Dammbau des Mittelgebirges durch. Die Vorteile gegenüber den Geflechten beruhen auf einer guten Eignung zur ersten Sicherung des Rohbodens, auf einem schnellen Baufortschritt, guter Verwendbarkeit bei Aufschüttungen, relativ geringem Materialverbrauch, tiefer Durchwurzelung und auf geringen Kosten [124].

Dammböschungen an Gewässern (Bild 48 und 49)

Maßnahmen zum Schutze der Ufer von Gewässern gegen Erosion sind unter Berücksichtigung der Strömungsgeschwindigkeit und der Geschiebeführung auszubilden. In der Unterwasserzone sind Anpflanzungen von Schilf, Binsen und Seggen und in der Überwasser- bzw. Wechselzone sind Rasensoden, Sträucher, Bäume sowie Spreutlagen aus Weiden zu verwenden. Die erforderlichen Sicherungsmaßnahmen sind außerdem mit den zuständigen Dienststellen für Wasserstraßen bzw. Wasserwirtschaft zu klären.
Gehölzpflanzungen, die zur endgültigen Pflanzengesellschaft auf Böschungen überleiten, können im frischen Untergrund, in der geschlossenen Rasendecke oder zwischen dem Buchlagenbau erfolgen.
Zur Verhütung von Erosionserscheinungen auf den Böschungen bis zur Ausbildung einer geschlossenen und voll wirksamen Vegetationsdecke sind besondere Maßnahmen zu treffen (Rasensodenstreifen, Aufbringen von Grasschnitt, Stroh u. ä., Verwendung von Bitumenemulsionen, Mikroverbau, Aufspritzen von Rasen- und Gehölzsaat). Diese Maßnahmen bedürfen einer besonderen und eingehenden Voruntersuchung [122].
Bei der Auswahl der Sicherungsmaßnahmen an Böschungen sind die örtlichen Gegebenheiten (Baugrund- und hydrologische Verhältnisse, klimatische Bedingungen), die Vor- und Nachteile der technischen und biologischen Maßnahmen, wirtschaftliche Überlegungen sowie das Angebot an Arbeitskräften maßgebend.

Bild 49. Beispiele für Uferbefestigungen durch Lebendverbau [122] ▶

a) Sicherungen des Böschungsfußes aus Faschinen und der Böschung aus Rasensoden bei wenig veränderlicher Sohle und kurz dauerndem Hochwasser; b) Sicherung des Böschungsfußes aus Faschinen und der Böschung mit Spreitlagen aus Weiden bei wenig veränderlicher Sohle; c) Sicherung des Böschungsfußes aus Flechtwerk und Steinwurf und der Böschung aus Berauhwehrung infolge Kolkbildung bei Hochwasserschäden; d) Sicherung des Böschungsfußes aus Senkfaschinen und Steinwurf und der Böschung aus Spreitlagen infolge Kolkbildung bei Hochwasserschäden; *1* Faschine mit Verpfählung; *2* Rasensoden aus Rohrglanzgras; *3* Drahtverbindung; *4* Faschine mit Pfahlreihen; *5* Spreitlagen; *6* Spicker; *7* Rasensoden; *8* Steinwurf; *9* Flechtwerk; *10* Verpfählung; *11* Weidenruten; *12* Wippen; *13* Senkfaschinen

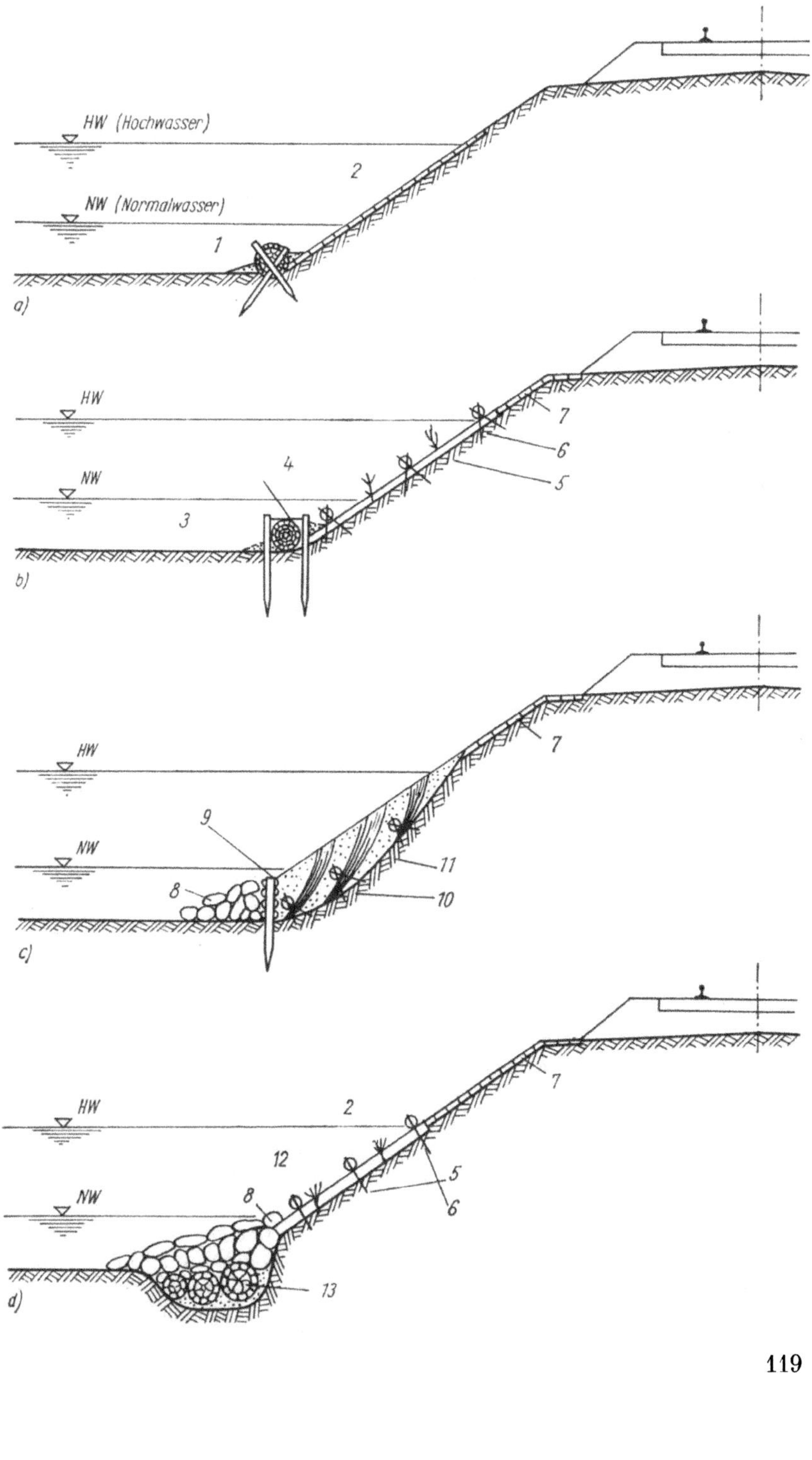
HW (Hochwasser)
NW (Normalwasser)
1
2
a)
HW
NW
3
4
5
6
7
b)
HW
NW
7
8
9
10
11
c)
HW
NW
2
5
6
7
8
12
13
d)

Da die Wirkungsweise und damit die Kosten der ingenieurbiologischen Bauweisen nicht exakt erfaßt werden können, bestehen zwischen den technischen und biologischen Maßnahmen keine klaren technischen und wirtschaftlichen Grenzen hinsichtlich der Anwendung (Tafel 25).
Ist durch das Versagen der Standsicherheit der Böschungen die Betriebssicherheit des Verkehrsdammes gefährdet, dann kommen nur sofort wirksame technische Gegenmaßnahmen zur Anwendung.
Die ingenieurbiologischen Bauweisen sind für die leichten Aufgaben meistens ausreichend und wirtschaftlicher gegenüber den technischen Maßnahmen, die jedoch in Verbindung mit dem Lebendverbau für mittlere Beanspruchungen im allgemeinen genügen. Bei derartigen Aufgaben, die sehr häufig vorkommen, sind die Kosten nicht zu trennen. Bei den stärksten Beanspruchungen, die auf die Böschungen wirken, ist die Pflanze technisch überfordert, so daß nur technisch-konstruktive Sicherungsmaßnahmen eingesetzt werden können. Im Gegensatz dazu dominiert der Lebendverbau bei landschaftskulturtechnischen Aufgaben an Kippen und Seitenentnahmen [122].
Durch die wirkungsvolle und zweckentsprechende Anwendung der Ingenieurbiologie im Dammbau kann ein wesentlicher Beitrag zur Erhöhung der Standsicherheit und zur Verschönerung des Landschaftsbildes geleistet werden.

3.4. Standsicherheitsuntersuchungen an Verkehrsdämmen

3.4.1. Allgemeine Probleme der Standsicherheit an Verkehrsdämmen

Die große Bedeutung der Standsicherheit von Verkehrsbauten soll unter anderem daran erkannt werden, daß die Aufklärung und Sanierung katastrophaler Rutschungen im Bereich des schwedischen Eisenbahnnetzes bereits 1910 zur Gründung der Schwedischen Geotechnischen Kommission führte. Viele Länder folgten diesem Beispiel. Durch den weiteren Ausbau von Eisenbahnen und Straßen, durch den Bau von Staudämmen und durch die gewaltige Entwicklung des Braunkohlentagebaues mit hohen und steilen Böschungen traten die mannigfaltigen Probleme der Standsicherheit der Böschungen und des Untergrundes von Erd- und Felsbauwerken immer mehr in den Vordergrund und nehmen heute auf Tagungen und Kongressen eine vorrangige Stellung ein. Ein sehr umfangreiches Schrifttum legt Zeugnis der Vielfältigkeit der Ursachen und Einflüsse ab, die somit den komplexen Charakter der Böschungs- und Grundbrucherscheinungen an Dämmen bestätigen.

Neben den natürlichen Hängen und den Einschnittsböschungen sind insbesondere die Verkehrsdämme den in Bild 41 dargestellten zahlreichen äußeren und inneren Einflüssen ausgesetzt. Nur die Böschungsrutschungen, die sich entlang einer gekrümmten oder ebenen Gleitfläche vollziehen, lassen sich annähernd analytisch erfassen (Bild 40). Dabei kann die Bewegung der Böschung plötzlich oder langsam erfolgen, ohne daß der Gleitvorgang an vorherige deutliche Anzeichen gebunden ist.
Um das Kräftespiel und den Spannungszustand in der Böschung und im Untergrund für die Wahl des entsprechenden Berechnungsverfahrens zu erfassen, sind eindeutige ingenieurgeologische und bodenphysikalische Untersuchungen erforderlich. Böschungen aus nichtbindigen Dammbaustoffen (Sand, Kies, Geröll, Steine)

sind ungeachtet der Höhe stets standsicher, wenn der Neigungswinkel nicht größer als der natürliche Böschungswinkel für diese Erdstoffe ist [12].
Der Böschungswinkel stimmt etwa mit dem Reibungswinkel bei lockerer Lagerung überein. Zum Beispiel bei dicht gelagerten, kohäsionslosen Sanden und Kiesen ist ein deutlicher Bruch- und Gleitwiderstandswert zu erkennen, so daß sich für einen Böschungswinkel $\beta < \tau_g$ eine Sicherheit $\eta > 1$ ergibt. Bei einem Böschungswinkel $\beta = \tau_g$ tritt ein Grenzzustand auf. Bei lockergelagerten trockenen Sanden können während des Gleitvorganges ebene Gleitflächen beobachtet werden, und die Scherfestigkeit besitzt den Betrag $\tau_g = \sigma \tan \varphi_g$ [12].
Die Sicherheit einer Böschung aus nichtbindigem Material ergibt sich demnach

$$\eta = \frac{\tau_g}{\tau} = \frac{\sigma \tan \varphi_g}{\sigma \tan \varphi} = \frac{\tan \varphi_g}{\tan \varphi} \tag{30}$$

und ist somit von der Normalspannung σ und damit von der Dammhöhe unabhängig.

φ_g Reibungswinkel während des Gleitvorganges

Der Reibungsbeiwert $\mu = \tan \varphi$ von Sandböschungen kann durch Strömungskräfte und dynamische Einflüsse (Erschütterungen durch Verkehrs- und Rammwirkungen sowie durch Erdbeben) stark herabgesetzt werden. Der dynamische Einfluß ist nicht als Stoßzuschlagszahl, sondern in einer Verminderung des Reibungsbeiwertes μ zu berücksichtigen. Bei starkbeanspruchten Verkehrsdämmen kann gegebenenfalls die Reibungsfestigkeit demnach um 75 bis 80% ermäßigt werden [12].
Die Scherfestigkeit eines bindigen Erdstoffes kann durch die Gleichung $\tau_s = \sigma \tan \varphi + c_s$ dargestellt werden.
Erdstoffe mit Kohäsion gestatten, daß Böschungen mit einer freien vertikalen Standhöhe

$$h_c = \frac{4c}{\gamma \tan\left(45° - \frac{\varphi}{2}\right)} \tag{31}$$

zumindest für kurze Zeit standsicher sind. Bei größerer Böschungshöhe als h_c ist die Standfestigkeit von der Höhe und von der Scherfestigkeit abhängig. Zur Berechnung der Standsicherheit von Böschungen werden im allgemeinen Gleitflächen angenommen, die so angelegt werden müssen, daß sie kinematisch möglich sind. Es muß eine Bewegung des Erdkörpers und somit ein Bruch entlang dieser Gleitfläche möglich sein.
Bei der Berechnung der Standsicherheit von Verkehrsdämmen sind nach Bild 50a bis c Böschungsrutschung oder Böschungsfußbruch (Grundbruch) als Rutschung im tiefen Untergrund zu unterscheiden. Eine bruchartige Beanspruchung, ein seitliches Ausweichen des Untergrundes und eine damit verbundene Aufwölbung des ursprünglichen Geländes neben dem Dammfuß sind deutliche Anzeichen eines Grundbruches.
Die plötzlichen oder mit unterschiedlicher Geschwindigkeit verlaufenden Veränderungen in Böschungen und im Untergrund sind als Scherversuche großen Aus-

maßes in der Natur zu betrachten. Deshalb ergeben die nachträglichen Aufmessungen von Rutschungen oftmals wertvolle Rückschlüsse über den Verformungs- und Spannungszustand in der Böschung.

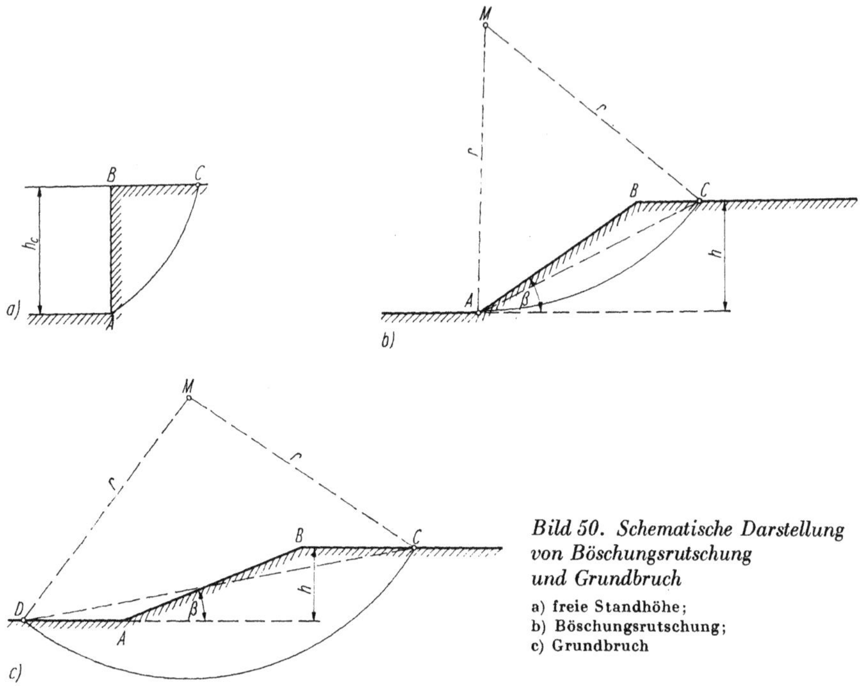

Bild 50. Schematische Darstellung von Böschungsrutschung und Grundbruch

a) freie Standhöhe;
b) Böschungsrutschung;
c) Grundbruch

3.4.2. Berechnungsverfahren für die Standsicherheit von Böschungen

Die Standsicherheit von Böschungen gegenüber dem Bruchzustand kann entweder nach der Elastizitätstheorie oder nach Berechnungsverfahren ermittelt werden, die auf der Bildung des Grenzgleichgewichtes ($\eta = 1$) beruhen [77].
Die elastischen Verfahren gehen von der Ermittlung der Spannungsverteilung aus, wobei die maximal auftretenden Spannungen mit den Elastizitätszahlen des Dammbaustoffes verglichen werden müssen. Dabei treten erhebliche Fehler auf, weil die Formänderungszahlen keine Konstanten, sondern von der Größe der Spannungen abhängig sind und weil im Dammquerschnitt örtliche Überbeanspruchungen (plastische Verformungen) auftreten können (Spannungsanalyse) [12].
Bei der Bemessung von Böschungen und Dämmen ist es dagegen zweckmäßiger, die Sicherheit gegenüber dem Bruchzustand (Traglastverfahren) als die Sicherheit gegenüber örtlicher Überbeanspruchung zu bestimmen. Dabei wird der Sicherheitsgrad η durch das Verhältnis der vorhandenen zur statisch erforderlichen Scherfestigkeit zum Ausdruck gebracht. Zur Bestimmung des Grenzgleichgewichtes kann das Verfahren der wirksamen Spannungen (c', φ'-Verfahren) oder das Verfahren der Gesamtspannungen ($\varphi = 0$-Verfahren) Anwendung finden [77].

Verfahren für $\varphi = 0$

Die Berechnung mit Hilfe der Gesamtspannungen stellt einen Sonderfall dar, bei dem die mobilisierte Scherfestigkeit für $\varphi = 0$ einen konstanten Wert hat und von der Normalspannung unabhängig ist

$$\tau = \frac{c}{\eta} \tag{32}$$

Das Verfahren ist auf gesättigten Erdstoff beschränkt und für Standsicherheitsaufgaben geeignet, bei denen nach der Spannungsänderung nicht genügend Zeit für die Zu- oder Abnahme des Wassergehaltes vorhanden ist. Tritt der Bruch einer Böschung oder des tieferen Untergrundes ohne Änderung des Wassergehaltes oder des Volumens ein, dann kann die Berechnung mit Hilfe der Gesamtspannungen durchgeführt werden. Die Bruchbedingung für $\varphi = 0$ ist nur dann erfüllt, wenn ein nahezu gesättigter bindiger Erdstoff im geschlossenen System untersucht wird, wobei die Ergebnisse des Scherversuches als Funktion der totalen oder gesamten Spannungen aufgetragen werden (Bild 20c)

Verfahren für $\varphi \neq 0$ und $c \neq 0$

Die Berechnungsverfahren für die Standsicherheit von Erdbauwerken nach dem Prinzip des Grenzgleichgewichtes sind heute im allgemeinen so weit entwickelt, daß die Mehrzahl der Böschungen von Verkehrs- und Staudämmen mit einer ausreichenden Sicherheit gegenüber dem Bruchzustand bemessen werden können. Es sollten jedoch nur diejenigen Verfahren weiter vervollkommnet werden, bei denen alle Gleichgewichtsbedingungen $\sum V = 0$, $\sum H = 0$ und $\sum M = 0$ erfüllt sind.
Bei der Anwendung der Berechnungsverfahren für die Standsicherheit von Böschungen sind folgende Bedingungen zu beachten:

1. Die zur Zeit allgemein bekannten Berechnungsverfahren bauen auf homogenen Baugrundverhältnissen auf. Aus einer repräsentativen Anzahl von Laboruntersuchungen sind zuverlässige Mittelwerte zu bestimmen.
   Für einen entsprechend den Tragfähigkeitswerten einheitlich aufgebauten Verkehrs- oder Staudamm kann die kritische Gleitfläche leicht gefunden werden.
   Bei geschichtetem Baugrund ist es schwieriger, die maßgebende Gleitfläche zu ermitteln. Der Ansatz von Mittelwerten aus Reibungs- und Haftfestigkeiten, entsprechend ihrem Anteil der Bogenlänge am Gleitkreis, kann nur als Näherung angesehen werden. Es können bei geschichtetem Erdkörper zur Erzielung der Bruchscherfestigkeit unterschiedliche Verschiebungswege auftreten [131]. Während für einen Erdstoff der Bruchwert bereits erreicht ist, kann der andere Erdstoff bei gleichem Verschiebungsweg noch unterhalb der Bruchspannung liegen. Bei unregelmäßig aufgebautem Erdkörper gelten die Berechnungen als grobe Näherungen.

2. Die Gleitflächen müssen so angesetzt werden, daß sie kinematisch möglich sind. Dafür kommen kreiszylindrische Gleitflächen, logarithmische Spiralen und zusammengesetzte ebene Gleitflächen in Frage. Die Verwendung der logarithmischen Spiralen führt zu etwas höheren Werten der Sicherheit.

3. Obwohl die meisten Gleitflächen von Rutschungen räumliche Krümmungen besitzen, bauen die Berechnungsverfahren auf dem ebenen Spannungszustand

(ebener Deformationszustand) auf und untersuchen die Kräfte, die in parallelen vertikalen Ebenen senkrecht zur Böschungskante stehen. Die Verfahren setzen eine unendlich lange Böschung voraus. Untersuchungen [131, 132] ergaben, daß für gedrungene Rutschkörper bei kurzen Böschungslängen der ebene Spannungszustand nicht mehr gilt. Der ebene Spannungszustand liegt erst vor, wenn die Böschungslänge $l \geqq 2{,}5\,h$ (h Böschungshöhe) aufweist.

4. Beim Rutschvorgang muß über die gesamte Gleitfläche die Scherfestigkeit mobilisiert werden. Die am Rutschkörper angreifenden Kräfte (Eigengewicht, Verkehrslast, hydrostatischer Druck, Porenwasserdruck) müssen mit den Gleitflächenreaktionen in der Schnittfläche im Gleichgewicht stehen.
   Ist am abgetrennten Rutschkörper ein Grenzgleichgewicht vorhanden, d. h. die Sicherheit $\eta = 1$, so wird die angenommene Kreiszylinderfläche zur Gleitfläche. Dabei muß, abgesehen von den Gleichgewichtsbedingungen, entlang der Gleitfläche zwischen den Normalspannungen σ und den Scherspannungen τ das Coulombsche Gesetz $\tau = c + \sigma \tan \varphi$ erfüllt sein.
   Die Erfüllung des Coulombschen Gesetzes ist jedoch noch nicht hinreichend, um die genaue Spannungsverteilung in der Gleitfläche ermitteln zu können. Dazu wäre die Einhaltung bestimmter Deformationsbedingungen erforderlich [133].
   Die bekannten Berechnungsverfahren nach *Krey* [134] oder nach *Ohde* ($r \sin \varphi$-Kreis-Verfahren) [135, 136], nach *Janbu* [137], nach *Fröhlich* [138, 139], nach *Bishop* [140, 141] u. a. sind für den Zustand 1, d. h. für das Grenzgleichgewicht $\eta = 1$, aufgestellt. Für diesen Grenzzustand ergeben die einzelnen Verfahren auch eine ausreichende Übereinstimmung des Sicherheitskoeffizienten, während mit zunehmendem Sicherheitsbeiwert $\eta > 1{,}1$ größere Unterschiede auftreten [142, 143].
   Um für den Zustand des Grenzgleichgewichtes die Gleichgewichtsbedingungen zu erfüllen, können zwei Wege beschritten werden:
   - Zerlegung des Rutschkörpers durch lotrechte Schnitte in einzelne Lamellen. Die seitlichen Erddruckkräfte müssen so angenommen werden, daß sowohl jede einzelne Lamelle als auch der gesamte abgleitende Erdkörper im Gleichgewicht steht (Schwedisches Verfahren und Verfahren nach *Bishop*).
   - Der Rutschkörper wird als Ganzes betrachtet. Die Resultierende aller äußeren Kräfte wird so weit verschoben und damit ein zusätzliches Moment eingetragen, bis Grenzgleichgewicht $\eta = 1$ eintritt (Verfahren nach *Fröhlich*).

5. Liegt für eine angenommene kreiszylindrische Gleitfläche einer Böschung kein Grenzgleichgewicht vor ($\eta > 1$), so kann das Grenzgleichgewicht entweder bei gleichbleibenden bodenmechanischen Kennziffern φ und c durch eine zusätzliche Kraftwirkung eines Prüfmomentes am Gleitkörper (Verfahren nach *Fröhlich*) oder durch eine im gleichen Verhältnis durchgeführte Abminderung des Reibungsbeiwertes $\tan \varphi$ und der Kohäsion c erreicht werden (Verfahren von *Fellenius* und *Taylor*).

Wird das Grenzgleichgewicht durch Abminderung der bodenmechanischen Kennwerte erreicht, so wird die Sicherheit als Verhältnis der tatsächlich vorhandenen und der verhältnisgleich abgeminderten Bodenkennwerte (φ_0 und c_0) ermittelt.

Dabei kann entweder das Wertepaar c, $\tan\varphi$ (Regel von *Fellenius* [145]) oder das Wertepaar c, φ (Regel von *Taylor* [150]) abgemindert werden.

$$\eta = \frac{c}{c_0} = \frac{\tan\varphi}{\tan\varphi_0} \text{ (Fellenius-Regel)} \tag{33}$$

$$\eta = \frac{\varphi}{\varphi_0} \text{ (Taylor-Regel)} \tag{34}$$

Im Sinne von *Fellenius* und *Taylor* tritt dann Grenzgleichgewicht ein, wenn der abgeminderte Reibungswinkel φ_0 beträgt. Bei Verwendung eines zusätzlichen Momentes zur Herstellung des Grenzgleichgewichtes wird der Sicherheitsbeiwert aus dem Verhältnis des zur Herbeiführung des Grenzzustandes erforderlichen Momentes um den Gleitkreismittelpunkt zum tatsächlich vorhandenen Moment der äußeren Kräfte gebildet.

$$\eta = \frac{R_a r \sin\varphi}{R_a r \sin\varphi_0} = \frac{\sin\varphi}{\sin\varphi_0} \text{ (Momenten-Regel)} \tag{35}$$

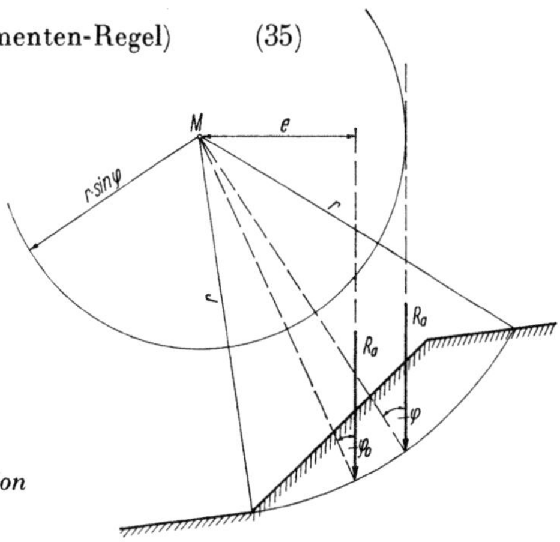

Bild 51. Darstellung der Sicherheitsdefinition

Wie aus Bild 51 ersichtlich ist, können diese Sicherheitsdefinitionen an folgendem Beispiel erläutert werden [144].
In einer Böschung aus nichtbindigen Erdstoffen mit dem Reibungswinkel φ soll eine kreiszylindrische Gleitfläche angelegt werden. Die Einzellast R_a greift am Rutschkörper an.
Nach der Momentendefinition ist R_a so weit parallel zu verschieben, bis die Resultierende R_a den Reibungskreis mit Radius $r \sin\varphi$ tangiert (Grenzgleichgewicht). Das Moment der verschobenen Kraft um den Kreismittelpunkt beträgt $R_a \cdot r \cdot \sin\varphi$ und das der vorhandenen Kraft $R_a \cdot r \cdot \sin\varphi_0$.

3.4.2.1. Schwedische Methode

Bei diesem Verfahren [12, 134, 145] wird nach Bild 52 der Gleitkörper in lotrechte Streifen (Lamellen) von der Breite b unterteilt, wobei auf jede Lamelle das Eigengewicht G, die Erddrücke E und E' an den Schnittflächen und die Gleitflächenreaktionen wirken. Bei entsprechend feiner Lamelleneinteilung $\left(b \approx \frac{r}{10}\right)$ kann die vereinfachte Annahme getroffen werden, daß sich diese Kräfte E und E' im Gleichgewicht befinden. Die Erddrücke an den Seitenflächen der Streifen werden gleich groß und entgegengesetzt gerichtet angenommen. Die Reibungskräfte zwischen den Streifen werden vernachlässigt.

Im Schnittpunkt der Schwerlinie jedes Streifens mit dem angenommenen Gleitkreis wird die Kraft G (Eigengewicht, Verkehrslasten und Wasserauflast) in eine

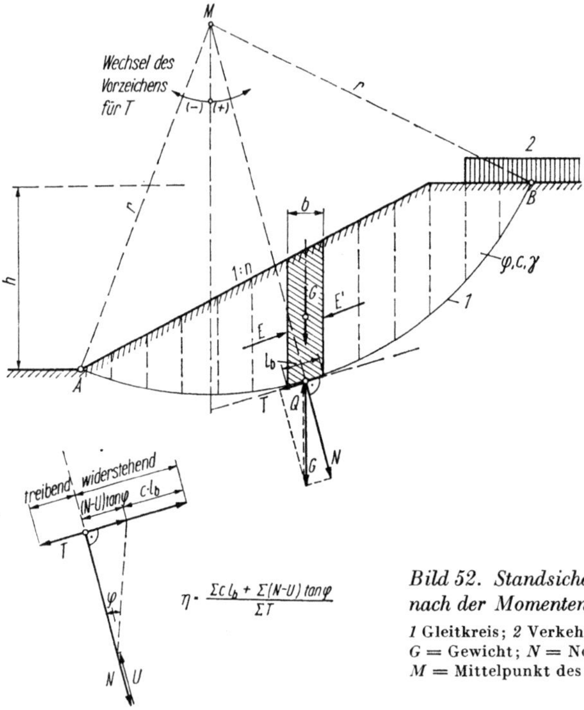

Bild 52. Standsicherheitsberechnung nach der Momenten-Methode

1 Gleitkreis; *2* Verkehrslast; Q = Gleitflächenreaktion; G = Gewicht; N = Normalkraft; T = Tangentialkraft; M = Mittelpunkt des Gleitkreises; r = Gleitkreisradius

Normalkraft N und in eine tangentiale Kraft T zerlegt. N geht durch den Gleitkreismittelpunkt M.

Der Sicherheitskoeffizient η ergibt sich aus dem Verhältnis des Momentes der der Rutschung widerstehenden Kräfte zum Moment der zur Rutschung treibenden Kräfte. Dieses Verfahren kann daher auch Momenten-Verfahren genannt werden.

Da der kritische Gleitkreis, bei dem die Sicherheit ein Minimum wird, durch Probieren gefunden werden muß, ist dieses halbgraphische Verfahren zeitaufwendig und relativ ungenau. Momente der widerstehenden Kräfte

$$M_1 = r\left[\sum (c l_b) + \sum (N - U) \tan \varphi\right] \tag{36}$$

Momente der angreifenden Kräfte

$$M_2 = r \sum T \tag{37}$$

$$\eta = \frac{M_1}{M_2} = \frac{\sum (c l_b) + \sum (N - U) \tan \varphi}{\sum T} \tag{38}$$

Folgende Kräfte wirken am Streifenelement in der Gleitfläche:

$\sum N$ Normalkräfte
l_b Länge des Bogenelementes an der Gleitfläche
$\sum U = ul_b$ Porenwasserspannungen (vereinfachte Annahme)
$\sum C = cl_c$ Kohäsionskräfte
$\sum T$ Tangentialkräfte

3.4.2.2. Verfahren nach Bishop

Das Berechnungsverfahren nach *Bishop* [77, 140, 141] baut auf der Streifenmethode auf und benutzt zur Ermittlung des Grenzgleichgewichtes die wirksamen Spannungen (Bild 53a). Die Größe des Sicherheitsbeiwertes η wird ermittelt, indem entlang einer angenommenen Gleitfläche die Kräfte ins Gleichgewicht gesetzt werden und die Gleichung nach η aufgelöst wird.

Vorhandene Scherfestigkeit

$$\tau_s = (\bar{\sigma} - u) \tan \varphi' + c' \tag{39}$$

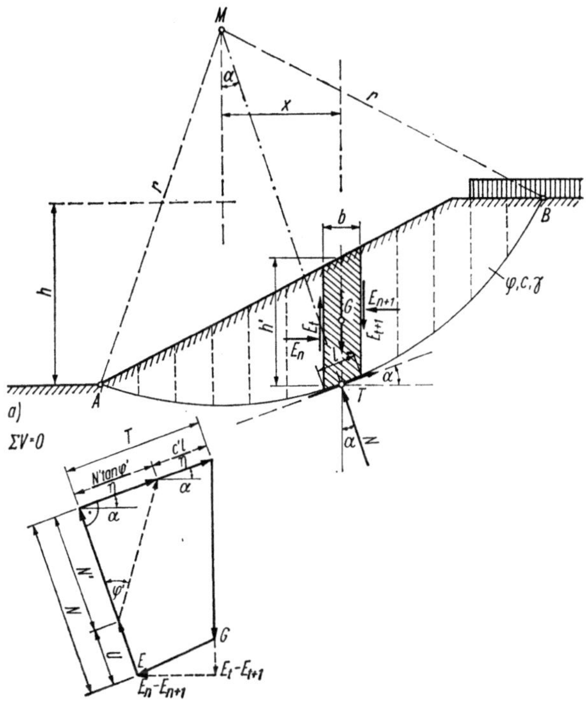

Bild 53
Standsicherheitsberechnung nach Bishop
a) Lamelleneinteilung und Gleichgewicht der Kräfte

φ' und c' sind die Scherfestigkeitsparameter, die aus Laborversuchen gewonnen werden

wirksame (effektive) Spannungen $\sigma = (\bar{\sigma} - u)$
totale Spannungen $\bar{\sigma}$
Porenwasserspannungen u

Der Sicherheitskoeffizient η wird als das Verhältnis der vorhandenen Scherfestigkeit τ_s zur statisch erforderlichen Scherfestigkeit τ angegeben.

$$\eta = \frac{\tau_s}{\tau} \tag{40}$$

$$\tau = (\bar{\sigma} - u)\frac{\tan \varphi'}{\eta} + \frac{c'}{\eta} \tag{41}$$

Folgende Kräfte, die an der Lamelle angreifen, müssen im Gleichgewicht sein: G Eigengewicht, E_t und E_n Erddrücke in den Schnittflächen, T und N als Komponenten der Gleitflächenreaktionen.

$$\bar{\sigma} = \frac{N}{l} \quad \text{totale Spannungen am Bogenelement} \tag{42}$$

Infolge der Gleichgewichtsbedingungen $\sum M = 0$ müssen die Momente aus den angreifenden Kräften und die Momente aus den widerstehenden Kräften um den Gleitkreismittelpunkt gleich sein.

$$\sum Gx = \sum Tr \tag{43}$$

$$\tau = \frac{\sum Gx}{\sum lr} \tag{44}$$

$U = ul$ Porenwasserdruck
$T = \tau l$ Tangentialkraft am Streifen
l Länge des Bogenelementes

Aus den Gln. (41) und (44) erhält man

$$\eta = \frac{r}{\sum Gx} \sum \left[c'\, l + (N - ul) \tan \varphi'\right] \tag{45}$$

Aus der Gleichgewichtsbedingung $\sum V = 0$ der Kräfte an der Lamelle erhält man:

$$N \cos \alpha + T \sin \alpha = G + E_t - (E_t - E_{t+1}) \tag{46}$$

$$E_t - E_{t+1} + G = ul \cos \alpha + N' \cos \alpha + \frac{N' \tan \varphi' \sin \alpha}{\eta} + \frac{c'l \sin \alpha}{\eta} \tag{47}$$

$$N - ul = N' = \frac{G - ul \cos \alpha - \frac{c'l}{\eta} \sin \alpha + (E_t - E_{t+1})}{\cos \alpha + \frac{\tan \varphi' \sin \alpha}{\eta}} \tag{48}$$

$$x = r \sin \alpha \qquad b = l \cos \alpha \qquad \frac{ub}{G} = \frac{u}{h\gamma} = r_u \quad \text{Porenwasserdruckparameter} \tag{49}$$

Dieser Wert N' wird in Gl. (45) eingesetzt, und man erhält folgende Gleichung:

$$\eta = \frac{r}{\sum Gx} \sum \left[c'l + \tan\varphi' \left(\frac{G - ul\cos\alpha - \frac{c'l}{\eta}\sin\alpha}{\cos\alpha + \frac{\tan\varphi' \sin\alpha}{\eta}} \right) \right]; \; E_t - E_{t+1} \rightarrow 0 \quad (50)$$

Daraus ergibt sich:

$$\eta = \frac{1}{\sum G \sin\alpha} \sum \left\{ [c'b + G(1 - r_u)\tan\varphi'] \frac{\sec\alpha}{1 + \frac{\tan\alpha \tan\varphi'}{\eta}} \right\} \quad (51)$$

Die Differenz der Erddruckkräfte $E_n - E_{n+1}$ wird im allgemeinen vernachlässigt, da der Fehler nach *Bishop* kleiner als 1% beträgt. Die Berechnung der Gl. (51) ist in tabellarischer Form zu lösen, wobei in die rechte Seite der Gleichung mehrere angenommene Sicherheitswerte η eingesetzt werden müssen.
Der Porenwasserüberdruck wird in diesem Verfahren durch den Porenwasserdruckparameter r_u berücksichtigt. Dabei wird angenommen, daß r_u über dem Querschnitt der Rutschfläche konstant ist mit einer Verteilung, die der Auflast γh proportional ist. Die Größe der Porenwasserspannungen im Damm oder im Untergrund muß entweder durch Labor- oder Feldversuch gewonnen werden und wird als Verhältnis des Porenwasserdruckes zum Gewicht G des eine Gleitfläche überlagernden Erdmaterials gebildet (Bild 53b).

Bild 53
Standsicherheitsberechnung nach Bishop
b) Ansatz des Porenwasserdruckparameters

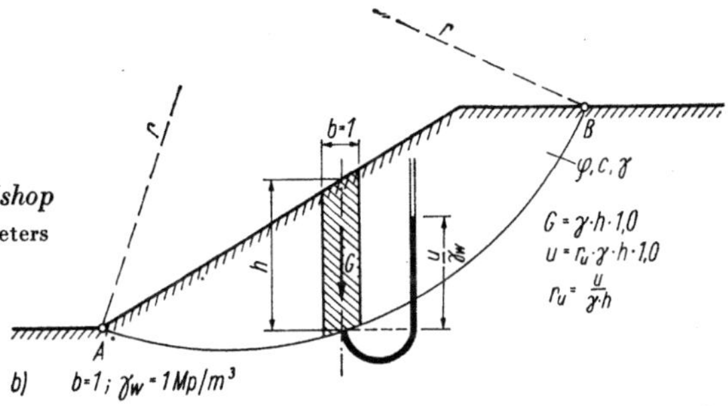

$$G = \gamma h \quad (52)$$

$$u = r_u \gamma h \cdot 1{,}0 \; [\text{kp/cm}^2] \quad (53)$$

γ Rohwichte [Mp/m³]
h Höhe des Erdmaterials
u Porenwasserspannungen [kp/cm²]

Das Verfahren nach *Bishop* kann vorwiegend für größere und flache Böschungen mit tiefliegender Gleitfläche und großem Zentriwinkel Verwendung finden. Durch den Ansatz von r_u kann der Porenwasserdruck berücksichtigt werden. Durch *Bishop* und *Morgenstern* konnte das Verfahren mit Hilfe von Stabilitätsbeiwerten unter Berücksichtigung des linearen Zusammenhangs zwischen r_u und η weiter vereinfacht werden [12]. Mit Hilfe der Programmierung dieses Verfahrens durch *Little* und *Price* [146] besteht somit die Möglichkeit, durch variierte Annahmen der bodenphysikalischen Parameter, des Porenwasserdruckes und einer starken Unterteilung, die Standsicherheit sehr schnell zu ermitteln.

3.4.2.3. Verfahren nach Fröhlich

Liegt für eine willkürlich gewählte kreisförmige Gleitfläche kein Grenzgleichgewicht vor, d. h., die Sicherheit η ist größer als 1, so muß das Grenzgleichgewicht auf irgendeine Weise hergestellt werden, um die Kreiszylinderfläche zur Gleitfläche zu machen, in der das Coulombsche Gesetz $\tau = c + \sigma \tan \varphi$ angewendet werden kann. Beim Verfahren nach *Fröhlich* wird das Grenzgleichgewicht durch Hinzufügung eines zusätzlichen Momentes, eines sogenannten Prüfmomentes erreicht [138, 139]. Das Verfahren nach *Fröhlich* wird deshalb auch Prüfmoment-Verfahren genannt.

Der Rutschkörper mit kreiszylindrischer Gleitfläche wird nicht in Lamellen eingeteilt, sondern als ganze starre Scheibe betrachtet. Um das Grenzgleichgewicht $\eta = 1$ in der Gleitfläche als gültig annehmen zu können, wird die Resultierende der äußeren Kräfte so lange parallel zu sich selbst verschoben, bis die Bedingungen für das Grenzgleichgewicht erfüllt sind.

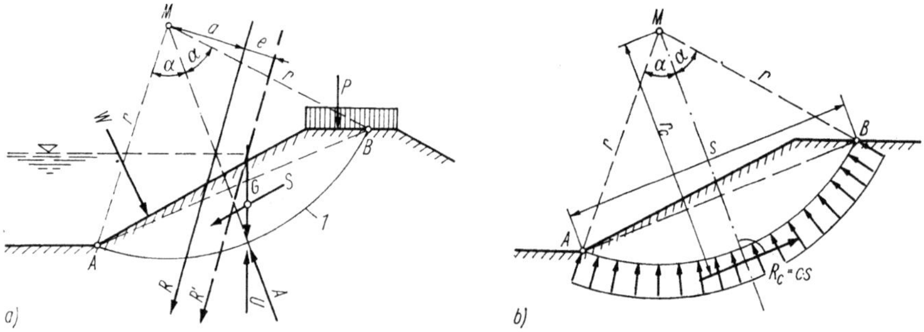

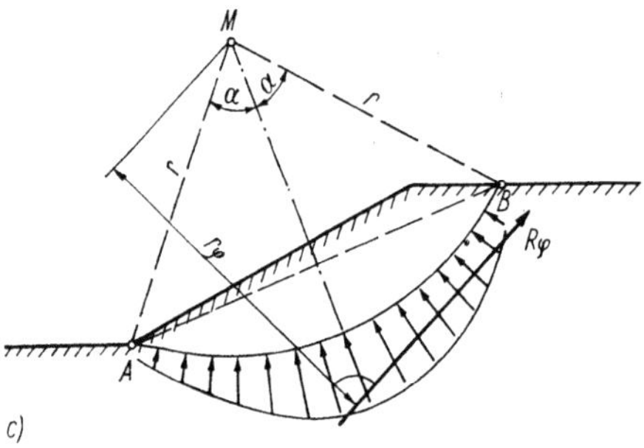

Bild 54
Standsicherheitsberechnung nach Fröhlich

a) Ansatz der äußeren Kräfte; P = Verkehrslast; W = Wasserdruck; G = Eigengewicht; S = Sickerströmung; A = Auftrieb; U = Porenwasserdruck; R = Resultierende der äußeren Kräfte; R' = verschobene Resultierende
b) Lage der Resultierenden aller Kohäsionskräfte; R_c Resultierende aller Kohäsionskräfte; c Kohäsion [Mp/m²]
c) Lage der Resultierenden aller Reibungskräfte; R_φ = Resultierende aller Reibungskräfte; $\tan \varphi$ = Reibungsbeiwert

Gleitkörper und angreifende Kräfte sind aus Bild 54a bis c ersichtlich. Gegeben ist der Querschnitt einer unendlich langen Böschung *A–B*. Die am Rutschkörper angreifenden Kräfte sind:

R Resultierende der äußeren Kräfte (Eigengewicht plus Verkehrslasten plus Strömungsdruck einer Sickerströmung plus Wasserdruck plus Wirkung der Porenwasserspannungen in der Gleitfläche plus Wirkung des Auftriebes), wirkt im Abstand a vom Gleitkreismittelpunkt M (Bild 54a)

R_c Resultierende aller in der Gleitfläche wirkenden Kohäsionskräfte (einfachheitshalber über dem Bogen $\widehat{AB}$ gleichmäßig verteilt angenommen), wirkt im Abstand r_c vom Gleitkreismittelpunkt M (Bild 54b)

R_φ Resultierende aller in der Gleitfläche wirkenden Reibungskräfte, wirkt im Abstand r_φ vom Gleitkreismittelpunkt M (Bild 54c)

N Resultierende der Normalspannungen, geht durch den Gleitkreismittelpunkt

Im Augenblick der beginnenden Rutschung wirken in der Gleitfläche die bodenmechanischen Parameter $\bar{c}$ (Kohäsion [Mp/m²]) und $\bar{\varphi}$ (Reibungswinkel), die ebenfalls als konstant angenommen werden.

α halber Zentriwinkel von $\widehat{AB}$

s Sehne des Kreisbogens $\widehat{AB}$

Der größtmögliche Widerstand der Kohäsionskräfte gegen die Rutschung ist

$$R_c = cs = 2cr \sin \alpha \tag{54}$$

mit dem Hebelarm

$$r_c = r \frac{\hat{a}}{\sin \alpha} R_c \tag{54a}$$

wirkt parallel der Sehne von $\widehat{AB}$. Nach *Coulomb* ist

$$R_\varphi = N \tan \varphi \tag{55}$$

Der Hebelarm r_φ von R_φ hängt von der Verteilung der Normalspannungen in der Gleitfläche ab. Dadurch ist die statische Unbestimmtheit des vorliegenden Problems begründet.

Graphische Lösung [147, 148]

Der Abstand der verschobenen Resultierenden vom Gleitkreismittelpunkt M beträgt $a + e$. Für die neue Lage der Resultierenden R' wird das in Bild 55a dargestellte Krafteck gezeichnet. An die Resultierende der äußeren Kräfte R wird zunächst R_c angesetzt, deren Größe $R_c = cs$ und Richtung aus dem Lageplan leicht bestimmt werden können. Die Vektorsumme dieser beiden Resultierenden ergibt die Hilfsgröße Z, die ihrerseits wiederum in die Resultierenden der Normalspannungen N und der Reibungsspannungen R_φ so zerlegt werden kann, daß N senkrecht auf R_φ und $\frac{R_\varphi}{N} = \tan \bar{\varphi}$ ist. Aus dem Kräfteplan kann daher N und R_φ der Größe und Richtung nach ermittelt werden. Die Wirkungslinie von R_φ ist r_φ und wird allein von der Form der Verteilung der Reibungsspannungen in der Gleitfläche bestimmt. Mit Hilfe der von *Fröhlich* entwickelten Annahmen über die Ersatzspannungen in der Gleitfläche (Sichelform, Gleichform usw.) kann die Wirkungslinie von R_φ im Lageplan bestimmt werden (Tafel 26).

Wird durch den Schnittpunkt von R_φ und N im Lageplan die Zwischenresultierende Z dieser beiden Größen parallel zum Kräfteplan mit der Resultierenden der Haftspannungen R_c zum Schnitt gebracht, so erhält man einen Punkt der neuen Wirkungslinie der verschobenen Resultierenden R' der äußeren Kräfte. Damit ist der Abstand e von der alten Lage der Resultierenden R gefunden und das Grenzgleichgewicht durch ein zusätzliches Moment erreicht worden (Bild 55).

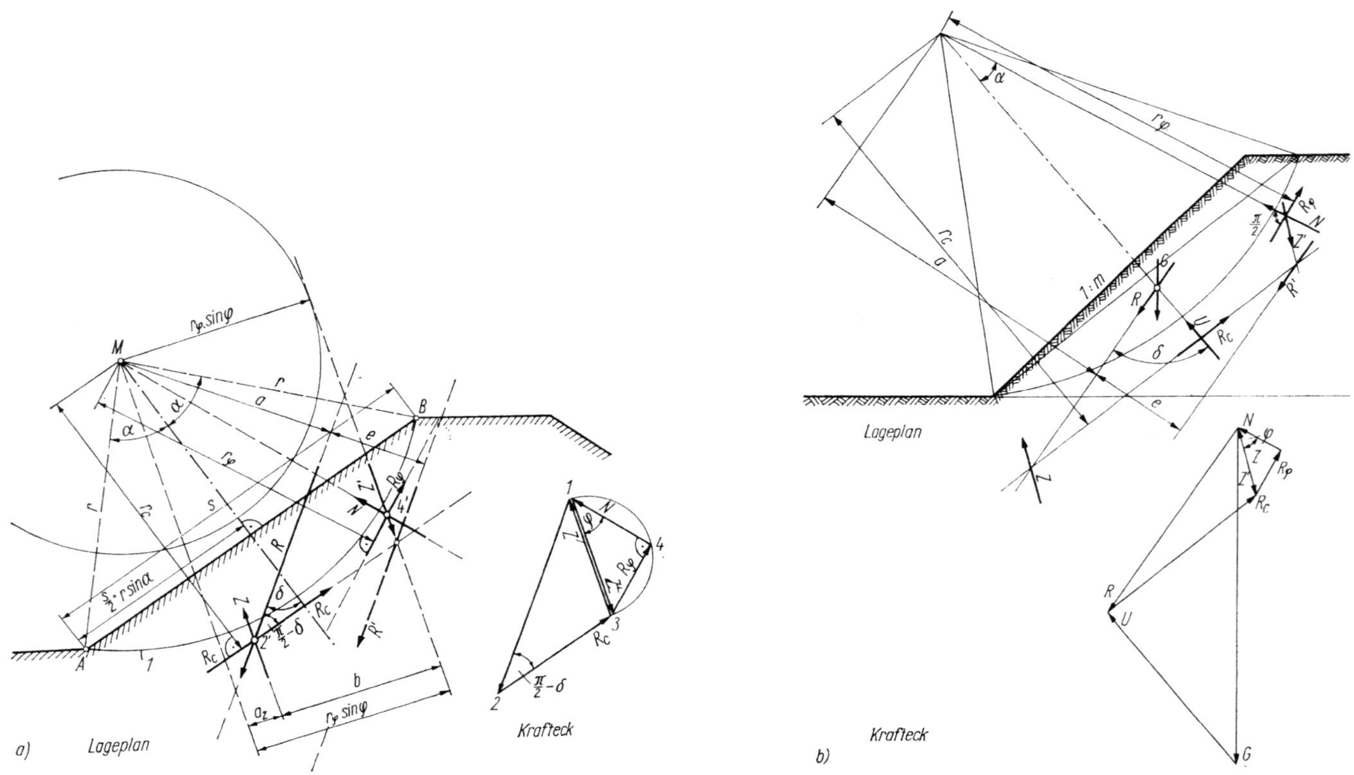

Bild 55. ***Graphische Lösung des Verfahrens nach Fröhlich***

a) ohne Porenwasserüberdruck; ***1*** **Gleitfläche**

b) mit Porenwasserüberdruck [149]

Tafel 26. Verteilung der Normalspannungen des Gleitkreises [138]

Verteilung der Normalspannungen des Gleitkreises		Gleichung der Spannungsverteilung	Abstand r_φ der Kraft $R_\varphi = N \tan \varphi$ vom Gleitkreismittelpunkt
N konzentriert in der Mitte	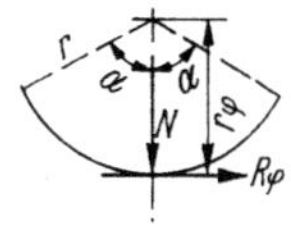	–	$r_\varphi = r$
Sichelform	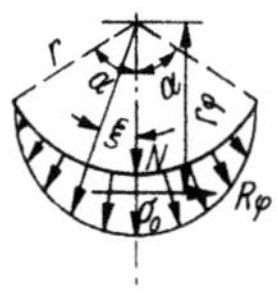	$\sigma = \sigma_0 \cos \frac{\pi}{2} \frac{\xi}{\alpha}$	$r_\varphi = \frac{r}{\cos\alpha}\left[1-\left(\frac{2\alpha}{\pi}\right)^2\right]$
Gleichform	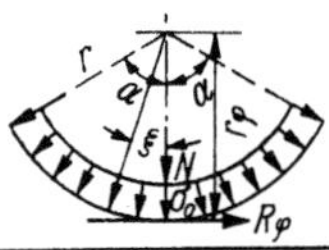	$\sigma = \sigma_0$	$r_\varphi = \frac{\alpha}{\sin\alpha} r$
Schwach gespreizte Form	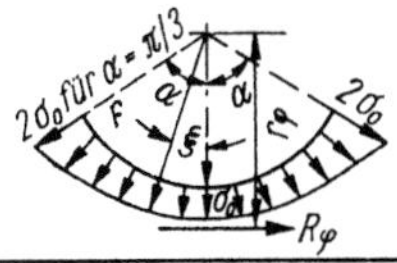	$\sigma = \frac{\sigma_0}{\cos \xi}$	$r_\varphi = \frac{\ln \tan\left(\frac{\pi}{4}+\frac{\alpha}{2}\right)}{\alpha} r$
Stark gespreizte Form	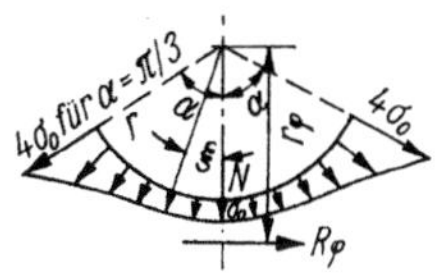	$\sigma = \frac{\sigma_0}{\cos^2 \xi}$	$r_\varphi = \frac{\tan\alpha}{\ln \tan\left(\frac{\pi}{4}+\frac{\alpha}{2}\right)} r$
N an den Rändern konzentriert	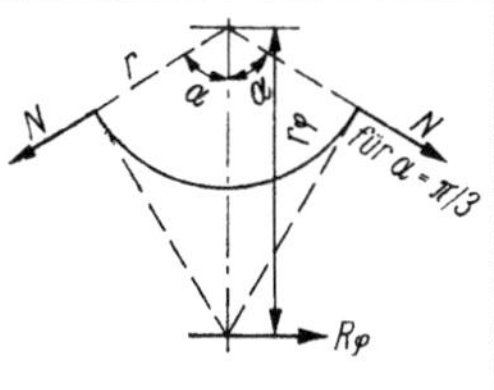	–	$r_\varphi = \frac{r}{\cos\alpha}$

Oberes Grenzgleichgewicht nach *Fröhlich* [139]

Im Augenblick der eintretenden Rutschung längs der zylindrischen Gleitfläche müssen die Gleichgewichtsbedingungen $\sum V = 0$, $\sum H = 0$ und $\sum M = 0$ erfüllt sein. Die beiden ersten Bedingungen sind erfüllt, wenn der Kräfteplan R, R_c, R_φ und N geschlossen ist. Z und Z' sind gleich groß und entgegengesetzt gerichtete, parallele Zwischenresultierende. Diese bilden ein Kräftepaar, das sogenannte Prüfmoment Zb = zus M. Durch Hinzufügen dieses zusätzlichen Momentes zu den Kräften R, R_c, R_φ und N wird das Grenzgleichgewicht hergestellt, wobei dieses Moment bekanntlich keinen Einfluß auf den Kräfteplan hat.

Durch den Kosinussatz kann am Dreieck *1,2,3* ermittelt werden:

$$Z^2 = R^2 + R_c^2 - 2RR_c \cos\left(\frac{\pi}{2} - \delta\right), \qquad \cos\frac{\pi}{2} - \delta = \sin\delta \tag{56}$$

$$\frac{Z^2}{R^2} = 1 + \frac{R_c^2}{R^2} - 2\frac{R_c}{R}\sin\delta \qquad \zeta = \frac{R_c}{R} \tag{57}$$

$$Z = R\sqrt{1 + \zeta^2 - 2\zeta\sin\delta} \qquad \sqrt{1 + \zeta^2 - 2\zeta\sin\delta} = W \tag{58}$$

$$Z = RW \tag{59}$$

Aus Bild 55a ergibt sich $b = r_\varphi \sin\varphi - a_z$ und die Momente um den Gleitkreismittelpunkt $a_z Z = Ra - R_c r_c$. Unter Berücksichtigung der Gl. (59) ergibt sich

$$a_z = \frac{Ra - R_c r_c}{Z} = \frac{a - \zeta r_c}{W} \tag{60}$$

$$\text{zus } M = \left(r_\varphi \sin\varphi - \frac{a - \zeta r_c}{W}\right) RW \tag{61}$$

$$\text{zus } M = RWr_\varphi \sin\varphi - Ra + R_c r_c$$

$$RW \sin\varphi = Z \cdot \sin\varphi = R_\varphi$$

$$\text{zus } M = R_\varphi r_\varphi + R_c r_c - Ra \tag{62}$$

Nach *Fröhlich* ist das erforderliche zusätzliche Moment für die volle Mobilisierung der Kohäsions- und Reibungswiderstände in der Gleitfläche gleich dem Unterschied der Summe der widerstehenden Momente ($R_c r_c + R_\varphi r_\varphi$) und des zur Rutschung treibenden Momentes (Ra).
Die Resultierende N der Normalspannungen geht durch den Gleitkreismittelpunkt M und ergibt kein Moment.

Unteres Grenzgleichgewicht nach *Fröhlich* [139]

Da $\bar{c}$ und $\bar{\varphi}$ in den Böschungen meist nicht voll ausgenutzt werden, sondern nur Anteile (c_0, φ_0) davon, bestehen folgende Beziehungen:

$$c_0 < \bar{c}; \quad \varphi_0 < \bar{\varphi} \tag{63}$$

Wenn kein Grenzgleichgewicht ($\eta \neq 1$) vorhanden ist, gilt das Coulombsche Gesetz in der Gleitfläche nicht, und die Scherfestigkeitsparameter c_0, φ_0 bleiben unter den Bruchwerten. Ein zusätzliches Moment ist daher für das untere Grenzgleichgewicht nicht erforderlich, zus $M = 0$.

$$Ra = R_\varphi r_\varphi + R_c r_c \tag{64}$$

Als Sicherheitsdefinition wird eingeführt

$$\eta = \frac{M \text{ widerstehend}}{M \text{ treibend}} = \frac{R_\varphi r_\varphi + R_c r_c}{Ra} \tag{65}$$

Für die Summe der widerstehenden Momente ergibt sich aus dem oberen Grenzgleichgewicht

$$R_\varphi r_\varphi + R_c r_c = Ra + \text{zus } M \tag{66}$$

Daraus läßt sich die Sicherheitsdefinition nach *Fröhlich* ableiten:

$$\eta = 1 + \frac{\text{zus } M}{Ra} = 1 + \frac{Re}{Ra} \tag{67}$$

$$\eta = 1 + \frac{e}{a} \tag{67a}$$

Unter der Voraussetzung einer angenommenen Verteilung der Reibungsspannungen R_φ in der Gleitfläche läßt sich mit Hilfe der graphischen Lösung sehr schnell die Sicherheit η bestimmen.

Wie im Kräfteplan (Bild 55) gezeigt werden konnte, ist die vorliegende Aufgabe unendlich vielfach statisch unbestimmt.

Nach *Fröhlich* kann die Verteilung der Normalspannungen längs der Gleitfläche AB angenommen werden. Dadurch reduziert sich die Anzahl der statisch unbestimmten Größen auf r_φ als Abstand von R_φ vom Gleitkreismittelpunkt. Tafel 26 enthält typische Fälle der Normalspannungsverteilungen in der Gleitfläche

$$r_\varphi = \frac{r}{\cos\alpha} \cdot \left[1 - \left(\frac{2\alpha}{\pi}\right)^2\right] \tag{68}$$

Die Sichelform kann zweckmäßig für die Berechnung der Standsicherheit von Dämmen Verwendung finden.

Einfluß der Porenwasserspannungen [149]

Nach *Fröhlich* setzen sich die Porenwasserspannungen aus elementaren hydrostatischen Überdrücken des Porenwassers entlang der Gleitfläche AB (sichelförmige Verteilung) zusammen und stehen senkrecht zur Gleitfläche. Die Resultierende der hydrostatischen Überdrücke ist proportional dem Gewicht des Gleitkörpers $U = \varkappa G$ (Bild 55b) mit $\varkappa$ als Verhältniswert.

Das Verfahren nach *Fröhlich* ist trotz der Annahme der Spannungsverteilung der Reibungsspannungen in der Gleitfläche ein zweckmäßiges Verfahren, da man bei einer vertretbaren Rechen- und Zeichenarbeit schnell brauchbare Ergebnisse erhält. Außerdem besteht die Möglichkeit, die Scherfestigkeit als echte Veränderliche einzuführen, so daß die Gleitflächenlage in Abhängigkeit von der Scherfestigkeit bestimmt werden kann [131, 133]. Wie aus Bild 56 zu erkennen ist, ergibt sich zwischen dem Sicherheitsbeiwert η, den bodenphysikalischen Parametern μ und c sowie dem Zentriwinkel des Gleitkreises 2α ein deutliches Minimum der Sicherheit. Wird der Sicherheitsbeiwert min η in Abhängigkeit von μ und c aufgetragen, wie aus der rechten Darstellung des Bildes 56 zu erkennen ist, so können bei wechselnden Kohäsionswerten bestimmte Bereiche der Sicherheit angegeben werden. Durch Anwendung der Formel

$$\eta = \frac{r}{f}\left(\frac{r \cdot c \cdot \text{arc } 2\alpha}{R} + \tan\varphi \cos\delta\, m\right) \tag{69}$$

$m = r_\varphi/r$, kann der Rechenaufwand reduziert werden, indem die Berechnung nur einmal ausgeführt zu werden braucht.

$$\text{Für } c = 0; \quad \eta = \frac{r}{f} \tan \varphi \cos \delta m \tag{70}$$

Aus Vergleichsuntersuchungen von *Borowicka* [142] geht hervor, daß die geringfügigen Unterschiede der Sicherheitsbeiwerte nach der Schwedischen Methode η_s, nach *Bishop* η_B und nach *Fröhlich* η_F nicht im Verfahrensmangel, sondern in anderen Faktoren (Verhältnis von c zu φ, Art der äußeren Belastung, Lage und Neigung der Resultierenden zur Gleitfläche, Größe des Zentriwinkels) zu suchen sind.

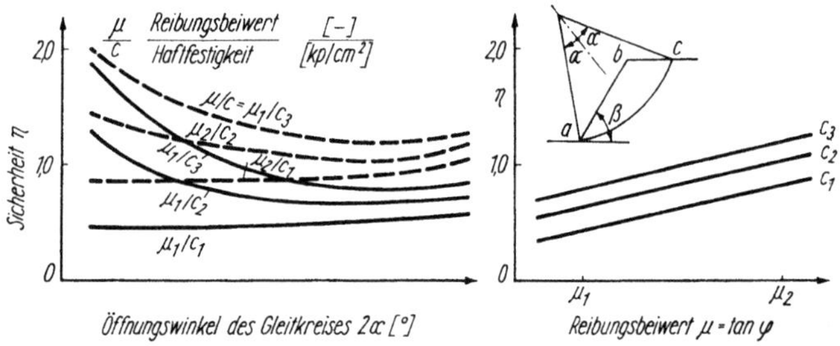

Bild 56. Abhängigkeit der Sicherheit η *vom Reibungsbeiwert* μ [131]

3.4.2.4. Sonstige Berechnungsverfahren

Während in zahlreichen anderen Arbeiten [137, 150, 151] die Probleme über die Standsicherheit von Böschungen vorwiegend vom bodenmechanischen Standpunkt aus betrachtet werden, wird der zweckmäßigsten mathematischen Behandlung für den Entwurf von Böschungen nur wenig Beachtung geschenkt [152].
Im Hinblick auf eine einfache und praktische Nutzanwendung kann daher das Verfahren von *Christow* [153], das mit Hilfe von Nomogrammen ein schnelles Konstruieren von Böschungen ermöglicht, empfohlen werden.
Ein weiteres Verfahren, das für verschiedene Gleitflächenformen angewendet werden kann, wurde von *Nonveiller* [154] angegeben, wobei sich der Sicherheitsgrad aus einer implizierten Gleichung ermitteln läßt. Für den Fall kreiszylindrischer Gleitflächen stimmen die Ergebnisse mit dem Berechnungsverfahren nach *Bishop* überein. *Fyedorov* [155] untersucht die Standsicherheit von Dämmen, insbesondere von Staudämmen, mit Hilfe von zwei ebenen Gleitflächen. Die eine Gleitfläche liegt in der Dammsohle, und die andere hat eine unbekannte Lage, deren Richtung durch einen kritischen Winkel zur Waagerechten bestimmt wird.
Die elektronischen Rechenmaschinen können insbesondere bei den Lamellenverfahren [140, 145] rationell eingesetzt werden, da die Berechnung für angenommene Gleitflächen wiederholt durchgeführt werden kann, bis nach einer größeren Anzahl von Berechnungen der geringste Sicherheitsgrad gefunden worden ist. Dabei muß jedoch berücksichtigt werden, daß die Genauigkeit der bodenmechanischen Parameter heutzutage im Vergleich zu anderen Kenngrößen immer noch sehr gering ist. Die Streuung der Versuchswerte ist teilweise noch sehr groß, so daß eine übertriebene Genauigkeit der Berechnung sinnlos erscheint [153, 157].

Es ist daher für den Entwurf und die Konstruktion von Dammbauten wichtig, der Praxis einfache Rechenmittel zur Verfügung zu stellen, um schnell eine Aussage über die Standsicherheit treffen zu können. Solche Hilfsmittel bieten graphische Lösungen. Zahlreiche Berechnungsverfahren besitzen einen hohen theoretischen Wert und sind sehr zeitaufwendig, da sie mehrere schwierig zu erfassende Einflußgrößen berücksichtigen. Sie finden daher nur schwer Eingang in die Praxis.
Für die Berechnungen im Dammbau werden außerdem noch folgende Berechnungsverfahren [144, 156] empfohlen.

3.4.3. Spannungen unter Dämmen

In der Sohlfläche eines jeden Dammkörpers werden schräg nach außen gerichtete Schubkräfte (Schrägspannungen) erzeugt, die in horizontale und vertikale Komponenten zerlegt werden. Können diese Kräfte vom Dammuntergrund oder auch nur von einer dünnen weichen Schicht mit geringer Scherfestigkeit nicht aufgenommen werden, so tritt eine Bewegung des Böschungsfußes ein, die sich nach und nach über die gesamte Böschung fortsetzt [160].
Zur Berechnung der Normal- und Schubspannungsverteilung in der Sohle wird der Dammquerschnitt in Lamellen aufgeteilt und der Erddruck angesetzt (Bild 57a):

$$\tau = \frac{dE_h}{d_x} \qquad (71\,\mathrm{a})$$

$$\sigma = \gamma h + \frac{dE_v}{d_x} \qquad (71\mathrm{b})$$

τ Schubspannung
σ Normalspannung

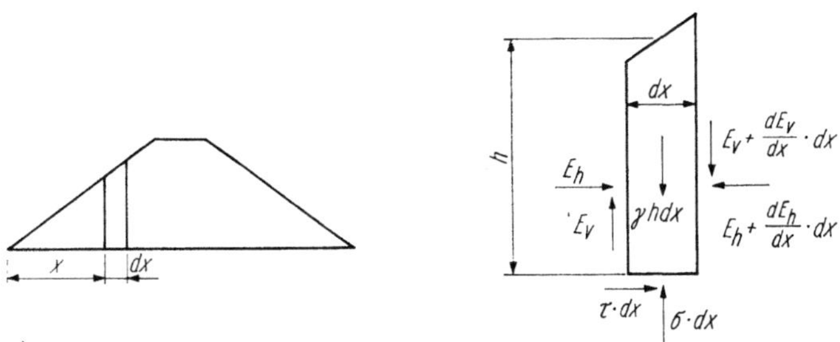

a)

Bild 57. Spannungsverteilung unter Dämmen [159]
a) Kräfte an der Lamelle

Aufbauend auf dem Verfahren nach *Engesser*, benutzt *Rendulic* [158] eine Berechnungsmethode, die für $\beta \leqq \varphi$ anwendbar ist. Aus den Gleichgewichtsbetrachtungen an den Lamellen erhält man in Richtung parallel und senkrecht zur Sohlfuge die in Gl. (71a und b) angegebenen Spannungsgrößen. Zur Ermittlung des

Erddruckes verwendet *Rendulic* ebene Gleitflächen. Mit angenommenen Gleitflächenbündeln werden für jede Gleitfläche in einem Kräfteplan das Gewicht des dazugehörigen Gleitkeiles und die Richtung der Kraft Q angetragen. Die zwei Hüllkurven sind die geometrischen Orte der Erddruckvektoren. Daraus können für jeden Schnitt die horizontale und vertikale Erddruckkomponente ermittelt werden. Aus den Gln. (71a und b) hat man die Ableitung der E_h- und E_v-Kurven aufzustellen und erhält so die Verteilung der Spannungsgrößen in der Sohlfuge (Bild 57b und c).

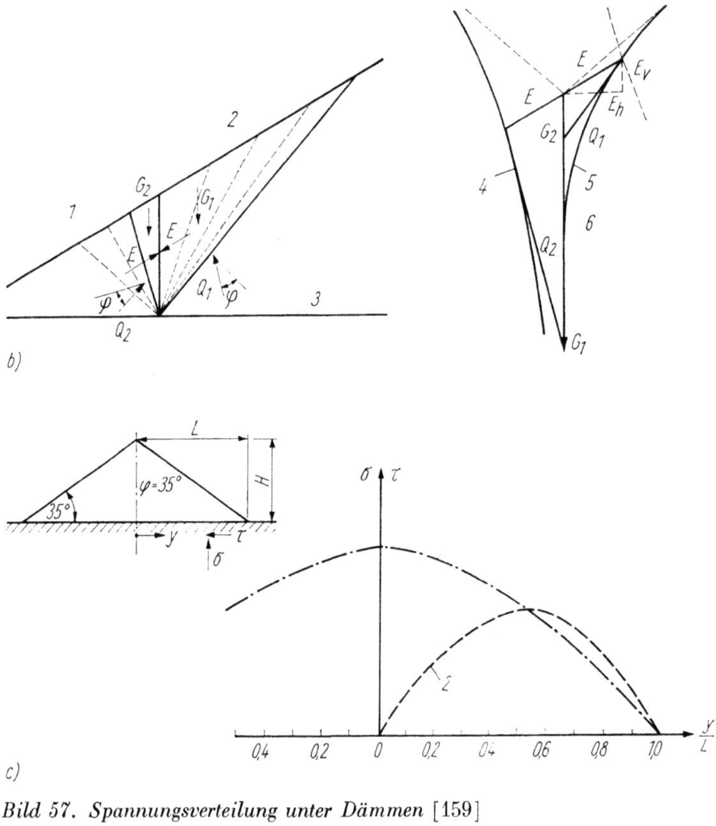

Bild 57. Spannungsverteilung unter Dämmen [159]

b) Verfahren nach *Rendulic* [158];

1 Gleitflächen links; *2* Gleitflächen rechts; *3* Sohlfuge; *4* Hüllkurve für die rechten Gleitflächen; *5* Hüllkurve für die linken Gleitflächen; *6* E = maßgeblicher Erddruck;

c) Normalspannungen und Schubspannungen nach dem Rendulic-Verfahren;

1 Normalspannung σ; *2* Schubspannung τ

Brendlin [159] hat mit Hilfe numerischer Berechnungen, die nicht von der Annahme ebener Gleitflächen ausgehen, nachgewiesen, daß das Verfahren nach *Rendulic* die Spannungen im Dammkörper mit ausreichender Genauigkeit angibt. Der hohe Rechen- und Zeichenaufwand wird durch geeignete Diagramme von *Brendlin* weitgehend aufgehoben.

3.4.4. Grundbrucherscheinungen unter Verkehrsdämmen

Verkehrsdämme müssen oftmals auf setzungsempfindlichem und wassergesättigtem Baugrund mit geringer Scherfestigkeit errichtet werden, so daß die Standsicherheit durch Grundbrüche gefährdet ist.
Dammschüttungen können dabei auf wassergesättigten, nichttragfähigen und lockergelagerten Tonschichten mit hohem Anteil an organischen Beimengungen als Ganzes im Untergrund versinken, wobei deutliche seitliche Aufwölbungen zu erkennen sind. Im anderen Falle kann der Damm einschließlich des tieferen Untergrundes aus weichen Ton- und Schluffschichten infolge Porenwasserüberdruckes seitlich ausweichen. Dabei sind nach Bild 58 folgende Fälle zu unterscheiden [12, 161]:

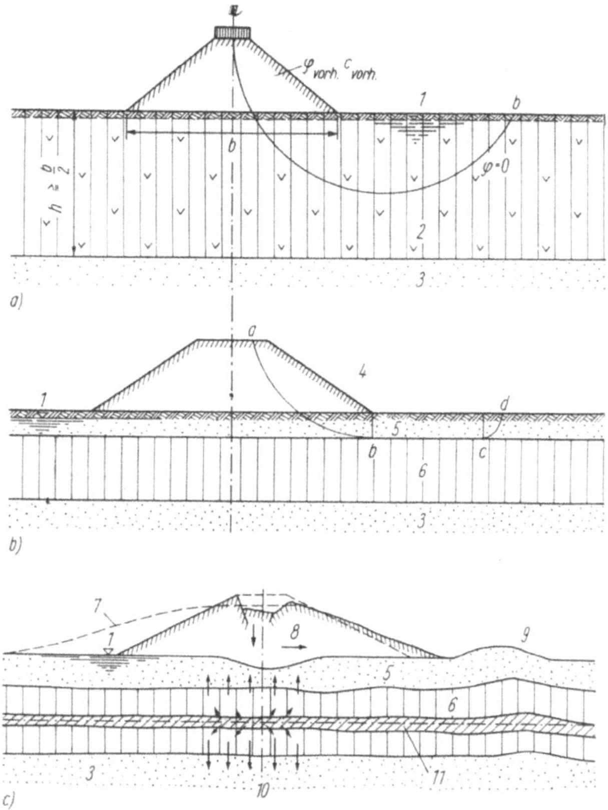

Bild 58. Charakteristische Grundbrucherscheinungen

a) Gründung des Dammes auf einer weichen homogenen Tonschicht;
b) Gründung eines Dammes auf einer begrenzt weichen Tonschicht;
c) Gründung eines Dammes auf Tonschichten mit Sand- und Schluffeinlagerungen;

1 Grundwasser;
2 homogene weiche Tonschicht;
3 tragfähiger Baugrund;
4 zusammengesetzte Gleitfläche;
5 Sand; *6* Ton;
7 Standrohrspiegelhöhe;
8 Zerrzone; *9* Druckzone;
10 Richtung des Wasserabflusses;
11 Sand- und Schluffeinlagerung

1. Gründung des Dammes auf einer sehr mächtigen homogenen weichen Tonschicht mit $h > b/2$, die unmittelbar an der Oberfläche ansteht
2. Gründung des Dammes auf einer begrenzten weichen Tonschicht, die sich in einer gewissen Tiefe unter der Dammsohle befindet und von einer Sandschicht überlagert wird
3. Gründung des Dammes auf Tonschichten, die Sand- und Schluffeinlagerungen besitzen

1. Fall: Entsprechend dem zeitlichen Verlauf der Dammschüttung sind entlang einer möglichen Gleitfläche die mittlere Scherspannung und das mittlere Porenwasserdruckverhältnis r_u im gesättigten Ton in Abhängigkeit von der Zeit zu bestimmen (Bild 59). Die Verminderung der Scherfestigkeit entsteht durch das

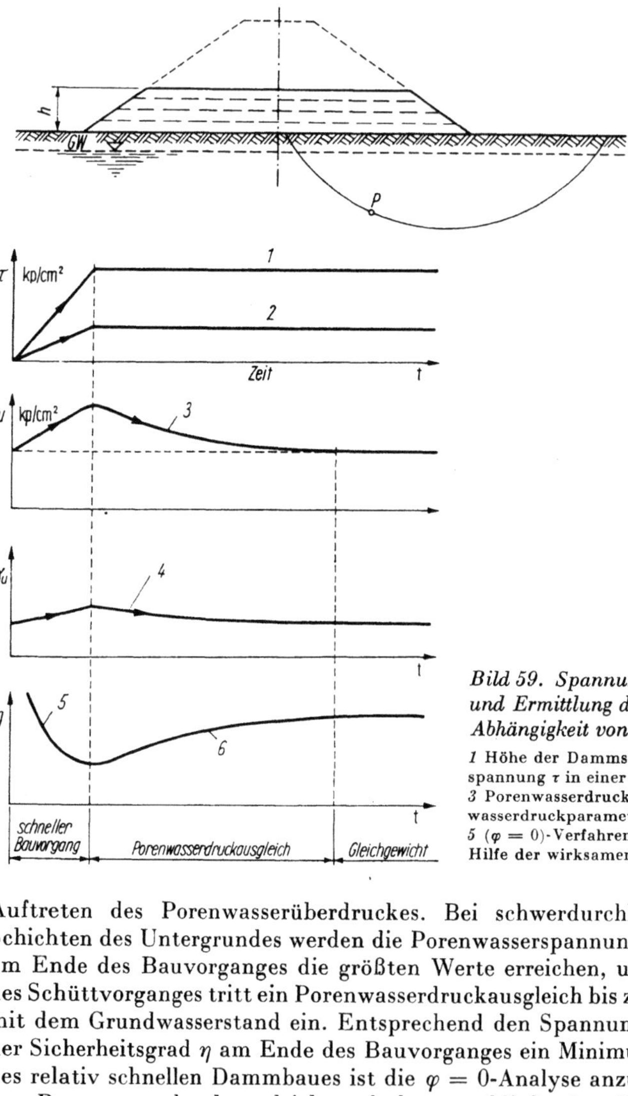

Bild 59. Spannungsänderungen im Ton und Ermittlung der Sicherheit η in Abhängigkeit von der Zeit t

1 Höhe der Dammschüttung; *2* mittlere Scherspannung τ in einer gegebenen Fläche durch *P*; *3* Porenwasserdruck in *P*; *4* mittlerer Porenwasserdruckparameter entlang der Gleitfläche; *5* ($\varphi = 0$)-Verfahren; *6* φ', c'-Verfahren mit Hilfe der wirksamen Spannungen

Auftreten des Porenwasserüberdruckes. Bei schwerdurchlässigen, homogenen Schichten des Untergrundes werden die Porenwasserspannungen u im allgemeinen am Ende des Bauvorganges die größten Werte erreichen, und nach Beendigung des Schüttvorganges tritt ein Porenwasserdruckausgleich bis zur Übereinstimmung mit dem Grundwasserstand ein. Entsprechend den Spannungsverhältnissen wird der Sicherheitsgrad η am Ende des Bauvorganges ein Minimum sein. Für die Zeit des relativ schnellen Dammbaues ist die $\varphi = 0$-Analyse anzusetzen, während für den Porenwasserdruckausgleich und den anschließenden Gleichgewichtszustand mit den wirksamen Spannungen gerechnet werden muß, wobei der Porenwasserdruck vorher durch Labor- oder Feldversuche zu bestimmen ist. Die Möglichkeiten des Ausgleiches der Porenwasserspannungen bestimmen die Wahl des Berechnungsverfahrens.

Im allgemeinen wird ein Sicherheitsbeiwert $\eta \geqq 1{,}5$ gefordert, da bei der Abschätzung der mittleren Scherfestigkeit gewisse Fehler entstehen.

Die Gründung auf derartigen Tonschichten erfordert Dämme mit möglichst flachen Böschungen. Der Grundbruch wird durch allmähliche Hebung des Geländes seitlich der Dammfüße angekündigt. Die zulässige Dammhöhe auf weichem Untergrund wird nach *Kézdi* [12] mit

$$\max h = \frac{2c}{\gamma}\left(1 + \frac{\pi}{2}\right) \qquad c = \frac{\sigma_D}{2} \ [\mathrm{kp/cm^2}] \tag{72}$$

angegeben.

Als Sicherungsmaßnahmen können Böschungsverflachungen (Abtrag) oder Gegengewichtsbermen aus möglichst schwerem Schüttmaterial vorgesehen werden (Bild 42).

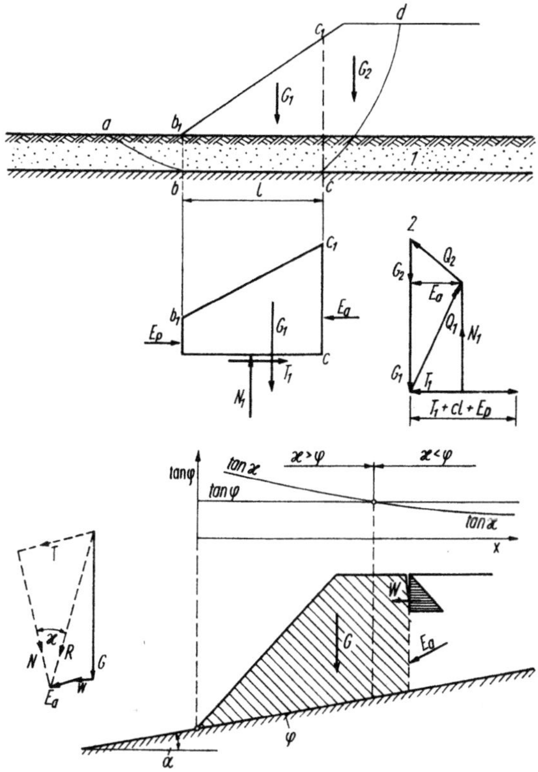

Bild 60. Grundbruch mit zusammengesetzten Gleitflächen
1 Sand; 2 Ton

2. Fall: Bei Gründungen von Dämmen auf Sandschichten geringer Mächtigkeit, die von einer homogenen Tonschicht unterlagert werden, können horizontale Verschiebungen den Grundbruch einleiten. Durch Wassereinfluß und Quellerscheinungen des Tones wird die Scherfestigkeit herabgesetzt und durch die beginnende horizontale Bewegung ein aktiver Zustand eingeleitet, der den Dammkörper allmählich auflockert. Dadurch entsteht ein Grundbruch mit zusammengesetzten Gleitflächen nach Bild 60 [162].

An den Grenzflächen der Tonschicht beginnt der Ton zu konsolidieren, während in der mittleren Zone des Tones die Scherfestigkeit nicht mit steigender Dammlast zunimmt. Der Bruch erfolgt entlang einer Gleitfläche des geringsten Scherwiderstandes. Um diese Größe der Scherfestigkeit zu bestimmen, sind eingehende Untersuchungen mit Porenwasserdruckmessungen erforderlich.

3. Fall: Ist die unter dem Damm befindliche Tonschicht noch mit feinen Sand- oder Schluffschichten durchzogen, so tritt das überschüssige Wasser nicht nur vertikal, sondern auch in horizontaler Richtung aus. Durch die Erhöhung des Porenwasserüberdruckes in den Sandlinsen werden die neutralen Spannungen abgebaut. Die Scherfestigkeit wird insbesondere im Bereich der Dammfüße, wo der Unterschied zwischen Porenwasserdruck u und Normalspannungen σ am größten ist, sehr stark vermindert. Durch die Verschiebung des Dammfußes tritt eine Einsenkung der Dammkrone ein. Die einzelnen Sand- und Schluffschichten bilden ausgezeichnete horizontale Gleitflächen [161].

Auf die hier dargestellten Ursachen sind zahlreiche Grundbrüche an Stau- und Verkehrsdämmen zurückzuführen. Daher sind bei diesen vorliegenden geologischen Verhältnissen sorgfältige Baugrunduntersuchungen über die Schichtung des Untergrundes sowie den Verlauf der Porenwasserspannungen erforderlich [161, 162].

Es ist daher zweckmäßig, Dämme mit flachen Böschungen herzustellen und den zeitlichen Ablauf der Dammschüttungen nach der Konsolidierung und dem Porenwasserausgleich festzulegen. Zusätzliche Entwässerungsmaßnahmen beschleunigen den Bauablauf und erhöhen die Standsicherheit.

3.5. Wechselwirkung zwischen Verkehrsdamm und Baugrund

3.5.1. Gründung auf tragfähigem Baugrund

Die Tragfähigkeit unter Verkehrsdämmen, dargestellt durch das Maß der lotrechten Zusammendrückung und durch die Sicherheit gegenüber dem seitlichen Ausweichen des Untergrundes, wird im wesentlichen durch die Gesteinsverhältnisse (Fels- und Lockergesteine), durch die morphologischen und tektonischen Verhältnisse sowie durch die Wasserführung im Baugrund bestimmt.

Ein tragfähiger Untergrund gestattet einen unmittelbaren Anschluß des Dammes an das vorhandene Gelände ohne besondere Gründungsmaßnahmen. Die lotrechte Verformung und die Gleitsicherheit des Dammes infolge Eigengewicht, Verkehrsbelastung und hydrologischer Verhältnisse üben keinen oder nur einen sehr geringen Einfluß auf die Höhe und auf die Betriebssicherheit des Verkehrsweges aus.

Die Felsgesteine bilden im allgemeinen für die Verkehrsdämme einen sicheren Baugrund. Dabei sind der Verwitterungsgrad und die Gefügeverhältnisse zu berücksichtigen. Zerrüttungszonen sowie für die Standsicherheit des Erdbauwerkes ungünstig verlaufende Gleitflächen sind zu beachten. Die Lagerungsverhältnisse und der Auflockerungsgrad der Felsgesteine zeigen zahlreiche Übergänge zu den Lockergesteinen und enthalten dadurch mannigfaltige Störungszonen, die zu Rutschungen führen können. Die Dammlage im Gelände, die Form des Geländes und die Richtung der Lasteintragung sind unter Berücksichtigung des Gesteinsaufbaues daher von besonderer Bedeutung.

Für die nichtbindigen Lockergesteine (Sande und Kiese) sind die Lagerungsverhältnisse (lockerste und dichteste Lagerung), und für die bindigen Lockergesteine ist die vom Wassergehalt abhängige Konsistenz maßgebend für die Güte der Tragfähigkeit. Während die rolligen Erdstoffe im allgemeinen nach allen Richtungen eine gleichmäßige Tragfähigkeit (Verformbarkeit und Scherfestigkeit) haben, ist bei bindigem Untergrund eine treppenförmige Verzahnung erforderlich (Bild 26c).

Horizontale oder geneigte Felsschichten in ebenem Gelände bilden für den Dammkörper im allgemeinen, auch bei starken Zerrüttungserscheinungen, geringer Gesteinsfestigkeit und unterschiedlichem Verwitterungsgrad, keine Gefahr [11, 15].

Solange durch die unterirdische Wasserführung (Quellen, Schicht- und Spaltenwasser) keine merkliche Erosion an der Dammsohle oder im tieferen Untergrund entstehen kann, besteht kein Einfluß auf die Güte des Baugrundes.

Bis zu Geländeneigungen $< 20°$ ist keine besondere Verzahnung erforderlich. Ist das Gelände stärker als 20° geneigt, dann ist die Einfallrichtung zum Geländeverlauf zu berücksichtigen. Bei einer hangparallelen Dammschüttung wird die größte Sicherheit beim Einfallen der Schichten gegen den Hang, die geringste Sicherheit beim gleichlaufenden Einfallen zur Geländelinie erreicht.

Beim Übergang vom Damm zum Einschnitt können besonders Gefahrenpunkte entstehen, wenn der Baugrund von Verwerfungen, Staffelbrüchen und vorgezeichneten Rutschflächen durchzogen ist und die Schichten zur Talseite einfallen. Jede Schichtfläche im Untergrund, die mit dem Geländeverlauf eine gleichlaufende Einfallrichtung hat, kann unter bestimmten Bedingungen durch Wasserzutritt zu einer Gleitfläche werden [11].

Bei Dammschüttungen auf geneigtem Gelände mit hangparalleler Lage der Schichten, die später als Ausgangspunkt von Rutschungen angesehen werden können, ist für eine einwandfreie Entwässerung an der bergseitigen Böschung des Dammes zu sorgen (Bild 43a). Das Abführen des Wassers aus dem Hanggraben oder der Tiefenentwässerung hat in geeigneten Abständen durch den Damm nach der Talseite zu erfolgen.

Der breitflächige Anschluß des Dammes an den stärker geneigten Untergrund erfolgt durch Abtreppung in einzelnen Stufen, die bei wasserdurchlässigem Untergrund hangseitig und bei wasserundurchlässigem Untergrund luftseitig mit einer Neigung $\geqq 3\%$ hergestellt werden (Bild 26c u. d). Durch den Einbau von gelochten Steinzeugrohren mit Kiesmantel in die Verzahnungsstufen kann auftretendes Hangwasser ohne Stau- und Quellungsgefahren abgeführt werden. Eine sorgfältige Entwässerung der Dammsohle ist die beste Voraussetzung einer scherfesten Verbindung zwischen Damm und Baugrund.

Zur Entwässerung von schwerdurchlässigen Auelehm- bzw. Auetonschichten mit organischen Bestandteilen unter hohen Verkehrsdämmen haben sich filterförmig ausgeführte Rigolen oder Tiefensicker unter dem Dammkern und Dammfuß gut bewährt (Bild 62b). Durch Veränderung des Wasserhaushaltes in der Dammsohle ist eine schnellere Konsolidierung der setzungsempfindlichen und gleitgefährlichen Schichten möglich. Neben der Abführung des Wassers wird durch den Einbau von reibungserhöhenden Materialien (Sand, Kies, Steingeröll) die Gleitsicherheit in der Dammsohle gesichert.

3.5.2. Gründung auf nichttragfähigem Baugrund

Unter einem schlecht- bzw. nichttragfähigem Baugrund soll ein Untergrund verstanden werden, der für den Bau eines Dammes bestimmte gründungstechnische Maßnahmen erforderlich macht, um entsprechend der statischen und dynamischen Belastung aus Eigengewicht und Verkehrslast die erforderliche Sicherheit gegenüber zulässiger Verformung und seitlichem Ausweichen zu erhalten. Baugrund mit ungenügendem Tragvermögen wird entsprechend den Anforderungen im Verkehrsdammbau durch folgende Erdarten gebildet:

1. aufgelockerte, weiche, flachgründige Ablagerungen, die infolge starker Durchfeuchtung eine geringe Festigkeit haben und zu Rutschungen und starken Setzungen neigen (Auelehm bzw. Auetonschichten mit geringen organischen Beimengungen)
2. weiche, tiefgründige organische Ablagerungen, die eine weichplastische bis fließgefährliche Konsistenz haben und sich zum Teil im Zustand der Erstbelastung befinden (Torf, Faulschlamm, Schlickablagerungen mit hohen Anteilen an organischer Substanz)

Diese organischen Erdstoffe bilden neben den wasserlöslichen Salzen die schwierigsten Baugrundverhältnisse, die man sich im Dammbau vorstellen kann. Die Dammgründungen erfordern deshalb oft einen hohen Kostenaufwand.

Das Verhalten derartiger Erdstoffe wird durch den außerordentlich hohen natürlichen Wassergehalt von 100 bis 800%, bezogen auf das Trockengewicht, bestimmt. Der Anteil der organischen Substanz kann teilweise $>50\%$ betragen. Diese druck- und setzungsempfindlichen organischen Sedimente besitzen als Torf, Faulschlamm, Schlick, Seekreide oder Wiesenkalk in verlandeten Binnenseen, Flußarmen, in Senken und Schmelzwasserrinnen eine weite Verbreitung. Tafel 27 enthält einige aus einem praktischen Beispiel entnommene Kennziffern von organischen, nichttragfähigen Erdstoffen [163].

Torf besteht aus niedrigen Pflanzen und kann in unterschiedlicher Beschaffenheit als erdiger und faseriger Torf in Abhängigkeit vom jeweiligen Verkohlungsstadium auftreten. Faulschlamm dagegen ist ein Zwischenglied zwischen Torf und Tonschlamm und stellt ein Gemisch von organischen und anorganischen Substanzen dar. In Abhängigkeit von der Ablagerungstiefe weisen sie einen unterschiedlichen Wassergehalt und Porengehalt auf. Infolge des hohen Wassergehaltes haben diese Erdstoffe fast keine Scher- und Druckfestigkeit. Die Steifezahlen unterscheiden sich nur wenig von Null. Infolge der vollen Wassersättigung tritt bei den geringsten Laststeigerungen Porenwasserüberdruck auf. Auf Grund des hohen organischen Anteiles besitzen sie eine große Wasserbindefähigkeit, die durch die Fließgrenzenwerte w_f nach *Atterberg* gemessen werden.

Vor dem Baubeginn sollen unbedingt folgende Maßnahmen durchgeführt werden:

1. Genügend Bohrungen und Sondierungen, gegebenenfalls geophysikalische Untersuchungen, um die Tiefe und die Ausdehnung der weichen Schichten unter der Dammsohle festzustellen. Die Morphologie (Talform, Kolke, breite Mulden und Rinnen) und die Ablagerungstiefe beeinflussen weitgehend die Technologie des Gründungsverfahrens.
2. Ermittlung der in der Nähe befindlichen geeigneten festen Dammbaustoffe (Sande und Kiese) nach Qualität und Quantität. Bindige Erdstoffe sind für Schüttungen unter Wasser nicht geeignet.

Tafel 27. Bodenphysikalische Kennziffern des nichttragfähigen Baugrundes

Nr.	Erdstoff	Entnahmetiefe	Natürlicher Wassergehalt	Konsistenzgrenzen nach *Atterberg*			Verdichtungszahl	Organische Substanz	Allgemeine Beschaffenheit
				Rollgrenze	Fließgrenze	Bildsamkeit	E		
		[m]	w_n	w_a	w_f	w_{fa}	[kp/cm^2]	[%]	
1	Torf	0,50	8,60	—	—	—	6	45	stark verfilzt, Wurzelwerk
2	Torf	4,60	9,40	—	—	—	0	35	stark zersetzt, faserig
3	Torf	0,30	7,70	—	—	—	4	52	faserig, stark verfilzt
4	Torf	4,0	8,10	—	—	—	1	42	sehr stark zersetzt, faserig, etwas breiig
5	Torf	3,0	7,60	—	—	—	4	55	stark zersetzt, Wurzeln
6	Faulschlamm	4,85	2,60 ··· 3,70	1,09	3,63	2,54	0	25	schlammig, breiig
7	Faulschlamm	4,95	2,58	1,03	2,27	1,24	1,5	19,5	schlammig, breiig
8	Faulschlamm	6,10	3,40 ··· 3,55	1,21	3,47	2,26	1	35	schlammig
9	Faulschlamm	7,25	3,70	1,32	3,46	2,14	2	29	breiig
10	Faulschlamm	10,30	3,20	1,27	3,48	2,21	0	41	breiig

3. Genaue Berechnung der Kosten für verschiedene Verfahren unter Berücksichtigung der späteren Unterhaltungsarbeiten an den Verkehrswegen. Dabei ist am wirtschaftlichsten, sehr weiche Torf- und Faulschlammschichten von 3 bis 5 m Mächtigkeit auszubaggern und durch sandige oder kiesige Erdstoffe zu ersetzen.

3.5.2.1. Verfahren ohne bzw. mit teilweisem Aushub des nichttragfähigen Baugrundes

Schwimmende Dammgründungen [164, 165]

Dammschüttungen auf hölzernen Gitterrosten und Faschinenmatten sind als Behelfskonstruktionen anzusehen und kommen unter Umständen für untergeordnete Straßen, Baustellenwege und landwirtschaftliche Wege zur Anwendung. Diese

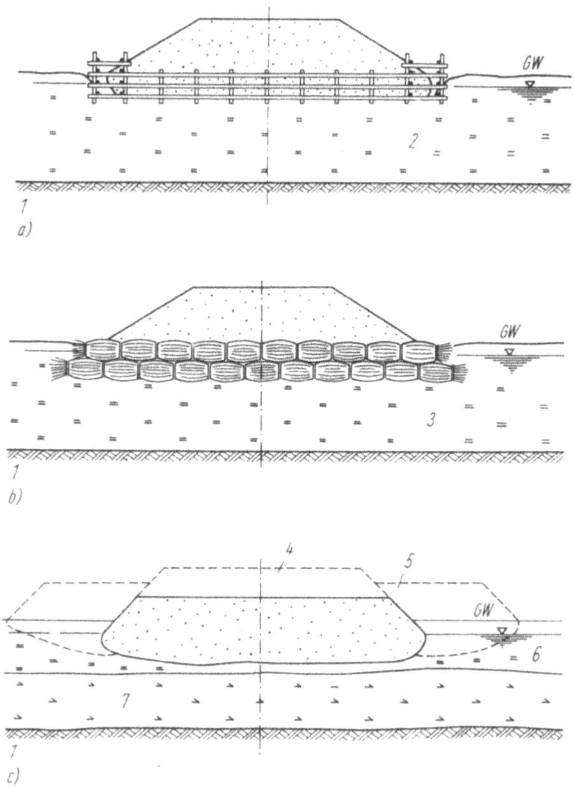

Bild 61
Behelfskonstruktion zur Gründung von Dämmen auf nichttragfähigem Baugrund
a) Holzrostkonstruktionen; b) Faschinenmatten; c) schwimmende Dammgründung; *1* tragfähiger Baugrund; *2* Torf- und Faulschlamm; *3* Torf, Faulschlamm, Schlick; *4* Überhöhung; *5* Gegenlasten; *6* Torf; *7* Wiesenkalk

Verkehrsdämme, die die tragfähige Schicht nicht erreichen, sind sehr labil und lang andauernden Setzungen unterworfen. Die ständigen Unterhaltungsarbeiten an der Fahrbahnbefestigung und am Unterbau sind dabei sehr kostspielig (Bild 61a bis c).

Reibungsfüße [11, 163, 166]

Zur Sicherung des Verkehrsdammes gegenüber unzulässigen lotrechten Verschiebungen und zur Verhinderung des seitlichen Ausfließens der weichen organischen Schichten bei flachgründiger Ablagerung sind wiederholt Reibungsfüße angewendet worden. Sie dienen einmal zur Herstellung einer scherfesten Verbindung des Dammfußes mit dem tragfähigen Untergrund und zum anderen zur Entwässerung der setzungsempfindlichen Schichten unter der Dammsohle. Damit wird eine Beschleunigung der Konsolidierung der weichen Schichten ermöglicht. Die Breite der Reibungsfüße ist in Abhängigkeit von der Mächtigkeit der organischen Ablagerungen zu wählen.

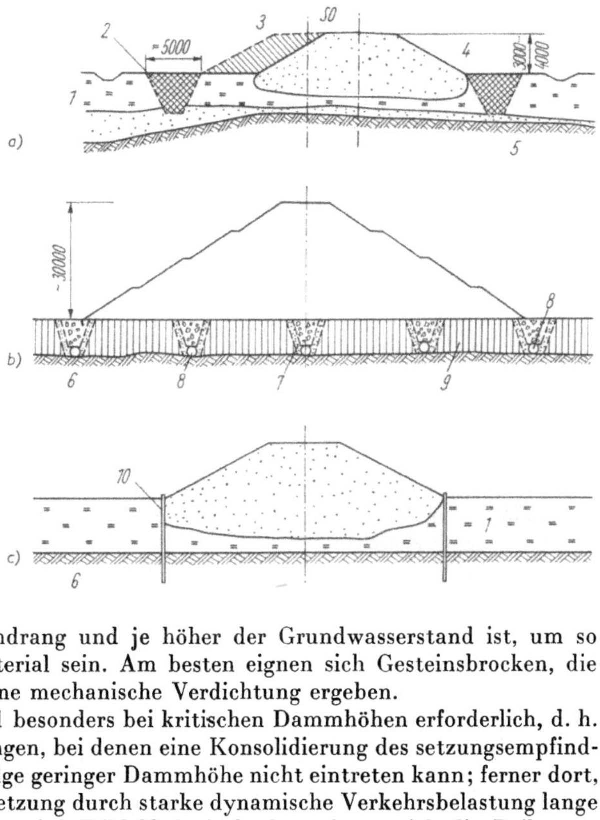

Bild 62
Dammgründung mit Hilfe von Reibungsfüßen

a) Sicherung des Dammfußes bei geringen Dammhöhen;
b) Anwendung bei großen Dammhöhen;
c) Anwendung von Spundwänden;
1 Torf, Faulschlamm, Sand;
2 Reibungsfuß;
3 Anschüttung;
4 bestehender Eisenbahndamm;
5 Geschiebemergel;
6 tragfähiger Baugrund;
7 Reibungsfüße mit filterförmigem Ausbau;
8 Entwässerungsleitung;
9 weicher Ton mit organischen Bestandteilen, 4 bis 5 m;
10 Spundwand

Je stärker der Wasserandrang und je höher der Grundwasserstand ist, um so gröber muß das Füllmaterial sein. Am besten eignen sich Gesteinsbrocken, die ein festes Steingerüst ohne mechanische Verdichtung ergeben.

Die Reibungsfüße sind besonders bei kritischen Dammhöhen erforderlich, d. h. bei jenen Dammschüttungen, bei denen eine Konsolidierung des setzungsempfindlichen Untergrundes infolge geringer Dammhöhe nicht eintreten kann; ferner dort, wo sich eine schädliche Setzung durch starke dynamische Verkehrsbelastung lange Zeit nachteilig auswirken wird (Bild 62a). Außerdem eignen sich die Reibungsfüße als zusätzliche Sicherungsmaßnahmen bei Anschüttungen an bestehende Dämme, wie aus dem Beispiel eines zweigleisigen Ausbaues einer vorhandenen Strecke zu erkennen ist. Das seitliche Aufschlitzen kann dabei unter Aufrechterhaltung des Eisenbahnbetriebes abschnittsweise erfolgen.

Die Anwendung des teilweisen Aushubes mit filterförmigem Ausbau kann ebenfalls als wirksame Maßnahme zur Entwässerung und zur Erhöhung der Scherfestigkeit unter der Dammsohle bei flachgründiger Ablagerung weicher Schichten unter hohen Verkehrsdämmen Verwendung finden (Bild 62b).

Verkehrsdämme mit mehr als 30 m Höhe konnten durch das Aufschlitzen organischer Tonschichten mit anschließender Entwässerung einwandfrei auf setzungsempfindlichem Baugrund gegründet werden [163].
Die Anwendung von Spundwänden bleibt auf kurze Dammstrecken beschränkt (Bild 62c).

Vertikale Sanddränagen [167, 168, 169, 170]

Setzungsempfindliche und schwerdurchlässige Erdstoffe ergeben unter der Belastung große Setzungsbeträge, die sich über viele Jahre erstrecken können. Außerdem ist dabei der Standsicherheit von Dämmen auf diesem Baugrund eine besondere Beachtung zu schenken. Die großflächigen Gründungen im Straßen-, Eisenbahn- und Flugplatzbau erfordern daher wirtschaftliche Gründungsverfahren, die zur Entwässerung und damit zur Verkürzung der Konsolidierungszeit führen.

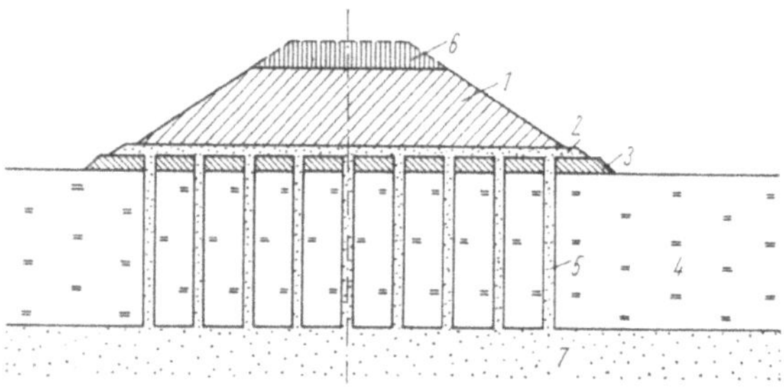

Bild 63. Schematische Darstellung der Anwendung vertikaler Sanddränagen

1 Dammkörper; *2* Dränageschicht; *3* Arbeitsschicht; *4* zu konsolidierender Baugrund; *5* Sanddränage; *6* zusätzliche Auflast; *7* tragfähiger und durchlässiger Baugrund

Seit mehr als 30 Jahren wird in verschiedenen Ländern [167] das Verfahren der vertikalen Sanddränagen verwendet, das auf folgendem Prinzip beruht (Bild 63):
Der schwerdurchlässige Baugrund erlaubt unter der anwachsenden Dammlast nur eine allmähliche zeitabhängige Konsolidierung der Schichten und somit einen sehr langsamen Porenwasseraustritt. Während dieser Zeit hält der Setzungsvorgang (Primärsetzungen) an, und die Scherfestigkeit des Untergrundes nimmt durch die entstehenden Porenwasserspannungen vorübergehend ab. Um den zeitlichen Verlauf des Konsolidierungsprozesses möglichst abzukürzen, werden zur raschen Entwässerung vertikale Sanddränagen mit kleinem gegenseitigem Abstand und großer Durchlässigkeit in den Baugrund eingebaut.
Die Wirkung der räumlichen Entwässerung ist abhängig von der Anordnung, von der gegenseitigen Lage und vom Durchmesser der einzelnen Dränagen (Bild 64a bis c).
Barron [167] hat auf der Grundlage der Konsolidierungstheorie von *Terzaghi* eine spezielle Berechnungsmethode für vertikale Sanddränagen entwickelt. Die Wirkungsweise der Dränagen ist an einem Beispiel schematisch im Bild 64a und b dargestellt, wobei folgende Annahmen getroffen werden:

1. Die Anordnung der Dränagen erfolgt im Dreiecks- oder Quadratnetz mit einem Dränabstand $s = 2$ bis 5 m. Als wirtschaftlicher Dränduchmesser hat sich nach *Dücker* [170] $d = 270$ mm gut bewährt.
   Die Mantelflächen des Einflußzylinders werden als undurchlässig angenommen.

2. Die Strömung zur Dränage ist axialsymmetrisch.
3. Die Durchlässigkeit der Sanddränage wird im Vergleich zum entwässernden Baugrund unendlich groß angenommen.

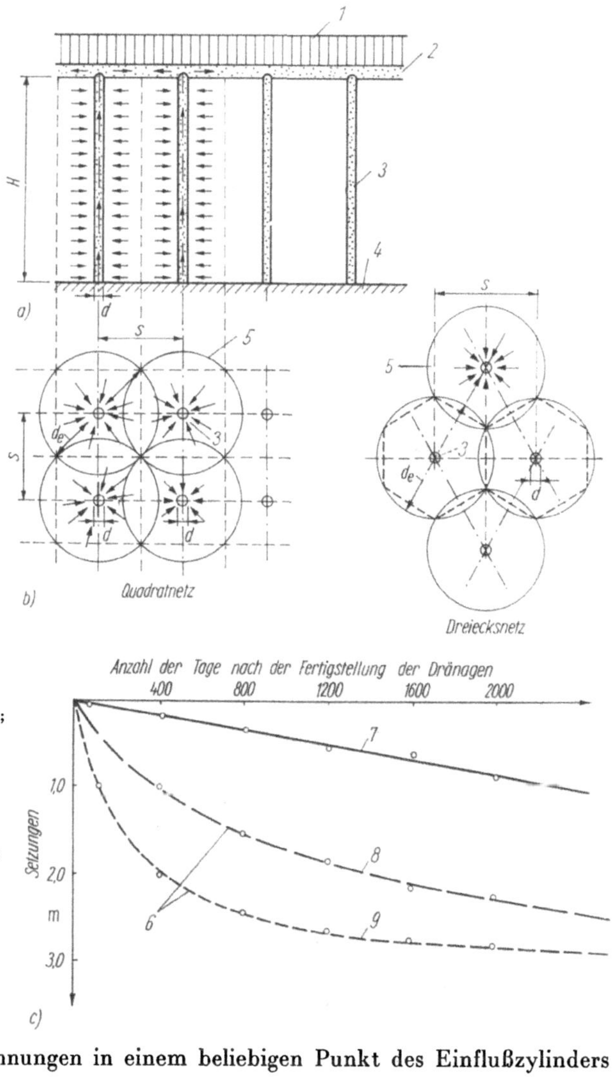

Bild 64. ***Wirkungsweise der vertikalen Dränagen***

a) Darstellung im Längsschnitt;
b) Darstellung im Grundriß;
c) Setzungsbeobachtungen an vertikalen Dränagen;
1 Auflast;
2 Dränageschicht;
3 vertikale Dränage;
4 undurchlässiger Untergrund;
5 Einflußzylinder;
6 mit Sanddränagen;
7 ohne Dränage;
8 Dränabstand 4,2 m;
9 Dränabstand 2,4 m

4. Die Porenwasserspannungen in einem beliebigen Punkt des Einflußzylinders sind

$$u = \frac{u_r u_z}{u_0} \tag{73}$$

u_r Porenwasserspannung bei radialer Strömung
u_z Porenwasserspannung bei vertikaler Strömung
u_0 Porenwasserspannung infolge Auflast

Als Lösung der Differentialgleichung des linearen Konsolidationsvorganges bei waagerechten Tonschichten nach *Terzaghi* wird der Anteil U_v der Konsolidation infolge Abflusses in vertikaler Richtung gegeben:

$$U_{v[\%]} = f(T_v) \tag{74}$$

$$T_v = \frac{c_v t}{H^2} \tag{75}$$

U_v Konsolidierungsgrad in vertikaler Richtung
T_v Zeitfaktor für die Konsolidation in vertikaler Richtung
c_v Verfestigungsbeiwert in vertikaler Richtung
t Zeit seit Belastungsbeginn ($t = 0$)
H Mächtigkeit der zusammendrückbaren Schicht bei Entwässerung nur nach oben (Bild 64a)
$\frac{H}{2}$ bei Entwässerung nach beiden Seiten

$$U_{h[\%]} = f(T_h) \tag{76}$$

$$T_h = \frac{c_h t}{d_e^2} \tag{77}$$

U_h Konsolidierungsgrad in horizontaler Richtung
T_h Zeitfaktor für die Konsolidation in horizontaler Richtung
c_h Verfestigungsbeiwert in horizontaler Richtung
d_e Durchmesser des Einflußzylinders

Aufbauend auf der Berechnungsmethode von *Barron*, haben *Zeller* und *Zeindler* [167] Beziehungen zwischen dem Durchmesserverhältnis $\eta = \frac{d_e}{d}$ und dem Konsolidationsgrad U bei reiner Radialströmung ermittelt, die eine schnelle praktische Berechnung gestatten.
Die Verfestigungsbeiwerte berechnen sich zu:

$$c_v = \frac{k_v(1 + \varepsilon_0)}{\gamma_w a} \tag{78}$$

$$c_h = \frac{k_h(1 + \varepsilon_0)}{\gamma_w a} \tag{79}$$

$$a = \frac{\varepsilon_0 - \varepsilon}{\sigma' - \sigma_0'} \tag{80}$$

γ_w Reinwichte des Porenwassers
ε_0 Porenzahl unmittelbar vor der Belastung
σ_0' mittlere Kornpressung vor der Belastung
σ' mittlere Kornpressung zur Zeit t nach Aufbringung der Belastung
ε Porenzahl zur Zeit t nach Aufbringung der Belastung
k_v Durchlässigkeitsbeiwert in vertikaler Richtung
k_h Durchlässigkeitsbeiwert in horizontaler Richtung

Bei der Bauausführung sind folgende Gesichtspunkte zu beachten (Bild 63):

1. Eine eingehende Baugrunderkundung (genügende Anzahl von Bohrungen, Sondierungen und Entnahme von ungestörten Proben) ist unerläßlich.
2. Zur Herstellung der vertikalen Dränagen ist ein unbehindertes Arbeitsplanum erforderlich, wobei diese Arbeitsschicht aus Sand oder Kies (Mindestdicke 50 cm) möglichst unbeschädigt erhalten bleiben muß.
3. Die Dränagen können im Trockenbohr-, Spülbohr-, Rütteldruck- und Rammbohrverfahren [167, 170] hergestellt werden.
4. Die Sanddränagen können zum Teil über die Dammfüße hinausgezogen werden. In Dammitte vollzieht sich die Konsolidierung im allgemeinen schneller. Im Bereich der Randzonen kann als Ausgleich dazu ein verkürzter Dränabstand gewählt werden.
5. Das Filtermaterial für die vertikalen Dränagen und die obere Dränagenschicht muß in Abhängigkeit von dem zu entwässernden Baugrund nach den bekannten Filterregeln aufgebaut sein. Die Kornzusammensetzung und die Durchlässigkeit sollen in beiden Zonen gleich sein.
6. Der Bauüberwachung muß größte Aufmerksamkeit geschenkt werden. Sie beginnt bereits bei den Vorarbeiten und erstreckt sich über die Herstellung der Dränagen bis zum Abschluß der Konsolidation.

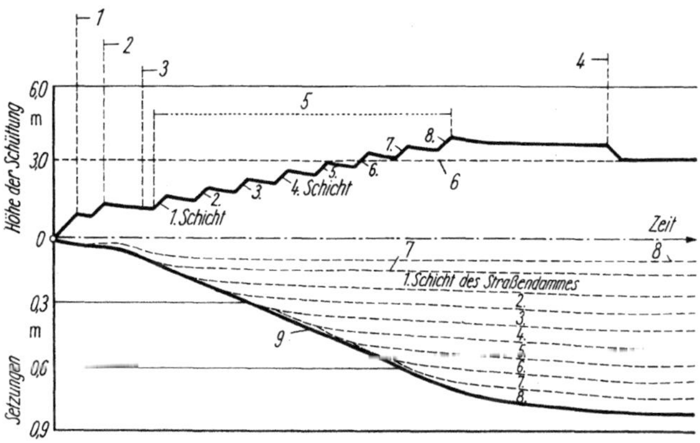

Bild 65. Konsolidierungsvorgang des nichttragfähigen Baugrundes mit Hilfe von vertikalen Sanddränagen und zeitlicher Verlauf der Setzungen infolge des Dammbaues [167]

1 Sandschüttung; *2* Arbeitsschicht; *3* Bau der Sanddräns; *4* Entfernen der Auflast; *5* Bau des Straßendammes inkl. Auflast; *6* Sollhöhe des Dammes; *7* Setzung der Arbeitsschicht; *8* Setzung der Sandschüttung; *9* totale Setzung

7. Als Dammbaustoffe können die in Tafel 7 und 8 aufgeführten geeigneten Fels- und Erdarten Verwendung finden. Es ist nötig, den bei der Schüttung entstehenden Porenwasserüberdruck durch geeignete Meßverfahren laufend zu überwachen und die zeitliche Folge der einzelnen Lagenschüttungen mit der Abflußgeschwindigkeit des Porenwassers in Übereinstimmung zu bringen.

Nur so können Grundbrüche vermieden werden. Durch eine Zusatzlast ist der Konsolidierungsvorgang der weichen Schichten zu beschleunigen, damit der im voraus errechnete Setzungsbetrag vorweggenommen wird. Dabei ist die Höhe der Überschüttung abhängig von der Mächtigkeit der setzungsempfindlichen Schichten, von ihrer Durchlässigkeit, von ihrem Setzungsverhalten sowie von der Zeit, die bis zum Aufbringen der Fahrbahnkonstruktion oder des Oberbaues zur Verfügung steht.

Bild 65 zeigt den typischen Setzungsverlauf, der sich infolge einer allmählichen Laststeigerung durch einzelne Schüttlagen für einen 3 m hohen Verkehrsdamm einstellt. Die Gesamtsetzungen nach Vollendung der Dammschüttung und des Abtrages der Auflast betragen etwa 80 cm. Da sich der Setzungsbetrag infolge der vertikalen Sanddränagen im allgemeinen nicht so genau ermitteln läßt, ist es zweckmäßig, einen Teil der Dammschüttung als Zusatzlast für den Fall zu betrachten, daß die Setzungen das im voraus berechnete Maß nicht erreichen [167, 169].

3.5.2.2. Verfahren mit vollständigem Aushub des nichttragfähigen Baugrundes

Örtlich geringfügige und sehr unregelmäßig abgelagerte organische Erdstoffe bis maximal 5 m Mächtigkeit können als nichttragfähiger Baugrund ausgehoben und durch feste Dammbaustoffe (Sande und Kiese) ersetzt werden. Diese organischen Ablagerungen müssen zumindest kurzzeitig seitlich standsicher sein. Dieses Verfahren wird als Baggerschüttverfahren bezeichnet [15].

Tafel 52 enthält eine zusammenfassende Übersicht der Sicherungsmaßnahmen und stellt die Abhängigkeit zwischen Dammhöhe, Beschaffenheit des organischen Baugrundes und der Ablagerungstiefe dar [163].

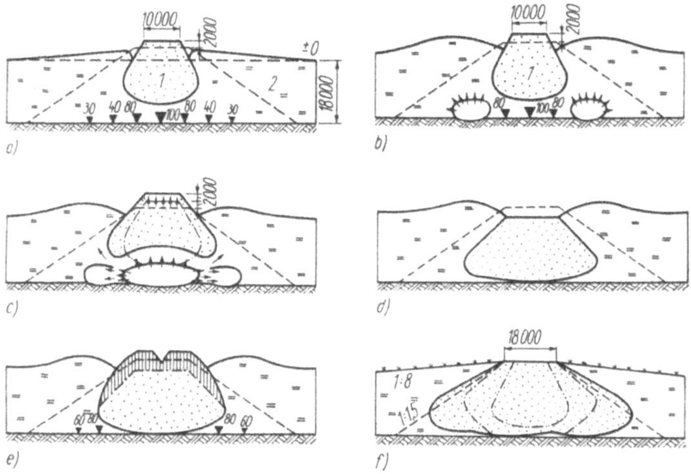

Bild 66. Allgemeine Darstellung des „Moorsprengverfahrens"
1 Sand; *2* Torf, Faulschlamm

Moorsprengverfahren [15, 171, 172, 173, 174]

Zur Beseitigung von weichen organischen Sedimenten größerer Ablagerungstiefen ist seit einigen Jahrzehnten in zahlreichen Ländern das Moorsprengverfahren mit Erfolg angewendet worden. Moor ist ein geographischer Begriff, wird jedoch in Zusammenhang mit der Verdrängung organischer Schichten durch Schütt- und

Sprengverfahren allgemein verwendet [15, 175]. Beim Bau der Autobahnen sowie zur Gründung umfangreicher Dammbauten für Eisenbahnen im In- und Ausland hat sich das Moorsprengverfahren gut bewährt und ist in den letzten Jahren technologisch weiter vervollkommnet worden, so daß dieses Verfahren im Vergleich zu anderen bautechnischen Lösungen – Brückenbauwerk, schwimmender Damm oder Aushub – oftmals wirtschaftlich angewendet werden konnte [163, 165, 174].
Das Prinzip dieses Verfahrens beruht darin, mit Hilfe der Sprengungen die weichen, nichttragfähigen Massen so weit zu beseitigen, daß der Damm nach der Verdrängung dieser organischen Sedimente eine feste Auflage auf dem tragfähigen Baugrund erhält (Bild 66).
Durch die Zündung der einzelnen Sprengladungen, Minen genannt, wird eine Explosion ausgelöst, deren Explosionsdruck sich allseitig ausbreitet. Durch diese plötzliche Beanspruchung der druck- und setzungsempfindlichen weichen Schichten werden der Gefügewiderstand (Reibungs- und Kohäsionsfestigkeit) und die Verlagerungsfestigkeit weitgehend beseitigt, die Torf- und Faulschlammassen werden verflüssigt, und der Staudruck der nicht bewegten Massen wird überwunden.
Durch die Überwindung des Staudruckes und durch den künstlich erzeugten Porenwasserdruck in den weichen, wassergesättigten Massen wird ein Grundbruch bewußt eingeleitet, der das Eindringen des Dammkörpers bewirkt.
Durch die waagerechte Sprengwirkung und durch das Eigengewicht der bereits geschütteten sandig-kiesigen Dammbaustoffe werden die Verflüssigung und eine vorwiegend seitliche Verdrängung der organischen Schichten erzielt. Die Dammauflast wirkt hierbei als Verdämmung und muß so groß gewählt werden, daß nach erfolgter Sprengung der Damm nicht in den verflüssigten Massen versinkt. Bei zu gering bemessenen Ladungsmengen werden keine oder nur geringe setzungsempfindliche Massen verdrängt, und der Damm wird nicht angehoben.
Entsprechend der Reihenfolge der Technologie sind dabei zwei Verfahren zu unterscheiden: Sprengschüttverfahren und Schüttsprengverfahren. Zur Vermeidung von Mißverständnissen und zur einheitlichen Bezeichnung der Moorsprengverfahren schlägt *Korth* [175] die in Tafel 28 dargestellte Einteilung vor.
Als Moorauswurfs- bzw. Grabensprengungen werden Verfahren bezeichnet, bei denen der nichttragfähige Baugrund durch Minen zum Auswurf gebracht wird. Die danach in dem entstandenen Graben einzubauenden Dammbaustoffe können die restlichen Torfmassen weitgehend verdrängen.
Die Entlastungssprengungen dienen zur Herstellung grabenförmiger Vertiefungen außerhalb des eigentlichen Dammkörpers. Vollständige und seitliche Entlastungssprengungen, die reihenförmig längs des Dammes eingebracht und gezündet werden, dienen dazu, den Staudruck der Faulschlammassen oder den Verdrängungswiderstand des Torfes zu überwinden. Dadurch soll ein seitlicher Raum geschaffen werden, in den der Dammkörper infolge der anschließenden Hauptsprengung eindringen kann. Diese Sprengungen erfolgen mehrmalig oder kurz vor dem Zünden der Hauptminen.
Die Moorverdrängungssprengungen bzw. Tiefensprengungen bewirken, daß ein bereits geschütteter Damm mit Hilfe der Sprengwirkung durch Beseitigung der weichen Schichten bis auf den tragfähigen Baugrund abgesenkt werden kann. Die organischen Ablagerungen können dabei auch unter einem Wasserspiegel liegen. Vor der Dammschüttung sind die festeren Oberflächenschichten (Grasnarbe, verfilzte Pflanzen- und Wurzeldecke) durch Auflockerungssprengungen zu zerstören (Oberflächensprengungen). Diese Sprengungen werden, wenn sie nicht

Tafel 28. Bezeichnung verschiedener Moorsprengungen [175]

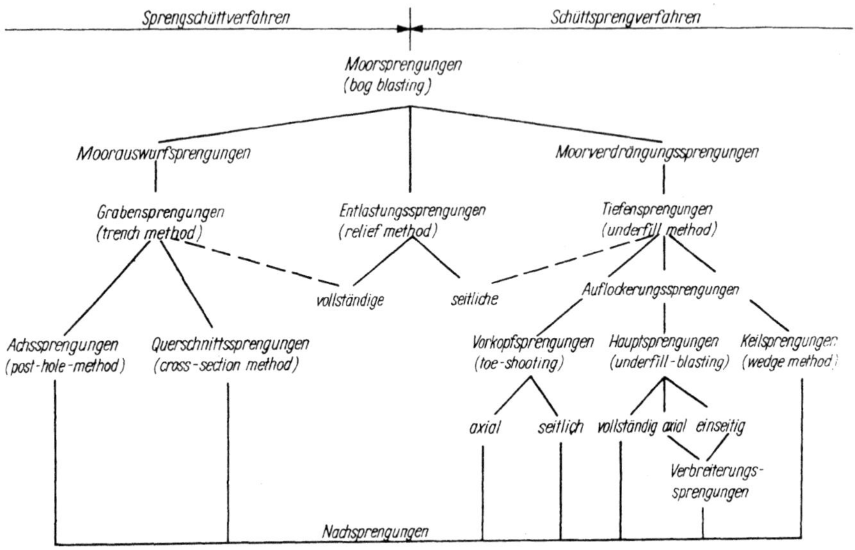

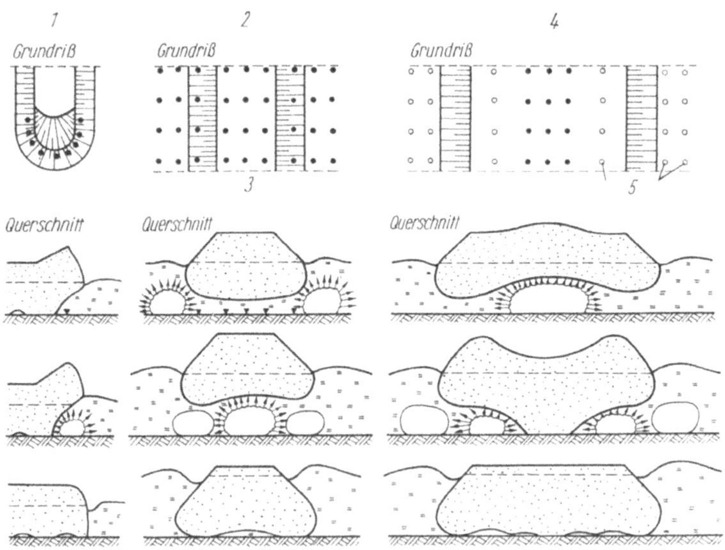

Bild 67
Darstellung und Bezeichnung verschiedener Moorverdrängungssprengungen [175]

1 Vorkopfsprengung mit Damminen; *2* vollständige Hauptsprengung; *3* Zündfolge von außen nach innen; *4* Keilsprengungen; *5* später eingebrachte Minen auf eine bestimmte Schicht bezogen werden, auch Verflüssigungs- oder Sümpfungssprengungen genannt.

Die verschiedenen Möglichkeiten der Moorverdrängungssprengungen sind in Bild 67 dargestellt, wobei die Hauptsprengungen im allgemeinen bei mehr als 5 m mächtigen nichttragfähigen Schichten und mindestens einem Wassergehalt $> 400\%$ angewendet werden können. Durch Keilsprengungen wird der Damm, der in voller Breite geschüttet wurde, durch in Dammbreite angeordnete Minen in den tieferen Untergrund abgesenkt. Dieses Verfahren, auch Absenkverfahren

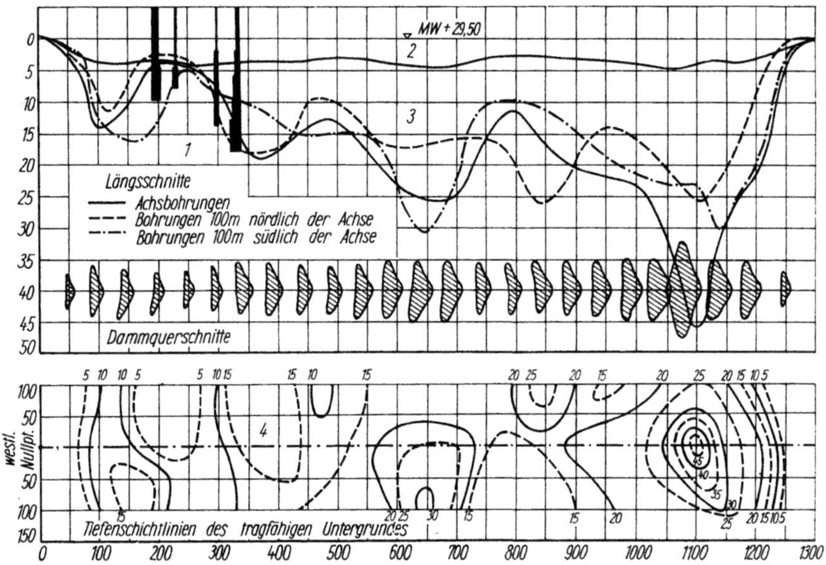

Bild 68. Das Schüttsprengverfahren, dargestellt am Beispiel des Baues des Eisenbahndammes durch den Templiner See bei Potsdam [173]

1 Brücke; *2* Wasser; *3* Faulschlamm; *4* Dammachse

genannt, konnte zur Gründung von Verkehrsdämmen auf tiefgründigen Faulschlammablagerungen unter Wasser wiederholt mit Erfolg angewendet werden [173, 174].

Beispiel: Im Zuge des letzten Streckenabschnittes zur Schließung des Berliner Außenringes wurde 1955/56 ein Eisenbahndamm mit einer Länge von 1300 m, einschließlich Brückenbauwerk, durch den Templiner See bei Potsdam in einer Bauzeit von nur 15 Monaten gebaut [173]. Der Damm besitzt eine Kubatur von etwa 2 Mill. m^3 Masse mit einer Höhe von 10 m über dem Wasserspiegel und eine Kronenbreite von 10,50 m.

Das Besondere an diesem ungewöhnlichen Verkehrsdammbau liegt in den außerordentlich schwierigen Baugrundverhältnissen. Das Relief des tragfähigen Untergrundes ist sehr unregelmäßig ausgebildet. Kolkartige Vertiefungen bis etwa 40 m sind mit Faulschlammassen unterschiedlicher Konsistenz ausgefüllt, die einer Verdrängung mit Hilfe des Schüttsprengverfahrens große Schwierigkeiten entgegensetzten (Bild 68).

Infolge des Eigengewichtes hatten die organischen Schichten in größerer Tiefe eine steifere Konsistenz und einen geringeren Wassergehalt.
Die sandigen Dammbaustoffe, die aus einem nahe gelegenen Einschnitt günstig gewonnen werden konnten, wurden teils mit Klappschuten längs der Dammachse oder am Randbereich von einem schwimmenden Schüttgerüst eingebracht. Dadurch bildete sich ein sehr unregelmäßiger Dammkörper aus, wie durch laufende Kontrollbohrungen festgestellt werden konnte. Bild 69a und b zeigt einige charakteristische Querprofile infolge des Schüttsprengverfahrens. Mit Hilfe von Auflockerungssprengungen, Hauptsprengungen und Nachsprengungen zur Verzahnung des Dammfußes mit dem Untergrund wurde der Dammkörper nach und nach bis auf den tragfähigen Baugrund abgesenkt. Einschlüsse von Faulschlamm in und unter dem Dammkörper konnten nicht verhindert werden, so daß insbesondere die Dammfüße in den Baugrund eingesprengt werden mußten.

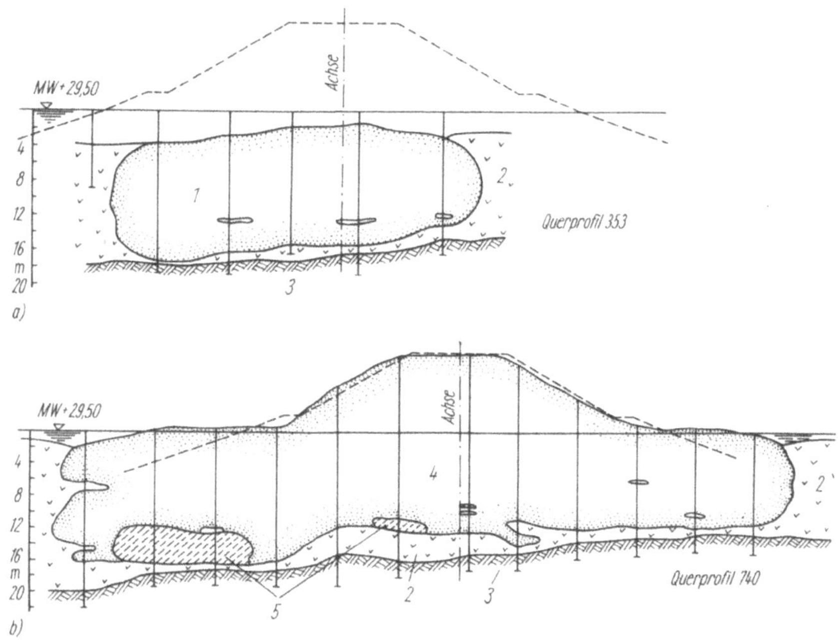

Bild 69. Der Dammbau durch den Templiner See [173]
a) Ergebnisse erster Kontrollbohrungen; b) Querschnitt nach beendeter Schüttung; *1* Schüttkörper; *2* Faulschlamm; *3* Sanduntergrund; *4* Dammkörper; *5* Sand-Faulschlamm-Gemisch

Das Dammprofil über dem Wasserspiegel wurde bis zu einer Höhe von 8 m durch Aufspülen hergestellt (Bild 70), wodurch eine ausreichende Lagerungsdichte erreicht werden konnte. Der Bau des Eisenbahndammes durch den Templiner See bei Potsdam bildete eine bemerkenswerte Anwendung des Moorsprengverfahrens, wofür bisher kein Beispiel derartiger Dammkubaturen aus der Literatur des Verkehrsdammbaues vorlag (s. a. Abschn. 5.3.2.2.).

Bild 70. Ansicht des Eisenbahndammes durch den Templiner See

3.6. Bewegungen an Verkehrsdämmen

3.6.1. Dammsetzungen – Ursache und Verlauf

Dammsetzungen sind lotrechte Dammbewegungen, die sich aus dem Schwerkrafteinfluß ergeben und zu Lage- und Gefügeänderungen des Dammbaustoffes und des Untergrundes führen. Die Dammsetzungen können bereits während der Bauausführung oder im Laufe der Zeit infolge des Verkehrs- und klimatischen Einflusses auftreten. Die Setzungen erstrecken sich dabei unter Berücksichtigung der jeweiligen Beanspruchungen, der Tragfähigkeit des Dammkörpers und des Baugrundes sowohl auf den Damm als auch auf den Untergrund. Die Ursachen der verschiedenartigen Dammsetzungen können in folgenden Punkten zusammengefaßt werden:

1. mangelhafte Verdichtung der Dammbaustoffe
2. Einbau zu feuchter setzungsempfindlicher, feinkörniger Erdstoffe, die eine lange Konsolidationszeit erfordern
3. störender Einfluß der Witterungsverhältnisse (Niederschläge, Frost- und Hitzewirkung)
4. ungenügende Tragfähigkeit des Dammuntergrundes

Dammverschiebungen sind horizontale Dammbewegungen, die an Verkehrsdämmen insbesondere an der Dammsohle sowie auf ebenen oder gekrümmten

Gleitflächen im tieferen Untergrund auftreten können. Während das Maß der lotrechten Setzungen durch den Formänderungswiderstand (Steifezahl E) bestimmt wird, sind die Dammverschiebungen von der Größe der Scherfestigkeit des Dammuntergrundes abhängig. Rutschungen und Grundbrüche führen zu horizontalen Dammverschiebungen.

Im Verkehrsdammbau muß eine sachgemäße Verdichtung den späteren Einfluß der Verkehrsbeanspruchung vorausnehmen. Ohne Berücksichtigung des Setzungseinflusses aus dem Untergrund weisen gut verdichtete Verkehrsdämme Setzungen zwischen 0,2 bis 1% auf. An schlecht verdichteten Dämmen konnten Setzungsbeträge von 1 bis 3% gemessen werden [11].

Die Art der Fahrbahnbefestigung (starre oder flexible Fahrbahndecken), der Gradientenverlauf und die Kurvenüberhöhungen an Straßen sind wesentliche Voraussetzungen für hohe Geschwindigkeiten und gestatten nur eine sehr geringfügige Lageveränderung der Dammkrone. Neben den weniger einflußreichen Setzungen in Längsrichtung des Dammes wirken sich Quersetzungen über das gesamte Dammprofil gefährlicher aus. Die Ursachen der Quersetzungen bestehen vorwiegend darin, daß an den Böschungen (Dammschultern) oftmals nicht die erforderliche Verdichtung gewährleistet wird, so daß gerade an diesen Dammelementen, verstärkt durch die dynamischen Stöße der Verkehrsbeanspruchung, mit größeren Setzungen als in Dammitte gerechnet werden muß. Dammschultern an Innenbögen weisen oftmals geringere Setzungen auf als an Außenbögen.

Das zulässige Maß der Setzungen hängt von der Stetigkeit der Linienführung und von dem Gradientenverlauf ab. Während bereits geringste Setzungsbeträge an den starren Betonfahrbahnplatten von Straßendämmen zu erheblicher Beeinträchtigung der Verkehrssicherheit führen, können an Eisenbahndämmen durch Gleisunterstopfungen größere Setzungen des Erdplanums und der Bettung ohne größere Kosten beseitigt werden.

Zur Herstellung eines möglichst setzungsfreien Dammkörpers sind unter Berücksichtigung des Dammbaustoffes und der Beanspruchung die in Bild 34 für Eisenbahndämme und in Bild 38 für Straßendämme angegebenen Tragfähigkeitskennwerte unbedingt einzuhalten (Tafel 24).

Zur Verhinderung von gefährlichen Dammsetzungen an Bauwerksanschlüssen sind folgende Gesichtspunkte zu beachten:

1. Verwendung von wasserunempfindlichen, verlagerungssicheren Erdstoffen unter strenger Einhaltung der Lagerungsdichte (Trockenrohdichte und optimaler Wassergehalt)
2. filterförmiger Aufbau zur Entwässerung der Widerlagerhinterfüllung und Sicherung gegen Ausschlämmung
3. Anwendung langer Widerlagerflügel zur Verhinderung des seitlichen Ausweichens des Dammkörpers

Die Dammböschungen und Dammschultern sind gegenüber unzulässigen Setzungen durch folgende Maßnahmen zu sichern:

1. Verwendung grobkörniger, witterungsbeständiger Dammbaustoffe, insbesondere bei hohen und stark beanspruchten Verkehrsdämmen (Bild 24c)
2. Verbreiterung der Dammschultern bei starker dynamischer Beanspruchung
3. Verhinderung des Eindringens von Wasser (Niederschlags- und Tauwasser) im Dammschulterbereich durch wasserdichte Ausbildung der Seitenstreifen be-

sonders bei Straßendämmen, Sicherung des Randstreifens durch Rasensoden und Böschungsausrundungen (Bild 45e)

Im Vergleich zu älteren Dammbauten, die noch nicht mit einer erdstoffgerechten mechanischen Verdichtung ausgeführt wurden, spielt das Maß der Überhöhung als Ausgleich etwaiger Setzungen des Dammkörpers heute keine besondere Rolle mehr. Durch eine zeitweilige Überhöhung können dagegen bei ungenügender Dammauflast die Setzungen des Untergrundes vorzeitig zu gewissem Abschluß gebracht werden. Bei setzungsempfindlichem Baugrund sind die Größe und der Zeitpunkt der Aufbringung der Überhöhung von Fall zu Fall zu entscheiden.

3.6.2. Setzungsmessungen

Die Messungen der Dammsetzungen dienen dazu, während und nach Beendigung der Bauausführung an einem oder beliebig vielen Punkten den zeitlichen Verlauf der Zusammendrückung des Dammes und des Untergrundes aufzuzeichnen. Diese Setzungskurven, die außerdem in Abhängigkeit vom Schüttvorgang aufgetragen werden, sind eine wertvolle Ergänzung für die Dammbaukontrolle und ermöglichen eine Aussage über die Güte des Einbau- und Verdichtungsverfahrens [11, 15].

Die Setzungsmessungen können entweder mit einem ortsfesten Pegel oder in bestimmten Zeitabständen durch Nivellements ausgeführt werden.

Bild 71 zeigt ein charakteristisches Diagramm einer Setzungsmessung, die mit Hilfe eines ortsfesten Setzungspegels ausgeführt wurde.

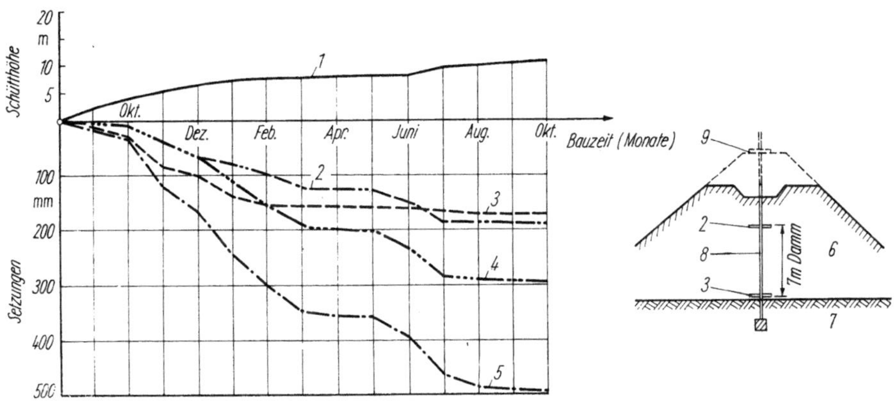

Bild 71. Zeitlicher Verlauf der Setzungen des Untergrundes und des Dammes in Abhängigkeit vom Schüttvorgang

1 Dammschüttung; *2* mittlere Platte; *3* Grundplatte; *4* Dammsetzung; *5* Gesamtsetzung; *6* Damm; *7* Untergrund; *8* Setzungspegel

Der Teleskoppegel besteht aus mehreren teleskopartig übereinandergreifenden Rohren mit biegesteif angeschweißten gleich großen Stahlplatten, die Messungen an beliebig vielen Punkten gestatten [11]. Diese Pegelkonstruktion kann entweder als Grundpegel mit dem verlagerungsfesten Untergrund oder als Schwebpegel, der nur im Dammkörper eingebaut wird, ausgebildet werden. Ein Vorteil liegt darin, daß auf diese Weise gleichzeitig für verschiedene Dammhöhen und für den Untergrund das Setzungsverhalten abgelesen werden kann. Der Pegel kann als robuste Stahlrohrkonstruktion ausgeführt und entsprechend der Dammschüttung laufend verlängert werden. Als Nachteil ist hervorzuheben, daß gerade in der Nähe des Pegels mit Rücksicht auf Beschädigungen oft nicht die erforderliche Verdichtungsarbeit geleistet wird. Trotzdem hat sich der Setzungspegel im Dammbau als bewährtes und zuverlässiges Hilfsmittel erwiesen.

Das Nivellement ist weitgehend von den einzelnen Arbeitsvorgängen der Dammausführung unabhängig, und die Aufnahme von entsprechenden Quer- und Längsprofilen gibt einen guten Überblick über den zeitlichen Verlauf der Dammbewegungen. Insbesondere an verlagerungsempfindlichen Dammgliedern, die durch Pegelmessungen nicht erfaßt werden können, werden Meßpunkte auf Betonplatten frostsicher gegründet.

Für genauere Setzungsmessungen von massiven Bauwerken, die in den Dammkörper eingebettet sind, können auch Schlauchwaagenmessungen Anwendung finden [11].

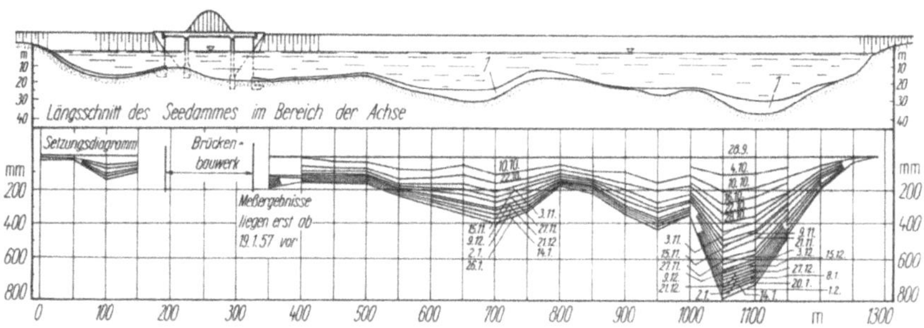

Bild 72. Setzungsmessungen längs der Dammachse des Eisenbahndammes durch den Templiner See [173]

1 zusammengepreßter Faulschlamm

Bei Gründung von Verkehrsdämmen auf organischem, nichttragfähigem Baugrund werden die Setzungen hauptsächlich durch die Zusammendrückung der noch unter dem Dammkörper vorhandenen setzungsempfindlichen Schichten bestimmt, wie aus den Setzungsmessungen längs der Dammachse des Eisenbahndammes durch den Templiner See ersichtlich ist [173] (Bild 72).

Der allgemeine Wert und die Brauchbarkeit aller Setzungsmessungen hängen von der sorgfältigen Durchführung und dem Verantwortungsbewußtsein der betreffenden Personen ab.

4. Entwurf und Konstruktion von Staudämmen

4.1. Gliederung und Merkmale von Dämmen im Wasserbau

Die in allen Ländern ausgeführten zahlreichen Dammbauten für Zwecke des Talsperren-, Kanal- und Deichbaues lassen die große volkswirtschaftliche Bedeutung des Dammbaues erkennen. Der Bau von hohen Staudämmen nimmt dabei in konstruktiver und technologischer Hinsicht eine vorrangige Stellung ein.
Die Aufgabe der Dämme im Wasserbau besteht darin, den Staudruck des Wassers aufzunehmen und diesen durch das Gewicht des Dammkörpers sicher auf den Baugrund zu übertragen. Dabei müssen die Dämme gegen unzulässige Sickerwasserverluste ausreichend dicht und verlagerungssicher ausgeführt werden. Entsprechend der Aufgabe als Staudamm, Kanaldamm oder Deich müssen sie unter Berücksichtigung unterschiedlicher Dammbaustoffe bei veränderlicher Stauhöhe sämtlichen Beanspruchungen mit genügender Sicherheit gewachsen sein.
Da mit zunehmender Stauhöhe die Belastung des Dammes ansteigt, muß insbesondere der Gestaltung und Gliederung der Staudämme unter Beachtung der erforderlichen Standsicherheit und der anstehenden Dammbaustoffe eine größere Aufmerksamkeit geschenkt werden.
Im Vergleich zu den Kanaldämmen und Deichen sind die Staudämme durch höheren Wasserdruck und Verwendung unterschiedlicher Dammbaustoffe oftmals stärker gegliedert. Infolge geringerer und auch kurzzeitiger Beanspruchung sind die Dämme für Kanal- und Deichbauten einheitlich oder einfach gegliedert aufgebaut und haben geringere Abmessungen.

4.1.1. Staudämme

Die Entwicklung des modernen Staudammbaues ist unmittelbar mit der Zunahme der wissenschaftlichen Erkenntnisse auf den Gebieten der Bodenmechanik, des Erd- und Felsbaues sowie mit der Mechanisierung der Bauproduktion verbunden. Bevor mit der Planung und dem Entwurf eines Staudammes begonnen werden kann, sind sehr umfangreiche Voruntersuchungen im Feld und im Laboratorium durchzuführen. Auf der Grundlage der wasserwirtschaftlichen, topographischen und geologischen Verhältnisse an der geplanten Sperrstelle und im weiteren Einzugsgebiet und unter Berücksichtigung der örtlich anstehenden oder in gewisser Entfernung günstig zu gewinnenden Dammbaustoffe ist der Bauaufwand mit dem volkswirtschaftlichen Nutzen des Dammes zu vergleichen. Unter Beachtung dieser verschiedenartigen Einflußfaktoren hat der Bauingenieur stets die wirtschaftlichste Staudammart zu wählen, wobei der Grad der Standsicherheit des Staudammes und die wirtschaftlichste Technologie der Bauausführung von entscheidender Bedeutung sind.

Tafel 29. Einteilung der Staudämme nach dem Dammaufbau

Dammtyp	Dammbaustoff	Vorteil	Nachteil
Homogener Damm 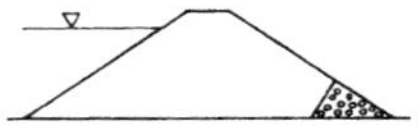	Verwendung nur von einheitlichen, feinkörnigen Lockergesteinen mit Durchlässigkeitsbeiwert $k < 1 \cdot 10^{-6}$ m/s Durchlässigkeit in vertikaler und horizontaler Richtung gleich Dammbaustoffe mit geringer Scherfestigkeit erfordern flache Böschungen Stützkörper = Dichtungskörper	einfache Technologie der Dammherstellung, einheitliche Bedingungen beim Einbau besonders bei geringen Dammhöhen geeignet nachträgliche Erhöhung ohne größere Schwierigkeiten möglich vereinfachte Gütekontrolle beim Einbau und Verdichtung	Sickerlinie ist durch Entwässerungsmaßnahmen des luftseitigen Dammfußes ausreichend abzusenken die grobkörnigen Erdstoffe $k > 10^{-6}$ m/s verursachen hohe Sickerverluste bei feinkörnigen Erdstoffen treten infolge von Witterungseinflüssen (Hitze, Niederschläge und Frost) Einbauschwierigkeiten und damit Zeitverluste auf Dammkubaturen nehmen zu
Gegliederter Damm (Zonendamm) 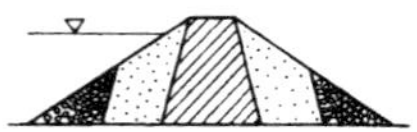	Verwendung sämtlicher nichtwasserlöslicher Fels- und Lockergesteine beim Einbau nach dem Filterprinzip, geneigtes oder zentrales undurchlässiges Dichtungselement, von unterschiedlich durchlässigen Zonen umgeben (undurchlässige, halbdurchlässige und durchlässige Zone) die Durchlässigkeit wird von der undurchlässigen Zone nach den Böschungen hin immer größer	Steinschüttungen oder grobkörniger Erdstoff an der luftseitigen Böschung erlaubt steilere Böschungen und damit Verringerung der Dammkubatur durch die Zonen unterschiedlicher Durchlässigkeit ist eine weitgehende Absenkung der Sickerlinie möglich	die unterschiedlichen Fels- und Lockergesteine verlangen verschiedenartige Einbau- und Verdichtungsverfahren und verursachen somit eine erschwerte Bauausführung je stärker die Dammgliederung, um so größer der technologische Nachteil

Im Staudammbau sind keine Standardlösungen möglich, so daß entsprechend den anstehenden Fels- und Lockergesteinen und der zu erwartenden ungünstigsten Belastung der Dammkörper als einheitlicher oder gegliederter Damm entworfen werden muß (Tafel 29) [11, 176, 177, 178, 243].

4.1.1.1. Einteilung

Staudämme sind wasserstauende, ausreichend wasserdichte Sperrbauwerke aus Fels- oder Lockergesteinen, die nach einer festgelegten Gliederung in den Dammkörper eingebaut werden. Da die Form und der Aufbau eines Staudammes durch unterschiedliche Einflußgrößen (topographische Lage, Baugrundverhältnisse, Dammhöhe, Dammbaustoffe, Technologie der Ausführung) bestimmt werden, ergeben sich Einteilungsmöglichkeiten nach dem Dammaufbau, nach den Dammbaustoffen und nach der Lage der Dichtung.

1. Die Einteilung nach dem Dammaufbau unterscheidet homogene und gegliederte Staudämme (Tafel 29).

Homogene Dämme werden meist aus feinkörnigen Erdstoffen hergestellt, die eine geringe Durchlässigkeit besitzen (Bild 73a). Diese Dämme verfügen daher über keine Dichtungsschicht und weisen infolge der teilweise geringen Scherfestigkeit flache Böschungsneigungen auf. Dieser Dammtyp ist nur dann wirtschaftlich, wenn geeigneter Dammbaustoff in genügender Menge und wirtschaftlicher Entfernung von der Sperrstelle gewonnen werden kann. Durch die Verdichtung und eine gute Verzahnung der einzelnen Schüttlagen aus Lockergesteinen erhält man einen einheitlichen Dammkörper, der in horizontaler und vertikaler Richtung annähernd gleiche Durchlässigkeit und Scherfestigkeit besitzt.
Infolge der geringen Durchlässigkeit des einheitlichen Erdstoffes bildet sich eine hochliegende Sickerlinie aus, so daß ein großer Teil des Dammkörpers unter der Auftriebswirkung steht. Durch die Gewichtsverminderung und die Sickerwasserströmung wird die Standsicherheit dieses Dammtypes ungünstig beeinflußt. Die Sickerlinie ist durch entsprechende Filteranlagen abzusenken. Ein kurzzeitiger hoher Einstau ist für den homogenen Staudamm ungefährlich, da sich keine permanente Sickerlinie ausbilden kann [187, 189].
Gegliederte Staudämme bestehen aus verschiedenartigen Dammbaustoffen, wobei die feinkörnigen Erdstoffe an der Wasserseite und die grobkörnigen Materialien an der Luftseite des Dammes eingebaut werden. Die Unterteilung des Querschnittes in Zonen unterschiedlicher Wasserdurchlässigkeit entspricht der Filterbauweise. Man unterscheidet dabei den Dichtungs-, Füll- und Stützkörper des Staudammes (Bild 73b). Durch die Anordnung grobstückiger Dammbaustoffe an der luftseitigen Böschung werden eine weitgehende Absenkung der Sickerlinie, eine Erhöhung der Standsicherheit und eine Verringerung der Dammkubatur erreicht. Demgegenüber wirkt eine starke Dammgliederung sich nachteilig auf die Technologie der Bauausführung aus.

2. Bei der Einteilung nach den Dammbaustoffen in Erddämme (Lockergesteine) und Steindämme (Felsgesteine) werden das Dammbaumaterial und die Ausführungsart (Tafel 2) berücksichtigt.

Erddämme können durch hydromechanische Verfahren als „Spül"dämme oder nach trockenmechanischen Verfahren verdichtete als „Trocken"dämme herge-

stellt werden. Die Standsicherheit und die Wasserundurchlässigkeit der Erddämme werden insbesondere durch die Kornzusammensetzung, durch die Lagerungsdichte, durch die Zusammendrückbarkeit und die Scherfestigkeit bestimmt. Dabei kommt der Veränderung der Scherfestigkeit bindiger Dammbaustoffe durch Porenwasserspannungen eine besondere Bedeutung zu.
Steindämme besitzen einen durchlässigen Stützkörper aus Felsgesteinen und ein Dichtungselement, das unterschiedlich zugänglich als Außen- oder Innendichtung

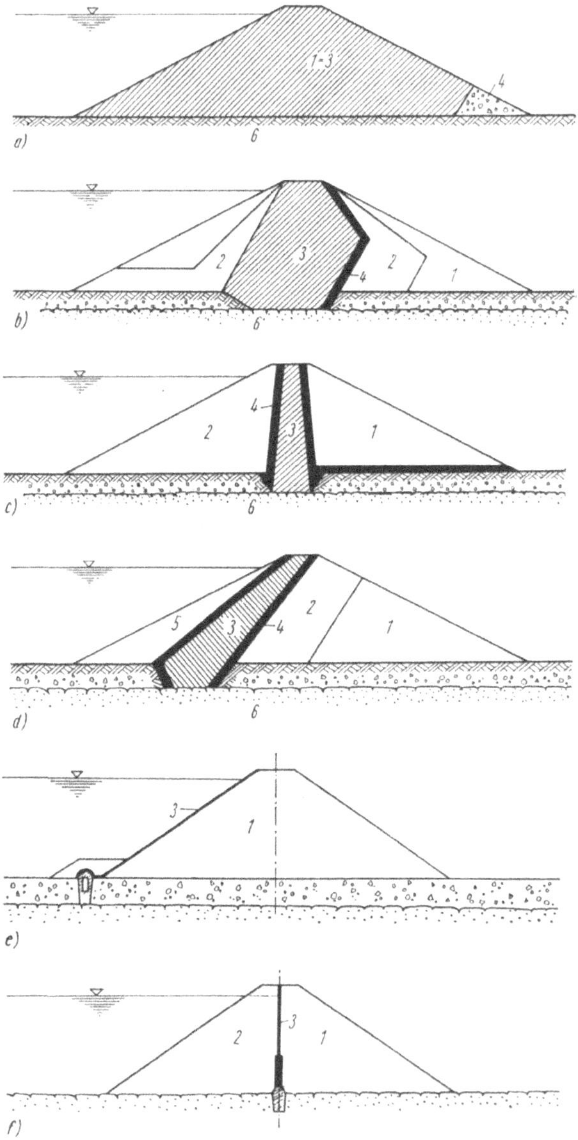

Bild 73. Gestaltung der Dammquerschnitte

a) homogener Damm mit Dränageprisma;
b) zentrale Innendichtung aus natürlichen Dichtungsstoffen (breiter Dichtungskern);
c) zentrale Innendichtung aus natürlichen Dichtungsstoffen (schmaler Dichtungskern);
d) geneigte Innendichtung;
e) bituminöse Außendichtung;
f) bituminöse Innendichtung (Kerndichtung);
1 Stützkörper; *2* Füllkörper;
3 Dichtungskörper;
4 Filterschichten;
5 Deckschichten; *6* Baugrund

angeordnet sein kann. Ein Staudamm wird dann als Steindamm bezeichnet, wenn im größten Querschnitt mindestens die Hälfte der Dammbaustoffe aus geschütteten und verdichteten Felsgesteinen (Steinschüttdamm) oder aus einzelnen versetzten Felsgesteinen (Steinsetzdamm) besteht. Entsprechend den Stück- und Korngrößen bestehen jedoch gewisse Übergangsformen, die auch als Gerölldämme bezeichnet werden [176, 179, 180].
Die Steinsetzdämme (Trockenmauerwerksdämme) werden als mörtelloses Mauerwerk aus behauenen Felsgesteinen mittels Hebezeugen zusammengesetzt und bilden infolge des gedrungenen Dammquerschnittes (steile Böschungsneigungen) einen Übergang zur Staumauer. Diese Dämme haben in Europa infolge des hohen Anteils an handwerklicher Fertigung keine Bedeutung erlangt.
Die Steinschüttdämme können unter Anwendung moderner Erdbaumaschinen weitgehend unabhängig von klimatischen Einflüssen in kurzer Bauzeit errichtet werden. Die Gliederung der Dämme (Lage der Dichtung, Böschungsneigungen) wird im wesentlichen durch folgende Einflußfaktoren bestimmt:

a) Baugrundverhältnisse (zulässige Belastung des Untergrundes)
b) Höhe des Dammes
c) Gewinnung der Dammbaustoffe in wirtschaftlich vertretbarer Entfernung von der Sperrstelle
d) Dichtungsart
e) Einsatz moderner Gewinnungs-, Transport- und Verdichtungsmaschinen und
f) wirtschaftliche Bauausführung (Terminfrage, unabhängig von den Witterungseinflüssen)

3. Die Einteilung nach der Lage der Dichtung unterscheidet Staudämme mit Außen- und Innendichtungen und bezieht sich auf die Zugänglichkeit des Dichtungselementes (Tafel 30). Bild 73b, c und f zeigen typische Staudammquerschnitte mit zentralen Innendichtungen, die mit breitem oder schmalem Dichtungskern ausgeführt werden können.

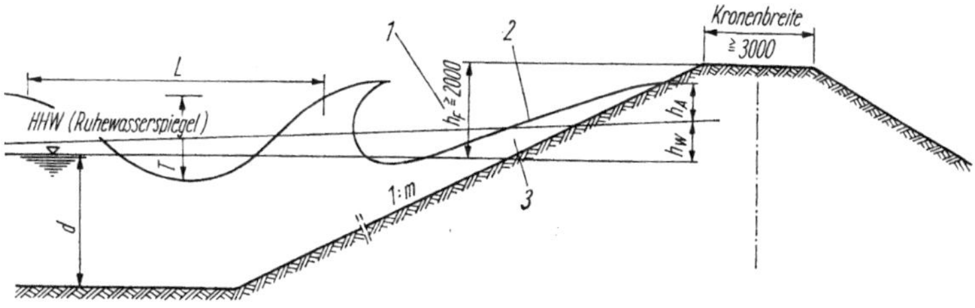

Bild 74. Freibordhöhe eines Staudammes
1 Freibordhöhe = h_F; *2* Wellenauflauf; *3* Windstau

Breite Kerne werden aus gemischtkörnigen, schwachbindigen Erddichtungsstoffen hergestellt, während schmale Kerndichtungen den feinkörnigen starkbindigen Erdstoffen oder dem Bitumenbeton vorbehalten bleiben (Bild 73f u. 76).
Geneigte Innendichtungen (Bild 73d) erfordern infolge der meist geringen Scherfestigkeit des natürlichen Dichtungsmaterials geringere wasserseitige Böschungsneigungen. Beiderseits der geneigten oder zentralen Innendichtungen aus natürlichen Dichtungsstoffen schließen sich die Filterschichten und grobkörnigen

Tafel 30. Einteilung der Staudämme nach der Lage der Dichtung

Querschnitt	Dammbaustoff	Vorteil	Nachteil
Außendichtung 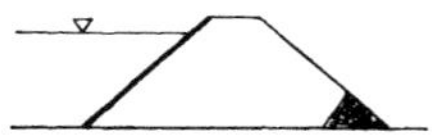	Dichtungsstoffe: Bitumenbeton, Zementbeton (Ortbeton und Stahlbetonfertigteile), Stahlblech	gesamter Dammquerschnitt wirkt als Stützkörper, dadurch wirtschaftlicher Querschnitt; Untergrundabdichtung kann unabhängig von der Dammschüttung erfolgen; Außendichtung ist zugänglich und reparaturfähig; spätere Dammerhöhung leicht möglich; keine Verflechtung durch andere Arbeiten	höhere Empfindlichkeit gegenüber Dammbewegungen, insbesondere bei hohen und wenig verdichteten Steinschüttdämmen Gefahr der Zerstörung der Dichtung durch äußere Einwirkungen
Geneigte Innendichtung 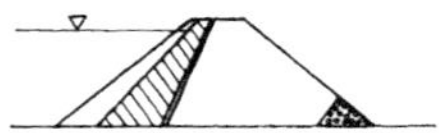	Dichtungsstoffe: natürliche Dichtungsstoffe (Lehm, Ton) aufbereitete Dichtungsstoffe (Tonbeton, Hydraton)	größter Teil des Dammes wirkt als Stützkörper; die Dichtung des Untergrundes kann unabhängig von dem größten Teil der Dammschüttung erfolgen; Dichtung ist ausreichend gegen äußere Einflüsse geschützt	Empfindlichkeit gegenüber größeren Verformungen meist sind Filterschichten erforderlich teilweise Verflechtung der Bauarbeiten
Zentrale Innendichtung (breiter Dichtungskern) 	Dichtungsstoffe: nachgiebiger Kern aus natürlichen und aufbereiteten Erddichtungsstoffen	meistens symmetrischer Dammquerschnitt gegenüber unregelmäßigen Setzungen viel weniger empfindlich Dichtung gegen äußere Einwirkungen gut geschützt Einstaumöglichkeit von beiden Seiten bei Dämmen für Vorsperren gegeben	nur die luftseitig vor dem Kern liegende Dammschüttung wirkt als Stützkörper große Schwierigkeit bei späterer Erhöhung Kerndichtung muß stets mit der Dammschüttung hergestellt werden Verflechtung des Bauablaufes vor Beginn der Schüttung muß der Untergrund abgedichtet werden Filter sind erforderlich
Zentrale Innendichtung (schmaler Dichtungskern) 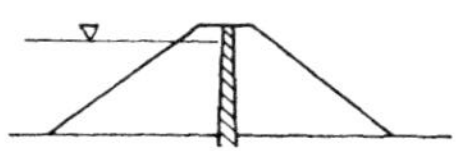	Dichtungsstoffe: nachgiebiger Kern: Bitumenbeton; starrer Kern: Zementbeton (Beton und Stahlbeton)	bei Fehlen von natürlichen Dichtungsstoffen anwendbar bei nachgiebigem Kern besserer Anschluß an den Untergrund möglich	bei starrem Dichtungskern ist tragfähiger Fels erforderlich, Rißgefahr Verflechtung der Arbeiten Erhöhung ist schwierig große Schwierigkeiten bei Instandsetzung der Dichtung

Dammbaustoffe an, wobei nur der luftseitige Teil des Dammes als Stützkörper wirkt. Die Korngröße und die Durchlässigkeit nehmen von innen nach außen zu [178, 324]. Durch die schräge Lage der Innendichtung ist eine spätere Erhöhung des Dammes möglich, wie aus dem Beispiel des Staudammes Schwammenauel ersichtlich ist (Bild 75).
Die Außendichtung liegt unmittelbar auf der wasserseitigen Böschung des Staudammes auf, wodurch die Instandsetzung dieser Oberflächendichtung erleichtert wird. Dadurch, daß der gesamte Dammquerschnitt als Stützkörper wirkt, können außerdem durch Verringerung der Dammkubaturen wirtschaftliche Querschnitte erzielt werden (Bild 73e und 77).

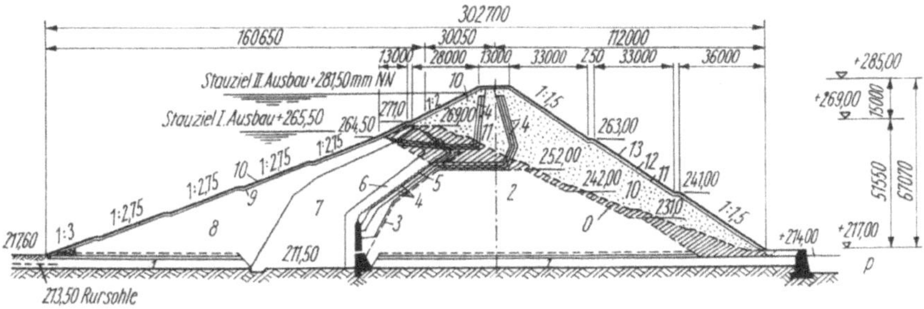

Bild 75. Querschnitt der Aufhöhung des Staudammes Schwammenauel (DBR) [211]
1 lehmiger Talschotter; *2* Felsausbruch und Talschotter; *3* Dränage; *4* Filterschichten (je 1 m dick); *5* Spundwand; *6* Ton; *7* Lehm mit Steinen; *8* Steinlehm mit Flußschotter; *9* Splitt; *10* Steinschüttung; *11* Lehm; *12* Lehmdecke; *13* Mutterboden

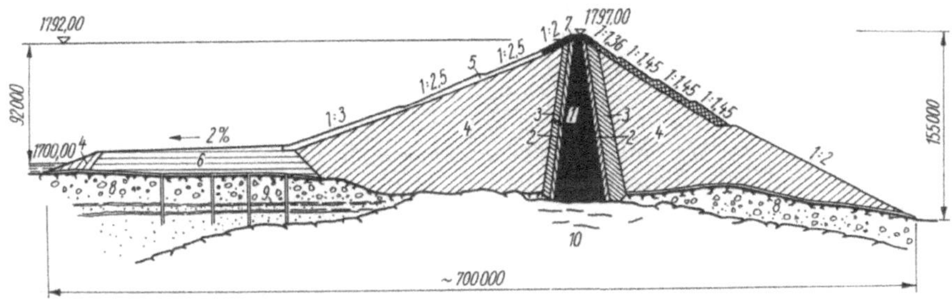

Bild 76. Querschnitt des Staudammes Göschenenalp (Schweiz) [198]
1 Kern 0 bis 100 mm und Opalinuston; *2* und *3* Filterschichten 0 bis 100 und 0 bis 200 mm mit Entwässerungsschicht; *4* Stützkörper; *5* Schutzschicht, Blöcke bis 1 m³; *6* Auflast; *7* Schutzkappe, Blöcke 2 bis 3 m³ gepackt; *8* Dränung; *9* senkrechte Dräne; *10* Einpreßstollen

4.1.1.2. Staudammabmessungen

Zur Verhinderung von Zerstörungen des Staudammes durch Bewegungen der Wasseroberfläche ist ein ausreichender Sicherheitsabstand zwischen Dammkrone und dem höchsten Ruhewasserspiegel vorzusehen. Die Höhenlage der Dammkrone über dem ruhenden Höchststau (HHW) wird Freibord h_F genannt. Nach deutschen Richtlinien soll unter Berücksichtigung von Windstau und Wellenauflauf der

Freibord $h_F = 2{,}0$ m über HHW liegen (Bild 74). Die Freibordhöhe kann einen wesentlichen Anteil an der Gesamthöhe des Staudammes erfassen und setzt sich aus dem Windstau h_W und der Auflaufhöhe h_A der Wellen zusammen.
Bei einer Luftströmung über der Wasseroberfläche übt der Wind eine mitschleppende Kraft aus, die eine Wasserspiegelneigung verursacht. Diese Windstauerscheinungen betragen für mitteleuropäische Verhältnisse etwa 20 bis 50 cm. Fehlerhafte Einschätzungen der Windstauhöhe und damit zu geringe Bemessung der Freibordhöhe haben zu gewaltigen Katastrophen an Staudämmen und Deichen geführt [177].

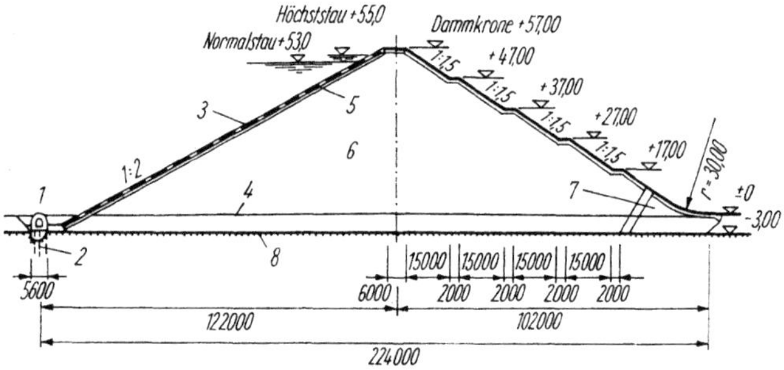

Bild 77. Querschnitt der Ohrasperre (DDR)

1 Kontrollgang; *2* dreireihiger Dichtungsschleier; *3* bituminöse Außenhautdichtung; *4* Geländelinie; *5* Steinpackung 1 m; *6* Dammstützkörper aus Porphyr; *7* Dammfuß als Steinpackung; *8* Gründungssohle

Wagner [181] hat in theoretischen und experimentellen Untersuchungen die stationären Strömungs- und Stauerscheinungen in Seen und Meeren dargestellt.
Im allgemeinen soll bei Staudämmen ein Überschlagen schwingender und brandender Wellen über die Dammkrone vermieden werden. Bei flacher luftseitiger Böschungsneigung an Deichen dürfen die überlaufenden Wassermassen ein bestimmtes zulässiges Maß nicht überschreiten, um durch rückschreitende Erosion Böschungsschäden zu vermeiden.
Aufbauend auf den Ergebnissen von *Braslavskij*, der die Zusammenhänge zwischen Wellenhöhe H, Streichlänge S und Windgeschwindigkeit W_{10} ermittelt hat, werden in einer Forschungsarbeit zur Erfassung der Wellenauflaufvorgänge [182] im schwingenden Bereich (steile Böschungen) theoretische Beziehungen in Abhängigkeit von den Wellenelementen und der Böschungsneigung dargestellt und durch Modellversuche bestätigt.
Die Anforderungen an die Sicherheit der Freibordbemessung dürfen jedoch nicht übertrieben werden, da Überdimensionierungen sich sehr unwirtschaftlich auf die Dammkubatur und damit auf die Baukosten auswirken.
Neben der Freibordhöhenfestlegung spielt für den Wellenauflauf die Ausbildung der gesamten Böschungssicherungen an Staudämmen und Deichen eine besondere Rolle [176].
Die Wellenauflaufvorgänge bestimmen die anzuwendende Stärke, die Grenze und das Material der Befestigung. Durch eine rauhe und durchlässige Gestaltung der wasserseitigen Böschung kann die Auflaufhöhe und damit die Freibordhöhe verringert werden.

Jede Verkleinerung der Auflaufhöhe durch Bermen, schrägen Anlauf, rauhe und durchlässige Dammböschung verursacht auch eine Verminderung der Befestigungsgrößen über der Brandungszone.
Die Breite an der Dammkrone soll bei kleineren Staudämmen mindestens 3 m und bei Dämmen mittlerer Höhe $^1/_4$ bis $^1/_6$ der Dammhöhe betragen, sofern nicht die Kronenbreite durch die Regelquerschnitte von Straßen festzulegen ist. Im allgemeinen soll sie 10 m nicht überschreiten. Ungerechtfertigte Kronenverbreiterungen verteuern den Dammbau.
Die Böschungsneigungen von Staudämmen werden durch den Dammbaustoff, die Dammgliederung, die Lage der Dichtung und durch die Bauausführung bestimmt (Tafel 31 und 32). Trockenmechanisch hergestellte Staudämme haben steilere Böschungen als Spüldämme. Unter Berücksichtigung der auftretenden Belastungsfälle sind die optimalen Böschungsneigungen stets durch Standsicherheitsberechnungen festzulegen.

4.1.2. Kanaldämme

Beim Bau von Kanälen sind oftmals Dämme mit umfangreichen Kubaturen notwendig [183, 185]. Die erforderliche Dammhöhe wird von der Kanalspiegellage über dem ursprünglichen Gelände, vom Schiffahrtsbetrieb, von der Einwirkung des Wellenschlages und vom Windstau bei langen Kanalhaltungen bestimmt. Die

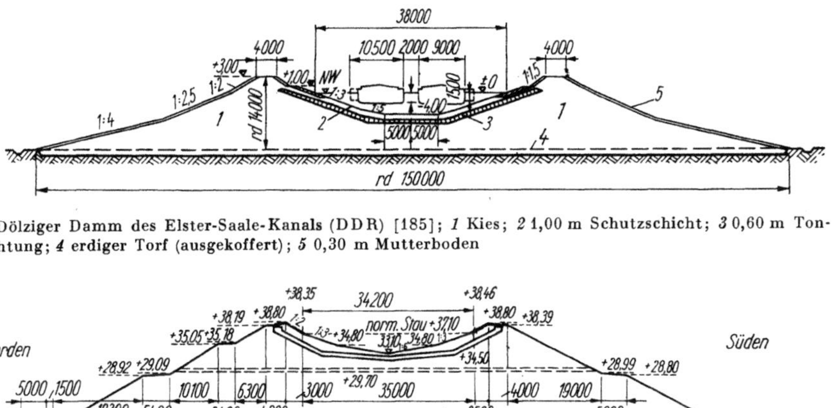

a) Dölziger Damm des Elster-Saale-Kanals (DDR) [185]; *1* Kies; *2* 1,00 m Schutzschicht; *3* 0,60 m Tondichtung; *4* erdiger Torf (ausgekoffert); *5* 0,30 m Mutterboden

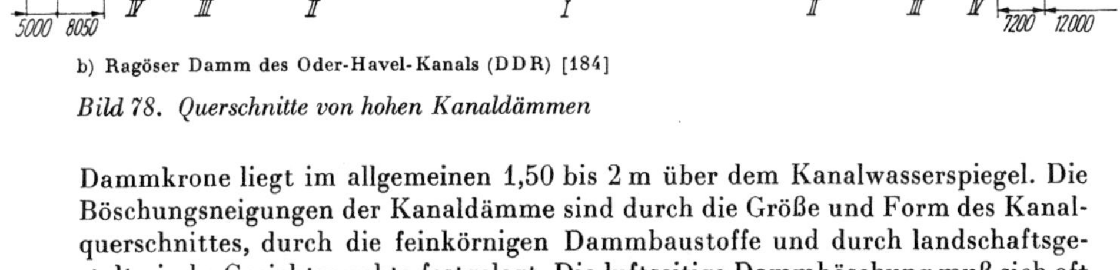

b) Ragöser Damm des Oder-Havel-Kanals (DDR) [184]

Bild 78. Querschnitte von hohen Kanaldämmen

Dammkrone liegt im allgemeinen 1,50 bis 2 m über dem Kanalwasserspiegel. Die Böschungsneigungen der Kanaldämme sind durch die Größe und Form des Kanalquerschnittes, durch die feinkörnigen Dammbaustoffe und durch landschaftsgestalterische Gesichtspunkte festgelegt. Die luftseitige Dammböschung muß sich oft durch eine geschwungene Böschungslinie dem Landschaftsbild anpassen (Bild 78a).

Tafel 31. Übersicht und Merkmale einiger internationaler Staudämme

Name der Sperre	Land	Jahr der Bau-voll-endung	Höhe über Gründung [m]	Damm-kubatur [Mill. m³]	Kronen-länge [m]	Stauraum-inhalt [Mill. m³]
Palisades	USA	1950	82	10,6	640	1730
Kenney	Brit. Kolumb.	1950	96,5	3	–	23000
Serre-Ponçon	Frankreich	1960	130	14,1	620	1270
Göschenenalp	Schweiz	1960	155	9,35	540	75
Oahe	USA	1958	76	67	2790	29000
Tschir Jurt	UdSSR	1961	37,5	1	430	99
Cougar	USA	1963	158	9,6	500	270
Gepatsch	Österreich	1964	153	7,5	600	140
Nechranice	ČSSR	1966	48	8,5	3286	290
Domáša	ČSSR	1966	32,5	0,66	–	180
Schrebtschewo	Bulgarien	1966	54	1,4	500	550
Oroville	USA	1967	225	60	–	4330
Nurek	UdSSR	im Bau	323	45	730	10500
Sadd-El-Aali	VAR	im Bau	111	40	3500	140000
Mattmark	Schweiz	im Bau	115	10	780	100

Dichtungsart und -kubatur	Stützkörper-material	Böschungsneigung *w* Wasserseite *l* Luftseite	Baugrund
zentrale Innendichtung, Ton und Schluff, 3,8 Mill. m^3	Kiessand, Steine	*w* 1:6, 1:4, 1:3 *l* 1:2,5, 1:3,5	Andesit, dichte Sedimente
geneigte Innendichtung aus Ton, 0,395 Mill. m^3	gebrochene Steine	*w* 1:2,5 *l* 1:1,75, 1:1,4	Fels
zentrale Innendichtung Ton, 2 Mill. m^3	Steinschüttung, Geröll	*w* 1:2 *l* 1:2, 1:8	Fels
zentrale Innendichtung, Tonbeton	Bergschutt-material und Stollenausbruch-material	*w* 1:2,25, 1:2, 1:1,75 *l* 1:1,5	Erosionsrinne Gerölle, Steine
geneigte Innendichtung aus Lehm	Lehm, Sand, Kies, Schotter	*w* 1:15, 1:3, 1:2,5 *l* 1:15, 1:3	Flußschotter
zentrale Innendichtung aus Lehm	Kies, Sand	*w* 1:3,5, 1:3, 1:2,5 *l* 1:2, 1:2,25, 1:2,5	—
zentrale Innendichtung aus Ton, 0,63 Mill. m^3	Kies, Basalt, Andesit, verwitterter Fels	*w* 1:1,8 *l* 1:1,6	—
zentrale Innendichtung, lehmiger Hangschutt 1,7 Mill. m^3	grobstückiger Fels bis 1 m^3	*w* 1:1,5 *l* 1:1,5	Augengneis mit Hangschutt-überlagerung
geneigte Innendichtung aus Lößlehm	Kiessand, Sand	*w* 1:2,1 *l* 1:1,75, 1:3, 1:5	Talschotter, Geröll
geneigte Innendichtung aus Lehm	Kies und Sand	*w* 1:2, 1:3 *l* 1:2	—
zentrale Innendichtung aus Lehm, 0,15 Mill. m^3	Kiessand, Geröll	*w* 1:2,5 *l* 1:2	Talschotter
zentrale Innendichtung aus Lehm	Steinschüttung	*w* 1:2,75, 1:2,6, 1:2,2 *l* 1:2	Amphibolit
zentrale Innendichtung aus Lehm	Steinschüttung	*w* 1:2 *l* 1:1,75	Sandstein, Allosit
zentrale Innendichtung aus Ton	Felsschüttung, Kiessand, Sande	*w* 1:5, 1:3,5, 1:2,4 *l* 1:2, 1:5	Sande überlagern Granit
geneigte Innendichtung aus Moränenmaterial	Felsschüttung und Grundmoränen-material	*w* 1:2,1, 1:2, 1:1,8 *l* 1:1,55, 1:1,6 1:1,7	Grundmoräne und alluviale Ablagerungen

Tafel 32. Übersicht und Merkmale einiger deutscher Staudämme

Name der Sperre und Verwendungszweck		Bauzeit	Maximale Dammhöhe [m]	Damm-kubatur [Mill. m³]	Stauraum [Mill. m³]
Versetalsperre Trinkwasser	DBR	1948/51	57,5	1,35	32,2
Talsperre in Cranzahl Trinkwasser	DDR	1948/52	36	0,34	3,1
Genkeltalsperre Trinkwasser	DBR	1950/52	43	0,38	9,75
Roßhaupten Kraftgewinnung	DBR	1950/55	42	1,10	165,1
Breitenbach Trinkwasser, Hochwasserschutz, Niedrigwasseraufhöhung	DBR	1954/55	31	0,30	2,5
Hennetalsperre Anreicherung der Ruhr	DBR	1952/55	58	1,30	39
Riverissperre Trinkwasser	DBR	1955/56	45	0,35	5
Wahnbachtalsperre Trink- und Brauchwasser	DBR	1955/58	46,5	1,03	43,2
Rückhaltebecken Königshütte/Harz Hochwasserschutz	DDR	1955/57	25	0,193	–
Sylvensteintalsperre Hochwasserschutz	DBR	1957/58	41	0,866	83
Speicherbecken Spremberg Industriewasser, Hochwasserschutz	DDR	1959/63	12	0,920	41
Biggetalsperre Niedrigwasseraufhöhung	DBR	1961/63	55	1,7	162
Dhünntalsperre Trinkwasser	DBR	1962/65	35	0,315	7,3
Ohratalsperre Trinkwasser, Hochwasserschutz	DDR	1962/66	59	0,95	19,2
Rückhaltebecken Kelbra Hochwasserschutz, Fischwirtschaft	DDR	1963/66	7,5	0,50	36

Dichtungsart des Dammkörpers	Stützkörpermaterial	Böschungsneigung *w* Wasserseite *l* Luftseite
Betonkern mit Lehmschürze	Steingeröll, gesprengt	*w* 1:2,5 und 1:2 *l* 1:2 bis 3,5
geneigte Innendichtung aus Lehm mit Hydratonauflage	lehmig-steiniges Gneismaterial	*w* 1:2,7 *l* 1:2,4
bituminöse Außenhaut mit Dränschicht	Steinbruchhalden	*w* 1:2,75 *l* 1:1,5 und 1:1,75
Lehmdichtung	Moränen- und Lechkies Steingeröll, gesprengt	*w* 1:1,75 *l* 1:1,5 und 1:1,75
Lehmdichtung	Steingeröll, gesprengt	*w* 1:1,75 *l* 1:1,5
bituminöse Außenhaut mit Dränschicht und Bremszone	Steingeröll, gesprengt	*w* 1:2,75 *l* 1:1,6 und 1:2
bituminöse Außenhaut mit Dränschicht	Talschotter Steingeröll, gesprengt	*w* 1:2 *l* 1:1,5 und 1:2
bituminöse Außenhaut mit Dränschicht	Steingeröll, gesprengt	*w* 1:1,6 *l* 1:1,5 und 1:1,75
geneigte Innendichtung aus Hydraton	verwitterte Tonschiefermassen	*w* 1:4, 1:3, 1:2,75 *l* 1:2
Dichtungskern aus Tonbeton 60000 m^3	Kalkstein, Auekies Isarkies	*w* 1:2,5 *l* 1:1,75 und 1:2,5
geneigte Innendichtung aus Lehm	diluviale Sande $U = 2 \cdots 4$	*w* 1:3,5, 1:4,5 *l* 1:2, 1:2,5
bituminöse Außenhaut mit Dränschicht	Grauwacke, Schiefer	*w* 1:1,75 *l* 1:2, 1:1,75, 1:1,60
zentrale bituminöse Innendichtung	Grauwacke, Schiefer	*w* 1:1,25, 1:2, 1:1,7 *l* 1:1,75, 1:1,65
bituminöse Außendichtung	Steingeröll, gesprengt Porphyr (Oberhof)	*w* 1:2 *l* 1:1,5
geneigte Innendichtung aus Lehm	Kiessand	*w* 1:3,5, 1:3, 1:2,5 *l* 1:2

Im Vergleich zu den Staudämmen unterliegen die Böschungen von Kanälen nur geringfügigen Beanspruchungen infolge von Wasserspiegelschwankungen und Sickerwasserverlusten. Während die flachen Kanalböschungen im allgemeinen standsicher ausgeführt werden können, ist der Tragfähigkeit des setzungsempfindlichen Untergrundes bei Kanalbauten im Flachland eine besondere Aufmerksamkeit zu schenken.
Entsprechend den zur Verfügung stehenden Erdstoffen kann der Kanaldamm einheitlich oder gegliedert aufgebaut werden.

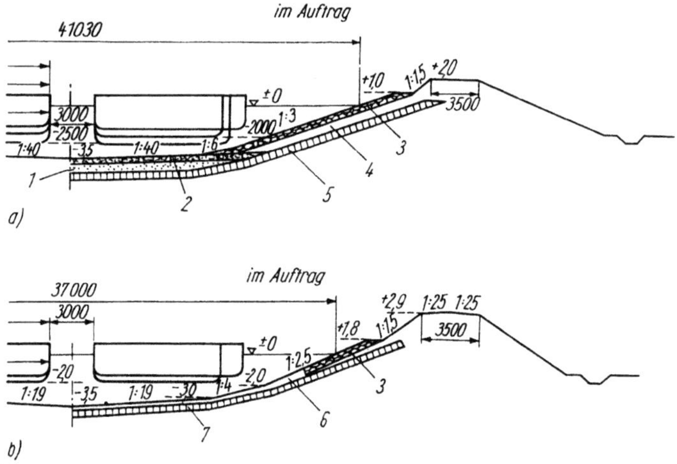

Bild 79. Kanalquerschnitte in Auftragsstrecken [183]

a) Dortmund-Ems-Kanal (DBR); b) Mittellandkanal (DDR); *1* Sand; *2* Bruchabfall 0,30 m; *3* Steinschüttung 0,30 m; *4* Schutzschicht 0,60 bis 1,00 m; *5* Lehmdichtung 0,30 bis 0,60 m; *6* Schutzschicht 0,30 m; *7* Tondichtung 0,30 m

Die innere Kanaldammzone aus natürlichen Erddichtungsstoffen wird mit einer Dichtungsschale meist versehen und die äußere Dammzone als Stützkörper aus grobkörnigen Erdstoffen ausgebildet. Zur Herstellung von Kanaldämmen mit großen Dammkubaturen ist das hydromechanische Einbauverfahren wiederholt mit Erfolg angewendet worden [183, 184] (Bild 79a und b).
Der Ragöser Damm (1909/1910) mit einer Kubatur von 1,1 Mill. m^3 Sand und die Kanaldämme des Mittellandkanales mit über 7 Mill. m^3 Kiessand wurden auf hydromechanischem Wege hergestellt. Bei den Kanaldämmen ist in zahlreichen Fällen auf eine weitgehende Konsolidierung des setzungsempfindlichen Baugrundes vor der Kanalfüllung zu achten. Daher sind zur Gründung von Kanaldämmen oft umfangreiche Moorverdrängungssprengungen durchgeführt worden.
Bild 78b zeigt den 28 m hohen Ragöser Damm des Oder-Havel-Kanales, der aus einem breiten Dammfuß und dem Kanaldamm besteht [184].

4.1.3. Deiche

Deiche sind Erdbauwerke zum Schutz gegen das Hochwasser der Flüsse oder gegen die Sturmfluten des Meeres.

Die Flußdeiche, die hier besonders betrachtet werden sollen, bilden nicht nur einen Schutz der landwirtschaftlichen Gebiete und Ortschaften (Bild 80a und b), sondern dienen auch zur Regelung der Flüsse und Ströme. Während die Winterdeiche gegenüber dem höchsten Hochwasser (HHW) einen wirksamen Schutz bieten, gewähren die Sommerdeiche nur einen Schutz gegen kleineres Hochwasser (HW). Die Bezeichnung der einzelnen Elemente ist aus Bild 80a ersichtlich. Als Dammbaustoffe kommen leicht einbaufähige Erdstoffe zur Anwendung. Da die Deiche nur kurzzeitig dem Wasserdruck ausgesetzt sind, erhalten sie im allgemeinen keine Dichtung. Es ist jedoch darauf zu achten, daß die Sickerlinie im Deichquerschnitt verläuft. Zur besseren Absenkung der Sickerlinie ist am Fuß der Innenböschung eine Deichzehe aus grobem Kies oder Schotter anzuordnen.

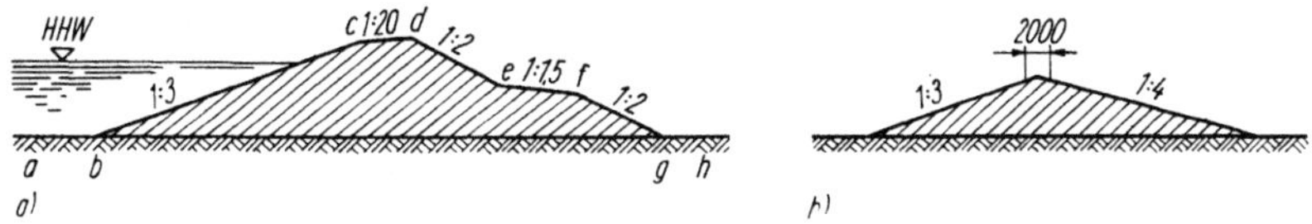

Bild 80. Deichquerschnitte [186]

a) Bezeichnungen: *a—b* Außenberme, *b—c* Außenböschung, *c—d* Krone oder Kappe, *d—e* Binnenböschung, *e—f* Bankett, *f—g* Bankettböschung, *g—h* Binnenberme
b) Nebendeiche (Sommerdeiche)

Winterdeiche haben eine wasserseitige Böschungsneigung (Außenböschung) von 1 : 2 bis 1 : 3 und eine 3 bis 4 m breite Krone, die 1 bis 1,50 m über HHW liegen soll. Die luftseitige Böschung (Innenböschung) kann steiler (1 : 2) angelegt werden, sofern bei Deichhöhen über 4 m eine oder zwei Bermen vorgesehen werden.
Die Böschungen von Flußdeichen sind durch eine gute und dichte Grasnarbe zu schützen. In Abhängigkeit von der Zusammendrückbarkeit des Untergrundes sind die Deiche zu überhöhen [186, 324].

4.2. Beanspruchung von Staudämmen

Während des Bau- und Betriebszustandes wird ein Staudamm durch verschiedenartige, sich zeitlich verändernde Kräfte beansprucht. Die Sicherheit des Bauwerkes verlangt umfangreiche und eingehende Untersuchungen, um diese Beanspruchungen vollkommen oder soweit wie möglich zu erfassen. Durch Standsicherheitsberechnungen und Modellversuche sollen die Spannungen und Verformungen ermittelt werden, die durch die Wirkung der äußeren und inneren Kräfte im Dammkörper und im Untergrund entstehen, um die Sicherheit abschätzen zu können.
Die äußeren Kräfte werden durch das Eigengewicht des Dammes, Wasserdruck, Wellenstoß, Sickerwasserströmung, Sohlwasserdruck und seismische Erschütterung gebildet. Die inneren Kräfte umfassen hauptsächlich den Einfluß der Porenwasserströmung.
Die Ermittlung sämtlicher äußeren und inneren Einflüsse hat sich dabei sowohl auf den Damm als auch auf den Untergrund zu erstrecken. Staudamm und Baugrund müssen stets eine Einheit bilden.

Entsprechend den verschiedenartigen Belastungen nach Art und Größe ergeben sich zur Gewährleistung der Standsicherheit folgende Bedingungen [177, 189]:

1. Der Staudamm muß gegenüber jeder Überflutung gesichert sein
2. Unter der Wirkung des Eigengewichtes des Dammes und des Wasserdruckes dürfen kein Grundbruch und kein Abgleiten des Dammes im Untergrund entstehen
3. Die wasser- und luftseitigen Böschungen einschließlich des Untergrundes müssen unter Berücksichtigung der vorhandenen Dammbaustoffe und des Einflusses von Sicker- und Porenwasserströmungen standsicher sein
4. Die wasserseitigen Böschungen müssen gegen Wellenschlag, Eisstoß und schnelle Stauspiegelabsenkungen und die luftseitigen Böschungen gegen Oberflächenerosionen durch Regen ausreichend gesichert werden
5. Die Sickerlinie muß im Innern des Dammquerschnittes verlaufen. Die Sickerwasserströmung darf keine Ausspülung von Erdstoffteilchen aus dem Damm und dem Untergrund verursachen

4.2.1. Beanspruchung des Untergrundes

Der Baugrund eines Staudammes wird durch das Eigengewicht des Dammes, durch den Staudruck des Wassers und durch die Durchsickerung beansprucht. Die Dammauflast ruft Spannungen im Untergrund hervor, die Setzungen und Deformationen verursachen. Insbesondere bei bindigem, nachgiebigem Baugrund tritt

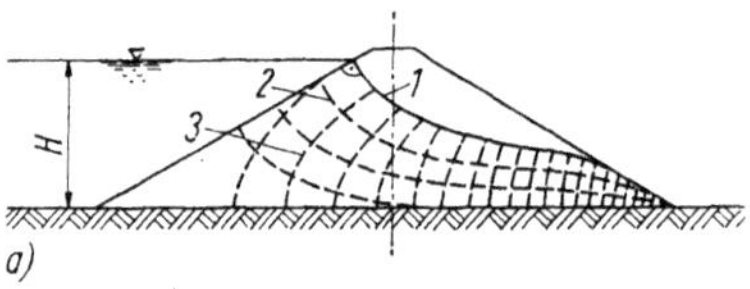

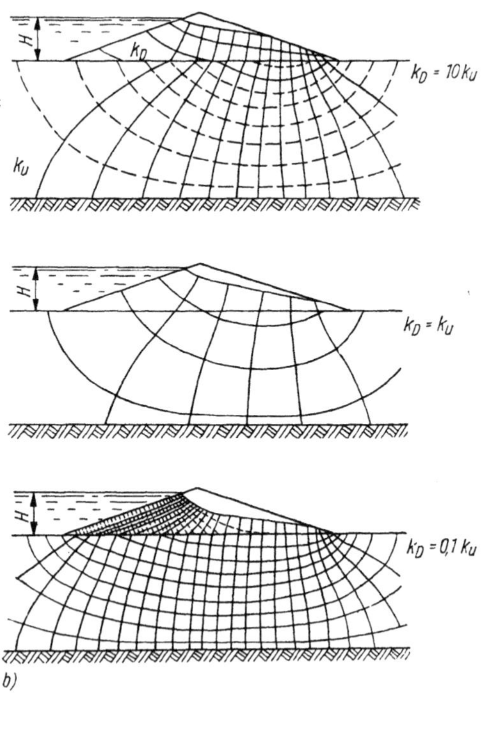

Bild 81. Durchsickerung durch einen homogenen Damm

a) bei undurchlässigem Untergrund;
1 Sickerlinie; *2* Stromlinie; *3* Potentiallinie;
b) bei durchlässigem Untergrund [189]
k_D = Durchlässigkeitskoeffizient des Dammes
k_U = Durchlässigkeitskoeffizient des Untergrundes

infolge des allmählichen Porenwasserdruckausgleiches ein langsamer Konsolidierungsvorgang ein, der nach bekannten Verfahren der Bodenmechanik zu berechnen ist [12].
Außerdem muß in der Gründungssohle des Dammes eine ausreichende Gleitsicherheit $\eta \geqq 1{,}5$ nachgewiesen werden. Da die Horizontalkraft des Wassers in der Sohle des Staudammes von der Scherfestigkeit des Baugrundes aufgenommen werden muß, ist auf eine gute Verzahnung zwischen Damm und Untergrund zu achten.
Wird ein Staudamm auf durchlässigem Untergrund gegründet, so sind zur Verminderung der Sickerwasserverluste und des Sohlwasserdruckes sowie zur Erhöhung der Standsicherheit des Staudammes Abdichtungsmaßnahmen erforderlich. Das Strom- und Potentialliniennetz (Bild 81a) bildet die Grundlage für die Berechnung des Sohlwasserdruckes, der Sickerwasserverluste und der Grundbruchsicherheit [57, 189, 222]. Das Strömungsbild kann durch mathematische Ansätze, graphische Verfahren oder auf experimentelle Weise ermittelt werden.
Bild 81b zeigt die für unterschiedliche Durchlässigkeiten vom Damm (k_D) und Untergrund (k_U) charakteristischen Strömungsnetze, woraus man die Sickerwasserverluste berechnen kann [189].
Der Nachweis der Sicherheit gegenüber Erosionsgrundbruch läßt sich im Gegensatz dazu nicht mit dem hydrodynamischen Strömungsnetz ermitteln, da meist untergeordnete geologische Einzelheiten eine bedeutende Rolle spielen [57, 222].

4.2.2. Beanspruchung des Dammes

Die in Abschn. 3.4. dargestellten Berechnungsverfahren können für Standsicherheitsuntersuchungen von Böschungen und Untergrund an Stau- und Kanaldämmen sowie an Deichen angewendet werden. Von diesen zahlreichen Methoden eignen sich besonders die bekannten Gleitkreisverfahren für Erdstaudämme, während für Steinschüttdämme ihre Anwendbarkeit umstritten ist [7, 179]. Da bisher an Steindämmen noch keine Böschungsrutschung beobachtet werden konnte, ist die tatsächliche Form der Gleitfläche nicht bekannt. Deshalb finden auch gleichrangig neue Berechnungsverfahren für Steindämme Anwendung, die auf ebenen und konvex gekrümmten Gleitflächen beruhen [154, 155]. Die Erfassung der räumlichen Sicherheit unter Heranziehung der Talflanken hat insbesondere bei Staudämmen mit geringer Kronenlänge eine gewisse Bedeutung [131, 132].
Die Staudämme müssen für die Lastfälle Bauzustand, normaler Betriebszustand, rasche Stauspiegelsenkung (Entleerung des Speichers), Katastrophenhochwasser und in Sonderfällen auf Erdbebenwirkung untersucht werden. Als Mindestsicherheit wird für den Normalbetrieb $\eta \geqq 1{,}4$ und für den Erdbebenfall $\eta \geqq 1{,}0$ gefordert [179].
Um den ungünstigsten Lastfall, von der Erdbebenwirkung abgesehen, für die Standsicherheit des Staudammes zu untersuchen, soll der Unterschied zwischen einer Sickerwasser- und einer Porenwasserströmung näher erläutert werden [77, 189].

4.2.2.1. Einfluß der Sickerwasserströmung

Die Sickerwasserströmung durch einen Erddamm hängt davon ab, ob der Damm einem zeitlich begrenzten Einstau (Hochwasserrückhaltebecken, Flußdeich) oder einem Dauerstau (Stau- und Kanaldamm) ausgesetzt ist. Die Sickerlinie, die durch

die Sickerwasseroberfläche in einem in Fließrichtung geführten Schnitt durch den Dammkörper dargestellt werden kann, verändert sich, bis ein Gleichgewichtszustand erreicht worden ist [189].
Sie bildet eine Linie, deren sämtliche Punkte den hydrostatischen Druck Null besitzen.
Die Sickerwasserströmung wird für Damm und Untergrund als laminar angenommen und kann durch das Netz der Strom- und Potentiallinien dargestellt werden (Bild 81a und b). Mit Hilfe der Strom- und Potentiallinien ist der Sickerwasserdurchfluß nach der Beziehung

$$q = mk \frac{\Delta h}{\Delta s} \Delta b \tag{81}$$

zu bestimmen.

m Anzahl der Stromröhren
Δh Druckhöhendifferenz
Δs Entfernung zweier Potentiallinien
Δb Entfernung zweier Stromlinien
k Durchlässigkeitsbeiwert

Für einen homogenen Damm auf undurchlässiger Sohle kann die Sickerlinie nach dem bekannten Verfahren von *Koženy* [57, 176] als Parabel mit dem luftseitigen Dammfuß als Brennpunkt berechnet werden.
Die Durchsickerung beim Staudamm mit einer unter dem Winkel α geneigten Innendichtung ergibt sich nach Bild 82 zu

$$q = k_1 \sum \Delta x \left(\frac{h_x}{t_x} + \cos \alpha \right) \tag{82}$$

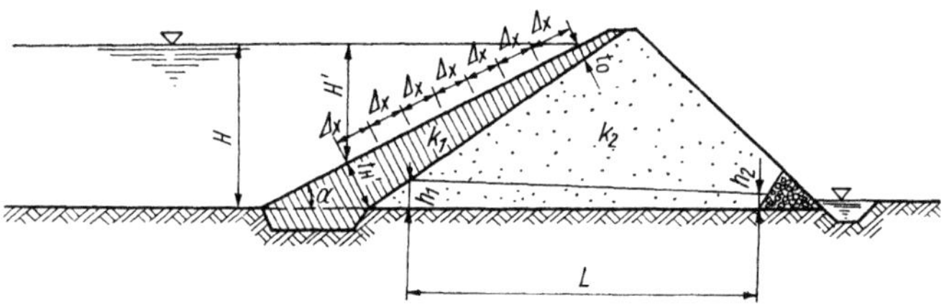

Bild 82. Berechnung der Sickerwassermenge bei einem Damm mit wasserseitiger Dichtung

Infolge der großen Durchlässigkeit der Deck- und Schutzschichten wird der Einfluß auf die Durchsickerung vernachlässigt. Für die zentrale Innendichtung kann die Sickerwassermenge nach Bild 83

$$q = k_1 \sum \Delta x \frac{h_x}{t_x} \tag{83}$$

errechnet werden.

k_1 Durchlässigkeitskoeffizient des Dichtungsmaterials
k_2 Durchlässigkeitskoeffizient des Stützkörpermaterials
$k_1 \ll k_2$

Durch eine rasche Stauspiegelsenkung werden in der wasserseitigen Böschung Sickerwasserströmungskräfte hervorgerufen, die die Standsicherheit der Böschung vermindern.
Die Lage der Sickerlinie kann durch unterschiedliche Anordnung von Filteranlagen beeinflußt werden, wie aus Bild 84a bis c ersichtlich ist [187, 188, 189].

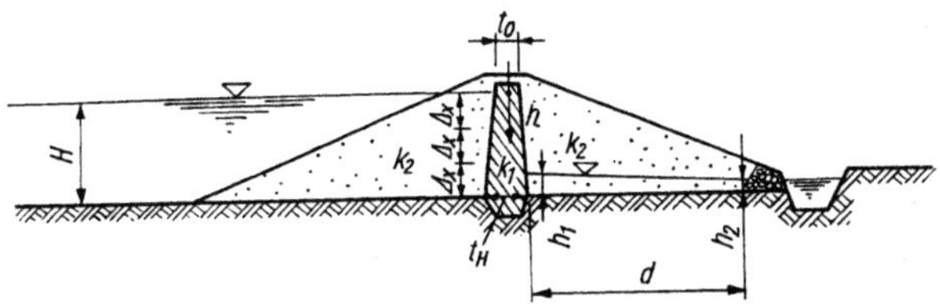

Bild 83. Berechnung der Sickerwassermenge bei einem Damm mit Kerndichtung

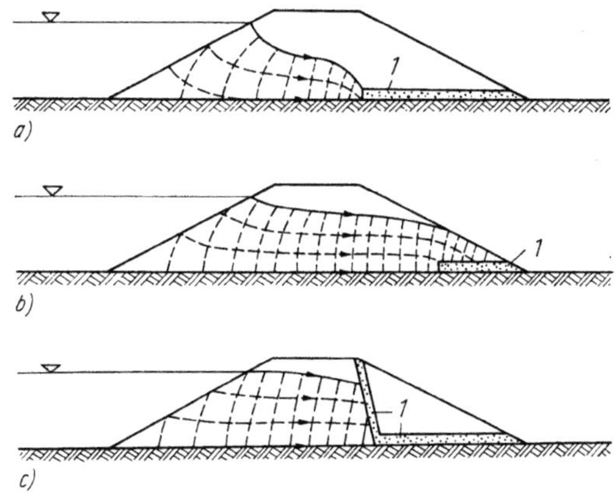

Bild 84. Beeinflussung der Sickerlinie durch Filteranlagen

a) relativ undurchlässiger Dammkörper im Vergleich zur Durchlässigkeit des Filters; b) Austritt der Sickerlinie an der luftseitigen Böschung; c) Sickerlinie kann nicht austreten; *1* Filter

4.2.2.2. Einfluß der Porenwasserströmung

Während sich die Sickerwasserströmung unter der Wirkung der Differenz des Ober- und Unterwasserspiegels in einem durchlässigen Damm ausbildet und aus dem hydrodynamischen Netz bestimmt werden muß, entsteht die Porenwasserströmung (Sonderfall der Sickerströmung), wenn ein wassergesättigter, wenig durchlässiger zusammendrückbarer Erdstoff durch eine äußere Belastung beansprucht und ein Teil der Last vom Porenwasser getragen wird. Infolge der Konsolidierung entsteht eine nicht stationäre Porenwasserströmung. Die Größe des Porenwasserdruckes ist dabei abhängig von der Größe der Spannungen, die die Standsicherheit eines Staudammes beeinflussen (z. B. schneller Bauvorgang oder Stauspiegelabsenkung). Da sich kein Strömungsbild wie bei einer Sickerwasserströmung ausbildet, ist man gezwungen, die Porenwasserdrücke durch Feldmessungen oder durch Laborversuche (Triaxialversuch im unentwässerten System) zu bestimmen.
Der zusätzliche Porenwasserdruck wird im Vergleich mit einem hydrostatischen oder hydrodynamischen (Sickerwasserströmung) Porenwasserdruck auch als Porenwasserüberdruck u [kp/cm^2] bezeichnet. Die Scherfestigkeit lautet dann:

$$\tau_s = c_s + (\bar{\sigma} - u) \tan \varphi \qquad (84)$$

Da bei den meisten Standsicherheitsaufgaben die Größen der Eigengewichte und der aufgebrachten Lasten hinreichend bekannt sind und die bodenmechanischen Kennwerte c_s und φ genügend genau bestimmt werden können, liegt die größte Schwierigkeit der Standsicherheitsuntersuchungen bei bindigen Dammbaustoffen in der genauen Vorausbestimmung des Porenwasserüberdruckes u.
Die Größe des Porenwasserdruckes ist vom Wassergehalt und vom Sättigungsgrad abhängig. Bei einem völlig wassergesättigten Erdstoff, bei dem kein Porenwasser abströmen kann, wird die zusätzlich aufgebrachte Last fast ausschließlich vom Porenwasser aufgenommen, so daß ein Überdruck entsteht. Dagegen wird bei einer nur teilweisen Sättigung (lufthaltig) des Erdstoffes unter den gleichen Bedingungen infolge der Zusammendrückbarkeit der Luft eine Volumenveränderung eintreten. Die zusätzliche Last wird daher zum Teil vom Wasser-Luft-Gemisch und zum Teil vom Korngerüst getragen. Der bei der Lastaufbringung entstandene Porenwasserüberdruck wird daher allmählich reduziert. Die zeitliche Abnahme des Porenwasserüberdruckes ist gleich der zeitlichen Zunahme der wirksamen Spannungen.

Belastungsfälle an Staudämmen

In zahlreichen Arbeiten [12, 43, 77, 60, 149, 228, 229, 230] sind das bodenmechanische Problem des Porenwasserüberdruckes und die Einflußfaktoren beim Entwurf eines Staudammes behandelt worden. Für die Standsicherheit eines Staudammes werden daher folgende Fälle in Betracht gezogen [189]:

1. Die Standsicherheit der luftseitigen Dammböschung wird bei Vollstau durch eine stationäre Sickerwasserströmung am stärksten beeinflußt.
2. Die Standsicherheit der wasserseitigen Böschung wird infolge von Stauspiegelsenkung durch die Strömungskräfte der nicht stationären Sickerwasserströmung und durch den Wegfall des Auftriebes für einen Teil des Gleitkörpers stark herabgesetzt.
   Ein schnelles Absinken des Wasserspiegels bei einem Staudamm mit geneigter Innendichtung aus bindigen Erdstoffen ruft durch die plötzliche Zunahme der Eigengewichte der Deckschichten einen Porenwasserüberdruck hervor, der die Scherfestigkeit erheblich herabsetzt.
3. Der ungünstigste Lastfall für die Berechnung der Standsicherheit für beide Böschungen kann nicht im Betriebszustand, sondern im Bauzustand auftreten.

Aus zahlreichen Beobachtungen kann festgestellt werden, daß infolge eines zu hohen Einbauwassergehaltes der Dammbaustoffe während des Baues die kurz darauf entstehenden Porenwasserspannungen den ungünstigsten Belastungsfall darstellten.
Die Größe und die Verteilung des zeitlich veränderlichen Porenwasserüberdruckes über den Querschnitt des Staudammes hängen von zahlreichen Einflußfaktoren (unregelmäßiger Baufortschritt, ungleichmäßige Verdichtung, Veränderung des Einbauwassergehaltes) ab, die mathematisch schwer zu erfassen sind. Bei bindigen Dammbaustoffen sind daher stets Grenzwerte des Einbauwassergehaltes in Abhängigkeit von der Größe des Porenwasserdruckes anzugeben.
Beim Einbau bindiger Dammbaustoffe als zentrale Innendichtungen oder als homogener Damm ist die Entwicklung der Porenwasserspannungen in Abhängigkeit von der Zeit und der Dammhöhe darzustellen [176, 231]. Durch zahlreiche

Messungen konnte nachgewiesen werden, daß der maximale Porenwasserüberdruck kurz nach Vollendung des Dammes erreicht wurde. Bild 85a und b zeigen die Verteilung von Porenwasserspannungen, die am Staudamm Vallecito [231] gemessen wurden. Infolge der allseitigen Wirkung des Porenwasserüberdruckes konnten die Beträge senkrecht zur gewählten Gleitfläche aufgetragen werden. Die Größe des Porenwasserdruckes wird als Anteil des Überlagerungsgewichtes

$$u = r_u \gamma h \cdot 1{,}0 \quad [\mathrm{kp/cm^2}]$$

dargestellt.

Nach dem Verfahren des U. S. Bureau of Reclamation [230, 231] kann mit Hilfe theoretischer und experimenteller Beziehungen der zu erwartende Porenwasserüberdruck genauer angegeben werden. *Alpman* [232] vergleicht die bestehenden Theorien des Porenwasserüberdruckes und gibt verbesserte Gleichungen des Verfahrens vom Bureau of Reclamation [230] an.

Bild 86a, b und c zeigen den zeitlichen Einfluß der Porenwasserspannungen auf die Standsicherheit einer wasserseitigen Böschung eines Staudammes. Die Beobachtungen beziehen sich auf die Spannungsänderungen im Punkt P der angenommenen Gleitfläche während des Bauvorganges, der Beckenfüllung sowie einer

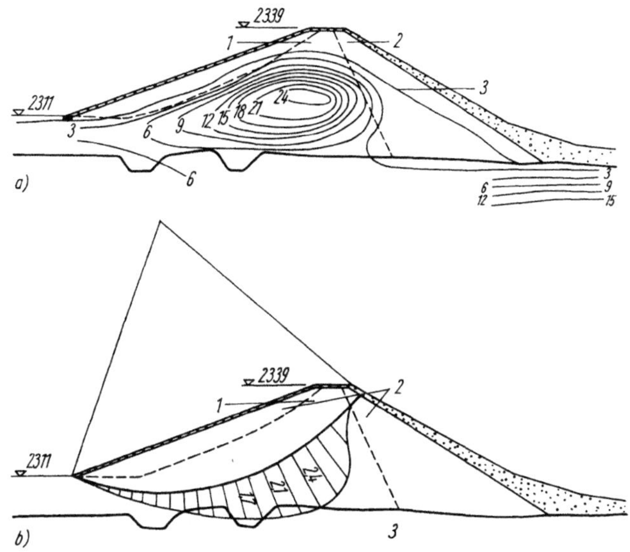

Bild 85. Verteilung der Porenwasserspannungen [231]

a) im Dammkörper; *1* undurchlässige Zone; *2* halbdurchlässige Zonen; *3* Sickerlinie; b) in der Gleitfläche; *1* undurchlässige Zone; *2* halbdurchlässige Zonen; *3* Spannungen [kp/cm²]

schnellen Stauspiegelabsenkung. Aus dem Verlauf des Porenwasserüberdruckes in Abhängigkeit vom jeweiligen Lastfall ist ersichtlich, daß nach Beendigung des Bauvorganges und nach einer schnellen Beckenentleerung der kritischste Sicherheitsgrad eintreten kann.

Die zeitliche Veränderung der Porenwasserspannungen ist daher durch eingehende Laboruntersuchungen oder Feldmessungen zu ermitteln [233, 234].

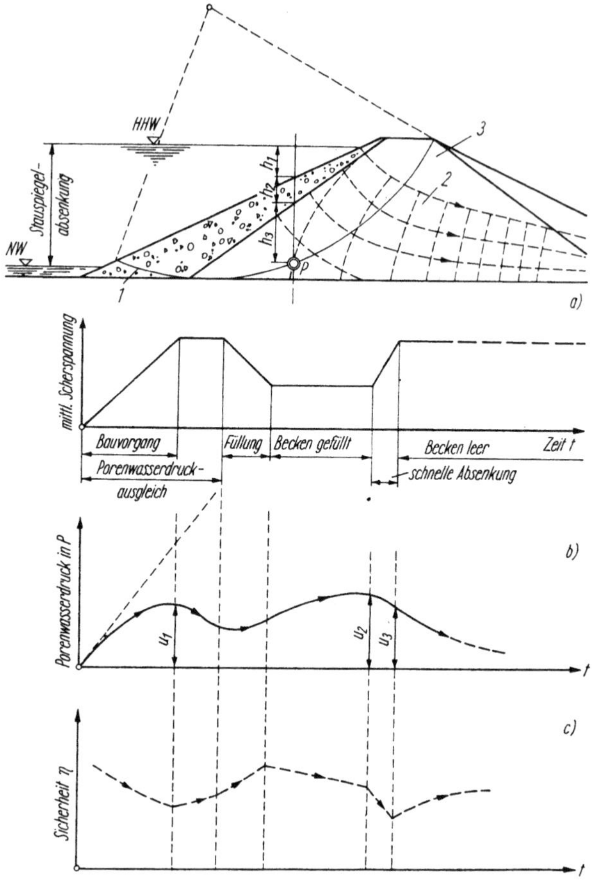

Bild 86. Einfluß der Porenwasserspannungen auf die Standsicherheit der wasserseitigen Böschung infolge Stauspiegelabsenkung

a) Veränderung der mittleren Scherspannung;
b) Veränderung des Porenwasserdruckes;
c) Veränderung der Sicherheit η
1 Gleitfläche; *2* Sickerlinie;
3 schwer durchlässiger Kern;

4.3. Konstruktion von Staudämmen

4.3.1. Verfahren zur Untergrundabdichtung

Die Wirtschaftlichkeit eines Staudammes wird nicht nur durch die an Ort und Stelle verfügbaren Dammbaustoffe, sondern in hohem Maße von den erforderlichen Maßnahmen zur Untergrundabdichtung bestimmt. Der Baugrund soll tragfähig sein, und die Talsohle mit den anschließenden Hängen soll genügend dicke, wasserundurchlässige Schichten in wirtschaftlich erreichbarer Tiefe aufweisen. Die Bedeutung gründlicher Voruntersuchungen gilt erst recht für die Erkundung des Untergrundes im Bereich des Dammes und des späteren Stauraumes. Die Durchführung dieser Untersuchungen ist in Richtlinien und Vorschriften eindeutig festgelegt worden [243].
Auf der Grundlage ingenieurgeologischer Vorarbeiten, die sich auf die Stratigraphie des Stauraumes, auf den tektonischen Bau des gesamten Kartierungs-

gebietes, auf die Morphologie (Terrassen, Steilhänge, Anlandungen) und auf die Hydrologie der Sperrstelle erstrecken müssen, sind die Probleme der Standsicherheit des Staudammes, die Unterläufigkeit bzw. Umläufigkeit am Sperrbauwerk, die Abdichtungsmaßnahmen an der Sperrstelle, die Standsicherheit der Ufer des späteren Stausees und die Wasserundurchlässigkeit des Stauraumes zu klären.
Zur Gründung von Staudämmen sind an den Baugrund folgende wesentliche Bedingungen zu stellen [11, 176]:

1. Besteht der Baugrund aus Lockergesteinen, so dürfen keine organischen Einschlüsse vorhanden sein
2. Die Konsistenz der bindigen Erdstoffe muß so beschaffen sein, daß keine unzulässigen Setzungen oder Grundbrüche möglich sind
3. Die Zusammensetzung (Mächtigkeit, Lagerungsverhältnisse, Störungen) der Schichten des Untergrundes darf keine langanhaltenden und unterschiedlichen Setzungen hervorrufen
4. In nicht zu großer Tiefe soll ein wasserundurchlässiger Horizont vorhanden sein, in den gegebenenfalls die Untergrundabdichtung einbindet
5. Der Dammuntergrund soll eine ausreichende Scherfestigkeit aufweisen, um den Horizontalschub aus dem Wasserdruck aufnehmen zu können
6. Die Anschlüsse des Dammes im Untergrund und an den Talhängen sollen eine gute Dichtungswirkung besitzen
7. Quellen und Wasseraustrittsstellen im Bereich der Sperrstelle sind sachgemäß zu fassen und abzuleiten

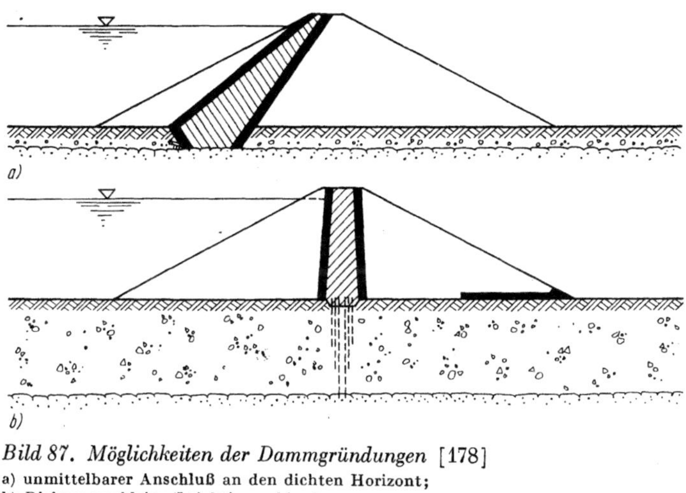

Bild 87. Möglichkeiten der Dammgründungen [178]
a) unmittelbarer Anschluß an den dichten Horizont;
b) Dichtungsschleier (Injektionsschirm);

Die Wahl der Dammgründung hängt demnach von der Tiefenlage des undurchlässigen Horizontes, von der Durchlässigkeit in horizontaler und vertikaler Richtung, von der Tragfähigkeit, von der Reihenfolge der einzelnen Schichten des Untergrundes sowie von den zulässigen Sickerverlusten ab (Bild 87a bis f).
Liegt der dichte Horizont nicht zu tief, so kann der Damm unmittelbar darauf gegründet werden, anderenfalls ist eine Untergrundabdichtung durch Dichtungswände oder Dichtungsschleier anzuordnen. Ist durch derartige Maßnahmen die

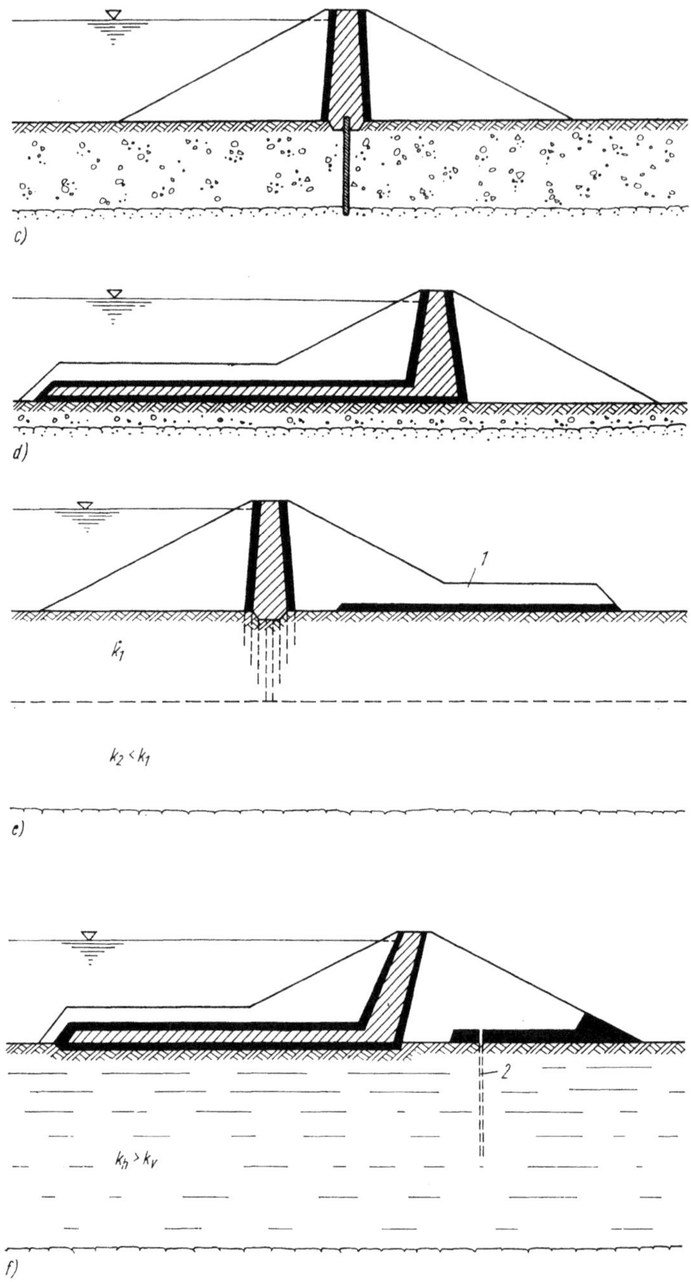

Bild 87

c) Schlitzwand; d) Dichtungsteppich; e) Kombination zwischen Dichtungsschleier und Druckbank; f) Kombination zwischen Dichtungsteppich und luftseitigen Entwässerungsanlagen; *1* Druckbank; *2* Entlastungsbrunnen

Tafel 33. Merkmale und Möglichkeiten der Untergrunddichtung von Staudämmen

Verdrängungsverfahren	Injektionsverfahren	Ersatzverfahren	Dichtungsteppich
Anwendung von Holz-, Stahl-, Stahlbeton- oder Spannbetonspundwänden Stahlspundwand bis 25 m Tiefe Stahlbeton- bzw. Spannbetonspundwand bis 20 m Tiefe ggf. mit Spülhilfe Schwierigkeiten bei Einschlüssen von größeren Findlingen	1. Erhöhung der Festigkeit 2. Erhöhung der Dichtigkeit die Wahl des Verfahrens wird durch die Größe der zu verfüllenden Hohlräume (Poren, Risse, Klüfte und Kavernen) bestimmt je größer die Hohlräume, desto größer der Injektionsstoff Bekannte Verfahren: 1. labiles Wasserglas (22 °Be) Abdichtung von Sand und feinen Rissen 2. Joosten-Verfahren: Abdichtung von Sand, Kies und feinen Klüften 3. Zementier-Verfahren: Abdichtung von Grobkies, Schotter und schüttigem Fels 4. Ton-Injektion: Abdichtung von Grobsand, Kies, Rissen und Klüften 5. Mörtel-Injektion: Verfestigung und Abdichtung von Schotter, Geröll, Klüften und Kavernen im Fels 6. Verbundverfahren bei strömendem Wasser	1. offene Bauweise: Herdmauer, Lehmsporn, Grundwasserabsenkung und Verfestigung der Auflockerungszonen notwendig 2. Bohrpfahlwand unverrohrt mit Stützflüssigkeit verrohrt nach dem Benotoverfahren Überschneidung der einzelnen Pfähle 3. Schlitzwand: Kombination von Bohrungen mit Schachtung Dickspülung erforderlich *Horizontales Fräsen* mit Bohrkopf bis 6 m Länge Dickspülung erforderlich bis 40 m Tiefe möglich *Vertikales Fräsen* mit einem bestückten Hohlgestänge *Stoßverfahren* mit einem freihängenden Greifer *Schürfverfahren* mit einem Frontallöffel 4. Kombination verschiedener Verfahren	1. natürlicher Dichtungsteppich: ausreichende Dicke und Qualität des anstehenden Baugrundes erforderlich 2. Behandlung der Beckensohle: Verdichtung des vorhandenen Untergrundes Erdstabilisierung ggf. mit Deckschichten *Einschlämmverfahren* von Tonteilchen in den durchlässigen Untergrund (Kolmation) 3. künstlicher Dichtungsteppich: natürliche Dichtungsstoffe Ton und Lehm aufbereitete Dichtungsstoffe: Bitumenbeton, Bitumenbahnen, Kunststoffolien, Tonbeton, Hydraton

tiefliegende undurchlässige Schicht nicht zu erreichen, so können Teilsicherungen nach der Tiefe oder horizontale Abdichtungen in Form von Dichtungsteppichen vorgesehen werden [178] (Tafel 33). Ungenügend tragfähige sowie stark quellfähige Schichten geringer Mächtigkeit müssen ausgehoben und durch tragfähige Dammbaustoffe ersetzt werden [11, 176, 177].

4.3.1.1. Verdrängungsverfahren

Als einfachste Dichtungsmaßnahme kann für geringe Tiefen und rammbaren Untergrund eine Spundwand verwendet werden. Die Stahlbeton- bzw. Spannbetonspundwand kann etwa bis 20 m Tiefe zum Einsatz kommen, wobei auf Spülhilfe zurückgegriffen werden muß. Diese Bauweise wird auf Ausnahmefälle beschränkt bleiben.

4.3.1.2. Injektionsverfahren

Der Staudammbau hat in den letzten Jahren durch die Entwicklung der modernen Injektionstechnik eine entscheidende Förderung erfahren. Dadurch ist es heute möglich, jeden kohäsionslosen wasserführenden oder trockenen Untergrund zu verpressen und die Unterströmung des Dammes in zuverlässigen Grenzen zu halten (Bild 87b). Der rollige Baugrund ist mehr oder weniger heterogen, so daß man bei den alluvialen Ablagerungen stets einen Wechsel von sandigen und kiesigen Schichten erkennen kann. Entsprechend der korngrößenmäßigen Zusammensetzung und der Lagerungsdichte besitzen diese Zonen eine unterschiedliche Durchlässigkeit in vertikaler und horizontaler Richtung. Die genaue Kenntnis der Heterogenität ist für jedes Injektionsverfahren eine wesentliche Voraussetzung.

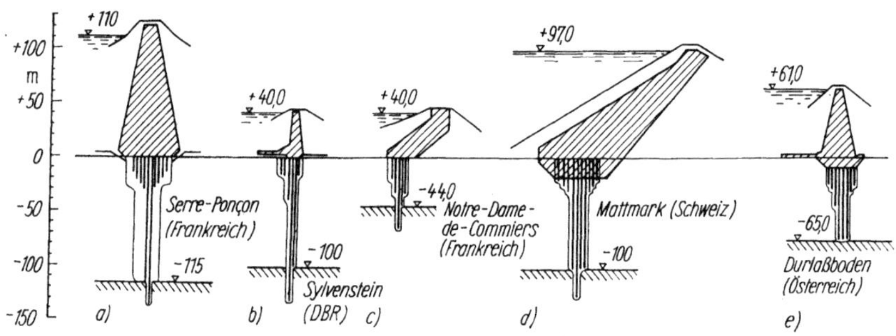

Bild 88. Dichtungsschleier durch Verpressung von alluvialen Ablagerungen an Staudämmen mit Angaben der Fläche der Dichtungsschürze [235]

a) Serre-Ponçon (4200 m^2); b) Sylvenstein (5200 m^2); c) Notre-Dame-de-Commiers (7200 m^2); d) Mattmark (20000 m^2); e) Durlaßboden (12000 m^2)

Allgemein besteht der Mechanismus der Injektion eines kohäsionslosen Baugrundes darin, die offenen durchlässigen Horizonte mit ausreichendem viskosen Injektionsgut zu füllen, um später unnötige Streuverluste zu vermeiden. Danach werden leichter eindringende Injektionsgüter verwendet. Dabei wird unter Berücksichtigung vertretbarer Kosten die obere Grenze der Injizierbarkeit insbesondere durch die Kornverteilung und die Lagerungsdichte bestimmt. Mit Hilfe des Manschettenrohres kann der Untergrund schrittweise mit Zement, Ton, Bentonit, Silikatgelen oder Kunstharz verpreßt werden. Dadurch ist eine einwandfreie Durchtränkung von groben alluvialen Ablagerungen bis zum Feinsand möglich.

Die Wahl des Injektionsgutes hängt dabei von der Beschaffenheit des Untergrundes, von den hydrologischen Verhältnissen und von dem Zweck der Verfestigung ab [236, 237]. Nach den vorliegenden Erfahrungen sollen bei Staudämmen mindestens drei Injektionsreihen Anwendung finden [235]. Aus den Flächenangaben ausgeführter Injektionsschürzen (Dichtungsschleier) bei Gründungen von Staudämmen (Bild 88a bis e) ist die außerordentlich große Bedeutung der Untergrundabdichtung zu erkennen [238, 239].

4.3.1.3. Ersatzverfahren

Die verschiedenen Ersatzverfahren zur Abdichtung des Untergrundes von Staudämmen (Lehmsporn, Herdmauer, Bohrpfahlwand, Schlitzwand) beruhen darauf, daß die aus dem Baugrund geförderten Erdmassen durch Dichtungsstoffe ersetzt werden. Dabei können die gewonnenen Erdmaterialien als Füllstoffe wieder verwendet werden, wenn sie sich als Zuschlagstoffe für Beton oder für künstlich zusammengesetzte Erddichtungsstoffe (Tonbeton oder Hydraton) eignen.
Herdmauern und Lehmsporne als ältere Bauweisen erreichen ihre wirtschaftlichen Grenzen schon in geringer Tiefe. Dabei werden meistens Grundwasserabsenkungen und zusätzliche Verfestigungen der Auflockerungszonen notwendig.
Seit etwa 20 Jahren besteht eine Reihe von Verfahren, die es ermöglichen, im Untergrund eine zusammenhängende Wand herzustellen. Hinsichtlich der Technologie, der Wasserdichtigkeit und ihrer konstruktiven Gestaltung werden sie allen Anforderungen gerecht (Bild 87c). Diese Verfahren können als Bohrpfahl- und Schlitzwände ausgeführt werden. Verschiedenartige Systeme der unverrohrten Pfahlwände, der Benoto-Pfahlwände, der Schlitzwände nach dem Strike-, Bohrfräs-, Bohrschlitz- und Scrape-Verfahren sind entwickelt worden [240, 241] und haben sich als Dichtungswände im Staudammbau und als Baugruben- und Tunnelwände im Grundbau bewährt [246].

4.3.1.4. Dichtungsteppich

Befindet sich der dichte Horizont in größerer Tiefe, so begnügt man sich mit einer teilweisen Abdichtung des Untergrundes nach der Tiefe, oder man wendet einen Dichtungsteppich an. Durch die Teilsicherung wird der Fließweg unter dem Dammkörper verlängert und damit die Grundbruchgefahr und die Unterströmung vermindert (Bild 87d und f).
Bei der Anwendung eines Dichtungsteppichs ist genau zu überprüfen, ob bevorzugte Sickerwege im Staubecken oder unterhalb des Dammes ausstreichen, die mit wirtschaftlich vertretbaren Mitteln noch nicht vom Teppich erfaßt werden können.
Der Dichtungsteppich kann als natürliches oder künstliches Dichtungselement ausgeführt werden. Die natürliche Beckensohle im Bereich des späteren Dichtungsteppichs kann bei ausreichender Dicke und entsprechenden bodenphysikalischen Eigenschaften durch besondere Bearbeitung (Beseitigung von Wurzelgängen, mechanische Verdichtung, Erdstabilisierung, Einschlämmverfahren) herangezogen werden. Genügt die natürliche Dichtungswirkung dieser Sohle nicht, oder sie ist nur zum Teil vorhanden, dann sind natürliche oder künstlich zusammengesetzte Erddichtungsstoffe (Bitumenbeton, Bitumenbahnen oder Kunststoffolien) zu verwenden.
Eine Kombination verschiedener Abdichtungsverfahren an einem Sperrbauwerk ist am Speicherbecken Spremberg erprobt worden [242]. Zur Erhöhung der Sicherheit hinsichtlich der Einbindung des Dichtungsschleierkopfes in die geneigte

Innendichtung aus Lehm wurde ein horizontaler Dichtungsteppich vorgeschlagen (Bild 89a).

Die Dichtungsmaßnahmen am Staudamm Durlaßboden [178] bilden ebenfalls ein charakteristisches Beispiel für die Kombination verschiedenartiger Verfahren bei schwierigen Gründungsverhältnissen (Bild 89b und c).

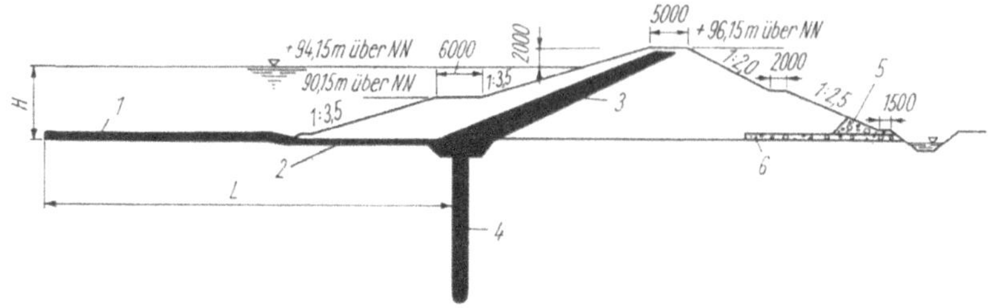

a) Staudamm Spremberg (DDR) [242]; *1* Lehmteppich; *2* Tonbetonteppich; *3* Lehmschürze; *4* Inj.-Schleier 20 m tief; *5* Dammfußzehe; *6* Flächensicker

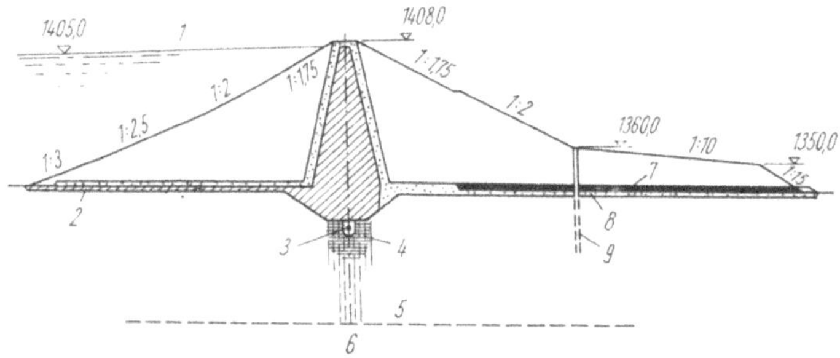

b) Staudamm Durlaßboden (Österreich); *1* Stauziel; *2* Dichtungsteppich; *3* Injektionsgang; *4* Injektionsschirm; *5* Kies; *6* halbdurchlässige Schluffsande; *7* Druckbank; *8* Filter; *9* Entspannungsbrunnen

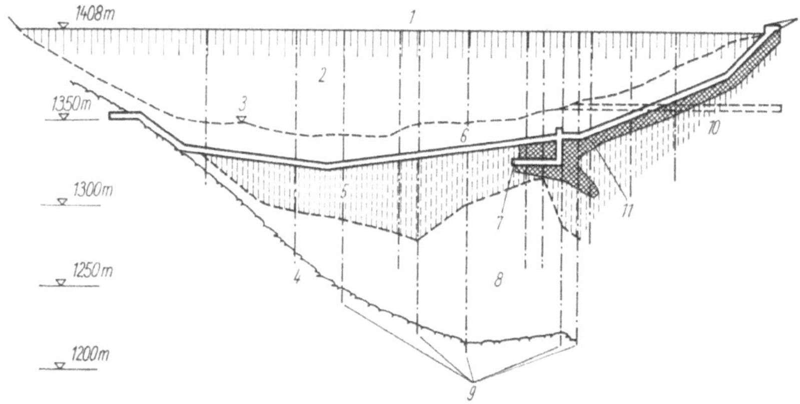

c) Abdichtungsmaßnahmen in der Dammachse vom Staudamm Durlaßboden [178]; *1* Dammkrone; *2* Kernmaterial; *3* Gelände; *4* Fels; *5* Injektionsschirm; *6* Injektionsgang; *7* Injektionsstollen; *8* halbdurchlässige Schluffsande; *9* Bohrungen *10* Sondierstollen; *11* Bereich des Talzuschubes

Bild 89. Kombination verschiedener Verfahren zur Abdichtung des Untergrundes von Staudämmen

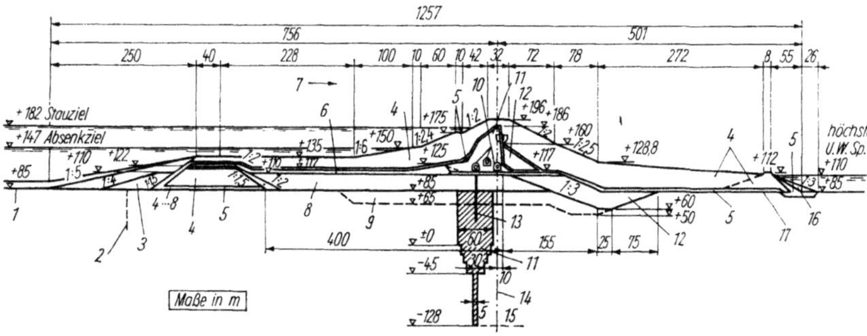

a) Dammquerschnitt; *1* natürliche Tonschlammablagerung; *2* vorgesehener Schleier; *3* Dünensand; *4* Steinschüttung; *5* Filter; *6* Ton und Steinschüttung; *7* Fließrichtung; *8* eingerüttelter Dünensand; *9* durch Rütteln verdichtet; *10* Kontrollgänge; *11* Tonkern; *12* Grobsand, eingerüttelt; *13* Tonbetonwand; *14* Dammachse; *15* Granit; *16* Steinbrocken; *17* Grobsand aus dem Stollenaushub

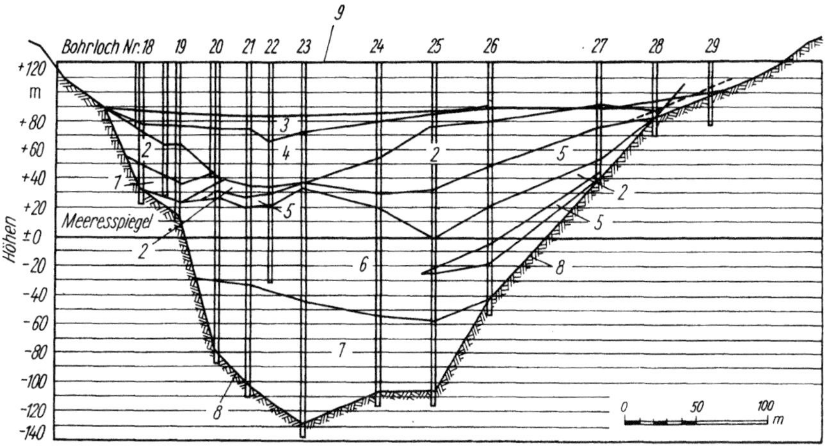

b) Baugrundverhältnisse an der Sperrstelle; *1* Steine; *2* Grobsand; *3* Feinsand; *4* Mittelsand; *5* Feinkies; *6* Grobsand mit einigen Schluffeinlagen; *7* zusammengedrückter Schluff und feinkörniger Sandstein vorherrschend; *8* fester Granit; *9* Spiegel des bestehenden Assuan-Staubeckens

Bild 90. Assuan-Damm (Sadd-el-Aali, VAR) [247]

Bilder 90 bis 93 zeigen Querschnitte von bedeutenden Staudämmen mit den erforderlichen Maßnahmen zur Untergrundabdichtung.

4.3.2. Stützkörper

Die Aufgabe des Stützkörpers besteht darin, den durch das Dichtungselement übertragenen Wasserdruck ohne unzulässige Verformungen auf den Baugrund zu übertragen und in einer wesentlichen Entspannung der Sickerwasserströmung. Deshalb sollen die Stützkörpermaterialien eine hohe Scherfestigkeit und eine ausreichende Durchlässigkeit ($k \geqq 1 \cdot 10^{-5}$ m/s) aufweisen. Die Dammbaustoffe müssen witterungsbeständig sein und nach dem Einbau eine geringe Zusammendrückbarkeit besitzen. Außerdem dürfen sie durch die Verdichtung keine schädliche Kornzertrümmerung und unter dem Wassereinfluß keine Gefügeveränderungen zeigen.

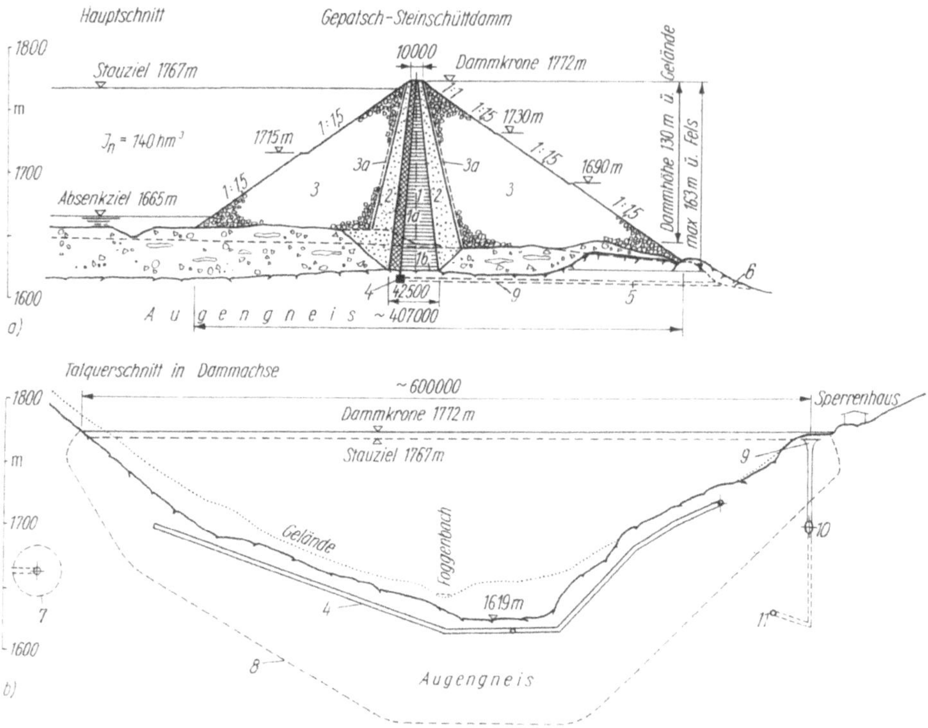

Bild 91. Gepatsch-Damm (Österreich) [178]

a) Dammquerschnitt; b) Talquerschnitt in Dammachse; *1* Kernmaterial (Hangschutt 80 mm); *1a* mit Bentonit vergüteter Kernbereich; *1b* Kernanschluß (10 cm Schluffton); *2* Übergangszone (sandiger Kies); *3* Stützkörper (Steinschüttung bis 1 m³); *3a* Stützkörperanschluß (Hangschutt 80 bis 200 mm und Stollenausbruch); *4* Injektionsstollen; *5* Entwässerungsstollen; *6* Foggenbach; *7* Triebwasserstollen; *8* Dichtungsschirm; *9* Hochwasserüberfall; *10* Hochwasserentlastungsstollen; *11* Baustellenumlauf und Grundablaßstollen

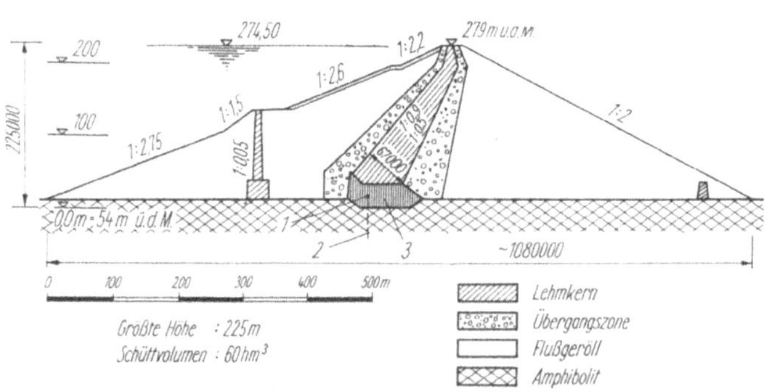

Bild 92. Oroville-Damm (USA) [35]

1 Kontrollgang; *2* Injektionsschürze; *3* Herdmauer

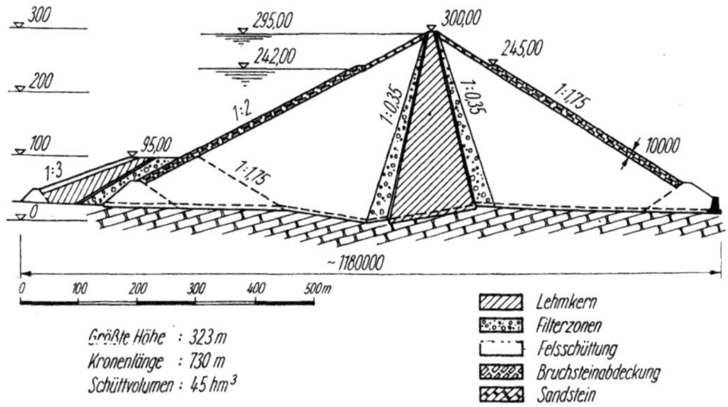

Bild 93
Nurek-Damm
(UdSSR) [35]

Bei starken Wasserspiegelschwankungen werden die äußeren Zonen der Wasserseite des Dammes am stärksten beansprucht. Die Durchlässigkeit dieser Bereiche soll 10mal größer sein als die Geschwindigkeit der Stauspiegelabsenkung. Dabei sind ungünstig wirkende Strömungskräfte durch Dränagen zu verhindern.

Durch den Einbau von halbdurchlässigen Zonen (Füllkörper) zwischen Dichtungselement und Stützkörper kann die Erosionsbeständigkeit erhöht und die Schleppkraftwirkung der Sickerwasserströmung vermindert werden. Die Füllkörper sollen eine Durchlässigkeit zwischen $k > 1 \cdot 10^{-9}$ und $< 1 \cdot 10^{-5}$ [m/s] haben.

4.3.3. Dammdichtungen

Im Staudammbau können Außen- und Innendichtungen unterschieden werden:

Eine Außendichtung ist ein Dichtungselement, das als relativ dünne, auf der wasserseitigen Böschungsoberfläche angeordnete zugängliche Decke aufgebracht wird (Bild 77, 96 und 97).

Die Innendichtung wird als nicht mehr zugängliche zentrale Dichtung (Dichtungskern) oder als geneigte Innendichtung ausgebildet (Bild 76, 89, 91, 92 und 93). Die Wahl des jeweiligen Dichtungsmaterials ist von der Standsicherheit, von den Anforderungen an die Dichtungsqualität, vom Aufbau des Stützkörpers und von wirtschaftlichen Gesichtspunkten abhängig (Tafel 30).

Mit steigenden Kubaturen wird die Konstruktion des Staudammes wesentlich durch die Technologie bestimmt. Dadurch, daß der Einbau der Dammassen dann am wirtschaftlichsten ist, wenn der Dammkörper in einem Zuge geschüttet werden kann, ist die Außendichtung sehr vorteilhaft. Sie fordert jedoch infolge höherer Bewegungsempfindlichkeit einen gut verdichteten Stützkörper. Die Untergrundabdichtung kann unabhängig von der Dammschüttung erfolgen. Die weitgehende Entflechtung der einzelnen Bauprozesse gewinnt mit steigender Mechanisierung eine immer größere Bedeutung.

Die Ausbildung der Innendichtung als zentraler Kern ergibt meist einen symmetrischen Dammquerschnitt (Bild 76 und 91), der in Hinblick auf die größere Beanspruchung bei hohen Dämmen und auf die damit verbundenen Bewegungen gewisse Vorteile gegenüber der Außendichtung hat. Eine Kerndichtung ist gegenüber unregelmäßigen Setzungen viel weniger empfindlich als ein Damm mit Außendichtung [26].

Etwa bis 1940 wurden Steinschüttdämme vorwiegend mit Außendichtungen aus Zementbeton errichtet (Salt-Springs-Damm, USA, 100 m Dammhöhe). Erst danach begann die Entwicklung der gegliederten Dämme mit zentralen Innendichtungen und grobkörnigen Stützkörperzonen. Staudämme über 80 m Höhe werden heute zum größten Teil mit Dichtungskernen ausgeführt. Die Entwicklung der Bitumenbetonbauweise erlaubt jedoch, daß zur Zeit einige Staudämme mit Höhen bis zu 170 m projektiert werden, bei denen bituminöse Außenhaut- oder Kerndichtungen vorgesehen sind [212]. Für Dämme kleiner als 80 m sind in letzter Zeit wiederholt bituminöse Außendichtungen mit Erfolg angewendet worden (Tafel 36). Staudämme mit geneigter Innendichtung nehmen eine gewisse Zwischenstellung ein.

In den folgenden Abschnitten wird die Anwendung verschiedener Dichtungsarten als Außen- oder Innendichtung dargestellt.

4.3.3.1. Natürliche Dichtungsstoffe

Die Anwendung der natürlich vorkommenden bindigen Erdstoffe ist eine der ältesten Bauweisen im Wasserbau, um den Wasserdurchfluß durch den Damm und den Untergrund zu verringern oder praktisch unmöglich zu machen. Auf Grund der vorliegenden mannigfaltigen Erfahrungen sind diese natürlichen, nicht

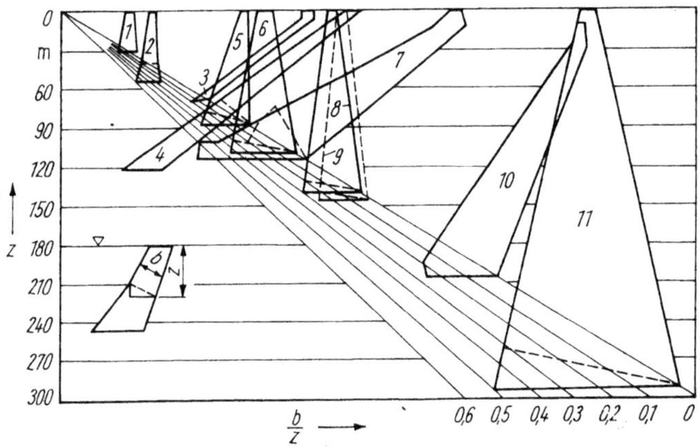

Bild 94. Stärke der Erddichtungselemente in Abhängigkeit von der Stauhöhe [24]

1 Freibach; *2* Peruca; *3* Nantahala; *4* Brownlee; *5* Kadzakaj; *6* Serre/Ponçon; *7* Trängslet; *8* Göschenenalp; *9* Gepatsch; *10* Oroville; *11* Nurek

aufbereiteten Erddichtungsstoffe als elastisch-plastisches Dichtungsmaterial häufig anderen Dichtungsstoffen (Zementbeton, Bitumenbeton und Kunststoff) vorzuziehen, wenn sie in wirtschaftlich vertretbarer Entfernung von der Sperrstelle, in ausreichender Qualität und genügender Menge gewonnen werden können. Bedeutende Staudämme wurden in letzter Zeit nach diesem Verfahren gedichtet (Tafel 31 und 32).

Durch die Verdichtung werden die infolge des Gewinnungsvorganges aufgelockerten natürlichen Erdstoffe in die für die Wasserundurchlässigkeit erforderliche Festigkeit überführt. Bei den natürlichen, nicht aufbereiteten bindigen Erddichtungsstoffen handelt es sich um schwach- bis hochbindige Erdstoffe, die in das Dichtungselement eingebaut und verdichtet werden (Tafel 34). Darunter fallen sämtliche Lehmarten und Tone, die entsprechend der Korngrößenverteilung, dem Verhalten gegenüber Wasser und hinsichtlich der mineralchemischen Zusammensetzung als Dichtungslehme und Dichtungstone unterschieden werden. Bild 95 zeigt Grenzkornverteilungslinien von Erdstoffen, die für unterschiedlich durchlässige Zonen im amerikanischen Staudammbau Anwendung finden [176].

Bei der Auswahl der bindigen Erdstoffe sind gleichzeitig bodenmechanische und erdbautechnologische Forderungen zu erfüllen. Die bodenphysikalischen Forderungen (Tafel 35) nach stetigem Verlauf der Kornverteilungslinie, nach ausreichenden plastischen Eigenschaften, nach möglichst hoher Scherfestigkeit und

Tafel 34
Schematische Darstellung der Verwendung von Erddichtungsstoffen

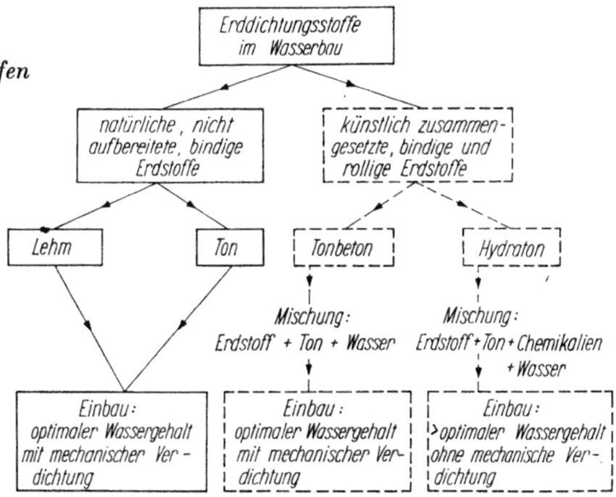

Tafel 35. Bodenphysikalische Anforderungen an natürliche Erddichtungsstoffe

Bodenphysikalische Eigenschaften	Grenzwerte
Wasserkennzahlen nach *Atterberg*	$w_a > 0{,}15$ $w_f \geqq 0{,}25$ $w_{fa} \geqq 0{,}10$
Wasserkennzahlen nach *Ohde*	$\frac{w_0}{w_1} \geqq 1{,}70$
Kornverteilung	Kornverteilungskurve soll stetig verlaufen Kornanteil < 0,002 mm ∅ 10 ··· 40 % (Massen-%) Kornanteil < 0,06 mm ∅ 50 Größtkorn max $d = 6 \cdots 120$ mm ∅ $d_{\max} \approx 0{,}1 \cdot t$ (t = Dicke des Dichtungselementes)
Beimengungen	organische Bestandteile < 3% (in Abhängigkeit von der Verteilung des Erdstoffes) Kalkgehalt < 6%
Scherfestigkeit	möglichst groß
Verformbarkeit	möglichst groß
Wasserdurchlässigkeit	$k \leqq 1 \cdot 10^{-9}$ [m/s]

geringer Wasserdurchlässigkeit des natürlichen Erddichtungsstoffes sind stets mit den erdbautechnologischen Forderungen nach Gleichmäßigkeit des Dichtungselementes und guter Einbau- und Verdichtungsfähigkeit in Übereinstimmung zu bringen [191, 192, 193].
Eine ausreichende Dichtungswirkung und Beständigkeit natürlicher Erddichtungsstoffe wird durch die bodenmechanischen Eigenschaften des Erddichtungsstoffes und durch die technologischen Bedingungen der Bauausführung bestimmt.
Außerdem sind beim Einbau natürlicher Erdstoffe folgende Bedingungen zu beachten:

1. Der Einbauwassergehalt w_e soll nur einige Prozente größer als der optimale Wassergehalt sein, damit der Einfluß der Porenwasserspannungen auf die Größe der Scherfestigkeit gering gehalten werden kann (Bild 19).
2. Der Sättigungsgrad in eingebautem Zustand soll etwa 95% betragen
3. Die gleichmäßige Herstellung des Dichtungselementes und damit die bodenmechanischen Parameter sollen an jeder Stelle erreicht werden; Verdichtung auf 95 bis 100% der einfachen Proctordichte
4. gute Verzahnung der einzelnen Schüttlagen
5. Zur Vermeidung von Entmischungen soll das Größtkorn mit $d = 80$ mm festgelegt werden. Bei dünnen Dichtungselementen soll der maximale Korndurchmesser 10% der Konstruktionsdicke nicht überschreiten
6. Gute Verbindung des Dichtungsmaterials zu den Kontaktstellen und den seitlichen .Talhängen

Bemessungsgrundlagen

Für die Bemessung eines Erddichtungselementes sind außer den bodenmechanischen und technologischen Bedingungen die Kornverteilung und Porengröße der angrenzenden Schichten sowie der hydraulische Gradient i von großer Bedeutung. Da bei der Durchströmung die einzelnen Teilchen der bindigen Schichten vorwiegend auf Zug beansprucht werden, spielt zur Beurteilung der Erosionsbeständigkeit die Größe der Eigenfestigkeit (Zugfestigkeit) des bindigen Erdstoffes eine besondere Rolle [189, 223]. Dabei wird nicht das Einzelkorn beansprucht und aus der Schicht herausgelöst, sondern es vereinigen sich mehrere Erdteilchen zu Aggregaten, die infolge der Strömungskraft entweichen.
Die Erosionsbeständigkeit der bindigen Erdstoffe ist für die Dimensionierung der Dichtungselemente maßgebend. Von *Rehfeld* [223] wird unter der Berücksichtigung verschiedener Sicherheitsfaktoren die Gl. (85) angegeben, die es ermöglicht, die Erosionssicherheit bindiger Erdstoffe in Abhängigkeit vom Porendurchmesser d_p, von der Zugfestigkeit c_0 und vom hydraulischen Gradienten i zu errechnen.

$$\eta \geqq 1$$

$$\eta = \frac{1}{4} \frac{c_0}{d_p(\gamma \cos \beta_1 + 1{,}1\, \gamma_w i)} \tag{85}$$

γ_w Rohwichte des Wassers
β_1 Neigungswinkel der Dichtungsschicht gegen die Horizontale
γ Rohwichte des bindigen Erdstoffes, gegebenenfalls auch unter Auftrieb

Dadurch besteht die Möglichkeit, den hydraulischen Gradienten i in Abhängigkeit von den bodenphysikalischen Eigenschaften und der Geometrie des Dichtungselements zu bestimmen.

Das hydraulische Gefälle i wurde im Staudammbau durch die vorliegenden Erfahrungen, bedingt durch die Unregelmäßigkeiten beim Einbau, durch Witterungseinflüsse, durch die Lage im Inneren des Dammes und durch die Bedeutung des Absperrbauwerkes, im allgemeinen zwischen $i = 1$ bis 5 festgelegt [190, 193, 194].

Grischin [24] gibt für die Dicke b des Dichtungselementes in Abhängigkeit von der Stauhöhe z folgende Werte an (Bild 94):

$$b = (0{,}15 + 0{,}25)\, z \quad \text{für schwache Kerne bzw. Schürzen und}$$

$$b = (0{,}30 + 0{,}50)\, z \quad \text{für starke Kerne bzw. Schürzen.}$$

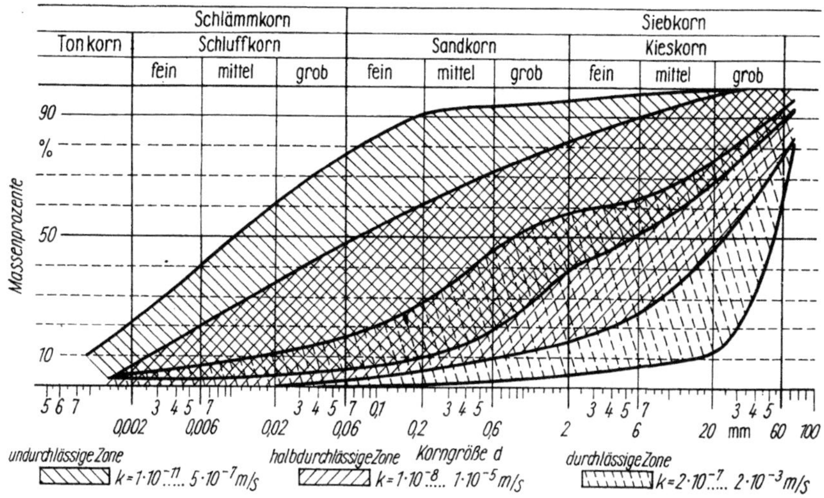

Bild 95. Grenzkornverteilungskurven von Dammbaustoffen aus dem amerikanischen Staudammbau [176]

1 undurchlässige Zone; *2* halbdurchlässige Zone; *3* durchlässige Zone

4.3.3.2. Aufbereitete Dichtungsstoffe

4.3.3.2.1. Bitumenbeton

In den letzten 20 Jahren hat Bitumenbeton (auch als Asphaltbeton bezeichnet) in Europa eine vielfältige Anwendung im Wasserbau erhalten. Dabei erlangte der Bitumenbeton in seiner Spezialausführung als bituminöse Außenhautdichtung im Staudammbau eine besondere Bedeutung.

Während anfangs die Bitumenbetondichtung nur als Außendichtung angewendet wurde, sind in letzter Zeit auch bituminöse Kerndichtungen erfolgreich hergestellt worden [212] (Tafel 36).

Die Eignung des Bitumen-Mineral-Gemisches besteht darin, daß der bituminöse Dichtungsbelag am oder im Wasser flexibel sein muß, um den Bewegungen des Dammkörpers oder der Sohle eines Beckens zu folgen. Die Vorteile gegenüber der

Tafel 36. Übersicht und Merkmale einiger Staudämme und Speicherbecken mit Bitumenbetondichtungen

	Name der Sperre	Bauzeit	Stauraum-inhalt [Mill. m³]	Maximale Dammhöhe [m]	Kronenlänge [m]	Dammkubatur [Mill. m³]	Stützkörpermaterial
Staudämme	Genkeltalsperre bei Gummersbach	1950/52	9,75	43	180	0,380	Steinbruchhalden-material
	Perlenbachtalsperre bei Monschau	1952/54	0,85	18	120	0,049	gesprengtes Steingeröll
	Hennetalsperre bei Meschede	1952/55	39	58	376	1,300	gesprengtes Steingeröll
	Riveristalsperre bei Trier	1955/56	5	45	180	0,350	Talschotter, Steingeröll, gesprengt
	Wahnbachtalsperre bei Siegburg	1955/58	43,2	46,5	360	1,030	Steingeröll, gesprengt
	Biggetalsperre bei Attendorn	1961/63	162	55	640	1,700	Steinbruchmaterial, Grauwacke, Schiefer
	Steinbachtalsperre bei Idar-Oberstein	1960/65	4,5	40	330	0,400	Tonschiefer und festes Felsgeröll
	Ohratalsperre bei Luisenthal/Thür.	1962/66	19,2	59	270	0,950	Steingeröll, gesprengt Porphyr (Oberhof)
	Dhünntalsperre bei Wuppertal	1962/65	7,3	35	—	0,315	Ton- und Grauwackenschiefer
	Bremge-Vordamm	1965	—	17	130	—	Grauwacke und Tonschiefer
Speicherbecken	Hochspeicher Reisach-Rabenleite Ostbayern	1955	1,5	18	—	1,500	felsig-verlehmter Kies
	Pumpspeicherwerk Geesthacht Oberbecken	1956/57	3,3	20	—	1,900	Geschiebemergel, Geschiebelehm, Sand, Kies
	Speicherkraftwerk Schwarzach Tauern AG	1957/58	1,5	26 bis 34	—	Aushub	Kalksteinfels und Geröll
	Pumpspeicherwerk Vianden I und II Oberbecken	1960/63	5,8	20	—	2,6	Devonschiefer mit Grauwackenbänken
	Pumpspeicherwerk Glems bei Stuttgart Oberbecken	1963/64	—	21	—	0,900	Jura-Kalkstein

Neigung der Außendichtung	Dichtungsfläche [m²]	Obere Bitumenbetondichtung [cm]	Bitumenschotter als Dränschicht [cm]	Untere Bitumenbetondichtung [cm]	Bitumen-Ausgleichbinder [cm]
1 : 2,75	11000	3lagig i. g. 9	12	2lagig i. g. 6	im Mittel 6
1 : 1,75	2600	2lagig i. g. 7	–	–	i. M. 6
1 : 2,75	28000	3lagig i. g. 9,5	10	2lagig i. g. 6,5	i. M. 6
1 : 2	12000	2lagig i. g. 8	bis halbe Höhe 15	bis halbe Höhe 4	i. M. 6
1 : 1,6	25000	2lagig i. g. 9	11	4	i. M. 6
1 : 1,75	46000	2lagig i. g. 12	11	1lagig 6	i. M. 3 ··· 7
1 : 1,75	–	2lagig i. g. 8	7	1lagig 4	Asphaltbinder
1 : 2	21500	2lagig i. g. 9	10	1lagig i. g. 4,5	i. M. 7
bituminöse Kerndichtung: 4 Sorten Grauwacken und Kalksteinsplitt, Kalksteinbrechsand, Natursand, Füllstoff und Bitumen					
bituminöse Kerndichtung					
1 : 2	88000 Sohle 30000 Böschung	1lagig Asphaltmastix 12 kg/m²	–	14 mm dicke Schicht 2,5 mm dicke Glasfaserbahnen	
1 : 2,5	210000 Sohle 86000 Böschung	1lagig Asphaltmastix 6 kg/m²	–	2lagig 6 ··· 7 mm	5 Bitumen-Kies-Sand
1 : 1,75	35000 Sohle 40000 Böschung	Asphaltmastix 6 kg/m²	–	2lagig i. g. 12	i. M. 5
1 : 1,75	342000 Sohle 169000 Böschung	Asphaltmastix	–	2lagig i. g. 6	i. M. 6
1 : 1,75	33000 Sohle 37000 Böschung	1lagig 6 cm	14	1lagig 5	i. M. 3 ··· 4

i. g. = insgesamt

starren Außenhautdichtungen aus Beton sind folgende [209]:

1. Die Bitumenbetondichtung ist bei normalen Temperaturschwankungen mehr dehnbar als Beton; auch bei Temperaturen unter dem Gefrierpunkt ist noch ein beträchtliches Dehnungsvermögen vorhanden
2. Bessere Anpassung an die Bewegungen des Dammes
3. Bitumenbeton kann in beliebiger Ausdehnung fugenlos große Flächen dichten und gegen Erosion schützen

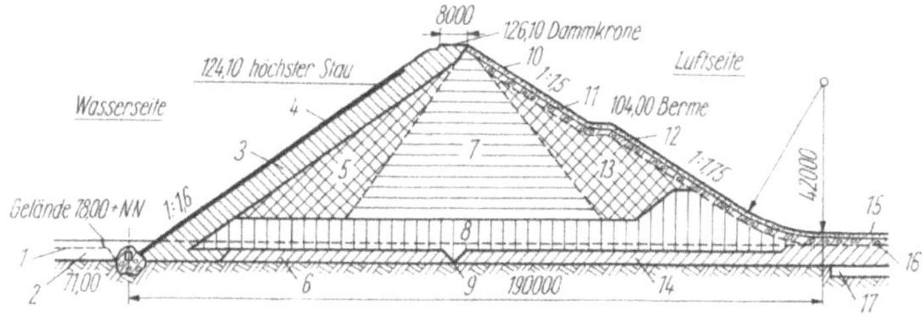

a) Dammquerschnitt: *1* Grauwacke; *2* Grauwackeschiefer (nur grobe, durchlässige Schüttung); *3* Grauwacke von etwa Packlagenhöhe; *4* Bitumenbeton-Dichtungsdecke; *5* Grauwacke (grobes Schüttmaterial); *6* verlehmtes Steinmaterial als Übergang; *7* Grauwacke und Grauwackeschiefer; *8* Talschotter; *9* Rigole (Abzugsgraben); *10* Rasenabdeckung; *11* Mutterboden; *12* anstehender Talschotter; *13* Grauwacke; *14* verlehmtes Steinmaterial; *15* Rasenandeckung; *16* anstehender Talschotter; *17* Vorflutkanal

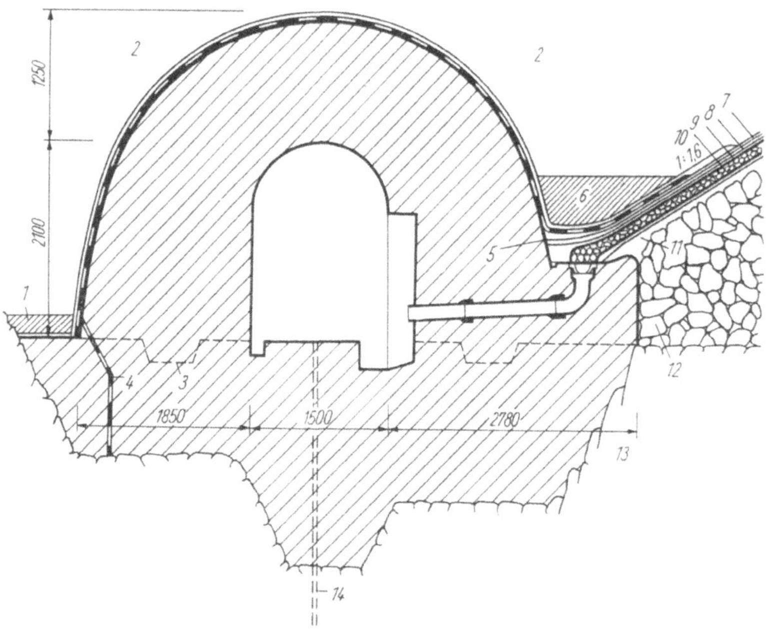

b) Kontrollgang; *1* u. *6* Ton; *2* Dammschüttung; *3* Fuge; *4* bit. Dichtungsbahn; *5* Ausgleichbeton; *7* Mastix; *8* obere Bitumenbetondichtung; *9* Bitumenschotter; *10* untere Bitumenbetondichtung; *11* Binderausgleichsschicht; *12* Stützkörper; *13* Fels; *14* Injektionsschirm

Bild 96. Wahnbachtalsperre (DBR) [211]

4. Böschungsneigungen mit Bitumenbetondichtung von 1 : 1, auch in Tropengebieten, sind möglich, ohne daß ein Abgleiten oder unzulässige Verformungen auftreten
5. Bei kurzzeitigen Belastungen (brandende Wellen, tiefe Temperaturen) verhält sich Bitumenbeton wie ein elastischer Stoff, bei langandauernden Beanspruchungen und hohen Temperaturen überwiegen die plastischen Eigenschaften
6. Schadenstellen lassen sich an einem Bitumenbelag leichter ausbessern als an starren Betondecken
7. Die Herstellung der bituminösen Außendichtung kann nach Fertigstellung der Dammschüttung in kurzer Zeit erfolgen

Auf Grund dieser Tatsachen ist nach gewissen anfänglichen Schwierigkeiten bei der ersten größeren Anwendung an der Genkeltalsperre [210], die bereits 1952 vollendet wurde, die bituminöse Außendichtung zu einer vollwertigen und wirtschaftlichen Bauweise im Staudamm- und Speicherbau entwickelt worden, wie aus den zahlreichen ausgeführten Abdichtungen von Dämmen und Becken der letzten Jahre ersichtlich ist (Tafel 36).
Im Gegensatz zur Hennetalsperre wurde der Ansatzpunkt der Bitumendecke an der Wahnbachtalsperre tiefer verlegt, um die Hebelwirkung der schiebenden bituminösen Außenhautdichtung zu vermindern (Bild 96a und b). Die verbleibenden Kehlen zwischen Herdmauer und Dichtung wirken sich durch den erforderlichen Handeinbau technologisch ungünstig aus. Da der maschinelle Einbau auch in der Qualität dem Handeinbau überlegen ist, soll die bituminöse Dichtung auch bei hochliegenden Kontrollgängen stets in den Kopf der Herdmauer eingebunden werden [210, 211]. Die im Jahre 1957 begonnene Biggetalsperre hat einen tiefliegenden Kontrollgang mit neuartiger Konstruktion, der gleichzeitig zur Untergrundverpressung dient (Bild 97a und b). Dadurch ist eine durchgängige Verbindung der Dichtungsfläche (Außendichtung–Herdmauer–Dichtungsschleier) erreicht worden, die außerdem eine gute Dichtigkeitskontrolle und spätere Nachverpressungen gestattet [212].
Nach eingehenden Untersuchungen wurden die Voraussetzungen auch für bituminöse Innendichtungen geschaffen, die in einigen Fällen Vorteile gegenüber der Außendichtung aufweisen [212, 214, 216].
Durch Beobachtungen und Messungen von *Breth* [212] am Steinschüttdamm der Dhünntalsperre mit einem Dichtungskern aus Bitumengrobbeton konnte festgestellt werden, daß geringe luftseitige Verschiebungen und eine Durchbiegung des Kernes infolge Wassereinstaues eintreten (Bild 98a und b).

Eigenschaften

Auf der Grundlage umfangreicher Laboruntersuchungen sind die optimalen Mischungsverhältnisse festzulegen, die den ausführungstechnischen Anforderungen entsprechen müssen. Dabei spielen für die Bestimmung der Abmessungen und die Qualität der Bitumenbeläge die praktischen Erfahrungen eine große Rolle (Tafel 37). Dabei sind zwei Entwicklungstendenzen festzustellen [212, 214, 215]:

1. Bituminöse Außenhautdichtungen werden aus relativ feinkörnigen Mischungen hergestellt, die leicht verdichtbar sind, eine große Flexibilität aufweisen und deren Schubfestigkeit sich vorwiegend aus dem kohäsiven Widerstand des Mörtels ableitet

2. Für Kerndichtungen verwendet man gut abgestufte, grobkörnige Gemische mit hoher innerer Reibung [212]

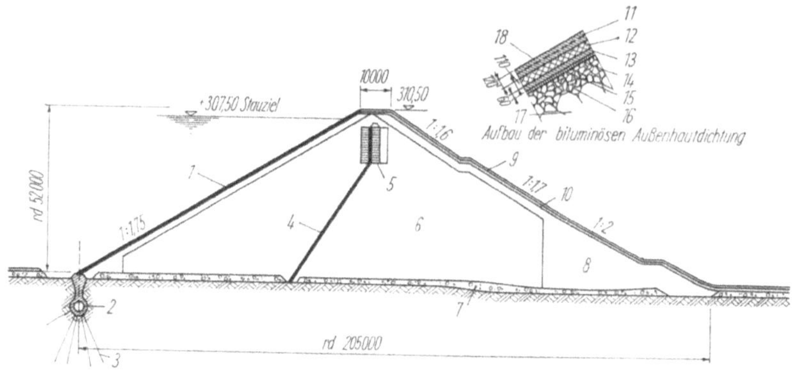

a) Dammquerschnitt; *1* bituminöse Außenhautdichtung; *2* Kontrollgang; *3* Zementeinpressungen; *4* Bremszone; *5* Kronensicherung; *6* Steinschüttung verdichtet; *7* Talschotter; *8* Grobsteinschüttung; *9* Mutterboden mit Rasen; *10* steiniger Lehm; *11* Bitumenbeton, 2lagig; *12* Dränschicht; *13* Bitumenbeton; *14* Binder-Ausgleichsschicht 3 cm × 7 cm; *15* Einstreudecke 100 kg/m²; *16* Grobschlag 5/15 cm, 10 cm × 40 cm; *17* Dammschüttung; *18* Mastix

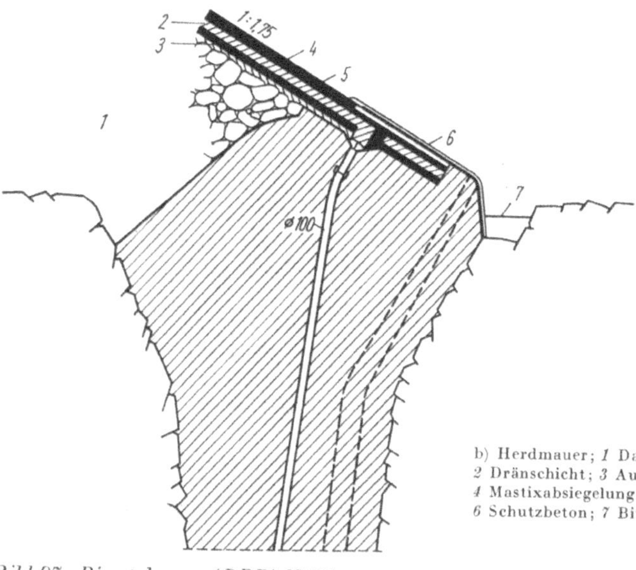

b) Herdmauer; *1* Dammschüttung; *2* Dränschicht; *3* Ausgleichbinder; *4* Mastixabsiegelung; *5* Bitumenfeinbeton; *6* Schutzbeton; *7* Bitumen

Bild 97. Biggetalsperre (DBR) [212]

Die Wasserundurchlässigkeit des Bitumen-Mineral-Gemisches wird durch die Mineralzusammensetzung, den Bindemittelgehalt und die Dichte bestimmt. Um einen geringen Bindemittelbedarf zu erreichen, ist eine günstige Kornabstufung des Minerals, möglichst nach der Fuller-Kurve, anzustreben.

Nach den bisherigen Erfahrungen [209] ist Bitumenbeton mit einer Wasseraufnahme von < 3 Vol.-% vollkommen wasserdicht, mit 3 bis 5 Vol.-% praktisch dicht, mit 5 bis 8 Vol.-% gering durchlässig (k-Wert $= 10^{-8}$ m/s) und mit > 8 Vol.-% durchlässig.

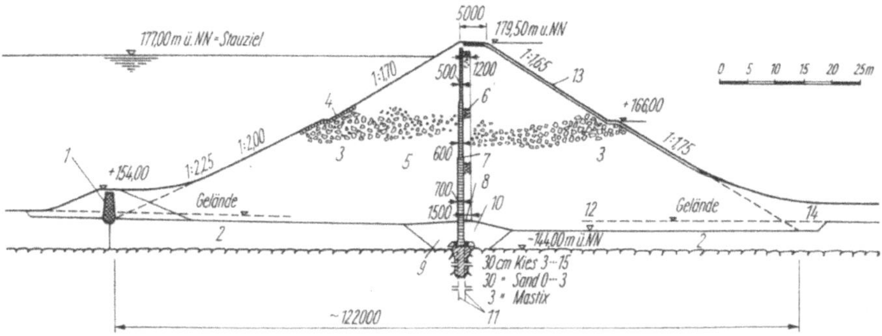

a) Dammquerschnitt; *1* Vordamm; *2* gewachsener Talschotter; *3* Steinschüttung; *4* Böschungspflaster; *5* mürber, lehmhaltiger Schiefer; *6* Grauwackefilter 25 bis 80 mm; *7* Bitumenbetondichtung; *8* Sammelwanne; *9* gewalzter Lehm; *10* geschütteter Talschotter; *11* Zementeinpressungen; *12* Dammaufsatzfläche; *13* 30 cm Mutterboden; *14* Vorschüttung;

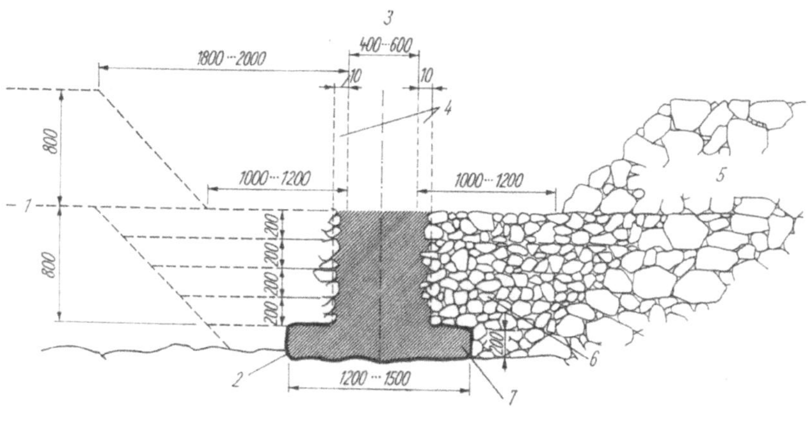

b) Einbau der Kerndichtung aus Bitumengrobbeton; *1* Steinschüttlagen; *2* Mastix; *3* Bitumengrobbetonkern; *4* Einbindungszone; *5* Steinschüttlagen $< 0{,}60$ m; *6* kleinstückiges Schüttgut < 20 cm; *7* Bitumengrobbeton-Dichtung

Bild 98. Dhünntalsperre (DBR) [212]

Zur strengen Einhaltung der Rezeptur und zur laufenden Überwachung des sachgemäßen Einbaues sind umfangreiche Güteprüfungen erforderlich, die in einem Spezialschrifttum niedergelegt sind [209, 245].

Die Standfestigkeit der bituminösen Außendichtung ist unter Dauerbelastung und bei Temperaturen bis +60 °C nachzuweisen. Da die Wassertemperatur selten +20 °C überschreitet, ist die Stabilität auf der geneigten Böschung infolge Eigen-

gewichtes bei unbenetztem Belag unter Sonneneinstrahlung maßgebend. Wegen der Gefahr der mechanischen Beschädigungen während des Baues und im späteren Betriebszustand sowie durch Sogkräfte des Wassers sind die Schichten durch eine Überdeckung zu schützen [213].
Bei Böschungsneigungen bis 1 : 1,6 ist bei der normalen Herstellungstechnologie ein Arbeiten von Mensch und Maschine unter Einhaltung von Sicherheitsvorkehrungen möglich (Tafel 36).
Gegenüber chemischen Einwirkungen besitzen diese Dichtungsbeläge eine hohe Lebensdauer. Pflanzen an Gewässern und Seen wachsen häufig durch den Bitumenbeton hindurch. Nur sehr dichter Bitumenbeton erschwert den Pflanzenwuchs [209].

Bauweisen

Bitumenbeton besteht etwa aus 75% Steinsplitt und Sanden (Natur- oder Brechsande), aus 15% Steinmehl (Füller) und 10% Bitumen sowie Faserstoffen. 1 bis 3 Gew.-% Asbestfasern versteifen das Bindemittel und erhöhen die Standfestigkeit (Tafel 37).
Die bituminöse Außendichtung setzt sich aus zwei Bitumenbetonschichten mit eingeschlossener Dränageschicht zusammen (Tafel 36), wobei die erforderliche Dicke nach *Dempwolff* [209] mit Rücksicht auf Ausführungsfehler und aus Sicherheitsgründen bis 10 m Stauhöhe maximal 6 cm und bei mehr als 60 m Stauhöhe

Tafel 37
Charakteristische Kornzusammensetzungen von Bitumenbetondichtungen [209]

Durchgang Maschensieb [mm]	Größtkorn 25 mm	12 mm	8 mm
25	100%	–	–
18	80%	–	–
12	60%	100%	–
8	46%	77%	100%
2,00	33%	57%	75%
0,40	17%	33%	45%
0,20	12%	22%	30%
0,09	5%	12%	15%
Bitumen B 80, B 65	5,5···7,5%	6,5···8,5%	7,5···9%

größer als 12 cm sein soll. Der Unterbau sowie die Ausgleichsschicht blieben dabei unberücksichtigt (Bilder 100 bis 102).
Die bituminösen Außendichtungen an Staudämmen werden mit kontrollierbaren Dränageschichten versehen, die durch wasserdichte in Fallrichtung eingebaute Bitumenbetonschotten feldweise unterteilt sind. Die Sickerwassermenge der Dränageschicht ($k = 1 \cdot 10^{-4}$ m/s) der Dichtung kann über ein Leitungssystem im Kontrollgang der Herdmauer aufgefangen werden. Beim Absenkvorgang ist es daher möglich, etwaige Undichtigkeiten in horizontaler und vertikaler Richtung der Außendichtung zu bestimmen.

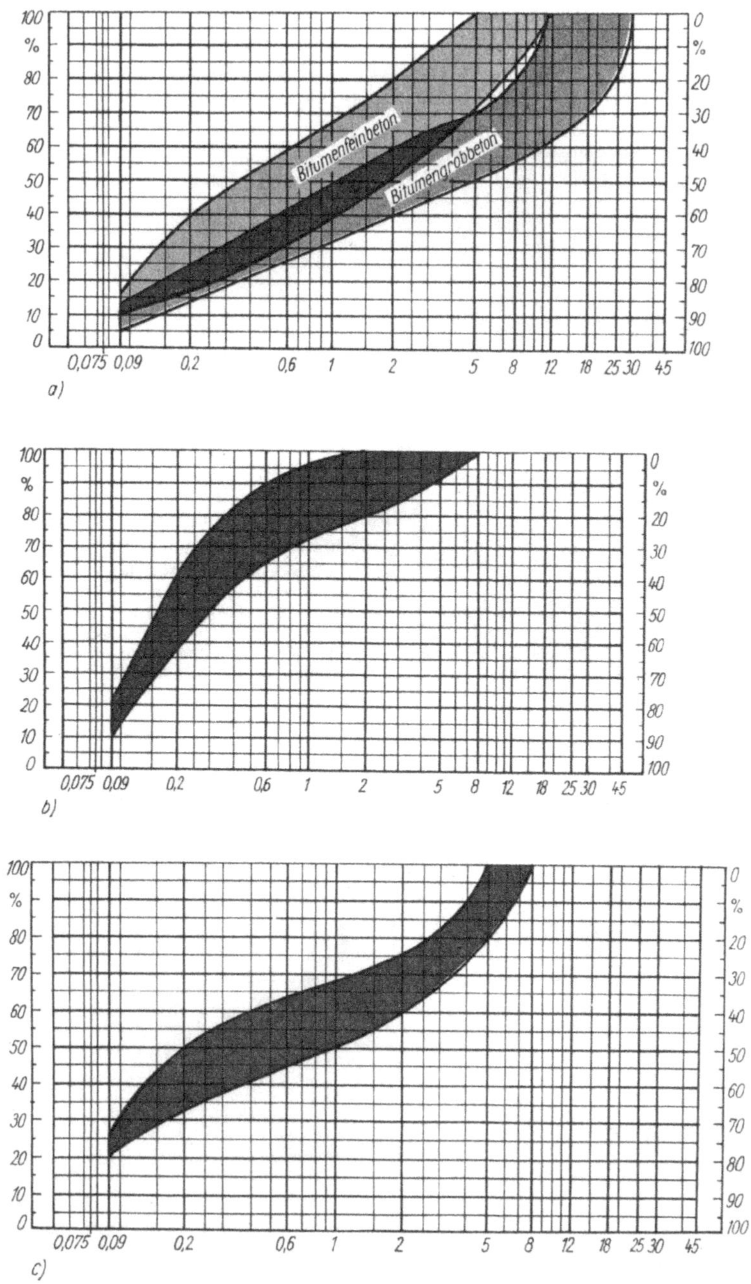

Bild 99. Sieblinien von Bitumenbetondichtungen [209]

a) Bitumenbeton; b) Bitumensand; c) Gußbitumen

Bild 99a bis c enthalten Bereiche der Kornverteilungslinien für Bitumenbeton, Bitumensand und Gußbitumen.

Ein umfangreiches Anwendungsgebiet hat die bituminöse Dichtung durch die Auskleidung von Pumpspeicherbecken erfahren, die in neuerer Zeit mit einlagigen

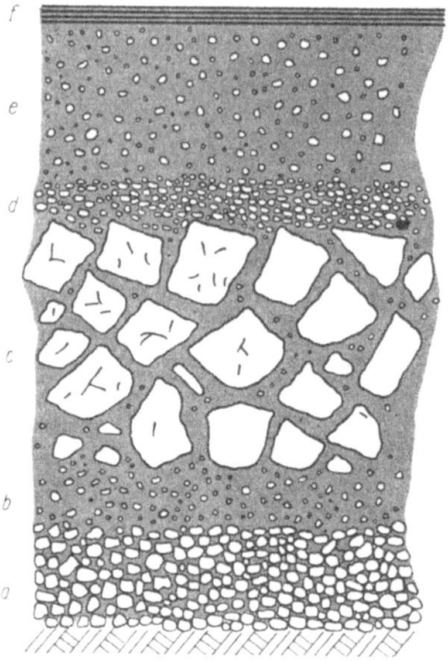

Bild 100. Schnitt durch einen Aufbruch der bituminösen Außendichtung [210]

a Bitumensplitt-Ausgleichsbinder (rd. 6 cm);
b Bitumenbetondichtung (2 · 3 cm = 6 cm);
c bituminöse Schotterdränschicht (12 cm);
d Bitumensplitt-Zwischenlage (rd. 2 cm);
e dreilagige Bitumenbetondichtung (9 cm);
f Mastix-Schutzschicht (zweilagig)

Bild 101. Querschnitt der Bitumenbetondichtung auf der Sohle des Rückhaltebeckens für das Spitzenkraftwerk Schwarzach bei St. Veit im Pongau [210]

1 Bitumen-Mastix;
2 2 Lagen Bitumenbeton;
3 Bitumen-Ausgleichsschicht;
4 rd. 25 kg/m² Bitumensplitt;
5 2 kg/m² Heißbitumen;
6 Grobkies (rund);
7 Packlage;
8 3-Korn-Filter 40/80, 10/40, 3/10

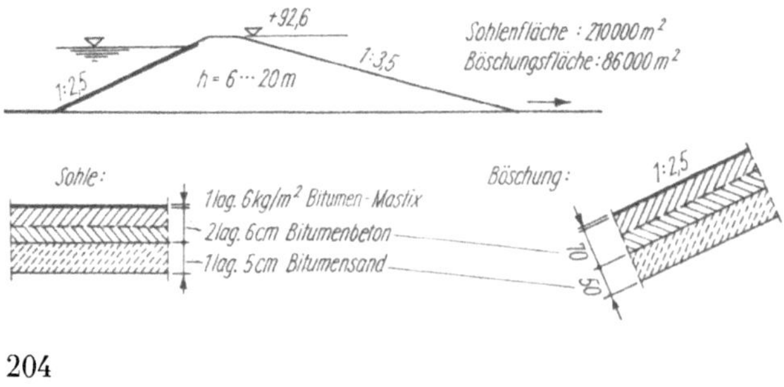

Bild 102. Querschnitt des Dammes und der Bitumenbetondichtung des Speicherbeckens Geesthacht [211]

Belägen bis 6 cm Dicke versehen werden (Tafel 36) [214, 215]. Zur besseren Kontrollmöglichkeit für Undichtigkeiten sowie zum Luftdruckausgleich wird ein verzweigtes Dränagesystem vorgesehen [211] (Bild 102).
Für die Dichtung von Schiffahrtskanälen und Deichbauten an der holländischen und deutschen Nordseeküste sind in zunehmendem Maße Bitumenbauweisen zur Anwendung gekommen (Bild 103) [215, 216].

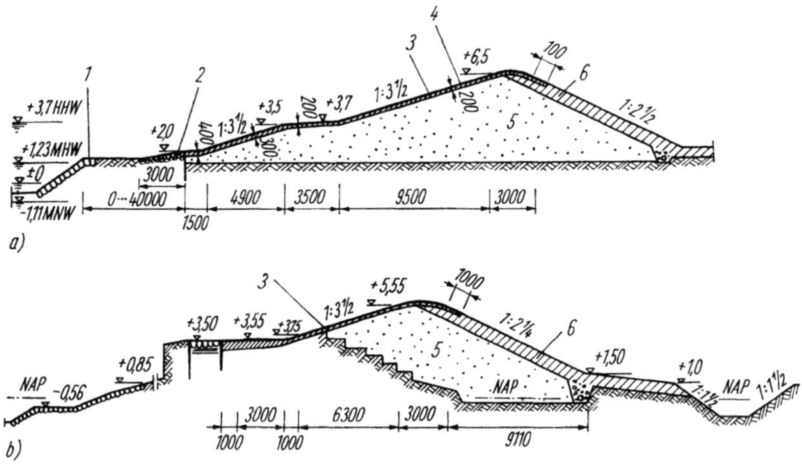

Bild 103. Bitumenbetondichtung an Deichen [210]

a) Bitumenverkleidung bei St. Jacob und Galathea (Holland); *1* Basalt-Säulen mit Asphalt-Verguß; *2* Steinschüttung mit Asphalt-Einguß; *3* 10 cm Bitumenbeton; *4* Bitumensand 30, 20 bzw. 10 cm; *5* Sand; *6* 0,80 m Ton; b) Bitumenverkleidung bei „van Pallandpolder" (Holland)

4.3.3.2.2 Zementbeton

Die Abdichtung von Staudämmen mit Ortbeton reicht viele Jahrzehnte zurück. Aus einer einfachen Betonschicht entwickelte sich die monolithische Bauweise, die entweder ohne oder mit Bewegungsfugen ausgeführt werden kann. Die starre Decke ohne Fugen wird in beiden Richtungen bewehrt und eignet sich für niedrige Dämme. Die bewegliche monolithische Decke besteht aus Rechteckfeldern, deren Fugenabstand von den zu erwartenden Dammbewegungen und Temperaturschwankungen bestimmt wird. Im allgemeinen haben sich Horizontalfugen mit nach unten abnehmendem Abstand von 10 bis 20 m und Vertikalfugen im Abstand von 15 bis 20 m bewährt [26]. *Dyck* [57] gibt für die Bemessung der Deckenstärke für Steindämme mit großen Schütthöhen und Steinpackung an der Wasserseite einen empirischen Ansatz an, der die Stauhöhe, die Mindeststärke und einen Faktor für die zu erwartenden Dammbewegungen berücksichtigt (Bild 104).
Zementbeton-Kerndichtungen wirken statisch ungünstig und führen zu einer Verflechtung der Bauarbeiten. Ein gleichzeitiger Einbau der Dammbaustoffe von beiden Seiten wäre notwendig, um der Rißgefahr vorzubeugen. Im gesamten Bauablauf wirken sie als Fremdkörper und sind nicht zu empfehlen.
Die Anwendung von Stahlbetonfertigteilen als Dichtungselement [415] im Staudammbau bietet durch die mechanische Fließfertigung, durch die Steigerung der Betongüte in wettergeschützten Anlagen und einen schnelleren Baufortschritt ge-

wisse Vorteile. Die Abmessungen der Fertigteilplatten sind geringer als die Ortbetonplatten und werden im wesentlichen durch die Transport- und Verlegeeinrichtungen bestimmt. Dem Vorteil der größeren Beweglichkeit steht jedoch der Nachteil einer größeren Fugenlänge gegenüber. Als Fugendichtungsmaterial kommen Polyplaste (Kunststoffe) oder Gummi in Verbindung mit neuzeitlichen Schweiß- und Klebeverfahren zur Anwendung.

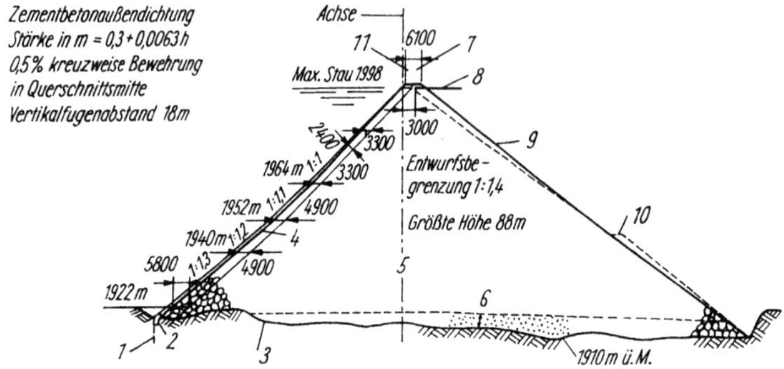

Bild 104. Querschnitt des Wishon-Dammes mit Zementbeton-Außendichtung: Stärke m = 0,3 + 0,0063 h, 0,5 % kreuzweise Bewehrung in Querschnittsmitte, Vertikalfugenabstand 18 m

1 Dichtungsschürze; *2* Sporn; *3* Granit-Flußbettsohle; *4* Steinpackung; *5* geschüttetes Felsmaterial; *6* 6 bis 7 m Sand und Kies im Flußbett beseitigt; *7* geschüttete Kronenhöhe 1998 bis 1999,2 m ü. M.; 8 Entwurfshöhe 1998 m ü. M.; *9* natürliche Böschung etwa 1 : 1,3 bei 6 m Kronenbreite; *10* Vorschüttung soweit nötig für Einhaltung der (1 : 1,4)-Entwurfsböschung; *11* 1,2 m Mauer

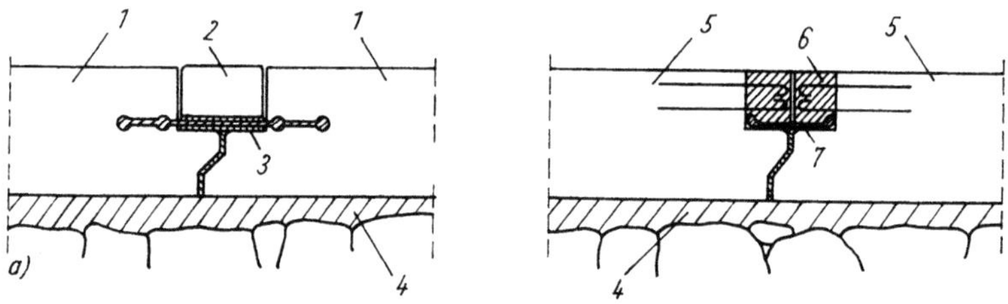

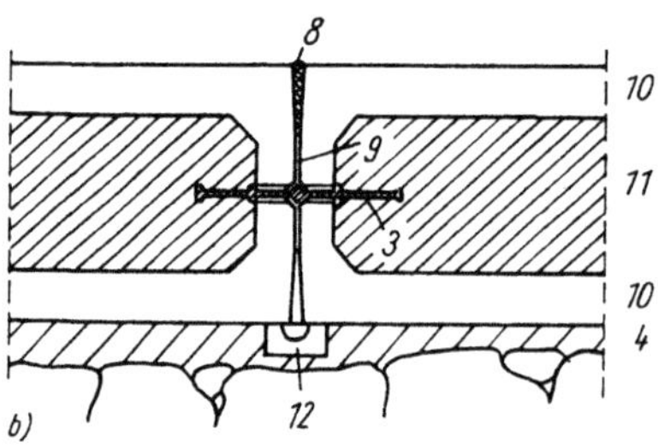

Bild 105. Fugenausbildung bei Zementbeton-Außendichtungen [26]

a) bei Betonfertigteilen; b) bei kombinierter Betondichtung aus Fertigteilen und Ortbeton; *1* Betonfertigteilplatten; *2* Betonbalken als Fertigteil; *3* Fugendichtungsband; *4* poröser Ausgleichsbeton; *5* Betonfertigteilplatten; *6* Ortbeton; *7* aufgeklebtes Fugendichtungsband; *8* Bitumen; *9* Preßholz oder Faserplatte; *10* Beton-Fertigteil; *11* Füllbeton; 12 Sickerrinne

Bild 105a und b zeigen die Möglichkeiten der Fugenausbildung nach *Dyck*, wobei die Dichtungsstreifen in den Plattenumfang einbetoniert und an den Fugen unter- oder überklebt werden müssen. Im allgemeinen erhalten die Betondichtungen keine Schutzschichten, so daß mit Verwitterungserscheinungen gerechnet werden muß.

4.3.3.2.3 Tonbeton

Tonbeton (Erdbeton) ist ein gemischtkörniger, gut abgestufter zusammengesetzter Erddichtungsstoff mit ausreichendem Ton- bzw. Schluffgehalt, der bei optimalem Wassergehalt und maximaler Trockenrohwichte als geneigte oder zentrale Innendichtung Verwendung finden kann (Bild 76).

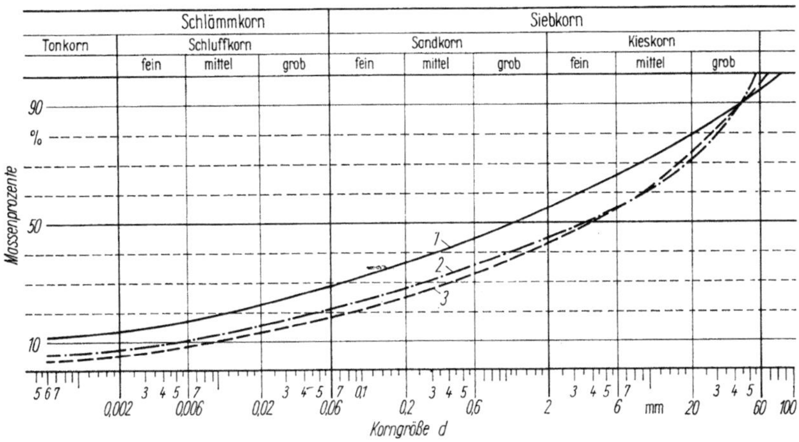

Bild 106. Kornverteilungslinien von Tonbeton
1 Göschenenalp; *2* Sylvenstein; *3* Happurg

In einer Mischanlage wird ein nichtbindiger Grundstoff (Zuschlagstoff) mit möglichst günstiger Kornabstufung (Gesteinsgrus, Verwitterungsmaterial, Talschotter, Kiessand oder schluffiger Sand) mit einem hochplastischen Ton (Tonmineralien der Kaolinit-, Illit- oder Montmorillonitgruppe) oder einem mageren Schluffton gemischt, so daß eine Erdstoffmischung nach dem Prinzip des kleinsten Hohlraumes entsteht (Tafel 38). Die in Bild 106 dargestellten Kornverteilungskurven von Tonbetonmischungen einiger europäischer Staudämme lassen das charakteristische langgestreckte Kornband erkennen. Diese gemischtkörnigen ideal abgestuften Erdstoffe stehen in der Natur nur selten zur Verfügung, so daß eine Verbesserung des Kornaufbaues durch Zugabe von tonigen oder sandig-kiesigen Bestandteilen oftmals notwendig wird. In zahlreichen Fällen wurde als Tonzugabe quellfähiger Bentonit (Tonmineral der Montmorillonitgruppe) mit Masseanteil $< 5\%$ verwendet, um einen wasserundurchlässigen Tonbeton zu erhalten.
Die festen Anteile des Tonbeton (Zuschlagstoff und Ton) sollen so gewählt werden, daß ein optimales Mischungsverhältnis erreicht wird, d. h., die Tonbetonmischung soll unter einer günstig ausgewählten Kornzusammensetzung bei der Verdichtung nach der einfachen Proctordichte (w_p, γ_p) eine maximale Trockenrohwichte ergeben. Bei entsprechender Zugabe der einzelnen Kornfraktionen kann eine optimale Dichtungswirkung erzielt werden. Die Anordnung und Verteilung nach einem Minimum an Hohlraum gewährleistet eine hohe Lagerungsdichte und damit eine große Trockenrohwichte. Die mit der maximalen Trockenrohwichte γ_p verbundene günstige Wasserundurchlässigkeit kann auch durch eine höhere Tonzugabe erreicht werden. Die größere Tonmenge würde zu einer Erhöhung der Zu-

Tafel 38. Schematische Darstellung über die Verwendung von Tonbeton

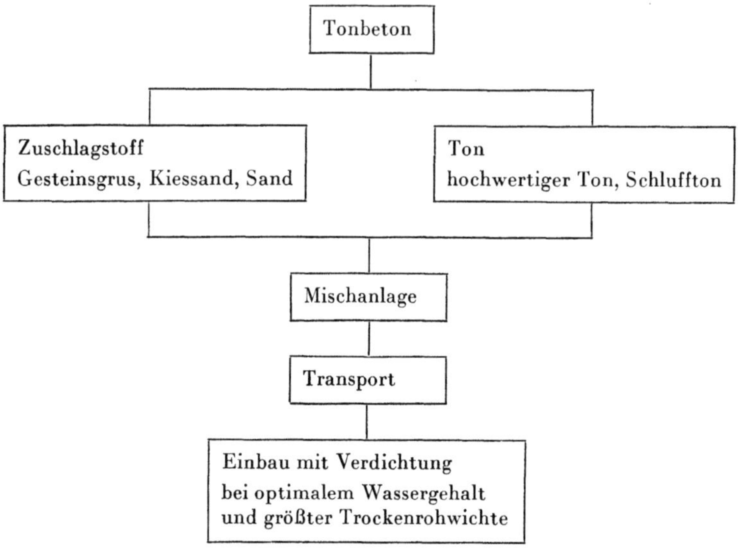

sammendrückbarkeit, einer Herabsetzung des Reibungsbeiwertes tan φ und damit zur Unwirtschaftlichkeit des Verfahrens beitragen.
Nach *Breth* [195] ergibt sich für ein rolliges Mischlockergestein aus sandigem Kies mit Geröllen etwa folgende Tonbetonzusammensetzung: $^1/_3$ Gew.-Anteile Rohton plus $^1/_6$ Gew.-Anteile Sand plus $^1/_2$ Gew.-Anteile Kiessand mit Geröll.
Auf Grund bodenphysikalischer Untersuchungen schlägt *Jänke* [197] in Abhängigkeit von der Bindigkeit des Tones und vom Ungleichförmigkeitsgrad des Grundstoffes folgende Bereiche der Tonzugabe vor:

Kiessand (U = 4,9 bis 5,11): 10 bis 11% Tonzugabe (bezogen auf die Grundstoffmenge)
Mittelsand (U = 1,27): 19 bis 22% Tonzugabe
feinsandiger Schluff (U = 3,5 bis 4,0): 12 bis 16% Tonzugabe

Bei der Zugabe stark- bis hochbindiger Tone können infolge der stärkeren mineralchemischen Wasserbindung dieser Erdstoffe die unteren Grenzwerte der Tonzugabe verwendet werden. Während *Jänke* [197] gleichförmige Grundstoffe seinen Untersuchungen zugrunde legte, verwendet *Breth* [196] für den Tonbeton am Pumpspeicherwerk Happurg als wasserseitiges Dichtungselement eine Mischung von 80% Sand und Kies und 20% gemahlenem Opalinuston ($w_f = 0{,}41$, $w_{fa} = 0{,}18$) [198, 199].

Anforderungen

Ein mit günstigem Kornaufbau zusammengesetzter Tonbeton erfüllt somit die bodenphysikalischen Anforderungen an einen Erddichtungsstoff im Staudammbau:

1. genügende Wasserdichtigkeit
2. möglichst hohe Scherfestigkeit

3. geringe Zusammendrückbarkeit
4. ausreichende Beständigkeit, insbesondere gegenüber aggressivem Wasser

Neben diesen günstigen bodenphysikalischen Eigenschaften, die durch die abgestufte Kornzusammensetzung und durch die damit verbundene hohe Lagerungsdichte begründet werden, bietet der Tonbeton auch wesentliche technologische Vorteile im Staudammbau, die insbesondere in der guten Einbau- und Verdichtungsfähigkeit und der möglichen Verwendung örtlich vorkommender Erdstoffe bestehen.

Eigenschaften

Die Untersuchungen des Tonbetons am Pumpspeicherwerk Happurg [196] ergaben nach *Breth* Durchlässigkeitsbeiwerte $k = 1 \cdot 10^{-10}$ bis $9 \cdot 10^{-10}$ m/s bei einfachen Trockenrohwichten nach *Proctor* von $\gamma_p = 2{,}10$ bis $2{,}40$ Mp/m³ und entsprechend optimale Wassergehalte $w_p = 0{,}04$ bis $0{,}10$. Der im Wasserbau allgemein geforderte Wasserdurchlässigkeitsbeiwert $k = 1 \cdot 10^{-9}$ m/s wird bei Tonbetonmischungen nach *Jänke* [197] nach 100% der einfachen Proctordichte bereits mit 11% Tonzugabe bei stärker gemischtkörnigen Grundstoffen und 17% Tonzugabe bei gleichförmigen Grundstoffen erreicht. Die ausreichende Lagerungsdichte ist bei Tonbeton auch eine wesentliche Voraussetzung für die Beständigkeit gegenüber aggressivem Wasser. Tonbetonmischungen mit ungünstig zusammengesetzten Grundstoffen ergeben eine deutliche Abnahme der Durchlässigkeit während der Dauerdurchlässigkeitsversuche [195]. Die Durchlässigkeitsbeiwerte lagen für 1,0 kp/cm² Korngerüstpressung trotz Streuungen infolge der Randstörungseffekte im Versuchsgerät zwischen $k_{10} = 1 \cdot 10^{-9}$ bis $1 \cdot 10^{-10}$ m/s.

Die Verformbarkeit von Tonbeton hängt von der Kornzusammensetzung des Grundstoffes (Ungleichförmigkeitsgrad und wirksame Korngröße) und der Menge der Tonzugabe ab und kann demzufolge in Grenzen zwischen $E = 50p$ und $E = 750p$ [kp/cm²] schwanken. Infolge der Tonzugabe unterschiedlicher Bindigkeit ergeben sich nach *Jänke* bei geringen lotrechten Pressungen (< 3 kp/cm²) im Druckgerät bei behinderter Seitenausdehnung elastische Verformungen, während bei höheren Belastungen bis 20 kp/cm² Tonbeton sich noch plastisch verformt. Dies bestätigt, daß Tonbeton trotz des grobkörnigen Korngerüstes durch die Wasserbindefähigkeit des Tones als bindiger Erddichtungsstoff angesehen werden muß, der in der Lage ist, den elastisch-plastischen Verschiebungen des Dichtungselementes ohne Beeinträchtigungen zu folgen.

Auf Grund der Untersuchungen von *Jänke* wirkt sich auf den Reibungsbeiwert $\tan \varphi$ nur der Einfluß der Tonzugabe nach Art und Menge aus, da die Reibungsbeiwerte der untersuchten Grundstoffe sich nur geringfügig unterschieden. Allgemein kann jedoch festgestellt werden, daß bei 25% Tonzugabe zum feinkörnigen Grundstoff noch ein Reibungsbeiwert von $\mu = 0{,}62$ unter Berücksichtigung der einfachen Proctordichte ermittelt werden konnte.

Scherfestigkeitsuntersuchungen nach *Breth* u. a. ergaben Reibungswinkel für Tonbeton im Bereich eines Kiessandes $\varphi = 35$ bis $40°$. Unter Beachtung der Einbaubedingungen (Einbauwassergehalt, Schüttgeschwindigkeit, Belastung) ist dem Entstehen von Porenwasserspannungen im schwerdurchlässigen Dichtungselement aus Tonbeton während des Baues und Betriebes von Stauanlagen daher eine besondere Aufmerksamkeit zu schenken. Die Einhaltung des optimalen Wassergehaltes auch unter den klimatischen Bedingungen im Hochgebirge ist zu garantieren.

4.3.3.2.4. Hydraton

Hydraton ist ein künstlich zusammengesetzter Erddichtungsstoff, der für geneigte Innendichtungen bei Staudämmen geringer Höhe und insbesondere für Fluß-, Kanal- und Beckendichtungen Anwendung finden kann.
Der Name Hydraton leitet sich infolge der chemisch-physikalischen Wasserbindung im Erdstoff-Ton-Gemisch aus Hydration und tonähnlicher Masse ab.

Tafel 39. Schematische Darstellung über die Verwendung von Hydraton

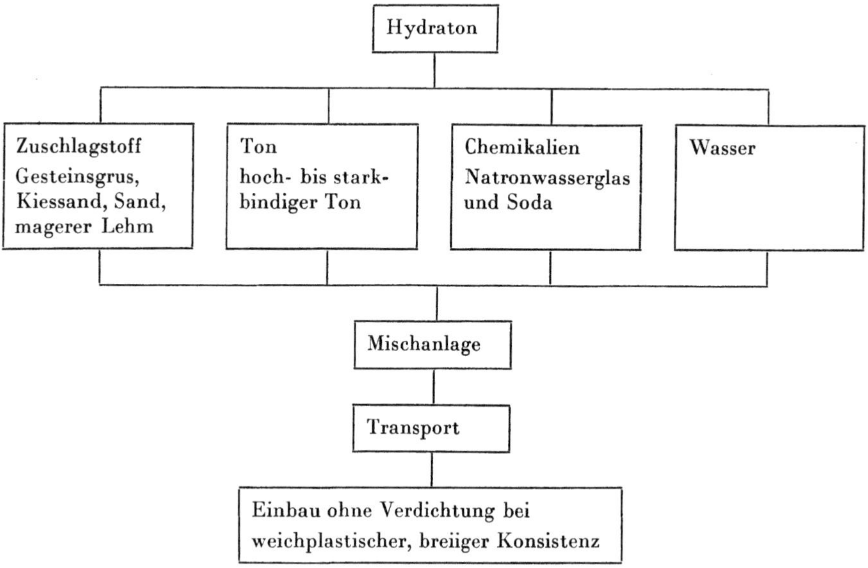

Der Dichtungsstoff Hydraton entsteht durch die Mischung von rolligen oder schwachbindigen Grundstoffen (Kiessand, Sand, Verwitterungslehme, schwachbindige Schluffsande, Lößlehme u. ä.) mit hydrationsfähigem Ton unter Zugabe von Natriumwasserglas, kalzinierter Soda und Wasser (Tafel 39). Durch die Zugabe von Natriumwasserglas und des Alkalisalzes Natriumkarbonat wird in der Erdstoffmischung ein Thixotropieeffekt hervorgerufen, der den Mischprozeß und den sich dabei abspielenden Vorgang der Hydration weitgehend begünstigt. Die Chemikalzugabe löst in der anfänglich fließfähigen Grundstoff-Ton-Mischung innerhalb weniger Minuten Mischzeit eine vom Wassergehalt abhängige thixotrope Versteifung aus (Sol-Gel-Übergang). Der zeitliche Verlauf dieser Versteifung kann jedoch durch den Wassergehalt so geregelt werden, daß eine weichplastische bis breiige homogene Hydratonmasse entsteht, die sich noch gut mischen und hohlraumfrei einbauen läßt. Der Wassergehalt bestimmt die Einbaukonsistenz und damit das bodenphysikalische Verhalten des Hydratons.
Die Hydrationswasserbindung bedingt, daß der wassergesättigte Hydraton unabhängig von Niederschlägen ein- oder mehrschichtig ohne mechanische Verdichtung eingebaut werden muß.
Die Klärung zahlreicher wesentlicher Probleme des Hydratons und die Zusammenfassung bisheriger Erkenntnisse über die Bewährung in der Praxis, bedingt durch

mehrfach widersprechende Meinungen in der Fachliteratur, waren dringend erforlich, um die tatsächlichen Grenzen der Anwendungsmöglichkeiten und die Wirtschaftlichkeit eindeutig festzulegen [200, 201, 202, 203].

Zuschlagstoff

Sämtliche im Kornaufbau gut abgestuften rolligen und schwachbindigen, wasserunlöslichen Erdstoffe können als Grundstoffe verwendet werden, wobei Erdstoffe

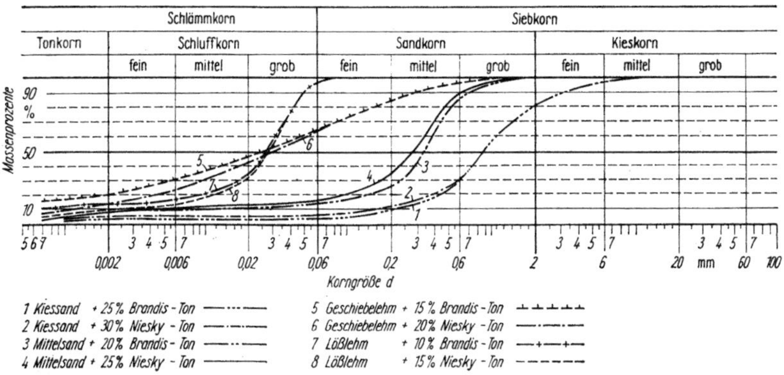

Bild 107. Kornverteilungslinien von Hydraton [206]

1 Kiessand +.25% Brandis-Ton; *2* Kiessand + 30% Niesky-Ton; *3* Mittelsand + 20% Brandis-Ton; *4* Mittelsand + 25% Niesky-Ton; *5* Geschiebelehm + 15% Brandis-Ton; *6* Geschiebelehm + 20% Niesky-Ton; *7* Lößlehm + 10% Brandis-Ton; *8* Lößlehm + 15% Niesky-Ton

mit größerem Ungleichförmigkeitsgrad $U > 5$ und einem hohen Anteil an Feinkorn ($<$ 0,01 mm Durchmesser) zu bevorzugen sind. Tafel 40 enthält einige charakteristische Beispiele von Hydratonmischungen. Daraus ist zu entnehmen, daß schwachbindige und steinfreie Grundstoffe (Verwitterungslehme, Geschiebelehme und Lößlehme) bevorzugt Verwendung finden können. Die Bindigkeit des Grundstoffes bestimmt die erforderliche Tonmenge und somit die infolge der Chemikalzugabe hervorgerufene Hydrationswirkung im Hydraton (Bild 107).

Ton

Die chemisch begründeten wasserbindenden Eigenschaften der Tone, die durch die unterschiedliche Art und Wirkung der Tonmineralien hervorgerufen werden, bilden die wesentliche Voraussetzung für den Hydrationsvorgang und bestimmen somit die bodenphysikalischen Eigenschaften. In zahlreichen Arbeiten [204, 205, 206] wird die besondere Wasserbindefähigkeit bzw. die molekulare Wasseranlagerung als Ursache des plastischen Verhaltens der Tone auf Grund mineralchemischer Vorgänge erklärt.

Die für das Hydratonverfahren zur Verwendung kommenden Tone müssen ein sogenanntes Kationenaustauschvermögen haben, das als Maßstab der Wasserbindefähigkeit angesehen werden kann. Zwischen den Wasserkennzahlen nach *Atterberg* (w_a, w_f) und dem Kationenaustauschvermögen bestehen hinreichende Zusammenhänge [67, 194], wodurch mit Hilfe der Fließgrenze w_f die Eignung eines Tones als Zugabe für das Hydratonverfahren festgelegt werden kann. Tone bzw. Schlufftone $w_f \geqq 0{,}50$ und $w_{fa} \geqq 0{,}30$ sind besonders geeignet.

Tafel 40. Bodenphysikalische Eigenschaften des Hydratons

	Ausgangsstoffe			Chemikalien	
	Grundstoff	Ton	günstigste Zugabe des Tones [%]	Natriumwasserglas	Soda
1	Kiessand $U = 5$	Brandis-Ton $w_f = 0{,}85$ $w_{fa} = 0{,}53$	25	günstigste Zugabe an Wasserglas, bezogen auf Grundstoff + Ton, 2,5%	günstigste Zugabe an Natriumkarbonat, bezogen auf Na-Wasserglas, 3%
2		Niesky-Ton $w_f = 0{,}50$ $w_{fa} = 0{,}21$	30		
3	Mittelsand $U = 2$	Brandis-Ton $w_f = 0{,}85$ $w_{fa} = 0{,}53$	20		
4		Niesky-Ton $w_f = 0{,}50$ $w_{fa} = 0{,}21$	25		
5	Geschiebelehm $U = 100$ $w_f = 0{,}30$ $w_{fa} = 0{,}15$	Brandis-Ton $w_f = 0{,}85$ $w_{fa} = 0{,}53$	15		
6		Niesky-Ton $w_f = 0{,}50$ $w_{fa} = 0{,}21$	20		
7	Lößlehm $U = 10$ $w_f = 0{,}25$ $w_{fa} = 0{,}10$	Brandis-Ton $w_f = 0{,}85$ $w_{fa} = 0{,}53$	10		
8		Niesky-Ton $w_f = 0{,}50$ $w_{fa} = 0{,}21$	15		

Eigenschaften

Die Ursachen der Verflüssigung infolge der Chemikalzugabe beim Hydraton sind noch nicht geklärt [206].

Durch die Zugabe von handelsüblichem Natriumwasserglas (Natriumsilikat von 37 bis 38 °Bé, $\varrho_s = 1{,}35$ g/cm^3) wird wahrscheinlich der anfängliche Elektrolyteffekt durch die Wirkung eines Kieselsäuregels überlagert. Der Einfluß des Wasserglases ruft eine anfänglich verflüssigende Wirkung der Erdstoffmischung hervor, die nach wenigen Minuten eine thixotrope Versteifung erkennen läßt. Das Wasserglas wird gewichtsmäßig der Grundstoff-Ton-Mischung zugegeben und ist auf den Grundstoff- und Tonanteil zu bemessen (Tafel 40). Dadurch entsteht keine kurzfristige Verhärtung, sondern die Hydratonmasse bleibt plastisch und läßt sich leicht deformieren.

Durch zahlreiche bodenphysikalische Untersuchungen konnten unter Berücksichtigung der Durchlässigkeitsbeiwerte, der Dauerbeständigkeit in aggressivem Wasser und der Standsicherheit auf Böschungen Grenzwerte für die günstigsten Hydratonmischungen ermittelt werden [206].

Die durch den Hydrationsvorgang hervorgerufene thixotrope Versteifung beeinflußt unmittelbar die Konsistenz des Hydratons und damit die Größe der

Wasser Einbauwassergehalt untere Grenze	obere Grenze	Hydraton Durchlässigkeitsbeiwert k [m/s]	Verdichtungszahl E [kp/cm²]	Scherfestigkeit (offenes System) Reibungswert φ	Haftfestigkeit c [kp/cm²]
0,20	0,26	$10^{-1} \dots 10^{-2}$	$60 \cdot p$	32°	—
0,19	0,25	(Hydratonmischung ist nicht beständig)	$45 \cdot p$	30°	—
0,21	0,27	$3 \cdot 10^{-10} \dots 8 \cdot 10^{-10}$	$35 \cdot p$	26°	0,10
0,21	0,25	$6 \cdot 10^{-10} \dots 4 \cdot 10^{-9}$	$40 \cdot p$	24°	0,10
0,35	0,42	$1 \cdot 10^{-10} \dots 3 \cdot 10^{-10}$	$32 \cdot p$	25°	0,15
0,34	0,40	$8 \cdot 10^{-11} \dots 2 \cdot 10^{-10}$	$38 \cdot p$	28°	0,15
0,35	0,45	$4 \cdot 10^{-10} \dots 1{,}5 \cdot 10^{-9}$	$24 \cdot p$	30°	0,20
0,35	0,44	$3 \cdot 10^{-9} \dots 1 \cdot 10^{-9}$	$30 \cdot p$	28°	0,10

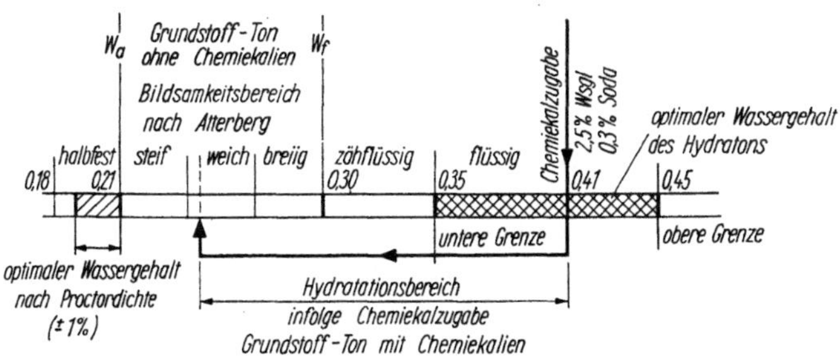

Bild 108. Hydrationsbereich infolge Chemikalzugabe beim Hydraton

Kohäsion (Bild 108). Für die Praxis haben sich daher zwei entsprechende Grenzwerte des Einbauwassergehaltes herausgebildet:

1. Der obere Grenzwert des Wassergehaltes kann dadurch festgelegt werden, daß in einer Zeit von etwa 15 min keine deutlich in Erscheinung tretende Versteifung eingetreten ist (Beständigkeit im Wasser und Standsicherheit auf Böschungen).

2. Der untere Grenzwert des Wassergehaltes wird durch technologische Faktoren bestimmt. Der steifplastische Hydraton muß sich bei diesem Wassergehalt einbauen lassen.

Bild 108 zeigt die Spanne der Wassergehaltsschwankungen bei einem Hydraton mit einem schwachbindigen Grundstoff und den Einfluß des Hydrationsbereiches. Trotz des Einbauwassergehaltes, der weit über der Fließgrenze w_f der Grundstoff-Ton-Mischung ohne Chemikalien liegt, besitzt der Hydraton eine steif- bis weichplastische Konsistenz [206].

Wasserdurchlässigkeit

In zahlreichen Dauerdurchlässigkeitsversuchen [206], die mit überhöhtem Druckgefälle über den Zeitraum eines Jahres durchgeführt wurden, konnten eine ausreichende Wasserundurchlässigkeit und eine mechanische Ausschlämmsicherheit nachgewiesen werden.

Verformbarkeit

Das Formänderungsverhalten des Hydratons wird vor allem durch die Steifezahlen des Grundstoffes und des Tones bestimmt. Aus Tafel 40 läßt sich die Abnahme der Steifezahlen bei steigendem Tonanteil von 15 auf 30%, bezogen auf den Grundstoff, erkennen. Hydraton ist ein elastisch-plastischer Erddichtungsstoff, der sich besonders für die Dichtung von setzungsempfindlichen Staudämmen oder für Fluß- und Beckendichtungen über Bergsenkungsgebieten oder aufgeschüttetem Gelände eignet [202, 206].

Scherfestigkeit

Die Größe der Scherfestigkeit des wassergesättigten Hydratons wird von dem anfänglichen Kohäsionswert c vor der Lastaufbringung und von der Geschwindigkeit der Laststeigerung bestimmt. Jede Belastung ruft im wassergesättigten Hydraton den vollen Porenwasserüberdruck hervor. Die Bestimmung der Scherfestigkeit hat daher im Erstbelastungszustand nach zwei Wegen zu erfolgen:

1. Die Scherfestigkeit im „offenen System“ ist vom Wassergehalt unabhängig, da der Wassergehalt des Hydratons sich dem Konsolidierungsgrad angleichen kann. Die Größe der Scherfestigkeit wird von der Scherfestigkeit des Grundstoffes maßgebend beeinflußt.
2. Beim Scherversuch im „geschlossenen System“ besitzt infolge der Wassersättigung der Hydraton durch den vollen Porenwasserüberdruck keine Reibungsfestigkeit, sondern infolge des hohen Wassergehaltes nur eine sehr geringe Kohäsion. Bei weichplastischer Beschaffenheit des Hydratons ($w = 0{,}35$ bis $0{,}50$) konnten Kohäsionswerte $c_s = 0{,}20$ bis $0{,}05$ kp/cm^2 gemessen werden.

Dieser Belastungsfall kann z. B. während des Bauzustandes durch das schnelle Aufbringen der Deckschichten auf wasserseitigen Böschungen von Staudämmen auftreten (Bild 109). Infolge des hohen Wassergehaltes wird durch den Porenwasserüberdruck der Reibungsbeiwert tan φ stets auf Null herabgesetzt, während die vorhandenen geringen Kohäsionswerte c_s infolge der thixotropen Versteifung ihren Anfangswert beibehalten können. Aus diesem Grunde ist der Hydraton vorwiegend nur dort als Dichtungsstoff anzuwenden, wo er keinen großen Beanspruchungen unter dicken Deckschichten oder erheblichen Stauspiegelschwankungen bei Talsperren ausgesetzt ist. Infolge seiner weichplastischen Beschaffenheit eignet er sich insbesondere für Fluß-, Kanal- und Beckendichtungen (Bild 110) [207, 208].

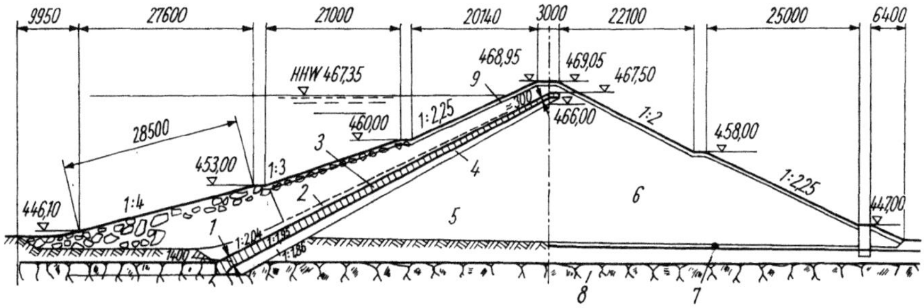

Bild 109. Hydratondichtung des Staudammes Kalte Bode (DDR) [202]

1 Steinpackung; *2* Sand; *3* Hydraton; *4* Lehmunterlage für Hydratonteppich; *5* Füllkörper (lehmiger Kies) *6* Stützkörper (Kiese, Gerölle); *7* Sickerleitung; *8* Felsuntergrund; *9* Mutterboden, 0,50 m

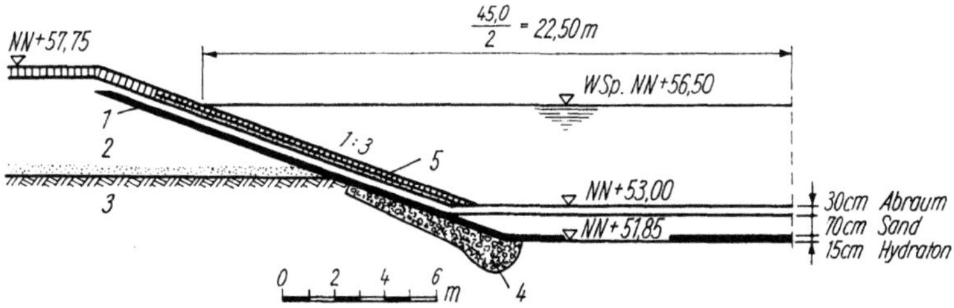

Bild 110. Hydratondichtung am Dortmund-Ems-Kanal (DBR) [202]

1 15 cm Hydraton; *2* Sand; *3* Senkel; *4* Hochofenschlacke; *5* 20 cm Schüttsteine auf 10 cm Schotter

Bauweise

Die weichplastische Konsistenz gestattet, daß der Hydraton bis zu einer Dicke von 1 m einschichtig ohne Verdichtung eingebaut werden kann. Die Hydrationswasserbindung im Hydraton schließt eine Verdichtung vollkommen aus. Die mit Hydraton belegten Dichtungsflächen sind sofort mit einer 15 cm dicken Sandschicht zu bedecken, um Austrocknungsrisse in dem Dichtungsmaterial zu verhindern. Dünne Hydratonbeläge zur Abdichtung von Flüssen, Kanälen und Becken sind vor Hitze- und Frosteinwirkung besonders zu schützen. Daher hat das Aufbringen der Deckschichten, die zur Verhinderung der Frosteinwirkung mindestens 80 cm dick sein müssen, wenige Tage nach dem Hydratoneinbau zu erfolgen [202, 205]. Die Einbauvorschriften und die laufenden Prüfungen während der Bauausführung sind in Richtlinien für die Anwendung des Hydratonverfahrens festgelegt worden [205].

4.3.4. Filteranlagen

Als Filter werden im Grund- und Wasserbau Schichten aus natürlichem und künstlichem körnigem Material bezeichnet, die geeignet sind, einen Erdstoff (Ausgangsmaterial) vor Ausspülung durch ein aus ihm austretendes Grund- oder Sickerwasser zu schützen.

Als Filtermaterial können rollige Erdstoffe (Kiessand), Steinpackungen (Gerölle), Schlacke, Ziegelbrocken, Porenbeton, Schilfmatten und Kunststoffe Verwendung finden.

Die Filteranlagen im Dammbau haben folgende Aufgaben:

1. Fassung und kontrollierbare Abführung des Grund- und Sickerwassers in und unter Dämmen
2. günstige Beeinflussung der Grund- und Sickerwasserströmung in Stau- und Kanaldämmen

Damit ist eine wesentliche Erhöhung der Standsicherheit der Dammbauten gegenüber Böschungs- und Grundbruch verbunden.

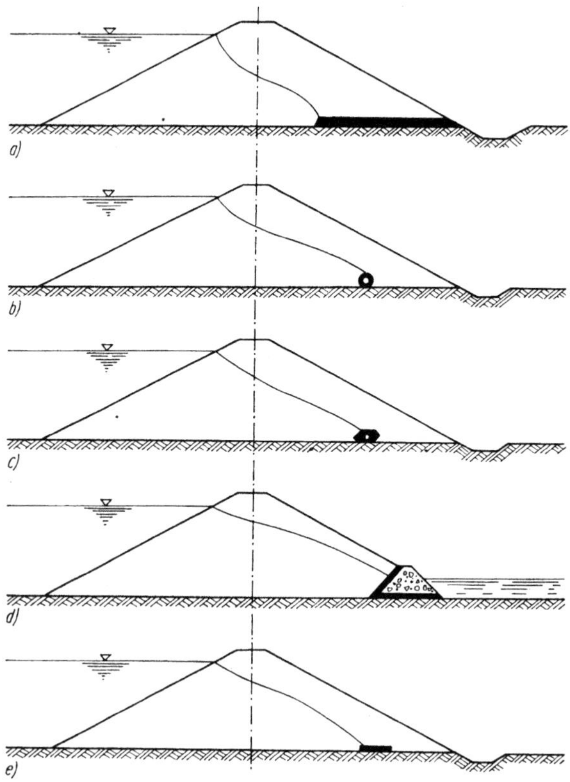

Bild 111. Typen von Entwässerungsanlagen bei Staudämmen

a) flächenförmiger Filter;
b) rohrförmiger Filter;
c) inneres Dränageprisma;
d) äußeres Dränageprisma
e) streifenförmiger Filter;

Der Filter muß in seiner Kornzusammensetzung so aufgebaut sein, daß infolge einer genügenden Durchlässigkeit keine nennenswerten Druckverluste in dem durchströmenden Sickerwasser und keine Ausspülungen in dem zu schützenden Erdstoff auftreten können. Die Aufgabe, die Dammart und der Dammaufbau bestimmen die Form und die Ausbildung des Filters. Man unterscheidet deshalb folgende Filterarten (Bild 111a bis e):

1. flächenhafte Ausbildung (Filterschichten)
2. linienförmige Ausbildung (Sicker- und Rohrfilter)

Die Anordnung und die konstruktive Ausbildung der Filteranlagen richtet sich nach der wasserwirtschaftlichen Bedeutung und nach der Gliederung des Stau- bzw. Kanaldammes.

4.3.4.1. Anforderungen

Die Filterschichten können bei gegliederten Dämmen in verschiedener Anordnung zwischen Dichtungselement und Stützkörper zur Ableitung und Entspannung des Sickerwassers eingebaut werden (Bild 73a bis d). In horizontaler, geneigter und senkrechter Lage bilden die Filterschichten wesentliche Dammelemente und erfordern einen hohen wirtschaftlichen Aufwand.
Die Filterschichten bilden stets den Übergang von einem wenig durchlässigen Erddichtungsstoff zum stark durchlässigen, großporigen Stützkörpermaterial oder umgekehrt, um die dichtende Zone des Dammes vor Substanzverlust infolge von Erosion, Ausspülung und Zerstörung zu schützen.

Aufbau der Filteranlagen:

Die Filter bestehen aus einer oder mehreren Schichten gleichförmigen oder ungleichförmigen Materials.
Filter aus mehreren gleichförmigen Schichten werden auch Stufenfilter und Filter aus meistens nur einer Schicht ungleichförmigen Materials werden Mischfilter genannt.
Mischfilter enthalten verschiedene Kornfraktionen und bestehen vielfach aus den örtlich vorkommenden ungleichförmigen Gemischen aus Kiessand und Splitt.
Infolge der unterschiedlichen Aufgaben können der Inhalt und Zweck zur Anordnung von Filter für Stauanlagen folgendermaßen zusammengefaßt werden:

1. Die Filteranlagen müssen eine ständige Entwässerung der dichtenden Erdstoffe ermöglichen
2. Die Filter müssen gegen eigene Verformungs- und innere Veränderungen des Korngerüstes beständig sein
3. Die Filter müssen Verformungen infolge Auswaschung und Ausspülung des zu schützenden Erdstoffes verhindern
4. Die Filteranlagen müssen eine ausreichende Sicherheit gegen Kolmation (Verschlammung und Versetzung) des Untergrundes gewährleisten

Daraus ergeben sich folgende Anforderungen an die Eigenschaften des Filtermaterials:

1. ausreichende Durchlässigkeit des Filters und schnelle Abführung des Wassers
2. Beständigkeit des Filters gegen Suffosion und Erosion
3. Zurückhaltung der Erdstoffteilchen aus dem Korngerüst des wasserabgebenden Erdstoffes (Verhinderung der äußeren und inneren Suffosion durch den Filter)

4.3.4.2. Klassifizierung mechanischer Erdstoffverformungen

Dadurch, daß in der Verwendung der verschiedenen Begriffe keine Einheitlichkeit besteht, schlägt *Ziems* [220] folgende Klassifizierung zur Definition und Erläuterung mechanischer Verformungen an Lockergesteinen bei Durchsickerung vor: *Ziems* [220] unterscheidet dabei örtliche Verformungen der Lockergesteine (Suffosion, Erosion, Kolmation, hydraulischer Grundbruch und Oberflächenzerfall) und allgemeine Verformungen von Erdkörpern (Setzung, Gleitflächenbruch, Fließbewegung und Erosionsbruch) infolge Durchsickerung. Ausgenommen davon sind Erdstoffverformungen, die durch chemische Vorgänge (Auslaugung) oder Verwitterungserscheinungen hervorgerufen werden.
Unter Suffosion versteht man eine Umlagerung und den Transport von feineren Teilchen im Porenraum des Erdstoffes durch das Sickerwasser, ohne daß eine

Zerstörung der Erdstoffstruktur entsteht. Diese Erscheinung tritt vor allem bei ungleichförmigen nichtbindigen Erdstoffen mit Ausfallkörnung auf. In bezug auf die Lage der Suffosionserscheinungen zum Erdkörper unterscheidet man innere, äußere und Kontaktsuffosion (Bild 112a, b und c).
Während die innere Suffosion im Inneren des Erdkörpers verhältnismäßig kurze Zeit andauert, findet die äußere Suffosion unabhängig von der Richtung des

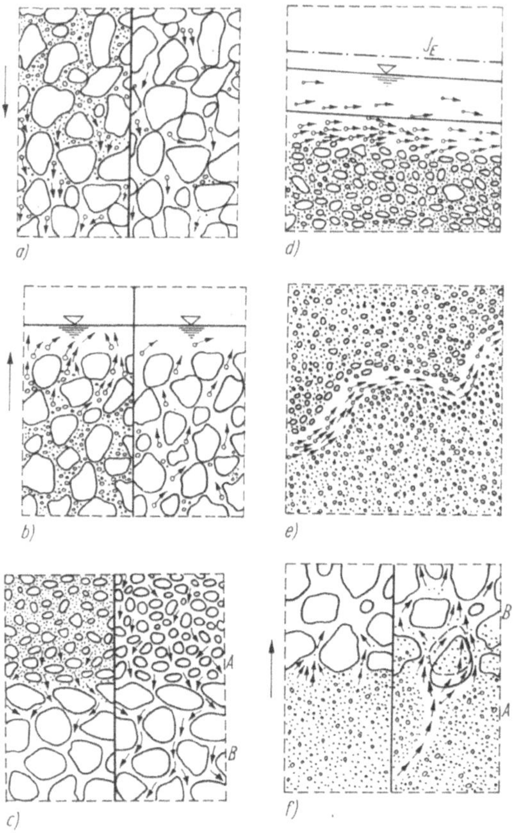

Bild 112. Klassifizierung mechanischer Erdstoffverformung durch Wirkung des Sickerwassers [221]

a) innere Suffosion;
b) äußere Suffosion;
c) Kontaktsuffosion;
d) äußere Erosion;
e) innere Erosion;
f) Kontakterosion

Sickerwasserstromes an der freien Oberfläche statt. Die äußere Suffosion kann durch entsprechende Filter oder durch Abdichtungsmaßnahmen verhindert werden.
An der Kontaktfläche zweier unterschiedlich zusammengesetzter Erdstoffe tritt die Kontaktsuffosion auf. Dabei werden die Teilchen der feineren Fraktion in die Poren des gröberen Erdstoffes eingespült.
Unter Erosion versteht man die Umlagerung und den Transport fast aller Teilchen eines Erdstoffes in röhrenförmigen Hohlräumen, die sich während des Auswaschungsprozesses erst bilden, so daß es zur progressiven Zerstörung der Erdstoffstruktur kommt. Dabei unterscheidet man ebenfalls die äußere, innere, Fugen- und Kontakterosion (Bild 112d, e und f).

Die äußere Erosion vollzieht sich an der Begrenzungsfläche des Erdkörpers parallel zur freien Oberfläche infolge eines zu großen Energieliniengefälles. Im Inneren des Erdstoffes kann sich die innere Erosion als Folge bereits vorhandener rohrförmiger Hohlräume (Gänge pflanzlichen und tierischen Ursprungs, unterschiedliche Lagerungsdichte, Anisotropie des Erdstoffes) ausbilden. Durch die ständige innere Erosion treten große Sickerwasserverluste auf, und es kann zum Erosionsbruch kommen. Im Gegensatz zur Fugenerosion längs massiver Bauwerksteile tritt die Kontakterosion an der Grenzfläche zweier unterschiedlich zusammengesetzter Erdstoffe auf. Die Teilchen des feineren Erdstoffes werden in den Poren des gröberen Erdstoffes abgelagert.
Dadurch ist auch die Möglichkeit einer weiteren inneren Suffosion gegeben. Die Kontakterosion kann durch Herabsetzung des Sickerwassergefälles und durch entsprechende Filter verhindert werden. Zur Sicherheit gegen Kontaktsuffosion und Kontakterosion sind daher im Wasser- und Grundbau sogenannte Filterregeln entwickelt worden.

4.3.4.3. Filterregeln

Da ein Filter als Kombination eines feinen und groben Erdstoffes an der Kontaktfläche sowohl der Kontaktsuffosion als auch der Kontakterosion unterliegen kann, ist bei jeder Filteruntersuchung zunächst die Suffosionsbeständigkeit des zu schützenden feinen Erdstoffes nachzuweisen.
Zur Überprüfung der im Wasserbau zur Verwendung kommenden nichtbindigen Erdstoffe auf Suffosionssicherheit können, außer zahlreichen theoretischen Untersuchungen über die Kornzusammensetzung von *Sichardt, Fuller, Talbot, Čištin* u. a., für die Praxis insbesondere die Ergebnisse von *Lubockow* [220] zweckmäßig

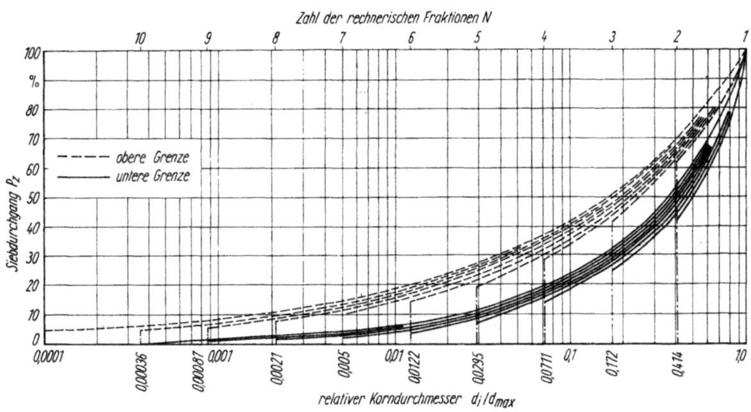

Bild 113. Grenzkornverteilungslinien für suffosionssichere nichtbindige Erdstoffe nach Lubockow [220]

verwendet werden. Da für die Anwendung im Dammbau selten Erdstoffmischungen zur Verfügung stehen, die den theoretischen Anforderungen (stetige Kornverteilungslinie, Ungleichförmigkeitsgrad $U \geq 2$, mindestens mitteldichte Lagerung) genügen, hat *Lubockow* Grenzkornverteilungslinien aufgestellt, die eine schnelle Überprüfung der Erdstoffe auf Suffosionssicherheit ermöglichen (Bild 113).

Suffosionssichere Kornverteilungskurven, die mit Hilfe des relativen Korndurchmessers und dem Siebdurchgang p_i der betreffenden Fraktion bestimmt werden, müssen zwischen beiden Grenzwerten liegen. In Bild 113 bedeuten:

max d Größtkorndurchmesser des Erdstoffes

d_i Korndurchmesser mit p_i ($d_i \leqq \max d$)

p_i Gewichtsprozente der Fraktionen mit dem Korndurchmesser $d \leqq d_i$

Dieses Verfahren ist anwendbar, wenn der Erdstoff homogen ist und eine mitteldichte Lagerung hat. Bei Erdstoffen mit $U > 15$ sollten zusätzliche Laborversuche durchgeführt werden [220].
Die Größe und der Verlauf der Kontakterosion werden im wesentlichen vom Abstandsverhältnis A der maßgebenden Korndurchmesser des feineren Erdstoffes d und des gröberen Erdstoffes D, vom Ungleichförmigkeitsgrad U, von der Form und der Oberflächenrauhigkeit der Teilchen, vom Porenanteil, der Lagerungsdichte, vom Spannungszustand an der Kontaktfläche, von der Strömungsrichtung und vom Sickerwassergefälle beeinflußt.
Für die Bemessung von Filteranlagen können folgende Filterregeln herangezogen werden:

Filterregel von *Terzaghi* (Bild 114a)

Diese in der Praxis häufig verwendete Filterregel besteht aus einer Erosions- und einer Durchlässigkeitsregel, wobei beachtet werden muß, daß die Kornverteilungslinien der beiden Erdstoffe ziemlich parallel verlaufen und der Ungleichförmigkeitsgrad $U \leq 2$ betragen muß.

$$\frac{D_{15}}{d_{85}} < 4 < \frac{D_{15}}{d_{15}} \tag{86}$$

$\frac{D_{15}}{d_{85}} < 4$ Regel zur Sicherheit gegenüber Kontakterosion

$\frac{D_{15}}{d_{15}} > 4$ Durchlässigkeitsregel

D_{15} ist der Korndurchmesser des Filtermaterials am Ordinatenpunkt 15% seiner Kornverteilungslinie

d_{85} ist der Korndurchmesser des zu entwässernden Erdstoffes am Ordinatenpunkt 85% seiner Kornverteilungslinie

d_{15} ist der Korndurchmesser des zu entwässernden Erdstoffes am Ordinatenpunkt 15% seiner Kornverteilungslinie

Die praktischen Erfahrungen besagen, daß die Filterregel nach *Terzaghi* brauchbare Werte liefert, wobei die Größe des Ungleichförmigkeitsgrades, die absolute Korngröße und die Strömungsrichtung nicht berücksichtigt werden [176, 218, 220].

Filterregel nach *Sichardt* (Bild 114b)

Auf Grund älterer Erfahrungen bei Kiesschüttungsbrunnen ging man für die Bemessung von Stufenfiltern davon aus, daß die mittlere Korngröße der Filterschicht 4,5mal so groß wie die mittlere Körnung des anschließenden feineren Erdstoffes sein sollte. Die Untersuchungen von *Sichardt* [217] beziehen sich auf gleich große „kugelförmige" Erdstoffteilchen *d*, wobei die Filterwirkung dann erreicht ist, wenn die Zwischenräume der Kugeln der Filterschicht kleiner als die Erdstoffkugeln sind. In Abhängigkeit von der Lagerungsdichte liegt das Verhältnis der mittleren Korndurchmesser zwischen 2,42 und 6,45 [219, 220, 223].

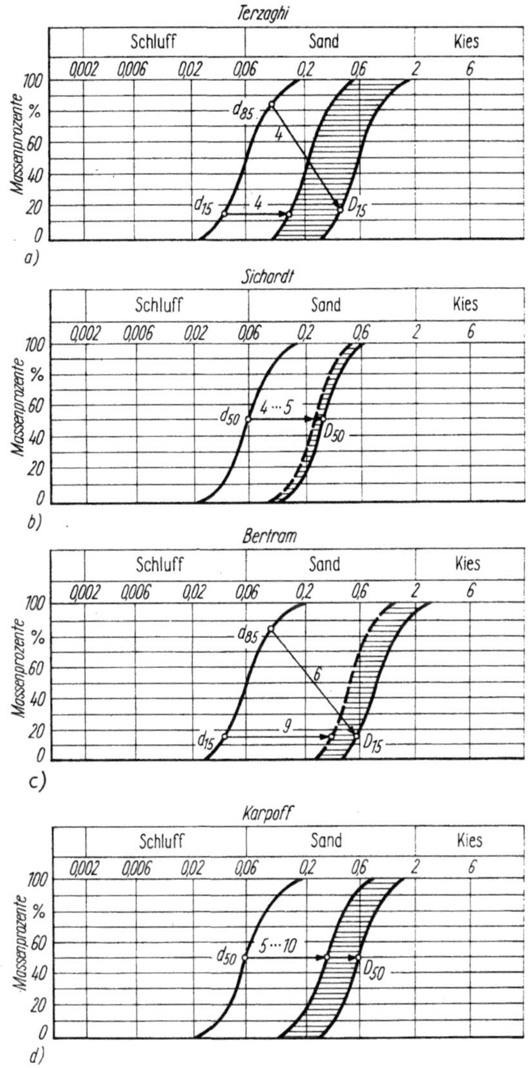

Bild 114. Filterregeln [218]
a) nach ***Terzaghi***; b) nach ***Sichardt***; c) nach ***Bertram***; d) nach ***Karpoff***

Sichardt schlug vor, einen mittleren Wert für die lockerste (2,42) und dichteste Lagerung (6,45) zu verwenden. Daraus ergab sich ein Abstandsverhältnis

$$A = \frac{D_{50}}{d_{50}} \leqq 4{,}5 \qquad (87)$$

Die Form der natürlichen Erdstoffe und der Ungleichförmigkeitsgrad blieben dabei unberücksichtigt.

Filterregel nach *Bertram* (Bild 114c)

Das Ergebnis der Untersuchungen von *Bertram* [218], der an verschiedenen gleichförmigen Sanden bei einer Lagerungsdichte $D_n \approx 50\%$ Durchströmungsversuche von oben nach unten durchgeführt hat, kann bei Stufenfiltern, die gerade noch als erosionsbeständig anzusprechen sind, in folgender Beziehung zusammengefaßt werden:

$$\frac{D_{15}}{d_{15}} \leqq 9 \quad \text{Regel zur Sicherheit gegen Kontakterosion zwischen zwei Filterschichten} \qquad (88)$$

$$\frac{D_{15}}{d_{85}} \leqq 6 \qquad (89)$$

Im amerikanischen Erdstaudammbau [176] unterscheidet man im wesentlichen zwei verschiedene Filtertypen:

1. Filter mit gleichförmigem Kornaufbau (steile Kornverteilungslinie) mit einer mittleren Korngröße, die sich nur gering von D_{50} unterscheidet
2. Filter mit ungleichförmigem Kornaufbau (flache Kornverteilungslinie)

Auf der Grundlage umfangreicher Untersuchungen an gleichförmigen und ungleichförmigen Feinsanden von *Karpoff* [218] empfehlen das Bureau of Reclamation [176, 223] sowie des U.S. Army Corps of Engineers folgende Filterregeln:

Für Stufenfilter:
(gleichförmige Erdstoffe)

$$\frac{D_{50}}{d_{50}} = 5 \text{ bis } 10, \qquad (90)$$

wobei die Kornverteilungslinie des Filters eine Gerade mit der Breite von 2 bis 3 Tyler-Standardeinteilungen entspricht.

Für Mischfilter:
(ungleichförmige Erdstoffe)

$$\frac{D_{50}}{d_{50}} = 12 \text{ bis } 58 \qquad (91) \qquad\qquad \frac{D_{15}}{d_{15}} = 12 \text{ bis } 40 \qquad (92)$$

Dabei muß berücksichtigt werden, daß der Filter nicht mehr als 5% Feinstbestandteile, die durch das Sieb Nr. 200 nach *Tyler* ($\approx 0{,}07$ mm Durchmesser) hindurchgehen, enthalten darf [176].

Das U. S. Army Corps of Engineers benutzt unter Beachtung einer stetigen Kornverteilungslinie folgende Beziehungen:

$$\frac{D_{15}}{d_{85}} \leqq 5; \qquad \frac{D_{15}}{d_{15}} \leqq 20; \qquad \frac{D_{50}}{d_{50}} \leqq 25 \tag{93}$$

Diese Regeln sind insbesondere für kleine hydraulische Gradienten $i = 4$ anwendbar, die im amerikanischen Staudammbau häufiger vorkommen.

Filterregel nach *Zweck* und *Davidenkoff*

Bereits 1956 gaben *Zweck* und *Davidenkoff* [218] einen Überblick über den internationalen Stand der Zusammensetzung von Filtern und erhoben die Forderung für weitere Untersuchungen über die Beständigkeit von Filtern in Abhängigkeit von der Strömungsrichtung des Sicker- bzw. Grundwassers, von der absoluten Korngröße und vom Sickerwassergefälle.
Diese Untersuchungen bilden eine Grundlage für eine sichere und wirtschaftliche Anwendung von Filteranlagen im Wasserbau.

1. Waagerechte Filter mit senkrecht nach unten gerichteter Sickerwasserströmung (Bild 115a):

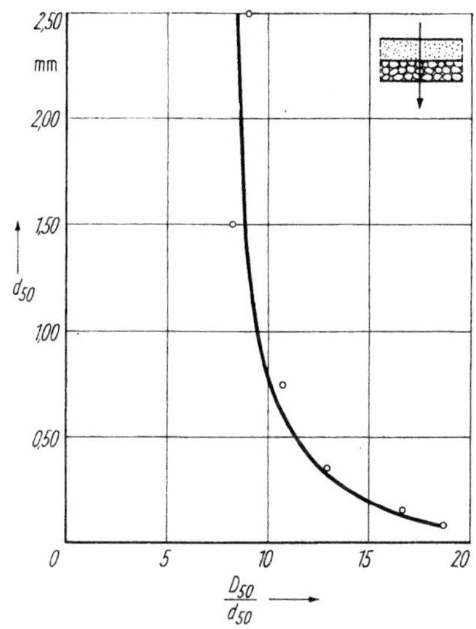

Bild 115. Durchströmungsversuche nach Zweck [218]

a) waagerechter Filter mit senkrecht nach unten gerichteter Sickerwasserströmung

Der Einfluß der Korngröße wurde durch Grenzwerte als Verhältnis des mittleren Korndurchmessers erfaßt. Dabei kann festgestellt werden, daß bei feinkörnigen Ausgangsstoffen das Verhältnis D_{50}/d_{50} viel höher als bei grobkörnigen Erdstoffen gewählt werden kann.

$$\frac{D_{50}}{d_{50}} = 9 \quad \text{für Korngrößen des Erdstoffes } d > 1 \text{ mm Durchmesser} \tag{94}$$

$$\frac{D_{50}}{d_{50}} = 9 \text{ bis } 19 \quad \begin{array}{l}\text{für Korngrößen des Erdstoffes}\\ d = 1 \text{ bis } 0{,}08 \text{ mm Durchmesser}\end{array} \tag{95}$$

Um den Einfluß des Sickerwassergefälles auf die Beständigkeit des Filters zu überprüfen, wurde je nach der Durchlässigkeit des Ausgangsmaterials mit Strömungsgefällen von $i = 1$ bis 13 gearbeitet. Die größten Gefälle traten infolge der höheren Druckverluste bei kleinen Korngrößen auf. Durch augenscheinliche Beobachtungen konnte in Abhängigkeit von verschiedenen Strömungsgefällen das Eindringen des feinen Erdstoffmaterials in den grobkörnigen Filter und die damit verbundene Veränderung der Wasserdurchlässigkeit ermittelt werden (Bild 115a).

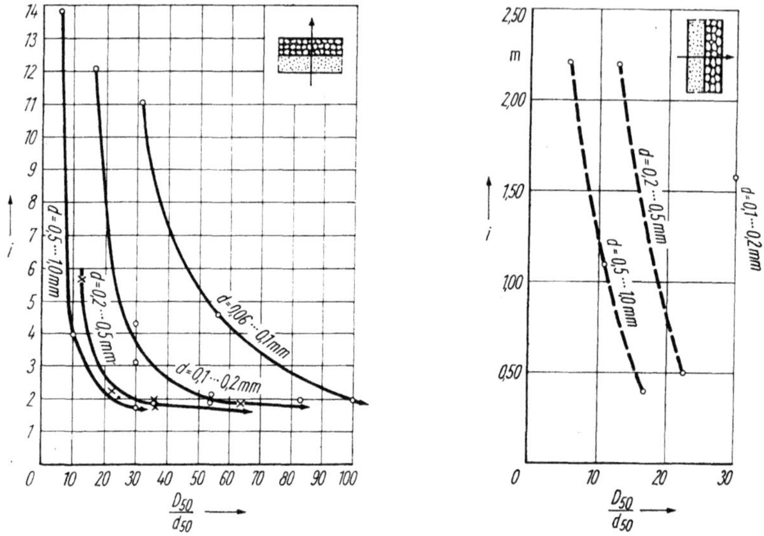

Bild 115

b) waagerechter Filter mit senkrecht nach oben gerichteter Sickerwasserströmung

c) senkrechter Filter bei waagerechter Sickerwasserströmung

Als Grenzwert der mittleren Korndurchmesser wurde für dieses Stadium $D_{50}/d_{50} = 16$ bis 19 festgestellt.

Nach *Zweck* [218] muß das zulässige Abstandsverhältnis D_{50}/d_{50} bei dem Einfluß der Erschütterung etwa auf die Hälfte herabgesetzt werden.

2. Waagerechte Filter mit senkrecht nach oben gerichteter Sickerwasserströmung (Bild 115b):

Infolge des entgegengesetzt gerichteten Schwerkrafteinflusses ergeben sich bei der Durchströmung von unten nach oben andere Verhältnisse, indem eine Bewegung der einzelnen Teilchen möglich ist. Unter Ausschaltung des Grundbruches wurde von *Zweck* [218] in zahlreichen Versuchen für verschiedene Filterkörnungen das Gefälle ermittelt, bei dem eine Bewegung der Erdstoffteilchen in dem Filter begann. Diese beginnende Bewegung der einzelnen Teilchen ist als Grenzwert festgelegt und für verschiedene Verhältnisse der mittleren Korndurchmesser in Bild 115b eingetragen worden.

3. Senkrechter Filter bei waagerechter Sickerwasserströmung (Bild 115c):

Unter den gleichen Erscheinungen der Bewegung der einzelnen Teilchen wurden als Grenzwerte für verschiedene Ausgangsmaterialien die in Bild 115c dargestellten Zusammenhänge ermittelt.

Ähnlich den Ergebnissen bei senkrechter Durchströmung von unten nach oben und waagerechter Filteranordnung wächst das Verhältnis D_{50}/d_{50} bei kleiner werdendem Korndurchmesser und kleiner werdendem Gefälle an.

Filterregel nach *Čištin* und *Ziems*

In Zusammenhang mit den Arbeiten von *Zweck* und *Davidenkoff* bilden die Untersuchungen von *Čištin* [219] und *Ziems* [220] eine wertvolle Ergänzung, da in Abhängigkeit vom Verhältnis der mittleren Korndurchmesser der Einfluß des Ungleichförmigkeitsgrades des Ausgangsmaterials und des Filters erfaßt wird, wie aus Bild 116 ersichtlich ist.

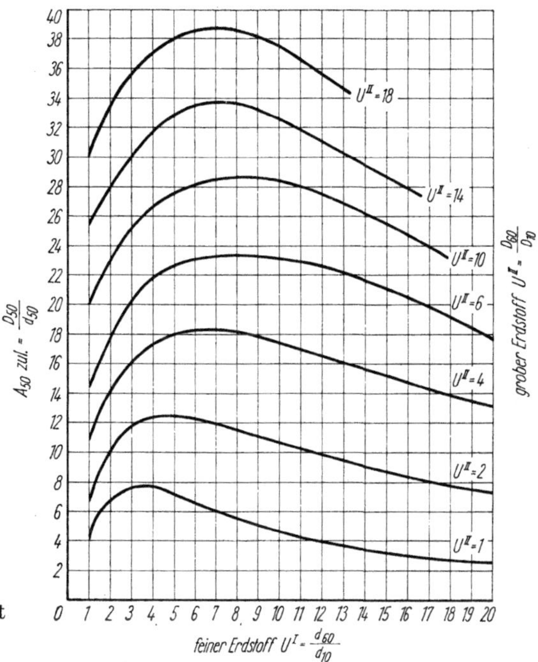

Bild 116. Entwurfsdiagramm für Kontakterosion (nach Versuchen von Čištin, im Bereich $U^{I} \leqq 4$ nach Versuchen von Ziems korrigiert) [220]

Die allgemeine Funktion lautet

$$\frac{D_{50}}{d_{50}} = f(U_{\text{Filter}}, U_{\text{Ausgangsmaterial}})$$

und berücksichtigt dabei eine Sicherheit gegenüber Kontakterosion.

Den Ergebnissen von *Čištin* liegen folgende Randbedingungen zu Grunde:

1. Sickerwasserströmung von oben nach unten
2. Sickerwassergefälle vorh $J \leqq 9$
3. Ungleichförmigkeitsgrad:
   $U \leqq 20$, feinkörniger Erdstoff
   $U \leqq 20$, grobkörniger Erdstoff
4. Korndurchmesser des feineren Erdstoffes
   $0{,}1\ \text{mm} \leqq d_i \leqq 30\ \text{mm}$
5. Korndurchmesser des gröberen Erdstoffes
   $4\ \text{mm} \leqq d_i \leqq 100\ \text{mm}$

6. Die Untersuchungen beruhen auf einem Sicherheitsgrad von $\eta = 1{,}5$
7. Beide Erdstoffe müssen suffosionssicher sein

Ausgehend von den Untersuchungen von *Čištin*, wurden von *Ziems* [220] für den Ungleichförmigkeitsbereich des feineren Erdstoffes $U \leqq 4$ gewisse Korrekturen vorgenommen und in einem Entwurfsdiagramm für Kontakterosion (Bild 116) dargestellt. Durch diese Ergebnisse wird auch bestätigt, daß die Filterregel nach *Terzaghi* nur für einen sehr eng begrenzten Bereich für $U \leqq 2{,}5$ und annähernd parallelen Kornverteilungslinien Gültigkeit besitzt.
Im Gegensatz dazu ist das von *Ziems* [220] vorgeschlagene Entwurfsdiagramm allgemein gültig und kann für alle praktisch vorkommenden Ungleichförmigkeitsgrade U Anwendung finden.
In der graphischen Darstellung bedeuten:

D_{60} ist der Korndurchmesser des gröberen Erdstoffes am Ordinatenpunkt 60% seiner Kornverteilungslinie
D_{10} ist der Korndurchmesser des gröberen Erdstoffes am Ordinatenpunkt 10% seiner Kornverteilungslinie
d_{10} ist der Korndurchmesser des feineren Erdstoffes am Ordinatenpunkt 10% seiner Kornverteilungslinie
U^{I} ist der Ungleichförmigkeitsgrad des feineren Erdstoffes
U^{II} ist der Ungleichförmigkeitsgrad des gröberen Erdstoffes

Bei allen Durchströmungsversuchen zur Bestimmung der Erosionsbeständigkeit nichtbindiger Erdstoffe besitzt der hydraulische Gradient eine besondere Bedeutung. Mit zunehmendem hydraulischem Gefälle wächst die Beanspruchung und damit die Gefahr von Erosionserscheinungen. Neben den bekannten Kornzusammensetzungen der Erdstoffmischungen ist die maximale Korngröße bei der Beurteilung der Entmischungsgefahr zu beachten. Je größer das Korn, um so stärker ist die Gefahr des Entmischens.
Für die Durchströmung von unten nach oben und in horizontaler Richtung stellt *Ziems* [220] Zusammenhänge zwischen dem hydraulischen Gefälle i, dem Abstandsverhältnis der mittleren Korndurchmesser und der Größe der Normalspannungen auf.

4.3.4.4. Durchlässigkeit von Filtern

Die Durchlässigkeit der Filter wird maßgebend von der Größe und Form der Poren bestimmt, die wiederum von der Kornzusammensetzung des Filters abhängig sind. Diese Abhängigkeit ist in zahlreichen Beziehungen dargestellt worden [12, 54, 56].
Die allgemeine Grundform heißt

$$k = C\, d_m^2 \tag{96}$$

bzw. unter
Berücksichtigung der Porenzahl

$$k = C f(\varepsilon)\, d_m^2 \tag{96a}$$

d_m maßgebender Korndurchmesser
C Formbeiwert
ε Porenzahl

In zahlreichen Arbeiten ist der Ausdruck d_m nicht besonders gekennzeichnet. Vielfach wird darunter die „wirksame Korngröße d_w“ verstanden. Nach *Beyer* [56] kann bei Kiesen und Sanden auf die genaue Ermittlung von d_w mit Hilfe der spezifischen Oberfläche verzichtet werden und in Verbindung mit dem Ungleichförmigkeitsgrad U dafür die Bezugskorngröße $d_{10\%}$ eingeführt werden. Dies bedeutet nicht, daß $d_w = d_{10\%}$ ist. Für Durchlässigkeitsbeiwerte nicht verdichteter Filter nach *Allen Hazen* gelten:

$$k = (D_{10})^2 \quad [k \text{ in m/s}, D_{10} \text{ in cm}] \tag{97}$$

Diese Beziehung gilt für Sande mit Korngrößen d zwischen 0,1 und 0,3 mm [176]

Durchlässigkeitsbeiwerte für verdichtete Filter nach *Casagrande*

$$k = 1{,}4\, k_{85}\, \varepsilon^2 \ [\text{m/s}] \tag{98}$$

gilt für Fein- bis Mittelsande mit gedrungenen Kornformen [53]

k Durchlässigkeitsbeiwert des Filters mit Porenzahl ε

k_{85} Durchlässigkeitsbeiwert des Filters mit Porenzahl 0,85

Durchlässigkeitsregel nach *Terzaghi*

$$\frac{D_{15}}{d_{15}} = 4 \text{ bis } 5$$

Čištin [219] und auch schweizer Normen schlagen als Verhältnis der Durchlässigkeitsbeiwerte zweier Filterschichten

$$\varkappa = \frac{k_{\text{Filter}}}{k_{\text{Erdstoffe}}} = 15 \tag{99}$$

vor.

Zur leichten Bestimmung der Filterdurchlässigkeit in der Praxis ist deshalb erforderlich, daß die $\varkappa$-Werte schnell aus den Kornverteilungslinien des Filtermaterials bzw. bei geforderten $\varkappa$-Werten bekannte bodenphysikalische Kennwerte ermittelt werden können.

Die dazu notwendigen Zusammenhänge zwischen der Bezugskorngröße d_{10}, dem Durchlässigkeitsbeiwert k und dem Ungleichförmigkeitsgrad $U = 2$ bis 20 hat *Beyer* [56] ermittelt. Diese graphischen Darstellungen, die für sandig-kiesige Grundwasserleiter mittlerer Lagerungsdichte aufgestellt worden sind, können nach *Ziems* [220] auch für die Bestimmung der Filterdurchlässigkeit herangezogen werden. Daraus kann der Wert

$$A_{10} = \frac{D_{10}}{d_{10}} = \sqrt{\varkappa \frac{C_{\text{Erdstoffe}}}{C_{\text{Filter}}}} \tag{100}$$

unter Berücksichtigung der Ergebnisse von *Beyer* [56] ermittelt werden.

Mit Hilfe des Diagrammes (Bild 117) nach *Ziems* ist es möglich, den erforderlichen $\varkappa$-Wert aus den beiden Kornverteilungslinien zu bestimmen. Da durch die Kornverteilungslinien das Abstandsverhältnis $A_{10} = D_{10}/d_{10}$ bekannt ist, kann das Verhältnis beider Durchlässigkeitsbeiwerte aus $(A_{10}/\omega)^2$ errechnet werden.

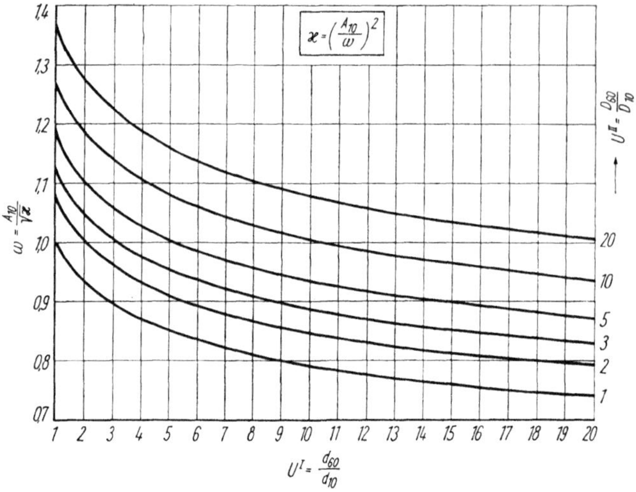

Bild 117. Diagramm zur Bestimmung von $\varkappa = K^{II}/K^{I}$ für Filterentwürfe nach Ziems [220]

Zum Entwurf eines Filters sind daher folgende Schritte notwendig [220]:

1. Ermittlung des Streuungsbereiches der Kornverteilung vom Ausgangs- und Filtermaterial
2. Nachweis der Suffosionssicherheit des Ausgangsmaterials, Wenn ein suffosionsgefährdeter Erdstoff vorliegt, muß die Filterregel von *Čištin* für denjenigen Teil der Kornverteilungslinie angewendet werden, der der Suffosion unterliegen kann
3. Nachweis der Sicherheit des Filters gegen Kontaktsuffosion
4. Bestimmung der Sicherheit gegenüber Kontakterosion unter Berücksichtigung der Strömungsrichtung und der jeweils ungünstigen Kornverteilungslinien mit den entsprechenden Ungleichförmigkeitsgraden
5. Berechnung des vorhandenen kleinsten und größten Verhältniswertes $\varkappa$ mit den Grenzkornverteilungslinien beider Erdstoffe
6. Ermittlung des Sickerwasserströmungsnetzes für das kleinste $\varkappa$ des Entwässerungssystems bei $\varkappa < 100$

4.3.4.5. Konstruktive Gestaltung von Filtern

Die Dicke der Filterschichten richtet sich nach dem Wasserführungsvermögen, das größer als der Sickerwasseranfall sein muß, nach der Zerstörungsgefahr durch Setzungen und nach einbautechnischen Gesichtspunkten.
Als Faustregel für die Schichtdicke gilt:

$t \geqq 8\ d_{50}$ für abgerundetes Material (101)

$t \geqq 6\ d_{50}$ für gebrochenes Material oder (102)

$t \geqq 50\ d_{15}$ (103)

Nach der Einbauweise kann eine Filterdicke von

$t \geqq (10)$ bis 20 cm bei Handeinbau oder

$t \geqq (20)$ bis 30 cm bei maschinellem Einbau

Anwendung finden.
Außerdem ist die Dicke t der horizontalen Filterschicht nach *Post-Londe* [176] unter der luftseitigen Böschung eines Staudammes nach der Beziehung

$$t = 2\sqrt{\frac{ql}{k}} \quad \text{zu berechnen.} \tag{104}$$

q Durchströmungsmenge des Dammes je m
l Länge des Filterteppichs [m]
k Durchlässigkeit des Filters [m/s]

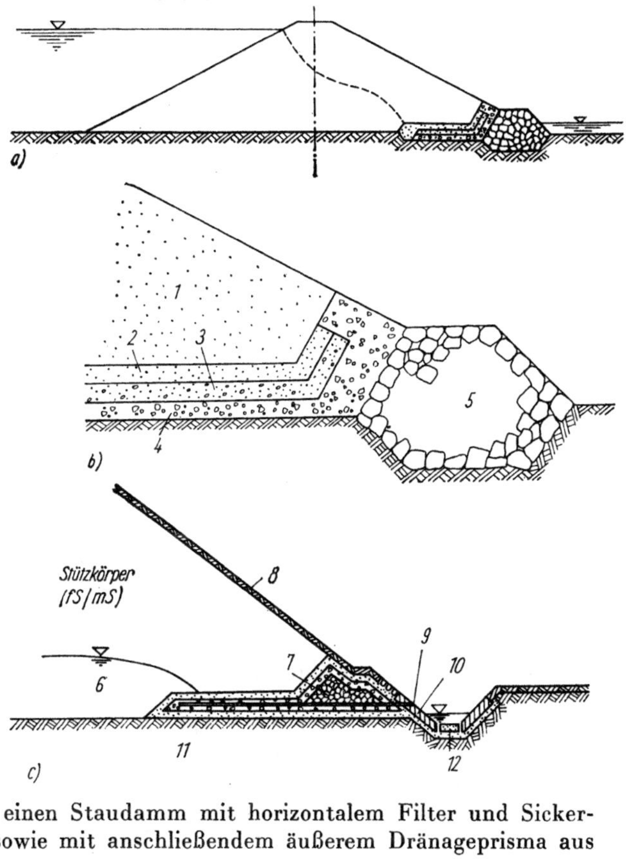

Bild 118. Flächensicker im Staudamm

a) Damm mit Flächensicker;
b) Dränageprisma mit Filterschichten;
c) Flächensicker an der Talsperre Spremberg [220];
1 z. B. Schluff;
2 Feinsand;
3 Grobsand;
4 Kies;
5 Steine, Geröll;
6 Sickerlinie;
7 Dammfußzehe;
8 Mutterboden;
9 gelochte Steinzeugrohre;
10 Betonplatten;
11 Untergrund (heterogen, durchlässig);
12 Porenbeton

Bild 118a und b zeigen einen Staudamm mit horizontalem Filter und Sickerwasserzufluß von oben sowie mit anschließendem äußerem Dränageprisma aus Steinen und Geröll.
Wird ein horizontales Entwässerungssystem, wie aus Bild 118c von der Talsperre Spremberg [220] ersichtlich ist, von beiden Seiten durchströmt, so muß die Kontakterosion für beide Filterkombinationen einschließlich der erforderlichen Durchlässigkeit der einzelnen Schichten nachgewiesen werden.

4.3.5. Schutz der Dammböschungen

Die wasserseitigen Böschungen von Staudämmen mit geneigten Innendichtungen aus natürlichen und aufbereiteten Erddichtungsstoffen müssen durch gut durchlässige Deck- und Schutzschichten gesichert werden. Sie verhindern Erosionserscheinungen an der Kontaktfläche zwischen Dichtung und Wasser. Dadurch können Beschädigungen durch Wellenwirkung, Frost, Eisgang, Anprall- und Sogwirkungen sowie Pflanzenwuchs weitgehend vermieden werden. Die Schutzmaßnahmen an der Wasserseite bestehen in unverpackten Steinen, in einer Steinpackung oder in einer Betonverkleidung [11, 176].

Die unverpackten Steine bilden eine wirtschaftliche und wirksame Maßnahme, wobei zu beachten ist, daß bei starker Schleppkraft eine 20 bis 30 cm dicke Schutzschicht aus Sand oder Kies mit filterförmigem Aufbau zwischen Deckschicht und Dichtung vorgesehen werden muß.

Die Dicke der Deckschicht richtet sich nach den erdstatischen Bedingungen der Standsicherheit und den Angriffswirkungen des Wassers. Als Deck- und Schutzschichtmaterialien kommen nur witterungsbeständige Fels- und Erdarten zur Anwendung (s. Tafel 7 und 8). Die Rauhigkeit des Deckschichtmaterials vermindert die Auflaufhöhe der Wellen entscheidend [182].

Die Dicke der von Hand gesetzten Steinpackung kann bei Verwendung von witterungsbeständigem Material gegenüber den unverpackten Steinen stark ermäßigt werden.

Beide Arten der Deckschichten müssen am Dammfuß ein gleitsicheres Auflager und eine gute Verzahnung mit dem Dammkörper erhalten. Die erforderlichen Schutzschichten dürfen infolge Wellenbewegung oder Stauspiegelsenkungen nicht ausgespült werden.

Ist der Einbau von Steinmaterial wirtschaftlich nicht mehr zu vertreten, so können vorgefertigte Betonplatten oder eine monolithische Stahlbetonverkleidung angewendet werden, die auf eine entsprechende Filterschicht aufgelegt werden müssen [415]. Der Abfluß des Wassers zum Becken muß bei schnellen Stauspiegelschwankungen vollkommen gewährleistet sein, damit die Betonverkleidung nicht angehoben werden kann. Das Wasser fließt entweder durch die Plattenfugen oder durch besondere Öffnungen in der Verkleidung ab.

Die luftseitige Böschung des Staudammes ist durch eine starke Humusdecke oder mit Rasensoden zu sichern.

4.4. Messungen an Staudämmen

Während der Bauzeit und in den nachfolgenden Jahren ist an den Staudämmen eine laufende Überwachung durch Messungen erforderlich, um die Spannungen, Verformungen und Sickerwässer zu erfassen und mit den Berechnungsgrundlagen zu vergleichen. Mit zunehmender Dammhöhe werden im Staudammbau die Bemühungen verstärkt, das Verhalten des Dammkörpers unter den verschiedenartigsten Beanspruchungen im Bau- und Betriebszustand durch Messungen kennenzulernen. Insbesondere bei hohen Staudämmen werden Porenwasserdruck-, Erddruck-, Verformungs- und Sickerwassermessungen durchgeführt. Während die Ergebnisse der Porenwasserdruck- und Erddruckmessungen in die Standsicherheitsuntersuchungen Eingang finden können, ist dies bei den Verformungsmessungen nicht möglich. Die an der Oberfläche und im Damminneren ermittelten Formänderungen dienen nur als Grundlage zur statistischen Auswertung ähnlicher Dammbauten. Unter Berücksichtigung der für jeden Staudamm vorliegenden besonderen Verhältnisse kann die sachgemäße Auswertung wesentlich zur Beurteilung der Standsicherheit des Dammes beitragen [179, 235].

4.4.1. Porenwasserdruckmessungen

In Abhängigkeit vom Dammbaustoff, von der Größe des auftretenden Porenwasserdruckes und nach der Entfernung zwischen Meßstelle und Empfänger können verschiedene Meßgeräte und -systeme zur Bestimmung des Porenwasserdruckes im Dammbau Anwendung finden [11, 228, 232, 233]. Auf der Grundlage elektrischer und hydraulischer Meßwertübertragungen werden zahlreiche Fernmeßsysteme hergestellt, die sich im Staudammbau bewährt haben.
Nach den anfänglichen Methoden mit Hilfe des offenen und geschlossenen Standrohres zur Messung des Porenwasserdruckes ist insbesondere seit 1937 in den USA das Piezometer wiederholt zur Anwendung gekommen [176, 228]. Bei neueren amerikanischen Dammbauten wird eine Abart des Piezometers verwendet, indem, ähnlich dem geschlossenen Standrohr, ein Manometer durch eine Rohrleitung beliebiger Länge an den Geber angeschlossen wird. Dadurch besteht die Möglichkeit, die Porenwasserdruckmanometer in einem weit verzweigten Meßsystem über größere Entfernung an einer Stelle zusammenzufassen.
Nach den bisherigen Erfahrungen kann festgestellt werden, daß die im Handel befindlichen Meßsysteme durchaus brauchbare Werte liefern, sofern nicht teilweise gesättigte, tonige Dammbaustoffe vorliegen. Zur Ermittlung des Unterschiedes zwischen dem in Laborversuchen gewonnenen und dem tatsächlich auftretenden Porenwasserdruck sowie zur Beurteilung der Standsicherheit im Bau- und Betriebszustand werden in größeren Staudämmen vorwiegend Porenwasserdruckmessungen nach dem Verfahren des Bureau of Reclamation vorgenommen [176, 232]. Bei allen zentralen Innendichtungen, die aus feinkörnigen Dammbaustoffen hergestellt werden, steigt der Porenwasserdruck nach dem Einbau deutlich an. Die Auswertung der Porenwasserdruckmessungen muß stets in Abhängigkeit vom Einbauwassergehalt, von der Einbaugeschwindigkeit, der Dammhöhe und der Zeit erfolgen, um eine Aussage über die Größe der Standsicherheit zu ermöglichen.

4.4.2. Erddruckmessungen

Die Messung der Erddruckkräfte im Staudammbau kann im allgemeinen noch nicht befriedigen, da die Steifigkeit der einzelnen Geber den umgebenden Dammbaustoffen nicht entspricht. Die vorliegenden Messungen können deshalb nur qualitativ ausgewertet werden. Im Staudamm Roßhaupten wurden am starren Betonkern umfangreiche Erddruckmessungen durchgeführt, um das gegenseitige Verhalten zwischen Kern und umgebenden Dammassen kennenzulernen [11]. Bei Staudämmen mit zentralen Innendichtungen ist es jedoch durchaus möglich, daß sich die Stützkörper stärker setzen als das Kernmaterial. Wenn jedoch vergleichsweise größere Kernsetzungen als die der angrenzenden Dammzonen möglich sind, und die Gefahr des Aufhängens des Kernes an den Stützkörpermaterialien besteht, dann sind Erddruckmessungen zweckmäßig und von besonderer Bedeutung. Am Staudamm Serre-Ponçon konnten unter dem Dichtungskern nur 70 bis 75%, am Staudamm Gepatsch nur 67% der rechnerischen Kernlast gemessen werden [179, 235]. Die Erddruckmessungen sollen Aufschluß über den allgemeinen Spannungszustand im Inneren des Dammkörpers und über den Konsolidierungszustand der Dammbaustoffe geben. Insbesondere bei hohen Staudämmen mit Dammzonen unterschiedlicher Verformbarkeit sollten Erddruckmessungen verstärkt eingesetzt werden, wie es durch den Einbau von Erddruckgebern in drei verschiedenen Richtungen beim Staudamm Gepatsch geschehen ist (Bild 119 u. 120) [178].

4.4.3. Verformungsmessungen

Diese Messungen erstrecken sich sowohl auf die Oberfläche des Dammkörpers als auch auf die Bestimmung der inneren Verformungen. Während in der Vergangenheit im Staudammbau mit Hilfe des Teleskoppegels oder des Kreuzarmpegels [176] die Bewegungen ausschließlich in vertikaler Richtung unter Vernachlässigung der Pegelkrümmung ermittelt wurden, werden in neuerer Zeit Pegel mit Dehnungsmeßstreifen versehen, um die Bewegungsvorgänge im Dammkörper räumlich zu erfassen.
Im Vergleich zu den zentralen Innendichtungen werden die Außen- oder geneigten Innendichtungen durch den Wasserdruck stärker verformt. In diesem Zusammenhang wertete *Dyck* [26] Meßergebnisse von Dämmen mit Außen- und Innendichtungen aus und unterscheidet dabei vertikale (Setzungen), horizontale (Verschiebungen), axiale (Längsverschiebungen), relative (Schichtverschiebungen) und örtliche Bewegungen. Der zeitliche Verlauf der Dammbewegungen gliedert sich in die Phasen für Bauzeit, Schonzeit, Stauzeit und Betriebszeit. Infolge der Belastung durch die Dammschüttung und den Wasserdruck werden bei Steinschüttdämmen elastoplastische Verformungen des Dammes mit überwiegendem plastischem Verformungsanteil hervorgerufen. Während der Bauzeit vollzieht sich der größte Teil der vertikalen Bewegungen, die meist nach Beendigung der Schüttung abgeschlossen sind.
Beim Einstau treten aber weitere vertikale und horizontale Bewegungen auf. Die resultierende Bewegung der wasserseitigen Böschung erstreckt sich dabei annähernd senkrecht zur Böschungsoberfläche. Außerdem führen axiale Bewegungen in Richtung der Dammachse zu starken Beanspruchungen von Außendichtungen. Sie werden insbesondere durch die größeren Setzungen und Bewegungen in Dammitte gegenüber den niedrigeren Hangpartien verursacht. Durch eine einwandfreie Verdichtung können diese Bewegungen weitgehend vermindert werden [26, 57].
Während der Betriebszeit unterliegt die Beanspruchung des Dammes vorwiegend den Spannungen aus Stauspiegelschwankungen.
Infolge zahlreicher Verformungsmessungen an Staudämmen mittlerer Höhe kann festgestellt werden, daß die Setzungen nach Bauende 1% der Höhe über Gründungssohle kaum übersteigen. Für hohe Staudämme wird dieser Wert als zu gering erachtet. Genaue Setzungsmessungen einzelner Punkte können mit stationären oder beweglichen Schlauchwaagen durchgeführt werden. Damit wurde am Staudamm Gepatsch festgestellt, daß die Verformungen im Stützkörper größer sind als an der Oberfläche, wie aus Bild 119 ersichtlich ist. Die Verformungsrichtungen weisen bei Staudämmen mit zentralen Innendichtungen von den Flanken zur Tal-

mitte und vom Damminneren nach außen. Bei geneigten Innendichtungen dürfte die Hauptverformungsrichtung senkrecht zur wasserseitigen Oberfläche verlaufen [26, 178, 179].

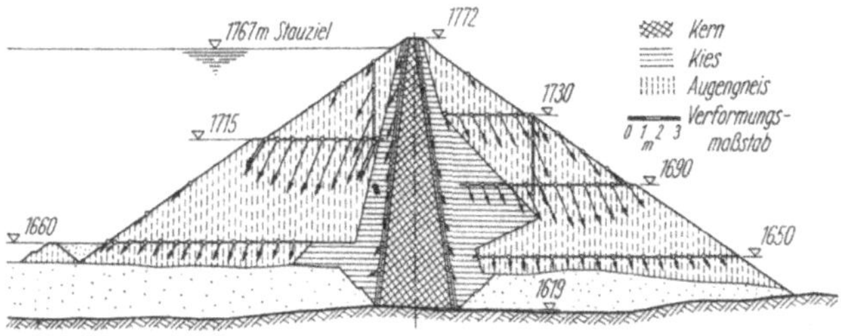

Bild 119
Bis zur Fertigstellung des Staudammes Gepatsch gemessene Verformungen, ausgedrückt durch Länge und Richtung der Pfeile [235]

4.4.4. Sickerwassermessungen

Durch Anordnung von Dränagestollen an der Luftseite der Dichtungszone wird bei hohen Staudämmen versucht, die Felssickerwässer zu entspannen und von den Dammsickerwässern zu trennen. Dabei können große Verfälschungen der Meßergebnisse auftreten.

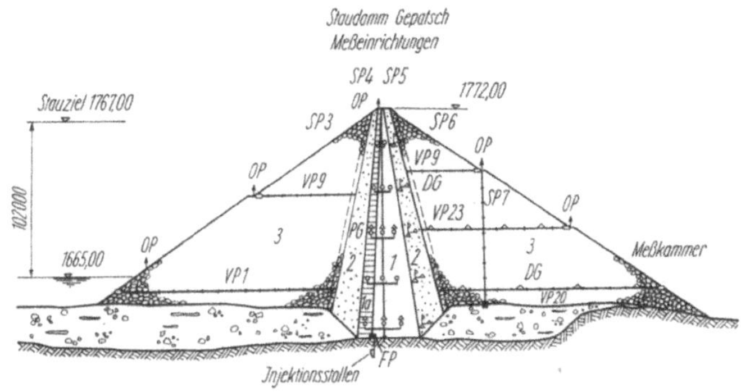

Bild 120
Meßeinrichtung im Staudamm Gepatsch zur Überprüfung des Dammes während der Schüttung und nach erfolgtem Aufstau [178]

In Auswertung des Berichtes des 8. Talsperren-Kongresses 1964 in Edinburg [179] über Meßmethoden und Meßergebnisse kann man erkennen, daß an größeren Staudämmen (h = 60 bis 150 m Höhe über Gründungssohle) seit 1958 laufend Porenwasserdrücke und Oberflächenverformungen gemessen wurden. Erddruck- und innere Verformungsmessungen werden jedoch vereinzelt seit etwa 10 Jahren durchgeführt.
Bild 120 zeigt die Meßeinrichtungen, die im Staudamm Gepatsch eingebaut worden sind [178].

5. Ausführung von Dammbauten

Die Ausführung von Dämmen wird maßgebend durch den individuellen Charakter der Bauwerke und durch die Verwendung vorwiegend natürlicher Baustoffe geprägt. Ihren besonderen Charakter erhalten die Dämme durch ihre Aufgabe als Straßen-, Autobahn-, Eisenbahn-, Kanal- oder Staudamm bzw. Deich, durch die örtlichen Gründungsverhältnisse, die Talform und den Talquerschnitt sowie durch die wechselnden naturbedingten Eigenschaften der örtlich verfügbaren natürlichen Baustoffe.

Die Erdbaustoffe sind durch ihre bodenmechanischen Eigenschaften, die Besonderheiten der Baustofflagerstätte, ihre gewinnungs-, transport-, einbau- und verdichtungstechnischen Eigenschaften und ihre Beeinflußbarkeit durch Niederschläge, Trockenheit, Frost und Schnee gekennzeichnet. Diese wesentlichen Merkmale verlangen von der Bautechnologie: Anpassen an die vielfältigen Bedingungen durch zweckmäßiges Anwenden der bekannten technischen Möglichkeiten des Gewinnens, Transportierens, Einbauens und Verdichtens (mechanische, dynamische oder hydromechanische Verfahren).

Die technisch-wissenschaftliche Organisation der Bauausführung hat – im Rahmen der gewählten Technologie – die Maschinengrößen im Komplex leistungsmäßig festzulegen und zu kombinieren sowie Produktionsbedingungen zu schaffen, die den ökonomisch bestmöglichen Ablauf sicherstellen.

Wegen des zyklischen Charakters der Arbeitsgänge im Dammbau – immer wiederkehrender Durchlauf gleichgearteter Bauelemente beträchtlichen Umfanges – ist die wissenschaftliche Organisation ein maßgebender Produktivitätsfaktor. Darüber hinaus steht auch der Dammbau in den Industriestaaten vor der Aufgabe, trotz des Arbeitskräftemangels kurze Bauzeiten einzuhalten. Um diese Aufgaben erfolgreich lösen zu können, müssen alle am Dammbau Beteiligten

die der rationellen Ausführung von Dammbauwerken entspringenden Forderungen bereits bei den Erkundungsarbeiten und beim Entwurf von Dämmen berücksichtigen

die wissenschaftlich begründete Produktionsvorbereitung von Dammbaustellen durchsetzen

ein solides Wissen über die verarbeitungstechnischen Eigenschaften der Dammbaustoffe besitzen und

die wirtschaftlichen Einsatzmöglichkeiten des maschinellen Dammbaus beherrschen

Die folgenden Darlegungen sollen diese Kenntnisse in den Grundzügen vermitteln. Wegen der kosten- und preisspezifischen Besonderheiten jedes Landes wird das Schwergewicht auf die technischen Verfahren im modernen Dammbau gelegt.

5.1. Bauvorbereitung

Wie alle Zweige des Bauwesens steht auch der Dammbau im Zeichen der Rationalisierung. Bei der Vorbereitung der Bauausführung muß überlegt werden, wie Arbeitsgänge verkürzt, wirkungsvoller koordiniert und verbilligt werden können, wie menschliche Arbeitskraft durch Maschinenkraft ersetzt werden kann und wie Bau- und Betriebsstoffe einzusparen sind.
Die wirtschaftlichste Ausführungsvariante muß aus zahlreichen Leistungs- und Kostenvergleichen ermittelt werden.
Da die zweckmäßigste Form der Bauausführung sehr eng mit der geologischen Situation der Dammgründung und der Baustoffvorkommen wie auch mit einer „maschinengerechten" Dammkonstruktion verknüpft ist, müssen neuartige Maßstäbe angelegt werden, auf die in den folgenden drei Abschnitten eingegangen wird.

5.1.1. Beziehung der Bauausführung zu den Erkundungsarbeiten

Da die teuren Erdbaumaschinen nach einer gründlich durchdachten Produktionsorganisation arbeiten müssen, verursachen Abweichungen davon wirtschaftliche Nachteile. Umfassende Erkundungsarbeiten können wesentlich dazu beitragen, daß sich kein kostspieliges Umdisponieren des Maschineneinsatzes während der Bauausführung notwendig macht.
Für die ordnungsgemäße Vorbereitung und Durchführung von Dammbauwerken sind besonders wichtig:

1. Erkundung des Baugrundes
2. Erkundung der Lagerstätten für Dammbaustoffe
   (Schwerpunkt: natürliche Dichtungsstoffe im Staudammbau)

Unzureichende Baugrunderkundungen können zur Folge haben:

1. vorübergehende Einstellung bzw. nachträgliche Erweiterung der Aufschluß- und Sicherungsarbeiten
2. Verteuerung der Bauarbeiten
3. Gefährdung der Fertigstellungstermine

Ungenügende Lagerstättenerkundungen verursachen u. a.:

1. Gefährdung der Bauwerkssicherheit bzw. Qualität des Dammbauwerkes
2. Unterbrechung bzw. Veränderung des vorgesehenen Bauablaufes
3. Verteuerung der Bauausführung
4. Gefährdung des Fertigstellungstermines

Die Erkundungsarbeiten für Dämme sind in den meisten Ländern durch Normen, Richtlinien, Standards od. ä. vorgeschrieben. Dabei bestimmen die geologischen Lagerungsverhältnisse den Umfang, während die Abstände und Tiefen der Gründungsaufschlüsse sich nach der Bauwerksart richten. Trotz der erlassenen Vorschriften liegt es letzten Endes in der Verantwortung der beauftragten Untersuchungsstelle, über Umfang, Lage und Art der Aufschlüsse zu entscheiden. Die gewonnenen Erkundungsergebnisse gehören zu den wichtigsten Ausgangsdaten, nach denen sich die Projektierung und Bauausführung richten müssen. Somit wird die Rationalisierung der Bauausführung wesentlich von der Qualität der Erkundung von Dammbauwerken bestimmt.

5.1.2. Beziehung der Bauausführung zur Dammkonstruktion

Das Fehlen von Arbeitskräften und die verkürzten Bauzeiten fordern den Einsatz leistungsstarker Baumaschinen, welche die Wahl der Dammkonstruktion maßgeblich beeinflussen.
Der wirtschaftliche Maschineneinsatz fordert:

1. Dammbaustoffe wählen, die weitgehend ganzjährig gewonnen und eingebaut werden können.
   Daraus resultiert:
   - Frost- und feuchtigkeitsunempfindliche Dammbaustoffe bevorzugen (rollige Erdarten, Felsgesteine u. ä.)
   - Dammbaustoffe möglichst aus räumlich konzentrierten und ganzjährig zugänglichen Lagerstätten gewinnen
   - Die Gewinnungsstellen für Dammbaustoffe nicht nur nach der Transportweite zwischen Lagerstätte und Dammkörper, sondern auch hinsichtlich ganzjähriger Produktion und des konzentrierten Maschineneinsatzes auswählen
   - Die Bemessung und Konstruktion des Dammkörpers muß dem durch das maschinelle Gewinnen bedingten Streubereich der Dammbaustoffe Rechnung tragen
2. Dämme müssen „maschinengerecht“ konstruiert sein.
   Daraus resultiert:
   - Die der Bemessung zugrunde gelegten Baustoffeigenschaften müssen auf das maschinelle Lösen, Laden, Transportieren, Einbauen und Verdichten abgestimmt sein
   - Die Abmessungen von Dammgliedern (Stütz-, Filter-, Dichtungs-, Sicherungskörper usw.) müssen den Einsatzmöglichkeiten der Erdbaumaschinen hinsichtlich Arbeitsbreite, Geschwindigkeit, Wirkungsweise, Böschungsbearbeitung usw. entsprechen
3. Die Dammkonstruktion muß weitgehend die Entflechtung der bautechnologischen Prozesse ermöglichen.
   Daraus resultiert:
   - Die Gliederung von Dämmen soll auf ein Mindestmaß beschränkt werden (z. B. homogene Dämme mit wasserseitiger Dichtung im Staudammbau bevorzugen)
   - Den Damm kreuzende Bauwerke weitgehend vermeiden oder aus dem Dammbereich verlegen
   - Bei unvermeidlichen Kreuzungen kombinierte Bauwerke (z. B. kombinierte Entnahme-, Hochwasserentlastungs- und Grundablaßbauwerke für Staudämme) oder Konstruktionen mit hoher Fertigungsgeschwindigkeit (Fertigteilbauweise, Gleitschalung u. ä.) wählen
4. Handarbeiten auf ein Mindestmaß beschränken.

Die moderne Mechanisierung wirft in diesen Zusammenhängen eine Fülle von neuartigen Bemessungs-, Toleranz- und Gütefragen auf, die in enger Zusammenarbeit von Projektierung und Bauausführung gelöst werden können, wie viele Beispiele der Dammbaupraxis erkennen lassen.

5.1.3. Technologische und organisatorische Vorbereitung der Bauausführung

Die Mechanisierungsfortschritte im Verkehrs- und Staudammbau wurden vor allem durch die steigenden Lohnkosten, den Mangel an Arbeitskräften in den Industriestaaten, die geforderten kurzen Bauzeiten, den zunehmenden technischen Schwierigkeitsgrad vieler Dammbauwerke und den erheblich angestiegenen Leistungsumfang ausgelöst. Moderne Dammbaustellen sind durch eine Zusammenballung hochleistungsfähiger kostspieliger Baumaschinen gekennzeichnet. Auf

Tafel 41. Leistungssteigerung im Kanalbau des letzten Jahrhunderts

Vorhaben	Bauvollendung	Massenumfang [Mill. m^3]	Eingesetzte Arbeitskräfte	Eingesetzte Erdbaumaschinen	Bauzeit [Jahr]
Suezkanal (Ägypten)	1860	35,0	41000	16 primitive Bagger	10,0
Managil-Kanal (Sudan)	1957	28,0	700	76 Flachbagger	2,5

manchen Baustellen erreicht der Wert der installierten Maschinenkapazität den Auftragswert. Die Auftragnehmer stehen vor dem schwerwiegenden Problem des wirtschaftlichen Bauens. Damit gewinnt das technologisch-organisatorische Planen der Bauausführung immer mehr an Bedeutung. Der Wirtschaftlichkeitserfolg des Dammbaus kann heute nicht mehr in der Ausführungsphase entschieden werden, sondern hat sich längst in die Vorbereitungs- und Planungsphase verlagert.

Die Ausführungsplanung muß von folgenden Gesichtspunkten ausgehen:

1. Erfüllung der Vertragstermine
2. technische Besonderheiten der Dammgründung
3. Eigenschaften und Verhalten der natürlichen und künstlichen Baustoffe
4. Besonderheiten der Dammkonstruktion
5. herrschende Arbeitsbedingungen (topographische und klimatische Verhältnisse der Baustelle, Transportentfernungen, Einsatzbedingungen der Baumaschinen)
6. vorhandenes bzw. zu beschaffendes Maschinenpotential

Wirtschaftlichkeitsvergleiche führen zu Entscheidungen über die zu wählende Technologie und die Organisationsformen. Auf ausgesprochenen Großbaustellen, welche die völlige Abschreibung zulassen, herrschen spezielle hochproduktive Technologien und Baumaschinen vor. Kleinere Baustellen gestatten es häufig, nur Mehrzweckmaschinen zu verwenden. Stets kommt es auf eine komplexe Beachtung sämtlicher Arbeitsgänge vom Lösen bis zum Verdichten und der herrschenden Arbeitsbedingungen an. Erfahrungen von ähnlichen Baustellen können die Entscheidungen erleichtern.

Der auf den Vertragsterminen basierende Bauablaufplan wird bei komplizierten Verflechtungen der Leistungen heute als Netzwerk dargestellt. Diese Darstellungsweise vermag den logischen Zusammenhang der Haupt-, Teil- und Nebenprozesse weitaus besser klarzustellen als die herkömmliche Balkengraphik. Mit der Methode

des kritischen Weges werden die kritischen „Aktivitäten" ausgewiesen, die zur Termineinhaltung unbedingt fristgerecht erfüllt werden müssen.
Aus dem Netzplan sind gesonderte Pläne aufzustellen, wie

Plan der benötigten produktionsbestimmenden Baumaschinen und Geräte
Plan der Arbeitskräfte nach Berufsgruppen
Plan der Haupteinbaustoffe
Plan der Transportkapazität
Selbstkostenplanung

Doch auch der wohldurchdachteste Ablaufplan bietet noch keine Gewähr auf Termin- und Kosteneinhaltung. Ein zuverlässiges Kontrollsystem muß die strikte Einhaltung der ausgearbeiteten technologischen Planung sicherstellen. Die tägliche Einsatzkontrolle ist ein wesentlicher Faktor, der über den wirtschaftlichen Erfolg oder Mißerfolg einer Dammbaustelle entscheidet.

5.2. Baustelleneinrichtung

Der wirtschaftliche Dammbau erfordert überlegte technologisch-organisatorische Vorbereitungen. Um aus der vorgesehenen Technologie vollen Nutzen ziehen zu können, sind vielfältige organisatorische Voraussetzungen zu schaffen. Hierzu

Bild 121. Ohratalsperre (DDR). Baustelleneinrichtung im Stauraum

zählt auch die Baustelleneinrichtung. Ihre Anlage, Größe und Ausstattung müssen sowohl die Ansprüche der Dammkonstruktion (Gründungsart, Dammhöhe, Dammlänge, Dammausbildung usw.) und Bauausführung als auch die Besonderheiten der Baustelle (Bauwerkslage, Klima, Lage der Baustoffvorkommen und Teilobjekte, Bauzeiten usw.) zweckdienlich und wirtschaftlich erfüllen.

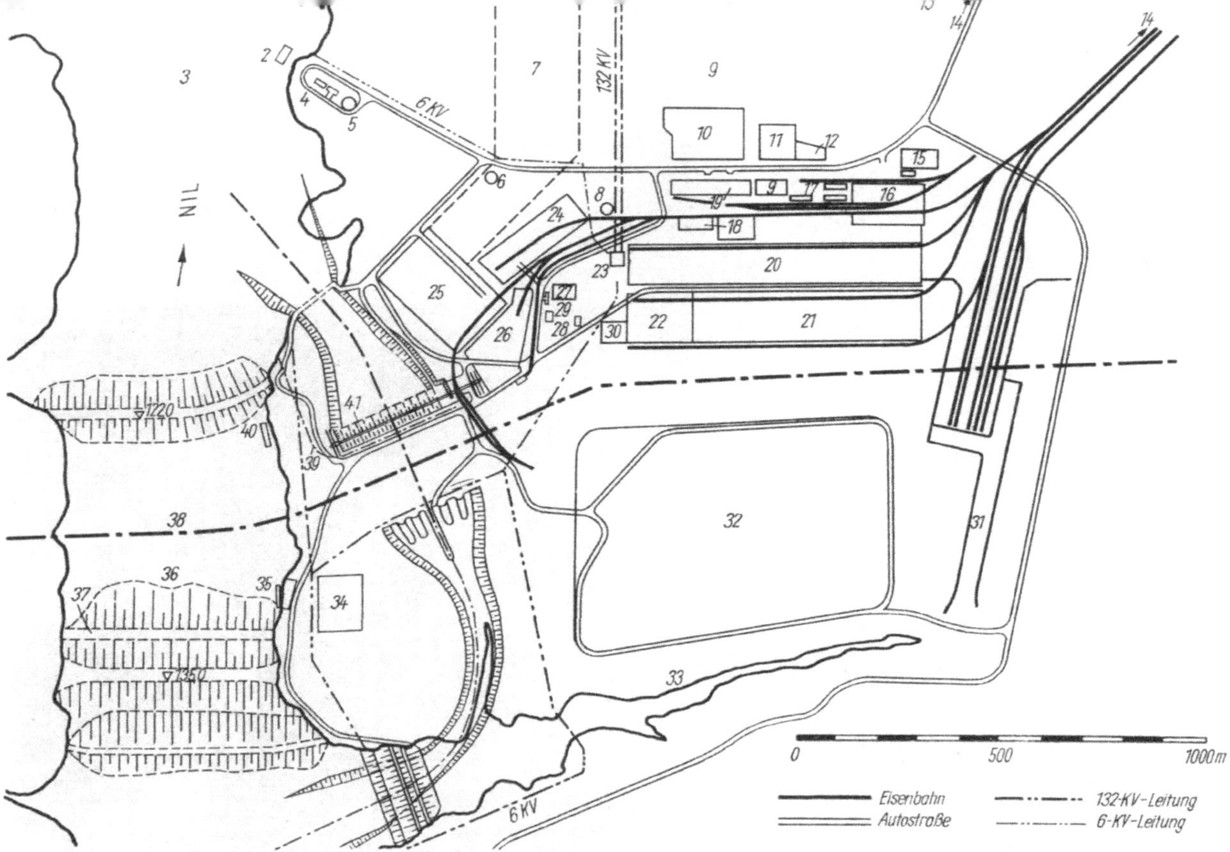

Bild 122. Assuan-Staudamm (VAR). Teil der Baustelleneinrichtung [275]

1 Anlegestelle für Fähre; *2* Pumpenhaus 2 · 1000 m^3/h; *3* Stau max. 110,0 m; *4* Bauleitung; *5* Modell; *6* Filteranlage; *7* Korridor für Hochspannungsleitungen; *8* Wasserturm; 9 Schalung 180 m^2/Schicht; *10* LKW-Wartung für 200 St.; *11* Reparaturwerkstätte 300000 h/Jahr; *12* Sauerstoffanlage 30 m^3/h; *13* Wohnsiedlungen; *14* nach Assuan; *15* Tankstelle 575 m^3; *16* Stahlwasserbau; *17* Materiallager 2200 m^2; *18* vorläufige Reparaturwerkstätte und Wartung; *19* Bewehrung 7 t/Sch.; *20* Stahlwasserbau-Montage; *21* Silt-storage (Schluff-Lager); *22* Assuan Clay (Assuan-Ton); *23* Trafo 20000 kVA; *24* elektr. Ausrüstung, Montage; *25* Umspann-Anlage; *26* Beton-Anlage; *27* Druckluftstation 500 m^3/h; *28* Wasserkühltürme 400 m^3/h; *29* Meißelschmiede; *30* Mahlwerk zur Tonaufbereitung für die Injektionen; *31* neuer Hafen; *32* Fels-Deponie 8 · 10^6 m^3; *33* Böschungsfuß; *34* Zement 55000 t/Jahr; *35* Brechanlage Anlegestelle; *36* Bauzustand 1; *37* Damm; *38* Damm-Achse; *39* Achse Transport-Tunnel; *40* Anlegestelle

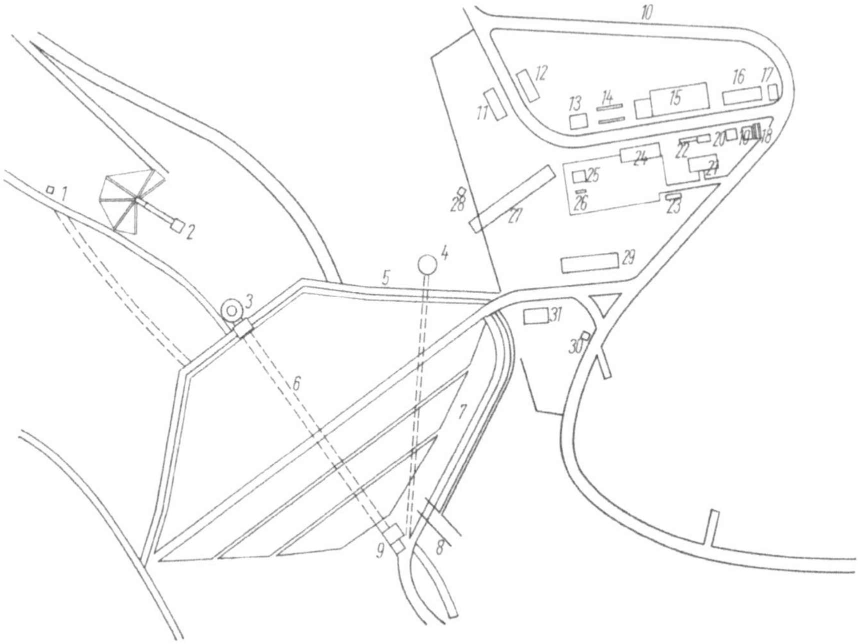

Bild 123. Talsperre Lichtenberg (DDR). Lageplan der Baustelleneinrichtung

1 Unterstellschuppen; *2* Unterstellschuppen; *3* Betriebszentrale; *4* Dispatchermast; *5* Kompressor; *6* Portalkran; *7* Werkstätten; *8* Unterstellschuppen; *9* Transformatorenstation; *10* Magazin; *11* Öle, Fette und Flaschengas; *18* Tankanlage; *12* Wagenwaschplatz; *14* Abschmierrampe; *15* Tagesunterkunft; *16* Schuppen; *17* Bauleitung; *18* Heizhaus; *19* Betriebsschutz; *20* Holzwerkstatt; *21* Tränkbecken

Bild 124 Nurek-Damm (UdSSR). Bau eines Fangedammes

Es scheint, als ob die leistungsstarken Erdbaumaschinen für den Dammbau und die stationären Baustelleneinrichtungen, die sich durch zeitraubenden Auf- und Abbau auszeichnen, einander widersprechen. Doch unter mangelhaften arbeitsorganisatorischen Voraussetzungen kann auch die moderne Technik im Dammbau nicht erfolgreich wirken. Allerdings sind die heutigen Baustelleneinrichtungen nicht mehr mit denen aus der Zeit des gleisgebundenen Dammbaus vergleichbar.

Zu den wichtigsten Voraussetzungen, welche die Baustelleneinrichtungen im Dammbau zu schaffen haben, gehören: Anschluß der Baustelle an das öffentliche Verkehrsnetz, Bereitstellung des Energiebedarfes, leistungsfähige Nachrichtenverbindungen, Reparatur- und Wartungseinrichtungen für den Baumaschinenpark. Diese Einrichtungen sind für den modernen Dammbau typisch, daher sollen deren Lösungsprinzipien im folgenden behandelt werden.

5.2.1. Verkehrsanlagen

Bauen bedeutet Transportieren. Das gilt erst recht für die umfangreichen Massenbewegungen im Dammbau. Stattliche Bauwerkskubaturen, feingliedriger Dammaufbau, beengte Platzverhältnisse am Bauwerksstandort und knapp bemessene Bauzeiten erhöhen die Ansprüche an die Verkehrseinrichtungen zu und innerhalb der Baustelle. Ein wirtschaftlicher Bauablauf ist ohne gründlich geplante, großzügige Verkehrsanlagen undenkbar.

5.2.1.1. Anschluß an öffentliche Verkehrsanlagen

Die Dammbaustellen liegen oft abseits von öffentlichen Straßen, Eisenbahnen oder Wasserwegen. In dicht besiedelten Räumen bereitet der Verkehrsanschluß keine entscheidenden Schwierigkeiten. Dagegen müssen in unerschlossenen Gebieten häufig teuere Gleistrassen, kilometerlange Straßen, Seilbahnen oder Schrägaufzüge angelegt werden.

Die Wahl der Verkehrsart hängt von den örtlichen Voraussetzungen ab.

Gleisanschluß

Wenn es wirtschaftlich vertretbar ist, sollten Dammbaustellen an das bestehende Eisenbahnnetz angeschlossen werden. Durch Verlängern des Gleises bis in den Lagerbereich können vor allem auf Dammbaustellen mit erheblichem Bedarf an Massenbaustoffen (Filterkies, Steinpacke, Bindemittel, Zuschlagstoffe, Stahl und Holz) sowie Maschinen und Ausrüstungen die Transportkosten gesenkt werden. Oft kommt aus wirtschaftlichen oder örtlichen Gründen ein Direktanschluß nicht in Betracht. Verschiedentlich kann dann durch Erweitern eines nahegelegenen Bahnhofs ein Entladebahnhof eingerichtet werden, an den die Baustelle über eine kürzere Straßenverbindung angeschlossen werden kann. Die Entladebahnhöfe sind nach den zu erwartenden Umschlagsleistungen zu dimensionieren. Sie sollen mit Ladestraßen, Seiten- und Kopframpen, reichlich dimensionierten, befestigten Zwischenlagern für Massenbaustoffe, überdachten Lagerflächen für Ausrüstungen, reichlicher Hebe- und Entladekapazität für Ganzzüge, Werkzeugschuppen, Unterkunftsräumen mit Schlafgelegenheit für Nachtentladungen und ausreichender blendfreier Beleuchtung ausgestattet sein.

Straßenanschluß

Auch die Anschlußmöglichkeiten an das öffentliche Straßennetz sind örtlich bedingt. Häufig können bestehende Straßen als Baustellenzufahrt genutzt werden,

die durch den Dammbau für den öffentlichen Verkehr stillgelegt werden müssen. Gelegentlich lassen sich auch untergeordnete, unbefestigte Wege ausbauen bzw. neu anzulegende Verkehrseinrichtungen der Land- und Forstwirtschaft als Folgemaßnahmen des Dammbaus zeitlich vorziehen und als Anschlußstraße verwenden.
In unerschlossenen Gebieten sind aufwendige Straßenneubauten kaum vermeidbar. Für das Twin-Falls-Projekt in Labrador z. B. mußten insgesamt 160 km Straße zwischen dem Entladebahnhof und der Baustelle völlig neu angelegt werden. Anschlußstraßen im Hochgebirge können unter besonders schwierigen Verhältnissen etwa 800000,— M/km kosten.
Die Zufahrtsstraßen müssen folgende Bedingungen erfüllen:

1. Zufahrtsstraßen von den Transportstraßen zwischen Entnahme und Dammkippe trennen und bis an die Hauptlager- und Umschlagplätze führen
2. Mit Rücksicht auf Schwertransporte darf die Längsneigung 10% nicht überschreiten
3. Angemessene Bogenhalbmesser einhalten (Langtransporte)
4. Ausreichende Tragfähigkeit, Durchfahrtshöhe und -breite für Brücken, Durchlässe, Rampen und Hangsicherungen beachten
5. Zufahrtsstraßen müssen feste Tragschichten und verschleißfeste schwere Decken (Zement-, Teer- oder Bitumenbeton, Mischmakadam bzw. Gußasphalt) besitzen.

Seilschwebebahnen und Schrägaufzüge

Müssen beträchtliche Höhenunterschiede und weite Täler unter Lawinen-, Schnee- und Wildwassergefahr zwischen dem öffentlichen Verkehrsnetz und der Dammbaustelle überwunden werden, kommen Seilschwebebahnen für den Baustellenanschluß in Betracht. Auf zahlreichen alpinen Dammbaustellen haben sich Seilschwebebahnen bestens bewährt. Sie zeichnen sich durch hohe Bau- und Instandhaltungskosten aus, erfordern aber geringe Betriebsaufwendungen. Mit Seilschwebebahnen können sowohl Personen als auch Massengüter und schwere Einzelteile befördert werden. Bindemittel und Massengüter unter 20 cm Durchmesser werden in Behältern transportiert. Seilschwebebahnen werden nach der erforderlichen Stundenhöchstleistung und der größten Einzeltransportmasse bemessen. Für Baustellenanschlüsse werden meist Zweiseilbahnen im Pendel- oder Umlaufbetrieb bei Fahrgeschwindigkeiten von etwa 1,0 bis 4,0 m/s bevorzugt. Gewöhnlich müssen mehrere Seilbahnen, getrennt für Personen- und Stückgutverkehr mit auswechselbarer Plattform sowie für Schwerlastverkehr bis zu 18 Mp Traglast, angelegt werden. Außergewöhnlich ungünstige Geländeverhältnisse erfordern gelegentlich, auch Teilobjekte mit eigenen Seilbahnen zu erschließen.
In der UdSSR werden auch im Flachland auf Baustellen von Wasserkraftanlagen Seilschwebebahnen angewendet. Die topographischen und kostenspezifischen Eigenarten jedes Landes erschweren es, allgemeingültige Anwendungsbereiche für Seilschwebebahnen zu begründen.
Schrägaufzüge zeichnen sich durch ganzjährige Betriebsfähigkeit in lawinensicheren Gebieten aus. Im Zusammenwirken mit anderen Transportmitteln gestatten sie, Querverbindungen in jeder erforderlichen Höhenlage herzustellen.

5.2.1.2. Straßen im Baustellenbereich

Die modernen Transportmittel (Hinterkipper, Bodenschütter, Schürfkübel u. a.) können trotz ihrer technischen Perfektion (enorme Motorzugkräfte, automatische

Getriebe, Niederdruckreifen usw.) bei größeren Transportweiten nicht auf ausgebaute Bautellen-Verkehrswege zwischen Gewinnungsstelle und Dammkippe verzichten. Auf ausgefahrenen und zu schmalen Baustellen-Verkehrswegen können sie ihre teuer erkaufte Schnelligkeit nicht unter Beweis stellen, und ihre Leistung und Wirtschaftlichkeit werden dadurch gedrosselt. Zweckmäßig trassierte, gestaltete und sorgfältig unterhaltene Baustraßen sind unumgänglich.

Tafel 42. Belastungsklassen für Baustraßen [274]

Belastungsklassen des Baustraßenverkehrs		Anzahl der Nutzfahrzeuge in 24 h je Spur (Achslast 3,6 Mp)	Baustraßen		
			erdstabilisiert	aus Fertigteilen	aus Ortbeton
Leicht	mit kurzer Nutzungsdauer (1 Jahr außerhalb der Frost-Tau-Periode)	bis 25	×	×	–
	mit längerer Nutzungsdauer		×	×	–
Mittel	mit kurzer Nutzungsdauer. (1 Jahr außerhalb der Frost-Tau-Periode)	25 ··· 150	×	×	–
	mit längerer Nutzungsdauer		×	×	×
Schwer	mit kurzer Nutzungsdauer (1 Jahr außerhalb der Frost-Tau-Periode)	über 150	×	×	–
	mit längerer Nutzungsdauer		×	×	×

Langgestreckte Dammbaustellen mit weit entfernt gelegenen Massengewinnungsstellen erfordern umfangreiche Straßenbauten. Aber auch räumlich konzentrierte Staudammbaustellen und Autobahnbaustellen verfügen über ein dichtes Straßennetz. Auf den Staudammbaustellen, wie Twin-Falls, Gepatsch und Göschenenalp mußten allein im Baustellenbereich 20 bis 40 km Straßen angelegt werden.

Baustraßen, die nur im Richtungsverkehr befahren werden, sind übersichtlicher und unfallsicherer. Beengte Platzverhältnisse zwingen jedoch häufig zum Gegenverkehr. Die Straßenbreite wird nach der Fahrzeugbreite und dem geschwindigkeitsabhängigen Spielraum beim Überholvorgang bemessen. Bei überbreiten Fahrzeugen ($>$ 2,50 m) hat sich eine Fahrbahnbreite bei Gegenverkehr von 10 m bewährt.

Tafel 43. Querschnittsgestaltung von Baustraßen (Fahrzeugbreite bis 2,50 m) [274]

Art der Baustraße			Fahrbahnbreite *b* einspurig	Fahrbahnbreite *b* zweispurig	*a* unbefestigter Randstreifen	*c* Gehbahnbreite	Gesamtstraßenbreite ohne Gehbahn	Gesamtstraßenbreite mit Gehbahn	Gesamtstraßenbreite ohne Gehbahn	Gesamtstraßenbreite mit Gehbahn	Dicke der Einbauschichten untere Tragschicht S_1	Dicke der Einbauschichten obere Tragschicht S_2[1]	Dicke der Einbauschichten Deckschicht S_3[2]	Gesamtdicke
Erdstabilisiert			3000	6000	1000	1000	5000		8000		100 bis 150	150	30 bis 50 Material: Splitt, Bitumen	150 bis 350
Fertigteile	Stahlbeton	Trapezplatte		6020	250 bis 1000		3500 bis 5000	4250 bis 5000	6250 bis 8020	7270 bis 8020	150[3]		200	350
		Wabenplatte												
		Rechteckplatte	2980	5980			3480 bis 4980	4230 bis 4980	6480 bis 7980	7230 bis 7980			180	330
	Spannbeton		—	6300			—	—	6800 bis 8300	7550 bis 8300			140	290
Ortbeton			3000	6000			3500 bis 5000	4250 bis 5000	6500 bis 8000	7250 bis 8000	200[3]		160 bis 200	310 bis 400

[1] Ausführung nur bei kalkstabilisierten Baustraßen und Nutzungsdauer > 1 Jahr
[2] bei starren Straßen = Plattendicke
[3] gleichzeitig Frostschutzschicht, bei frostsicherem Untergrund Dicke um 50 mm verringern

Die Dauerbeständigkeit einer Baustraße ist letztlich an eine zuverlässige Oberflächenentwässerung gebunden. Die Querneigung des Straßenprofils richtet sich nach der Rauhigkeit der Straßenkonstruktion.

Tafel 44. Querneigung in der Geraden [274]

Straßenkonstruktion	Querneigung [%]
Ortbeton	1,5
Fertigteilplatten	2,0
Zementstabilisierung	4,0
Kalkstabilisierung	6,0

Tafel 45. Querneigung in der Krümme [274]

Querneigung	Krümmungsradien bei maximaler Geschwindigkeit	
[%]	30 km/h	40 km/h
2	120	200
3	80	140
4	60	100
5	50	80
6	40	70
7	30	60
8	–	50

Tafel 46. Fahrbahnverbreiterungen [274]

Radius *R*	Verbreiterung	
[m]	einspurig [m]	zweispurig [m]
100	0,30	0,60
60	0,50	1,00
40	0,80	1,60
30	1,05	2,10

Einspurige Baustraßen mit Ausweichstellen sind ökonomisch umstritten. Häufig überschreiten die anfallenden Fahrzeugwartekosten die eingesparten Straßenbaukosten. Hangstraßen sind durch 25 bis 30 cm hohe Hochborde oder Pfahlmarkierungen zu kennzeichnen. Frontlenker wie auch zweiachsige Fahrzeuge benötigen im Gegensatz zu Dreiachsfahrzeugen wegen ihrer geringen Baulänge und Wendigkeit nur geringe Krümmungshalbmesser. Dieser Vorteil ist auf beengten Dammrampen sehr willkommen. Damit sich auch in der Krümme Fahrzeuge gefahrlos begegnen können, muß die Fahrbahn verbreitert werden. Für Baustraßen werden nur in Ausnahmefällen Übergangsbögen eingeschaltet. Bei Gegenbögen werden etwa 10 m lange Zwischengeraden vorgesehen. Krümmen, insbesondere auf langen Rampen, sollten nicht in der Steigung liegen. Die Längsneigung muß bei allen Witterungsverhältnissen eine betriebssichere Berg- und Talfahrt des zug- bzw. bremsschwächsten Fahrzeuges zulassen. Um z. B. Universal-Raupenbagger innerhalb des Baustellenbereiches umsetzen zu können, wird mit Rücksicht auf deren Steigfähigkeit die Größtsteigung von etwa 10% nicht überschritten.

Baustraßen werden gegenwärtig mit sandgeschlämmten Schotter- oder Zementbetondecken versehen oder als Fertigteil- bzw. erdstabilisierte Straße ausgebildet. Jede Ausbauform besitzt ihre Vorzüge. Im modernen Dammbau werden Fahrbahnbefestigungen bevorzugt, die sich mechanisiert herstellen lassen.

Sandgeschlämmte Schotterdecke

Die Schotterdecke gilt als klassische Baustraßenbefestigung. Sie ist wegen ihres hohen Anteils an Handarbeit und beträchtlichen Verbrauchs teuerer Baustoffe nicht mehr zeitgemäß. Den starken Verkehr moderner Dammbaustellen kann sie nicht mehr aufnehmen. Durch den Reifensog wird die Decke überbeansprucht. Daher lösen sich die eingeschlämmten Gesteinsteilchen beizeiten aus ihrem Verband, und es entstehen Schlaglöcher.

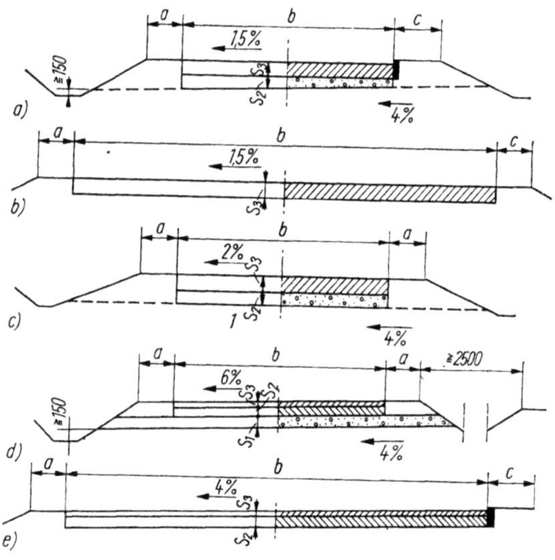

Bild 125. Baustraßenquerschnitte [274]

a) Ortbetonbaustraße bei frostveränderlichem Untergrund;
b) Ortbetonbaustraße bei frostsicherem Untergrund;
c) Fertigteilbaustraße;
d) kalkstabilisierte Baustraße bei frostveränderlichem Untergrund und längerer Nutzung;
e) zementstabilisierte Baustraße bei frostsicherem Untergrund

Zementbetondecke

Bei umfangreichen, mehrjährigen Transportbewegungen kommen für mittleren und schweren Verkehr Straßenbefestigungen aus Zementbeton in Betracht. Ortbetondecken können etwa drei Wochen nach Betonierende dem Verkehr übergeben werden. Da Ortbetondecken hohe Fahrgeschwindigkeiten zulassen, werden der Fahrzeugumlauf beschleunigt, die Reparatur- und Reifenaufwendungen gesenkt und somit die Wirtschaftlichkeit des Transports erhöht.

Baustraßen aus Stahlbetonfertigteilen

Die voll mechanisierte Verlegung der Fertigteilplatten ist bei häufigen Veränderungen der Fahrstrecken ein willkommener Vorteil. Wegen ihrer hohen Vorhaltekosten müssen der Verwendung von Stahlbetonfertigteilen intensive Wirtschaftlichkeitsüberlegungen vorausgehen.

Erdstabilisierte Baustraßen

Die baustoffsparenden Stabilisierungsverfahren mit Kalk, Filterasche, Zement, Bitumen und Chemikalien sind für Baustraßen erst vereinzelt angewendet worden. Erschöpfende Erfahrungen liegen daher noch nicht vor. Erdstabilisierungen können nach anfänglicher Anleitung sowohl mit einfachen landwirtschaftlichen Maschinen als auch mit Vermörtelungsmaschinen hergestellt werden. Bei geringem manuellem Arbeitsaufwand können Schichtleistungen von über 1500 m^2 erzielt werden.

5.2.2. Versorgungsanlagen

Die moderne Dammbaustelle findet keine Parallele zu den gewiß beeindruckenden Vorhaben des Verkehrs- und Staudammbaues vergangener Jahrzehnte. Doch gesteigerter Mechanisierungsgrad verlangt hohe Energiezuführung bzw. -erzeugung, vor allem von Elektroenergie und Druckluft. Die Baustelleneinrichtung muß diesen gestiegenen Bedarf der weit verzweigten, aus vielenTeilobjekten bestehenden Dammbaustelle störungssicher und wirtschaftlich bereitstellen. Ausfall der Energieversorgung bedeutet Stillstand kostbarer Maschinen und Abbremsen des Produktionsprozesses. Daher ist die Energieversorgung gründlich und verantwortungsbewußt zu planen, auszuführen und zu unterhalten.
Mehr und mehr ist das Nachrichtensystem als Instrument zur Lenkung der Produktionsprozesse zu beachten. Nur mit neuartigen Mitteln der Nachrichtenübertragung kann der konzentrierte Maschineneinsatz jederzeit überwacht werden. Sofortiges Signalisieren und Eingreifen bei Produktionsstörungen sind zu elementaren Grundlagen des Wirtschaftlichkeitserfolges geworden.

5.2.2.1. Versorgung mit Elektroenergie

Da elektrischer Strom verhältnismäßig billig ist, werden viele Arbeitsmaschinen auf Dammbaustellen mit Elektroenergie betrieben. Hierzu gehören unter anderem: Elektrobagger, Großlochbohrmaschinen, Verdichtungsmaschinen, Aufbereitungsanlagen, Mischstationen, Gurtförderanlagen, Werkzeugmaschinen, Winden, Kräne, Schweißaggregate, Pumpen, Kompressoren, ferner die gesamte Beleuchtung und Teile der Heizung.
Die Baustelle wird durch Anschluß an bestehende Orts-, Bahn- oder Fernleitungsnetze mit Elektroenergie versorgt. Während der Arbeiten an der Baustelleneinrichtung wird die Energie durch Notstromaggregate erzeugt. Besteht keine Anschlußmöglichkeit, dann ist ein eigenes Baustellen-Kraftwerk aufzubauen.
Bei der Mehrzahl der meist entlegenen außereuropäischen Baustellen muß dieser Weg beschritten werden. So wurden die entlang der Kanaltrasse des Managil-Projektes (Sudan) eingerichteten Stützpunkte über dieselgetriebene Kraftwerke bis zu 600 kVA versorgt.
Der gesamte Bereich der Baustelle wird territorial in einzelne Stromkreise zusammengefaßt (z. B. Umschlagbahnhof, zentraler Baustellenbereich mit Betonmischanlage, Kompressorenstation und Werkstätten, Dammbereich mit Grundwasserhaltung, Steinbruch mit Anschluß der Bohr- und Sprengkapazität, Wohnlager usw.). Weit voneinander gelegene Teilobjekte erhalten entweder eigene

Stromerzeugungsanlagen oder werden gesondert an bestehende Versorgungsnetze angeschlossen. Für die einzelnen Stromkreise werden die Anschlußwerte der Maschinen, Produktionsanlagen und Beleuchtungs- sowie Heizungseinrichtungen unter Berücksichtigung des Gleichzeitigkeitsfaktors (gleichzeitiger Betrieb sämtlicher Anschlüsse) erfaßt und danach der Transformator ausgewählt. Während man auf Großbaustellen mit einem Gleichzeitigkeitsfaktor von 0,3 rechnet, liegt dieser Faktor auf kleineren Baustellen bei etwa 0,5. Grundwasserabsenkungsanlagen weisen in der Regel den höchsten Gleichzeitigkeitsfaktor auf. Der Gleichzeitigkeitsfaktor wächst mit zunehmender Auslastung der angeschlossenen Maschinen und Anlagen. Die Anschlußermittlung muß sich an die geplante Baudurchführung halten, in deren Verlauf oft Bedarfsspitzen entstehen. Es empfiehlt sich, eine 20%ige Anschlußreserve für unvorhergesehene Erweiterungen vorzusehen. In den Verbrauchszentren werden Transformatorenstationen aufgestellt, die an das Fernleitungsnetz angeschlossen werden. Von ihnen werden über Freileitungen oder gut geschützte Erdkabel die Verbrauchsstellen mit Niederspannung versorgt.

Tafel 47. Beleuchtung von Bauarbeiten [276]

Art der Arbeit	Mindestbeleuchtungsstärke [lux]	Beleuchtungsebene	Bemerkung
Arbeit mit Baggern	5	horizontal	gesamte Arbeitsebene und Abbauwand
Arbeit mit Baggern	10	vertikal	gesamte Arbeitsebene und Abbauwand
Planierarbeiten	5	horizontal	—
Beton- und Rammarbeiten	10	vertikal	Arbeitsebene der Bohr- und Rammaschinen
Straßenbauarbeiten	5	horizontal	—
Beladen von Fahrzeugen	10	vertikal	—

Tafel 48. Mittlere Beleuchtungsstärken für Baustelleneinrichtungen [277]

	Mittlere Beleuchtungsstärke [lux]
Lagerplätze mit geringem Verkehr	1 ··· 2
Lagerplätze mit starkem Verkehr	5 ··· 15
Baustraßen	5 ··· 15
Werkstätten	15 ··· 70
Wohnräume	20 ··· 150

Äußerste Vorsicht ist bei Baggerarbeiten in Nähe von elektrischen Anlagen geboten. Freileitungen müssen eine Unterfahrungshöhe von etwa 5 m aufweisen.

Die Freileitungstrassen dürfen weder im Schwenkbereich von Baumaschinen noch im Straßenprofil verlaufen.
Lager- und Arbeitsplätze der Baustelle sind mit schattenfreiem Licht zu erhellen. Zur Ausleuchtung von Gewinnungs- und Einbaustellen haben sich hohe, versetzbare Stahltürme bewährt. Baustraßen sind blendfrei zu beleuchten, um die Unfallgefahren zu mindern. Hierzu eignen sich in Abständen von 20 bis 50 m aufgestellte Freileitungsmaste, die mit mehreren Tiefstrahlern ausgerüstet sind.

5.2.2.2. Versorgung mit Druckluft

Mit der Mechanisierung von Dammbaustellen nimmt auch der Bedarf an Druckluft zum Bohren, Stemmen, Punktschweißen, zur Bindemittelförderung, zum Reinigen, zum Betätigen pneumatischer Verschlüsse usw. zu. Der Druckluftbedarf richtet sich nach dem Bauablauf und der Anzahl der installierten Druckluftwerkzeuge. Er kann auf Dammbaustellen Werte zwischen 50 bis 150 m^3/min erreichen. Je höher die Anzahl der Druckluftverbraucher ist, um so niedriger kann der Gleichzeitigkeitsfaktor angesetzt werden. Der obere Grenzwert liegt etwa bei 0,7. Bei weit verzweigten Leitungen treten Druckluftverluste von etwa 20 bis 30% auf. Leistungsstarke zentrale Kompressorenstationen können auch weit entfernt gelegene Verbraucherstellen versorgen. Der Druckluftverbrauch moderner Maschinen ist zum Teil stark angestiegen. So werden moderne Großlochbohrmaschinen, Druckluftbedarf 10 bis 15 m^3/min und Druck 6 bis 8 at Ü, schon häufig durch hochleistungsfähige mobile Kompressoren versorgt. Druckluftleitungen werden erdverlegt oder auf Böcken gelagert. Bei Kreuzungen von Straßen sind sie entsprechend zu schützen. Hohe Luftfeuchtigkeit führt häufig zu Störungen, denen durch vorgeschaltete Luftentfeuchter begegnet werden kann.

5.2.2.3. Wasserversorgung und Abwasserbehandlung

Auf Dammbaustellen wird Wasser für hydromechanische Verfahren, zur Bearbeitung von künstlichen und natürlichen Dichtungsstoffen, als Anmachewasser für Beton und Mörtel, zum Besprengen von Baustraßen, zur Anfeuchtung von Erdbaustoffen, zur Maschinenreinigung, als Kesselspeise-, Kühl- und Löschwasser, für Wasch- und Duschanlagen und zur Speise- und Getränkezubereitung benötigt.
Der Bedarf an Trink- und Brauchwasser ist je nach Baustellengröße und -struktur, Bauwerkskonstruktion und den gewählten Technologien (z. B. hydromechanische Verfahren) außerordentlich unterschiedlich. Die Bedarfserhebung muß möglichst genau sein und den geplanten Bauablauf sowie die möglichen täglichen und jahreszeitlichen Schwankungen als auch den Feuerlöschwasserbedarf berücksichtigen. Auf Dammbaustellen sind schon Bedarfsspitzenwerte von 150 l/s erreicht worden. Der Wasserbedarf kann aus bestehenden örtlichen Versorgungsanlagen, aus Quellen über Quellfassungen, Brunnen, aus Oberflächenwasser (Fluß-, See- und Talsperrenwasserentnahmen) und dem Grundwasser (Schacht- und Rohrbrunnen) gewonnen werden. Häufig stellen sich auf alpinen Baustellen akute Versorgungsprobleme ein, so daß das Wasser mit LKW oder mittels Seilschwebebahnen angefahren werden muß.
Treten Beschaffungsschwierigkeiten auf, muß gegebenenfalls in Trink- und Brauchwasserversorgung getrennt werden. Bei baustelleneigenen Gewinnungsanlagen muß das Wasser mit den bekannten Verfahren zu Trinkwasser aufbereitet werden.

Baustellen können nur in Ausnahmefällen an zentrale Kläranlagen angeschlossen werden. Die Abwasserbehandlung richtet sich nach der Menge und Zusammensetzung des Abwassers und der Belastbarkeit der örtlichen Gewässer. Meistens werden zur Abwasserbehandlung auf Baustellen Kleinkläranlagen, wie Zwei- und Mehrkammerfaulgruben sowie mehrstöckige Klärgruben zur mechanischen Reinigung als auch Mehrkammerausfaulgruben und Tropfkörper zur biologischen Reinigung benutzt. Das gereinigte Abwasser wird entweder in örtliche Gewässer eingeleitet oder durch Berieselung und Versenken in den Untergrund beseitigt.

5.2.2.4. Nachrichtenverbindung

Das übliche Telefonnetz mit Selbstwählverkehr als Nachrichtenvermittler innerhalb der Baustelle erfüllt die Ansprüche des heutigen Dammbaues nicht mehr. Der wirtschaftliche Dammbau verlangt planvolles Produzieren. Daher müssen der Dispatcherstelle in der Bauleitung ständig aktuelle Informationen von allen wichtigen Betriebspunkten, wie Gewinnungsstellen, Transportstrecken, Einbaustellen, Lagern, fahrbaren und stationären Werkstätten, vorliegen, um bei Störungen (Maschinenausfälle, Verkehrsstauungen, Unfälle usw.) sofort eingreifen zu können. Den gesteigerten Ansprüchen können moderne Nachrichtenmittel, wie Kurzwellen- und Ultrakurzwellensender und -empfänger, Sprechfunk und industrielles Fernsehen, gerecht werden. Ihre Anschaffungs- und Betriebskosten sind weitaus geringer als die auftretenden Ausfallkosten. Trotz dieser offenkundigen Vorzüge steckt die Anwendung der modernen Nachrichten- und Übertragungstechnik im Dammbau noch in den Kinderschuhen. Es kann vorerst nur auf wenige Einzelbeispiele verwiesen werden.

So wurden beim Bau der 80 km langen Autobahn zwischen Birmingham und London zur Einsatzlenkung des Maschinenparkes mit Erfolg sieben Hauptkurzwellengeräte und über achtzig Nebenkurzwellengeräte eingesetzt.

Auch einfach bedienbare Sprechfunkgeräte mit Reichweiten von 50 bis 30 km, die nur 6, 12, bzw. 24 Volt Spannung erfordern und leicht in den Erdbaumaschinen unterzubringen sind, wurden schon praktisch verwendet.

Jüngste Beispiele an langgestreckten Autobahnlosen haben gezeigt, daß auch mehrsitzige Hubschrauber zur Inspektion, Einsatzkontrolle, Ersatzteilbeförderung, zum Heranschaffen von Reparaturpersonal und auch zur Lohnzahlung trotz der hohen Anschaffungskosten für Hubschrauber überzeugende Vorteile bringen.

5.2.3. Zentrale Baustelleneinrichtungsanlagen

Zur zentralen Baustelleneinrichtung, die während der gesamten Bauzeit benötigt wird, gehören im allgemeinen: Werkstätten aller Art, Lager- und Umschlagplätze, Mischanlagen, Magazine, Bauleitungsgebäude, Wohn- und Tagesunterkünfte, soziale und kulturelle Einrichtungen, Küchen usw. Durch die zunehmende Mechanisierung moderner Dammbaustellen nehmen die Werkstätten eine Vorrangstellung ein. Daher sollen sie anschließend eingehend behandelt werden.

Auf entfernt gelegenen Teilobjekten der Dammbaustelle werden vorübergehende, dezentralisierte Baustelleneinrichtungen geringeren Umfanges installiert.

5.2.3.1. Werkstätten

Die neuzeitlichen, robusten Erdbaumaschinen haben nicht etwa zur Verringerung, sondern zur Erweiterung der Baustellen-Werkstätten geführt. Diesen Werdegang

hat die hohe Maschinenkonzentration auf den Baustellen herbeigeführt. Auf den Staudämmen Göschenenalp (Schweiz) waren allein 30000 PS in 24 Baggern, 85 Transportfahrzeugen, 22 Planiermaschinen, 5 Straßenhobeln, 3 Autokränen, 7 Ladern, 5 Mehrzweckmaschinen, 4 Wasserwerfern und in einer Betonfabrik installiert. Die Gesamtkosten des mobilen Maschinenparkes umfaßten 38% des Auftragswertes. Bei 20stündigem Einsatz wurden die Maschinen außergewöhnlich hoch beansprucht. Daher mußten bereits nach 50 Einsatzstunden die Baggerzähne, nach 2000 Einsatzstunden die Reifen und nach 1800 bis 2000 Einsatzstunden die Raupenketten ausgewechselt werden. Täglich wurden 35000 *l* Dieselkraftstoff und 900 *l* Schmieröl verbraucht.
Dieses Beispiel steht für viele Baustellen und demonstriert die Mechanisierungsfortschritte des modernen Dammbaus. Nur ein perfekter Reparatur- und Wartungsdienst kann den gestellten Anforderungen noch gerecht werden. An die Ausstattung von Werkstätten und Wartungseinrichtungen müssen neuartige Maßstäbe angelegt werden. Vom ersten Einsatztag an müssen die Maschinen auf der Baustelle repariert und gewartet werden können.

Tafel 49. Werkstattgrößen (Beispiele)

Dammbaustelle	Staat	Bauvollendung	Mechanisierungsgrad [PS/AK]	Werkstattbeschäftigte	Werkstattfläche [m²]
Göschenenalp	Schweiz	1960	42	80	1250
Gepatsch	Österreich	1964	—	100	1080
Ohra	DDR	1966	24	24	525

Auf Großbaustellen stellt heute das Maschinenpersonal schon etwa 60% der Gesamtbelegschaft, von denen etwa 20% in Werkstätten arbeiten.
Folgende Werkstätten gehören zum Grundstock der Baustelleneinrichtung: Mechanische Werkstatt mit getrennten Räumen für autogenes und elektrisches Schweißen, Elektrowerkstatt mit Batterieraum, Kraftfahrzeugwerkstatt mit Waschplatz und Unterstellmöglichkeit, mobile Pflege- und Reparaturfahrzeuge, Montageraum für Baumaschinen, Schmiede, Holzwerkstätten und Magazine. Je nach der Größe des Maschinenparkes und der Entfernung zu betrieblichen Stammwerkstätten ist der Werkstattbedarf unterschiedlich.
Die Reparaturflächen für Baumaschinen müssen genügend groß sein. Es ist zweckmäßig, besondere Flächen für die Kraftfahrzeugreparatur und erforderlichenfalls getrennte Schmierboxen zu schaffen. Die zugehörigen Nebenräume und Ersatzteillager sind in unmittelbarer Nähe anzuordnen. Zur Pflege der Fahrzeuge ist ein betonierter Waschplatz anzulegen, und für ausreichenden Wasserdruck ist Sorge zu tragen. Stationäre Tankstellen sollen in unmittelbarer Nähe der Hauptverkehrsstrecken oder an Schwerpunkteinsatzstellen liegen.
Sämtliche Werkstätten sind nach Möglichkeit räumlich zu konzentrieren. Die Konstruktionen und Bauweisen der Werkstätten sind nach Größe, Örtlichkeit und Nutzungsdauer unterschiedlich und reichen von Baracken in Holztafelbauweise über Skelettbauweise mit Stahlbetonfertigteilen bis zu monolithischen Bauten.

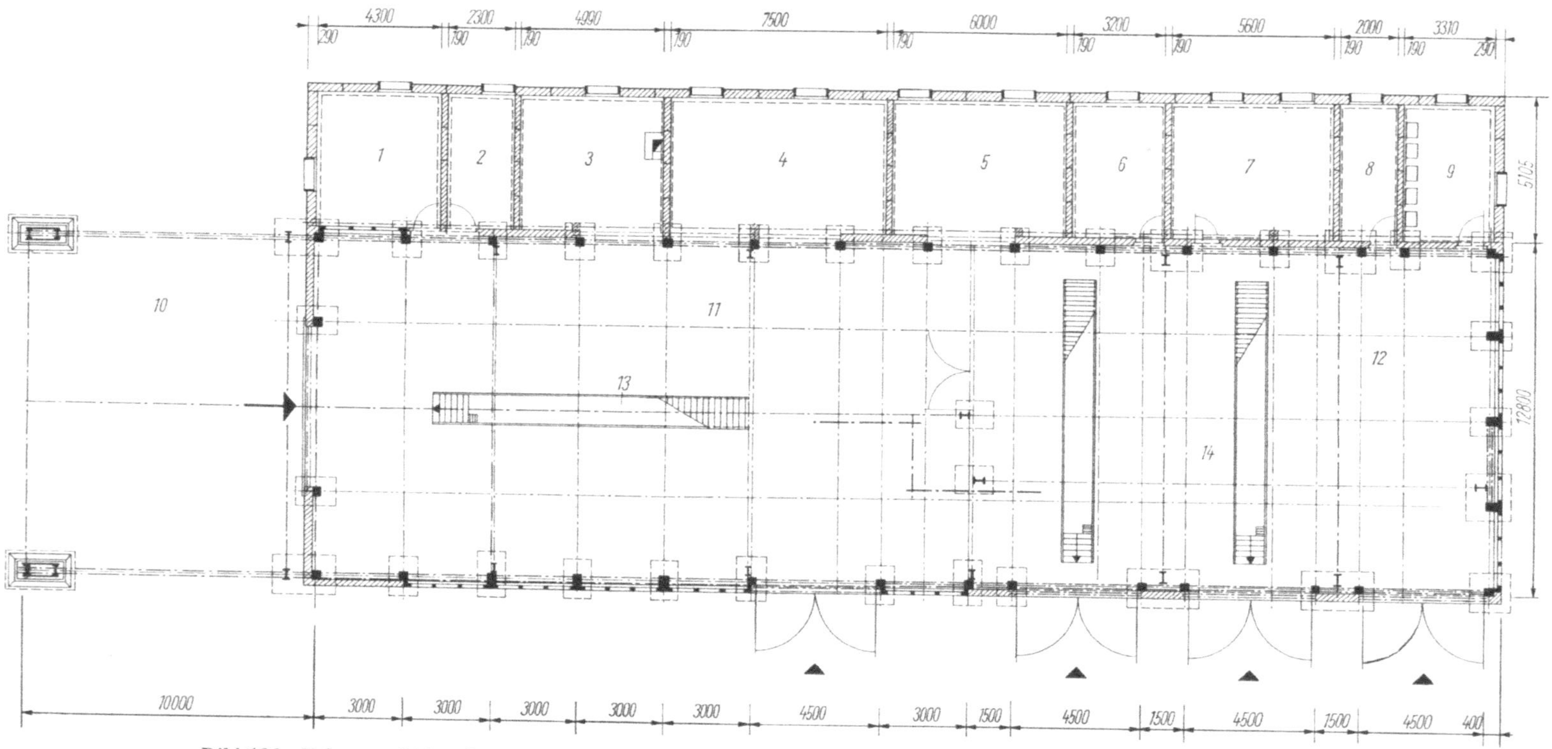

Bild 126. Talsperre Lichtenberg (DDR). Grundriß der Werkstätten

1 Meister 20,7 m²; *2* Werkzeugausgabe 11,1 m²; *3* Schmiede 24,0 m²; *4* Dreherei 36,1 m²; *5* E.-Schweißraum 28,9 m²; *6* KFZ-Elektriker 15,4 m²; *7* Elektrowerkstatt 27,0 m²; *8* Batterieladeraum 9,6 m²; *9* Waschraum 15,9 m²; *10* offener Montageraum; *11* Reparaturwerkstatt; *12* KFZ-Werkstatt; *13* Montagegrube; *14* Montageträger

Bild 126. Talsperre Lichtenberg (DDR). Grundriß der Werkstätten

1 Meister 20,7 m²; 2 Werkzeugausgabe 11,1 m²; 3 Schmiede 24,0 m²; 4 Dreherei 36,1 m²; 5 E.-Schweißraum 28,9 m²; 6 KFZ-Elektriker 15,4 m²; 7 Elektrowerkstatt 27,0 m²; 8 Batterieladeraum 9,6 m²; 9 Waschraum 15,9 m²; 10 offener Montageraum; 11 Reparaturwerkstatt; 12 KFZ-Werkstatt; 13 Montagegrube; 14 Montageträger

Zur Treibstoffversorgung, Wartung und für kleinere Reparaturen der an verschiedenen Einsatzstellen arbeitenden Maschinen haben sich mobile Tank- und Pflegewagen oder halbstationäre Anlagen eingeführt. Je schwerer und unbeweglicher Baumaschinen sind, um so mehr macht sich ihre Reparatur an Ort und Stelle notwendig. Daher werden die mobilen Reparatureinheiten immer unentbehrlicher. Auch auf langgestreckten Dammbaustellen bewährt sich der mobile Reparatur- und Wartungsdienst.

5.3. Verfahren zur Gründung von Dämmen

Die unterschiedlichen Baugrundverhältnisse, verbunden mit den erhöhten Beanspruchungen bei Stau- und Verkehrsdämmen, verlangen den örtlichen Verhältnissen angepaßte Technologien von hoher Produktivität. Das Dammbauwerk muß mit dem Untergrund stets eine Einheit bilden. Häufig wird dagegen verstoßen. Nahezu 80% aller registrierten Staudammbrüche gehen auf Versagen des Baugrundes zurück. Daher ist beim Vorbereiten und Durchführen von Gründungsarbeiten größte Sorgfalt erforderlich.

Im folgenden wird auf die verschiedenen Möglichkeiten des Rodens, Kulturbodenabtrags und Abtrags nichttragfähiger Fels- und Lockergesteine in den Talsohlen und an Talhängen eingegangen.

5.3.1. Freimachen des Baugeländes

Bevor die Erdarbeiten am Damm aufgenommen werden können, muß die Dammtrasse von Baulichkeiten (Gebäuden, Brücken, Straßen usw.) beräumt werden. Durch offene und geschlossene Grundwasserabsenkungsanlagen ist die künftige Baugrube vor Wasserzutritt zu schützen und durch Fassen der Vorfluter sowie Anlegen von Schutzdämmen hochwasserfrei zu halten. Diese Arbeiten können bei schwierigen Verhältnissen beträchtlichen Umfang annehmen. Daher müssen ihnen gründliche Untersuchungen vorausgehen. Quellen und Brunnen sind ebenfalls zu fassen. Alte bergbauliche Anlagen müssen ausgeräumt oder plombiert werden. Ist der Gründungsbereich beräumt, muß bei Dämmen, die in Vegetationszonen liegen, der Baumbestand gerodet und der kulturfähige Boden abgetragen werden. Auch hierfür sind je nach dem Leistungsumfang verschiedene Verfahren anwendbar.

5.3.1.1. Roden

In den Ländern mit Holzknappheit wird der Baumbestand eingeschlagen und abgefahren. Dagegen wird in holzreichen Ländern nur wenig Wert auf die wirtschaftliche Nutzung des Baumbestandes gelegt. Dort sind für das Roden leistungsfähige Spezialmaschinen, wie z. B. der „Tree-Crusher“, entwickelt worden. Diese etwa 110 t schwere Maschine besteht aus zwei großen mit Schneiden bestückten schweren Walzen und Schubauslegern. Sie zerbricht gleichermaßen große Bäume und dichtes Unterholz und hinterläßt eine Spur zersplitterten Holzes und zusammengedrückten Unterholzes, das zum Verbrennen fertig ist.

Zu den Rodemaschinen zählt auch die sogenannte „Powered Disc Plow“, mit der Unterholz und Baumstümpfe zerstört werden können. Diese Rodemaschinen haben ihr Hauptanwendungsfeld in der Kultivierung bewaldeten Brachlandes und werden nur bei besonders großen Dammbaustellen mit außergewöhnlich hohem Baumbestand eingesetzt.

In anderen holzreichen Ländern wird der Baumbestand beseitigt, indem zwischen zwei überschweren Traktoren eine etwa 100 m lange Stahlkette, Gliederstärke etwa 9 cm, gespannt wird, die einfach durch den Baumbestand gezogen wird und alles umlegt, was sich ihr in den Weg stellt.
Dagegen wird in Europa der Baumbestand meist vor Inangriffnahme der Bauarbeiten eingeschlagen. Zum Roden der Stubben werden spezielle Erdbaumaschinen mit Anbaugeräten bzw. besondere Sprengverfahren benutzt.

Tafel 50. Mittlerer Zeitaufwand beim maschinellen Stubbenroden und Stubbensprengen

Stamm-durchmesser [m]	Holzart	Planierraupe mit Frontreiß-ausrüstung 60 PS [h/100 St.]	Planierraupe mit Heckroder 100 PS [h/100 St.]	Stubbensprengung einschließlich Vor- und Nacharbeiten [h/St.]
bis 0,10	Weichholz	—	—	0,40
bis 0,10	Hartholz	—	—	0,60
0,10 ··· 0,20	Kiefer	1,67	1,05	—
0,20 ··· 0,30	Kiefer	2,50	1,45	—
0,30 ··· 0,40	Kiefer	4,15	3,37	—
bis 0,40	Weichholz	—	—	0,83
bis 0,40	Hartholz	—	—	1,11
0,40 ··· 0,50	Kiefer	—	8,62	—
bis 0,60	Weichholz	—	—	1,64
bis 0,60	Hartholz	—	—	2,21
bis 0,80	Weichholz	—	—	2,98
bis 0,80	Hartholz	—	—	4,01

Bild 127
200-PS-Planierraupe mit hydraulischem Heck-Baumstumpfroder

Maschinelles Stubbenroden

Baumstubben wurden früher vornehmlich mit Dreibock und Flaschenzug vertikal bzw. mit verankerten Winden horizontal herausgezogen.

Zum Roden von Stubben bis 50 cm Durchmesser können Raupenschlepper mit auswechselbaren, hydraulischen oder mechanischen Heck-Baumstumpfrodern bzw. Frontreißausrüstung verwendet werden. Raupenschlepper von etwa 100 PS können mit Frontreißzähnen bei kräftigem Schub und Ankippen sowie Aufreißen Kräfte bis etwa 20 Mp entwickeln.

Bei Heckrodern oder Stubbenziehgeräten konzentriert sich die Reißkraft meist nur auf einen Reißzahn.

Gestrüpp und Buschholz bis etwa 7 cm Stammdurchmesser können durch Planiermaschinen mit Normal- bzw. Schwenkschild umgelegt und beräumt werden.

Bild 128
110-PS-Planierraupe mit hydraulischen Frontreißzähnen

Bild 129
Reifenlader beim Beräumen von Gestrüpp und Buschholz

Stubbenroden mittels Sprengung

Stubben mit Durchmesser über 50 cm sind gewöhnlich durch Sprengen wirtschaftlicher als mit mechanisierten Methoden freizulegen. Sprengstoffart, Lademenge und Laderaum sind je nach Holz- und Wurzelart, Stubbenalter und den Untergrundverhältnissen unterschiedlich.

Tafel 51. Mittlerer Sprengstoffbedarf beim Stubbensprengen [287]

Holzart	Wurzelart	Sprengstoffmenge [g]	
		Felsen, hart, steinig, grober Kies, Ton	trockener und sandiger Lehm, Sand, Moor
Hartholz			
Buche, Platane, Ulme	Flach- und Kranzwurzel	200 Donarit 1	300 ··· 400 Gelatine-Donarit 1
Ahorn, Akazie, Birke, Eiche, Esche, Nußbaum, Obstbäume, Hauberg-Stubben	Pfahl- und Herzwurzel	250 Gelatine-Donarit 1	350 ··· 450 Gelatine-Donarit 1
Weichholz			
Erle, Espe, Fichte, Kastanie, Linde, Pappel, Tanne, Weide	Flachwurzel	100 Donarit 1	200 Gelatine- Donarit 1
Kiefer, Lärche	Pfahlwurzel	150 Donarit 1	250 ··· 300 Gelatine-Donarit 1

Als Sprengstoff wird Donarit 1 oder Gelatine-Donarit 1 bevorzugt. Erfahrungsgemäß sollte die Lademenge nicht zu knapp bemessen werden, denn Nachsprengungen verursachen erhebliche Schwierigkeiten. Überwiegend wird mit Zündschnurzündung gesprengt. Einzelstubben mit mehreren Ladungen werden elektrisch gezündet. Es ist zwischen geballter und gestreckter Ladungsart zu unterscheiden. Während bei geballten Ladungen mehrere Sprengpatronen gemeinsam mit der Schlagpatrone gebündelt oder nebeneinander gelagert in den Laderaum

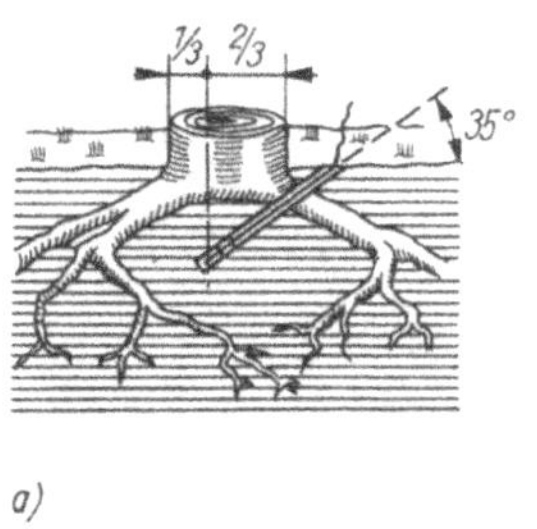

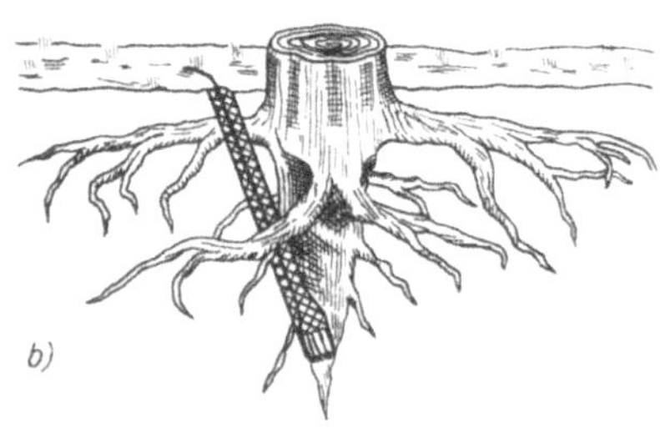

Bild 130. Bohrlochanordnung beim Stubbensprengen [287]
a) Stubbe mit Flachwurzeln; b) Stubbe mit Pfahlwurzeln

eingebracht werden, wird bei gestreckten Ladungen Patrone über Patrone in den zylindrischen Laderaum eingeschoben.
Bei Pfahlwurzeln und Flachwurzeln über 50 cm Stubbendurchmesser benötigt man geballte Ladungen, bei Flachwurzeln unter 50 cm Stubbendurchmesser und Stubben in Bauwerksnähe gestreckte Ladungen.
Bei morschen Stubben wird die Ladung in die morschen Hohlräume eingebracht und verdämmt.

5.3.1.2. Kulturbodenabtrag

Abtrag der Rasennarbe

Vor Inangriffnahme der Gründungsarbeiten ist der Kulturboden, der in den meisten Ländern gesetzlichen Schutz genießt, gesondert abzutragen.
Die Rasennarbe, als geschlossene aus Gräsern und Wurzelfilz bestehende Pflanzendecke des Bodens, wird später zum biologischen Schutz des Dammkörpers bzw. seiner Nebenanlagen benötigt. Dazu wird die von Wurzeln, Stubben und größeren Steinen freie Pflanzendecke in quadratische Soden, Kantenlänge 25 cm, Dicke 6 bis 10 cm, geschnitten, geschält und mit der Wurzel nach unten gestapelt. Zu dicke Rasensoden erschweren das spätere Anwachsen.
Die Rasensoden sollen in unmittelbarer Nähe ihrer späteren Verwendung möglichst schattig und feucht gelagert werden. Ein Austrocknen der Stapel ist zu vermeiden, um das Bakterienleben zu erhalten. Die Stapel sind mit Reisig, Schilf, Stroh usw. abzudecken und ständig zu bewässern. Nach dem Anteil des Humusgehaltes oder der Höhe des ph-Wertes wird im Mittel vor dem Schneiden des vorher gemähten Rasens etwa 1,0 kg kohlensaurer Kalk je m^3 Kulturboden gleichmäßig aufgestreut.
Größere Rasenflächen werden mittels Grubbern oder Scheibeneggen streifenweise geschnitten. Durch Planiermaschinen werden die Soden zu Wällen zusammengeschoben und von Ladern oder Baggern zum Abtransport aufgenommen. Zum Teil werden auch spezielle Rasenschneider (Rasenmesser oder Schneidpflüge) verwendet. Die Rasensode wird dann mit gezogener Schaufel abgeschält oder maschinell aufgerollt.

Abtrag des Mutterbodens

Als Mutterboden wird die durch ihren Gehalt an organischer Substanz (Humus) und Bakterienleben für die Kultur von Pflanzen geeignete oberste Schicht der Erdoberfläche bezeichnet. Mutterboden wird für die Sicherung von Erdbauwerken vor Aufschluß der Baugrube geborgen und bis zur Neuandeckung gelagert und gepflegt.
Ähnlich wie Rasensoden wird Mutterboden in lockeren Mieten von etwa 1,50 m Höhe und 5,00 m Breite gestapelt. Bei mehrjähriger Zwischenlagerung ist der Mutterboden in Abständen von etwa 18 Monaten umzusetzen und etwa 1 kg kohlensaurer Kalk je m^3 Mutterboden zuzugeben. Die Erdmieten sind vor dem Austrocknen wie die Rasensoden zu schützen.
Der von Baumstubben, Wurzeln und größeren Steinen freie Mutterboden kann von Planiermaschinen in der erforderlichen Schnittiefe gelöst und in Wällen zusammengeschoben werden. Raupen- oder Reifenlader haben den Vorteil, daß sie gleichzeitig lösen, laden und transportieren können. Sie werden vorzugsweise bei größeren Abtragsflächen verwendet, wo der Mutterboden über weite Strecken mit Fahrzeugen transportiert werden muß. Bei geringen Entfernungen bis etwa

50 m genügen Planiermaschinen mit mechanisch oder hydraulisch betätigtem Quer- oder Schwenkschild, die den Kulturboden seitlich der Abtragsflächen in Mieten zusammenschieben.
Von Raupen- oder Reifenladern können etwa 200 bis 250 m³ Mutterboden je Schicht gelöst und verladen werden.
Bei Transportentfernungen bis etwa 3000 m können auch Anhängeschürfkübel für den Abtrag und das Einstapeln eingesetzt werden.

5.3.2. Beseitigung nichttragfähiger Fels- und Lockergesteine in der Talsohle

Die Gründungstechnologie muß nach der vorgeschriebenen Gründungsart ausgewählt werden und auf Baugrundbeschaffenheit und -anforderung, Dammkonstruktion usw. Rücksicht nehmen.
Zu den bewährten Verfahren zählen der Einsatz üblicher Erdbaumaschinen, Sprengverfahren sowie hydromechanische Verfahren. Ihre Eignung soll in den folgenden Abschnitten abgegrenzt werden.

5.3.2.1. Maschinelle Verfahren

Bei flachen Gründungen und feinkörnigen, schnittfähigen, mineralischen Erdstoffüberlagerungen kommen zum Aushub Flachbagger (Anhängeschürfkübel), Motorschürfkübel, Planiermaschinen, Schürfkübelraupen usw.) bzw. Zugschaufelbagger in Verbindung mit Erdtransportfahrzeugen in Betracht. Über die Auswahl unter diesen Maschinen entscheiden die Transportbedingungen.

Bild 131. Hochlöffelbagger beim Baugrubenaushub

Je tiefer gegründet werden muß – noch dazu, wenn der auszuhebende Erdstoff gemischtkörnigen, felsdurchsetzten, zähen nichtsprengfähigen Charakter aufweist –, um so aufwendiger wird der Aushub. Solche Bedingungen liegen des

öfteren bei Staudämmen mit zentralem Dichtungskern vor, der an den gesunden, tragfähigen Fels anzuschließen ist. Für derartig harte Lösearbeiten sind Hoch- und Tieflöffelbagger mit Reißkräften bis 40 Mp vorzüglich geeignet, die auch mit zähen Überlagerungen, wie zerklüfteten Fels, Moränen usw., fertig werden. Bei beengtem Arbeitsraum sind Tieflöffelbagger vorzuziehen.
Unter den erschwerten Arbeitsbedingungen nehmen die Leistungen ab, und der Maschinenverschleiß steigt an. Daher muß der Aushubumfang technisch begründet sein, denn jeder unnötige Aushub kostet Zeit und Geld.
Für tiefere Gründungen muß der Böschungswinkel der Baugrube aus sicherheitstechnischen und wirtschaftlichen Gründen experimentell ermittelt und während der Aufschlußarbeiten eingehalten werden. Rutschende Böschungen und herabrollende Gesteinsbrocken können die Arbeitssicherheit auf das äußerste gefährden.
Durch geschickt angelegte Abbau- und Transporttrassen kann eine hohe Arbeitsgeschwindigkeit beim Aufschließen erzielt werden. Ist die Baugrube ausgehoben, muß für die Gründung von Dammeinbauten bzw. für den Anschluß von Dichtungen sowohl in der Talsohle als auch am Talhang der gesunde Gründungsfels sorgfältig freigelegt werden. Tieflöffelbagger mit Reißzähnen sind dank ihrer konzentrierten hohen Reißkraft auch in der Lage, zerklüftete Felspartien abzuschaben und den gründungsgeeigneten Fels freizulegen.
Können weder Universalbagger noch Aufreißer diese Aufgabe bewältigen, ist zu sprengen und das gelockerte Haufwerk bis auf die Gründungstiefe zu beräumen. Bei Dichtungsanschlüssen kommt es auf peinliche Sorgfalt an. Häufig müssen mit Bohrhämmern die mürben, losen Partien sauber abgetragen werden. Abschließend ist die Gründungsfläche sorgsam zu säubern.
Die Sprengstoffmenge wird entweder nach den geltenden Formeln berechnet oder nach Erfahrungswerten bestimmt. Als Sprengstoff wird Gelatine-Donarit 1 bevorzugt.

Bild 132. Findlingssprengung mit aufgelegter Ladung [288]
1 Sprengschnur; *2* Ladung

Findlinge im Baugrund können mit aufgelegten Ladungen gesprengt werden. Wenn es die Örtlichkeit zuläßt, kann ohne Bohrarbeiten gesprengt werden. Der Sprengstoffbedarf steigt dann allerdings beträchtlich an. Das Verfahren bleibt noch bei Steinen bis zu 0,75 m^3 wirtschaftlich. Es wird elektrisch oder mit Zündschnur gezündet. Als Sprengstoff wird vorzugsweise Gelatine-Donarit 1 verwendet.
Kann nicht mit aufgelegten Ladungen gearbeitet werden, dann sind die Findlingssteine auf 55 bis 60% ihrer Dicke anzubohren, wobei die Bohrlöcher nicht kleiner als 20 cm sein sollen. Es wird elektrisch mit Sprengzündern oder mit Zündschnur gezündet. Letztgenannte Sprengmethode wird allerdings nur noch selten angewendet, denn sie führt häufig zu Versagern bzw. Unfällen.
Es macht sich heute auch notwendig, Verkehrsdämme auf organischem Baugrund, wie Torf, Faulschlamm, Schlick, Seekreide und Wiesenkalk zu gründen, deren Tragfähigkeit äußerst gering ist. Infolge der hohen Verkehrsbelastungen müssen

die Dämme stabil, mit Reibungsschluß des tragfähigen Untergrundes, gegründet sein.

Es werden drei Gründungsverfahren unterschieden:

1. Belassen der organischen Ablagerung (Sanddränage)
2. teilweiser Aushub (Längsschlitze)
3. vollständiger Aushub (Baggerschüttverfahren)

Tafel 52. Dammhöhe, Beschaffenheit und Ablagerungstiefe organischer Sedimente sowie Gründungsverfahren [291]

	Dammhöhe $\leqq$ 3 m (für Straßen und Eisenbahnen)		Dammhöhe $>$ 3 m (für Straßen und Eisenbahnen)	
Ablagerungstiefen [m]	Torf faserig-verfilzt mit fester organischer Substanz	Faulschlamm weichbreiig-schlammig mit tonig-schluffiger Substanz	Torf faserig-verfilzt mit fester organischer Substanz	Faulschlamm weichbreiig-schlammig mit tonig-schluffiger Substanz
bis 1	vollständiger Aushub	vollständiger Aushub	kann verbleiben, gegebenenfalls teilweiser Aushub	kann verbleiben, gegebenenfalls teilweiser Aushub
0 ··· 2	teilweiser Aushub mit Reibungsfüßen	teilweiser Aushub mit vertikalen Dränagen	vollständiger Aushub, gegebenenfalls Reibungsfüße	vollständiger Aushub, gegebenenfalls vertikale Dränagen
0 ··· 5	vollständiger Aushub (Baggerschüttverfahren)		vollständiger Aushub oder vertikale Dränagen bei hohen Auflasten	vollständiger Aushub (Baggerschüttverfahren)
5	Schüttsprengverfahren oder Absenkverfahren bei Ablagerung unter Wasser		Kombination zwischen Schüttspreng- und Baggerschüttverfahren	Schüttsprengverfahren oder Absenkverfahren

Sanddränagen im organischen Baugrund

Steht unter den organischen Sedimenten tragfähiger Untergrund aus durchlässigen, groben sandigen Erdstoffen an, kann auf den Aushub verzichtet werden, und die Entwässerung wird über ein System vertikaler Sanddränagen vorgenommen. *Keil* [284] berichtet über Beispiele an einer Umgehungsstraße bei Itzehoe und an der Autobahn New York–Philadelphia.

Teilweiser Aushub organischen Baugrundes

Im nichttragfähigen Baugrund wird bis auf die tragfähigen Schichten ein Schlitz von etwa 5 m Breite durch Trocken- oder Naßbagger ausgehoben. Das Verfahren wird bei Mächtigkeiten des nichttragfähigen Untergrundes bis zu etwa 2 m angewendet.

Damit die Wände des Schlitzes nicht nachrutschen können, wird in Absätzen, die der Reichweite des Baggers entsprechen, ausgehoben und sofort verfüllt. Der Trockenbagger verfährt dann auf dem verfüllten Schlitz und hebt den nächsten Absatz im Tiefschnitt aus. Als Verfüllmaterial wird, um einen hohen Reibungsschluß zu erreichen, meist Kiessand oder anderes in Baustellennähe befindliches Material benutzt.

Vollständiger Aushub organischen Baugrundes

Diese Gründungsmethode wird vornehmlich bei wichtigen, hochbelasteten Eisenbahn- und Straßendämmen angewandt.
Bedingungen für die Trockenbaggerung sind:

1. Mächtigkeit der nichttragfähigen Schicht 1,0 bis 5,0 m
2. Wassergehalt $< 400\%$
3. Grundwasserstand nicht zu hoch, so daß der Bagger das Planum befahren kann

Zur Trockenbaggerung werden Tieflöffel- oder Greiferbagger eingesetzt. Damit in den oft verfilzten Massen eine kurzzeitig standfeste Baugrube geschaffen werden kann, wird die Gründungssohle verbreitert ausgehoben. Unmittelbar nach dem Ausbaggern wird die Baugrube mit Sand, Kiessand oder anderen in Baustellennähe befindlichen rolligen Erdarten verfüllt.

5.3.2.2. Sprengverfahren

Der in der Sohle und an den Hängen anstehende weder bagger- noch reißfähige, gründungsungeeignete, mineralische Baugrund muß durch Sprengen gelöst werden. Gegenüber der herkömmlichen Handhammerbohrung hat sich jetzt das Großlochbohrverfahren durchgesetzt. Mit Großlochbohrmaschinen kann sowohl vertikal geneigt als auch horizontal gebohrt werden. Die Bohrlochtiefe ist bei Horizontalbohrungen auf 10 bis 12 m beschränkt, denn hier liegt etwa die Grenze für das manuelle Laden der Bohrlöcher. Die Bohrlochtiefe kann auch mit Rücksicht auf die zu erhaltende Festigkeit des im Hintergrund anstehenden Baugrundes nicht erhöht werden.
Bohrlochentfernungen und -vorgaben ergeben sich aus der Ladungsberechnung und dem verlangten, auf die Lademaschinen abgestimmten Stückgrößenanfall des Haufwerkes.

Dammfußeinsprengung auf organischem Baugrund

Das Einsprengen von Dammfüßen beginnt mit einer sogenannten „Sümpfungssprengung", welche die verfilzten, nichttragfähigen organischen Schichten so homogenisieren soll, daß sich die Schüttung, durch ihre eigene Masse und durch Sprengen unterstützt, auf den tragfähigen Untergrund absetzen kann. Liegt der Wassergehalt des organischen Sediments zwischen 400 und 1200%, kann die Sümpfung mit relativ wenig Sprengstoff in der Regel sicher erreicht werden.
Für die Sümpfungssprengung werden auf Grund der Voruntersuchung schachbrettartig Bohrlöcher in 1,80 bis 3,00 m Abstand 2,00 m tief eingespült. Die Bohrlöcher werden mit Sprengstoff (Gelatine-Donarit 1, etwa 0,5 bis 2,0 kg) geladen und elektrisch entweder durch Moment- oder Zeitzündung zur Detonation gebracht. Die Sümpfungsfläche muß ausreichend breit sein. In der Nähe von gefährdeten Bauwerken kann auch in begrenzten Längenabschnitten gesprengt werden. Nach der erfolgreichen Sümpfung wird die Schüttung vorgenommen.

Je nach Wassergehalt und Art des organischen Sedimentes muß mit einer mittleren Setzung von etwa 50% der Mächtigkeit der nichttragfähigen Schicht gerechnet werden. Daher muß der durchquerende Damm von vornherein entsprechend überhöht geschüttet werden.
Nach der Schüttung werden auf der Dammkrone etwa zwei Minenreihen (Abstand etwa 4 m) und je eine Minenreihe (Abstand etwa 2 m) an den Dammfüßen eingespült. Die Ladungen werden nach der Auflast und Konsistenz der zu verdrängenden nichttragfähigen Schichten bestimmt und von außen nach innen gezündet. Bei gefährdeten Bauwerken können sowohl die Minenreihen als auch die Minen innerhalb einer Reihe in Zeitabständen gezündet werden.

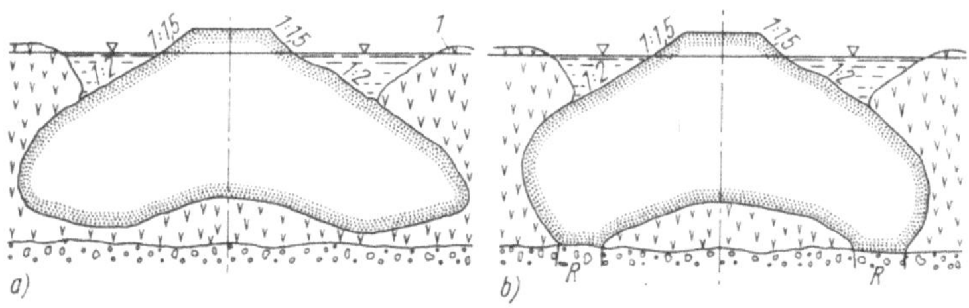

Bild 133. Eingesprengte Dammfüße in organischem Untergrund [292]
a) vor dem Sprengen; *1* Faulschlamminsel; b) nach erreichtem Reibungsschluß

Mit Kontrollbohrungen wird der Reibungsschluß des eingesprengten Dammfußes nachgeprüft. Nachsprengungen sind notwendig, wenn zu erwarten ist, daß die Setzungen noch eingeschlossener organischer Ablagerungen bis zum Aufbringen der Straßendecke bzw. des Oberbaus nicht beendet sind.

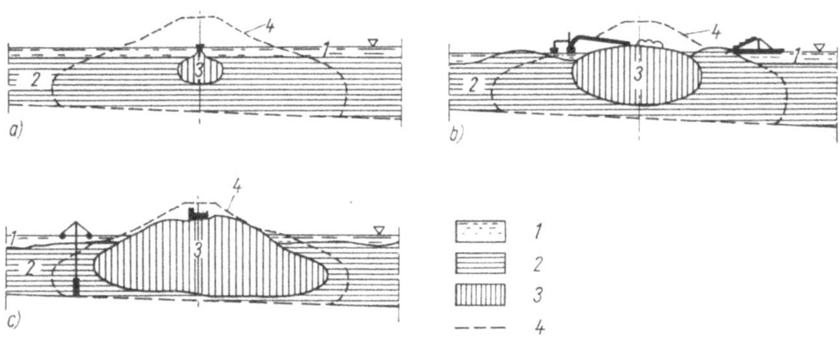

Bild 134. Bau des Eisenbahndammes durch den Templiner See (DDR). Auflockern des Faulschlammes durch Tiefensprengung [298]
a) Aufkeilen der Faulschlammschicht durch Schütten von Sand mittels Klappschuten; b) Aufspülen des Dammkörpers und seitlicher Abbau des aufgequollenen Faulschlammes mittels Schwimm-Eimerkettenbaggers; c) Verbreitern des Dammes mittels Planierraupe und Dammfußeinsprengens
1 Wasser; *2* Faulschlamm; *3* Dammkörper; *4* Endprofil des Dammkörpers

Besonders schwierige Verhältnisse lagen bei der Gründung des Eisenbahndammes durch den Templiner See vor: 30 m mächtige Faulschlammablagerungen, Wassergehalt 500% bei Tiefen < 15 m und 300% bei Tiefen > 15 m. Die Bautechnologie geht aus Bild 134 hervor. Für die Herstellung eines Dammteils wurde eine viergleisige schwimmende Schüttrüstung benutzt. Die Gleiskipper entleerten aus 6 m Höhe über dem Wasserspiegel, und mit Hilfe der kinetischen Energie gelang es, den Dammkern bis auf den tragfähigen Seegrund abzusenken. 6000 m^3 tägliche Schüttleistung konnte mit diesem Verfahren erzielt werden.

Tiefensprengen

Bei diesem Verfahren sollen nicht nur die Dammfüße, sondern die gesamte Dammsohle Reibungsschluß mit dem tragfähigen Untergrund erhalten.

Nach dem Sümpfen wird die Schüttung aufgebracht und der Dammkörper mit Hilfe von Entlastungssprengungen abgesenkt.

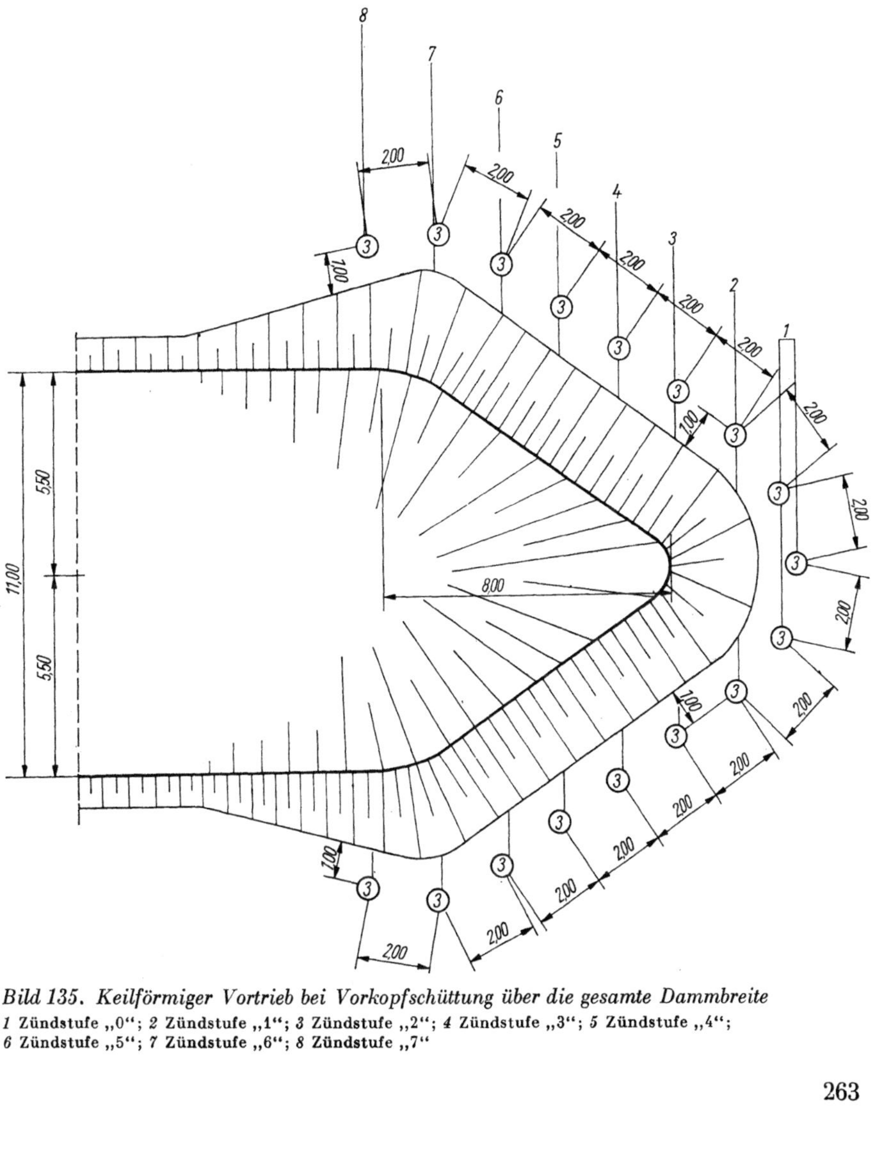

Bild 135. Keilförmiger Vortrieb bei Vorkopfschüttung über die gesamte Dammbreite

1 Zündstufe „0"; *2* Zündstufe „1"; *3* Zündstufe „2"; *4* Zündstufe „3"; *5* Zündstufe „4"; *6* Zündstufe „5"; *7* Zündstufe „6"; *8* Zündstufe „7"

Bei einem Wassergehalt der organischen Ablagerung von < 400% muß eine spezielle Sümpfungssprengung angewandt werden, die sich bereits bei einigen Dammgründungen in der Deutschen Demokratischen Republik bewährt hat. Hierbei wird nicht nur die obere verfilzte Schicht, sondern die gesamte nichttragfähige Schicht mit einer Spüllanze durchbohrt. Je nach Bohrlochtiefe werden mehrere Ladungszonen gewählt, und die Lademenge wird entsprechend abgestuft, wobei die unterste Ladungszone die größte Lademenge erhält. Um den zu verdrängenden, gründungsungeeigneten Massen genügende Ausweichmöglichkeiten zu bieten, ist

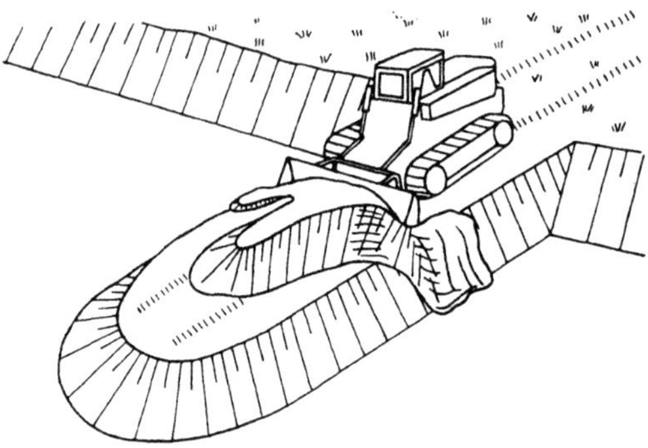

Bild 136
Schütten eines Hilfsdammes mittels Schürfkübelraupe [293]

die Sümpfungsfläche größer als bei der normalen Sümpfungssprengung zu wählen. Nach dem Sümpfen wird der Damm aufgeschüttet. Hierbei wird unterschieden zwischen:

1. Vorkopfschüttung auf der gesamten Dammbreite mit frontalem und keilförmigem Vortrieb und
2. Vorkopfschüttung eines Hilfsdammes mit einseitiger bzw. zweiseitiger Verbreiterung

Als Dammbaustoff wird reiner Sand bevorzugt, da Ton oder steinige Beimengungen das spätere Einbringen von Ladungen für die Tiefensprengung erschweren. Steht kein sandiger Erdstoff zur Verfügung, kann auch gröberes Dammbaumaterial benutzt werden. Dabei muß allerdings die Zündleitung für die Tiefensprengung schon während der Schüttung in Kunststoffrohren geschützt verlegt werden, da nachträglich nicht mehr gebohrt werden kann. Der Damm muß überhöht geschüttet werden. Wird festgestellt, daß die Eigensetzung ausklingt, kann durch Entlastungssprengungen an den Dammfüßen nachgeholfen werden. Dadurch wird der labile Gleichgewichtszustand unterbrochen, und durch die Eigenmasse des Dammes kann der nichttragfähige Untergrund seitlich ausgequetscht werden. Auch während des Schüttprozesses werden derartige Entlastungssprengungen angesetzt, um den Setzungsverlauf zu beschleunigen.
Als Sprengstoff wird Gelatine-Donarit 1 verwendet. Je nach Ladungsermittlung ist mit 5 bis 250 kg Sprengstoff je „Torpedo" zu rechnen. Die Sprengstoffe werden in Blechbehältern von 30 bis 40 cm Durchmesser mit einem spitz zulaufenden Boden untergebracht. Diese „Torpedos" müssen wasserdicht abgeschlossen sein. Sie werden mit Schnellzeitzündern zur Detonation gebracht.
Bei Tiefensprengung wird durch die sich entwickelnden Sprenggase der organische Baugrund stark beansprucht, weiter homogenisiert und unter der Wucht der

mehrere Meter emporgehobenen und sich auf den Untergrund absetzenden Dammmassen aus dem Gründungsbereich verdrängt. Nach Abschluß der Sprengung vergewissert man sich durch Bohrungen, ob der Reibungsschluß zustande gekommen ist.
Tiefensprengungen beanspruchen nur etwa 30 bis 40% der Aufwendungen für Ausbaggerungen.

5.3.3. Beseitigung nichttragfähiger Fels- und Lockergesteine am Talhang

5.3.3.1. Maschinelle Verfahren

Auch die gründungsungeeigneten Überlagerungen an den Talhängen müssen vor Aufnahme der Dammschüttung abgeräumt werden. Bei Staudämmen mit Kerndichtung ist der Hangaushub gewöhnlich sehr umfangreich, bevor der gründungsfähige, wasserdichte Baugrund erreicht wird. Hier steht der Bauingenieur vor einer komplizierten technischen und wirtschaftlichen Aufgabe. Aushubarbeiten an Talhängen beanspruchen Mensch und Maschine stärker als der Aushub in der Talsohle. Verminderte Leistungsfähigkeit, erhöhter Verschleiß und drohende Unfallgefahr kennzeichnen das Arbeiten auf geneigten Flächen.
Bei den mechanischen Verfahren hat sich der Einsatz von Baggern und Planierraupen bewährt.

Einsatz von Baggern

Es werden bewegliche Bagger mittlerer Größe mit hoher Reißkraft bevorzugt, die sich anfangs eine Straßenserpentine am Hang bis zur Dammkrone hin anlegen. Dann wird die Talfläche von oben terrassenförmig abgeräumt. Der Gehängeschutt wird durch steigungsstarke Erdtransportfahrzeuge abgefahren. Die Bagger müssen kletterfähig sein und große Reißkraft besitzen, um die teils festgelagerten, mit Felsblöcken durchsetzten Überlagerungen lösen zu können. Zweckmäßig sind Bagger mit Drehmomentwandlern, welche die auftretenden harten Stöße leidlich abfangen. Der Hangabtrag ist nicht ungefährlich, da die Überlagerungsmassen unkontrolliert nachrutschen können. Aus Sicherheitsgründen sollten die Bagger mit dem Fahrwerk senkrecht zur Abbauwand stehen, um im Gefahrenfall nach hinten ausweichen zu können. Bei feinkörnigen Hangüberlagerungen können auch Zugschaufelbagger mit langen oder überlangen Auslegern von vorbereiteten Hangterrassen aus verwendet werden. Zwar ist ihre Grabkraft wesentlich geringer, und die bewegliche Zugschaufel erschwert das systematische Abtragen, aber ihre Reichweite bietet mancherlei Vorteile.

Einsatz von Planierraupen

Auch mit gehaltenen Planierraupen können Talhänge abgeräumt werden. An Stelle des Baggerhubseils wird ein entsprechend langes Drahtseil (Halteseil) aufgezogen und über ein mehrfaches Scherzeug mit einer mindestens 100 PS starken Planierraupe verbunden. Bei Talhängen bis etwa 40° Neigung kann die Planierraupe mit eigener Kraft auf den Hang fahren, während das Halteseil als Kippsicherung dient.
Je nach der Beschaffenheit des Gehängeschuttes und der Hangneigung stürzt das abgeschobene Überlagerungsmaterial zu Tal bzw. lagert sich auf dem Talhang ab.
An einem etwa 37° geneigten Talhang der Ohratalsperre wurden innerhalb von 6 Wochen über 25000 m^3 Gehängeschutt auf diese Weise abgeräumt.

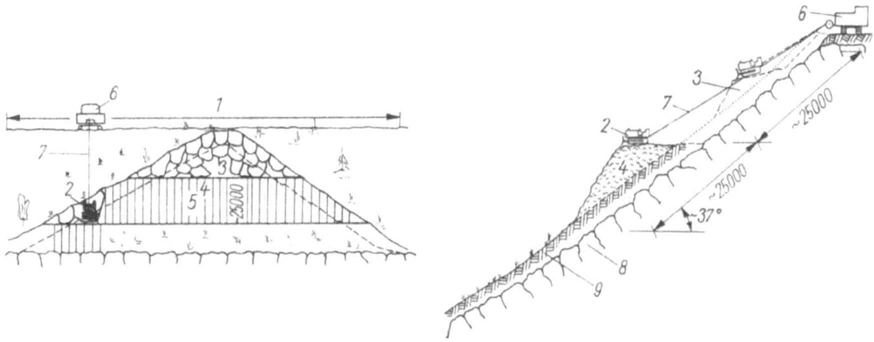

Bild 137. Abräumen eines Talhanges mit Planierraupe (Schema) [294]

1 ausgebaute Hangstraße; *2* Planierraupe Typ S 100; *3* 1. Phase; *4* 2. Phase; *5* abgeschürfte Massen; *6* Haltebagger, Typ UB 120; *7* Halteseil; *8* gewachsener Fels; *9* Gehängeschutt, rund 2 m dick

Bild 138
100-PS-Planierraupe und Haltebagger bei der Hangberäumung

5.3.3.2. Hydromechanische Verfahren

Wasserstrahlen wurden zum Abtrag von Verwitterungsmassen an Talhängen schon bei vielen Staudämmen angewendet. Durch Schwenken des Wasserstrahles können selbst größere Steinbrocken unterspült und somit abgeräumt werden. Das abfließende Spülwasser transportiert dabei das gelockerte Überlagerungsmaterial talwärts. Es ist von Vorteil, daß allein das Wasser den Löse- und Transportprozeß

Tafel 53. Anwendungsbeispiele hydromechanischer Verfahren zur Beräumung von Talsohlen und -hängen [297]

Vorhaben	Beräumung	Bemerkungen
Nantahala (USA)	Talsohle (Verwitterungsmassen)	Fertigstellung 1942 Wasserverbrauch 530 l/s Druck an der Düse 8,4 kp/cm^2
Lower Bear River 1 (USA)	Talsohle und Talhänge (Verwitterungsmassen)	Fertigstellung 1952
Paradela (Portugal)	Säuberung der Talsohle	Fertigstellung 1958
Salt Springs (USA)	Talsohle und Talhänge (Verwitterungsmassen)	Fertigstellung 1958
Courtright (USA)	rechter Talhang (Ausspülen der feineren Verwitterungsmassen aus 10 m mächtigem Blockhaufwerk)	Fertigstellung 1959

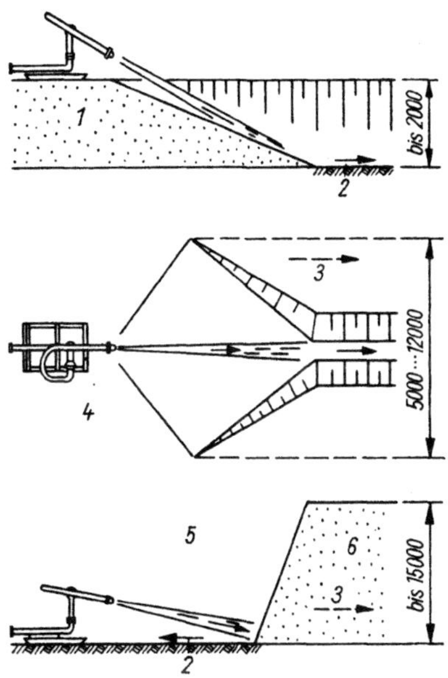

Bild 139
Hydromechanische Verfahren der Hangberäumung (Schema) [296]
1 Ablagerung; *2* Boden-Wasser-Gemisch; *3* Abbaurichtung; *4* Mitstromverfahren; *5* Gegenstromverfahren; *6* Ablagerung

bewirkt. Da kein unmittelbarer Kontakt zwischen der Talhangüberlagerung und dem Wasserwerfer besteht, bleibt der Verschleiß gegenüber anderen Abbauverfahren gering.
Der Maschinenpark für hydromechanische Beräumung setzt sich in der Regel aus Pumpenaggregat, Druckleitung und Wasserwerfer zusammen.

Je nach Stellung des Wasserwerfers zur Abbaustelle werden Gegen- und Mitstromverfahren unterschieden.
So wird an Hängen von 25 bis 30° Neigung mit einer wechselnden Überdeckung von etwa 2 m lehmige, sandige mit Gesteinsbrocken vermengte Gehängeüberlagerungen in Streifen von 10 bis 12 m in Fallinie des Hanges von oben nach unten im Mitstromverfahren abgespült.

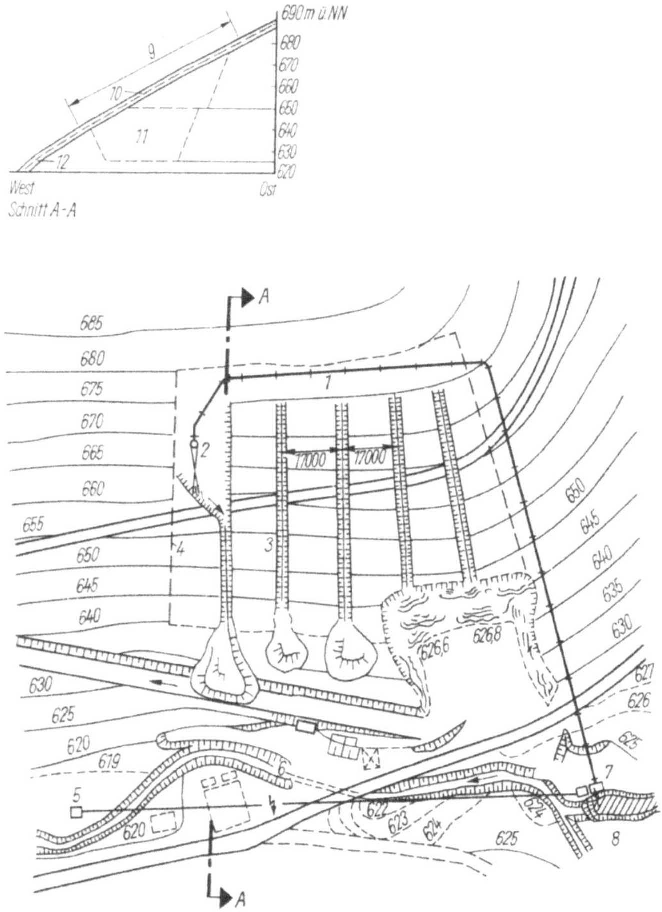

Bild 140. Lageplan einer hydromechanischen Hangberäumung [296]

1 Druckrohrleitung; *2* Wasserwerfer; *3* Spülgraben; *4* Abspülgrenze; *5* Trafostation; *6* Bach; *7* Pumpenaggregat; *8* Aufstau; *9* Spülfläche; *10* Gehängelehm; *11* Granitgneis; *12* verwitterter Gneis

Bei Hängen von 30 bis 40° Neigung werden am zweckmäßigsten horizontale Arbeitsterrassen im vertikalen Abstand von 15 bis 20 m angelegt. Durch Drehen des Strahlrohres wird die Überdeckung systematisch abgeräumt. Bei steilen Hängen rollen die Gesteinsbrocken mit hoher Geschwindigkeit talwärts.

Wasserwerfer sollen rasch umsetzbar und einfach zu bedienen sein. Es werden hand- und ferngesteuerte Wasserwerfer unterschieden. Mit der Fernsteuerung lassen sich höhere Abbauleistungen erzielen, da der Werfer näher an die Abbaustelle herangerückt werden kann. Vorteilhaft ist auch, daß mehrere Werfer gleichzeitig von einem Maschinenführer bedient werden können. Durch die Fernsteuerung wird die Unfallgefahr beträchtlich vermindert. Die vornehmlich in den USA und der UdSSR gefertigten Typen sind auf 15 bis 20 at Überdruck für Zuleitungen von 150 bis 200 mm Durchmesser ausgelegt. Mit Schlitten wiegen sie nur 150 bis 200 kg.

Bild 141. Wasserwerfer im Einsatz

Unter Vorgabe der Düsenweite läßt sich die Abbauleistung nach

$$\text{Abbauleistung/Stunde} = \frac{\text{m}^3 \text{ Wasserverbrauch des Wasserwerfers je Sekunde} \cdot 3600 \text{ s}}{\text{m}^3 \text{ spezifischer Wasserverbrauch je m}^3 \text{ Boden}}$$

ermitteln.

Die Druckrohrleitung besteht aus einer festverlegten Hauptleitung, von der aus leicht verlegbare Schnellkuppelrohre zu den jeweiligen Abbaustellen abzweigen. Ein besonderes Panzerschlauchstück zwischen Abzweigleitung und Wasserwerfer erhöht dessen Beweglichkeit.

Man benutzt meist mehrstufige Hochdruckkreiselpumpen mit Anschlußwerten zwischen 150 und 400 kW, die einen oder mehrere Wasserwerfer versorgen können. Die hydromechanischen Verfahren beim Abtrag von Talhängen sind außerordentlich wirtschaftlich, wenn geeignete Bedingungen vorliegen. Entsprechende Versuche müssen dem Großeinsatz vorausgehen.

Tafel 54. Spezifischer Wasserverbrauch beim Wasserwerfereinsatz zur Beräumung von Talhängen [296]

Bodenart	Spezifischer Wasserverbrauch [m^3/m^3]	Druck an der Düse [mWS]
Feinsande, bis 80% 0,005 ··· 0,5 mm Dmr.	5 ··· 7	30 ··· 40
Schwachlehmige Feinsande, bis 15% Ton	5 ··· 7	30 ··· 40
Lockerer Löß, bis 70% 0,005 ··· 0,05 mm Dmr., bis 8% Ton	5 ··· 7	40 ··· 50
Mittelsande, > 50% 0,5 ··· 1,0 mm Dmr., bis 3% Ton	6 ··· 9	30 ··· 40
Lockerer, sandiger Lehm, bis 30% Sand, bis 15% Ton	6 ··· 9	50 ··· 70
Lehmige Mittelsande, vorwiegend 0,5 ··· 1,0 mm Dmr., bis 20% Ton	6 ··· 9	50 ··· 70
Dichter Löß, bis 70% 0,005 ··· 0,05 mm Dmr., bis 12% Ton	6 ··· 9	50 ··· 70
Grobsand, > 50% 0,5 ··· 3,0 mm Dmr., bis 3% Ton	8 ··· 11	30 ··· 40
Mittelschwerer, sandiger Lehm, 5 bis 10% Grobsand	8 ··· 11	60 ··· 70
oder Kies, 20 ··· 25% Ton	8 ··· 11	60 ··· 70
Kiesiger Boden, bis 40% Kies oder Schotter	11 ··· 16	50 ··· 60
Lehm mit 10 ··· 20% Sand und Kies	11 ··· 16	60 ··· 70
Dichter Lehm, 18 ··· 30% Ton	11 ··· 16	80 ··· 120
Magerer, halbfester Ton, 30 ··· 50% Ton	11 ··· 16	100 ··· 150
Zusammengeballter, grober Kies	11 ··· 16	100 ··· 150
Kies-Schotter-Sandboden	16 ··· 20	120 ··· 150
Fetter Ton (mit und ohne Kies und Sand), 50 bis 70% Ton	16 ··· 20	bis 250
Kies, Schotter, vorwiegend 40 mm Dmr.	20 ··· 30	bis 250
Gerölle, bis 250 mm Dmr.	und darüber	bis 250

5.4. Lösen und Laden der Dammbaustoffe

Die Mehrzahl der in der Natur vorkommenden Fels- und Lockergesteine können im Dammbau verwendet werden. Neben der Eignung sind auch die Größe des Vorkommens und die wirtschaftliche Transportentfernung maßgebende Kriterien.

Für Eisenbahn- und Straßendämme werden Dammbaustoffe oft auch aus Einschnitten oder Seitenentnahmen gewonnen, während für Staudämme in der Regel gesonderte Entnahmestellen aufgeschlossen werden müssen. Auch aus Gewässern können Dammbaustoffe, insbesondere Kiese und Sande, abgebaut werden.

Die Fels- und Lockergesteine werden nach ihrer Gewinnbarkeit in Gewinnungsklassen eingeteilt (s. Abschn. 2.3.1.). Während bei den meisten Dammbaustoffen mit niedriger Gewinnungsfestigkeit das Lösen und Laden in einen Arbeitsgang zusammenfällt, verlangen Felsgesteine, die durch Sprengen gelöst werden müssen, zwei getrennte Arbeitsgänge.

Das Gewinnungsverfahren hängt von der Gewinnungsklasse (Tafel 55), der Transportentfernung (s. Tafel 66) und den Anforderungen, die an den Einbau und das Verdichten (s. Tafel 76) gestellt werden, ab. Als wirtschaftlichstes Verfahren muß

Tafel 55. Verwendungsbereich der Gewinnungsmaschinen nach den Gewinnungsklassen der Erdstoffe

Gewinnungsmaschine	Gewinnungsklasse					
	schlammiger Erdstoff	leichter Erdstoff	mittlerer Erdstoff	schwerer Erdstoff	leichter Hackfelsen	weicher Sand- und Kalkstein
Hochlöffelbagger	×	×	×	×	×	×
Zugschaufelbagger	×	×	×	×		
Tieflöffelbagger	×	×	×	×	×	×
Greiferbagger	×	×	×			
Schaufelradbagger	×	×	×			
Eimerkettenbagger	×	×	×			
Lader	×	×	×	×		
Anhängeschürfkübel	×	×	×	×		
Motorschürfkübel	×	×	×	×		
Schürfkübelraupe	×	×	×	×		
Hydromonitor	×	×	×			
Saugbagger	×	×				

der Flachbaggereinsatz angesehen werden, bei dem gleichzeitig gewonnen, transportiert, eingebaut und verdichtet werden kann. In Kombination mit der modernen Aufreißtechnik können hiermit auch Erdstoffe höherer Gewinnungsklassen abgebaut werden. Allerdings setzt der Einsatz von Flachbaggern (Motorschürfkübel, Anhängeschürfkübel, Schürfkübelraupen, Planiermaschinen usw.) bestimmte Transportweiten voraus. Auch die hydromechanischen Gewinnungsverfahren bieten in Verbindung mit dem hydromechanischen Transport und Einbau hohe Wirtschaftlichkeit.

Bei den getrennten Gewinnungsverfahren konkurrieren die herkömmlichen Bagger (Universal-Raupenbagger, Eimerkettenbagger und Schaufelradbagger) mit den Ladern. Dagegen nimmt der Bagger beim Laden von gesprengtem Fels stets eine Vorrangstellung ein.

Das wirtschaftlichste Löse- und Ladeverfahren von Dammbaustoffen ist über Eignungs-, Leistungs- und Kostenvergleiche aus den örtlichen Bedingungen, der Art der Baustoffvorkommen und den Transport-, Einbau- und Verdichtungsbedingungen abzuleiten.

Tafel 56. Verwendungsbereich der Gewinnungsverfahren und -maschinen für die technologischen Prozesse des Dammbaues

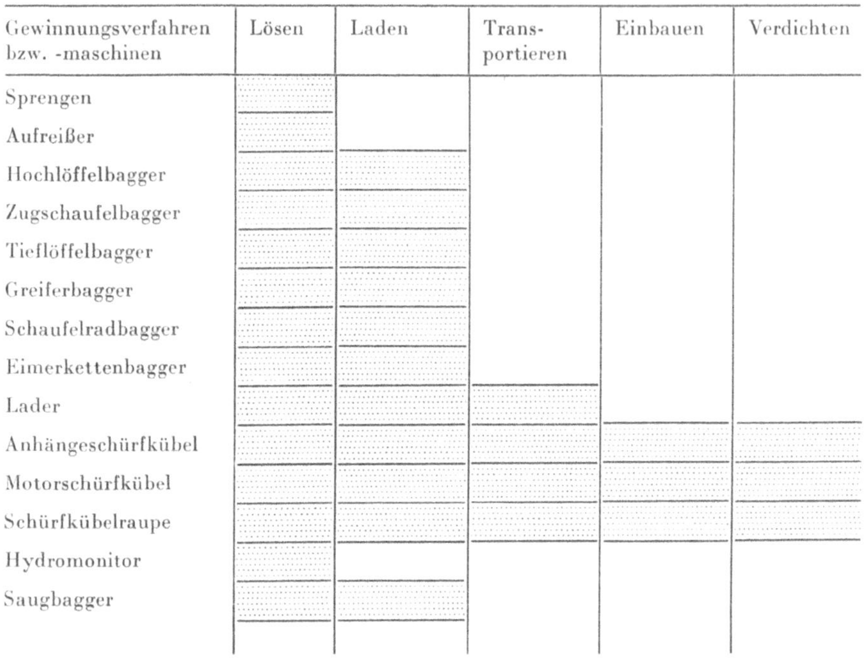

Tafel 57. Kombinationsmöglichkeiten der Löse-, Lade-, Transport-, Einbau- und Verdichtungsverfahren im Dammbau

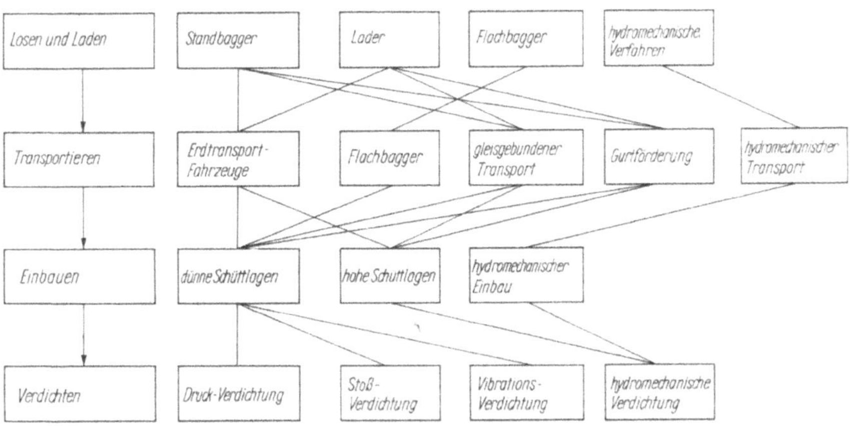

Die praktischen Beispiele vieler Dammbaustellen beweisen, wie vielfältig Löse- und Lademöglichkeiten kombiniert werden können. Die Vielzahl der verfügbaren Baumaschinen gestattet dem Bauingenieur, auch komplizierte Vorkommen mit wirtschaftlichem Erfolg abzubauen.

5.4.1. Gewinnungssprengen

Bei fest gelagerten, bindigen und gemischten Lockergesteinen und kompakten Felsgesteinen versagen sowohl Aufreißer als auch herkömmliche Bagger mit hoher Reißkraft. Derartige Dammbaustoffe (schwerer Hack- und Brechfelsen, Tonschiefer, Konglomeratgesteine, harter Kalkstein, Granit, Gneis, Quarz, Basalt, Schiefer, Syenit, Diabas usw.) können nur durch Sprengen gewonnen werden.
Von den bekannten Sprengverfahren haben sich das Kammerspreng- und Großlochsprengverfahren im Dammbau eingebürgert. Örtliche Verhältnisse, Anforderungen an das Haufwerk und Wirtschaftlichkeitsvergleiche entscheiden deren Anwendung.

5.4.1.1. Kammersprengverfahren

Kammersprenganlagen bedürfen einer fachgerechten Planung und exakten Ladungsberechnung, die von Sprengfachleuten vorgenommen werden müssen (Bild 142). In vielen Ländern sind die Sicherheitsvorkehrungen beim Kammersprengverfahren gesetzlich geregelt.
Kammersprengungen sind in allen Felsgesteinen, ausgenommen Gesteine mit stark wechselnder Beschaffenheit und weit durchsetzter Klüftung, anwendbar. In schnittigem, dünn bankigem, stehendem, säuligem Gestein wie auch in Gesteinsarten mit stehenden, plattigen, stark verzahnten Absonderungen erweisen sich Kammersprengungen als sehr wirtschaftlich. Weichen die Verhältnisse davon ab, so liefert die Kammersprengung einen hohen Anteil großblockigen, nicht baggerfähigen Haufwerks, das vor dem Laden zeitraubend nachzerkleinert werden

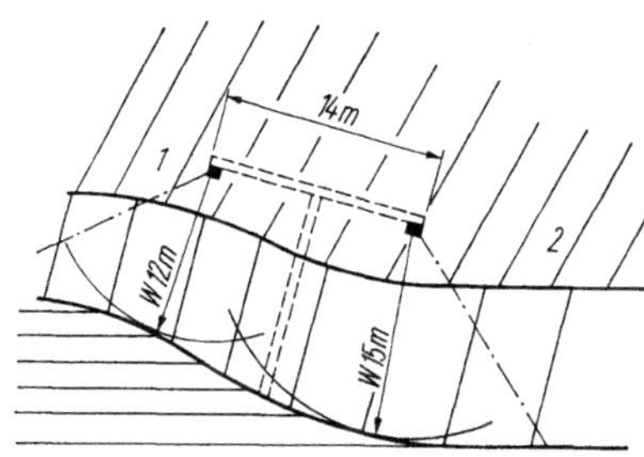

Bild 142
Lageplan einer Zweikammersprenganlage
1 Kammer 1, Wandhöhe 26 m;
2 Kammer 2, Wandhöhe 30 m

muß. Die Wandhöhen sollen bei Kammersprenganlagen 30 m nicht überschreiten. Bei Überhöhen liegt das gewonnene Haufwerk zu hoch an und kann nicht ohne Unfallgefahr geladen werden.
Kammersprenganlagen können von der Abbausohle horizontal bzw. vertikal in Schachtanlagen von der oberen Abbausohle aufgefahren werden, wobei im Anschluß an den Schacht horizontal liegende Stollen angelegt werden.
Bei Zweikammeranlagen müssen die an den Stollenenden angelegten Laderäume etwa um die Vorgabe entfernt sein. Bei größerem Abstand der Kammern überschneiden sich die Wirkungskreise der Sprengladungen nur ungenügend, so daß fallhemmende Rippen bestehenbleiben, die den späteren Abbau gefährden. Die Kammerräume werden etwa 1 bis 2 m über Abbausohle angelegt. Ihre Größe richtet sich nach dem errechneten Volumen der unterzubringenden Lademenge. Die Kammern können nach hinten oder zur Bruchwand hin aufgefahren werden.

In den ausgebrochenen Stollen werden feuchter Schottersand oder handliche Bruchsteine eingeschichtet. Die Firste dürfen keine Hohlräume aufweisen.
Da bei Kammersprengungen oft großblockiges, nicht ladefähiges Haufwerk anfällt – denn eine echte Zertrümmerung tritt nur im engen Kammerbereich ein – muß nachzerkleinert werden. Zum Nachzerkleinern wird die Ladung inmitten des zu zerkleinernden Blockes eingebracht. Die Bohrlöcher müssen mit Bohrhämmern hergestellt werden.
Kammersprenganlagen erfordern körperlich harte Vortriebarbeit und erheblichen Zeitaufwand beim Laden, Besetzen und Beräumen. Der Sprengstoffbedarf ist erheblich. Diese Nachteile der Kammersprengung haben ihre Anwendung stark eingeschränkt.
Ist jedoch zu erwarten, daß bei Kammersprengungen das Haufwerk kleinstückig anfällt, und müssen vor Anwendung des Großlochsprengens umfangreiche Aufschlußarbeiten vorgenommen werden, ist der Kammersprengung der Vorzug zu geben. Etwa 10 bis 20% sämtlicher Gewinnungsstellen von Dammbaustellen erfüllen diese Bedingungen.

5.4.1.2. Großlochsprengverfahren

Großlochsprengungen sind Gewinnungssprengungen mit Bohrlöchern größer als 60 mm Durchmesser und mehr als 12 m Tiefe. Bei dickbankigem, blockigem und

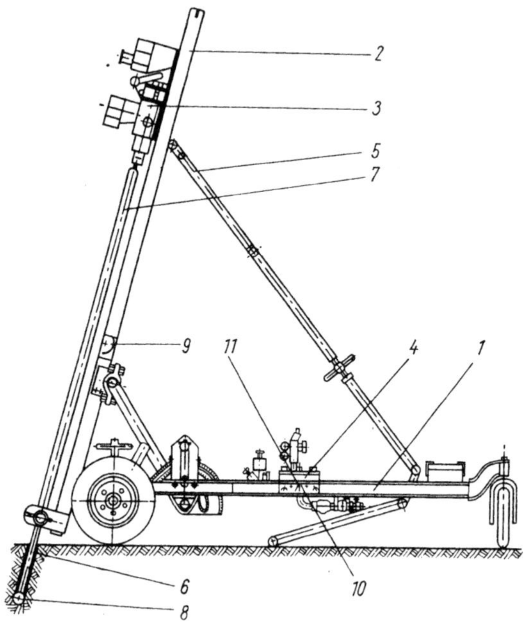

Bild 143. Großlochbohrmaschine mit Druckluftantrieb (Schema)

1 Fahrwerk;
2 Bohrlafette;
3 Bohrschlitten;
4 Druckluftsteuerung;
5 Stützgestänge;
6 Schlagbohrhammer;
7 Bohrrohr;
8 Bohrkrone;
9 Winkelanzeiger;
10 Schildhalterung;
11 Bedienungsschild

großstückigschnittigem Hartgestein und dünnbankigem und kleinstückigem Gestein, besonders bei Kalkgestein, Kalkmergel, Schieferton und Tonschiefer, ist es in der Regel das wirtschaftlichste Gewinnungsverfahren.
Durch geschicktes Verteilen der Sprengstoffladung im Laderaum kann unter Verwendung von Millisekundenzündungen das Haufwerk so zerkleinert werden,

daß das Laden erleichtert wird und nur noch ein geringer Anteil des Haufwerkes nachzerkleinert werden muß.
Zur Herstellung der Bohrlöcher werden Gesteinsbohrmaschinen benutzt, die mit Hilfe kombinierter Schlag- und Drehbewegungen (schlagende Drehbohrmaschinen) oder Drehbewegungen (Drehbohrmaschinen) der Bohrwerkzeuge richtungsgenaue Bohrlöcher in nahezu allen Richtungen bohren können.

Schlagende Drehbohrmaschinen (Bild 144)

Sie werden vornehmlich bei der Gewinnung von Hartgestein verwendet. Es haben sich sowohl elektrisch oder mit Druckluft angetriebene, aber auch kombiniert arbeitende Gesteinsbohrmaschinen praktisch bewährt (Bild 146).

Bild 144. Schlagende Drehbohrmaschinen
a) luftbereifte Maschine in horizontal geneigter Arbeitsstellung

An die schlagenden Drehbohrmaschinen werden hohe Anforderungen gestellt. Die Maschinen müssen sich der Gesteinshärte anpassen können. Daher sollte die Bohrantriebswelle etwa von 0 bis 500 U/min stufenlos regelbar sein und einen Andruck bis etwa 5000 kp ermöglichen. Ferner muß das Bohren unter jedem Winkel bei möglichst großen Gestängelängen gewährleistet sein. Auch unter ungünstigen Geländebedingungen soll die Maschine aufgestellt und eingesetzt werden können, ohne einen Mehrbedarf an Maschinisten zu erfordern.
Grundsätzlich arbeitet man mit zwei verschiedenen Hammerarten: Überflur- und Unterflurhämmern.
Überflurhämmer eignen sich im allgemeinen für kompakte Gesteine und Bohrlochtiefen bis zu 30 m. Sie schlagen von überflur aus mit großer Energie auf das Bohrgestänge.
Unterflurhämmer wandern, dem Bohrfortschritt folgend, mit in das Bohrloch hinein. Die Schlagkraft des Hammers wirkt hier unmittelbar auf die Bohrlochsohle, so daß Tiefen bis 50 m erbohrt werden können. Allerdings kann mit Unter-

flurhämmern nicht jeder beliebige Durchmesser hergestellt werden. Die Leistungen von Unterflurhämmern werden nicht erreicht. Vorteilhaft ist dagegen ihr geringer Druckluftverbrauch, der im Mittel bei etwa 2,5 m^3/min liegt.

Bild 144
b) luftbereifte Maschine in vertikal geneigter Arbeitsstellung

Drehbohrmaschinen

Sie eignen sich vornehmlich für Gesteine mit einer mittleren Druckfestigkeit bis etwa 1000 kp/cm^2. Für den Dammbau sind die universellen Drehbohrmaschinen von Interesse, die durch Ansetzen eines Unterflurhammers auch schlagend bohren können. Denn sie können auch bei härteren felsigen Dammbaustoffen verwendet werden. Wie bei den schlagenden Drehbohrmaschinen sind verschiedene Antriebsarten üblich. Drehbohrmaschinen zeichnen sich durch hohen Bohrandruck und regelbare Drehzahl der Bohrspindel aus. Als Durchschnittsleistung

Bild 144
c) raupengetriebene Maschine in horizontal geneigter Arbeitsstellung

Bild 144
d) raupengetriebene Maschine in vertikal geneigter Arbeitsstellung

Bild 145. Raupengetriebene hydraulische Drehbohrmaschine

wird im Kalkgestein etwa 15 m/h erzielt (Tafel 58). Die meisten Typen können in alle Richtungen bohren und werden luftbereift bzw. mit Raupenfahrwerk hergestellt.

Beim Großlochsprengverfahren verursacht das Bohren den höchsten Kostenanteil. Der Umfang der Bohrarbeiten wird durch Bohrentfernung, Vorgabe und Bohrleistung, die vom Bohrdurchmesser und der Bohrlochtiefe abhängen, beeinflußt.

Zu große Bohrlöcher erfordern zu viel Zwischenbesatz, so daß sich die Sprengwirkungskreise nur unzureichend überschneiden. Dadurch fällt kein baggergerechtes, einbaugeeignetes Haufwerk an, so daß nachträglich zerkleinert werden muß. Als wirtschaftliche Bohrlochtiefe hat sich der Bereich von 20 bis 25 m herausgestellt. Die Abbautechnologie im Steinbruch muß sich diesem Richtwert anpassen. Größere Bohrlochdurchmesser sind teurer als kleinere. Der günstigste

Durchmesser liegt etwa bei 80 mm. Vorgaben bis höchstens 3,50 m und Bohrlochentfernungen von 60 bis 80% der Vorgabe gewährleisten höchste Wirtschaftlichkeit. Vorgaben unter 2,50 m führen im Hartgestein zur Schleudergefahr.

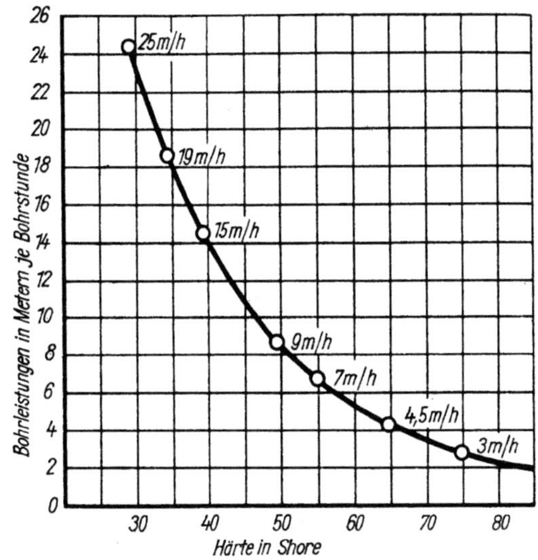

Bild 146. Bohrleistungen von Drehbohrmaschinen [309]

Tafel 58. Leistungsangaben von Salzgitter-Großlochbohrmaschinen aus der Steinbruchpraxis

Gesteinsart	Zustand	Bohrloch-durch-messer [mm]	Bohrloch-tiefe [m]	Bohr-fortschritt [m/h]
Kalkmergel	horizontal gelagert	95	35 ··· 58	12 ··· 20
Kalkstein	mittelhart	75	30	10
Kalkstein	mittelhart, bankig	75	30	10 ··· 12
Kalkstein	mittelhart, zum Teil klüftig trocken	75	20	8 ··· 10
Kalkstein	hart, dickbankig trocken	75	40	7 ··· 7,5
Kalkstein	sehr hart, dickbankig, trocken	75	60	6 ··· 8
Gneis mit quarzitischen Einlagerungen	sehr hart, zähe	75	15	0,9 ··· 1,2

Bei sachgerechter Anlage kann ein Bohrloch von optimalem Durchmesser ohne Zwischenbesatz von oben bis unten durchgehend geladen werden, so daß ein günstiger Haufwerksanfall erwartet werden kann. Der Aufwand beim Bohren, Sprengen, Räumen und Laden reduziert sich dabei auf einen Mindestwert. Grundsätzlich sollen Bohrlöcher so groß gebohrt werden, daß sie die errechnete Sprengstoffmenge bei durchgehender Ladesäule aufnehmen können. Muß das Bohrloch den-

noch besetzt werden, so ist splitterfreier trockener Sand 0 bis 2 mm Durchmesser zu verwenden.
Die Sprenglöcher werden zweckmäßigerweise geneigt gebohrt. Bei einem Neigungswinkel der Bohrlöcher von etwa 45 bis 70° werden die Massen vorteilhaft nach vorn abgeschoben. Es entsteht eine glatte Bruchwand, die keine Schwierigkeiten beim Beräumen bereitet.
Um eine glatte Bruchsohle zu erreichen, wird vor allem bei klüftigem Gestein bis maximal 1 m unter Bruchsohle gebohrt. Ferner werden von der Bruchsohle aus auf Lücke Horizontalbohrungen niedergebracht.
Im allgemeinen wird von oben nach unten gebohrt. Ist das Bohren von oben erschwert und weist das Gestein große Hohlräume bzw. Fremdeinlagerungen auf, muß von der Bruchsohle aus nach oben durchgebohrt werden. Nach Verschluß der Bohrlöcher mit einem Holzkeil wird von oben geladen. Die Anzahl der parallel zur Bruchkante niederzubringenden Großbohrlöcher hängt von der gewünschten Haufwerksmenge, der Bautechnologie bzw. den örtlichen Gegebenheiten ab.

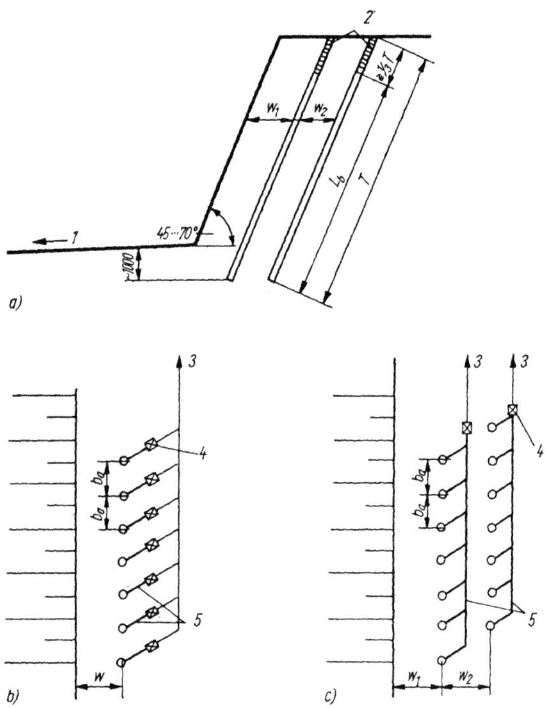

Bild 147
Großlochsprengverfahren
a) Bruchwandschema;
b) einreihige Bohrlochanordnung;
c) zweireihige Bohrlochanordnung
w_1 Vorgabe der ersten Reihe;
w_2 Vorgabe der zweiten Reihe;
T Bohrlochtiefe;
L Laderaum;
b_a Bohrlochabstand
1 Bruchsohle;
2 Besatz;
3 zur Zündmaschine;
4 Sprengzünder bzw. Zeitstufenzünder;
5 Sprengschnur

Stets sind so viele Großlochbohrmaschinen einzusetzen, daß unter Berücksichtigung der Sprengpausen für die Ladebagger ausreichend ladefähiges Haufwerk gelöst werden kann. Lassen die Örtlichkeiten nur kurze Abbaukanten zu, so kann durch Mehrreihensprengung (Bild 147) die erforderliche Haufwerksmenge bereitgestellt werden. Manchmal müssen auch mehrere Abbaustellen erschlossen werden, um den Haufwerksbedarf zu decken.

Beim Einsatz von Großlochbohrmaschinen entfallen etwa 57% der Einsatzzeit auf das Bohren, 25% auf Umsetzen und Kronenwechsel, 9% auf das Bohrstangenansetzen und -ziehen sowie 9% auf sonstige Verrichtungen.
Bei Einschnitten für Verkehrsdämme muß gesprengt werden, wenn die Gewinnungsfestigkeit des anstehenden Materials das Aufreißen nicht mehr erlaubt. Oft handelt es sich dabei um flache Abträge. So wurde an der Spessart-Autobahn eine 3 m dicke Buntsandsteinzone durch Sprengen abgeräumt. Der Bohrlochabstand betrug 1,00 bis 1,50 m. Je m^3 Felsmassen mußten 200 bis 250 g Ammongelit 3 aufgewandt werden.

Sprengen

Für Hartgesteine werden vornehmlich Sprengstoffe mit großer zertrümmernder Wirkung und Detonationsgeschwindigkeiten von etwa 6000 m/s, z. B. plastische Ammonsalpetersprengstoffe (hochbrisante Sprengstoffe), benutzt. Für weiche Gesteine kommen dagegen brisante Sprengstoffe und mittlere Sprengstoffe, z. B. Donarite in Frage, deren Detonationsgeschwindigkeit etwa 4500 m/s erreicht.
Beim Großlochbohrsprengen werden meist beide Sprengstoffarten kombiniert verwendet. Während man im Bohrlochtiefsten und an den Stellen größerer Vorgabe hochbrisante Sprengstoffe einlegt, wird das obere Zweidrittel des Bohrlochbereiches mit weniger brisanten Sprengstoffen besetzt. Die Ladung für Großlochbohranlagen wird unter Berücksichtigung von Druckfestigkeit, Lagerung und Beschaffenheit der Gesteinsart, Vorgabe, Brisanzwert der Sprengstoffe, Ladungsdichte, Verspannung, Verdämmung usw. nach *Weichelt* [287] errechnet.
Je nach Gesteinsart werden etwa 450 bis 400 g Sprengstoff je m^3 Masse benötigt. Im Winter steigt infolge der niedrigeren Temperaturen der Sprengmittelbedarf gegenüber den wärmeren Sommermonaten etwas an. Gleichzeitig steigt der Bohraufwand um etwa 20% und damit auch die Ausfallquote der Gesteinsbohrmaschinen.
Die Sprengschnur wird vorteilhafterweise durch Millisekundenzünder gezündet und damit die Ladung sicher zur Detonation gebracht. Bei kompakten Gesteinen wird oft mit Verzögerungen von etwa 25 Millisekunden gearbeitet. Für klüftigeres Gestein wird die Momentzündung angewendet.
In jüngster Zeit sind sogenannte AN-Sprengstoffe entwickelt worden, ein Gemisch aus Ammoniumhydrat und Spezialöl (Dieselöl usw.), die auch auf der Baustelle gemischt werden können und in das Bohrloch eingerieselt werden. Das Laden wird dadurch wesentlich vereinfacht. Die Sprengstoffkosten können somit bis auf 25 bis 50% herabgesetzt werden. Der AN-Sprengstoff muß über Sprengschnur mit einer hochbrisanten Schlagpatrone initiiert werden. Bei Zwischenbesatz bzw. Zwischenhohlraum muß bei jeder Ladungszone eine Schlagpatrone eingelegt werden.

5.4.1.3. Frostbodensprengung

Reichen Standbagger nicht aus, um durchfrorene Erdschichten aufzubrechen, können Aufreißer eingesetzt werden. Bei deren Versagen muß gesprengt werden.
Durch aufgelegte Sprengladungen (100 g/100 mm Frostdicke), die in Vertiefungen von 30 cm × 15 cm × 20 cm eingelegt werden, können Frostschichten von höchstens 30 cm Dicke noch wirtschaftlich zertrümmert werden. Bei größeren Frosttiefen müssen die Ladungen vertikal in die durchfrorene Schicht eingebracht werden.

Vibrationsdampfnadeln und heiße Schlageisen zum Herstellen der Laderäume sind unwirtschaftlich. Bei durchfrorenen rolligen Erdarten kommen schlagende, bei bindigen Erdarten drehende Bohrmaschinen in Betracht (Tafel 59).

Tafel 59. Wirtschaftlicher Einsatzbereich von Bohrmaschinen für Frostbodensprengungen [313]

Objektgröße Massen-anfall [m³]	Geeignete Bohrmaschine	Energiebedarf	Arbeits-kräfte-bedarf	Schicht-leistung [m³]	Bemerkungen
< 300	Elektrohand-drehbohr-maschine	2 kW	2	80 ··· 100	geringe Stör-anfälligkeit bei tiefen Tempe-raturen
300 ··· 1500	Großlochbohr-maschine	1,5 kW 4 m^3/min Druckluft	3	100 ··· 120	Mehr-Maschinen-Einsatz anstreben
1500 ··· 2500	Großlochbohr-maschine	10 kW 3 ··· 4 m^3/min. Druckluft	3	150	hohe Kosten für Baustellen-einrichtung
> 2500	Großlochbohr-maschine	50 kW 4 m^3/min Druckluft	3	350 ··· 400	hohe Kosten für Baustellen-einrichtung

Die durchfrorene Fläche wird in Abständen von etwa 1,60 m auf Lücke bis etwa 10 cm über dem Frostfreien angebohrt. Wird die durchfrorene Schicht unbeabsichtigt durchstoßen, ist mit Kies oder Sand nachzufüllen, sonst verschlägt sich die Ladung im Frostfreien. Als Sprengstoff eignet sich vor allem Gelatine-Donarit 1 sowie elektrische Moment- und Millisekundenzünder.

Gefrorene Böschungen in Baggerschächten können gleichfalls mittels Sprengen wieder betriebsfähig gemacht werden. Auf den Böschungen werden schachbrettartig versetzte, waagerechte Bohrlöcher im gegenseitigen Abstand von etwa 2,50 m eingetrieben. Der Laderaum muß auf 30 cm Durchmesser vergrößert werden. Die Ladung wird in geballter Form eingebracht und vom Bohrlochmund aus auf 1 m mit Sand oder Kies verdämmt und festgedrückt.

Im Vergleich zu anderen Lösemethoden ergeben sich nach *Müller* [313] folgende Preisrelationen für 1 m^2 Frostboden bei 50 cm Frosttiefe:

Auftauen mit Chemikalien	12,00 M
Auftauen durch Beheizen mit einer Kohleschicht	7,00 M
Frostbodensprengung	3,64 M

Lediglich das Tiefpflügen, als vorsorgliche Maßnahme vor Eintritt der Frostperiode, ist billiger als die Frostbodensprengung. Dieses Verfahren ist jedoch nur auf Ausnahmefälle beschränkt.

5.4.1.4. Aufreißen

Übersteigt der Lösewiderstand der Dammbaustoffe die Grab- und Schürfkraft von Stand- und Flachbaggern, ist es wirtschaftlicher, durch Aufreißen anstatt durch Sprengen zu lösen. Während früher nur verhältnismäßig unbewegliche, seilbetätigte Anhängeaufreißer geringer Eindringtiefe und Reißkraft bekannt waren, stehen heute starke hydraulische Anbauaufreißer zur Verfügung (Bild 148 und 149). Die modernen Aufreißer ermöglichen es, festgelagerte Locker- und Felsgesteine mit Bruchfugen und -linien sowie verwitterte und geschichtete Eruptiv und Sedimentgesteine geringer Druckfestigkeit zu lösen. Die Aufreißtechnik hat dem wirtschaftlichen Lösen von Dammbaustoffen neue Impulse

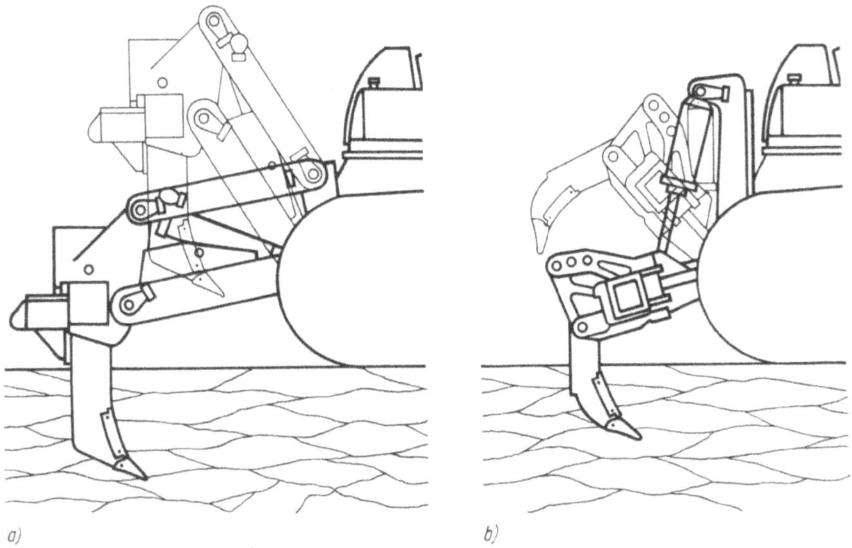

Bild 148. a) Parallelogramm-Anbauaufreißer (Schema); b) Pendel-Anbauaufreißer (Schema)

Bild 149. 235-PS-Planierraupe mit Dreizahn-Parallelogramm-Anbauaufreißer

verliehen. Vor dem Einsatz von Aufreißern muß die Reißfähigkeit des Anstehenden gemessen werden. Daran müssen sich Reißversuche anschließen, um die vorteilhafteste Technologie zu erkunden.
Die Reißfähigkeit kann durch Kernbohrungen, Härteproben und refraktionsseismische Messungen festgestellt werden, Kernbohrungen und Härteproben sind allerdings sehr zeitaufwendig und umständlich. Vorteilhafter sind refraktionsseismische Messungen, die nicht nur über die Reißfähigkeit, sondern auch über die Tiefe des entstehenden, zu lösenden Gesteins Aufschluß geben (Tafel 60).
Reißversuche werden zweckmäßigerweise mit mehreren Reißzähnen begonnen. Bei sehr hoher Festigkeit muß bis auf einen Reißzahn zurückgegangen werden.
Werden bei Flachbaggereinsätzen nichtschürffähige Schichten angeschnitten, muß der Maschinenkomplex nicht mehr zeitraubend auf Bohrmaschinen, Standbagger und Transportmaschinen umgestellt werden, sondern kann lediglich durch Aufreißer ergänzt werden. Nach dem Aufreißvorgang schieben Planierraupen das Planum frei, bzw. Flachbagger nehmen das gelockerte Haufwerk auf. Je nach Transportweite und Einbauverfahren werden auch Lader mit Transportfahrzeugen zum Beräumen aufgerissener Flächen kombiniert.
Gegenwärtig werden hauptsächlich Pendel- und Parallelogramm-Anbauaufreißer mit 1 bis 5 auswechselbaren Zähnen oder Einzahnaufreißer als Parallelogrammkonstruktion verwendet. Je härter das Gestein ist und je tiefer aufgerissen werden soll, um so weniger Reißzähne sind erforderlich. Beim Aufreißen festgelagerter Locker- und Felsgesteine sind die Zughakenleistung, Masse, Standsicherheit und Arbeitsgeschwindigkeit der Aufreißraupe entscheidend. Die Reißtiefe der Anbauaufreißer ist fest einstellbar und reicht bis etwa 1,40 m. Parallelogrammaufreißer garantieren einen konstanten Reißwinkel. Aus Verschleißgründen sind die Reißschenkel und Spitzen der Zähne mit hochwertigem Stahl zusätzlich verstärkt. Manche Aufreißer besitzen auch austauschbare Zahnschuhe.
Die Aufreißer fahren gewöhnlich streifenweise bzw. in Kreuzfahrt über die zu lösende Schicht, wobei gleichzeitig gelöst und zerkleinert wird. Einzahnaufreißer hinterlassen ein grob aufgebrochenes Haufwerk. Je mehr Zähne verwendet werden können, um so kleinstückiger fällt das Haufwerk an. Bei mehreren Zähnen ist der Abstand zwischen Raupe und Mehraufreißer oftmals zu gering, da sich die Gesteinsblöcke verklemmen und den Aufreißvorgang behindern.
Auch gefrorene Flächen lassen sich durch Aufreißer lockern. Die Zahnspitzen müssen dabei unter der gefrorenen Schicht angesetzt werden.
Beim Wendevorgang des Aufreißers müssen die Reißzähne angehoben werden. Es gibt Einsatzfälle, bei denen die Kosten für das Lösen vor allem flacher, langgestreckter Abträge durch Aufreißer auf 50% gesenkt werden konnten.
Aus der Vielzahl der bisherigen Anwendungsfälle ragt die Autostrada Roma (Italien) hervor, wo eine einzige 235-PS-Planierraupe mit Heckaufreißer im Verlauf von fünf Monaten 70000 m^3 alluviale Ablagerungen gelöst und abgeräumt hat.
Beim Aufreißen und Abschieben von Kalkgestein konnten Stundenleistungen von 240 t erzielt werden.

5.4.2. Lösen und Laden mit Standbaggern

Zu den Standbaggern, die im Dammbau Bedeutung haben, gehören die unstetig arbeitenden Hochlöffel-, Zugschaufel-, Tieflöffel und Greiferbagger und die stetig arbeitenden Schaufelrad- und Eimerkettenbagger.

Tafel 60. Reißbereich der Caterpillar-Raupen D9G (385 PS) und D8H (235 PS) [316]

Leistung der Bulldozer D9G und D8H mit Einzahnaufreißer (Serie B) im Verhältnis zur seismischen Wellengeschwindigkeit (seismische Wellengeschwindigkeit in m/s × 1000)

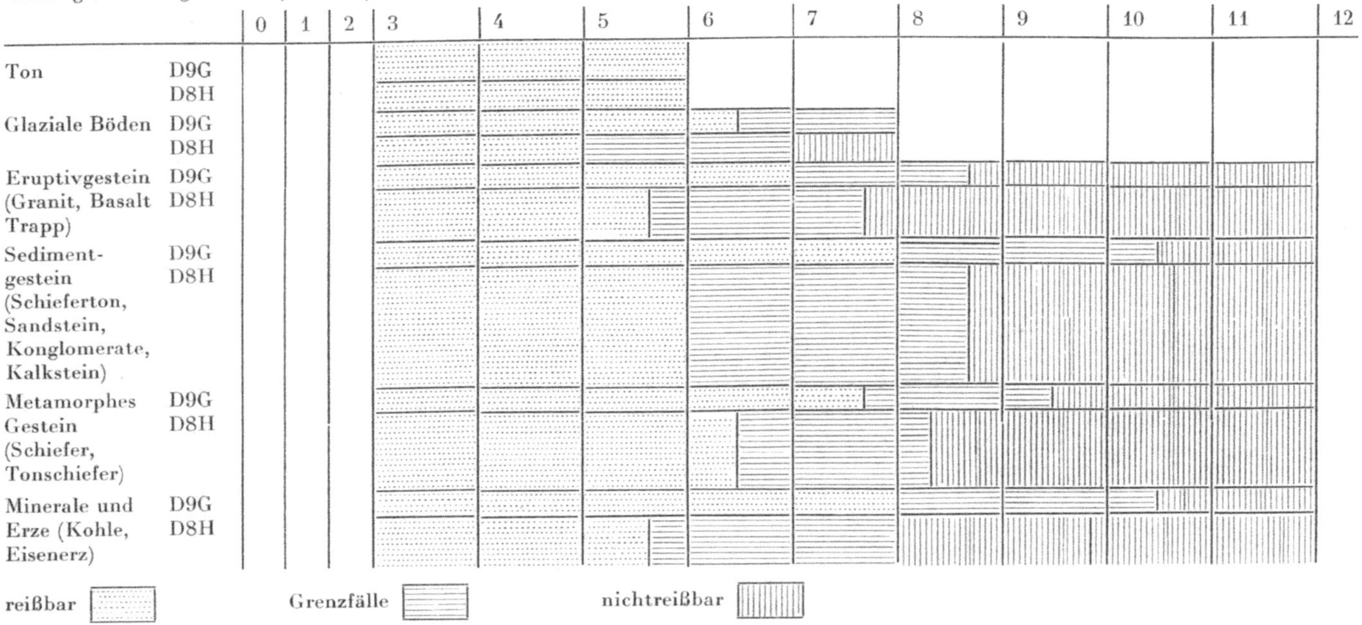

Standbagger weisen Vorzüge auf, welche die Mehrzahl der Anforderungen im Dammbau voll erfüllen.

Hierzu zählen:

Lösen im Trocknen und unter Wasser
Abbau sowohl hoher als auch flacher Abträge im Hoch- und Tiefschnitt
Lösen und Laden von Dammbaustoffen unterschiedlicher Gewinnungsfestigkeit vom losen Sand bis zum gesprengten schweren Haufwerk
großer Bereich an Reichhöhe, -weite und -tiefe
Umrüstbarkeit der Universalbagger
hohes Dauerleistungsvermögen
hohe Betriebssicherheit

Ihr Einsatz beschränkt sich allerdings auf normale Beweglichkeitsansprüche. Bei der Wahl von Standbaggern zum Lösen und Laden sind die vorhabenspezifischen Möglichkeiten des wirtschaftlichen Transportierens (stetig oder unstetig), Einbauens und Verdichtens mit zu berücksichtigen (s. Tafel 57).
Wenn auf einer Baustelle unterschiedliche Dammbaustoffe gewonnen werden müssen, können durchaus auch verschiedene Löse- und Ladeverfahren nebeneinander angewandt wirtschaftlich sein. Entscheidend ist, das den örtlichen Gegebenheiten entsprechende technisch und wirtschaftlich beste Verfahren auszuwählen und hierfür die zweckmäßige Arbeitsorganisation zu schaffen. Die folgenden Abschnitte stellen die technischen Vorzüge der verschiedenen Standbagger heraus und geben die bekanntesten Organisationsformen sowie praktische Leistungsdaten an.

5.4.2.1. Hochlöffelbagger

Die meisten Dammbauten stellen an den Löse- und Ladevorgang der Dammbaustoffe hinsichtlich Dauerleistung, Reißkraft, Betriebssicherheit, Bodendruck usw. spezielle Ansprüche. Unter den Standbaggern erfüllt der Hochlöffelbagger diese Anforderungen weitgehend. Die Wirtschaftlichkeit des Hochlöffelbaggereinsatzes wird unter anderem vorrangig durch Baggergröße, Löffelform, Antriebsart und Arbeitsorganisation geprägt. Um wirtschaftlich lösen und laden zu können, müssen sich die Daten des ausgewählten Hochlöffelbaggers und die Arbeitsorganisation mit den vielgestaltigen Besonderheiten der Baustelle in ziemlicher Übereinstimmung befinden. Auf einige hierfür entscheidenden Gesichtspunkte soll nun eingegangen werden.
Die Baggergröße muß sowohl dem Lösewiderstand der natürlichen Dammbaustoffe, der Art und Lage der Gewinnungsstelle (vor allem hinsichtlich der Abbaubedingungen, wie Reichhöhe und -weite) und den Beweglichkeitsanforderungen gerecht werden. Sie muß ferner die aus der vorgeschriebenen Bauzeit resultierenden Löse- und Ladeleistungen erfüllen.
Infolge ihrer Reißkraft, Reichweite, Reichhöhe und Leistungsfähigkeit kommen im Dammbau vorzugsweise Hochlöffelbagger von 0,8 bis 3,5 m^3 Grabgefäßinhalt zum Einsatz.
Bagger zwischen 0,8 bis 2,0 m^3 Grabgefäßinhalt haben genügend Reißkraft, um sowohl in leichten Erdstoffen als auch in gesprengtem Felsgestein arbeiten zu können. Ihre Beweglichkeit genügt den üblichen Anforderungen. Hochlöffelbagger zwischen 2,0 und 3,5 m^3 Grabgefäßinhalt sind ihrer Reißkraft und Robust-

heit wegen ausgesprochene Steinbruchbagger und werden vor allem im Steindammbau eingesetzt. Ihre Mobilität erfüllt die dort gestellten Ansprüche.
Der Größtdurchmesser des Ladegutes sollte das 0,3- bis 0,4fache der Löffelbreite nicht überschreiten, wobei ein Überkornanteil von 10% zugelassen werden kann. Unter normalen Bedingungen arbeiten größere Bagger wirtschaftlicher als kleinere.
Neben der Gewinnungsfertigkeit können auch die örtlichen Abbaubedingungen primär die Baggergröße vorschreiben. Bei Verkehrsdämmen müssen die Dammbaustoffe häufig aus niedrigeren Einschnitten gewonnen werden, die nur begrenzte Abbauhöhen zulassen. Die Faustregel, daß die Abbauhöhe der dreifachen Löffelhöhe entsprechen soll, kann hier oftmals nicht eingehalten werden. Bei Abbauhöhen unter 1,20 m muß der Ausleger auf 35 bis 40° abgesenkt werden. Da vor dem Auslegerkopf gearbeitet werden muß, sinken Hubkraft und Baggerleistung. Der spezifische Kraftaufwand steigt dadurch an, und Kupplungen sowie Bremsen werden stärker beansprucht. Die Löse- und Ladetechnologie müssen sich diesen Situationen anpassen.
Auf der Staudammbaustelle Gepatsch hat man auf die Typenreinheit der Gewinnungsbagger verzichtet und neben 3,6-m^3-Baggern auch kleinere Hochlöffelbagger in schwierigeren Gewinnungsstellen eingesetzt.

Tafel 61. Hochlöffelbagger – Durchschnittliche Leistungsangaben [m^3/h] nach Erfahrungen [320]

Erdart	Löffelinhalt [m^3]								
	0,21	0,383	0,575	0,765	0,956	1,150	1,340	1,530	1,913
Feuchter Lehm, sandiger Ton	65	88	126	157	191	218	245	272	310
Sand oder Kies	61,2	84	118	153	176	206	230	252	298
Gutes, normales Erdreich	53,5	72,6	103	134	161	183	206	229	268
Harter, zäher Lehm	38,2	57,3	84	111	138	161	180	203	237
Fels, gut zerkleinert	30,6	46	72,6	95,5	118	138	157	176	210
Erdreich mit Felsbrocken und Wurzeln	22,9	38,2	61,2	80,4	99,4	119	138	153	187
Lehm, naß und zäh	19,1	30,6	53,5	72,6	92	111	126	142	176
Fels, gesprengt, unzerkleinert	11,5	19,1	38,2	57,3	72,6	88	107	122	149

Die Leistungsstärke kann bei der Wahl der Baggergröße gleichfalls bestimmend in den Vordergrund treten (Tafel 61). Größere Hochlöffelbagger vollbringen höhere Leistungen, obwohl sie geringere spezifische Leistungen je m^3 Grabgefäßinhalt aufweisen. Ihre Dauerleistungsfähigkeit gründet sich aber auf hohe Kraftreserve und Betriebssicherheit. Andererseits verursacht der Ausfall eines hochleistungsfähigen Baggers erhebliche Störungen im Maschinenkomplex.
Neben dem Grabgefäßinhalt können auch Löffelausbildung, Zahnform und -länge leistungsfördernd wirken. In festem Ton sollen schmale Zähne verwendet werden,

die einen hohen Anpreßdruck hervorrufen. Für gesprengtes Haufwerk sind spezielle verschleißfeste Felslöffel zu bevorzugen. Wird bei niedrigem Lösewiderstand der Dammbaustoffe die Reißkraft der Hochlöffelbagger nicht voll in Anspruch genommen, können die normalen Grabgefäße gegen größere ausgetauscht werden.

Bild 150. 2,4-m^3-Hochlöffelbagger (Dieselantrieb) mit Pendelschieber

Bild 151. 4,0-m^3-Hochlöffelbagger (Elektroantrieb) mit Fallklappe

Als Entleerungsorgane sind Pendelschieber oder Fallklappen üblich. Fallklappen gestatten schlagartiges, Pendelschieber ein schonendes, gezieltes Beladen der Transportmittel.
Hochlöffelbagger können mit Dampf, Benzin-, Diesel- oder Elektromotoren angetrieben werden. In Europa herrscht bei Hochlöffelbaggern bis 2,5 m^3 Grabgefäßinhalt der Dieselantrieb vor; größere Bagger haben meistens Elektro- bzw. wahlweise auch Dieselantrieb.
Bagger weisen in der Regel Antriebsleistungen zwischen 100 bis 130 PS/m^3 Grabgefäßinhalt auf. Der größere Wert trifft für Baggergrößen unter 1 m^3 zu, der kleinere gilt für Hochlöffelbagger über 1 m^3 Grabgefäßinhalt. Der Betriebsstoffverbrauch liegt etwa bei 180 g/PS·h. Langzeituntersuchungen haben gezeigt, daß je nach Maschinenbelastung und -leistung davon im Mittel nur etwa 40 bis 65% in Anspruch genommen werden.
Elektrobagger können von einem bzw. mehreren Motoren angetrieben werden. Einmotorenbagger haben ein festes Übersetzungsverhältnis, während beim Mehrmotorenantrieb sich z. B. die Hub- und Vorschubgeschwindigkeit dem jeweiligen Grabwiderstand elastisch anpassen kann und dem Weg des geringsten Widerstandes folgt. Die Energie steht dort zur Verfügung, wo sie benötigt wird. Dadurch kann auf bestimmte Vorgelege, Kupplungen, Bremsen, Wendegetriebe usw. verzichtet werden. Die vereinfachte Konstruktion führt naturgemäß zu höherer Betriebssicherheit. Bei Mehrmotorenantrieb treten nur etwa 30 bis 35% der Reparaturkosten gegenüber Einmotoren-Elektrobaggern auf. Infolge ihrer elastischen Arbeitscharakteristik beanspruchen Elektrobagger nur etwa 50% der Reparaturkosten von Dieselbaggern. Als Nachteile weisen Elektrobagger auf: Bereitstellung elektrischer Energie am Einsatzort, begrenzte Beweglichkeit (Kabellänge etwa 350 m), Demontage bei Umsetzungen und gewisse Spezialkenntnisse bei der Wartung der elektrischen Anlagen. Umfangreiche Massenbewegungen über längere Zeiträume auf räumlich begrenzten Gewinnungsstellen sprechen für den Einsatz von Elektrobaggern.
Die Wirtschaftlichkeit des Lösens und Ladens wird wesentlich von der Arbeitsorganisation beeinflußt. Rationelles Ausnutzen der bestehenden Abbauverhältnisse und reibungslose Kooperation mit dem Arbeitsgang Transportieren sind für den wirtschaftlichen Erfolg ausschlaggebend.
Hochlöffelbagger werden in Seiten- oder Vorkopfbaggerung eingesetzt (Bild 152). Bei der Seitenbaggerung beträgt der maximale Schwenkwinkel 90°. Vor allem bei höheren Abbauwänden mit akuter Rutschgefahr bietet diese Abbauform größere Sicherheiten, da dem Bagger der Fluchtweg nach hinten offensteht. Der Transportmittelfluß kann durch zweiseitiges Bereitstellen der Fahrzeuge gewährleistet werden. Diese Abbauform trifft man vor allem bei Anschnitten im Verkehrsbau an.
Die Vorkopfbaggerung erschwert es, Transportfahrzeuge zügig bereitzustellen. Bei der Gewinnung von Dammbaustoffen beschränkt sich ihre Anwendung in der Regel auf den ersten Baggerdurchgang, um die Abbauwand aufzufahren. Dagegen ist diese Abbauform für Einschnitte im Verkehrsbau typisch.
Grundsätzlich muß jeder Baggereinsatz exakt geplant werden. Die Abbausohle ist zu entwässern und die Abfuhrmöglichkeit der Dammbaustoffe bei jeder Witterung sicherzustellen. Zufahrtsstraßen zur Baggerstelle sollen breit und möglichst kreuzungsfrei sein. Es muß ein ebenes, möglichst befestigtes Fahrplanum geschaffen werden, damit an der Abbaustelle der Transportmittelfluß nicht verzögert wird. Beim Abbau dürfen weder überlange noch überkurze Baggerschnitt-

höhen entstehen. Die Schnittlängen richten sich nach der Gewinnungsfestigkeit. Die Grabgefäße müssen stets scharfe Zähne besitzen. Bei steilen, hohen Geröllhalden ist der Bagger zuerst oben anzusetzen, um gefährliche Rutschungen auszuschalten. Er muß eben stehen, um seine volle Reißkraft entfalten zu können. In Gewinnungsstellen mit bindigen Dammbaustoffen muß der Grenzbodendruck beachtet werden. Erforderlichenfalls sind leichte Bagger mit breiten langen Raupenketten zu verwenden oder Baggermatratzen vorzustrecken.

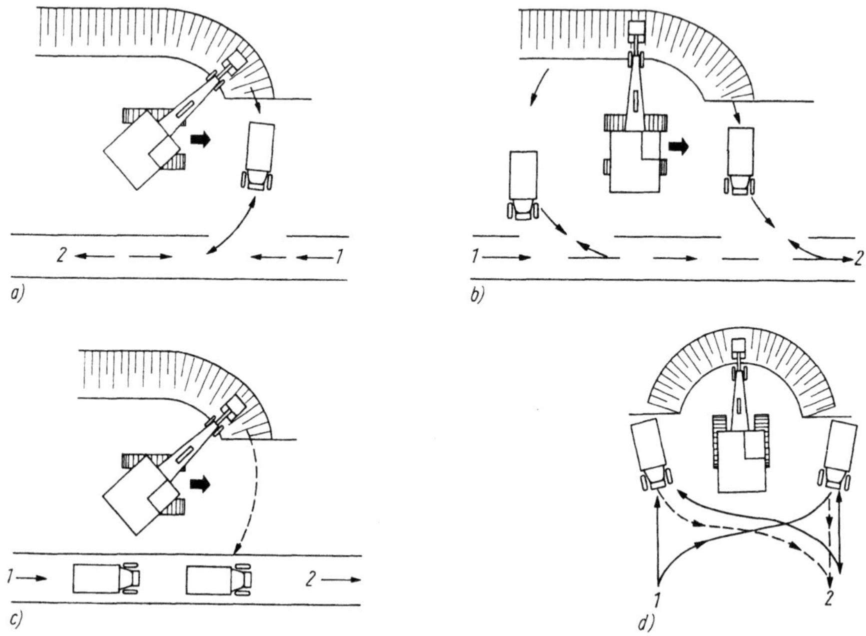

Bild 152. Abbauformen für Hochlöffelbagger

a) Seitenbaggerung mit einseitiger Fahrzeugbereitstellung; b) Seitenbaggerung mit zweiseitiger Fahrzeugbereitstellung; c) Seitenbaggerung mit ringförmiger Fahrzeugbereitstellung; d) Vorkopfbaggerung mit zweiseitiger Fahrzeugbereitstellung; *1* Anfahrt; *2* Ausfahrt

5.4.2.2. Zugschaufelbagger

Erst in den letzten Jahrzehnten hat der Zugschaufelbagger in Europa die Bedeutung erlangt, die er in anderen Ländern schon seit langem besitzt. Der Einsatz von Zugschaufelbaggern zum Lösen und Laden von Dammbaustoffen ist wirtschaftlich, wenn die Besonderheiten der örtlichen Gewinnungsstelle und die Leistungsanforderungen sich mit seinen speziellen Vorzügen weitgehend decken und kein anderes Gewinnungsverfahren (z. B. Flachbagger) konkurrieren kann. Zugschaufelbagger zeichnen sich durch beträchtliche Reichweite, weite Variationsmöglichkeiten zwischen Auslegerlängen und Zugschaufelinhalt, Vielseitigkeit (Arbeit im Tief-, Horizontal- und Hochschnitt) und Dauerleistungsfähigkeit (etwa 80 bis 90% gleich großer Hochlöffelbagger) aus (Tafel 62). Wegen ihrer beschränkten Reißkraft eignen sie sich nur für Dammbaustoffe geringerer Festigkeit. Ihre verminderte Arbeitsgenauigkeit fällt beim Gewinnungsprozeß nicht ins Gewicht.

Tafel 62. Zugschaufelbagger (kurze Ausleger) – Durchschnittliche Leistungsangaben [m^3/h] nach Erfahrungen [320]

Erdart	Löffelinhalt [m^3]								
	0,210	0,383	0,575	0,765	0,956	1,150	1,340	1,530	1,913
Feuchter Lehm oder sandiger Ton	53,5	72,6	99,4	122	149	168	187	203	333
Sand oder Kies	49,7	68,8	95,6	119	141	161	180	195	226
Gutes, normales Erdreich	42,1	57,3	80,3	103	126	145	161	176	203
Harter, zäher Lehm	26,8	42	68,8	84,1	103	122	138	149	176
Nasser, klebriger Lehm	15,3	22,9	42	57,3	72,6	84,1	93,1	111	134

Bild 153. Abbauformen für Zugschaufelbagger

a) Seitenbaggerung, Fahrzeug unter Baggerstandebene (Modellbild)

Entscheidend für ihren rationellen Einsatz sind die Parameter Zugschaufelinhalt, Auslegerlänge, Zugschaufelausbildung und die Arbeitsorganisation.
Die Größe der Zugschaufel hängt unter anderem von der geforderten Leistung, der erforderlichen Reichweite und Abtragsbreite ab. Auch die vorgegebene Ladefläche und Größe der Transportfahrzeuge können die Wahl des Grabgefäßinhalts

bestimmen. Grundsätzlich sind kurze Auslegerlängen und großer Grabgefäßinhalt vorteilhafter. Durch Vermindern der Eigenmasse der Zugschaufel kann zusätzlich an Grabgefäßinhalt gewonnen werden. Häufig ist es sinnvoll, leichtere Grabgefäße, die höhere Leistungen ermöglichen, anzuwenden und den verstärkten Verschleiß in Kauf zu nehmen.
Je nach der Festigkeit und Konsistenz des Dammbaustoffes können glatte oder gelochte Zugschaufeln mit oder ohne Zähne verwendet werden. Beim Abbau kommt es auf hohe Grabgeschwindigkeiten an, wobei die Planumsgenauigkeit

Bild 153

b) Seitenbaggerung, Fahrzeug unter Baggerstandebene

Bild 153

c) Frontbaggerung. Fahrzeug auf Baggerstandebene

vernachlässigt werden kann. Es empfiehlt sich, schmale hohe Zugschaufeln mit vorstehenden Zähnen und Schneidkanten zu benutzen.
Zugschaufelbagger können in Seiten- und Frontbaggerung arbeiten, die eine Vielzahl von Kombinationsmöglichkeiten zulassen (Bild 153).

Frontbaggerung ist bei langen, schmalen Abträgen zweckmäßig. Durch mehrmaliges Umsetzen des Baggers kann der Abtrag verbreitert werden.
Bei breiten Abbaustellen, wofür die Kiesgrubenbaggerung typisch ist, empfiehlt sich die Seitenbaggerung. Hierbei kann die Abbaustelle umfahren werden.
Arbeiten unterhalb der Baggerstandebene im Schnittwinkel von 0 bis 45° begünstigen die Leistung, da sie seinen Arbeitsbewegungen voll entsprechen. Der Tiefschnitt erlaubt es auch, bei geschichteten Abbaustellen den Dammbaustoff in einfacher Weise zu mischen. Das Beladen von Transportfahrzeugen unterhalb der Baggerstandebene ist sehr vorteilhaft. Hierbei genügen dem Zugschaufelbagger nur 15° Schwenkwinkel. Zugschaufelbagger können auch oberhalb des Standplanums arbeiten, wenngleich dies seinem Arbeitsprinzip zu widersprechen scheint.
Da Zugschaufeln nicht fest geführt sind, treten beim Beladen Erschütterungen auf. Transportfahrzeuge sind in Tangentenrichtung zum Drehkreis des Baggers aufzustellen, wobei stets der kleinste Schwenkwinkel anzustreben ist.
Bei der Irkutsker Wasserkraftanlage (UdSSR) wurden z. B. große Mengen an Kies und Lehm mit Zugschaufelbaggern unter Wasser gewonnen. Das gewonnene Dammbaumaterial wurde auf eine etwa 15 m hohe Halde gesetzt, um den Erdstoff zu entwässern. Daraufhin wurde das entwässerte Material mit Hochlöffelbaggern aufgenommen und in Transportfahrzeuge verladen. Die verwendeten 10-m^3-Zugschaufel-Schreitbagger erreichten Jahresleistungen von 172000 m^3/m^3 Grabgefäßinhalt, während die Hochlöffelbagger, deren größter Grabgefäßinhalt 3 m^3 betrug, nur eine jährliche Leistung von 12000 m^3/m^3 Grabgefäßinhalt erzielten.
Dieser kombinierte Einsatz soll unterstreichen, wie vorteilhaft es ist, die spezifischen Eigenschaften unterschiedlicher Ausrüstungen zu nutzen, um das Lösen und Laden wirtschaftlich zu gestalten.

5.4.2.3. Tieflöffelbagger

Gegenüber den Zugschaufelbaggern entwickeln Tieflöffelbagger im Tiefschnitt durch ihre steife Verheblung sehr hohe mit den Hochlöffelbaggern vergleichbare Reißkräfte und sind somit für das Lösen harter Dammbaustoffe – auch im Wasser – unterhalb der Baggerstandfläche hervorragend geeignet (Bild 154). Infolge des langsamen Arbeitsspiels und zeitraubenden Beladens von Transportfahrzeugen erreichen sie niedrigere Leistungen (etwa 65 bis 85% gleich großer Hochlöffelbagger).
Ihre Einsatzdomäne sind Baugruben- und Grabenaushub. Die Gewinnungsstellen im Dammbau lassen meistens Abbauverfahren zu, die der Tieflöffelbaggerung überlegen sind. Daher tritt sein Einsatz eindeutig hinter Hochlöffel- und Zugschaufelbaggerung zurück.
Als leistungsfördernd wirken: Löffelgröße und rationelle Arbeitsorganisation.
Für praktische Einsatzfälle soll der Grabgefäßinhalt des Tieflöffelbaggers möglichst groß gewählt werden, ohne daß sich dadurch sein Arbeitsspiel zu stark verlangsamt. Der Breite des Löffels kommt bei der Massengewinnung im Dammbau gegenüber dem Ausbaggern schmaler Schlitze und Gräben nur geringere Bedeutung zu. Die Größe des Tieflöffelbaggers kann sich auch nach der Reichweite richten, welche die örtlich vorliegende größte Baggertiefe vorschreibt. Da der Arbeitsradius bei Massengewinnungen kaum beschränkt ist, bestehen an die Reichweite von Tieflöffelbaggern keine besonderen Forderungen. Sie muß jedoch das Beladen von Transportfahrzeugen ermöglichen.

Der Tieflöffel wird unter 45° zum Grabplanum angesetzt und während des Schnittes senkrecht zur Schnittfläche gehalten. Diese Löffelstellung ist bei harten Dammbaustoffen erforderlich, da der Tieflöffel hierbei eine um 20% höhere „Zahnspitzkraft" erreichen kann als der Hochlöffelbagger. Somit ist der Tieflöffelbagger auch zum Lösen von geschichtetem festem Fels geeignet.

Bild 154. Tieflöffelbagger bei einer Frontbaggerung

Für besonderes harte Einsatzfälle können spezielle Tieflöffelausrüstungen angewandt werden. Bei sehr festem Dammbaumaterial empfehlen sich Lockerungssprengungen.
Mit jedem Arbeitsspiel soll der Löffel total gefüllt werden. Teilgefüllte Löffel mindern selbst bei kürzeren Spielzeiten die Leistung. Es ist schwierig, mit dem Tieflöffelbagger den gesamten Laderaum des Transportmittels zu füllen. Das hierfür notwendige Manövrieren mit dem Löffel verursacht Zeitverluste. Daher ist es zweckmäßig, dem Tieflöffelbagger gegenüber den Transportmitteln ein höher gelegenes Standplanum zuzuweisen.

5.4.2.4. Greiferbagger

Der Greiferbagger ist bei punktförmigem Aushub, Arbeiten bei großer Reichtiefe und m.E. auch beim Gewinnen unter Wasser überlegen. Solche Einsatzbedingungen sind aber bei der Gewinnung von Dammbaustoffen selten. Darüber hinaus erreichen Greiferbagger nur etwa 45 bis 65% der Leistung gleich großer Hochlöffelbagger. Seine Grabkraft ist von der Eigenmasse des Greiferkorbes abhängig.

Bild 155. Greiferbagger in Seitenbaggerung und ringförmiger Fahrzeugbereitstellung

Da die Hubkraft von Greiferbaggern konstant ist, führen auch schwerere Greifer mit geringerem Grabgefäßinhalt nicht zur Leistungszunahme. Daher beschränkt sich der Einsatz auf sandigen Lehm und Ton, nassen festgelagerten Sand, leichten Mergel, Kleiboden und in Ausnahmefällen auf loses Felsgeröll. Auch das langsame Schließen des Greifers sowie die ungünstigen Sichtverhältnisse des Baggerführers wirken leistungsmindernd. Diese Gründe weisen dem Greiferbagger nur eine untergeordnete Rolle im Dammbau zu.

5.4.2.5. Schaufelradbagger

Die Einsatzerfolge von Schaufelradbaggern im Tagebaubetrieb haben in jüngster Zeit zur Entwicklung geeigneter Schaufelradbagger für die Bauindustrie geführt.

Typisches Kennzeichen von Schaufelradbaggern ist das Schaufelrad am Auslegerende. Der heb- und senkbare Ausleger kann mit unterschiedlichen Verschiebebahnlängen ausgestattet werden. Danach unterscheidet man Schaufelradbagger mit und ohne Vorschub.

Es sind zwei Hauptabbauformen üblich: Block- und Strossenblockabbau (Bild 156).
Bei den stetig arbeitenden Schaufelradbaggern sind im Gegensatz zu den absatzweise arbeitenden Universalbaggern die Teilarbeitsgänge Lösen, Transportieren und Abkippen zu unterscheiden.

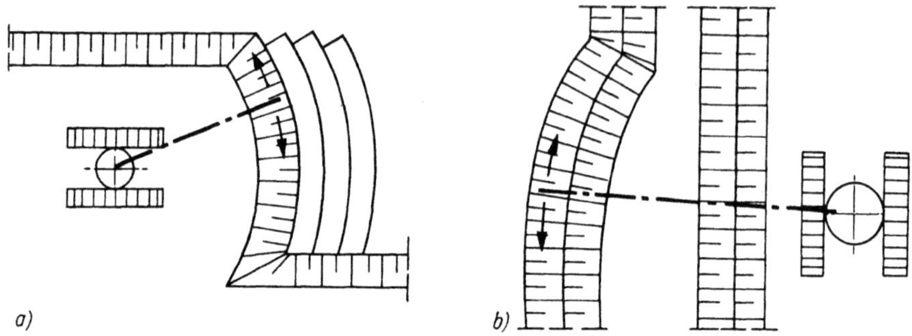

Bild 156. Abbauformen für Schaufelradbagger
a) Blockabbau ohne Vorschub; b) Strossenblockabbau

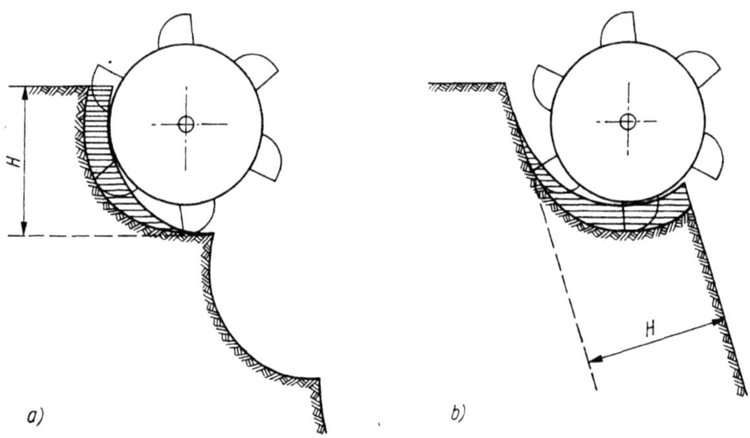

Bild 157. Schnittarten für Schaufelradbagger
a) Terrassenschnitt; b) Fallschnitt

Die Schaufelradbagger weisen Vorteile auf, die ihnen in nächster Zeit eine stärkere Verbreitung im Dammbau versprechen:

kontinuierliches Lösen und Laden
einwandfreies Planieren und getrenntes Gewinnen geschichteter Erdstoffe
starke Zerkleinerung des Baggergutes
Verwendbarkeit im Hoch- und Tiefschnitt
geringer Verschleiß des Graborganes
niedriger Energiebedarf

Schaufelradbagger können jedoch nur bei Erdarten geringerer Gewinnungsfestigkeit bzw. homogenen Erdarten ohne Steineinschlüsse eingesetzt werden.
Inzwischen sind schon Schaufelradbagger im Dammbau erfolgreich eingesetzt worden.
Beim Oroville-Damm verwendete man Schaufelradbagger mit einem Raddurchmesser von 9 m und 8 Schaufeln von 1,4 m³ Inhalt. Insgesamt mußten 60 Mill. m³ Dammbaustoffe aus einer Abraumhalde gewonnen werden. Die Schaufelradbagger erreichten dabei Durchschnittsleistungen von 2700 m³/h.
Beim Abiquin-Damm wurden Schaufelradbagger mit einem Raddurchmesser von 6,30 m und 6 Schaufeln von je 0,95 m³ Inhalt eingesetzt. Die Schaufelradbagger konnten sogar leichtes Felsgestein lösen und erreichten Leistungen von 2750 m³/h. Das gelöste Dammbaumaterial wurde über einen Ausleger zum Abwurfband gefördert, wo es über zwei Trichter in Bodenschütter entladen wurde. Die Beladezeit der 18 m³ fassenden Bodenschütter beanspruchte nur 30 s.

5.4.2.6. Eimerkettenbagger

Die besonderen Vorzüge der stetig arbeitenden Eimerkettenbagger treten vor allem bei der Unterwasser-Gewinnung von Dammbaustoffen hervor. Wie beim Schaufelradbagger können nur Dammbaustoffe geringerer Gewinnungsfestigkeit ohne Steineinschlüsse gelöst werden. Eimerkettenbagger lösen mittels Schürfeimern, die an einer endlosen verstellbaren Eimerkette angebracht sind. Die Kette

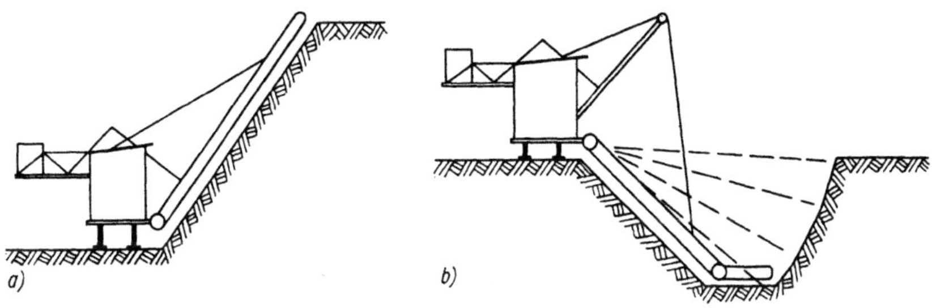

Bild 158. Abbauformen für Eimerkettenbagger
a) Parallelabbau; b) strahlenförmiger Abbau

wird von einer Eimerleiter gestützt. Die Eimerkette kann sich mit einer Geschwindigkeit von höchstens 1,50 m/s bewegen. Während die Schaufelräder Umdrehungsgeschwindigkeiten bis zu 4 m/s erreichen. Die Schürfeimer lösen schichtweise aus der Baggerwand und transportieren den Erdstoff zur Umlenkstelle, wo er auf einen Gurtförderer gekippt und in Transportmittel abgesetzt wird. Infolge der zahlreichen Bolzentrag- und Umlenkrollen ist der Verschleiß beträchtlich.
Man unterscheidet Parallel- und strahlenförmige Baggerung (Bild 158).
Beim Staudamm Matemale wurden Eimerkettenbagger im Moränenmaterial eingesetzt und Leistungen bis 180 m³/h erreicht. Der Einsatz von Eimerkettenbaggern im Dammbau wird auf Ausnahmefälle beschränkt bleiben.
Auf Grund des Vordringens des Schaufelradbaggers im großen Erdbau dürfte künftighin die Einsatzbasis des Eimerkettenbaggers weiter eingeschränkt werden.

5.4.3. Lösen und Laden mit Ladern

In den letzten Jahren haben die klassischen Standbagger einige Einsatzgebiete beim Lösen und Laden von Dammbaustoffen an die Lader abtreten müssen. Die Lader haben den Standbagger an seiner empfindlichsten Stelle, der Beweglichkeit, angegriffen. Mit ihren großen Schaufeln können Lader 50 bis 150 t/h bei Motorleistungen zwischen 50 und 100 PS lösen und laden und daher mit Standbaggern

Bild 159. 310-PS-Front-Reifenlader, Schaufelinhalt 3,44 m³

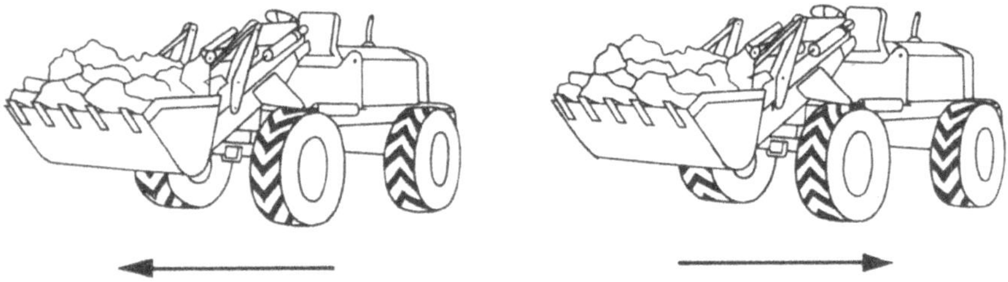

Bild 160. Reifendrehrichtung bei allradgetriebenen Ladern (auf sandigem Untergrund entgegengesetzt) [328]

konkurrieren. Da sie über kurze Entfernungen noch zusätzlich transportieren können, sind sie für manche Einsatzfälle als selbstladende Transportmaschine bisher unübertroffen.

Nach dem Fahrgestell sind Reifen- und Raupenlader, nach der Ladevorrichtung Frontschaufel-, Überkopf- und Schwenkschaufellader zu unterscheiden. Lader mit Raupenfahrwerk besitzen hohen Kraftschluß, der ihnen große Schubkraft verleiht und es gestattet, die installierte Motorleistung voll zu nutzen. Raupenlader verursachen nur geringe Bodenpressungen und sind für den Einsatz auf gering tragfähigem, setzungsempfindlichem Untergrund geeignet.

Reifenlader zeichnen sich durch Schnelligkeit aus. Daher können sie kurzfristig die Einsatzstelle wechseln und sind für Löse- und Ladeaufgaben kleineren Umfangs besonders prädestiniert.

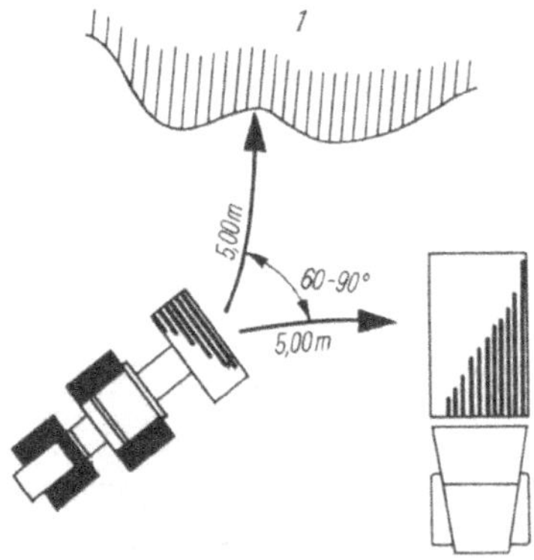

Bild 161
Front-Reifenlader und Erdtransportfahrzeug (Beladeschema)
1 Dammbaustoff

Bild 162. Schwenk-Reifenlader beim Beladen

Infolge ihres geringen Kraftschlusses sollen sie auf festem Untergrund eingesetzt werden. Die hohe Bodenpressung von Reifenladern kann teilweise durch Verwendung von Breitreifen ausgeglichen werden, denn Breitreifen ermöglichen höhere Kraftschlußwerte als Normalreifen. Gegenwärtig sind z. B. etwa 80% aller Reifenlader in der Deutschen Bundesrepublik mit Breitreifen ausgestattet.
Lader können mit verschiedenen Schaufelarten, wie Leichtgut- und Felsschaufeln, ausgerüstet werden und sich somit dem Dammbaustoff weitgehend anpassen.
Lader werden zur Zeit im Größenbereich von 0,25 bis 4,00 m^3 angeboten. Je Kubikmeter Schaufelinhalt wird eine Motorleistung von etwa 60 bis 75 PS installiert. Bei Ladern bis 0,8 m^3 Schaufelinhalt ist der Einachsantrieb üblich, während größere Maschinen allradangetrieben werden.

Am meisten verbreitet sind die stabilen Frontlader, die sich auch für härteste Einsätze eignen (Bild 159 und 163).
Günstige Einsatzbedingungen bestehen, wenn das Ladegut gelöst und gleichzeitig ohne Einschaltung eines Transportmittels transportiert werden kann. Wegen ihrer Schnelligkeit können Reifenlader über größere Entfernungen wirtschaftlich transportieren. In der Regel werden Transportfahrzeuge seitlich beladen (Bild 161). Nur bei beengten Platzverhältnissen ist das Beladen über die Heckseite notwendig. Um die Wartezeiten der Transportmittel herabzusetzen,

Bild 163. Raupenlader beim Beladen

werden Lader meist in Gruppen von zwei oder drei Maschinen kombiniert. Neuere Arbeitsstudien haben erwiesen, daß es insgesamt wirtschaftlicher ist, Transportfahrzeuge nur durch je eine Schaufelladung der eingesetzten Lader zu füllen, wobei das Transportfahrzeug nur teilgefüllt die Lastfahrt antritt. Für das Füllen und Entleeren der Schaufel werden bei Raupenladern etwa 0,4 min und bei Reifenladern 0,6 min benötigt. Diese Angaben sind Mittelwerte und sollten vor jedem Einsatz durch Versuche geprüft werden. Auf Grund ihrer Wendigkeit und Schnelligkeit kompensieren Reifenlader ihre längere Füll- und Entladezeit durch kürzere Fahrzeit zwischen Ladestelle und Transportfahrzeug.
Lader eignen sich vor allem beim Lösen und Laden von feinkörnigem oder gut zerkleinertem Haufwerk. Die Leistung eines Laders mit 3,8 m^3 Schaufelinhalt entspricht etwa einem 2,3-m^3-Hochlöffelbagger und kostenmäßig einem 2,7-m^3-Hochlöffelbagger (Bild 164). Der Reifenverschleiß von Radladern auf scharfkantigem, felsigem Untergrund ist wirtschaftlich bedeutsam. Über die Begründung, Reifen durch Schutzketten vor Verschleiß zu schützen, besteht keine einhellige Auffassung. So kosten z. B. Reifenschutzketten der Größe $17{,}50 \times 25$ bereits 2100,– M – etwa soviel wie ein neuer Reifen. Es ist erwiesen, daß bei der Verwendung von Reifenschutzketten die Reifen zusätzlich verschleißen. Klemmen sich

Steine zwischen Schutzkette und Reifen, wird der Reifen vorzeitig zerstört. Reifenschutzketten scheinen vor allem auf nassem, scharfkantigem, felsigem Untergrund wirtschaftlich zu sein. In jedem Fall muß eine exakte Vorausberechnung ihre Wirtschaftlichkeit nachweisen.

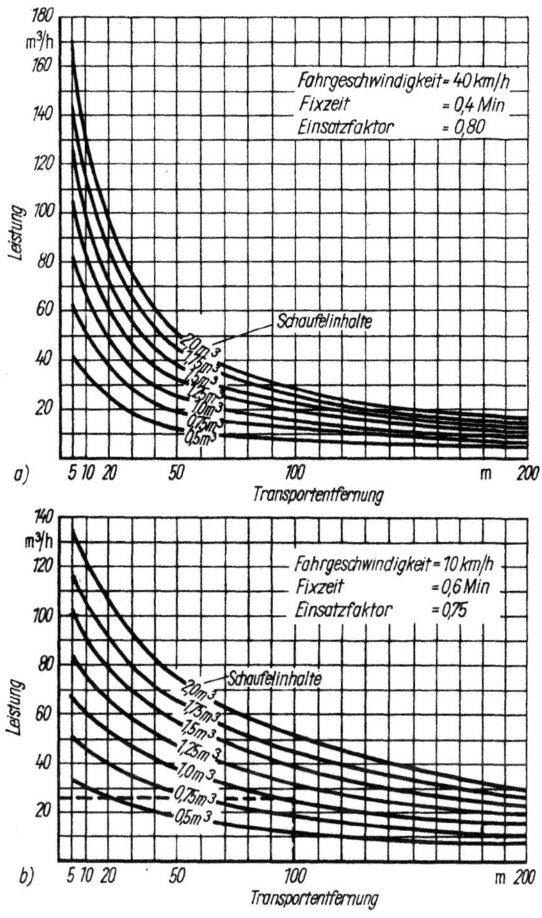

Bild 164
Leistungsdiagramm für Lader
[323]
a) Reifenlader; b) Raupenlader

Lader haben sich bei Einschnitten geringerer Abbauhöhe z. B. im Verkehrsdammbau bewährt. Überall dort, wo das Schwergewicht der Massengewinnung auf der Beweglichkeit liegt, sind die Lader dem Standbagger überlegen.

5.4.4. Lösen und Laden mit Flachbaggern

Zu den Flachbaggern, die beim Gewinnen von Dammbaustoffen Bedeutung haben, zählen: Anhängeschürfkübel, Motorschürfkübel und Schürfkübelraupen, während Planiermaschinen mit Reifen- und Raupenfahrwerk sowie Pflugbaggern nur untergeordnete Gewinnungsaufgaben zufallen.

Ihr wirtschaftlicher Einsatz erfordert:

1. schürffähige Dammbaustoffe (Sand, Kiessand, Kies, lehmiger oder toniger Sand, Löß, sandiger Lehm, Ton, festgelagerter Sand, Mergel und loses Felsgeröll) oberhalb des Grundwasserspiegels
2. tragsicheren Untergrund
3. Transportentfernungen von 100 bis 1200 m zwischen Gewinnungs- und Einbaustelle

Ihre spezifischen Vorteile sind:

1. Gewinnen, Transportieren, Einbauen und Verdichten mit einer einzigen Maschine
2. Abtrag auch sehr flacher langgestreckter Gewinnungsstellen

Viele Gewinnungsstellen des Dammbaues haben diese Merkmale. Hier sind, von einigen Ausnahmen abgesehen, die Flachbagger die wirtschaftlichsten Gewinnungsmaschinen.
Da ihr Arbeitsprinzip gleich ist, wird die Wahl zwischen Anhängeschürfkübel, Motorschürfkübel und Schürfkübelraupe von den örtlichen Besonderheiten der Dammbaustelle bestimmt, auf die nachstehend eingegangen wird.

5.4.4.1. Anhängeschürfkübel

Anhängeschürfkübel bestehen aus einem Kübel, dessen Last auf das Fahrgestell übertragen wird. An der vorderen Seite des Kübelbodens ist eine Schneidkante angebracht, die zur Veränderung der Schürftiefe nach oben oder unten bewegt werden kann. Unabhängig davon läßt sich die Vorderwand des Kübels bewegen. Die hintere Klappe oder Auswurfeinrichtung bildet die Kübelrückwand, die nach hinten bzw. vorn verschoben werden kann, um die Kübelladung auszusetzen. Von dieser Grundfunktionsform leiten sich einige Varianten ab. Die beweglichen Teile des Anhängeschürfkübels werden über zwei bzw. drei auf dem Zugmittel montierte Winden oder hydraulisch betätigt.
Die Kübelgrößen sollten aus wirtschaftlichen Gründen so groß als möglich gewählt werden. Anhängeschürfkübel unter 4 m^3 Inhalt sind unwirtschaftlich. In Mitteleuropa liegt die wirtschaftliche Kübelgröße gegenwärtig bei etwa 9 m^3.
Die Kübelform hat gegenüber der Schneidenform auf das Gewinnen von Dammbaustoffen nur begrenzten Einfluß. Bei harten, festen Erdarten werden nach unten gewölbte oder vorstehende Schneiden, sonst Schneiden mit horizontaler Querlage, verwendet. Anhängeschürfkübel entladen durch Öffnen des Schiebers oder Auskippen. Um haftende Erdarten, größere Steine bzw. Klumpen störungsfrei entladen zu können, ist eine ausreichend weite Entladeöffnung notwendig.
Flachbagger müssen sich der Tragfähigkeit des Untergrundes anpassen können. Daher werden sie häufig mit leicht verformbaren Niederdruckreifen ausgestattet. Gegenwärtig werden auch Breitreifen für Flachbaggermaschinen benutzt. Sie bieten eine bis 30% höhere Auflagefläche, 30% geringeren Bodendruck und eine um 20% günstigere Federung.
Anhängeschürfkübel können sowohl von Raupen (Bild 165) als auch von Reifenschleppern gezogen werden.
Raupenschlepper entwickeln höchste Schürfkräfte und kommen daher auf losem Felsgeröll, festem Mergel, Ton und Lehm zum Einsatz. Die Zugkraft des Raupenschleppers wird nur beim Beladevorgang voll in Anspruch genommen. Obwohl

sich sein Laufwerk beizeiten abnutzt, sind die Reparaturkosten geringer als bei luftbereiften Motorschürfkübeln. Die Lebensdauer von Anhängeschürfkübeln mit Raupenschleppern liegt gegenüber Motorschürfkübeln um etwa 10% höher. Weitaus öfter als bei raupengetriebenen Zugmitteln sind bei Reifenschleppern Schubhilfen erforderlich, um auch bei Dammbaustoffen höhere Gewinnungsfestigkeit, wirtschaftlich vertretbare Schürfzeiten und einen größtmöglichen Füllungsgrad des Schürfkübels zu erzielen. Infolge ihrer Schnelligkeit eignen sich Reifenschleppergespanne vorzugsweise für Transportweiten über 300 m, während den Raupenschleppergespannen Transportweiten bis 300 m zuzuordnen sind. Reifenschlepper weisen geringen Verschleiß auf und lassen sich leichter reparieren.

Bild 165. 194-PS-Planierraupen mit Anhängeschürfkübel

Flachbaggereinsätze müssen gründlich technologisch geplant werden. Ausreichende Kenntnisse über Tragfähigkeit, Schürfwiderstand und Kraftschlußeigenschaften der Abbaustelle bis zur vollen Abtragstiefe müssen vorliegen. Niederschläge und Frost sind bei der Einsatzplanung zu berücksichtigen. Nach Niederschlägen können die Schürfstellen schneller wieder betriebsfähig gemacht werden, wenn seitliche Entwässerungsschlitze angelegt werden. Sofern es die Einsatzbedingungen zulassen, sollten bindige Erdstoffe in Schönwetterperioden, rollige Erdstoffe bei ungünstigen Witterungsverhältnissen gelöst werden.
Bei der Materialgewinnung in Einschnitten muß zwischen den verschiedenen Flachbaggerarten gewählt werden. Dabei sind den Anhängeschürfkübeln nur mittlere Transportentfernungen (100 bis 500 m) zuzuordnen, während extrem kurze (bis 100 m) bzw. lange (bis 2000 m) Transportweiten Planierraupen bzw. Motorschürfkübeln vorbehalten bleiben. Die Wendezeiten des Anhängeschürfkübels sollen nur kurz sein, da sie wegen seines Einsatzbereiches auf kurzen Transportentfernungen einen beträchtlichen Teil des Arbeitsspieles umfassen und somit stark leistungsbeeinflussend sind. Stets sollte die Entlade- bzw. Gewinnungsstelle genügend Platz für das Wendemanöver bieten. Das Wenden mit leerem Kübel ist zeitsparender als mit gefülltem. Kann das Wendemanöver an der Entlade- bzw. Gewinnungsstelle nicht durchgeführt werden, so muß die Entfernung zur vorgesehenen Wendestelle so kurz wie möglich gehalten werden.

Der Schürfschnitt muß so tief sein, daß ihn der Schlepper ohne Überlastung ausführen kann. Tiefe Schnitte sind wirtschaftlicher, da sie die Füllzeiten verkürzen. Im allgemeinen sind Schürftiefen zwischen 10 und 20 cm üblich, wobei die Schürfgeschwindigkeit zwischen 2 und 3 km/h liegt. Der Füllprozeß des Kübels wird abgestoppt, wenn der Druck des gelösten Dammbaumaterials auf der Füllspalte größer ist als der vom Schlepper erzeugte Einpreßdruck des Kübels. Weil der Füllungsgrad des Anhängeschürfkübels wirtschaftlich bedeutsam ist, kann durch Auf- und Absenken der Schneidekante noch nachgefüllt werden. Diese Arbeitstechnik wird „Pumpen" genannt.

Tafel 63. Technologisch-organisatorische Kennwerte von Anhängeschürfkübeln

Einsatz auf Erdarten	
Sand, Kiessand, lehmiger und toniger Sand, Löß, Kies, Ton, Mergel, loses Felsgeröll	
Bodendruck [kp/cm^2]	
Normalreifen	2 ··· 3
Niederdruckreifen, einfach, maximale Luftdruckabsenkung	1,0
Niederdruckreifen, doppelt, maximale Luftdruckabsenkung	0,5
Verhältnis von Zugkraft zu Kübelinhalt [PS/m^3]	
Geringer Fahrwiderstand	8
Normaler Fahrwiderstand	13 ··· 14
Hoher Fahrwiderstand	20
Wirtschaftliche Abbaufläche (untere Grenze)	5 × 30 [m]
Wirtschaftlicher Schürfweg	30 ··· 60 [m]
Wirtschaftliche Schürfzeit	60 ··· 120 [s]
Transportgeschwindigkeit (Zugraupe)	6 ··· 10 [km/h]
Wirtschaftliche Transportweite	100 ··· 500 [m]
Entladelänge	35 [m]
Entladezeit	30 [s]

Günstige Fülleigenschaften besitzen Ton, Lehm bzw. bindige Sande. Diese Erdstoffe sollten möglichst in Bergabfahrt, rollige Erdstoffe in Berganfahrt gelöst werden. Auch bei härteren Erdstoffen, wie Felsgeröll, erreicht der Anhängeschürfkübel infolge seiner scharfen Schneide bei günstigem Schürfwinkel beträchtliche Ladeleistungen. Steinhaltige Erdstoffe, die nicht schneidfähig sind, werden im voraus mit Aufreißern bzw. durch Sprengen vorgelockert.
Durch Schubraupen kann die Schürfzeit von Anhängeschürfkübeln verkürzt und die Füllmenge vergrößert werden (Bild 166). Schubraupen sind mit besonderen Brustschildern ausgerüstet, die fest am Rahmen des Schleppers angebracht sind. Mit dem Brustschild wird so weich wie möglich an den Fender des Anhängeschürfkübels herangefahren. Unvorsichtiges Fahren der Schubraupe kann die Reifen des Schürfkübels gefährden und sie zerschneiden. Die Schubraupe darf nur so stark schieben, daß die Geschwindigkeit des Zugmittels und der Schubraupe überein-

stimmen. Neuerdings werden Schubraupen mit federndem Stoßschild ausgestattet, wodurch der harte Stoß beim Kupplungsvorgang ausgeschlossen wird. Viele Flachbaggereinsätze mit Schubraupe beweisen, daß die Leistungen bis 25% gesteigert werden können. Je nach Transportentfernung und Anzahl der eingesetzten Anhängeschürfkübel ist es möglich, eine Schubraupe mit mehreren Flachbaggergespannen zu kombinieren bzw. die Schubraupen zwischenzeitlich anderweitig zu beschäftigen.

Bild 166. 235-PS-Zugraupe mit 13,8-m³-Anhängeschürfkübel und Schubraupe

Durch Hintereinanderschalten von Anhängeschürfkübelgespannen, z. B. Tandemschürfzügen und anderen Kombinationen, kann die Wirtschaftlichkeit zusätzlich erhöht werden. Hierbei wird stets der vordere Schürfkübel zuerst beladen. Dagegen können alle im Zug befindlichen Anhängeschürfkübel gleichzeitig entladen.
Infolge ihrer relativ geringen Anschaffungskosten sind Anhängeschürfkübel nach wie vor die Hauptmaschinen beim Flachbaggereinsatz.

5.4.4.2. Motorschürfkübel

Motorschürfkübel sind selbstfahrende, zwei- oder dreiachsige Schürfkübel. Die größten serienhergestellten Motorschürfkübel erreichen gegenwärtig einen Kübelinhalt von 23 m³. Am meisten verbreitet sind Motorschürfkübel im Größenbereich von 15 bis 20 m³. In den nächsten Jahren ist mit dem Einsatz noch größerer Motorschürfkübel zu rechnen. Sie sind entweder mit Front-, Heck- oder Allradantrieb ausgestattet.

Beim Frontantrieb ruhen etwa 70% der Gesamtlast auf der Antriebsachse, bei Heckantrieb wird die Antriebsachse noch stärker belastet. Die zwei- und dreiachsigen Motorschürfkübel gelten als gleichwertig. Die Zugkraft der meisten

Bild 167. 312-PS-Motorschürfkübel, 15,3 m³ Kübelinhalt, mit 281-PS-Schubraupe beim Schürfen

Bild 168
Reifendrehrichtung bei einachsgetriebenen Motorschürfkübeln [328]

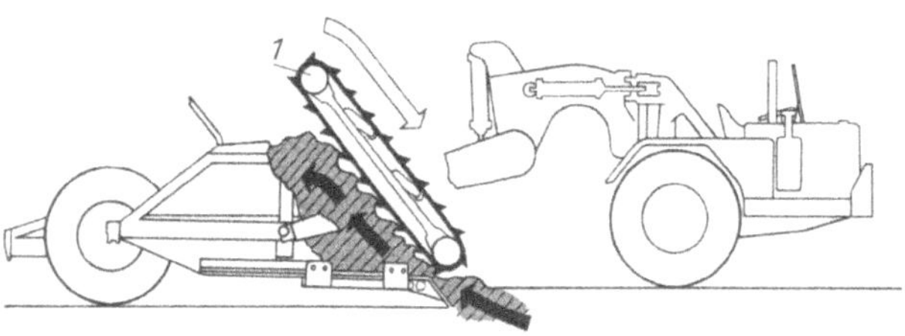

1 Elevator

Bild 169. 355-PS-Motorschürfkübel mit Elevator (Schema)

Motorschürfkübel reicht nicht für den Schürfvorgang aus, sondern genügt lediglich beim Transport. Daher müssen Motorschürfkübel beim Schürfen von Schubraupen unterstützt werden (Bild 167).
Neuerdings werden auch Motorschürfkübel mit Allradantrieb hergestellt, um von der Unterstützung mit Schubraupen abkommen zu können (Bild 170). Welcher Version, Motorschürfkübel mit Allradantrieb oder mit Einachsantrieb unter

Schubhilfe, der Vorzug zu geben ist, entscheidet der jeweilige Einsatzfall. Die Vertreter des einachsangetriebenen Motorschürfkübels halten es für unwirtschaftlich, nur für den kurzen Schürfvorgang einen zusätzlichen teueren Antrieb einzubauen, der während des Transportes abgeschaltet wird. Die Auslastung der vielseitig verwendbaren Schubraupen sei unkritisch und nicht von wirtschaftlichem Ausschlag.

Bei rolligen Erdarten wird der Schürfvorgang mit hoher Anfangsgeschwindigkeit eingeleitet und die Kübelschneide allmählich abgesenkt. Wird die Schürfgeschwindigkeit zu stark reduziert, kann durch Heben und Senken der Schneide die Fahrt wieder beschleunigt werden, um den Füllvorgang abzuschließen.

Bei bindigen Erdarten gestatten große Schürftiefen kurze Schürfwege und damit kurze Ladezeiten. Dagegen führen geringere Schürftiefen zu längeren Ladezeiten, aber zur besseren Füllung des Kübels, da die Schollen zerbröckeln.

Motorschürfkübel sind auch schon auf findlingsdurchsetzten Gewinnungsstellen eingesetzt worden, wobei sie allerdings außerordentlich hoch beansprucht werden.

Weist der zu lösende Dammbaustoff zu hohe Gewinnungsfestigkeit (fester Mergel, schieferartiger Fels, Konglomerat, weicher Sandstein) auf, so daß die Lösekraft des Motorschürfkübels nicht ausreicht, muß die Schürfstelle aufgerissen werden. Der Einsatz von Motorschürfkübeln im gerissenen Fels ist von Fall zu Fall zu entscheiden, da höhere Reifenkosten und ein starker Verschleiß der Schneidkanten eintreten.

Bild 170
160-PS-Motorschürfkübel mit Allradantrieb, Kübelinhalt 12,0 m^3

Beim Bau des ersten Oberbeckens des Pumpspeicherwerkes Vianden wurde der im Beckenraum anstehende Tonschiefer durch Aufreißer bzw. mit Sprengschüssen vorgelockert und anschließend von 12-m^3-Motorschürfkübeln aufgenommen. Auf Grund der kurzen Transportentfernung zwischen Gewinnungs- und Einbaustelle bot sich der Einsatz von Flachbaggern an. Allerdings mußte ein erheblicher Reifenverschleiß der eingesetzten Motorschürfkübel in Kauf genommen werden.

In jüngster Zeit werden Elevator-Motorschürfkübel auf den Markt gebracht (Bild 169). An der Vorderseite des Motorschürfkübels ist ein Elevator angebracht, der Schürfgut aufnimmt, zerkleinert und in den Kübel abwirft. Damit wird der Schürfvorgang zeitlich verkürzt und der Kübel besser gefüllt. In vielen Fällen wird man bei Elevator-Motorschürfkübeln auf Schubraupen verzichten können. Durch den Anschluß des Elevators wird allerdings der Antrieb geschwächt. Bei festen Hindernissen kann der Elevator angehoben werden, so daß er nicht beschädigt wird. Beim Entladen läuft der Elevator rückwärts und verkürzt die Entladezeit etwa um 5 bis 10 s.

Der Einsatz eines 16-m³-Elevator-Motorschürfkübels auf sandigem Erdstoff beweist, daß selbst bei einem Schürfweg von 100 m der Kübel in 60 s gefüllt werden kann. Der Entladevorgang dauerte 10 s ,wobei ein 60 m langer und 30 cm dicker Streifen aufgetragen wurde.

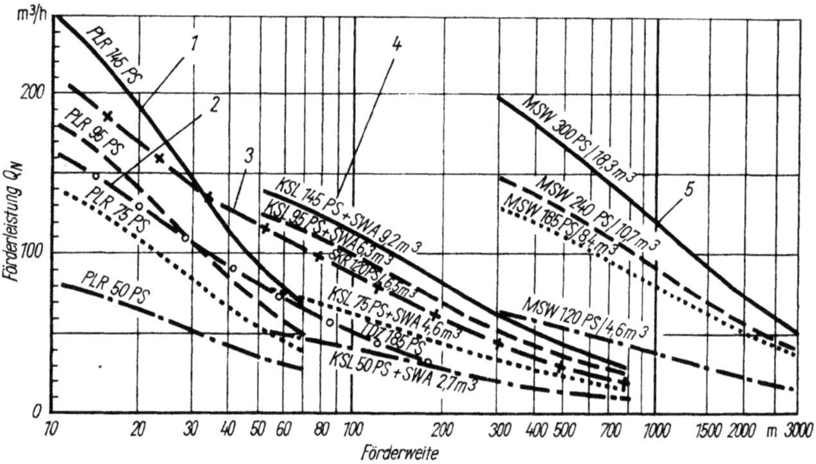

Bild 171. Leistungsdiagramm für Flachbagger [330]

1 Planierraupen; *2* Reifen-Planiergerät; *3* Schürfkübelraupe; *4* Raupenschlepper mit Schürfkübel-Anhängern; *5* Motorschürfwagen

Motorschürfkübel sind in der Lage, auch auf geneigten Abbaustellen bis zur Neigung 1 : 3 zu arbeiten. Mit zunehmender Transportentfernung und größerem Kübelinhalt steigt die spezifische Leistung von Motorschürfkübeln (Bild 171). Die Transportentfernung ist nicht das alleinige Kriterium für die Einsatzgrenze der verschiedenen Flachbaggermaschinen. Maßgebend ist die Gesamtheit aller auf der Transportstrecke wirkenden Fahrwiderstände. Motorschürfkübel erbringen auf festen Fahrbahnen, die weder wellig noch hügelig sind, die höchsten Leistungen. Auf der Lastfahrt werden Geschwindigkeiten zwischen 12,5 und 25 km/h erreicht, während auf Leerfahrten schon Geschwindigkeiten von 40 km/h gemessen wurden. Hohe Transportgeschwindigkeiten erfordern ständig unterhaltene Transportwege. Die Reifenkosten von Motorschürfkübeln sind geringer als der Verschleiß gegenüber raupengezogenen Anhängeschürfkübeln. In der Regel ist der Einsatz von Motorschürfkübeln auf Transportentfernungen bis etwa 2000 m wirtschaftlich vertretbar.

Die Arbeit von Motorschürfkübeln auf der Kippe kann auch bei bindigen Erdarten unter schwierigen Witterungsbedingungen aufrechterhalten werden, wenn den bindigen Erdstoffen hin und wieder rollige Erdarten zur Stabilisierung beigemischt werden.

5.4.4.3. Schürfkübelraupe

Die 175-PS-Schürfkübelraupe mit ihrem 6,5 m^3 fassenden Kübel nimmt unter den Flachbaggern eine Sonderstellung ein (Bild 172). Sie ist der einzige selbstfahrende Flachbagger mit Kübel auf Raupenfahrwerk und steht zwischen den Schürfkübeln und Ladern.

Bild 172. Schürfkübelraupe beim Entladen

Im Vergleich mit den Anhängeschürfkübeln weist die Schürfkübelraupe Vorzüge auf, die sie unter anderem für besondere Löse- und Ladearbeiten geeignet erscheinen lassen.

Hierzu gehören:

Lösen und Transportieren auch von großen Steinen und Baumwurzeln
selbstständiges Reißen (bis 13 Mp Reißkraft) von harten Dammbaustoffen
geringer Bodendruck (0,62 bis 0,87 kp/cm^2), daher Einsatz auch auf wenig tragsicherem Untergrund
Arbeiten auf engstem Raum (z. B. Bauwerksnähe)
Lösen und Laden im und unter Wasser
Überlegenheit im Bereich von 80 bis 200 m Transportweite
Pendelverkehr, dadurch etwa 15 s kürzere Wendezeit
Streifen- und Punktentladung, Vorkopfschüttung
Zusammenarbeit mit Transportfahrzeugen und Gurtförderern über ein Ladegerüst
Zusatzeinrichtung: Reißschneide und -zähne, Planierschild, Wateinrichtung usw.

Diese außergewöhnlichen Eigenschaften der Schürfkübelraupe kennzeichnen ihren Einsatzbereich.

Bild 173. Schürfkübelraupe beim Hanganschnitt (Schema) [293]
1 Straßenplanum

5.4.5. Hydromechanische Verfahren

Die Bedeutung hydromechanischer Gewinnungsverfahren zum Lösen und Laden von Dammbaustoffen tritt gegenüber dem Einsatz herkömmlicher Bagger und Flachbagger zurück.
Neben dem Einsatz von Wasserwerfern und Saugbaggern existieren noch Sonderverfahren, die jedoch im Dammbau bisher keine breite Anwendung gefunden haben.

5.4.5.1. Lösen mittels Wasserwerfern

Bei zahlreichen Dammbauten hat sich die Gewinnung von Dammbaustoffen mittels Wasserstrahlen technisch und ökonomisch bewährt.
Bestehen Anhaltspunkte, einen Damm im hydromechanischen Verfahren zu errichten, und liegt die Abbaustelle im Trockenen, muß die Anwendung von Wasserwerfern in Erwägung gezogen werden. Allerdings muß nahe bei der vorgesehenen Gewinnungsstelle ausreichend Wasser vorrätig sein.
Das erforderliche Wasser wird aus der fließenden Welle, aus Seen oder anderen Wasserreservoiren bzw. aus einem innerbetrieblichen Wasserkreislauf durch Pumpen einem Wasserwerfer zugeleitet, von dem aus der Wasserstrahl konzentriert auf die Abbaustelle gerichtet wird. Durch die kinetische Energie des sich in schneller Bewegung befindlichen Wasserstrahls werden die innere Reibung und Kohäsion des zu lösenden Erdstoffes überwunden. Das sich bildende Erdstoff-Wasser-Gemisch wird einem Pumpensumpf zugeführt, von dem eine Erdsauganlage das Gemisch über eine Transportleitung bis zur Einbaustelle drückt (Bild 174a).
Das Wasser muß auch bei jahreszeitlichen Schwankungen des natürlichen Dargebots stets ausreichen. Um die örtlichen Vorfluter nicht zu stark zu verschmutzen, muß das Wasser häufig im innerbetrieblichen Wasserkreislauf genutzt werden.
Der spezifische Wasserbedarf beträgt bei feinkörnigen Sanden 3 bis 5 m^3/m^3 und bei bindigen Erdstoffen 10 bis 15 m^3/m^3.
Exakte Werte sind durch Abbauversuche zu bestimmen. Der erforderliche Druck muß durch ein- oder mehrstufige Pumpen erzeugt werden. Die Pumpenstation kann stationär, fahrbar oder schwimmend sein. Das Wasser wird über provisorisch verlegte Stahlrohrleitungen dem Wasserwerfer zugeführt.

Wasserwerfer sind große Hochdruckdüsen, deren Bauart je nach Verwendungszweck verschieden sein kann. Leicht bedienbare und schnell umsetzbare Wasserwerfer erhöhen den Gewinnungsfortschritt. Ferngesteuerte Wasserwerfer gestatten eine weitgehende Annäherung an die Abbaustelle und hohe Sicherheit. Ein Maschinenführer kann dabei gleichzeitig mehrere Wasserwerfer bedienen. Um die Steuerung der Wasserwerfer zu erleichtern, wird bei größeren Typen ein Deflektor verwendet, der die Reaktionskraft des ausfließenden Strahles ausnutzt. Spezialgelenke ermöglichen es, das Strahlrohr horizontal und vertikal zu drehen. Der

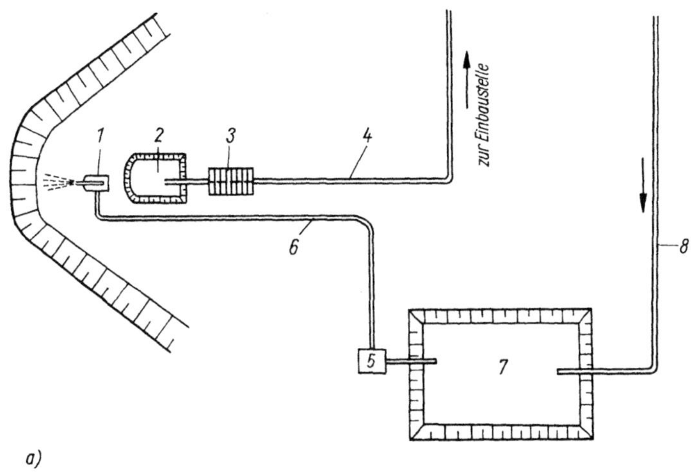

Bild 174. Hydromechanische Löseverfahren (technologische Schemata)
a) mittels Wasserwerfern; *1* Wasserwerfer; *2* Sumpf; *3* Erdsauganlage; *4* Transportleitung; *5* Pumpstation; *6* Druckleitung; *7* Rücklaufspeicher; *8* Rücklaufleitung;

Wasserwerfer kann am Abbauort auf einen aus Kanthölzern bestehenden Holzrahmen montiert werden. Bei festem Untergrund wird der Rahmen unmittelbar aufgelegt und mit Ballast (Steinen, Stahlträgern usw.) beschwert.
Zum Umsetzen der Wasserwerfer wird das Planum eingeebnet und mit Schleppern oder Winden verzogen. Leichte Wasserwerfer können von Hand versetzt werden.
Als Erdsauganlagen kommen unter anderem Hydroelevatoren und Saugbagger zum Einsatz.
Beim Gegenstromverfahren trifft der Wasserstrahl rechtwinklig auf die Abbaustelle. Der anstehende Dammbaustoff wird dabei am Fuß unterspült, bis die Scherfestigkeit durch Wassersättigung überwunden wird. Das Erdstoff-Wasser-Gemisch fließt in entgegengesetzter Richtung dem Pumpensumpf zu.
Dieses Abbauverfahren wird vor allem bei bindigen Erdarten und mächtigen, bankartigen Abbaustellen angewandt.
Aus Sicherheitsgründen darf der Wasserwerfer nur einen Mindestabstand zur Abbaustelle in Größe der Abbauhöhe aufweisen. Mit dem Arbeitsfortschritt entfernt sich die Abbaustelle immer weiter vom Wasserwerfer. Unterschreitet das Erdstoff-Wasser-Gemisch die vorgeschriebene Konsistenzgrenze, muß der Wasserwerfer

nachgezogen werden. Ausreichend lange, flexible Rohrteile erleichtern das Umsetzen.

Spüldämme erfordern eine exakte Materialzusammensetzung. Oft gewährleistet eine einzige Abbaustelle diese Forderung nicht. Mehrere Wasserwerfer müssen dann an verschiedenen Abbaustellen gleichzeitig durch Variation ihrer Leistung die Gemischzusammensetzung herstellen.

Beim Mitstromverfahren haben Strahl und Gemisch die gleiche Richtung. Diese Abbauform wird bei Erdarten ohne oder mit geringer Kohäsion, wie Sand, Kies, Löß usw., bevorzugt.

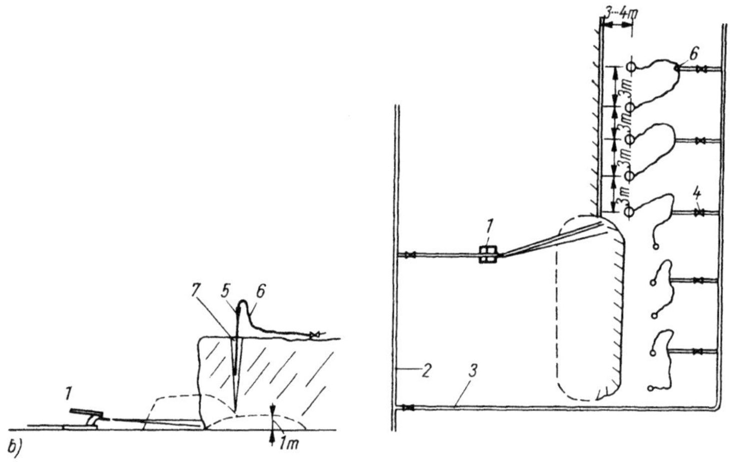

Bild 174

b) hydromechanisches Einsturzverfahren; *1* Wasserwerfer; *2* Druckleitung; *3* Unterdruckleitung; *4* Ventile; *5* Röhren; *6* Schläuche; *7* Bohrlöcher

Bei der kombinierten Abbaumethode wird der Dammbaustoff nicht mehr allein durch Wasserstrahlen gelöst. Sehr festgelagerte Dammbaustoffe werden z. B. durch Universalbagger, Flachbagger, Sprengen, Aufweichen, Überströmen und Versickern des Wassers zum Lösen durch Wasserwerfer vorbereitet.

Für den Abbau von Lehm z. B. mittels Wasserwerfern wird vorzugsweise das hydromechanische Einsturzverfahren benutzt (Bild 174b). Hierbei werden 3 bis 4 m vom Rand des Abbaustoßes entfernt vorbereitete senkrechte Bohrlöcher ausgespült und dadurch ein hydraulischer Grundbruch hervorgerufen. Die Erdmassen werden dann mit Wasserwerfern aufgeschwemmt, aus dem Pumpensumpf durch Erdsauganlagen angesaugt und über Rohrleitungen der Einbaustelle zugeführt.

5.4.5.2. Gewinnen mittels Saugbaggern

Liegt die Gewinnungsstelle für Dammbaustoffe unter Wasser, z. B. in Flüssen, Seen usw., können Saugbagger eingesetzt werden, die gleichzeitig ansaugen und fördern können. Es ist zwischen Saugbaggern zu unterscheiden, die das Erdstoff-Wasser-Gemisch mittels Rohrleitung weiterfördern, und den sogenannten Hopper-Baggern, die das Gemisch im eigenen Laderaum an die Einbaustelle verfahren. Hopper-Bagger sind im Dammbau nur in Ausnahmefällen verwendet worden.

Saugbagger lösen den Erdstoff entweder durch die Einlaufströmung (Grundsauger) oder durch Schneidköpfe (Cutter-Sauger), die durch eine Welle angetrieben werden. Je nach der Härte der Erdarten werden verschiedene Schneidköpfe verwendet.
Das gelöste Erdstoff-Wasser-Gemisch gelangt in das Saugrohr und über die Baggerpumpe in die Transportleitung. Die Schneidköpfe beanspruchen etwa 25% der Pumpenantriebsleistung.
Vor Einsatz von Saugbaggern sind Hindernisse, wie Pflanzenwuchs, Baumstümpfe und -stämme, durch Räumboote zu entfernen. Während sich Schilf und andere Sumpfgewächse um den Schneidkopf winden, können sich Baumstümpfe am Schneidkopf festklemmen und das Saugrohr verstopfen.
Trockene Uferkanten werden durch Ausbaggern unterhalb der Wasseroberfläche so unterhöhlt, daß sie abgleiten oder einfallen. Saugbagger graben an jedem Standort bis auf Grund. Die Schneidgeschwindigkeit hängt von der Lagerungsdichte und Festigkeit des zu gewinnenden Erdstoffes und der Größe und Art des Schneidkopfes ab. Das von den Schneidscheiben gelöste Material fällt in den Schneidkopf oder wird um dessen Außenseite herumgeführt. Da das Wasser von der Saugkraft der Pumpe angesaugt wird, zerkleinert sich das Material weiter und wird bis zur Saugpumpe hochgeschoben.
Die Saugbagger besitzen zur Fortbewegung beim Baggern ein Pfahlgerät. Durch den Zug der Seitenwinden und die Drehpunktwirkung wird der Saugbagger zum Graben vorgerückt. Ferner können Saugbagger mit einem feststehenden und einem beweglichen Teil oder mittels Drehscheibe fortbewegt werden.
Neuere Einsätze von Saugbaggern im Stau- und Verkehrsdammbau sind vom Staudamm Mattmark und dem Autobahnkreuz Hannover–Ost bekannt geworden.
In Mattmark wurde das gesamte Dammbaumaterial für die Dränagezone bis zu einem Größtkorn von 200 mm mittels Saugbaggern gewonnen. Die Saugbaggerkapazität hat eine Antriebsleistung von 450 PS.
Beim Autobahnkreuz Hannover–Ost wurden Saugbagger zur Gewinnung von Massen, die unter Moor lagerten, eingesetzt. Dem Einsatz gingen großflächige Untersuchungen über die Spülbarkeit des Materials voraus.

5.5. Transportieren der Dammbaustoffe

Die umfangreichen Massenbewegungen zwischen Gewinnungsstelle und Kippe verleihen dem Transportieren der Dammbaustoffe erstrangige Bedeutung. Daß es heute möglich ist, tägliche Einbauleistungen von mehr als 75000 m^3 zu vollbringen, ist vor allem den Fortschritten in der Transportmechanisierung zu verdanken (Tafel 64).
Im Arbeitsgang Transportieren konzentrieren sich wertmäßig die im Dammbau eingesetzten Arbeitsmaschinen.

Zu den hauptsächlichen Transportmitteln des Dammbaus zählen:

Erdtransportfahrzeuge
Flachbagger (kombinierte Gewinnungs-Transport- und Einbaumaschinen)
Gurtförderer
gleisgebundene Transportmittel
hydromechanische Transportmittel

Tafel 64. Installierte Transportkapazität ausgewählter Stau-, Kanal- und Verkehrsdämme

Vorhaben	Land	Dammvolumen [Mill. m^3]	Transportkapazität	Einbauleistung [m^3/d]	Bemerkungen
Stau- und Kanaldämme					
Managil-Kanal	Sudan	28,0	76 Anhängeschürfkübel	70000 bis 75000	
Göschenenalp	Schweiz		70 Hinterkipper, 10 ··· 12 t	30000	
Serre-Ponçon	Frankreich	14,0	35 Bodenschütter, 19 m^3, und diverse Erdtransportfahrzeuge	20000	
Nechranice	ČSSR	8,5	70 Hinterkipper, 10 ··· 12 t	20100	
Vianden	Luxemburg DBR	2,0	12 Motorschürfkübel	10000	
Bigge	DBR	1,9	46 Hinterkipper, $\approx$ 22 t	2000 t/h	
Ohra	DDR	0,95	24 Hinterkipper 4 ··· 10 t		
Verkehrsdämme					
Südring Berlin	DDR	2,0 (und 240000 t Steinschl.)	Normalspur: 56 Loks und 1000 Waggons 900-mm-Spur: 29 Loks und 200 Kipper	17500	bis 60 km Transportentfernung (Baujahr 1951)

Die Wahl der geeignetsten Transportverfahren hängt von mannigfaltigen Bedingungen ab, z. B.:

Beschaffenheit der Dammbaustoffe und wirtschaftlichstes Gewinnungsverfahren (s. Tafel 55)
transporttechnische Eignung der Dammbaustoffe (Tafel 65)
Transportweite (Tafel 66)
Transportbedingungen (Tafel 67)
Leistungsanforderungen
Transportvolumen
Anforderungen an den Einbau der Dammbaustoffe (Tafel 67)
vorhandene Transportmittel usw.

Die wirtschaftlichste Transportform kann nur unter Berücksichtigung dieser wesentlichen Einflußfaktoren durch gründliche Kostenvergleiche bestimmt werden. Die in der Literatur angegebenen wirtschaftlichen Anwendungsbereiche können nur als Richtwerte angesehen werden.

Tafel 65. Einsatzbereich der Transportverfahren, eingeteilt nach Erdarten

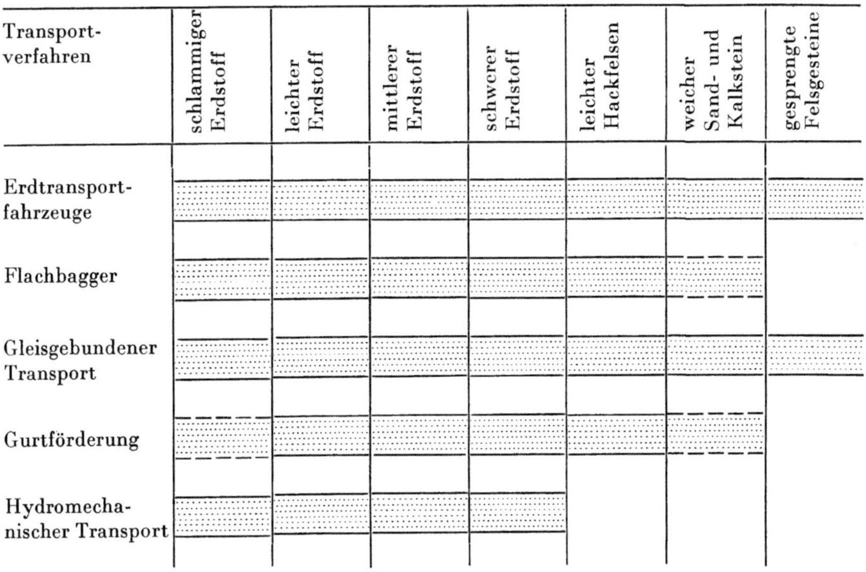

Tafel 66. Wirtschaftlicher Einsatzbereich der Transportverfahren, eingeteilt nach Transportweiten (Mittelwerte)

Transportverfahren	Bereich der wirtschaftlichen Transportweite [m]
Anhängeschürfkübel	100 ··· 500
Motorschürfkübel	200 ··· 2000
Erdtransportfahrzeuge	1000 ··· 3000
Gleisgebundener Transport	> 3000
Gurtförderung	> 2500

In der Regel herrschen bei Dammbauvorhaben, welche die volle Abschreibung garantieren, spezielle bzw. kombinierte Transportverfahren vor (z. B. Gurtförderung, gleisgebundener Transport, hydromechanischer Transport), die hohe Anschaffungskosten verursachen.
Auf kleineren Dammbaustellen überwiegen universelle Transportmittel, wie Erdtransportfahrzeuge und Flachbagger. Die folgenden Betrachtungen wenden sich daher den Einsatzbedingungen, der konstruktiven Charakteristik und den transportorganisatorischen Grundsätzen der im Dammbau gebräuchlichen Transportmittel zu.

5.5.1. Erdtransportfahrzeuge

Zu den Erdtransportfahrzeugen zählen Hinterkipper, Bodenschütter und Seitenkipper. Sie sind aus straßengängigen Lastkraftwagen entwickelt und den besonderen Erfordernissen des Erdbaues angepaßt worden. Die kurzen Baufristen ver-

Tafel 67. Eignung der Transportverfahren nach den Einsatzbedingungen

	Kooperation mit Gewinnungsmaschinen								
	Hochlöffelbagger	Zugschaufelbagger	Tieflöffelbagger	Greiferbagger	Schaufelradbagger	Eimerkettenbagger	Lader	Flachbagger	Hydro-Verfahren
Hinterkipper	++	++	++	++	+	+	++	— —	— —
Bodenschütter	++	++	++	++	+	+	++	— —	— —
Flachbagger									
Gleisgebundener Transport	++	++	++	++	+	+	+	— —	— —
Gurtförderung	+	+	+	+	++	++	+	—	— —
Hydromechanischer Transport									++

++ *gut geeignet;* + *geeignet;* — *bedingt geeignet;* — — *nicht geeignet*

langten hohe Einbauleistungen und damit immer größere Erdtransportfahrzeuge. Mit Fahrzeugen unter 10 t Nutzmasse lassen sich die notwendigen Leistungen wegen zu hoher Verkehrsdichte nicht mehr erbringen. Daher hat sich der Anteil schwerer Erdtransportfahrzeuge in den letzten Jahren ständig erhöht.
Auf Grund seiner konstruktiven Vorteile zählen Hinterkipper zu den bevorzugten Transportmitteln. Obwohl Hinterkipper sehr teuer sind – ein 22-t-Fahrzeug kostet 150000 bis 200000 M, ein 40-t-Fahrzeug schon etwa 450000 M – sind sie wegen ihrer Leistungsfähigkeit äußerst wirtschaftlich.
Auch Bodenschütter haben sich in vielen praktischen Einsätzen bewährt. Seitenkipper werden nur selten benutzt, da das seitliche Entladen an der Kippstelle Schwierigkeiten bereitet.

Hinterkipper

Die Vorteile schwerer Hinterkipper führten bereits zu Sonderkonstruktionen. So wurden für den Oahe-Staudamm (USA), Dammvolumen 58 Mill. m^3, eigens Riesenhinterkipper konstruiert. Diese Transportmaschinen wogen beladen 200 t und hatten einen Muldeninhalt von 84 m^3 (gehäuft). Die fünfachsigen Transporter besaßen 18 Reifen und erzielten dank ihrer zwei 375-PS-Motoren Höchstgeschwindigkeiten von 54 km/h in beladenem Zustand.
Für den Fahrzeugeinsatz auf gering tragfähigem Untergrund sind in jüngster Zeit raupengetriebene Hinterkipper mit einer Bodenpressung von 1 kp/cm^2 entwickelt worden, die eine Masse von 30 t aufweisen und eine Antriebskraft von 275 PS besitzen. Sie erreichen Höchstgeschwindigkeiten von 40 km/h.
Schwere Hinterkipper unterliegen wegen ihrer Achslasten und Breite (größer 2,50 m) im öffentlichen Verkehr Beschränkungen und dürfen nur leer überführt werden.

Art der Dammbaustoffe			Beschaffenheit der Transporttrasse				Einbauverfahren	
bindige Erdarten	rollige Erdarten	felsige Erdarten	tragfähig	gering tragfähig	flach	steigungsreich	hohe Schüttlage	dünne Schüttlage
++	++	++	++	−−	++	+	++	+
++	+	−−	++	−−	++	+	−−	++
++	+	−	++	−−	++	+	−−	++
++	++	++	++	+	++	−	−	+
+	++	−	++	++	++	++	++	+
+	+	−−	++	++	++	++	−−	++

Neuere Entwicklungen führen zu 2,50 m breiten vierachsigen Hinterkippern über 20 t Nutzmasse. Sie haben mehrere angetriebene Achsen; die beiden vorderen sind lenkbar. Durch ihre verringerte Breite und den verminderten Achsdruck wird die Zulassung im öffentlichen Verkehr erleichtert.
Hinterkipper werden meist von Vier- bzw. Zweitaktdieselmotoren angetrieben, die mit 6 bis 12 Zylindern ausgestattet sind.
Die Getriebe von Hinterkippern sind den wechselnden Gelände- bzw. Straßenverhältnissen angepaßt. Durch Einbau von Vorschaltgruppen, mit mehr als 12 Schaltmöglichkeiten, können sie je nach Bedarf hohe Zugkräfte, aber auch hohe Fahrgeschwindigkeiten entwickeln. Je mehr Schaltmöglichkeiten, um so elastischer wird das Fahren bei hohen Durchschnittsgeschwindigkeiten, darüber hinaus wird der Kraftstoffverbrauch gesenkt. Da die Wendegetriebe bei modernen Konstruktionen in den Radnaben untergebracht sind, werden die Antriebsachsen entlastet. Die internationale Entwicklung führt zu Drehmomentenwandlern und automatischen Getrieben. Schwere Hinterkipper werden in zunehmendem Maße mit Allradantrieb ausgerüstet. Bei Hinterkippern belasten etwa 70 bis 80% der Gesamtfahrzeugmasse die Antriebsachse. Dadurch wird die Haftreibung bei Bergfahrten erhöht.
Verstärkte Fahrzeugrahmen verleihen ihnen hohe Fahrstabilität und damit große Verkehrssicherheit. Waren früher die Achsen meist wenig oder überhaupt nicht gefedert, so erhalten die modernen Fahrzeuge meist gefederte Achsen. Während sich Zweiachsfahrzeuge (Bild 175) vornehmlich für feste Fahrbahnen eignen, passen sich dreiachsige Fahrzeuge (Bild 176) leichter den wechselnden Gelände- und Fahrbahnverhältnissen an, da sie die bestehenden Unebenheiten besser auspendeln. Dreiachsige Fahrzeuge benötigen allerdings einen größeren Wenderadius. Kurzer

Radstand gestattet Wendigkeit und günstige Achslastverteilung, die im Dammbau sehr erwünscht sind.
Die Entwicklung des Fahrwerkes zeichnet sich durch immer größer werdende Reifen bei geringerem Luftdruck aus. Der Reifen ist für die Bauindustrie eine

Bild 175. Zweiachsige Hinterkipper, 24 t Nutzmasse, 270 PS

Bild 176. Dreiachsiger Hinterkipper

„Nebensächlichkeit von immenser wirtschaftlicher Bedeutung". Die Reifenkosten stellen mit 14% der Anschaffungskosten einen bedeutenden Wirtschaftlichkeitsfaktor im Dammbau dar. Eine einfache Regel besagt, daß der Luftdruck so hoch wie nötig und so niedrig wie möglich gewählt werden soll. Daher muß der Luftdruck von Reifen regelmäßig bei kalten Reifen eingestellt werden. Zu geringer Luftdruck verursacht höheres Walken und führt zu Wärmestau im Reifen. Bei rauhem Baustellenverkehr halten Spezialreifen je nach Fahrbahnbeschaffenheit 1000 bis 4000 Betriebsstunden bzw. 6000 bis 25000 Fahrkilometer. Unter vorbildlichen Straßenverhältnissen können EM-Spezialreifen Laufleistungen bis

Tafel 68. Reifenempfehlung für Erdbaumaschinen [328]

Maschinenart	Maschinen-größe	Felsuntergrund, häufige Straßen-fahrten	Lehmiger Untergrund	Sandiger Untergrund	Weicher, wenig tragfähiger Untergrund	Stark wechselnde Untergrund-verhältnisse
	alle Typen	EM-Spezial	EM	EM-Spezial	EM	EM-Spezial
				EM		EM
	alle Typen	EM-Breit	EM-Breit	EM-Breit	EM-Breit	EM-Breit
	leichte bis mittlere Typen	EM-Spezial	EM-Breit	EM-Breit	EM-Breit	EM-Breit
		EM-Breit	Traktor-Grader	Traktor-Grader	Traktor-Grader	Traktor-Grader
	mittlere bis schwere Typen > 100 PS	EM-Spezial	EM-Breit	EM-Breit	EM-Breit	EM-Breit
		EM-Breit	EM	EM	EM	EM
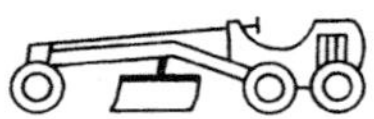	leichte Typen > 80 PS	EM-Spezial	EM-Breit	EM-Breit	EM-Breit	EM-Breit
		EM-Breit	EM-Breit	EM-Breit		
	schwere Typen > 80 PS	EM-Spezial	EM-Breit	EM-Breit	EM-Breit	EM-Breit
		Traktor-Grader	Traktor-Grader	Traktor-Grader	Traktor-Grader	Traktor-Grader
	alle Typen	EM-Breit	EM-Breit	EM-Breit	EM-Breit	EM-Breit

20000 km erreichen. Auf der Staudammbaustelle Göschenenalp konnten die Reifen infolge der starken Inanspruchnahme nur 200 h standhalten.
EM-Reifen sind vor allem für lehmige Erdarten und weichen, wenig tragfähigen Untergrund geeignet. Für harten Einsatz im Fels und auf der Straße müssen EM-Spezialreifen verwendet werden. Im Fels empfehlen sich hochstollige Reifenprofile mit einer Profiltiefe von 50 mm (normal 33 mm), die zu 50% höheren Laufleistungen führen können.
Verschleißfeste Schutzketten eignen sich nicht für Hinterkipper. Schon bei Fahrgeschwindigkeiten über 20 km/h überschreitet der Kettenverschleiß die Wirtschaftlichkeitsgrenze.

Bild 177
Reifendrehrichtung bei Hinterkippern [328]

Hinterkipper müssen zur Aufnahme von grobstückigen Dammbaustoffen robuste Lademulden besitzen, die sich leicht und vollständig entleeren lassen. Ihr Volumen muß auf die Lademasse des Hinterkippers abgestimmt sein. Um die Tragkraft des Fahrzeuges voll zu nutzen, sollte für das Nutzlast-Laderaum-Verhältnis der Quotient 1,5 angestrebt werden. Abweichungen nach oben vermindern die Nutzbarkeit des Hinterkippers. Manche Firmen liefern an das Ladegut angepaßte Muldengrößen. Die Lademulden bestehen aus geschweißten mit Kastenprofilen verstärkten Konstruktionen. Meistens sind die Mulden mit doppeltem Boden und eingelegtem Hartholz versehen. Zur Verschleißminderung werden bei manchen Mulden Winkeleisen (Pralleisen) aufgeschweißt. Die Lademulden der auf der Steindammbaustelle Gepatsch eingesetzten 28-t-Hinterkipper erreichten infolge der außergewöhnlichen Beanspruchung nur eine Lebensdauer von 9000 Betriebsstunden.
Doppelbodige Lademulden können auch durch Einleiten der Fahrzeugabgase beheizt werden, um das Anfrieren des Ladegutes im Winter zu verhindern. Im Sommer wird durch Beheizen das Ankleben bindiger Erdarten verringert, so daß die Lademulde nicht ausgekratzt werden muß. Wichtig ist, daß die Mulde hinten ausreichend abgeschrägt ist, damit bei Steilfahrten kein Ladegut verlorengeht, das bei nachfolgenden Fahrzeugen Reifenschäden verursacht. Neuerdings werden verschleißfeste Alluminiummulden verwendet, die nur 50% Masse im Vergleich zu den herkömmlichen Stahlmulden aufweisen.
Die technische Weiterentwicklung von Hinterkippern orientiert sich gegenwärtig auf höheren Fahrkomfort, Wartungsfreiheit und einfachere ermüdungsfreie Bedienung.
Einachszugwagen mit Kippmulde (Bild 178) sind besondere Hinterkipperkonstruktionen. Manche Einachszugwagen sind zu Universal-Erdbaumaschinen weiterentwickelt worden, an denen wahlweise Kippmulden, Schürfkübel oder Ver-

dichtungsmaschinen angehängt werden können. Einachszugwagen mit Kippmulde sind so wendig, daß sie auch bei beengten Platzverhältnissen auf der Stelle drehen können.

Bild 178. Einachszugwagen mit Kippmulde, 20 t Nutzmasse, 180 PS

Bodenschütter

In Europa werden meist Bodenschütter bis 60 t Lademasse bei einem Mulden-inhalt von 10 bis 20 m³ und einer Antriebsleistung von 200 bis 300 PS verwendet

Bild 179. Bodenschütter, 63 t Nutzmasse

(Bild 179). Bodenschütter sind aufgesattelte Fahrzeuge, die durch einen besonderen Schließmechanismus (Bodenklappen oder Schieber) das Ladegut nach unten entleeren. Demzufolge sind sie für den Transport felsigen und zähen Dammbaumaterials ungeeignet. Rollige Erdarten, Sand und Kies sowie Erdarten geringerer Kohäsion, die keine größeren Steine enthalten, lassen sich störungsfrei entladen. Bei Bodenschüttern erreicht die installierte Nutzleistung 3,5 bis 5,5 PS/t.

Da bei Bodenschüttern nur etwa 50% der Gesamtmasse auf die Hinterachse abgesetzt werden, bewältigen sie nur Steigungen bis 5%. Beim Bau von Steinschüttdämmen, wo Kerndichtungen aus tonigem, lehmigem Dammbaumaterial einzubauen sind, haben sich Bodenschütter schon vielfach bewährt. Sie entladen in dünnen Streifen während der Fahrt, so daß keine zusätzliche Entladezeit in Anspruch genommen wird.
Auf der Baustelle Abiquin wurden 18 m³ fassende Bodenschütter eingesetzt, die auf den Baustraßen Geschwindigkeiten von 70 km/h entwickelten. Noch größere Bodenschütter, 100 t, wurden auf dem San-Louis-Damm verwendet, die nur einen Bodendruck von 5,6 kp/cm² verursachten und Geschwindigkeiten von 56 km/h erreichten.

Transportorganisation

Der wirtschaftliche Einsatz von Erdtransportfahrzeugen verlangt einen ständigen Verkehrsfluß zwischen Belade- und Kippstelle. Daher ist es notwendig, leistungsfähige Lade-, Transport- und Einbaumaschinen miteinander zu kombinieren. Die Belade- und Kippstelle wie auch die Last- und Leerfahrtstrecke müssen so beschaffen sein, daß kein unnötiger Aufenthalt den Arbeitszyklus verlängert.

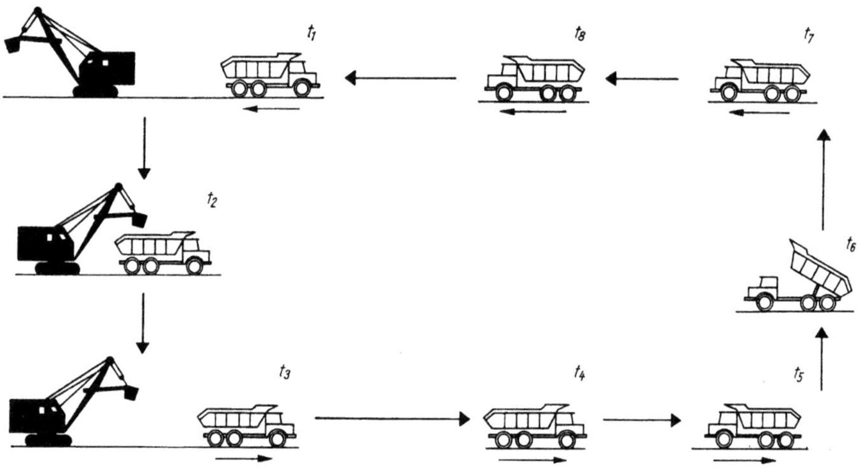

Bild 180. Einzelzeiten des Arbeitszyklus von Hinterkippern

t_1 Anfahren der Beladestelle; t_2 Beladezeit; t_3 Verlassen der Beladestelle; t_4 Lastfahrt; t_5 Bereitstellen zum Entladen; t_6 Entladezeit; t_7 Verlassen der Entladestelle; t_8 Leerfahrt

Erdtransportfahrzeuge werden im Dammbau vornehmlich von Standbaggern beladen. Bei einer typischen Dammbaustelle mit einer Gesamtstreckenlänge von etwa 7 km und Steigungen bis 12% kann der Zeitanteil beim Beladen je nach Baggergröße zwischen 15 und 30% liegen. Die unterschiedliche Funktionsweise von Ladebaggern und Hinterkippern verursacht bestimmte Schwierigkeiten bei der Arbeitsorganisation. Die Baggerschnittanordnung muß in einfacher Weise das Anfahren der Erdtransportfahrzeuge erlauben, wobei die Ringzuführung am vorteilhaftesten ist. Einweiser und Leiteinrichtungen können den Fahrzeugfluß beim seitlichen Bereitstellen der Hinterkipper erhöhen. Günstig ist es, wenn Erdtrans-

portfahrzeuge die Beladestelle mit dem kleinsten Schwenkwinkel einnehmen, so daß die Mulde den Schwenkkreis des Ladebaggers tangiert. Bei Zugschaufel- und Greifbaggern muß sich die Lademulde direkt unter der Auslegerrolle befinden. Je kleiner sich das Grabgefäßvolumen zum Laderaum des Erdtransportfahrzeuges verhält, um so schneller kann beladen werden. Beim Beladen muß darauf geachtet werden, daß die Antriebsachse ausreichend und gleichmäßig belastet wird. Um das Erdtransportfahrzeug zu schonen, müssen geringstmögliche Fallhöhen eingehalten werden. Da beim Beladevorgang das Baggerseil reißen und der Ausleger auf das Fahrzeug fallen kann, ist in manchen Ländern vorgeschrieben, daß der Fahrzeugführer während des Beladens den Wagen verlassen muß.
Den größten Zeitanteil des Zyklus befindet sich das Fahrzeug auf seiner Last- und Leerfahrt (Bild 180). Je länger die Transportstrecke ist, um so mehr steigt dieser Anteil. Daher wirken all jene Maßnahmen leistungsfördernd, die es ermöglichen, die Last- und Leerfahrt von Erdtransportfahrzeugen schneller und gefahrloser zu machen.
Die technische Fahrzeit für eine Trasse wird aus dem vereinfachten Zug-Kraft-Diagramm des betreffenden Erdtransportfahrzeuges ermittelt.
Folgende vereinfachende Annahmen können getroffen werden:

1. Ersetzen des Trassenlängsprofils durch einen Polygonzug
2. Anfahren in der Ebene, beladen im 1. Gang
3. Anfahren in der Ebene, unbeladen im 2. Gang
3. Vernachlässigung der Schaltzeiten
4. Für Beschleunigungsvorgänge werden Zeitzuschläge vorgenommen
5. Gefälle werden einen Gang höher als Steigungen befahren

Die Leistung eines Erdtransportfahrzeuges (N_F) ergibt sich zu:

$$N_F = \frac{60}{T_u} V_F \qquad [\mathrm{m^3/h}]$$

Hierbei ist:

Fahrzeugumlaufzeit T_u [min]

$$T_u = \sum_1^8 t \qquad [\mathrm{min}]$$

V_F Volumen des Fahrzeuges [m³]

Nur auf dem Wege von Variantenuntersuchungen gelingt es, die kostengünstigste Trasse zu entwerfen. Enge Täler und hohe Dämme mit einem großen Anteil vertikaler Transportarbeit zwingen dabei zur Längsentwicklung der Trasse.
Aus Sicherheitsgründen ist der Richtungsverkehr anzustreben. Kann infolge der Örtlichkeit kein Richtungsverkehr eingerichtet werden, muß Gegenverkehr zugelassen werden.
Die Größtsteigung muß auf das zugschwächste Fahrzeug ausgelegt werden. Oftmals bedingen Baustoff- und Versorgungstransporte auf der Hauptförderstraße geringe Steigungen. Auch das Umsetzen von Baumaschinen, z. B. Bagger, innerhalb des Baustellenbereiches kann zu einer geringeren Steigungswahl veranlassen. Schwer beladene Transportfahrzeuge können Steilstrecken oft nur mit Geschwindigkeiten bis zu 5 km/h befahren. Bei steigungsreichen Trassen rechnet man

mit einem Mehraufwand an Transportkosten je Meter Höhenunterschied von 0,01 M/m³.
Zweiachsige Hinterkipper, insbesondere Frontlenkerkonstruktionen sind bei kurvenreichen Strecken im Vorteil; denn sie besitzen einen geringeren Wenderadius. Krümmungen sind so auszubauen, daß bei der Kurvenfahrt alle Räder gleichmäßig belastet werden. Hierzu ist ein ausreichendes Quergefälle zu wählen.
Baustraßen müssen stets sorgfältig unterhalten werden. Straßenhobel und Kehrmaschinen mit großem Achsabstand und großer Arbeitsbreite sowie Wassersprengwagen können die Pflege der Baustraßen übernehmen. Dadurch werden der Fahrzeugumlauf beschleunigt und die Reparaturkosten gesenkt. Auf österreichischen Staudammbaustellen wird mit Straßenunterhaltungskosten von 0,05 bis 0,10 M/m³ gerechnet.
Die Haupttransportstraßen sollten von langsamfahrendem „Fremdverkehr" (Baustoff- und Versorgungstransporte) frei gehalten werden, so daß sich notwendige Überholungen auf ein Mindestmaß reduzieren. Auch ein einheitlicher Fuhrpark von gleich starken Fahrzeugen kann die Anzahl der Überholungen vermindern. Bei dichtem Fahrzeugverkehr sind kreuzungsfreie Trassen anzulegen. Auf Kreuzungen muß durch eine gut funktionierende Verkehrsregelung der Fahrzeugfluß ständig in Gang gehalten werden.
Unebene Fahrbahnen wirken sich während der Last- und Leerfahrt leistungsmindernd aus. Schlaglöcher, Wellen und Absätze beanspruchen Fahrzeug und Fahrzeugführer, wobei unzumutbare Schwingungsbelastungen auftreten. Dadurch wird die Fahrgeschwindigkeit bis zu 60% der möglichen herabgesetzt. Schlaglöcher treten stets bei ungepflegten Fahrbahnen auf, wo das Niederschlagswasser nicht abgeführt werden kann. Auch der Schlupf auf unbefestigten Baustraßen, vor allem bei Feinsand und schmierigen Fahrbahnebenen mit Wassergehalten bis zu 24%, führt infolge verminderter Fahrgeschwindigkeit zu Leistungsrückgang und höherem Kraftstoffverbrauch.
Bei Leerfahrten sind die Fahrzeugreifen nicht ausreichend belastet und zu hart. Daher beginnen bei zu schneller Leerfahrt die angetriebenen Achsen zu springen, der Schlupf vergrößert sich und das Reifenprofil wird stärker abgenutzt. Aus diesen Gründen ist bei Leerfahrten die Geschwindigkeit zu vermindern.

5.5.2. Flachbagger

Auch bei Anhänge- und Motorschürfkübeln entfällt der überwiegende Zeitanteil des Arbeitszyklus auf die Last- und Leerfahrt. Da sich die Gewinnungs- und Einbaustelle ständig verändern, können die Transportstrecken nicht immer künstlich befestigt werden. Daher wird die Wirtschaftlichkeit der Last- und Leerfahrt vornehmlich durch das Verhalten von Transportstrecke und Fahrwerk bestimmt.
Die fahrdynamischen Zusammenhänge können wie folgt dargestellt werden:
Die Motorleistung N_M beträgt:

$$N_M = Z_M V \qquad \left[\frac{\text{kpm}}{\text{s}}\right]$$

$$N_M = \frac{Z_M V}{75} \qquad [\text{PS}]$$

Hierbei ist eingesetzt:

Z_M Zugkraft an der Motorwelle [kp]
V Geschwindigkeit [m/s]

Die wirkenden inneren Widerstände η reduzieren die am Triebrad angreifende Zugkraft Z_t.

$$Z_t = \eta Z_M$$

N_M [PS] und V [km/h] eingesetzt, ergibt:

$$Z_t = \frac{N_M \eta 270}{V}$$

Bei der Fahrzeugbewegung muß

$$Z_t > W$$

erfüllt sein, wobei

$$W = G(\mu_g \pm \sin\alpha)$$

ist. Hierbei bedeuten:

η innerer Widerstand
W äußere Widerstände [kp]
G Fahrzeuggesamtlast [Mp]
μ_g Grundwiderstandsbeiwert [kp/Mp]
α Fahrbahnneigung [°]

Während der Fahrt wird die Beziehung

$$H_f = G_t \mu_h \geqq Z_t$$

erfüllt. Es bedeuten:

H_f Haftreibungswiderstand [kp]
μ_h Haftreibungsbeiwert, parallel zur Zugkraftrichtung
G_t Fahrzeuglast auf der Triebachse [kp]

Aus den Meßergebnissen über Grundwiderstands- und Haftreibungsbeiwerte [330] läßt sich ableiten, daß sorgfältig gepflegte Transportstrecken die Fahrgeschwindigkeit erhöhen und den Transport um 40 bis 70% wirtschaftlicher gestalten können. Erdhobel und Planiermaschinen müssen eingesetzt werden, um ständig feste, ebene und wasserabführende Transportstrecken zu erhalten, denn der wichtige Haftreibungsbeiwert ist von der Scherfestigkeit, der Reibung zwischen Fahrwerk und Transportstrecke, der Größe der vertikalen Schubfläche und vertikalen Flächenpressung abhängig.
Zur Wahl des richtigen Reifens wird auf Tafel 68 verwiesen. Wassergefüllte Reifen erhöhen die Haftfähigkeit. Sie besitzen niedrige Schwerpunktlage und weisen geringere Reifenabnutzung auf. Die Reifen werden zu 75% mit Wasser und zu 25% mit Luft gefüllt. Als Frostschutzmittel wird kristallines Chlorkalzium oder Chlormagnesium zugegeben, so daß Minustemperaturen bis −40 °C gefahrlos überstanden werden. Zur Wasserfüllung sind korrosionsfeste Füllarmaturen und Spezialventile zu verwenden.

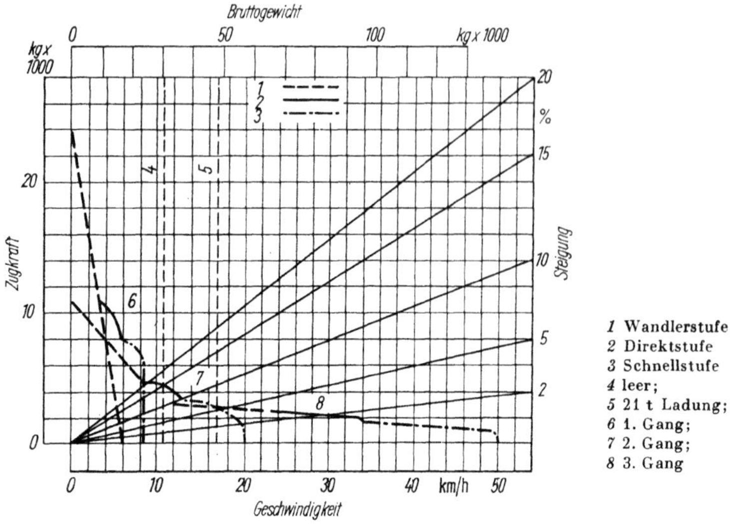

Bild 181. Steigfähigkeits-, Geschwindigkeits- und Zugkraftdiagramm eines 250-PS-Motorschürfkübels, 12,6 m³ Kübelinhalt (für den Grundwiderstand wird je 10 kp/Mp je 1% Steigung zugeschlagen)

5.5.3. Gleisgebundener Transport

Schon vor einigen Jahrzehnten wurde die Vorherrschaft des klassischen gleisgebundenen Transportes durch gleislose Transportformen gebrochen. Die Ursachen liegen in der geringen Leistungsstärke, der starren Betriebsform, den Anpassungsschwierigkeiten bei engen Tälern und großen Dammhöhen, im stoßartigen Betrieb und erhöhten Bedarf an Arbeitskräften.
Der gleisgebundene Transport hat sein Hauptanwendungsgebiet bei den umfangreichen Massenbewegungen im Braunkohlentagebau erhalten können.
Für langgestreckte massenintensive Dammbauvorhaben, Transportentfernungen über 3 km und für witterungsempfindliche Baustellen besitzt der gleisgebundene Transport nach wie vor wirtschaftliche Vorzüge. Allerdings kann das Anlagevermögen beträchtlichen Umfang erreichen, wenn Spurweiten über 900 mm mit teurem Oberbau und Rollmaterial verwendet werden müssen. Die Betriebssicherheit hängt weitgehend von einer einwandfreien Gleislage ab. Die Gleistrasse muß daher auf tragfähigem Untergrund angelegt werden. Mutterboden ist zu entfernen und ein gut entwässertes, ebenes Planum zu schaffen. Gering tragfähiger Untergrund ist auszukoffern und durch Kies bzw. Schlacke zu stabilisieren, oder die Trasse muß auf günstigeren Untergrund verlagert werden.
Um das Gleisverlegen zu vereinfachen, werden Gleisjoche verlegt, bei denen die Schienen bereits mit Stahlschwellen verbunden sind. Im Bauwesen sind Spurweiten von 600 und 900 mm üblich (Tafel 69).
Es werden feuchtigkeitsimprägnierte Schwellen aus Buche, Fichte oder Tanne verwendet. Der Schwellenabstand beträgt 0,6 bis 1,0 m und richtet sich nach der Spurweite und den über die Schiene auf den Untergrund zu übertragenden Druck.

Die Schwellenlänge beträgt etwa die zweifache Größe der Spurweite. Schwerer Oberbau liegt sicherer und verlangt geringere Unterhaltungsarbeit. Das Schienenprofil errechnet sich nach dem aus dem Raddruck und Schwellenabstand entstehenden Widerstandsmoment.

Tafel 69. Charakteristik der Spurweiten beim gleisgebundenen Transport

	Spurweiten [mm]	
	600	900
Eignung	leichter Verkehr, Handbetrieb kleine Krümmungen ungünstige Untergrundverhältnisse	starker Verkehr, längere Transportweiten Krümmungen 70 ··· 130 m tragfähiger Untergrund
Zugmittel	< 90 PS < 50 PS, Dieselloks wählen bei Krümmungen < 800 m 80 ··· 120 PS	< 200 PS < 50 PS, Dieselloks wählen bei Krümmungen < 800 m 80 ··· 120 PS > 800 m 120 ··· 200 PS
Kipper	< 2,5 m^3	< 6,0 m^3
Unterhaltungsaufwand	0,5 h/Betriebs-h·km	1,0 h/Betriebs-h·km

Meist werden auf Stahl- oder Holzschwellen montierte Zungenweichen verwendet. Steigungen sind so gering wie möglich zu halten, so daß Vollzüge auf der Bergfahrt noch anfahren können. Bei Steigungen über 4,5‰ werden oft Schub- bzw. Vorspannloks notwendig, die den Betrieb verteuern. In der Entnahme und Kippe sind keine Steigungen zulässig.
Dampflokomotiven können bei entsprechender Ausstattung mit Steinkohle, Braunkohle bzw. Rohöl betrieben werden. Sie sind überlastbar, erreichen hohe Geschwindigkeiten, haben starkes Anzugsvermögen, verlangen jedoch infolge der Betriebsstoffaufnahme bestimmte Arbeitspausen.
Die Vorteile von Diesellokomotiven sind: sofortige Betriebsbereitschaft, Einmannbedienung, keine Betriebspausen und geringer Brennstoffbedarf. Diesellokomotiven sind jedoch nicht überlastbar, was sich bei Steigungen ungünstig auswirkt.
Elektrolokomotiven haben hohes Anzugsvermögen und sind kurzzeitig überlastbar. Im Baubetrieb ist vor allem im Bereich von Entnahme und Kippe die Oberleitung im Wege, so daß sie im Dammbau kaum angewandt werden.
Die Größe der Kipper richtet sich auch nach dem Grabgefäßinhalt des Ladebaggers. Um verlustlos zu beladen, sollten Kipper den zweifachen Inhalt des Grabgefäßes aufweisen.
Beim gleisgebundenen Transport beansprucht das Be- und Entladen gewöhnlich höheren Zeitaufwand als die Fahrzeit.
Um die Zugkraft der Lokomotiven voll zu nutzen, sollen möglichst wenige, aber lange Züge zusammengestellt werden. Die Gleisstrecke wird meistens eingleisig

mit Ausweichstellen angelegt. Die Ausweichstellen sollen länger als eine Zuglänge einschließlich Sicherheitsabstandes sein. Der Gleisabstand ergibt sich aus der Lokbreite und dem vorgeschriebenen Sicherheitsabstand. Beladene Züge fahren

Bild 182. Bauzug an der Beladestelle

durch, während leere Züge den Gegenverkehr abwarten müssen. Vollzüge erreichen Geschwindigkeiten zwischen 12 und 14 km/h, während Leerzüge mit Geschwindigkeiten von 15 bis 17 km/h verkehren. Hohe Leistungen setzen einen straffen Fahrplan voraus, der bei Aufnahme des Betriebes festgelegt wird (Bild 183).
Gleislage, Lokomotiven, Bremsen und Kupplungen müssen regelmäßig überwacht und gewartet werden.
Beim Bau des Eisenbahn-Südringes von Berlin wurde der gleisgebundene Transport im großen Stil für die Schüttung der Dämme herangezogen. Insgesamt wurden 1,2 Mill. m^3 Dammbaumaterialien mit Schmalspurrollmaterial der Spurweiten 600 und 900 mm transportiert, während etwa 640000 m^3 mit Normalspurgeräten transportiert wurden. Die Erfahrungen haben dort gezeigt, daß die Normalspur wesentlich zur Steigerung der Arbeitsproduktivität beitragen kann und bei besonders knappen Bauterminen in Betracht kommt. Weitere Vorteile ergeben sich, wenn vorhandene Schienenwege der Eisenbahn mit benutzt werden können, wodurch Oberbaumaterialien sowie Bau- und Unterhaltungskosten eingespart werden können. Die Baggerstellen wurden so angelegt, daß bestehende Bahnhöfe mit ihren Gleisanlagen für die Aufstellung der Wagenzüge ausgenutzt und nur besondere Baugleise zu den Baggerschächten benötigt wurden. Als Zugmittel wurden Lokomotiven guter Kurvenläufigkeit verwendet. An Kippern befanden sich niederbordige Plattenwagen mit einem Fassungsvermögen von 10 m^3, Spezialkipper von 25 m^3 und Eisenbahnkippwagen von 12 bis 14 m^3 Inhalt mit

Kippdauer von 4 min sowie Eisenbahnseitenkipper von 12,5 m^3 Fassungsvermögen im Einsatz.
Günstige Erfahrungen liegen auch von der Schüttung des Oroville-Dammes vor, bei dem 60 Mill. m^3 Material aus 18 km Entfernung angefahren werden mußten.

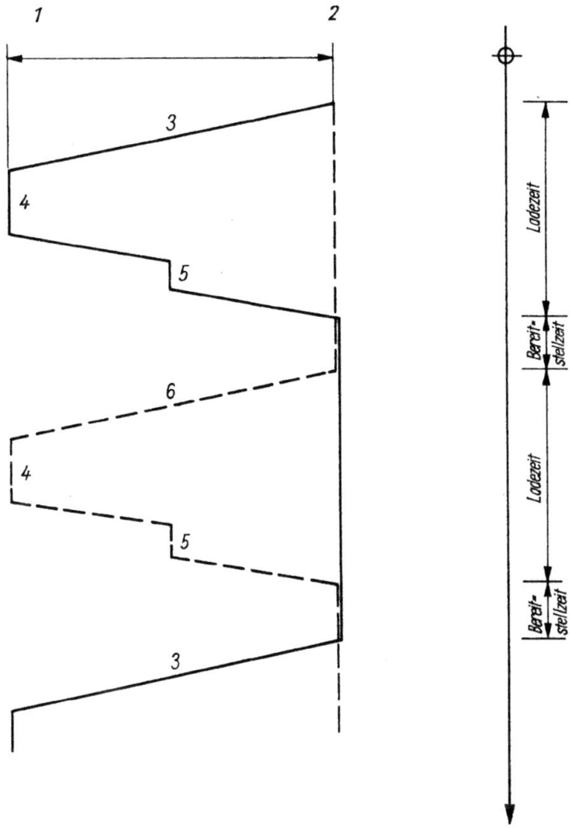

Bild 183
Graphischer Bauzugfahrplan
1 **Einbaustelle;**
2 **Gewinnungsstelle;**
3 **Zug 1;**
4 **Entladezeit;**
5 **Ausweichzeit;**
6 **Zug 2**

5.5.4. Gurtförderung

Häufig wird die Gurtförderung unterschätzt, weil das Leistungsvermögen des dünnen, schmalen Gurtes nur ungenügend gewürdigt wird. Doch können die stetig arbeitenden Gurtförderanlagen höchste Transportleistungen vollbringen. Fast sämtliche vorkommenden Dammbaustoffe können damit transportiert werden (Tafel 65).
Die Fördergurte sind zerstörungssicher und feuchtigkeitsgeschützt, daher bleibt ihr Verschleiß in vertretbaren Grenzen. Die Gurtförderung zeichnet sich durch einfachen konstruktiven Aufbau und gute Reparaturzugängigkeit aus. Demgegenüber ist sie bei schwankenden Leistungen der Gewinnungs- bzw. Einbaustelle weit weniger anpassungsfähig als z. B. die unstetig arbeitenden Erdtransportfahrzeuge. Der Betriebsausfall einer Gurtförderanlage verursacht weitgreifende Störungen im gesamten Maschinenkomplex.

Bedeutende Dammbauten wurden schon mittels Gurtförderanlagen errichtet. So der Shasta-Damm (USA), wo eine aus 26 Einzelgurten bestehende 15 km lange Anlage in 4 Jahren 12 Mill. m^3 Dammbaustoffe transportierte. Auf Grund der Unzugänglichkeit dieser Baustelle bot diese Transportform beachtliche Vorzüge. Nach Abschluß der Arbeiten wies die Anlage noch einen Neuwert von 80% auf. Der 145 m hohe Anderson-Ranch-Damm (USA) wurde gleichfalls mittels Gurtförderern geschüttet. Im Dauerbetrieb überwand der 90 cm breite Hauptgurt Steigungen bis zu 32%.
Auch bei dem Grand-Coulee-Damm wurde die Gurtförderung angewendet. Insgesamt waren 7.5 Mill. m^3 Dammbaumaterialien über eine Transportentfernung von 2 km zu transportieren. Der 1,50 m breite Hauptgurt erbrachte Leistungen von 1800 m^3/h.
Zu den wichtigsten Teilen einer Gurtförderanlage gehören Traggerüst, Trommeln, Tragrollen, Fördergurt, Antrieb und Aufgabe (Bild 184).

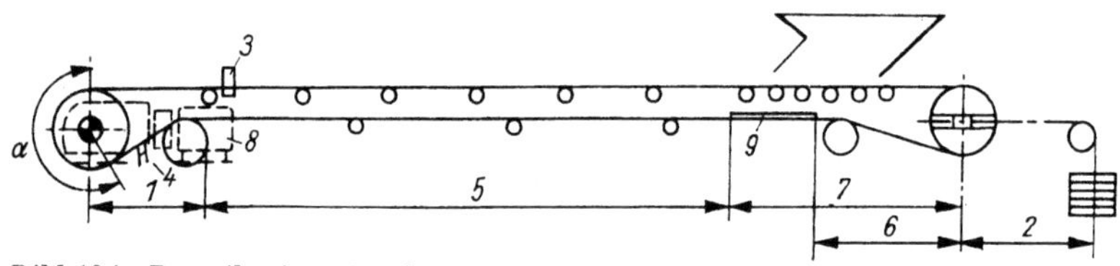

Bild 184. Bauteile eines Gurtförderers [359]

1 Antrieb; *2* Gurtspannanlage; *3* Gurtgeradelauf-Einrichtung; *4* Gurtreinigung; *5* Traggerüst; *6* Bandumkehre; *7* Aufgabestelle; *8* elektrische Ausrüstung; *9* Pflugabstreifer

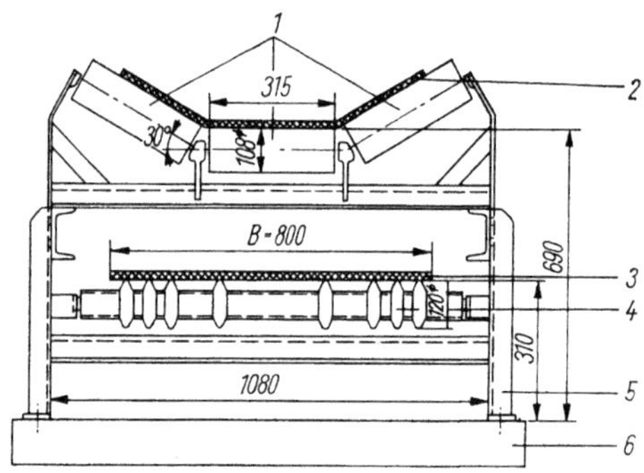

Bild 185
Ständig festliegendes Traggerüst [359]

1 geteilte Tragrollen; *2* Obergurt; *3* Untergurt; *4* Flachrollen mit Gummistützringen; *5* Fußstütze; *6* Holzschwelle

Bei den Traggerüsten werden nach Standort und Verwendungszweck unterschieden:

ständig festliegende, für kurze Zeit festliegende, während des Betriebes in Querrichtung rückbare sowie in Längs- und Querrichtung fahrbare Traggerüste.

Ständig festliegende Traggerüste werden zur Verbindung ortsfester Auf- und Abgabestellen verwendet; sie sind meist stabil konstruiert (Bild 185).
Anlagen mit Tragrollenböcken von 4 bis 5 m Länge (Baukastensystem), die in Längs- oder Querrichtung fahrbar sind, werden vornehmlich für die Aufgabe- und Einbaustelle im Dammbau bevorzugt.

Es werden drei Arten von Trommeln unterschieden: die den Gurt umlenkenden Trommeln, den Gurt ablenkende Trommeln und Antriebstrommeln. Alle drei Arten sollen bei einer Anlage gleich großen Durchmesser aufweisen. Antriebsrollen sind mit kalt geklebten Textilbelägen bzw. aufvulkanisierten Gummiauflagen zur Gurtschonung versehen.
Die Tragrollen sind das Hauptelement der Rollenstation. Sie tragen und führen den Gurt. Es werden gerade, durchgehende und mehrfach geteilte Rollen unterschieden. Die Neigung der Außenrollen beträgt 20°. Größere Neigungen erhöhen den Füllquerschnitt des Gurtes. Daher steht die Einführung von Rollenneigungen von 30 bis 35° unmittelbar bevor. Tragrollen für Gurtgeschwindigkeiten bis 2,5 m/s bestehen aus nahtlos gezogenem Rohr oder sind aus gewalzten, längs geschweißten Blechmänteln gefertigt. Bei höheren Gurtgeschwindigkeiten müssen die Rollen abgedreht sein, um einen ruhigen Lauf des Fördergutes zu gewährleisten. Der Abstand der Tragrollen wird vom Durchhang des Gurtes bestimmt. Während die oberen Tragrollen auf Grund der Gurtbelastung einen Abstand von 0,6 bis 1,5 m haben, genügen für die unteren Tragrollen Abstände zwischen 2 und 4 m.
An den Aufgabestellen ist ein engerer Rollenabstand von 20 bis 40 cm je nach Rollendurchmesser zu wählen. Diese Tragrollen erhalten zur Stoßdämpfung Gummipolsterringe.
Der Fördergurt ist der wichtigste Teil der Anlage. Er ist wegen des Abriebes starkem Verschleiß ausgesetzt. Fördergurte bestehen aus einer etwa 2 bis 6 mm dicken Deckschicht, den Einlagen und einer etwa 1,5 mm dicken Laufschicht. Die Gurte werden je nach ihrer Zugfestigkeit mit Baumwoll- und Zellwollgewebeeinlagen, Kunstspinnstoffen und Stahlseilen hergestellt (Bild 186).

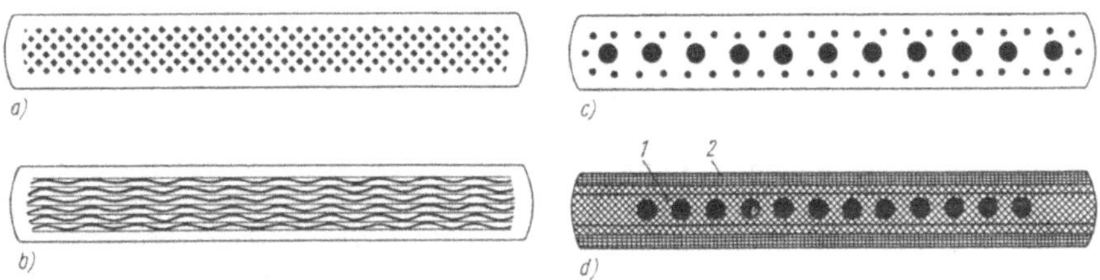

Bild 186. Gummigurt-Arten [359]

a) Baumwoll-Gewebegurt; b) Kunstseiden-Gewebegurt; c) Stahlseilgurt mit Gewebeeinlage; d) symmetrischer gewebefreier Stahlseilgurt; *1* kerbzäher Innengummi; *2* verschleißfester Deckplattengummi

Während für untergeordnete, weniger beanspruchte Gurte bei normalen, leichten Transportgütern Zellwolleinlagen in Frage kommen, müssen für normale und hoch beanspruchte Anlagen Gummigurte mit Kunstspinnstoffeinlagen verwendet werden. Bei Lang- und Steilförderern mit sehr hoher Zugbeanspruchung kommen dagegen Gummigurte mit Stahlseilen in Betracht (Bild 187). Stahlcordbänder können im Gegensatz zu den üblichen Gurten bis 30° gemuldet werden. Für die Wahl der Gurtart ist die Größe des Gurtzuges entscheidend.
Der Gurt ist der teuerste Teil der Anlage. Er kostet etwa die Hälfte der Gesamtanlage, so daß seine richtige Wahl und sorgsame Unterhaltung größte Aufmerk-

samkeit beanspruchen. Es hat sich noch nie als Vorteil erwiesen, aus falscher Sparsamkeit billigere Gurte zu wählen.
Die einzelnen Gurte werden mechanisch oder durch Vulkanisation (hochbelastete Gurte) verbunden.
Für Gurtförderer kommen elektro-, diesel- oder dieselelektrische Antriebe in Betracht. Bei häufigem Standortwechsel des Gurtförderers gewinnt der unabhängige Dieselantrieb gegenüber dem verbreiteten, kurzzeitig überlastbaren

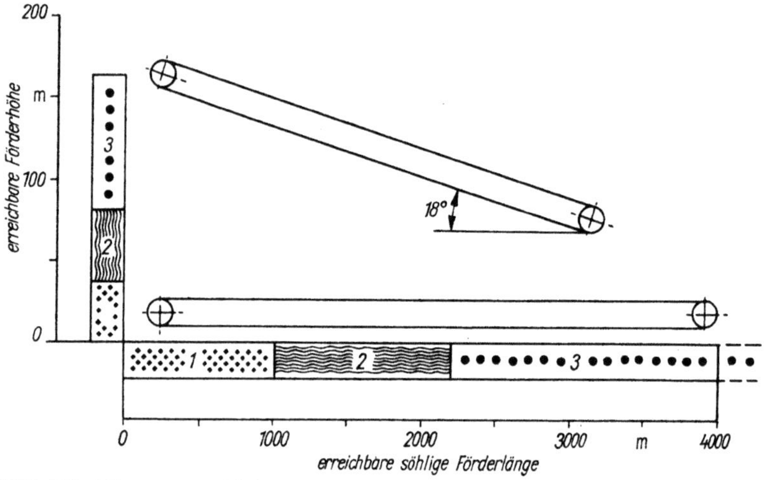

Bild 187. Eignung verschiedener Gurtarten [359]
1 Baumwoll-Einlagen; *2* Spinnstoff-Einlagen; *3* Stahlseilgurte

Elektroantrieb an Bedeutung. Dieselelektrische Antriebe sind sehr viel teurer, daher sind vor ihrer Verwendung genaue Wirtschaftlichkeitsuntersuchungen anzustellen.
Es gibt Ein-, Zwei- und Mehrtrommelantriebe. Für die Wahl ist entscheidend, ob die errechnete Umfangskraft von einem Eintrommelantrieb übertragen werden kann und die daraus resultierende Gurtart noch wirtschaftlich vertretbar ist (Bild 188). Bei Zwei- oder Mehrtrommelantrieben errechnen sich im allgemeinen geringere Gurtzüge, so daß billigere Gurte geringerer Festigkeit verwendet werden können.
Zwei- und Mehrtrommelantriebe erfordern auch kleinere Durchmesser der Antriebstrommeln und Getriebeeinheiten. Wegen der Reibungsbeanspruchung des Gurtes, die beim Lauf über Zwei- und Mehrtrommelantriebe übertragen wird, sind auch diesen Antriebsgattungen bestimmte Grenzen gesetzt. Eintrommelantriebe erfordern höhere Gurtspannungen als Mehrtrommelantriebe, so daß speziell bei welliger Beschaffenheit der Fördertrasse, wechselnden Betriebsbedingungen und Neigungen über 10% Mehrtrommelantriebe den Vorzug erhalten.
Die Leistung einer Gurtförderanlage errechnet sich aus Gurtbreite, Gurtgeschwindigkeit und Gurtmuldung. Ist mit einer ungleichmäßigen Beladung zu rechnen, muß ein Leistungsabschlag von etwa 20% vorgenommen werden. Die Gurtbreite richtet sich nach dem größten Korndurchmesser des Dammbaustoffes. Je fester eine Anlage montiert werden kann, um so höhere Geschwindigkeiten können zu-

gelassen werden. In Steinbrüchen und Kiesgewinnungsanlagen sind Geschwindigkeiten von 1,80 bis 3,00 m/s gebräuchlich, während bei Großförderanlagen in Tagebauen 4 bis 6 m/s erreicht werden. Größere Gurtgeschwindigkeiten verursachen geringere Gurtzüge und gestatten schmalere Gurte.

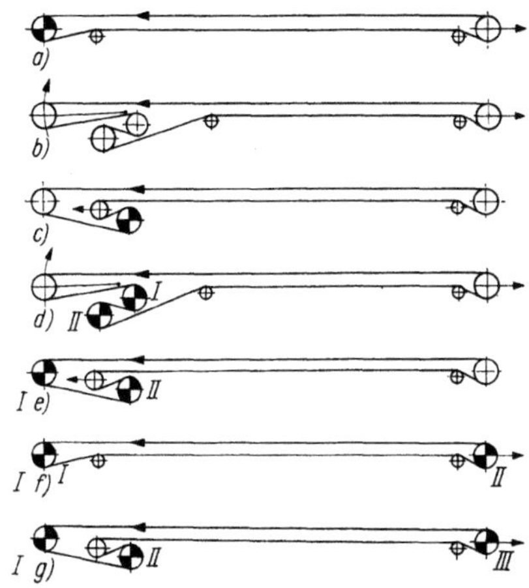

Bild 188. Arten der Gurtführung [359]
a) Eintrommelantrieb mit direktem Abwurf; b) Eintrommelantrieb mit Schwenkarm und Abwurfausleger; c) Eintrommelantrieb mit Abwurfausleger; d) Zweitrommel-Kopfantrieb mit Schwenkarm und Abwurfausleger; e) Zweitrommel-Kopfantrieb mit direktem Abwurf; f) Eintrommel-Kopfantrieb mit Eintrommel-Umkehrantrieb; g) Zweitrommel-Kopfantrieb mit Eintrommel-Umkehrantrieb

Tafel 70. Abhängigkeit von Transportgutgröße und Gurtbreite [359]

Feinkörniges Transportgut und Einzelstücke mit Kantenlängen von [mm]	Gleichmäßiges Transportgut mit Kantenlängen von [mm]	Gurtbreite [mm]
75	60 ··· 65	400
125	90	500
225	125	650
375	200	800
500	250	1000
600	350	1200

Der Kraftbedarf errechnet sich aus der Transportlänge, den inneren und äußeren Widerständen, der Gurtgeschwindigkeit, Hubhöhe und verlangten Transportleistung.

Mit glatten Gurtförderern können Steigungen bis 20° bewältigt werden. Kies kann auf Steigungen von 26°, Lehm und Sand auf Steigungen bis 29° transportiert werden. Entscheidend ist das Fließverhalten des zu transportierenden Dammbaustoffes. Die erreichbaren Steigungen werden auch durch die Gurtgeschwindigkeit sowie Aufgabeart des Transportgutes beeinträchtigt. Erdfeuchtes Dammbaumaterial kann durch Steilfördergurte bis zu 45° transportiert werden. Derartige Gurte sind mit pfeilförmigen Gummistegen ausgestattet, die das Transportgut zur Gurtmitte leiten. Gummisteg und Druckplatte sind außerordentlich abriebfest. Der größte Durchmesser des Transportgutes muß auch hier mit der Gurtbreite übereinstimmen (Tafel 70). Durch entsprechende konstruktive Vorkehrungen am Aufgaberost kann diese Bedingung eingehalten werden.

Ist das Transportgut vorwiegend steinig und scharfkantig, muß auf die Durchschlagsfestigkeit des Gurtes geachtet werden.
Die Trasse der Förderanlage ist so anzulegen, daß möglichst wenig Erd- und Aufschlußarbeiten auftreten. Über- und Unterführungen von Verkehrsanlagen und Vorflutern sind durch billige und leichte Holzkonstruktionen bzw. Hilfsbrücken zu lösen. Die Länge der einzelnen Abschnitte richtet sich nach der Geländeform. Die wirtschaftliche Grenze einzelner Gurtsektionen bewegt sich etwa zwischen 400 und 500 m. Bei längeren Sektionen vergrößern sich die erforderlichen Antriebsleistungen, während bei kürzeren zusätzliche Übergabestationen erforderlich werden, die zu einem erhöhten Gurtverschleiß beitragen.
Gurtförderer sind gegenüber Frostwitterung empfindlich. Frostanballungen überbeanspruchen den Gurt und führen zu vorzeitigem Verschleiß. Das an Schadstellen des Gurtes eingedrungene Wasser gefriert, so daß sich der Gurt versteift und beim Umlenken quer reißt. Die Versuche, den Gurt in seiner gesamten Länge zu erwärmen, sind fehlgeschlagen. Auch das Aufsprühen von Kochsalzlösungen hat sich nicht bewährt, da die benötigte Lösungsmenge jede Wirtschaftlichkeitsgrenze überschreitet. Wesentlich vorteilhafter ist das Anheizen der Trommeln und Bestrahlen mit Infrarot.
Gurtförderer sind ständig zu reinigen und vor dem Verkrusten zu schützen. Im allgemeinen reicht für 1 km Gurtlänge ein Wärter zur Pflege aus. Förderanlagen sind mit optischen und akustischen Bandanlauf- und Warnanlagen, Schieflaufschaltern usw. ausgestattet.

Bild 189. Zugschaufelbagger beim Füllen eines fahrbaren Aufgabetrichters

Während des Gewinnungsvorganges verändern die Standbagger (stetig arbeitende Eimerkettenbagger, Schaufelradbagger bzw. unstetig arbeitende Universalbagger) ihren Abstand zur Gurtförderanlage.
Es ist möglich, daß die Gewinnungsmaschine direkt den Hauptgurt belädt. Infolge der Reichweite von Baggern sind dieser Technologie Grenzen gezogen. Die

Entfernung zwischen Gewinnungsmaschine und Gurt kann aber auch durch Fahrzeug-Zwischentransport überbrückt werden. Dabei kippt das Erdtransportfahrzeug die Dammbaumaterialien in einen über dem Hauptgurt montierten Aufgabetrichter. Diese technologische Variante wird jedoch wegen allerlei Nachteilen nur selten benutzt.
Günstiger ist es, hierfür zwischen der Gewinnungsmaschine und dem Hauptgurt einen Querfördergurt mit Reifenfahrwerk und Bandausleger einzuschalten. Dabei

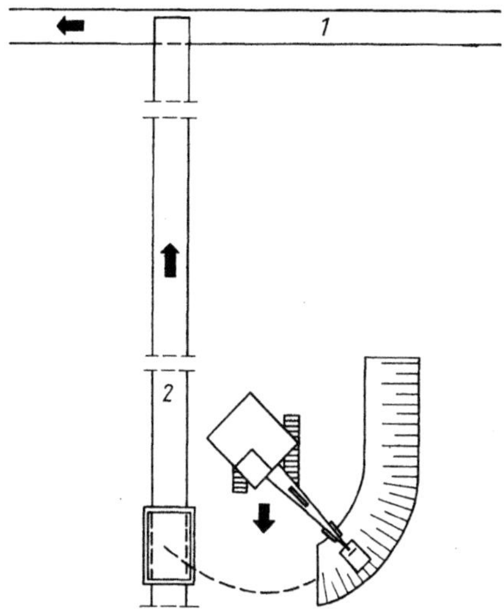

Bild 190. Technologisches Schema: Hochlöffelbagger – Aufgabetrichter – Quergurt – Hauptgurt
1 Hauptgurt; 2 Quergurt

ist das Dammbaumaterial auf den Querfördergurt aufzugeben, so daß die bei der Aufgabe unvermeidlichen Beschädigungen nicht den kostbaren Hauptgurt treffen (Bild 190).
Die betriebssichere Aufgabestelle verlangt, daß das Ladegut in Gurtlaufrichtung bei geringer Fallhöhe aufgegeben wird und die Aufgabegeschwindigkeit mit der Gurtgeschwindigkeit übereinstimmt. Der Gurt soll mittig beladen werden. Ein gut durchkonstruierter, verstopfungsfreier Aufgabetrichter, der mit einem Gummistreifen gegen den laufenden Gurt nach unten abgedichtet ist, trägt wesentlich zur Betriebssicherheit bei.
Um Leistungsdifferenzen zwischen dem Gewinnungs- und Transportprozeß auszugleichen, haben sich Puffersilos bewährt.

5.5.5. Hydromechanischer Transport

Das durch Wasserwerfer oder Saugbagger gewonnene Erdstoff-Wasser-Gemisch wird entweder durch Freispiegel- oder Druckleitungen zur Einbaustelle transportiert. Hohe Leistungen, geringer Arbeitskräftebedarf und geringer Verschleiß zeichnen diese Transportform aus. Dabei üben die natürlichen Voraussetzungen, wie Beschaffenheit des Transportgutes, Wasserdargebot, Transportweite usw., einen starken Einfluß auf die Wirtschaftlichkeit aus.

5.5.5.1. Transport in Freispiegelleitungen

Das Erdstoff-Wasser-Gemisch wird durch Holz- oder Stahlrinnen, Kanäle oder offene Erdgräben der Einbaustelle zugeleitet (Bild 191). Das Gefälle muß etwa 1,5 bis 7% betragen, um die Grenzgeschwindigkeit, bei der Feststoffteile noch

Bild 191. Hydromechanischer Transport mittels Freispiegelleitung

schwebend im Gemisch verbleiben, nicht zu unterschreiten (Tafel 71). Nach der Korngröße der Feststoffe müssen etwa Fließgeschwindigkeiten von 1 bis 7 m/s eingehalten werden.

Rinnen bestehen aus einzelnen Gliedern von 4 bis 6 m Länge. Sie werden entweder am Stoß ineinandergeschoben oder die Stoßfugen werden von außen mit einem Dichtungsrahmen versehen.

Tafel 71. Grenzneigungen von Freispiegelleitungen beim hydromechanischen Transport [337]

Erdart	Grenzneigung der Freispiegelleitung [%]
Lockerer Sand, feinkörnig	2,5 ··· 4,5
Sand, mittel	3,0 ··· 5,0
Sand, grob	4,0 ··· 7,0
Lehmiger Sand, mittlerer Bindigkeit	2,0 ··· 3,0
Lehm, mittel	1,5 ··· 2,0
Ton, leicht, locker, mager	1,5 ··· 2,0
Ton, schwer, fettig, starkbindig	1,5 ··· 2,0

5.5.5.2. Transport in Druckleitungen

Der für die Überwindung der Widerstände erforderliche Druck wird durch Saugpumpen von Saugbaggern, Erdsauganlagen, Hydroelevatoren usw. erzeugt (Bild 192 und 193).

Erdsauganlagen können stationär oder transportabel sein. Wie die Saugbagger sind auch sie mit Zentrifugalsaugpumpen ausgerüstet.

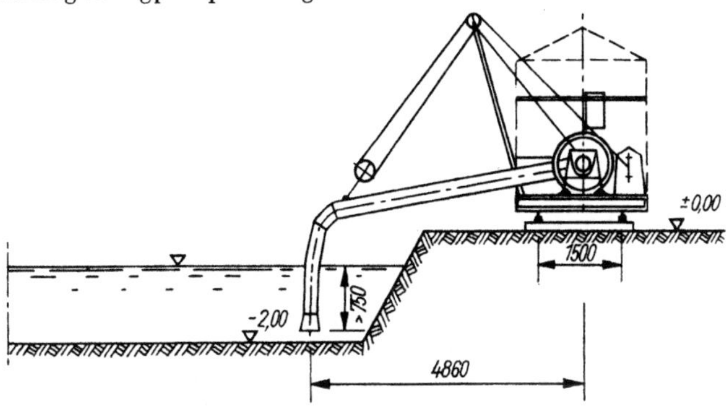

Bild 192. Gleisfahrbare Erdsauganlage und Sumpf

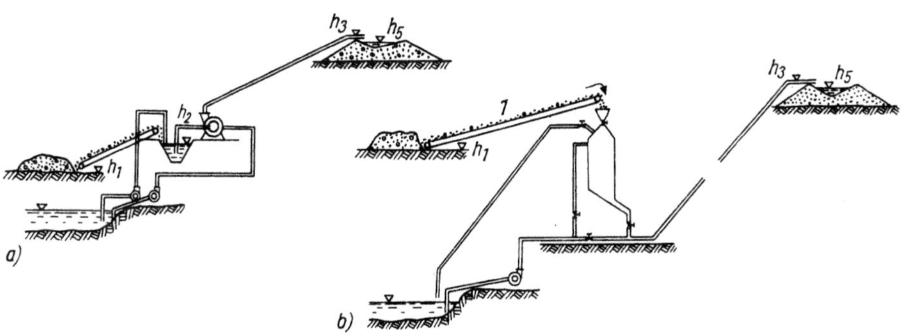

Bild 193. Schemata neuerer hydromechanischer Transportverfahren [368]

a) Pumpverfahren mit Mischbunker; b) Transportverfahren mit Spülgutschleuse; *1* Erdmaterial

Schuten, die von Baggern im Trocknen gewonnenes Dammbaumaterial befördern, fahren bis in die Nähe der Einbaustelle. Dort wird der Dammbaustoff mit Schutensaugern (schwimmende Erdsauganlagen) angesaugt und über Rohrleitungen zum Einbauort gedrückt. Dieses Verfahren ist z. B. beim Bau des Eisenbahndammes durch den Templiner See angewandt worden.
Auch Hydroelevatoren, die nach dem Ejektor-Prinzip arbeiten, können zum Ansaugen von Erdstoff-Wasser-Gemischen verwendet werden. Sie haben allerdings einen niedrigen Wirkungsgrad und erreichen nur geringe Druckhöhen. Wenn ein großer Wasservorrat mit genügendem Druck vorhanden ist, werden sie bevorzugt. Ihr Vorteil besteht darin, daß sie auch beim Eindringen von Luft in das Saugrohr ohne Unterbrechung weiterarbeiten können.
Rohrleitungen für den hydromechanischen Transport werden entweder unter Wasser, auf dem Wasser oder landfest verlegt. Um die Schiffahrt nicht zu behindern, müssen die Rohre unter Wasser verlegt werden. Nach Füllung mit Wasser gehen sie unter und legen sich auf den Grund. Zum Heben der Rohrleitung wird Druckluft eingeblasen, wobei die Leitungen gegen die Pumpe abgesperrt werden müssen, so daß die Druckluft das Gemisch in Richtung Rohrauslauf drückt.
Bei den schwimmenden Rohrleitungen zwischen Saugbagger bzw. Erdsauganlage und Land wird am Abgang der Schwimmleitung ein Drehgelenk mit Stopfbuchse und ein beweglicher Teil aus Gummischläuchen oder Kugelgelenken eingebaut. Bewegliche Schwimmrohrleitungen haben etwa die sechsfache Masse und den zehnfachen Preis einer landfest verlegten Rohrleitung. Die vielen Krümmungen, Kugelgelenke, Drehgelenke usw. erzeugen einen höheren Widerstand, so daß schwimmende Rohrleitungen nur bis 300 m Länge wirtschaftlich vertretbar sind. Die Rohre werden auf Schwimmern verlegt, die nach der Strömung des Wassers und der zu tragenden Rohrleitung ausgebildet sind.
Bei landfesten Rohrleitungen sind krümmungsfreie Strecken in waagerechter oder senkrechter Richtung zu bevorzugen. Die Rohrleitungen werden zum Überqueren von Straßen, Schienen, Kanälen, Flüssen und kleinen Tälern auf Gerüsten verlegt. Hochliegende Transportleitungen können für feinkörnige Dammbaustoffe mit geringer Verschleißwirkung zugelassen werden. Beim Transport stark schleißender Grobmaterialien sind hochliegende Leitungen wegen der Schwierigkeit, die Rohre zu drehen und auszuwechseln, zu vermeiden.
Als Rohrmaterial wird meistens geschweißtes Stahlrohr verwendet. Für die Teile der Leitungen, die besonders hohen Druck aushalten müssen, benutzt man mitunter auch nahtlose Rohre. Die Rohre werden meistens mit Flanschen verbunden.

5.6. Einbau von Dammbaustoffen

Die Einbaumöglichkeiten im Dammbau sind sehr vielgestaltig und richten sich hauptsächlich nach folgenden Gesichtspunkten:
konstruktive Gestaltung des Dammbauwerkes
Einbaueigenschaften der Erdstoffe
Güteanforderungen des Einbaues und der Verdichtung
Leistung des vorangehenden Arbeitsganges Transportieren
Transportform
Witterungsbedingungen der Baustelle
Umfang und Art der Nebenarbeiten

Tafel 72. Einbauleistungen ausgewählter Stau-, Kanal- und Verkehrsdämme

Name	Bauvollendung	Land	Einbauleistung [m^3/d]	Bemerkung
Oahe	1960	USA	76000	Spitzenwert
Managil	1957	Sudan	70000···75000	–
Swift	–	USA	51000	Spitzenwert
Spessart-Autobahn	–	DBR	40000	einschließlich der übrigen Erdbewegungen
Göschenenalp	1960	Schweiz	30000	Basis: 10 h
Gepatsch	1964	Österreich	25780	Spitzenwert
Cougar	1963	USA	23000	–
Autobahn Dortmund–Gießen	–	DBR	20000 ··· 25000	einschließlich der übrigen Erdbewegungen
Nechranice	1966	ČSSR	20100	Spitzenwert
Serre-Ponçon	1960	Frankreich	20000	Basis: 2-Schicht-Betrieb
Vianden	1964	Luxemburg/ DBR	10000	Spitzenwert

In den folgenden Abschnitten sollen die bestehenden Zusammenhänge sichtbar gemacht und die technologisch-organisatorischen Grundsätze des rationellen Einbaues dargelegt werden.

5.6.1. Gestaltung des Einbaues

Dämme werden entweder in dünnen hochverdichteten Lagen (bis etwa 2,50 m) oder in hohen Schüttlagen (bis etwa 60 m) geschüttet. Die außerordentlich wirtschaftliche Schüttung in hohen Lagen (Verminderung von Transport-, Planier- und Verdichtungsarbeit) ist in den USA stark verbreitet. Sie setzt neben entsprechender Bauwerksgröße setzungsunempfindliche Dammbaustoffe (grobblockiges Haufwerk usw.) voraus (Bild 195).

Die meisten Stau- und Verkehrsdämme werden infolge fehlender Voraussetzungen und auch aus besonderen Sicherheitsgründen in dünnen Schüttlagen aufgebaut. Bei dieser Methode werden nach der Fertigungsrichtung zwei Hauptformen unterschieden:

1. Schütten des Dammes in der gesamten Bauwerkshorizontalen
   - Vorteil: hochproduktiv bei homogenen Dämmen
   - Nachteil: starke Verflechtung bei heterogenen, stark gegliederten Dämmen
2. Zeitlich, nach Dammgliedern getrenntes Schütten des Dammes
   - Vorteil: Entflechtung bei heterogenen, stark gegliederten Dämmen

Bild 194. Ohratalsperre (DDR)
Einbauphase bei $^2/_3$ Dammhöhe

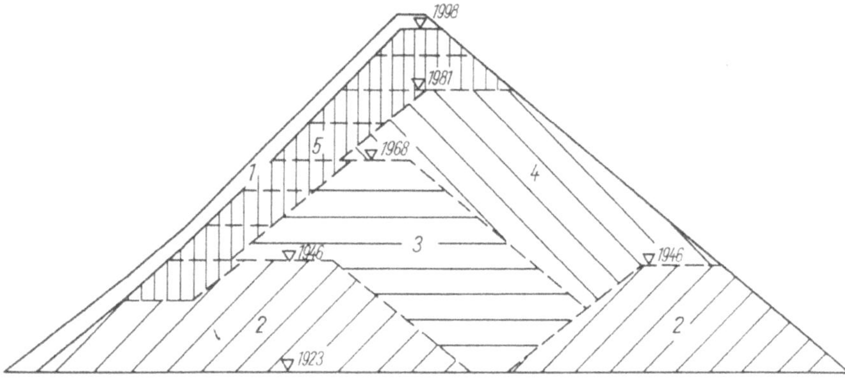

Bild 195. Wishon-Damm (USA)
Einbauschema bei hohen Schüttlagen [343]
1 Steinpacke; *2* Hauptschüttung 1; *3* Hauptschüttung 2; *4* Hauptschüttung 3; *5* Nachschüttung

Der Verlauf der Dammschüttung von der Sohle bis zur Krone wird dabei durch
Talform
Bauwerksgliederung und -kubatur
Losgröße
Lage der Gewinnungsstelle zum Damm

Transportform
Verdichtungsforderungen
Lage des Dichtungselementes (bei Staudämmen)
Verflechtungen zu Kunstbauwerken in- und außerhalb des Dammes und
Veränderung der Einbaubedingungen bei aufsteigender Bauwerkshöhe

bestimmt.

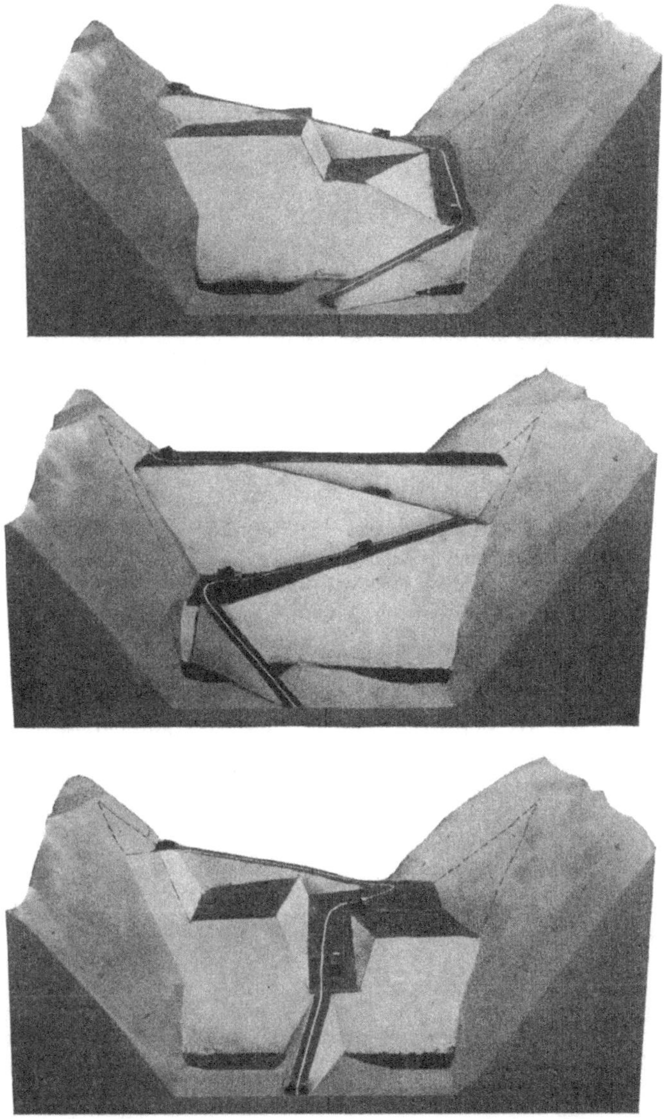

a) Variante:
Außenrampe rechts

b) Variante:
Außenrampe links

c) Variante:
Außenrampe mittig

Bild 196. Dreidimensionale Modellprojektierung des Einbauvorganges für einen Staudamm bei wasserseitigem Antransport der Dammbaustoffe; Maßstabsverzerrung 1 : 2 [369]

Hauptkriterium der optimalen Gestaltung des Einbaus ist die Minimierung des Transports unter Beachtung der Güteansprüche. Bei verwickelten Zusammenhängen kann die dreidimensionale Modellprojektierung zu einer objektiven Aussage verhelfen. Mit ihrer Hilfe treten die bestehenden technologisch-organisatorischen Zusammenhänge deutlich hervor, so daß sich über Kennwertvergleiche die rationellste Einbauorganisation finden läßt (Bild 196).

Bild 196

d) Variante:
Außenrampe mittig mit Kehre

5.6.2. Einbautechnologie

Die starke Abhängigkeit von Transportform und Einbau macht es notwendig, näher darauf einzugehen.
Daher werden im folgenden die Einbaubesonderheiten bei Erdtransportfahrzeugen, Flachbaggern, Gleisbetrieb, Gurtförderung und hydromechanischem Transport erläutert und bewertet.

5.6.2.1. Einbau bei Einsatz von Erdtransportfahrzeugen

Nach der Art der Entladung werden Erdtransportfahrzeuge in Hinterkipper, Seitenkipper und Bodenschütter eingeteilt. Die Entladeart übt einen bestimmenden Einfluß auf den gesamten Einbauvorgang aus.

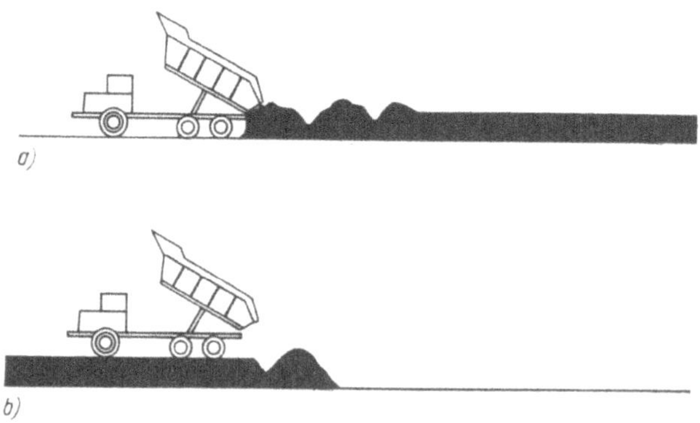

Bild 197. Kippenarten
a) Tiefkippe; b) Hochkippe

Seitenkipper haben in der Vergangenheit im Dammbau kaum Anwendung gefunden. Erst in jüngster Zeit bieten einige Hersteller Großfahrzeuge mit Seitenkippeinrichtung an.
Hinterkipper können beim Einbauvorgang auf Hoch- und Tiefkippen eingesetzt werden (Bild 197). Welcher Kippart der Vorzug zu geben ist, muß aus den örtlichen Bedingungen heraus entschieden werden (Tafel 73).

Tafel 73. Gegenüberstellung von Hoch- und Tiefkippe

	Tiefkippe	Hochkippe
Mögliche Schütthöhe	abhängig von dem Ladevolumen des Transportfahrzeuges, dem Abstand der Entladekegel und dem Schüttwinkel des Dammbaustoffes	bei Vorkopfschüttung unbegrenzt
Entmischen der Dammbaustoffe	tritt nicht auf	nimmt mit zunehmender Schütthöhe und Ungleichförmigkeit der Dammbaustoffe zu
Befahrbarkeit	keine Behinderungen	Behinderungen treten bei starkbindigen, wasserreichen Dammbaustoffen, grobkörnigen, scharfkantigen Felsgesteinen und trockenen gleichförmigen Sanden auf
Entladevorgang	Verzögerungen treten bei rückstauenden, bindigen Dammbaustoffen auf	keine Behinderungen

Bild 198. Einbauvorgang mittels Tiefkippe

Beim Wendevorgang bietet der Hinterkipper zur Kippkante hin nur ungenügende Sicht. Das Fahrzeug muß so an die Entladestelle herangefahren werden, daß beide Hinterräder gleich weit von der Kante entfernt stehen. Der Abstand muß ausreichende Sicherheit gegen Abrutschen bieten. Während bei niedrigen Böschungen und festgelagerten Dammbaumaterialien nahe an die Kippkante herangefahren

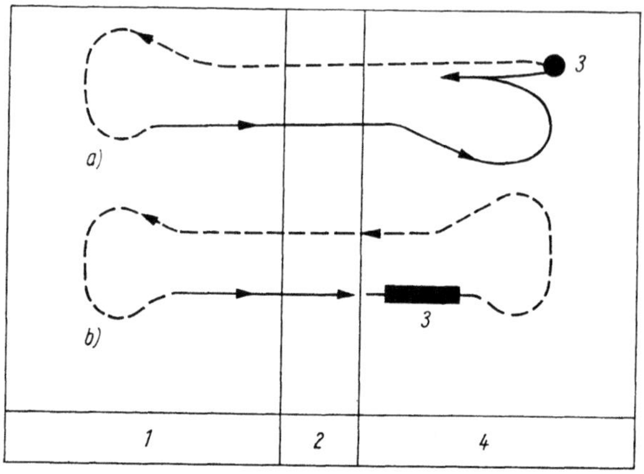

Bild 199. Arbeitszyklus

a) Hinterkipper;
b) Schürfkübel und Bodenschütter;
1 Beladestelle;
2 Strecke;
3 Entladestelle;
4 Dammkippe

werden kann, ist bei höheren unverdichteten Schüttlagen Vorsicht geboten. Kann über die Einbaukante hinausgeschüttet werden, vermindert sich zwar die Planierarbeit, doch aus Sicherheitsgründen sollte diese Entlademethode nur bei besonders günstigen Verhältnissen genutzt werden; denn das Verteilen des abgeschütteten Dammbaustoffes kann wesentlich sicherer von Planiermaschinen ausgeführt werden.

Die Entladezeit von Hinterkippern (Tafel 74) hängt von der Erdart, dem Kippwinkel, der Muldenkonstruktion und der Hubdauer ab. Um Planierarbeit zu

Tafel 74. Entladezeiten [330]

Erdarten	Bodenschütter [min]	Seitenkipper [min]	Hinterkipper [min]
Rollige Böden			
Geröll, Sprenggestein	0,8	1,0	1,3
Kies	0,2	0,5	0,7
Sand	0,1	0,4	0,6
Bindige Böden			
Sandiger Lehm	0,2	0,5	0,6
Mittlerer Lehm, trocken	0,2	0,5	0,6
Mittlerer Lehm, feucht	0,4	0,6	0,8
Schwerer Lehm, trocken	0,5	0,7	0,7
Schwerer Lehm, feucht	1,2	1,2	1,4
Mergel, Schiefer	0,7	0,8	0,9
Mutterboden, mager	0,2	0,3	0,5
Mutterboden, fett	0,4	0,6	1,2

sparen, können Dammbaustoffe rationell verteilt werden, indem schon bei hochstehender Mulde angefahren wird. Sollen besonders dünne Schüttlagen aufgetragen werden, dann muß bei hochstehender Lademulde in höheren Gängen gefahren werden. Das abgeschüttete Dammbaumaterial wird durch Erdhobel bzw. Planiermaschinen mit Reifen- oder Raupenfahrwerk gleichmäßig verteilt und somit für den Arbeitsgang Verdichten vorbereitet. Erdhobel eignen sich vor allem zum Verteilen feinkörniger Dammbaustoffe in dünnen Schüttlagen. Sie liefern ein sehr

Bild 200. Reifendrehrichtung bei luftbereiften Planiermaschinen [328]

ebenes Planum. In den letzten Jahren haben sich auch luftbereifte Planiermaschinen eingebürgert. Sie zeichnen sich durch hohe Geschwindigkeiten und beachtliche Manövrierfähigkeit aus. Der Reifenverschleiß liegt kostenmäßig unter dem Raupenverschleiß gleich starker Planierraupen. Vor allen bei kleineren Baustellen und kleineren Losen kommt die schnelle Umsetzbarkeit luftbereifter Planiermaschinen zur Geltung. Andererseits können luftbereifte Planiermaschinen infolge ihres geringen Kraftschlusses nur etwa 60 bis 80% der Schubkraft gleich starker Planierraupen aufbringen. Auf gewachsenem Boden und harten, rolligen Erdarten leisten luftbereifte Planierraupen mehr als auf bindigen Dammbaustoffen. Im Dammbau haben sich Planiermaschinen von 60 bis 80 PS/m Schildbreite bewährt, während für Planierraupen infolge der hohen Schubkräfte etwa 30 bis 40 PS/m Schildbreite ausreichen. Die wechselnden Eigenschaften der Dammbaustoffe und ihre Beeinflussung durch das Wettergeschehen machen es notwendig, starke Planiermaschinen mit ausreichenden Kraftreserven zu verwenden, um Ausfällen vorzubeugen.
Bodenschütter haben kürzere Entladezeiten als Hinterkipper, da sie den Muldenboden nach beiden Seiten herunterklappen oder seitlich öffnen können. Dabei fällt der Dammbaustoff nach unten, und lagert sich in Streifenhaufen ab. Von Bodenschüttern kann die Dicke der Schüttlagen genau eingehalten werden. Die größtmögliche Schüttdicke wird durch die Bodenfreiheit des Transportfahrzeuges begrenzt. Niedrigere Schütthöhen lassen sich durch Variation von Fahrgeschwindigkeit und Öffnungsgeschwindigkeit der Klappen regeln. Bodenschütter eignen sich vor allem für den Einbau von natürlichen und aufbereiteten Dichtungsstoffen sowie feinkörnigen Erdarten.

5.6.2.2. Einbau bei Einsatz von Flachbaggern

Der Einbauvorgang von Anhänge- und Motorschürfkübeln ähnelt dem der Bodenschütter. Feinkörnige, trockene, rollige Dammbaustoffe entladen sich leicht, während bei zähem, klebrigem Dammbaumaterial oder festem, scholligem Ton und großen Steinen höhere Entladezeiten benötigt werden. Der Entladevorgang dauert etwa 0,4 bis 0,5 min. Flachbagger setzen gleichmäßig dünne Streifen ab, dadurch sind nur geringfügige Planierarbeiten notwendig. Die Stärke der Schüttlagen richtet sich nach den Verdichtungsforderungen und wird durch Einbauversuche festgelegt. Durch das Befahren mit den Flachbaggern werden die dünnen Schüttlagen bereits verdichtet. In manchen Fällen muß je nach Verdichtungsforderung mit speziellen Verdichtungsmaschinen nachverdichtet werden.

Bild 201. Motorschürfkübel (420 PS, 16,1 m³) beim Entladen

Tafel 75. Wendezeiten [330]

Beschaffenheit der Wendestelle	Bodenschütter Schürfkübel [min]	Hinter-kipper [min]
Ebenes Gelände		
sandig, trocken	0,3	0,6
fest	0,2	0,4
aufgeweicht	0,4	0,6
zerfurcht	0,5	0,8
Welliges Gelände		
sandig	0,35	0,65
fest	0,25	0,4
aufgeweicht	0,50	0,7
zerfurcht	0,70	0,9
Hügeliges Gelände		
fest	0,35	0,5
aufgeweicht	0,65	0,8
zerfurcht	0,8	0,9
Gelände mit Gestrüpp, Bäumen und dgl.	0,6	0,9
Gelände mit großen Steinen, Geröll	0,6	1,0

Das Entladen wird durch Senken des Kübels bis zur Schneidkante eingeleitet. Dabei wird die Bodenschürze angehoben, so daß die Dammbaustoffe aus dem Kübelinneren nachrutschen können (Bild 201). Die Wendezeiten betragen je nach Maschinenart und -größe etwa 0,2 bis 1,0 min (Tafel 75).
Schürfkübelraupen können sowohl punktförmig als auch streifenweise entladen. Im Gegensatz zu den Schürfkübeln müssen sie nicht im Kreisverkehr fahren, sondern pendeln in Vor- und Rückwärtsfahrt zwischen Gewinnungs- und Entladestelle. Daher fallen keine Wendezeiten an.
Da der wirtschaftliche Einsatz von Flachbaggern auf etwa 1200 bis 2000 m Transportweite beschränkt ist, nimmt der Entladeprozeß einen hohen Anteil des gesamten Arbeitszyklus in Anspruch. Im gleichen Verhältnis steigt der Einfluß der Einbauorganisation auf die Wirtschaftlichkeit des Flachbaggereinsatzes.

5.6.2.3. Einbau bei Gleisbetrieb

Die unter Abschn. 5.5.3. aufgezählten Nachteile des Gleisbetriebes äußern sich beim Einbau in:

häufigem Gleisrücken
umfangreichen Gleisunterhaltungsarbeiten
hohem Aufwand beim Entladen und Verteilen der Dammbaustoffe
großem Arbeitskräfteeinsatz

Damit sich diese Einflüsse nicht nachteilig auf die Wirtschaftlichkeit und Betriebssicherheit auswirken, muß der Einbauvorgang außerordentlich sorgfältig geplant werden.

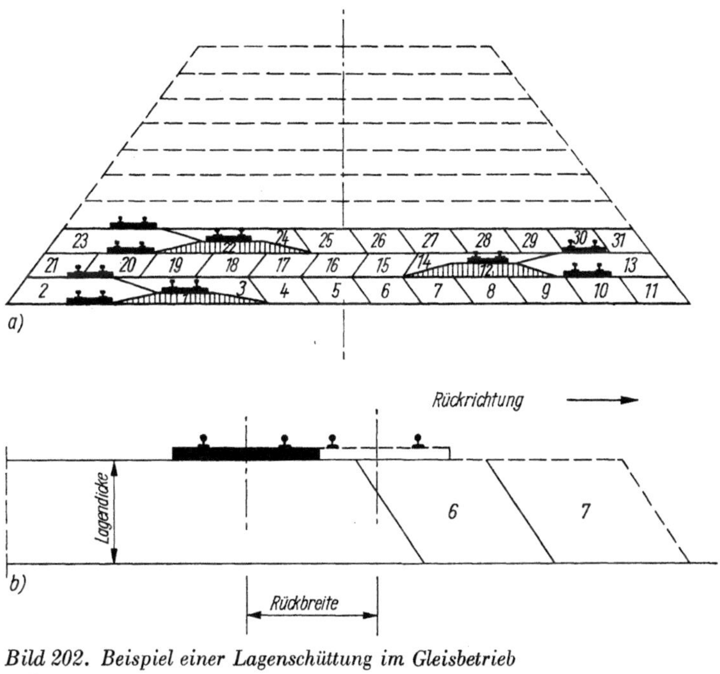

Bild 202. Beispiel einer Lagenschüttung im Gleisbetrieb
a) Übersichtsschema; b) Detail

Die örtlichen Verhältnisse (Bauwerkshöhe und -breite, Dammschüttung, Anschnitt, Setzungsempfindlichkeit der Dammbaustoffe, Einbaugüte, Fertigstellungstermin usw.) bestimmen, ob Lagen-, Seiten-, Vorkopf- oder Gerüstschüttung bzw. welche Kombinationen angewandt werden müssen.
Breite, hohe Dämme, von denen hohe Lagerungsdichte verlangt wird, müssen in waagerechten Einzellagen geschüttet werden (Bild 202). Dies trifft vor allem für hochbelastete Verkehrs- und Staudämme zu.
Darüber hinaus wirken die Art der Querverteilung und das Leistungsvermögen des Einbauvorganges bestimmend mit.
Wird das Dammbaumaterial von Hand bzw. mit gleisgebundenen Planierpflügen quer verteilt, so muß der Damm in einzelnen Streifen von der einen Böschungskante zur anderen hin aufgebaut werden.
Die bis 5 m ausladenden Planierpflüge bestehen aus einem stabilen Oberwagen mit der Vorschar zur Gleisberäumung und der Hauptschar zur Planierung der Kippkante. Es gibt ein- und zweiseitige doppelscharige sowie ein- und zweiseitige einscharige Planierpflüge.
Weniger Gleisrückarbeiten fallen bei der Querverteilung mittels Planiermaschinen an (Bild 203a). Diese Methode ermöglicht höhere Leistungen, die durch Ringverkehr der Bauzüge noch gesteigert werden können.

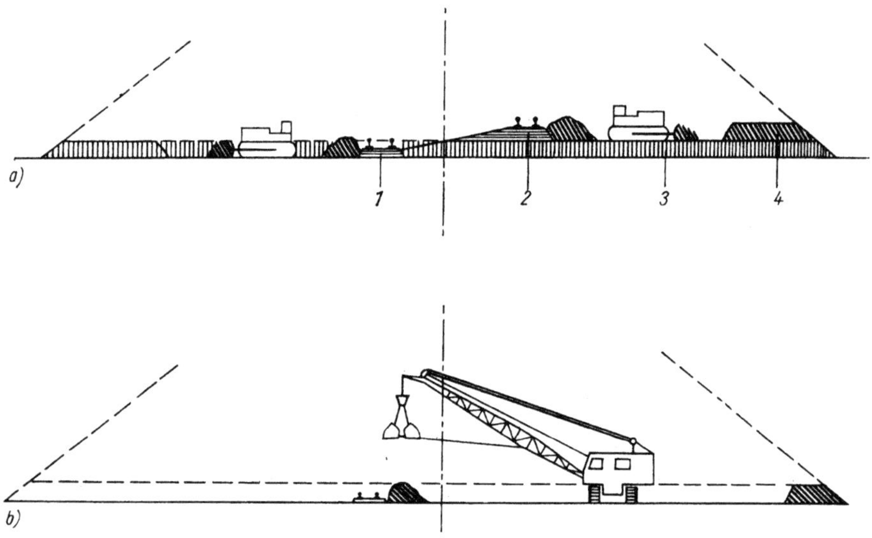

Bild 203. Querverteilung bei Lagenschüttung im Gleisbetrieb
a) Querverteilung mittels Planierraupe; *1* Gleislage 1; *2* Gleislage 2; *3* Schüttlage 1; *4* Schüttlage 2;
b) Querverteilung mit Greiferbagger

Bei der Querverteilung von Dammbaustoffen im Absetzerbetrieb mittels Greiferbaggern verbleiben nur noch geringfügige Gleisrückarbeiten (Bild 203b). Ist eine Lage durchgeschüttet, wechselt der Bagger auf das nächste Höhenniveau und baut die nächsthöhere Lage ein. Wenn die Reichtiefe des Baggers ausgeschöpft ist, wird das Baugleis um Streifenbreite gerückt. Die Gleisarbeiten können zu-

sätzlich eingeschränkt werden, wenn ein zweiter Greiferbagger zwischen Kippgleis und Absetzer eingegliedert wird, um die Dammbaustoffe umzusetzen.
Leistungsstärkere Absetzerkippen sind mit Eimerkettenbaggern und weit ausladendem schwenkbarem Absetzergurt ausgestattet.
Dabei kippen die Züge den Dammbaustoff hinter dem Absetzer ab. Der Eimerkettenbagger nimmt das Dammbaumaterial auf und übergibt es an einen Zwischenfördergurt, von dem es auf den Auslegergurt gelangt und weit von der Kippkante abgeworfen wird. Je nach den bodenmechanischen Eigenschaften der Erdstoffe ergeben sich durch die Schwenkbarkeit des Absetzers eine Vielzahl von Einbaumöglichkeiten. In die vom Eimerkettenbagger ausgehobene Mulde werden Dammbaustoffe durch Bauzüge nachgefüllt. Somit können von einer sicheren Gleislage aus umfangreiche Massen in das Dammprofil eingebaut werden.
Das bedeutendste Anwendungsbeispiel dieser Einbaumethode ist der Staudamm Ottmachau (4 Mill. m^3 Dammvolumen, Höhe 16 m). Bei diesem Vorhaben wurden an beiden Dammseiten je ein Absetzer installiert, die mit ihren 47 m langen Auslegern und einer Ausschütthöhe von 17 m den Damm einwandfrei in der vorgeschriebenen Lagendicke von 50 cm auftrugen. Auch die Verteilung verschiedener Erdstoffe in der Grundrißfläche des Dammes wurde dadurch ermöglicht. Es wurde mittels Walzen und Raupenfahrzeugen verdichtet. Diese Einbautechnologie schränkte die aufwendige Gleis- und Kippkantenentwicklung beträchtlich ein. Den teueren Absetzern und ihrer Anwendung sind naturgemäß wirtschaftliche Einsatzgrenzen gezogen.
Die Lagenschüttung kann in vielfältiger Weise auf die örtlichen Bedingungen abgewandelt und kombiniert werden.
Dammbaustoffe, die gleisgebunden angefahren werden, können auch mittels Spülkippen eingebaut werden. Kohäsionslose bzw. schwachbindige Dammbaustoffe sind hierfür besonders geeignet. Dagegen lassen sich Mischgesteine nur bedingt zum Verspülen verwenden. Grobkiesige, felsige und feinstkörnige Dammbaustoffe scheiden aus. Das Spülverfahren erfordert neben den geeigneten Erdarten ausreichenden Wasservorrat und große Spülflächen. Während in der Sowjetunion Spülkippen für Dammbauten weit verbreitet sind, hat sich dieses Einbauverfahren in Europa infolge mangelnder Voraussetzungen nicht einbürgern können. Lediglich im Tagebaubetrieb besitzen Spülkippen Bedeutung.
Der klassische Anwendungsfall für Spülkippen im europäischen Dammbau sind die Kanaldämme des Mittellandkanals [288].
Bei der Seitenschüttung wird der Damm gleich in seiner vollen Höhe geschüttet. Sie eignet sich vornehmlich zum Verbreitern bestehender Dämme und bei Anschnitten. Nach Aufbau eines Dammkernes mittels mechanisierter Hebe- oder Absetzerkippe läßt sich der Damm nach beiden Seiten hin verbreitern. Hierbei können Ganzzüge ohne zeitraubende Verschiebearbeit entladen werden (Beispiel: Eisenbahndämme des Berliner Südringes).
Ob ein Damm gleich in voller Höhe geschüttet werden kann, hängt von dem dabei erreichbaren Verdichtungsgrad und den Forderungen an seine Lagerungsdichte ab. Früher blieben die Dämme oft bis zu zwei Jahren nach der Fertigstellung liegen, um ihre Setzungen abklingen zu lassen. Heute ist das nur noch in wenigen Ausnahmefällen möglich. Die in voller Höhe geschütteten Dämme des Südringes Berlin wurden durch schweren Bauzugverkehr (Reichsbahngerät) bereits so intensiv verdichtet, daß sie lediglich vom Planum aus noch mit schweren Stampfplatten komprimiert werden mußten. Schäden haben sich bisher noch nicht herausgestellt.

5.6.2.4. Einbau bei Gurtförderung

Da beim Entladen der Dammbaustoffe mittels Abstreifers vom Hauptgurt Beschädigungen auftreten können, wird der Dammbaustoff entweder über Bandschleifenwagen oder Verteilergurte vom Hauptgurt einem schwenkbaren Absetzer zugeführt. Von dort wird der Dammbaustoff auf das Dammplanum abgeworfen bzw. mittels Erdtransportfahrzeugen oder Schürfkübeln zur Einbaustelle gefahren (Bild 205). Die Bandschleife dient dabei als Längenausgleich. Einfacher und billiger ist es, ein fahrbares, umsteuerbares Verteilerband zwischenzuschalten.

Bild 204. Einbau mittels Gurtförderers über Absetzer und Planierraupe

Bild 205. Kombination Absetzer und Anhängeschürfkübel beim Einbau

Mit dem Fortschreiten der Einbaustelle muß das Verteilerband bzw. der Hauptgurt gerückt werden. Hierzu werden Planiermaschinen mit Rückrollkopf benutzt, die das Traggerüst anheben und seitlich verziehen (Bild 206).

Beim Oroville-Damm (USA) wurden über 60 Mill. m^3 Dammbaustoffe mittels Gleisbetriebes von der Gewinnungsstelle abgefahren und einem Gurtförderer übergeben, der einen schwer zugänglichen Streckenabschnitt überwand. Schließlich wurde der Dammbaustoff über Doppeltrichter in Bodenschütter umgeladen, die den Dammbaustoff an die inbaustelle brachten.

Bild 206. Planierraupe mit Rückrollkopf

Mit der verstärkten Einführung der Gurtförderung im Dammbau werden sich noch weitere vorteilhafte Einbautechnologien herausbilden.

5.6.2.5. Hydromechanischer Einbau

Das hydromechanische Transportieren und Einbauen ist in der Sowjetunion weit verbreitet. Dagegen sind in den USA im Zeitraum von 1939 bis 1949 von 130 Dämmen nur 2 Dämme gespült worden.
Nach ihrer Bedeutung werden unterschieden:

1. zweiseitiges Einspülen mit einer Hauptleitung in Dammachse (Bild 207a)
2. einseitiges Einspülen (Bild 207b)
3. zweiseitiges Einspülen mit zwei Hauptleitungen am Böschungsfuß
4. „Mosaik"-Spülung

Beim hydromechanischen Einbau müssen die Dammfüße sorgfältig berechnet und ausgeführt werden.
Beim Staudamm Fort Peck (USA), 100 Mill. m^3 Dammvolumen, waren die Dammfüße unterdimensioniert und hielten dem inneren Druck des Dammkörpers nicht stand. Im Jahre 1938 kam es daher zu Rutschungen von mehreren Millionen Kubikmetern. Nur durch künstliches Gefrieren konnte damals eine unheilvolle Katastrophe abgewendet werden.

Beim Einspülen beträgt die Schichtdicke etwa 0,50 bis 1 m. Jede Schicht wird in der Längsrichtung des Bauwerkes in aufeinanderfolgenden Arbeitsabschnitten aufgetragen. Das Wasser innerhalb des Spüldammes wird allmählich nach Konsolidierung abgeführt. Die einzelnen Zonen des Dammes entwässern um so

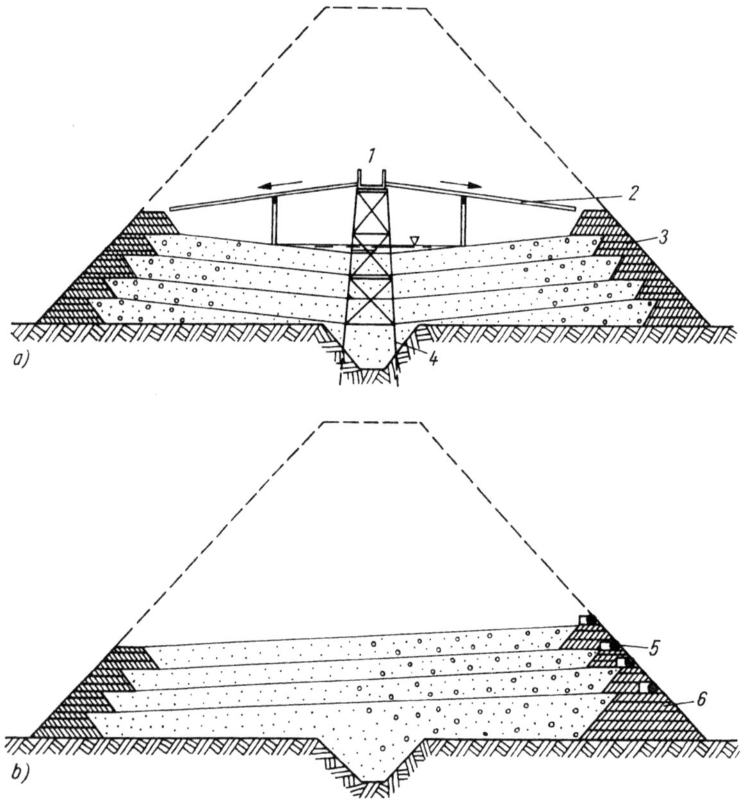

Bild 207. Hydromechanischer Einbau

a) zweiseitiges Einspülen mit einer Hauptleitung; b) einseitiges Einspülen; *1* Hauptspülleitung; *2* Verteilerleitung; *3* trockengeschüttete Pionierdämme; *4* aufgestocktes Spülgerüst; *5* Hauptspülleitung mit Spülstutzen; *6* trockengeschüttete Pionierdämme

schneller, je grobkörniger der Dammbaustoff ist und je näher sie der Böschung gelegen sind; denn ein Teil des Überschußwassers tritt durch die Böschung aus. Das im Dammzentrum verbleibende Wasser wird durch Brunnen mit Auslässen, Durchlässen oder Überpumpen abgeführt. Die Brunnen bestehen aus zusammensetzbaren Holz- oder Betonringen. Zu jedem Spülabschnitt sollen mindestens zwei Brunnen gehören. Die Entwässerung der Spüldämme ist außerordentlich wichtig. Daher darf die Dammhöhe bei feinkörnigem Dammbaumaterial täglich nur um 25 cm und bei mittel- und grobkörnigen Sanden höchstens um 50 bis 60 cm anwachsen.

5.6.3. Einbau und Witterung

Um die Leistungsfähigkeit und Wirtschaftlichkeit des Einbauens zu gewährleisten, müssen die jahreszeitlichen Schwankungen des Wettergeschehens, wie Frostwetter, Regenwetter und Trockenheit, bei der Einbauorganisation Beachtung finden. Es ist zu empfehlen, schon im Vorbereitungsstadium ausgiebige Wettererkundungen über die Baustelle einzuholen.

5.6.3.1. Frostwetter

Dammbaustoffe wie Fels, Kies und Sand, die im allgemeinen weniger als 10% Korngrößen unter 0,06 mm aufweisen, sind ungefährlich, solange sie nicht als Frostballen eingebaut werden. Ist der Dammbaustoff trocken, so bestehen unabhängig von den Lufttemperaturen nur geringfügige Einbaubeschränkungen. Auch Frostballen trockener, rolliger Erdarten können gefahrlos eingebaut werden, wenn sie durch eine intensive Verdichtung ausreichend homogenisiert werden. Dazu eignen sich vor allem die Stoßverdichtungsverfahren, deren Wirksamkeit durch Vermindern der Einbauhöhe verstärkt werden kann. Wesentliche Erschwernisse treten jedoch bei bindigen frostempfindlichen Erdarten auf.

Im allgemeinen sollen bindige Erdarten mit höherem Wassergehalt als 20% bei Frostwitterung nicht eingebaut werden. Weisen bindige Erdarten noch einen optimalen Wassergehalt auf, so wird wenig Kapillarwasser mobilisiert und die unerwünschte Wasseranreicherung eingeschränkt. Daher können sie bei ermäßigter Schütthöhe und intensiver Verdichtung ohne Gefahr von schädlichen Auftausetzungen eingebaut werden.

Nach sowjetischen Erfahrungen sollen Anschlußdämme für Brückenwiderlager nur aus ungefrorenen Erdarten bestehen. Dagegen werden für Verkehrsdämme, deren Decken unmittelbar nach Fertigstellung des Dammkörpers aufgebracht werden, bis zu 20% Frostballen zugelassen. Bei Eisenbahndämmen werden 30% und bei Straßendämmen, deren Decken erst nach erfolgter Setzung aufgebracht werden, bis zu 50% Frostballen gestattet.

Frostballen dürfen nicht in sperriger Lage eingebaut werden. Ferner muß verhindert werden, daß Frostballen noch Wasser aufnehmen, da bei Frostaufgang infolge Gefügeveränderung und Wasseranreicherung die Scherfestigkeit herabgesetzt wird. Der Einbau muß so organisiert sein, daß der Frost nicht in die Dammschüttung eindringen kann. Daher ist es erforderlich, den Einbau flächenmäßig zu konzentrieren, mit hoher Einbaugeschwindigkeit zu arbeiten und die abgekippten Dammbaustoffe sofort zu verdichten. Erdstoffe mit höherem Wassergehalt können dabei in Wechselschüttung mit trockenem Kiessand eingebaut werden, so daß gefrorene Schichten mit ungefrorenen Erdstoffen überdeckt werden und die Hohlräume ausgefüllt sind. Frostballen dürfen nur bis auf eine Entfernung von 1,00 m von der äußeren Böschung eingebaut werden. Eis und Schnee dürfen nicht mit den Dammbaustoffen vermischt werden.

Die Vorkopfschüttung frostgefährdeter Erdarten ist nicht statthaft. Auch Frostballen dürfen nicht vorkopf geschüttet werden. Beim Aufschütten müssen der auf dem Planum befindliche Schnee und das Eis entfernt und die Planumsfläche aufgelockert werden. Auf durchfrorenen Schichten kommt kein inniger Verbund zustande. Das Auftauen von Dammflächen mit Dampf, elektrischem Strom oder chemischen Flüssigkeiten hat sich nicht durchgesetzt. Dammflächen können vorbeugend mit Laugen bespritzt werden, so daß nur die Oberfläche leicht gefriert.

Flammenwerfer haben sich zum Auftauen praktisch bewährt, während Thermitpulver (Gemisch aus Metalloxid und Aluminiumpulver) nur auf kleineren Flächen wirtschaftlich verwendet werden kann.
Der Einbau verteuert sich bei Frostwitterung, da die Leistungen der Maschinen sinken und sich ihr Verschleiß erhöht. Daher muß gegenübergestellt werden, ob der Nutzen des Wintereinbaues größer ist als seine Aufwendungen.

5.6.3.2. Regenwetter

Bereits im Arbeitsgang Transportieren kann die Einbaugeschwindigkeit durch Regenwetter beeinträchtigt werden. Denn mangelhaft entwässerte Baustraßen verlangsamen den Transportfluß. Hiervon werden hauptsächlich die gleislosen Transportmethoden betroffen. Der Flachbaggerbetrieb an der Schürfstelle bereitet die meisten Schwierigkeiten.
Auf dem Dammkörper rufen die Fahrspuren der Erdbaumaschinen oft abflußlose Stellen hervor, welche die Trasse unbefahrbar machen können. Daher muß das Dammplanum stets ausreichendes Quergefälle besitzen. Es ist billiger, Abflußrinnen im Dammkörper anzulegen, als die Einbaugeschwindigkeit zu vermindern. Aufgeweichte Stellen im Dammkörper sind auszuräumen und mit trockenem Material aufzufüllen, das gut zu verdichten ist. Ferner lassen sich Fahrbahnen durch Einmischen von etwa 6 bis 12 kg ungelöschtem Kalk je m^2 auch bei Regenwetter betriebsfähig halten.
Bindige Erdarten können bei Regenwetter leicht aus der Lademulde vom Fahrzeug entfernt werden, wenn diese mit Dieselöl besprengt ist. Bei sehr schlechtem Wetter ist stündlich zu besprühen. Gelegentlich werden kleinere Löffelbagger zum Auskratzen der Lademulden eingesetzt, um einen Mehrtransport infolge klebenden Materials zu verhindern.
Das Hauptaugenmerk muß auf die Einbaustelle gerichtet werden. Es ist sofort zu verdichten, damit Niederschlagswasser nicht erst in den Dammbaustoff eindringen kann. Dieser Grundsatz muß vor allen Dingen bei leicht aufweichbaren, schluffigen Erdarten beachtet werden. Qualitätsgefahren drohen auch den schwächer verdichteten Dammschultern, denn dort dringt Wasser am schnellsten ein. Daher sollte das Wasser an gefährdeten Böschungen durch parallel zum Böschungsrand verlaufende Gräben mit dichter Sohle gefaßt und außerhalb des Böschungsbereiches abgeleitet werden.
Feinsande und Schluffe sind vorteilhafterweise bei Regenwitterung in Dammitte statt in Böschungsnähe einzubauen. Bindige und rollige Erdstoffe dürfen nicht wahllos vermischt werden. Denn es besteht die Gefahr, daß sich in den rolligen Erdarten das Wasser staut, die bindigen Dammbaustoffe dadurch aufweichen und schließlich unerwünschte Setzungen auftreten. Es ist senkrecht zur Dammachse einzubauen und bei bevorstehenden Niederschlägen das Planum in gleicher Richtung, 8 bis 10% geneigt, abzuwalzen. Dadurch wird der Abfluß des Regenwassers begünstigt. Aufgeweichte Dammbaustoffe dürfen grundsätzlich nicht eingebaut werden. Zur Reduzierung des Wassergehaltes kann ungelöschter Kalk beigegeben werden. Je nach Wassergehalt genügen Zugaben von etwa 10 bis 60 kg/m^3. Dieses Austrockenverfahren muß bereits an der Gewinnungsstelle angewandt werden. Bei längeren Niederschlägen können im Wechseleinbau lagenweise auch feuchtere Dammbaustoffe eingebracht werden. Bei intensiven Regenfällen sollte der Einbau rechtzeitig eingestellt werden. Es ist absolut unwirtschaftlich, solange einzubauen, bis das gesamte Dammplanum zerfurcht ist. Insbesondere raupen-

angetriebene Erdbaumaschinen zerwühlen das Planum und begünstigen dadurch die Wasseranreicherung. Die Wiederaufnahme der Arbeit wird dadurch hinausgeschoben. Dagegen können witterungsbedingte Pausen durch Warten und Pflegen der Maschinen nutzbringend überbrückt werden.
Nach dem Regen sollen erst dann wieder bindige Erdarten eingebaut werden, wenn sie ausreichend abgetrocknet sind. Planumsflächen lassen sich abtrocknen, indem ungelöschter Kalk in Mengen von 2 bis 12 kg/m³ aufgestreut und vermischt wird. Praktisch hat sich auch das Abdecken von Dammflächen mit Kunststoffolien vor Beginn der Regenfälle bewährt. Dabei muß jedoch für den Abfluß des Regenwassers gesorgt werden.
Bei Staudämmen mit breiten Dichtungskernen sind schon mit Erfolg hydraulisch anhebbare Schutzdächer verwendet worden, die, von LKWs gezogen, dem Einbaufortschritt folgend, verfahren werden können. Derartige Installationen machen den Einbau witterungsunabhängig und haben wirtschaftliche Vorzüge.

5.6.3.3. Trockenheit

Damit rollige und bindige Dammbaustoffe den vorgeschriebenen Verdichtungsgrad erreichen, muß ein durch Vorversuche ermittelter Schwankungsbereich des Wassergehalts eingehalten werden. Werden diese Grenzen unterschritten, leidet die Verarbeitbarkeit des Dammbaumaterials, und die Sollwerte der Lagerungsdichte können nicht erreicht werden. Solche Dammbaustoffe weisen entweder bereits im natürlichen Vorkommen zu geringen Wassergehalt auf, oder sie trocknen unter Sonneneinstrahlung während des Gewinnens, Transportierens und Einbauens zu stark aus. Das fehlende Wasser kann entweder in der Gewinnungsstelle, während des Beladens oder beim Einbau zugesetzt werden. Das Anfeuchten in der Entnahme ist sehr aufwendig, gilt aber als zuverlässigste Methode. Durch wochenlanges Beregnen, ohne daß Pfützen entstehen, kann der Wassergehalt aufgehöht werden, wobei sich das Zuschußwasser bei rolligen und gemischten Erdarten relativ gleichmäßig verteilt.
Auf der Baustelle des Staudammes Serre-Ponçon wurde die völlig ausgetrocknete Abbaustelle, eine Schotterhalde, in 200 m³ große Bassins aufgeteilt und zwei bis drei Wochen lang ununterbrochen benäßt, bevor der Dammbaustoff zum Einbau freigegeben werden konnte.
Auch die Wasserzugabe auf das Transportmittel ist oft angewendet worden. Unkontrollierte punktartige Wasserzugabe führt jedoch nicht zum Erfolg. Indessen haben sich Sprühsysteme bewährt, die mit Drücken bis zu 37 at Ü Wasser auf die Lademulde von Transportfahrzeugen zusetzen, wobei die Dosierungsgenauigkeit bei $\pm 0{,}5\%$ liegt. Die Wasserzugabe in der Einbaustelle wird sehr häufig angewendet. Dabei befahren Sprengwagen das Planum. Als Wassersprengwagen werden oft auch gebrauchte, umgebaute Motorschürfkübel verwendet. Bei hohen Zugaben werden Sprengwagen mit Wasserpumpen versehen.
Beim Swift-Damm (USA) wurde sogar eine künstliche Beregnung durchgeführt.

5.6.4. Nebenarbeiten

In den vorangegangenen Abschnitten konnte immer wieder auf die beachtlichen Leistungsfortschritte in den Hauptarbeitsgängen Lösen, Laden, Transportieren und Einbauen hingewiesen werden. Demgegenüber gehören die sogenannten Nebenarbeiten, wie z. B. Böschungsbau und -schutz, im Auf- und Abtrag zu den

noch wenig mechanisierten Prozessen. Eine Zeitlang hatte sich ein charakteristisches Mißverhältnis herausgebildet, das erst jetzt infolge der zunehmenden Verknappung von Arbeitskräften in allen hochindustrialisierten Ländern schrittweise ausgeglichen wird.
Bei der Mechanisierung der Nebenarbeiten muß von dem Grundsatz ausgegangen werden, in den Hauptarbeitsgängen nur solche Verfahren auszuwählen, die von vornherein nur in möglichst geringem Umfange Nebenarbeiten hervorrufen und gleichzeitig auch günstige Voraussetzungen für deren Mechanisierung bieten. Für die notwendigerweise verbleibenden, immer noch umfangreichen Nebenarbeiten müssen dann die zweckmäßigsten Mechanisierungsmittel verwendet werden.

5.6.4.1. Böschungsbau

Die Herstellung des Grob- und Feinplanums von geneigten Böschungsflächen ist nach der Länge und Steilheit der Böschung unterschiedlich mechanisierbar. Böschungen mit einer Länge von etwa 3 m lassen sich vorteilhaft durch Erdhobel zuschneiden, die ohnehin auf jeder größeren Dammbaustelle zu Planier- und Pflegearbeiten stationiert sind (Bild 208). Für längere Böschungen eignen sich vor allem Bagger auf Raupen- bzw. Reifenfahrwerk mit Teleskopauslegern, die an der Auslegerspitze ein Planierschild tragen. Bei Reichweiten von etwa 5 m können mit den größten Maschinen dieser Art Weiten von etwa 7 m erreicht

Bild 208. Erdhobel beim Böschungsbau

werden (Bild 209). Teleskopbagger sind ausgesprochene Vielzweckmaschinen, die auch mit Tieflöffeln, Felsschaufeln, Greifern, Betonkübeln, Aufreißzähnen usw. ausgerüstet werden können. Ihre Steuerung läßt genaues Arbeiten zu. Durch Planierbewegungen von einer oberen Standebene aus kann ein sauberes Planum hergestellt werden. Bei Dämmen größerer Höhe muß das Planum, dem Schüttprozeß folgend, in mehreren Etappen hergestellt werden. An Stelle von Teleskopbaggern werden auch Universalbagger mit langen Auslegern und Zusatzgeräten für den Böschungsbau benutzt. So kann z. B. mit einer Planieregge eine Massenverteilung auf der Böschung von unten nach oben erreicht werden. Erdarten, wie Sand, Kies bis zum festen Ton, roh gebundener Kies und leichter Hackfelsen, lassen sich mit der Planieregge gleichfalls noch einebnen. Mit Universalbaggern

der 1-m³-Klasse können bei Neigungen von 1 : 1 Böschungslängen bis zu 30 m bearbeitet werden, wobei Leistungen von 450 m²/h erzielt werden können.
In einigen Fällen wurden auch schon schwere Eimerkettenbagger mit einer Leistung von etwa 450 bis 600 m³/h zum Böschungsbau eingesetzt.

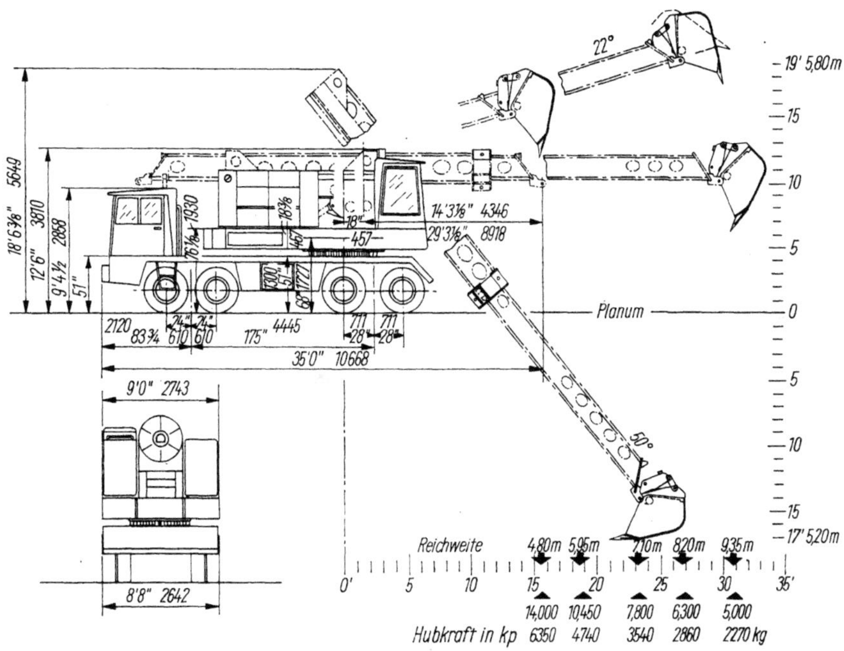

Bild 209. Gradall, Typ G-1000 (Teleskopbagger): Abmessungen und Arbeitsbereich

Weit verbreitet sind auch Planiermaschinen mit Raupen- bzw. Reifenfahrwerk, die allerdings nicht die Arbeitsgenauigkeit der Teleskopbagger erreichen. Während kleinere Planierraupen noch auf 1 : 1,5 geneigten Böschungen arbeiten können, liegt die obere Grenze für den Einsatz schwerer Planiermaschinen bei etwa 1 : 2. Auf leichten Erdarten kann auch ein Planum erreicht werden, wenn abgelegte Raupenketten mittels zwei Planierraupen (eine am Böschungsfuß, die andere an der Böschungskrone laufend) über die Böschungsfläche geschleppt werden. Dieses Planierverfahren wurde bei den Dämmen des Managil-Kanals im Sudan mit Erfolg angewendet.

5.6.4.2. Böschungsschutz

Böschungen müssen gegenüber unerwünschtem Abtrag durch Wind und Niederschläge ingenieurbiologisch geschützt werden. Nach dem Mutterbodenauftrag folgen im allgemeinen Rasenanbau oder Grasansaat.
Mutterboden kann durch Greiferbagger aufgetragen und durch Erdhobel oder Planierraupen in der gewünschten Stärke verteilt werden. Dennoch verbleiben Handarbeiten.

In jüngster Zeit wird auch die Wurfförderung zur Mutterbodenandeckung verstärkt angewendet. Mittels eines Radschleppers bzw. einer Planierraupe von etwa 50 PS Antriebsleistung wird das als „Erdwolf“ bezeichnete Anbaugerät über den am Böschungsfuß lagernden wallförmig aufgehäuften Mutterboden gezogen (Bild 210). Durch regelbare Ablenkbleche lassen sich Wurfweite und Streubereich einstellen. Am besten läßt sich leichter, feuchter Mutterboden auftragen, während

Bild 210. „Erdwolf“ zum Andecken von Mutterboden

Bild 211. Böschungssämaschine mit Walzvorrichtung

trockener Boden mit Steinanteil und eingemischten Rasensoden sich nicht eignet. Es werden Leistungen von etwa 200 m^2/h erreicht. Sofern in nächster Nähe ausreichende Mengen Rasensoden zur Verfügung stehen, kann die mit Mutterboden angedeckte und angeklopfte Böschung mit Soden belegt werden. Sie sollen dicht aneinander gelegt und die Fugen mit Mutterboden überdeckt werden. Je nach der Steilheit der Böschung werden die Soden vernagelt, damit sie nicht abrutschen. Neuerdings werden auch Fertigteilrasen in Ermangelung natürlicher Rasensoden

verwendet. Eine Rollrasenfertigung ist wirtschaftlich tragbar, wenn ein Bedarf von etwa 10000 m^2/Jahr besteht.
Wird Grasansaat vorgeschrieben, so muß das Saatgut eingeharkt, eingeigelt und angewalzt werden. Auch hierfür bestehen schon Mechanismen, die als Zusatzgeräte für Universalbagger bzw. Planiermaschinen mit Seitenausleger verwendet werden (Bild 211). Zum Abwalzen der Saatflächen werden Glattradwalzen verwendet, die auf der Böschung über einen Baggerausleger geführt werden. Bei zwei bis drei Übergängen können Leistungen von etwa 900 m^2/h erreicht werden.

5.7. Verdichtung von Dammbaustoffen

In Abschn. 2. bis 4. wurde im Zusammenhang mit der Beanspruchung von Verkehrs- und Staudämmen und den wechselnden Eigenschaften der Erdstoffe verschiedentlich hervorgehoben, daß Dammbaustoffe zur Vergütung verdichtet werden müssen.
Dem Bauingenieur stehen eine Vielzahl von Verdichtungsmöglichkeiten offen. Neben die klassische Druckverdichtung mit Walzen sind moderne Verfahren getreten, deren Entwicklung noch nicht abgeschlossen ist.
Die Verdichtung ist sowohl für die Güte als auch für die Wirtschaftlichkeit des Bauwerkes ausschlaggebend. Infolge der gegenwärtig noch mangelhaften wissenschaftlichen Durchdringung finden sich in der Verdichtungstechnik noch viele empirische Elemente, welche die Auswahl von Verdichtungsverfahren und -maschinen erschweren. Daher sollen im folgenden Abschnitt die charakteristischen Merkmale und Anwendungsbereiche der verschiedenen Verdichtungsverfahren herausgestellt werden.

5.7.1. Verdichtungsverfahren

Nach dem gegenwärtigen Erkenntnisstand lassen sich die bekannten Verdichtungsverfahren wie in Tafel 76 dargestellt einteilen.
In den Einzelbetrachtungen zu den Verdichtungsverfahren werden folgende entscheidende Gesichtspunkte erörtert:

1. wesentliche konstruktive Merkmale der Verdichtungsverfahren und -maschinen
2. Verdichtungseffekt
3. Einsatzeignung für die unterschiedlichen Dammbaustoffe
4. organisatorische Grundzüge der Verdichtungsverfahren und -maschinen
5. Leistungsangaben

Diese analytische Betrachtung befähigt den Bauingenieur, für die entsprechende Verdichtungsaufgabe eine begründete Auswahl unter den Verdichtungsmaschinen und -verfahren zu treffen.

5.7.1.1. Druckverdichtung durch Walzen

5.7.1.1.1. Glattradwalzen

Die Glattradwalzen gehören zu den ältesten Verdichtungsmaschinen. Im Laufe der Zeit wurden aus verdichtungstechnischen und wirtschaftlichen Gründen be-

Tafel 76. Einteilung der Verdichtungsverfahren

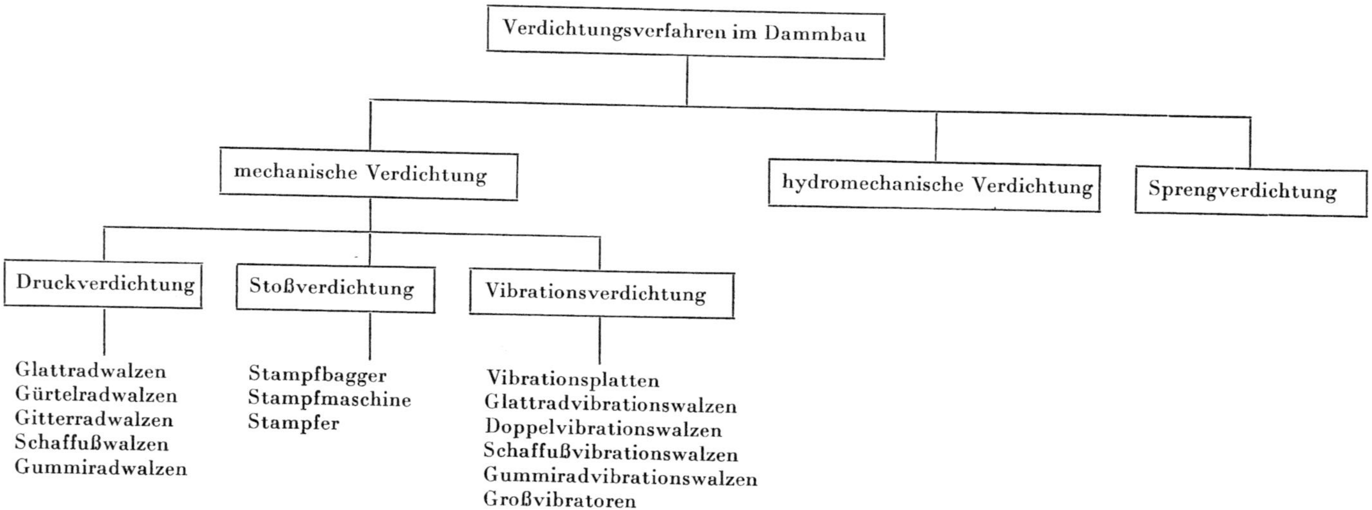

sondere Walzenarten entwickelt, die sich in Einradwalzen (gezogene und selbstfahrende), Tandemwalzen (selbstfahrende), Dreiradwalzen (selbstfahrende) und Dreiachswalzen (selbstfahrende) unterscheiden lassen.

a) Dreiachs-Glattradwalze, 10,0 bis 12,3 t

Bild 212. Selbstfahrende Glattradwalzen

b) Dreirad-Glattradwalze, 9,6 bis 14,0 t

Im Dammbau haben vornehmlich die selbstfahrenden Tandem- und Dreiradwalzen Bedeutung erlangt.
Tandemwalzen werden in den Größenklassen 2 bis 10 t und Dreiradwalzen zwischen 3 bis 14 t Eigenmasse hergestellt.
Glattradwalzen sind Fahrzeuge mit walzenförmigem Fahrwerk. Das Massenverhältnis der Vorder- und Hinterräder liegt zwischen 1 : 2 bis 1 : 3, so daß die vordere Lenkwalze nicht schiebend wirken kann. Zur Veränderung der Walzmasse sind Kästen angebracht, die mit Sand, Wasser oder metallischem Ballastmaterial gefüllt werden können. Damit kann die Dienstmasse um etwa 2 bis 5 t erhöht werden. Glattradwalzen werden mit luft- und wassergekühlten Dieselmotoren von 25 bis 70 PS angetrieben. Sie sind meistens mit Dreiganggetrieben ausgerüstet, die auf die notwendigen Arbeits- und Transportgeschwindigkeiten abgestimmt sind. In steigendem Maße werden Getriebe mit Wandlereigenschaften eingebaut, wodurch auch nach mehreren Übergängen bei abnehmenden Fahrwiderständen die Arbeitsgeschwindigkeit konstant gehalten werden kann. Dadurch wird die Verdichtungswirkung beträchtlich vergleichmäßigt. Spezialkupplungen verhindern unerwünschtes, stoßhaftes Anfahren und gestatten Schnellumsteuern, so daß lockernde, horizontal schiebende Wirkungen der Walze eingeschränkt werden. Meistens werden die hinteren Walzen angetrieben. Der Geschwindigkeitsbereich, vor- und rückwärts, liegt etwa zwischen 1 und 7,5 km/h. Höchste Ebenflächigkeit garantieren statische Glattwalzen mit Allradantrieb und -lenkung. Der Einbau von Differentialgetrieben in beiden Walzzylindern verteuert jedoch die Maschine. Um die Lenkung stoß- und spielfrei zu gestalten, werden neuerdings statt mechanischer auch ölhydraulische, elektrische oder kombinierte Lenkungen eingebaut.
Tandemwalzen werden den klassischen Dreiradwalzen vorgezogen, da sie einen gleichmäßigeren Druck quer zur Fahrtrichtung ausüben.
Die Eigenmasse der statischen Glattwalze drückt unter einem Winkel von etwa 45° über die Aufstandsfläche, die vom Walzdurchmesser, von der Walzbreite und der Eindrücktiefe abhängt, auf die Dammschüttung und nimmt somit bei zunehmender Tiefe rasch ab. Im wirksamen Tiefenbereich kommt es zu Knet- und Scherbeanspruchungen der Dammbaustoffe, so daß je nach Dauer des aufgebrachten Spannungszustandes, der Kornverteilung und des Wassergehaltes elastische und plastische Deformationen auftreten, die zur Gefügeverdichtung führen.
Schotter und Kies werden zum Teil zerkleinert, wobei die entstehenden Feinteile verbliebene Hohlräume auffüllen.
Die Tiefenwirkung statischer Glattradwalzen beschränkt sich je nach Erdart auf etwa 20 cm. Während dieser Bereich intensiv komprimiert wird, werden darunter befindliche Zonen nur geringfügig verdichtet. Die beim Walzen hervorgerufene horizontale Kraftkomponente, die mit abnehmender Eigenmasse und kleinerem Walzdurchmesser der Verdichtungsmaschine zunimmt, wirkt auflockernd. Sie ist jedoch bei gezogenen statischen Glattradwalzen weitaus größer als bei selbstfahrenden Tandem- und Dreiradwalzen.
Einsatzbereich von Glattradwalzen

Gut geeignet:	schwachbindige, gemischte trockene Erdarten
	rollige Erdarten (Sand, Kies und Schotter)
	felsige Lockergesteine
Mäßig geeignet:	starkbindige, trockene Erdarten

Ungeeignet:	plastische und hochplastische Erdarten
Schütthöhen:	höchstens 20 cm
Übergänge:	4 bis 8

5.7.1.1.2. Gürtelradwalzen

Gürtelradwalzen sind Sonderformen der selbstfahrenden Glattradwalze. Sie werden in Größen von 10 bis 25 t Eigenmasse hergestellt und sind mit Dieselmotoren von 30 bis 70 PS Antriebsleistung ausgerüstet. Ihre Geschwindigkeit beträgt etwa 2,5 km/h. Der Druck zwischen Vorder- und Hinterradwalze steht im Verhältnis 1 : 5 bis 1 : 7.

Bild 213. Gürtelradwalze

Auf beiden Walzkörpern sind Rechteckplatten (Gürtelschuhe), Bodendruck 2,4 bis 3,75 kp/cm^2, beweglich befestigt, die zum Teil mit Schaffüßen oder Höckern bestückt sind und einen hohen Punktdruck bis 120 kp/cm^2 hervorrufen. Die Gürtelschuhe der Vorderachse haben Abmessungen von etwa 30 cm$\times$30 cm; auf der hinteren Walzbandage sind größere Gürtelschuhe angebracht, die bei den 25-t-Gürtelradwalzen Abmessungen von 60 cm$\times$50 cm erreichen.
Gürtelradwalzen vermeiden weitestgehend den auflockernd wirkenden Horizontalschub beim Walzübergang. Die rollende Walzbewegung übt durch die gelenkartig befestigten Gürtelschuhe einen rein vertikalen, gleichmäßigen Druck aus.
Einsatzbereich der Gürtelradwalzen

Gut geeignet:	schwachbindige, trockene Erdarten
	rollige Erdarten (Kies und Sand)
Mäßig geeignet:	starkbindige, trockene Erdarten
	kleinstückige Lockergesteine (schiefrige Erdarten)
Ungeeignet:	felsige Lockergesteine
Schütthöhe:	15 bis 30 cm
Übergänge:	4 bis 5

5.7.1.1.3. Gitterradwalzen

Gitterradwalzen, Eigenmasse 7 bis 14 t, sind einachsige, gezogene Walzen, deren Bandagen aus einem Stahlgittergeflecht bestehen. An den Kreuzungsstellen des Gitters, die nach außen gebogen sind, treten beim Verdichten hohe spezifische Drücke auf, die es gestatten, Gesteinsbrocken geringerer Festigkeit zu zerkleinern. Die günstigste Arbeitsgeschwindigkeit von Gitterradwalzen beträgt etwa 3 km/h. Plastische Erdarten verkleben das Gittergeflecht und behindern das Umdrehen des Walzkörpers. Gitterradwalzen sind bisher vornehmlich in den USA in größerem Umfang eingesetzt worden.

Einsatzbereich der Gitterradwalzen

Gut geeignet:	leichter, verwitterter Fels
	rollige bis schwachbindige Kiese
Mäßig geeignet:	sandige, schwachbindige Sande
Ungeeignet:	plastische und hochplastische Erdarten
Schütthöhen:	15 bis 30 cm
Übergänge	4 bis 12

5.7.1.1.4. Schaffußwalzen

Schaffußwalzen bestehen aus normalen Einfach- oder Doppelzylinderkörpern (Durchmesser 950 bis 1600 mm), die mit schaffußähnlichen Stempeln bestückt sind. Der Walzzylinder kann in starren, durchlaufenden Kastenrahmen oder in einem pendelnden Verbundrahmen gelagert werden. Auf einen Quadratmeter Walzzylinderfläche werden im allgemeinen 10 bis 18 Stück Schaffüße, insgesamt etwa 60 bis 250 Schaffüße, angeordnet. Die Fußlängen sind je nach Walztyp und -größe verschieden und liegen zwischen 180 und 450 mm. Je weniger Füße auf dem Walzzylinder montiert sind, um so höher ist der spezifische Flächendruck, der bis zu 100 kp/cm^2 reicht. Die Füße sind so auf dem Walzkörper angeordnet, daß möglichst wenig Füße gleichzeitig auf das Dammplanum drücken. Schaffüße sind rechteckig, pyramidenartig oder trapezförmig ausgebildet. Die Fußenden ähneln runden, eckigen oder ovalen Sohlen.

In Europa sind die gezogenen Walzen verbreiteter als die selbstfahrenden.

Eine der größten selbstfahrenden Schaffußwalzen wurde in den USA hergestellt und besteht aus zwei Walzkörpern (vier Einzelwalzen) von insgesamt 9 m Länge und 4 m Breite. Sie wiegt 40 t und besitzt insgesamt 480 Schaffüße. Bei einer Antriebsleistung von 420 PS erreicht diese selbstfahrende Schaffußwalze eine Arbeitsgeschwindigkeit von 1 m/min [389].

Für die in Europa verbreiteten gezogenen Schaffußwalzen genügen meistens Raupenschlepper bzw. gummibereifte Schleppfahrzeuge zwischen 20 und 100 PS.

Durch punktartigen Druck, waagerechtes Kneten und Durcharbeiten des Dammbaustoffs werden durch die Schaffußwalzen die wasser- und luftgefüllten Grobporen ausgepreßt. Allerdings wird der punktförmig konzentrierte Druck der schmalen Füße nicht voll wirksam, da stets mehrere benachbarte Füße gleichzeitig drücken. Mit zunehmendem Fußabstand steigt der Druck. Bestmögliches Verdichten ist allerdings nur bei einem günstigen Verhältnis von Drücken und Kneten möglich.

Zu Beginn der Verdichtungsarbeit dringen die Schaffüße tief in die lockere Schüttung ein. Mit zunehmender Übergangszahl hinterlassen die Füße keine Eindrücke mehr, bis die Fläche fest und eben ist. In diesem Zustand ist die optimale Verdichtung erreicht. Schaffußwalzen verdichten somit von unten nach oben. Die oberen

3 bis 4 cm des Planums bleiben unverdichtet; sie werden bei der nächsten Schüttlage mit erfaßt. Das Anrauhen verdichteter Planumsflächen entfällt dadurch; denn die Oberflächenstruktur ermöglicht ein vorteilhaftes Verbinden der einzelnen Schüttlagen. Die Dicke der Lockerschüttlage darf die Länge der Schaffüße nicht übersteigen.

Bild 214. Anhängeschaffußwalzen im Einsatz

Um die Leistung von Schaffußwalzen zu erhöhen, werden auch mehrere Walzen hintereinander und nebeneinander gekoppelt (Bild 215). Da Schaffußwalzen nur in Vorwärtsfahrt über die zu verdichtende Fläche geführt werden können, benötigen sie größere Arbeitsflächen. Wegen des Wendemanövers eignen sich schmale Arbeitsflächen nicht. Die Leistung der üblichen gezogenen Schaffußwalzen hält mit den hohen Einbauleistungen gewöhnlich nicht Schritt. Aus diesem Grund entschied man sich unter anderem beim Staudamm Serre-Ponçon zum Verdichten des plastischen Kernmaterials nach anfänglichem Einsatz von Schaffußwalzen schließlich für die leistungsfähigeren Gummiradwalzen.

Als günstigste Fußdrücke gelten folgende Mittelwerte:

bindiger Kies und Sand	5 bis 8 kp/cm^2
Lehm	7 bis 14 kp/cm^2
Ton	etwa 15 kp/cm^2

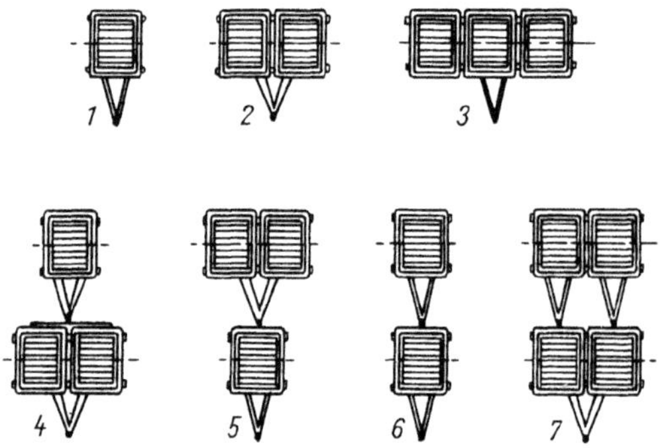

Bild 215
Kombinationsmöglichkeiten von Anhängeschaffußwalzen [379]

Der Fußdruck kann durch Ballaständerungen oder Auswechseln der Füße gelenkt werden. Steigen die Füße bei zunehmenden Walzüberfahrten nicht nach oben, so ist der spezifische Flächendruck der etwa 30 bis 50 cm^2 großen Schaffüße zu hoch, so daß der Ballast reduziert werden muß.

Während Schaffußwalzen in dem verbreiteten Trockenklima der USA die wichtigsten Verdichtungsmaschinen wurden, neigen sie unter den feuchten klimatischen Verhältnissen Mitteleuropas und den vorwiegend plastischen Erdarten zu unerwünschtem Verkleben und Verschmieren des Walzkörpers.

Einsatzbereich von Schaffußwalzen

Gut geeignet:	bindige, nicht zu feuchte, steinfreie Erdarten
	trockene, harte, bindige Erdarten
Ungeeignet:	gleichförmiger Sand und Kies
	rollige Erdarten
	felsige Lockergesteine
Schütthöhen:	15 bis 20 cm
Übergänge:	6 bis 12

5.7.1.1.5. Gummiradwalzen

Es werden ein- und zweiachsige Anhängewalzen und selbstfahrende, meist zweiachsige Gummiradwalzen unterschieden. Im Dammbau werden gezogene Anhängegummiradwalzen bevorzugt (Bild 216).

Die Ausgangsform der Gummiradwalze ist die zweiachsige Anhängewalze. Diese Walzen ähneln einem üblichen LKW-Anhänger, dessen kastenförmiger Ballastraum auf ein zweiachsiges Fahrgestell abgesetzt ist.

Voraussetzung für eine einwandfrei arbeitende Gummiradwalze ist die pendelndtauchende Anordnung der Räder, wobei jedes einzelne Rad unabhängig von der Oberflächenform des Planums, den gleichen Druck ausüben muß, um gleichmäßig zu verdichten. Die Siebenradkonstruktion mit drei Rahmenauflagerpunkten gewährleistet eine isostatische Radaufhängung (Bild 217). Werden mehr als sieben Räder angeordnet, ist eine gleichmäßige Gewichtsverteilung über dem Pendelrahmen nur mit hohem konstruktivem Aufwand erreichbar.

a) einachsig, 100 t

b) zweiachsig, 11 t

Bild 216. Gummiradanhängewalzen

Bei schweren einachsigen Anhängewalzen sind die Radpaare gewöhnlich in Säulen gelagert und mit den Ballastkästen verschweißt. Die Gummireifen sind auf Spurlücke versetzt, so daß auf der gesamten Fahrbreite verdichtet werden kann. Zur

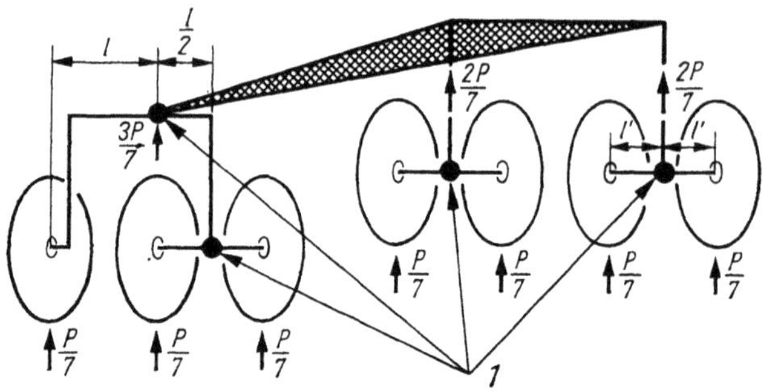

Bild 217. Schema einer Siebenradkonstruktion mit isostatischer Auflagerung [392]
1 Gelenkpunkte

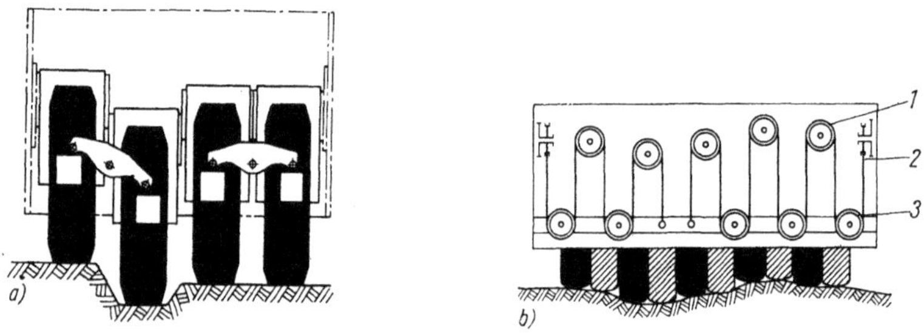

Bild 218. Aufhängung der Hinterachse bei zweiachsigen Gummiradanhängewalzen
a) Schwinge mit spezieller Hebelkonstruktion (7-Rad-Konstruktion);
b) Seilaufhängung (10 Rad-Konstruktion)
1 Seilrolle am Radrahmen; *2* Ausgleichkabel; *3* Umlenkrolle

Verdichtung von Erdstoffen werden Reifen mit offenen Profilen bevorzugt. Selbstfahrende Gummiradwalzen sind wesentlich beweglicher, Allrad- oder Knicklenkungen erhöhen noch ihre Wendigkeit. Die selbstfahrenden Gummiradwalzen müssen über die Reifen noch zusätzlich Zugkräfte übertragen, die mit steigendem Raddurchmesser zunehmen. Allradgetriebene Gummiradwalzen gestatten weiches Anfahren, sind aber wesentlich teurer als Gummiradwalzen mit Einachsantrieb. Noch vorteilhaftere Eigenschaften besitzen Gummiradwalzen mit Drehmomentenwandler. Die Antriebsleistung der selbstfahrenden Gummiradwalzen beträgt etwa 25 bis 100 PS.
Um sich den Verdichtungseigenschaften der vorkommenden Erdstoffe anzupassen, kann bei Gummiradwalzen die Radlast durch Variation des Ballastes und Reifendruckes verändert werden. Moderne, selbstfahrende Gummiradwalzen sind daher mit einem eigenen Luftkompressor ausgestattet.
Für die Wirkungstiefe von Gummiradwalzen, die maßgebend ihre Leistungsfähigkeit bestimmt, ist der Zusammenhang von Traglast, Reifeninnendruck, Reifenaufstandsfläche und Kontaktdruck wichtig. Während hoher Reifeninnendruck in

Verbindung mit der Radlast den oberen Bereich der Lockerschüttlage intensiv verdichtet, führt hohe Radlast fast unabhängig vom Reifeninnendruck zu größerer Tiefenwirkung. Bei bindigen Erdarten ist ein Reifeninnendruck über 6 at Ü zu wählen, während die Schütthöhe durch höhere Radlast bestimmt wird.

Bild 219
Selbstfahrende Gummiradtandemwalze, 30 t

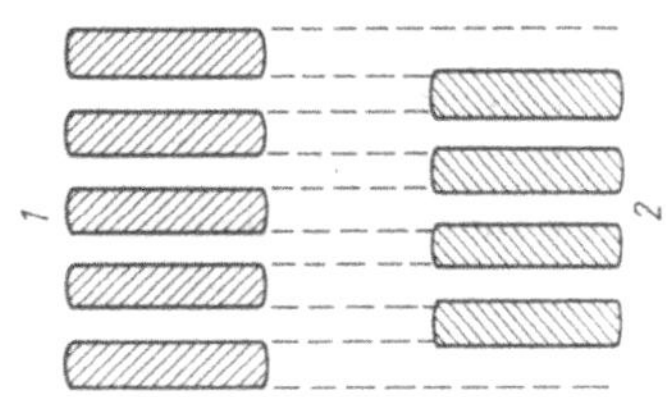

Bild 220
Überdeckung der Walzspuren bei einer Gummiradtandemwalze
1 vorn; 2 hinten

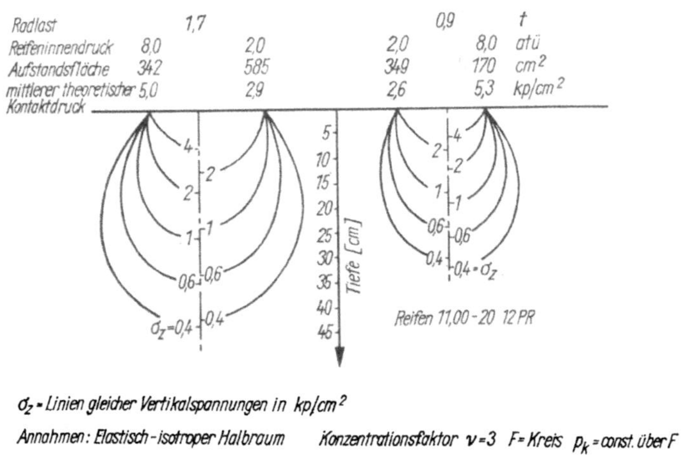

Bild 221. Verteilung der Vertikalspannungen bei unterschiedlichen Radlasten und Reifeninnendrücken [392]

Hierfür gelten folgende Richtwerte:

Schütthöhe 30 cm – Radlast 1,4 bis 1,7 at Ü
Schütthöhe 50 cm – Radlast 2,2 bis 2,5 at Ü
Schütthöhe 70 cm – Radlast 4,0 bis 4,7 at Ü

Gleichmäßige Verdichtung wird nur dann erzielt, wenn jedes Rad die gleiche Last überträgt. Gummiradwalzen mit starren Achsen passen sich den Planumsunebenheiten nicht an und verdichten ungleichmäßig. Ihr Einsatz kann daher nicht empfohlen werden.

Auch Gummiradwalzen verdichten durch statischen Raddruck. Hinzu kommt durch Einwirken horizontaler Kräfte ein knetender und vielseitig drückender Effekt der beweglichen Gummiräder, die das Umlagern des Korngerüstes begünstigen. Beim Übergang bewegen sich die Gummireifen über alle Unebenheiten laufend auf und ab, sie taumeln, liegen auf und drücken von allen Seiten auf die Unterlage.

Einsatzbereich der Gummiradwalzen

Gummiradwalzen bis 12 t Eigenmasse:

Gut geeignet:	starkbindige, feuchte Erdarten
	schwere, bindige, trockene Erdarten
Mäßig geeignet:	trockene, rollige Erdarten
Ungeeignet:	gleichförmige Sande
	felsige Lockergesteine
Schütthöhen:	15 bis 20 cm
Übergänge:	4 bis 12

Gummiradwalzen über 12 t Eigenmasse:

Gut geeignet:	bindige, rollige und gemischte Erdarten
	(tonige Sande, schluffige Tone usw.)
Mäßig geeignet:	steinarme Erdarten
	verwitterter, milder Fels
Ungeeignet:	felsige Lockergesteine
Schütthöhen:	20 bis 50 cm
Übergänge:	4 bis 12

Infolge der erheblichen Flächenleistung von Gummiradwalzen sind großflächige Dämme und Beckendichtungen ihr bevorzugtes Anwendungsgebiet. So wurden in jüngster Zeit für den österreichischen Staudamm Gepatsch 50-t-Anhängegummiradwalzen eingesetzt, die von 235-PS-Zugraupen geschleppt wurden, um die Kerndichtungszone dieses Staudammes zu verdichten.

Gummiradwalzen gestatten einen kontinuierlichen Verdichtungsbetrieb. Je nach Form der Verdichtungsfläche wird streifenweise oder im Kreisverkehr gearbeitet. Anhängewalzen verfügen mit einer bis 240° schwenkbaren Zugdeichsel auch über kleine Wenderadien. Selbstfahrende Gummiradwalzen sind durchweg mit Wendegetrieben ausgerüstet, so daß mit ihnen streifenweise in Vor- und Rückwärtsfahrt gearbeitet werden kann. Als optimale Walzgeschwindigkeit werden 15 bis 20 km/h angegeben. Jedoch ist der Einfluß der Arbeitsgeschwindigkeit auf den Verdichtungseffekt noch nicht vollständig aufgeklärt. Es wird vermutet, daß bei höherer Walzgeschwindigkeit ein zusätzlicher dynamischer Effekt eintritt, so daß bei bindigen Erdarten höhere Walzgeschwindigkeiten bevorzugt werden. Allen Verdichtungsaufgaben sollten jedoch Feldversuche vorangehen, wobei die Teste mit niedrigem Druck anzufangen sind, um die günstigsten Verdichtungsbedingungen zu erkunden. Bei Erdstoffen mit höherem Wassergehalt sind niedrigere Reifendrücke am Platze. Sind die Walzen mit Kompressoren versehen, kann der Reifendruck noch während des Verdichtungsganges geändert werden.

5.7.1.2. Druckverdichtung durch Erdbaumaschinen

5.7.1.2.1. Raupenfahrzeuge

Planierraupen und Raupenschlepper sind keine speziellen Verdichtungsmaschinen, gehören aber zu den gebräuchlichsten Maschinen des modernen Erdbaues.

Bild 222
80-PS-Planierraupe beim Verdichten

Beim Überfahren lockerer Schüttungen wirken sie statisch drückend, wobei der Druck der Ketten bei 0,5 kp/cm^2 liegt; im Bereich des Kettensteges liegt er noch bedeutend höher. Die Arbeitsgeschwindigkeit von Raupenfahrzeugen beträgt 3 bis 8 km/h.

Vergleichsversuche mit Gummiradwalzen bestätigen, daß Raupenschlepper bzw. Planierraupen erst nach einer Vielzahl von Übergängen die gleiche Verdichtungswirkung und -leistung aufbringen können. Dazu trägt die schmale Arbeitsbreite je Übergang bei. Weil die installierte Motorzugkraft von Raupenfahrzeugen nicht voll ausgenutzt wird, die Kettenteile stark verschleißen und die Leistung gering ist, eignen sich Raupenfahrzeuge im allgemeinen nicht zur Verdichtung. Dagegen ist ihr Einsatz bei geringen Einbauleistungen und Sonderaufgaben, wie Verdichten kurzer Böschungen usw., zu befürworten.

Einsatzbereich von Raupenfahrzeugen

Gut geeignet:	rollige, gemischte Erdarten
	schwachbindige, feuchte Erdarten
Mäßig geeignet:	bindige, trockene Erdarten
Ungeeignet:	felsige Lockergesteine
Schütthöhen:	15 bis 30 cm
Übergänge je Spur:	6 bis 12

5.7.1.2.2. Reifenfahrzeuge

Beim Transport von Dammbaustoffen mit Erdtransportfahrzeugen wird bei Hochkippen das unverdichtete Dammplanum ständig befahren. Die relativ hohen Reifendrücke von 5 bis 6 kp/cm^2 und die große Reifenaufstandsfläche erzeugen einen den Gummiradwalzen ähnlichen Verdichtungseffekt, doch ist der Ersatz spezieller Verdichtungsmaschinen durch luftbereifte Erdtransportfahrzeuge nur in Sonderfällen wirtschaftlich gerechtfertigt. Hierzu gehören schmale, langgestreckte Schüttflächen, die im Zuge des Einbaubetriebes ständig befahren werden müssen. Wie Baustellenversuche nachweisen, kann unter solchen Bedingungen das luftbereifte Fahrzeug zur Verdichtung herangezogen werden. Ansonsten ist die gleichmäßige Steuerung des Fahrverkehrs über das gesamte Dammplanum praktisch nicht durchführbar. Darüber hinaus wirkt das weiche Planum geschwindigkeitsmindernd, verursacht höheren Verschleiß von Fahrwerk und Fahrzeug und erhöht beträchtlich den Kraftstoffverbrauch.

Einsatzbereich von Reifenfahrzeugen

Gut geeignet:	rollige, gut abgestufte Erdarten
Mäßig geeignet:	bindige Erdarten
Ungeeignet:	gleichkörnige Sande felsige Lockergesteine
Schütthöhen:	20 bis 25 cm
Übergang je Spur:	4 bis 12

5.7.1.3. Stoßverdichtung

Bei der Stoßverdichtung wird eine Masse periodisch auf eine bestimmte Höhe gehoben und durch freien Fall auf das zu verdichtende Planum fallen gelassen. Die Schläge bewirken eine Umlagerung des Dammbaustoffes.
Durch Betrachtungen des Energiesatzes, wonach theoretisch ohne Dämpfung und lineare Federung die kinetische Energie gleich der potentiellen Energie ist, läßt sich zwar die beim Aufschlag auftretende Normalspannung errechnen, doch können daraus, wegen der Variablen des Erdstoffes (E-Modul, Deformationsgrad, Federsteifigkeit usw.) keine eindeutigen Aussagen über die Verdichtungswirkung abgeleitet werden. Die Verdichtungstechnik ist daher auf empirische Erkenntnisse und Versuche zur Bestimmung des Verdichtungseffektes von Stampfbaggern, Stampfmaschinen und Stampfern angewiesen.

5.7.1.3.1. Stampfbagger

Stampfplatten sind gedrungene, meist stählerne Klötze von etwa 0,60 m × 0,60 m bis 1,30 m × 1,30 m Grundfläche und einer Masse bis 5 t, die, an drei Seilen aufgehängt, über die Trommel des kurzen Auslegers eines Universalbaggers geführt werden. Mit Hilfe einer Ausklinkvorrichtung wird die Stampfplatte aus vorgeschriebener Höhe auf die zu verdichtende Schüttlage frei fallen gelassen. Die Verdichtungsleistung kann nicht beliebig durch Erhöhen der Fallmasse bzw. Vergrößern ihrer Grundfläche gesteigert werden. Zu schwere, nicht auf die Trägheit des zu verdichtenden Dammbaustoffes abgestimmte Fallplatten führen selbst bei Schütthöhen über 1,00 m zu unerwünschten Auflockerungen. Wird die Grundfläche der Stampfplatte übermäßig vergrößert, so kann die Platte verkantet auftreffen und eine äußerst ungleichmäßige Verdichtung des Planums hervorrufen.
Die im freien Fall auf den Erdstoff auftreffende Stampfplatte erzeugt hohe Normalspannungen, die, vom Zentrum des Aufschlages kugelschalartig ausstrahlend, abnehmen. Die hohen, plötzlich auftretenden Drücke wirken zertrümmernd, umlagernd und einrüttelnd. Die zertrümmernde Wirkung der Stampfplatte, die den größten Teil der Aufschlagwucht verbraucht, ist unerwünscht, da hierbei keine gefügeverbessernde Verdichtungswirkung eintritt. Aufgabe von Verdichtungsversuchen mit Stampfplatten muß es daher sein, das günstigste Verhältnis der Auf-

schlagwucht zur Trägheit und Festigkeit der zu verdichtenden Erdstoffe festzustellen, um die verklemmende, umlagernde Wirkung der Stampfplattenverdichtung zu gewährleisten.
Stampfplatten hinterlassen ein unebenes Planum. Kann die aufschlagende Fallmassenwucht nicht vollständig in Verdichtungsarbeit umgesetzt werden, so kommt es je nach der Scherfestigkeit des zu verdichtenden Erdstoffes neben der Aufschlagstelle zu wulstartigen Auflockerungen. Die Stampfplatte wirkt noch über die zu verdichtende Schüttlage hinaus. Daher tritt auch in tieferen Bereichen des Dammkörpers eine nennenswerte Nachverdichtung ein.

Bild 223. Universalbagger mit 2,5-t-Stampfplatte

Einsatzbereich der Stampfbagger

Gut geeignet:	felsige Lockergesteine
	ungleichförmige, rollige Erdarten
	steinhaltige, bindige Erdarten
Mäßig geeignet:	gleichkörnige Sande
	bindige Erdarten im Bereich des optimalen Wassergehaltes
Ungeeignet:	feuchte, hochplastische Erdarten
Schütthöhen:	50 bis 70 cm
Übergänge:	2 bis 4

Stampfbagger verdichten durch Verschwenken des Auslegers Kreisringflächen, wobei jeweils die halbe Plattenbreite überlappt wird, um das Hochquellen des Dammaterials neben der Stampfstelle zu verhindern. Das ordnungsgemäße Versetzen der Stampfplatte verlangt vom Baggerführer außerordentliche Fertigkeit. Mit modernen Baggern können in der Minute 15 bis 20 Schläge aufgebracht werden. Dabei übt der Baggerführer eine körperlich anstrengende und verantwortungsvolle Tätigkeit aus. Es ist schwierig, die Einhaltung der vorgeschriebenen Übergänge und Fallhöhen der Stampfplatte nachzuprüfen.

Um das verdichtete Planum zu glätten, wird der Einsatz von Walzen gefordert, damit nach Regenfällen das Schüttplanum, vor allem bei bindigen Erdarten, nicht aufweicht. Häufig wird aus Sorglosigkeit auf diese Schutzmaßnahme verzichtet. Die Böschungsverdichtung mittels Stampfplatte ist durch Einführen der Vibrationswalzverdichtung in den Hintergrund getreten.

5.7.1.3.2. Stampfmaschinen

Stampfmaschinen sind vornehmlich Anbaugeräte, die am Heck von Raupenschleppern bis etwa 100 PS Antriebsleistung angebracht sind. Mehrere Stampfklötze, rechteckiger oder quadratischer Grundfläche bis zu einer Masse von 1,5 t werden über eine spezielle Vorrichtung in bestimmter Schlagfolge und Schlagzahl im freien Fall aus einer festen oder regulierbaren Fallhöhe auf das Planum fallen gelassen und wieder angehoben. Durch die modernen Verdichtungsmaschinen ist die praktische Bedeutung von Stampfmaschinen zurückgegangen und beschränkt sich gegenwärtig nur noch auf Sonderaufgaben.

5.7.1.3.3. Stampfer

Im Dammbau besitzen nur Explosionsstampfer von 500 und 1000 kg Eigenmasse Bedeutung, die unter der Bezeichnung Delmag-„Frosch" bekannt sind. Kleine mit Druckluft-, Elektro- oder Benzinmotoren angetriebene Stampfer, die Schlagzahlen von 400 bis 600 je Minute erreichen, werden im Dammbau zu untergeordneten Verdichtungsaufgaben (Bauwerksanschlüsse, Widerlager usw.) eingesetzt.
Der Delmag-„Frosch" wird über ein drehbares Gestänge von einer Bedienungskraft geführt. Durch manuelles Betätigen der Magnetzündung wird die Explosionsschlagfolge des Frosches bestimmt. Infolge der nach vorn geneigten Zylinderachse und der abgeschrägten Stampffläche des Abstützkörpers bewegt sich die Maschine „froschähnlich" hüpfend voran. Bei jedem Sprung kommt es zu einer kombinierten Stoß-Vibrations-Verdichtung. Eine mittlere Stoßverdichtung wird durch den Explosionsdruck beim Absprung erzielt; die maximale Stoßverdichtung wird durch Aufprall nach der höchsten Flugstellung des Frosches erbracht sowie eine vibrierende Kornumlagerung während des Ab- und Aufsprunges. Bei den Explosionsstampfern ist die zeitliche Folge der Impulse auf die zu verdichtende Fläche größer als die Zeit, die der Schall benötigt, um in der Grenzschicht hin- und zurückzulaufen. Wird eine bestimmte Mindestgeschwindigkeit erzielt, so verringert sich der Reibungsbeiwert der aneinanderliegenden Einzelpartikel, wodurch eine größere Lagerungsdichte erreicht wird.
Einsatzbereich der Explosionsstampfer von 500 bis 1000 kg Eigenmasse

Gut geeignet:	bindige und rollige, auch gleichkörnige, nicht zu feuchte Erdarten
Mäßig geeignet:	steinhaltige, gemischte Erdarten bindige Erdarten
Ungeeignet:	harte, grobstückige, felsige Lockergesteine
Schütthöhe:	30 bis 50 cm
Übergänge:	2 bis 4

Die Delmag-„Frösche" springen bei jeder Explosion parabelförmig 30 bis 40 cm hoch und etwa 15 bis 20 cm weit. Sie verdichten somit streifenweise in sich überlagernden Kreisflächen (Bild 225). Typisch ist die sich steigernde Verdichtungsintensität von Explosionsstampfern. Während beim ersten Übergang die Sprunghöhe vielfach gering ist, da das unverdichtete Planum zum Teil noch ausweicht,

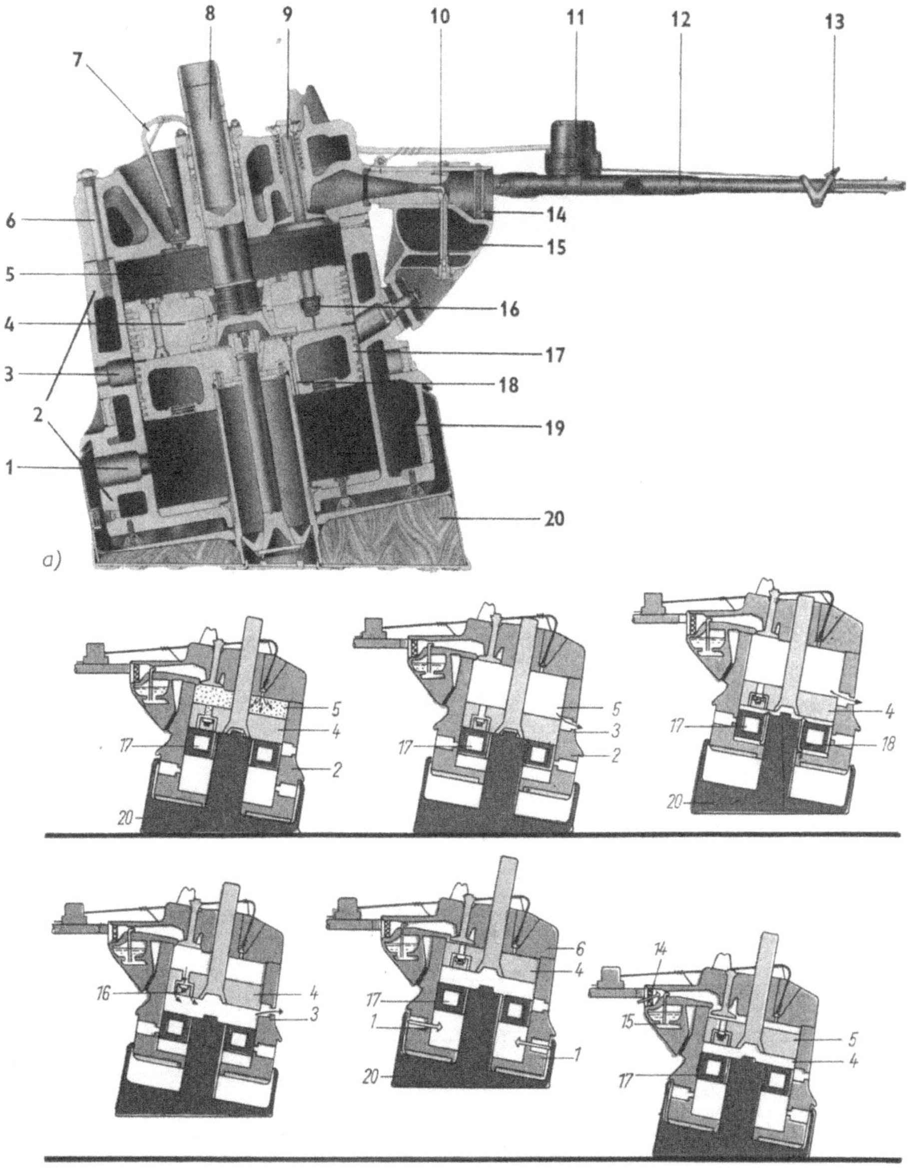

Bild 224. Delmag-„Frosch“, 500 und 1000 kg

a) Schnittzeichnung
1 Luftschlitz; *2* Zylinder; *3* Auspuffschlitze; *4* Arbeitskolben; *5* Verbrennungsraum; *6* Zylinderdeckel; *7* Kabel mit Zündkerze; *8* Arbeitskolbenstange; *9* Einlaßventil; *10* Vergaserdüse; *11* Magnetzünder; *12* Führungsgestänge; *13* Magnetbetätiger; *14* Luftfilter; *15* Vergaser/Kraftstofftank; *16* Kolbenventil; *17* Pufferkolben; *18* Luftbohrung; *19* Kühlwasserräume; *20* Abstützkörper
b) Arbeitsphasen

erhöhen sich mit zunehmender Übergangszahl die Sprunghöhen. Bei zu dicken Schüttlagen versinkt der Frosch und wird bewegungsunfähig. Vorversuche sind daher unbedingt geboten, um die geeignete Dicke der Lockerschüttlage zu ermitteln.

Bild 225
Delmag-„Frosch", 1000 kg, beim Verdichten

5.7.1.4. Vibrationsverdichtung

5.7.1.4.1. Vibrationsplatten

Vibrationsplatten sind Verdichtungsmaschinen, mit denen durch Unwuchten sinusförmige, vibrierende Kräfte erzeugt werden. Die Horizontalkomponenten heben sich zu jedem Zeitpunkt durch paarweise gegensinnig laufende Unwuchten auf. Bei Vibrationsplatten übersteigen die in vertikaler Richtung erzeugten Wechselkräfte die Eigenmasse. Daher heben sie sich vom Planum ab und schlagen darauf infolge ihrer Schwerkraft und der sich umkehrenden Exzenterkraft wieder auf. Vibrationsplatten werden daher auch als Sprungvibratoren bezeichnet.

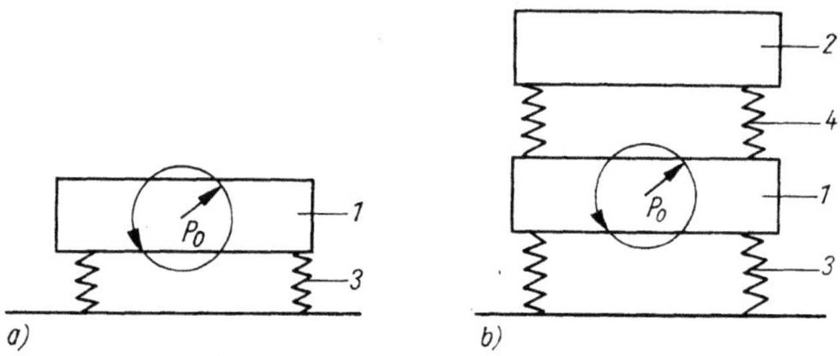

Bild 226. Schwingungsprinzipien für Vibrationsplatten [400]

a) Einmassenschwinger; b) Zweimassenschwinger
1 Schwingplatte und Erreger; *2* Motorplatte und Antriebsmotor; *3* elastische Eigenschaften des Erdstoffs; *4* elastische Glieder zwischen den Massen

Die Arbeitsgeschwindigkeit ist von der Masse des Vibrators und der Amplitude der Exzenterkraft $P = m\,\omega^2 e$ abhängig. Da die Auftreffgeschwindigkeit durch die Konstruktion der Maschine und die Eigenschaften der Dammbaustoffe bedingt ist, kann im voraus keine endgültige Aussage über den zu erwartenden Verdichtungseffekt getroffen werden.

Schwingungstechnisch sind Vibrationsplatten in Ein- und Zweimassenschwinger einteilbar (Bild 226). Beim Einmassenschwinger ist der Vibrator fest mit der Grundplatte verbunden, so daß der Motor die Schwingungen mitmachen muß. Daher können nur kleinere Erregerkräfte zugelassen werden. Die Einmassenschwinger haben aus diesem Grunde im Dammbau keine Bedeutung.

Für den Dammbau eignen sich vor allem Vibrationsplatten mit einer Erregerkraft über 5000 kp, die sich selbständig fortbewegen können. Überschwere Vibrationsplatten, die mittels Hebezeugen versetzt werden müssen, werden zu den Großvibratoren gerechnet.

Vibrationsplatten bestehen aus einer stabilen, bugförmig gebogenen Grundplatte, in der die rotierende Unwucht (erste Masse) sitzt, die mittels Keilriemens über eine Fliehkraftkupplung von dem abgefedert gelagerten Motor (zweite Masse) angetrieben wird. Wird als Erreger ein Kreisschwinger (rotierende Unwuchten) verwendet, kann sich die Vibrationsplatte durch schräg zur Aufstandsfläche gerichtete Schlagkräfte nur in einer Richtung mittels Mikrosprüngen fortbewegen. Vibrationsplatten dieser Bauart sind meist mit einer tellerförmigen Grundplatte und abgeflachten Bordkanten versehen, wodurch das Wendemanöver erleichtert wird.

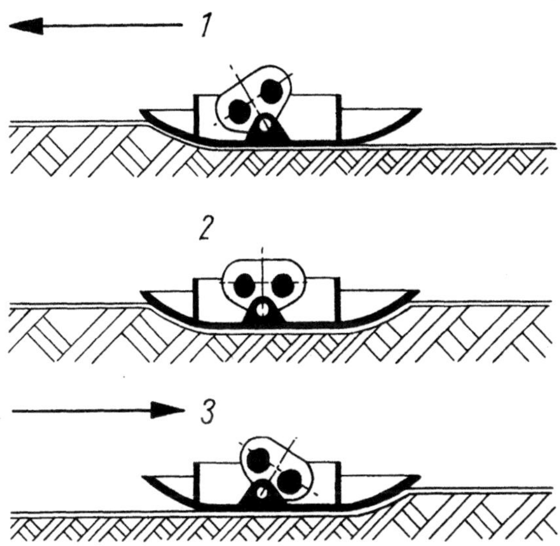

Bild 227
Bewegen von Vibrationsplatten mittels gerichteten Erregerkräften [398]
1 Stellung I vorwärts;
2 Stellung II Stillstand;
3 Stellung III rückwärts

Bei Vibrationsplatten mit gegenläufigen Unwuchten, sogenannten Pendelschwingern oder elektromagnetischen Vibratoren, tritt durch Neigen des Erregers eine Horizontalkomponente auf, die den stufenlosen, selbständigen Vortrieb nach vorn und hinten ermöglicht. Schwere Vibrationsplatten sind mit mehreren Unwuchtpaaren ausgerüstet.

Vibrationsplatten sind mit robusten, meist luftgekühlten Diesel- bzw. Benzinmotoren ausgestattet, die auch übermäßigen Beanspruchungen gewachsen sind.

Die Lenkstangen sind vornehmlich mittels Gummipuffern gelagert, teleskopartig verlängerbar und können somit vibrationsarm und kraftsparend bedient werden. Schwere Vibrationsplatten besitzen Lenkradsteuerung.

Erregerkraft, Erregerfrequenz, Eigenmasse, Größe der Grundplatte, Schwerpunktlage, Steifigkeit der Maschine und des Untergrundes bestimmen maßgeblich die Verdichtungswirkung. Für die Beurteilung einer Vibrationsplatte dürfen diese

a) Erregerkraft 3000 kp, Erregerfrequenz 40 Hz

b) Erregerkraft 6300 kp, Erregerfrequenz 46 Hz

Bild 228. Vibrationsplatten

Komponenten nicht unabhängig voneinander betrachtet werden. So ist primär bei Zweimassenschwingern nicht die Masse allein für die Verdichtungswirkung ausschlaggebend, sondern vielmehr das günstige Massenverhältnis. Zu kleine Platten

Bild 228

c) Erregerkraft 20000 kp, Erregerfrequenz 30 Hz

mit hohen Erregerkräften sind ebenso ungeeignet wie umgekehrte Verhältnisse. Ungünstige (z. B. zu hohe) Schwerpunktlage der Vibrationsplatte führt zu Auflockerungen. Höhere Frequenzen gestatten eine intensivere Oberflächenverdichtung, da in der Zeiteinheit mehr Verdichtungsschläge den Untergrund treffen. Das optimale Verhältnis sämtlicher Komponenten ist noch nicht völlig erforscht, wodurch sich die unterschiedlichen Konstruktionen erklären. Die im Dammbau gebräuchlichen Vibrationsplatten bis 2500 kg Eigenmasse erzeugen Erregerkräfte von 2000 bis 20000 kp. Der übliche Frequenzbereich beträgt, von einigen Ausnahmen abgesehen, etwa 10 bis 25 Hertz. Die größeren Vibrationsplatten liegen im unteren Frequenzbereich, daher sind bei ihnen größere Impulse geringerer Häufigkeit üblich.
Durch leicht montierbare Anbauplatten läßt sich die Grundplatte vergrößern. Auf Kosten der Tiefenwirkung und Vortriebsleistung kann damit die Flächenleistung gesteigert werden. Manche Vibrationsplatten können durch Koppelgeschirre zu Einheiten bis zu 6,00 m Arbeitsbreite zusammengeschlossen werden (Bild 230). Kurvenfahrten und Drehbewegungen lassen sich ohne Schwierigkeiten ausführen.
Die Unwuchten der Vibrationsplatte erzeugen Fliehkräfte, welche die Vibrationsplatte periodisch etwa 1 cm von der Kontaktfläche abheben. Die Schwinggeschwindigkeit und Eigenmasse der Platte stellen einen wesentlichen Impuls dar, der mit hoher Frequenz auf das Arbeitsplanum trifft. Zur rein dynamischen Wirkung addiert sich die zweite Masse als statische Zusatzlast.

Rollige Erdarten werden durch die dynamisch-statische Einwirkung bis in größerer Tiefe in Bewegung versetzt, wobei sich die Reibung und Abstützung zwischen den Einzelkörpern vermindern, so daß sich größere Poren mit kleineren Erdstoffpartikeln füllen. Optimaler Wassergehalt, ausreichende Ungleichförmigkeit > 7, rundliche Kornform und genügende Einwirkungszeit (etwa 10 s) begünstigen eine gleichmäßige Tiefenwirkung. Der Einfluß der Erregerfrequenz auf die Verdichtungsgüte ist noch nicht völlig erforscht.

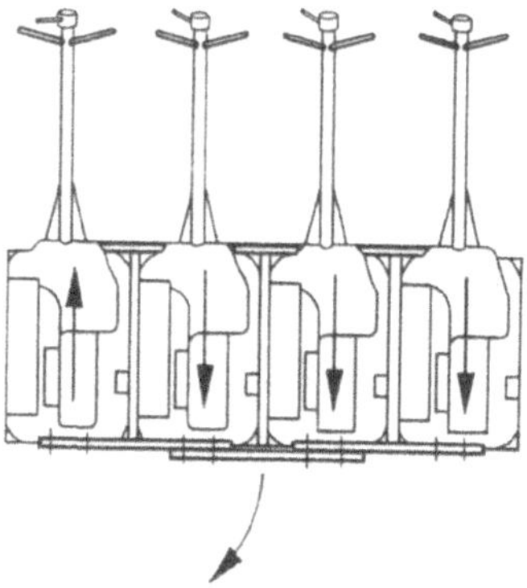

Bild 229
Gekoppelte Vibrationsplatten bei der Kurvenfahrt

Bild 230. Gekoppelte Vibrationsplatten

Plattengröße, Erregerkraft und -frequenz müssen im Idealfall auf die jeweilige Erdart abgestimmt sein, wenn eine bestmögliche Verdichtung erreicht werden soll.
Die Planungsoberfläche wird durch Vibrationsplatten nicht intensiv verdichtet. Infolge mangelnder Auflast kommt es neben der Grundplatte zu Auflockerungen, die bei der nächsten Schüttlage mit komprimiert werden.

Einsatzbereich der Vibrationsplatten

Gut geeignet:	rollige, ungleichförmige Erdarten schwachbindige, feinkörnige, rollige Erdarten felsige Lockergesteine $< 0{,}10$ m Kantenlänge (nur Vibrationsplatten über 1,5 t Eigenmasse)
Mäßig geeignet:	gleichförmige Sande bindige Erdarten
Ungeeignet:	hochplastische Erdarten harte, felsige Lockergesteine
Schütthöhen:	40 bis 70 cm
Übergänge:	2 bis 5

Vibrationsplatten werden streifenweise über die Arbeitsflächen geführt. Wegen ihrer hohen Manövrierbarkeit kommen sie auch mit kleinen Flächen aus, ohne daß ihre Leistung merklich zurückgeht. Die Arbeitsgeschwindigkeit liegt im Bereich zwischen 6 und 12 m/min. Auf ebenen, gut abgestuften Mittelsanden wurden auch schon Spitzenwerte von 20 m/min erreicht. Auf feinkörnigem bzw. zu nassem Planum geht die Arbeitsgeschwindigkeit zurück. Vibrationsplatten marschieren auch über grobe Unebenheiten, wenn diese fest gelagert sind. Dagegen besteht bei zu locker gelagerten Erdstoffen die Gefahr, daß sich die Platte einrüttelt. Vibrationsplatten können Grenzsteigungen bis zu 26% überwinden. Beim Verdichten geneigter Flächen geht die Arbeitsgeschwindigkeit um etwa 2 bis 4% je Steigungsprozent zurück. Der Kraftstoffverbrauch kann je nach Maschinengröße bis zu 2 l/h betragen.

In jüngster Zeit sind selbstfahrende Vibrationsplatten entwickelt worden, die aus Raupenfahrwerk, Triebwerk, Einbaudieselmotor und einer Batterie von bis zu sechs Vibrationsplatten als Vorbau des Fahrwerkes bestehen. Die Plattenbatterie ist über Schwingarme mit einer Haltetraverse verbunden. Mittels einer Hydraulik kann die Batterie angehoben werden. Die Marschgeschwindigkeit selbstfahrender Vibrationsplatten beträgt bis zu 10 km/h. In abgesenktem Zustand wird mit 1 km/h gearbeitet. Die Arbeitsbreite selbstfahrender Vibrationsplatten schwankt zwischen 4 und 5 m. Ihre Verdichtungstiefe reicht etwa bis 30 cm. Beim Einsatz selbstfahrender Vibrationsplatten empfiehlt es sich, vor Aufnahme des Verdichtungsganges das Planum mit einer Glattradwalze zu glätten.

5.7.1.4.2. Glattradvibrationswalzen

Bei den Vibrationswalzen sind die erzeugten Erregerkräfte kleiner als die Eigenmasse, so daß die Amplituden in der Größenordnung der elastischen Formänderungen des zu verdichtenden Erdstoffes liegen. Somit heben sich Vibrationswalzen nicht vom Planum ab und werden daher auch als Auflastvibratoren bezeichnet.

Die Fliehkraft ist von der Unwuchtmasse, ihrer Exzentrizität und der Frequenz abhängig. Dagegen errechnet sich die Schlagkraft einer Vibrationswalze aus der Gesamtmasse und der Beschleunigung als Funktion des Schwingungsvorganges. Durch den Flächenkontakt wird der Schwingungsvorgang gedämpft. Demnach hängt die Schlagkraft von den Erdstoffeigenschaften ab und nimmt mit steigender Lagerungsdichte zu. Auch bei den Vibrationswalzen scheitert eine Vorausberechnung des Verdichtungseffektes an den vielen mathematisch nicht formulierbaren Erdstoffparametern.

Es werden gezogene und selbstfahrende Glattradvibrationswalzen unterschieden.

Leichte selbstfahrende Einradwalzen, die mittels Deichsel gegebenenfalls über ein Stützrad geführt werden, sind im Dammbau nur beschränkt anwendbar. Die größeren selbstfahrenden Glattradvibrationswalzen sind als Tandemwalzen ausgebildet. Für den Dammbau besitzen die gezogenen oder Anhänge-Glattradvibrationswalzen die größere Bedeutung.
Anhänge-Glattradvibrationswalzen bestehen aus einem robusten, geschweißten Stahlblechmantel, in dem der ein- bzw. zweiteilige Walzkörper schwingungsgedämpft auf Walzlagern eingesetzt ist. Je nach Eigenmasse der Walzen, 1,0 bis 12,5 t, werden vornehmlich luftgekühlte, gegen Witterungseinflüsse geschützte Dieselmotoren bis etwa 100 PS Antriebsleistung eingebaut. Die Walzbreite von

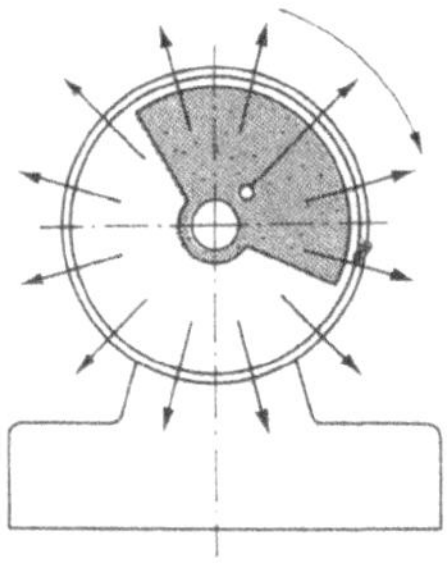

a) umlaufende Unwuchten

b) kreisende Stahlkugeln
1 Kugelbahn; *2* Stahlkugel; *3* Mitnehmer

Bild 231. Schwingungserregung bei Vibrationswalzen [396]

schweren Glattradvibrationswalzen beträgt etwa 1400 bis 2100 mm. Um das Arbeiten auf Böschungen zu ermöglichen, sind die Antriebsmotore schwenkbar gelagert. Der Motor treibt die im Walzeninneren untergebrachten Unwuchten an, die Kreisschwingungen erzeugen (Bild 231a). Beim schwedischen „Kugel-Bahn"-Prinzip werden die Exzenterkräfte direkt auf die gegenüber dem Rahmen durch Stahlfedern und Gummi abgefederte Walztrommel übertragen. Daher wird der Walzkörper und nicht das Lager durch die Vibration beansprucht (Bild 231b).
Der Frequenzbereich, etwa 1200 bis 2400 U/min, ist nach Walzenhersteller und -typ unterschiedlich. Über ein Zugseil kann der Walzenführer den Vibrator ein- bzw. ausschalten. Durch einen elastisch federnden abstellbaren Abstreifer wird der Walzmantel saubergehalten. Mit einer höhenverstellbaren Zugdeichsel können die Walzen an Zugfahrzeuge gekuppelt werden. Für mittlere bis schwere Glattradvibrationswalzen haben sich Radschlepper, LKWs, Zugmaschinen bzw. Zugraupen über 25 PS Antriebsleistung bewährt.
Tandem-Glattradvibrationswalzen, 1 bis 8 t Eigenmasse, haben kurzen Achsstand und große Arbeitsbreite. Bei den meisten Typen vibriert die hintere Walze. Der regelbare Frequenzbereich liegt bei Tandemwalzen etwa zwischen 2400 und 4200 U/min. Es werden kleine Amplituden bevorzugt. Bei den meisten Tandem-Glattradvibrationswalzen dient die zweigeteilte, nicht angetriebene und nicht vibrierende Vorderwalze, die in einem schwenkbaren Rahmen gelagert ist, als Lenkrad. Die Lenkung ist stoß- und schlagfrei (z. B. Zweifingerlenkung). Manche

Tandemwalzen besitzen Allradantrieb. Zwischen dem vorderen und hinteren Walzkörper liegt der Motor, der sowohl als Fahr- oder auch als Vibrationsmotor dienen kann. Überwiegend werden luftgekühlte Dieselmotoren, die durch ihre

a) 5,5 t Eigenmasse, 66 PS

b) 8,0 t Eigenmasse, 66 PS

Bild 232. Schwere Glattrad-Anhängevibrationswalzen

tiefe Lage der Maschine günstige Standsicherheit verleihen, verwendet. Tandemwalzen besitzen bis zu vier Fahrgeschwindigkeiten (vor- und rückwärts). Mit Vibration können Steigungen bis zu 25% befahren werden, ohne Vibration bis zu 40%. Der Bedienungssitz des Walzenführers ist schwingungsgesichert.

Die verdichtende Wirkung von Vibrationswalzen wird durch Eigenmasse, Erregerkraft und Frequenz hervorgerufen. Bei rolligen Erdarten wird durch die aufgezwungene Vibration die innere Reibung und Abstützung des Kornverbandes aufgehoben. Feinere Teilchen rieseln in größere Hohlräume ein und führen somit zu höherer Lagerungsdichte, vorausgesetzt, daß die Vibration lange genug einwirkt. Zu hohe Walzgeschwindigkeiten genügen nicht zur Anregung und lassen sich auch nicht durch zusätzliche Überfahrten kompensieren. Je gröber der zu

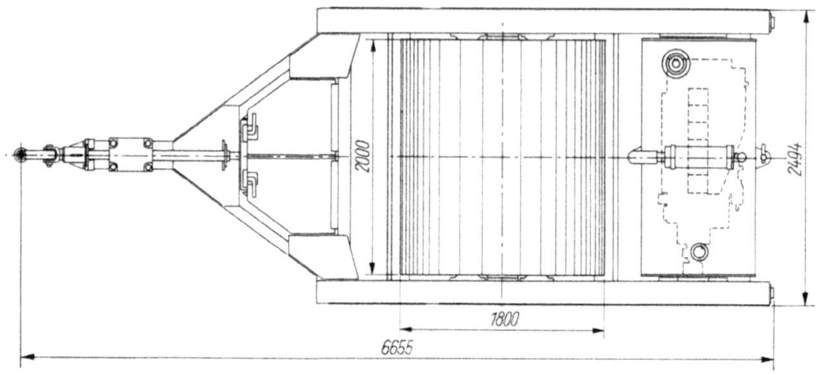

Bild 233. Maßskizze einer 10,5-t-Glattradanhängewalze

Bild 234. Tandem-Glattradvibrationswalze, 4 t, 3000 U/min

verdichtende Erdstoff ist, um so wirksamer ist die Schwingungseinleitung. Eingelagerte Feinteile wirken dämpfend. Bei rolligen Erdstoffen herrscht die Frequenzkomponente vor. In Resonanznähe soll die größte Verdichtungsintensität erreicht werden. Die exakten Zusammenhänge sind auch hier noch nicht ausreichend erkundet. Langanhaltende Vibration führt zu Auflockerungen, um so mehr, je schwerer die Vibrationswalze ist, da sich die Verdichtungsenergie auf eine kleine Fläche konzentriert.

Bei bindigen Erdstoffen dominiert die Wirkung der Schlagkraft. Durch die Vibrationswalze, die einer intensiven mechanischen Beanspruchung des Erdstoffes gleichkommt, nehmen bindige Erdstoffe einen thixotropen Zustand an, bei dem sie durch ausreichende Kompression gut verdichtet werden können. Um bindige Erdstoffe zu verdichten, bedarf es demnach hoher Schlagkraftamplituden und Auflast. Auch für die Verdichtung bindiger Erdstoffe sind die gesetzmäßigen Zusammenhänge noch nicht ausreichend bekannt. Bei neueren Versuchen hat sich jedoch herausgestellt, daß bindige Erdstoffe wohl mit Glattradvibrationswalzen erfolgreich verdichtet werden können, falls der Einbauwassergehalt den optimalen Wassergehalt nicht um mehr als 2% übersteigt.

Einsatzbereich von Glattradvibrationswalzen

Gut geeignet:	rollige und schwachbindige Erdarten gleichförmiger Sand und Kies felsige Lockergesteine (nur für Vibrationswalzen über 5 t Eigenmasse)
Mäßig geeignet:	gemischte Erdarten bindige Erdarten im Bereich des optimalen Wassergehaltes
Ungeeignet:	zu feuchte, starkbindige Erdarten
Schütthöhen:	40 bis 60 cm bis 2,00 m (schwerste Glattradvibrationswalze auf felsigem Lockergestein)
Übergänge:	2 bis 6

Gezogene Glattradvibrationswalzen werden je nach Eigenmasse von Raupen- bzw. Reifenschleppern, auch Radladern od. ä. zwischen 25 und 60 PS Antriebsleistung gezogen, deren Getriebeübersetzung im Dauerbetrieb Walzgeschwindigkeiten von 1,2 bis 1,5 km/h gestattet. Luftbereifte Zugmittel sind nur bei günstigen Planumsverhältnissen einsetzbar. Es kann sowohl in Kreisfahrt bei überlappter Walzbreite als auch in Zug- und Schubfahrt gearbeitet werden. Bei geringerer Trägheit des zu verdichtenden Dammbaustoffes empfiehlt es sich, die ersten Übergänge ohne Vibration zu fahren. Es ist vorteilhaft rollige Erdarten anzunässen. Durch die Wasserzugabe wird die Kornreibung beträchtlich herabgesetzt und an Übergängen gespart.

Vibrationswalzen liefern ebene Flächen, die dem Witterungsschutz des Planums entgegenkommen. Anhänge-Glattradvibrationswalzen benötigen zur vollen Leistungsentfaltung sehr große Arbeitsflächen. Demgegenüber kommen Tandemwalzen schon mit kleineren Flächen aus. Das Walzen im Vor- und Rückwärtsgang bereitet keinerlei Schwierigkeiten.

5.7.1.4.3. Doppelvibrationswalzen

Doppelvibrationswalzen zeichnen sich durch zweifache Vibration unter Ausschaltung der Horizontalkomponente und geringer spezifischer Schub-, Zug- und Umfangskräfte aus. Dadurch werden die Verdichtungswirkung und Ebenflächigkeit wesentlich erhöht.

Die selbstfahrenden Doppelvibrationswalzen haben entweder zwei oder vier schwingende Bandagen. Gegenwärtig sind Verdichtungsmaschinen bis 7 t Eigenmasse entwickelt und praktisch eingesetzt worden.

Zwischen den Walzbandagen ist der Motor- und Getriebeblock angeordnet. Meist werden starke Dieselmotoren bis etwa 50 PS Antriebsleistung benutzt. Die Getriebe sind bis zu sechs Vorwärts- und Rückwärtsgängen abgestuft und erlauben somit Arbeits- und Transportgeschwindigkeiten bis etwa 17 km/h. Bei manchen Typen wird ein Motor gleichzeitig zum Fahr- und Vibrationsantrieb benutzt.

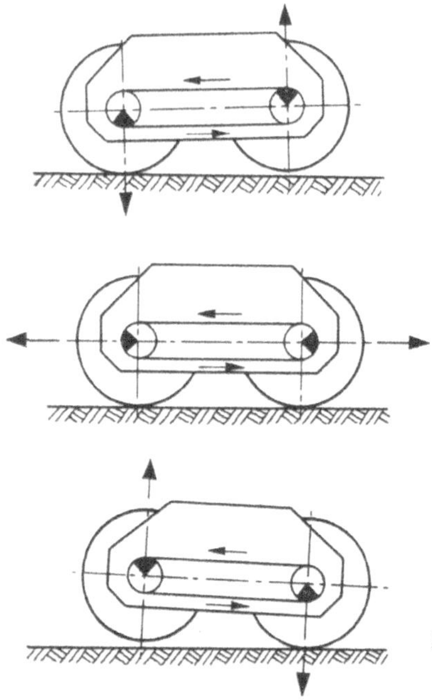

Bild 235. Prinzip der Doppelvibration

Bild 236. 6-t-Doppelvibrationswalzen im Einsatz

Die auf alle Walzbandagen wirkenden Getriebe sind meistens gleichzeitig als Lenkgetriebe ausgebildet. Die Doppelvibration gewährleistet, daß bei jedem Walzübergang jede Stelle zweimal vibriert wird. Das statische Gewicht ist auf alle Bandagen gleichmäßig verteilt. Von besonderem Vorteil ist der Allbandagenantrieb, weil die Maschine dadurch einen starken Vortrieb erhält, ohne daß hohe Zug-, Schub- und Umfangskräfte auftreten, die der Ebenflächigkeit des Planums schaden. Da Doppelvibrationswalzen infolge ihrer niedrigen Schwerpunktlage äußerst kippsicher sind, können Böschungsflächen bis 45% ohne und bis 25% mit eingeschalteter Vibration verdichtet werden. Durch die in den Walzbandagen eingebauten Lenkgetriebe können sie auf der Stelle wenden und somit auch an engen, schwer zugänglichen Dammstellen eingesetzt werden.

Einsatzbereich von Doppelvibrationswalzen

Gut geeignet:	ungleichförmige Sande und Kiese schwachbindige Erdarten bindige Erdarten mit Grobkornanteil
Mäßig geeignet:	gleichförmige Sande bindige Erdarten
Ungeeignet:	starkbindige Erdarten mit hohem Wassergehalt felsige Lockergesteine
Schütthöhen:	25 bis 60 cm
Übergänge:	3 bis 6

Bei Arbeitsbreiten von 2,00 m und einer 50 cm breiten Bandagenüberlappung können je nach Arbeitsgeschwindigkeit Flächenleistungen zwischen 1500 und 4500 m²/h erzielt werden.

5.7.1.4.4. Schaffußvibrationswalzen

Zu den neueren Entwicklungen zählen die Schaffußvibrationswalzen. Bisher sind nur gezogene Walzen mit Eigenmassen zwischen 4 und 6 t bekannt geworden.

Ihrem Entstehen liegt die Notwendigkeit zugrunde, auch für starkbindige Erdstoffe mit höherem natürlichem Wassergehalt noch wirtschaftlichere Verdichtungsmöglichkeiten als bisher zu schaffen.

Die Konstruktion der Schaffußvibrationswalze ähnelt grundsätzlich der gezogenen Glattradvibrationswalze. Auf dem Walzmantel sind zusätzlich kräftige, besonders ausgebildete Schaffüße aufgeschweißt, die ein günstiges Eindrücken und Ausrollen der Schaffüße ermöglichen. Es sind sowohl gerade, kegelstumpfförmige Füße mit scharfen schmalen Aufsetzkanten als auch Füße mit kurvenförmig gebogenen Rückenmantellinien bekannt, die harte Erdschollen gut zerbrechen und ein sauberes Herausziehen ermöglichen. Die Anzahl und Form der bis zu 25 cm langen Schaffüße ist unterschiedlich.

Gegenüber den Glattradvibrationswalzen müssen stärkere Antriebsmotore zur Schwingungserzeugung eingebaut werden. Manche Hersteller liefern für Glattradvibrationswalzen auch austauschbare Schaffußbandagen.

Die geschaffenen theoretischen Grundlagen reichen gegenwärtig noch nicht aus, um die Verdichtung bindiger Erdstoffe mittels Vibration hinreichend zu erklären. Dagegen zeigen eine Anzahl praktischer Erprobungen, daß Schaffußvibrationswalzen durchaus eine bestehende Lücke in der Verdichtungstechnik schließen können.

Nach dem jetzigen Erkenntnisstand erklärt sich ihre Wirkung dadurch, daß durch die mittels der Schaffüße eingetragene Auflast und Stoßvibration die bestehenden

Wasserbindekräfte durch einen erzeugten Porenwasserüberdruck bzw. Luftdruck aufgehoben werden. Das freie Wasser wird nach oben gedrückt und kann verdunsten. Der Verdunstungsvorgang wird durch die stark vergrößerte Oberfläche (Fußeindrücke) begünstigt. Somit ist es mit Schaffußvibrationswalzen möglich, auch starkbindige Erdstoffe zu verdichten, deren natürlicher Wassergehalt über dem optimalen liegt. An Versuchen konnte der Rückgang des natürlichen Wassergehaltes als Funktion der Walzübergänge bereits nachgewiesen

Bild 237. Schaffußvibrationswalze, 5,5 t, 66 PS

werden. Da die Stabilität bindiger Erdstoffe eng mit ihrem Wassergehalt zusammenhängt, muß das Austrocknen des gebundenen Wassers durch die Walzgeschwindigkeit so gelenkt werden, daß die Oberfläche nicht zu plastisch wird und den Verdichtungsprozeß durch Verkleben erschweren kann.

Die praktischen Versuchsresultate haben gezeigt, daß die mit hohem Druck verbundene Knet- und Walzwirkung der Schaffußvibrationswalze ausreicht, um die starken Molekularkräfte der Feinstoffe, welche die Wasserhülle binden, zu überwinden. Daher können die in den Poren enthaltene Luft und das Wasser ausgetrieben werden.

Bindige Erdstoffe, die einen natürlichen Wassergehalt unter dem optimalen aufweisen und einen harten scholligen Charakter besitzen, lassen sich mit Schaffußvibrationswalzen vorteilhaft zerkleinern und dichter umlagern. Unter solchen Verdichtungsbedingungen muß länger vibriert werden.

Einsatzbereich von Schaffußvibrationswalzen

Gut geeignet:	starkbindige Erdarten bis 3% über dem optimalen Wassergehalt
	harte, grobschollige, bindige Erdarten
	gemischte Erdarten
Mäßig geeignet:	rollige Erdarten
Ungeeignet:	gleichförmige Sande
	harte, felsige Lockergesteine
Schütthöhen:	30 bis 60 cm
Übergänge:	5 bis 6

Die Verdichtungstechnologie unterscheidet sich nicht wesentlich von der der Glattradvibrationswalzen. Die Zugmittel müssen höhere Zugkräfte besitzen, sie übersteigen aber 60 PS Antriebsleistung für Schaffußvibrationswalzen bis 6 t Eigenmasse nicht. Als optimale Walzgeschwindigkeiten sind einzuhalten

für trockene, bindige Erdarten: höchstens 2,5 km/h
für feuchte, starkbindige Erdarten: höchstens 5,0 km/h

Die Schaffußvibrationswalzen neigen selbst bei sehr hohen feuchten Erdarten, wie man beobachten konnte, nicht so zum Verkleben wie statische Schaffußwalzen. Offenbar übt hier die Vibration einen Selbstreinigungseffekt aus. Durch Überpudern der Schaffüße mit Kalk kann dem Verkleben zusätzlich begegnet werden.
Vor Abschluß der Verdichtung muß durch eine Glattradwalze der Porenschluß der letzten Lage vorgenommen werden, um das Eindringen von Regenwasser zu verhindern. Schaffußvibrationswalzen ermöglichen es, einzelne Schüttlagen gut zu verbinden.

5.7.1.4.5. Gummiradvibrationswalzen

Die im Ausland (UdSSR, USA und ČSSR) bekannten gezogenen, einachsigen Gummiradvibrationswalzen, 7,5 bis 25,0 t Eigenmasse, bestehen aus einer Achse mit zwei, bei schweren Walztypen mit vier Gummireifen, dem auf der Achse über den Federn abgesetzten Ballastkasten, dem Vibrator und dem Antriebsmotor.

Bild 238. Gummiradvibrationswalze

Die Schwingungen, zwischen 6000 und 1400 U/min, werden direkt auf die Achse übertragen und führen durch eine abgestimmte Überlagerung von Vibration und statischen Drücken und Walken zu einer wirkungsvollen Verdichtung. Dabei werden durch die von oben nach unten eindringenden Druck- und Vibrationswirkungen überschüssige Luft und Feuchtigkeit abgeführt. Da beim ersten Walzübergang nur zwei schmale, voneinander im Radabstand entfernt liegende Streifen verdichtet werden, können die Luft und das Überschußwasser durch die noch unverdichteten Planumsstreifen entweichen. Durch jeweils um Reifenbreite versetzten Übergang wird allmählich das gesamte Arbeitsplanum, ähnlich wie bei Raupenschleppern oder Erdtransportfahrzeugen, verdichtet.

Es ist zweckmäßig, den ersten Walzgang statisch durchzuführen. Dadurch kann die Lagerungsdichte erfahrungsgemäß um etwa 3 bis 10% erhöht werden.

Die Theorie der Gummiradvibrationsverdichtung ist zur Zeit noch sehr unvollkommen. Die Arbeitsgeschwindigkeit für Gummiradvibrationswalzen beträgt etwa 3,2 km/h. Als Zugmittel werden Raupenschlepper von 80 bis 160 PS verwendet.

Einsatzbereich von Gummiradvibrationswalzen

Gut geeignet:	rollige, ungleichförmige Erdarten
	schwachbindige Erdarten
	bindige, trockene Erdarten
Mäßig geeignet:	leichte, felsige Erdarten
Ungeeignet:	gleichförmige Sande
Schütthöhen:	20 bis 45 cm
Übergänge:	2 bis 6

5.7.1.4.6. Großvibratoren

Großvibratoren sind für die Verdichtung felsiger Lockergesteine für Steinschüttdämme entwickelt worden. Sie gingen entweder aus den im Grundbau bekannten Tiefenvibratoren oder aus den bekannten Vibrationsplatten hervor. Es sind vertikal oder horizontal schwingende Großvibratoren zu unterscheiden, die als Oberflächen- oder Innenvibratoren ausgebildet sind. Die Entwicklung wurde in Deutschland vor allem durch die Firmen Johann Keller und Losenhausenwerk gefördert. Auch im Ausland sind Großvibratoren ähnlicher Bauart bekannt geworden.

Horizontal schwingende Großvibratoren

Typischer Vertreter der Oberflächenvibratoren ist der sogenannte Keller-Mammut-Rüttler.

Durch zahlreiche Versuche und Beobachtungen wurde eine unveränderliche Frequenz von 3000 U/min gewählt. Der für die Verdichtung von Steinschüttungen verwendete 10 bis 20 t schwere Großvibrator wird, an einem Raupenbagger hängend, von Vibrationsstelle zu Vibrationsstelle versetzt. Auch spezielle Schleppkrananlagen wurden bereits zum Versetzen verwendet. Die Vibrationszeit beträgt etwa 1 bis 2 min und muß jeweils durch Feldversuche vorbestimmt werden.

Die Verdichtungsleistung dieses Großvibrators liegt zwischen 400 und 1000 m^3 Haufwerk bei zehnstündigem Arbeitseinsatz und hängt weitgehend von den Fertigkeiten des Maschinenführers ab. 1,20 m hohe Schüttlagen verringern durch die Einwirkung dieses Großvibrators ihre Schütthöhe im allgemeinen bis zu etwa 80% der Ausgangshöhe. Mitbestimmend für dieses Maß ist allerdings die Zusammensetzung des Schüttgutes. Mit dem Großvibrator läßt sich Haufwerk von

20 bis 60 cm Kantenlänge verdichten; die Ausbildung des Rüttelkorbes muß der Korngröße des Felsgesteines angepaßt werden.
Diese horizontal schwingenden Großvibratoren sind in jüngster Zeit unter anderem beim Cuga-Damm (Italien), Rotgüldensee-Damm (Österreich) und beim Vordamm Eichhagen der Biggetalsperre (DBR) eingesetzt worden.

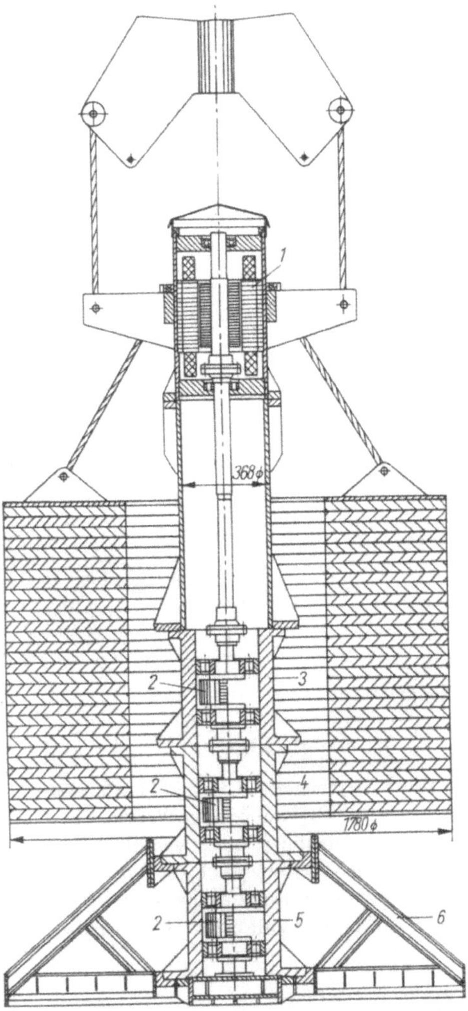

b) Einsatzbild

a) Schnitt;

Bild 239. Großvibrator – horizontal schwingender Oberflächenvibrator, Eigenmasse 20 t, Erregerfrequenz 3000 U/min (Keller-Mammut-Rüttler)

1 Motor luftgekühlt, 56 PS; *2* Schlagkraft 6000 kg; *3* Zelle I; *4* Zelle II; *5* Zelle III; *6* Rüttelkorb

Als horizontal schwingender Innenvibrator ist der sogenannte Keller-Rüttler „Gigant“ bekannt geworden. Der Vibrator ist in einem zylindrischen Mantel von 70 cm Durchmesser und etwa 5 m Länge montiert, dessen unteres Ende in eine konische Spitze ausläuft. Der Großvibrator wiegt ohne Lastplatten etwa 6 t, einschließlich Lastplatten 17 bis 21 t. Der im oberen Teil angeordnete Motor von 58 PS Antriebsleistung erzeugt über Unwuchtmassen im unteren Teil des Vibrators waagerechte Schwingungen bei einer Amplitude von etwa 5 mm und einer Frequenz von 1500 U/min. Seine Schlagkraft beträgt etwa 18 Mp, der mittlere Stromverbrauch 20 kW. Als Abstand zwischen den einzelnen Vibrationspunkten wird 4 m gewählt.

Bild 240. Großvibrator – horizontal schwingender Innenvibrator, Eigenmasse 17 t (Keller-Gigant-Rüttler)

Bei Verdichtungsversuchen am Staudamm Gepatsch wurden 64 m³ Haufwerk bei 2,80 m Eindringtiefe durch den Vibrator erfaßt. Die nach dem Vibrationsvorgang entstandenen Löcher wurden bis zur Planumsoberfläche verfüllt. Die Leistung bei diesem Verdichtungsversuch lag etwa bei 250 m³/h. Das Haufwerk wird zwangsläufig durch seitliche Verdrängung und horizontale Schwingung umgelagert. Der Großvibrator wurde mit einem 3-m³-Bagger von etwa 100 t Eigenmasse versetzt.

Vertikal schwingende Großvibratoren

In Deutschland sind vor allem die vertikal schwingenden Großvibratoren der Firma Losenhausen (sogenannte Kranrüttler) bekannt geworden. Sie bestehen aus einer austauschbaren Stützplatte aus Stahlguß von meist quadratischer Fläche, die mit dem Vibrator fest verbunden ist. Die darüberliegende Motorplatte ist durch vertikal nach beiden Seiten wirkende Federn mit dem vibrierenden Teil so gekoppelt, daß sie während des Verdichtens völlig ruhig steht.

Über dem luftgekühlten Dieselantriebsmotor befindet sich der Kraftstoffbehälter. An der Motorplatte ist ein Traggehänge befestigt, mit dem das Aggregat durch geeignete Hebezeuge versetzt werden kann. Die Eigenmasse des Types KR 20000 beträgt etwa 7,8 t. Seine Frequenz ist im Bereich von 400 bis 1550 U/min regelbar. Er eignet sich vornehmlich für die Verdichtung nichtbindiger bzw. gemischter Erdarten bis zu einem Größtdurchmesser von etwa 60 cm. Günstige Einsatzerfahrungen liegen für Steinbruchmaterialien und Grauwacke-Schiefer bei etwa 1 bis 2 m Schütthöhe vor.
In jüngster Zeit wurden Losenhausen-Kranrüttler zur Verdichtung des aus Tonsandstein und Grauwacke bestehenden Stützkörpermaterials (maximaler Korndurchmesser 80 cm) der Biggetalsperre eingesetzt. Dort betrug die Schütthöhe 1,20 m. Es wurde eine Vibrationsdauer von 60 s benötigt.
Die Rütteldauer muß in Vorversuchen ermittelt werden und liegt etwa im Bereich von 0,5 bis 1,5 min. Während bei Erdarten mit bindigem Anteil in überlappten Flächen gearbeitet wird, können bei nichtbindigen Erdarten Zwischenräume eingehalten werden, wodurch sich die Leistung des Kranrüttlers entsprechend erhöhen läßt.
Je nach Erdart können mit dem vertikal schwingenden Großvibrator der Firma Losenhausen Leistungen von etwa 200 m³/h erzielt werden.

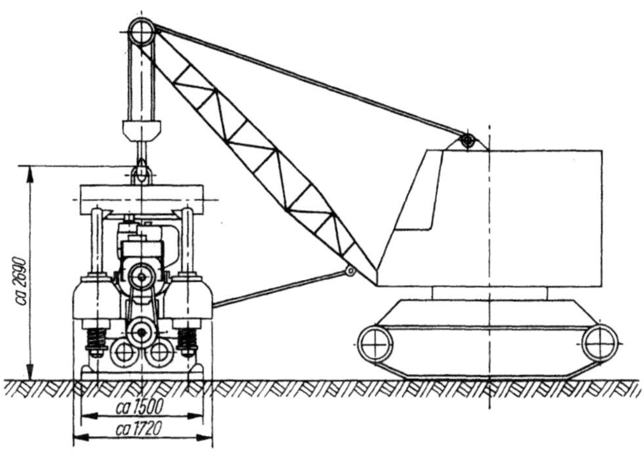

Bild 241. Großvibrator - vertikal schwingender Oberflächenvibrator, Erregerkraft 5000 bis 20000 kp, Erregerfrequenz 400 bis 1550 U/min (Losenhausen-Kran-Rüttler)

5.7.1.5. Hydromechanische Verdichtung

Auch das Medium Wasser kann entweder kombiniert oder allein zum Verdichten von Dammschüttungen benutzt werden. Dieses Verdichtungsverfahren beschränkt sich allerdings auf rollige bzw. felsige Dammbaustoffe und fordert eine Reihe von Vorbedingungen.
In Kombination mit den üblichen mechanischen oder dynamischen Verdichtungsverfahren wird beim Einbau in dünnen Schüttlagen bis 2,50 m dem Dammbaustoff schon im Transportfahrzeug oder aber auf dem Dammplanum Wasser zugesetzt.

Der dadurch hervorgerufene zusätzliche Verdichtungseffekt besteht im besseren Einrieseln bzw. Einschwemmen der Feinteile in die Hohlräume und zum geringeren Teil im Abspülen der Feinteile. Diese Form der zusätzlichen hydromechanischen Verdichtung wird jedoch neuerdings in den Hintergrund gedrängt, weil kräftige, intensiv wirkende Verdichtungsmaschinen aller Systeme zur Verfügung stehen, die auch ungünstig aufgebaute Dammbaustoffe zufriedenstellend verdichten können. Ferner entstehen durch die Wasserzugabe vor allem im Winterbetrieb organisatorische Komplikationen.
Dagegen ist die Verdichtung mittels Wasserstrahlen für solche Dämme bedeutsam, die mit hohen Schüttlagen errichtet werden. Maßstab für die erforderliche Verdichtung ist das Setzungsverhalten des Dammkörpers. Die künstliche Verdichtung ist in erster Linie die Vorwegnahme des natürlichen Setzungsvorganges auf ein dem Bestimmungszweck des Dammes als Verkehrs- oder Stauanlage zumutbares Maß. Bei Dammbaustoffen größerer Kantenlänge und bestimmter Kornabstufung treten geringere Setzungen auf, die zeitlich schnell, zum Großteil schon während der Bauzeit abklingen. Unter derartigen Bedingungen kann man vom Einbau dünner Schüttlagen abgehen und größere Schütthöhen bis 60 m wählen. Bei diesen Schütthöhen wird durch das längere Abrollen der schweren Felsbrocken nach dem Entladen an der Kippkante über die Böschung der Schüttung eine Verdichtung erzielt, indem die Spitzen und Kanten der Steine abgeschlagen und kleine Steine in vorhandene Zwischen- und Hohlräume gepreßt werden. Die großen Steine schlagen schließlich mit hoher Wucht unten auf und bewirken dort eine weitere Verdichtung. Vorliegende Beobachtungen zeigen, daß die mit Hilfe dieses rationellen Verfahrens erzielte natürliche Verdichtung allein nicht ausreicht. Charakteristisch ist, daß bei der Abwärtsbewegung der Steine auf der Böschung eine mehr oder weniger große Entmischung stattfindet, wobei die feineren Fraktionen im oberen Bereich liegenbleiben, während die großen Steine nach unten rollen. Die mittlere Steingröße nimmt also mit der Entfernung von der Böschungsoberkante der Schüttung zu. Damit entstehen in den feinstoffreichen oberen Zonen setzungsintensive Bereiche, die vermieden werden müssen. Das Ziel ist, ein Steingerüst zu schaffen, in dem sich das Haufwerk gegenseitig abstützt und dessen große Hohlräume mit Feinteilen aufgefüllt sind. Diese Dammstruktur kann nur bei geeigneter Kornzusammensetzung erreicht werden. Daher darf bei Schütthöhen über 10 m die anteilige Kornfraktion unter 10 cm Durchmesser erfahrungsgemäß 10% nicht überschreiten, damit die Grobteile nicht im Feinen schwimmen, sondern sich gegenseitig berühren und abstützen. Richtet man auf den oberen, feinteilreichen Bereich Wasserstrahlen, so werden kleinere Teilchen in die Zwischenräume der größeren gespült. An Versuchsschüttungen hat man beobachtet, daß sich dieser Effekt nur auf die oberen 10 m beschränkt. Die Wirkung der hydromechanischen Verdichtung beruht unter anderem auch auf der Erweichung der felsigen Dammbaustoffe.
Gewöhnlich werden zur hydromechanischen Verdichtung Strahlrohre mit einem Düsendurchmesser von 50 bis 75 mm, einem Druck von 6 bis 7 at Ü und einer Wassermenge von 2 bis 4 m^3/m^3 Steinschüttung verwendet, wobei die erforderliche Wassermenge vom Zustand des Dammbaustoffes bestimmt wird. Während man bei sauberen Steinen mit kleinen Wassermengen auskommt, ist bei stark verschmutzten Steinschüttungen eine höhere Wasserzugabe notwendig. Ist das Spülwasser knapp, so kann es in Auffangbecken am Dammfuß gesammelt und im Kreislauf verwendet werden.

a) Gegenstromverfahren mit fahrbarem Spülgerüst

b) Mitstromverfahren

Bild 242. Hydromechanische Verdichtung

Tafel 77. Übersicht hydromechanisch verdichteter Steinschüttdämme [297]

Name des Steinschütt-dammes Land	Fertigstellung	Dichtungsart	Größte Höhe [m]	Schütthöhe [m]
Salt Springs, USA	1931	Außendichtung	100	20; 60
Nantahala, USA	1942	geneigte Innendichtung	76	15 und darüber
Lower Bear River 1, USA	1952	Außendichtung	70	unten 26; 40 ··· 66
Lower Bear River 2, USA	1952	Außendichtung	46	36
Bear Creek, USA	1954	geneigte Innendichtung	68	23; 55
Bersimis, Kanada	1955	geneigte Innendichtung	61	
Desroches, Kanada	1955	geneigte Innendichtung	68	mind. 18; 43
Le Marinel, Kongo	etwa 1956			25 ··· 30
Montgomery, USA	1957	Außendichtung	35	< 12
Wishon, USA	1958	Außendichtung	90	20 ··· 40
Paradela, Portugal	1958	Außendichtung	110	16 ··· 20
Brownlee, USA	1958	geneigte Innendichtung	122	< 46
Courtright, USA	etwa 1959	Außendichtung	96	20
Derbendi Khan, Irak	etwa 1961	Kerndichtung	137	< 30
Jirkov, ČSSR	1963	geneigte Innendichtung	49	22; 17

Schüttmaterial	Betriebs-druck H am Wasserwerfer [kp/cm²]	Düsen-durch-messer d [mm]	Wasser-verbrauch je m³ Schütt-material [m³]	Bemerkung
Granit, Blöcke bis 25 t, im Mittel 3 t		76		geringe Wirkung der Spülverdichtung
metamorpher Sandstein (Arkose), Blöcke bis 10 t	8,4		4	Schüttungsoberfläche sorgfältig aufgerauht und abgespült
Granodiorit, über 50% Blöcke von 1 ··· 20 t weniger als 5% 100 mm ⌀	5,6 ··· 6,3	64; 76	2 ··· 3	gleichzeitig 3 Wasserwerfer im Einsatz, Wasserlieferung je Gerät 58 bis 116 l/s
Granodiorit	5,6 ··· 6,3	64; 76	2 ··· 3	wie vor
	21,0 an der Pumpe	50		Wasserlieferung eines Gerätes 125 l/s
Schiefer				
Granit, Gneis	8,8		4	Schüttungsoberfläche sorgfältig aufgerauht und abgespült
Granit bis 10% < 100 mm ⌀, sonst Blöcke bis 5 t	> 4,2		wenigstens 2	Wasserlieferung eines Gerätes 32 l/s
Granit, 50% Blöcke von 0,5 ··· 10 t	< 7,0	50; 76	2 ··· 3	Wasserlieferung 70 oder 150 l/s, Schüttungsoberfläche mit 14 at Ü sorgfältig abgespült
Granit			4	ferngesteuerte Wasserwerfer zum Einspülen
Basalt	5,2 ··· 7,0	70	4	während der Spitzenzeiten bis 4 Wasserwerfer im Einsatz
Granit			2	
Kalkstein			3	
Gneis, 80 ··· 90% > 100 mm ⌀	3,0		4 ··· 5	Wasserlieferung eines Gerätes 20 oder 40 l/s

In den USA werden Steinschüttdämme vornehmlich mit großen Schütthöhen und zusätzlichem Einspülen mit Hilfe von Wasserstrahlen errichtet (Tafel 77). Die günstigste Schütthöhe hängt vom Kornaufbau und der Kornform des Schüttmaterials ab und muß durch Feldversuche ermittelt werden. Bei Schütthöhen unter 10 m ist die auf diesem Wege zu erzielende Verdichtungswirkung infolge der geringen kinetischen Energie der abrollenden Steine beim Abkippen nicht mehr ausreichend. Es überwiegen Schütthöhen zwischen 20 und 50 m, wobei das Größtkorn eine Masse von 2 bis 25 t betragen kann. Auch das intensive Einwirken der Wasserstrahlen kann den Entmischungsvorgang nicht völlig ausschalten. Die bei großen Schütthöhen auftretende Entmischung des Dammbaustoffes führt zu Zonen unterschiedlicher Zusammendrückbarkeit. Wird nun in mehreren Stufen geschüttet, so tritt jeweils an der Oberfläche der Schüttstufe ein mehr oder weniger starker Sprung der Zusammendrückbarkeit auf. Diesem Tatbestand muß bei der Konstruktion von Dichtungen für Staudämme Rechnung getragen werden. In der Mehrzahl werden diese Steinschüttdämme mit Zementbeton-Außendichtungen versehen. Seltener werden die in Mitteleuropa weit verbreiteten Bitumenbeton-Außendichtungen bei Dämmen verwendet, die mit größeren Schütthöhen errichtet worden sind. Der Montgomery-Damm (USA), 1958 erbaut, hat jedoch den Beweis angetreten, daß auch Bitumenbeton-Außendichtungen einen Einbau in hohen Schüttlagen zulassen. Der Montgomery-Damm wurde mit 9 m hohen Schüttlagen errichtet und hat seit seinem Bestehen keinerlei nachteilige Veränderungen der Dichtung gezeigt.
In der ČSSR ist vor einigen Jahren der Steinschüttdamm Jirkov in großen Schüttlagen errichtet worden, der eine außenliegende Lehmdichtung besitzt.
Die Anwendung hydromechanischer Verdichtungsverfahren kann bei Vorliegen notwendiger Bedingungen wesentlich zur Rationalisierung des Dammbaues beitragen. Die Vorzüge bestehen im schnellen Baufortschritt, Wegfall des lagenweisen Verteilens der Dammbaustoffe und in der Verminderung der Transportkosten.

5.7.1.6. Sprengverdichtung

Dieses Verdichtungsverfahren wurde bisher in einigen Fällen zur Verbesserung von Gründungsflächen, für Sprengungen in organischem Untergrund und zur Verdichtung von Straßendämmen aus rolligen Dammbaustoffen herangezogen. Die Grundzüge der Sprengverdichtung bestehen darin, daß in die Schüttung schachbrettartig Bohrungen niedergebracht werden, die mit geringen Mengen Sprengstoff besetzt und nach einem Zündschema zur Explosion gebracht werden. Der verdichtende Effekt wird durch den bei der Detonation erzeugten Gasdruck hervorgerufen, der sich gleichmäßig nach allen Richtungen ausbreitet. Dadurch wird die Trägheit des Dammbaustoffes überwunden. Die Vorausberechnung einer Sprengverdichtung stößt auf Schwierigkeiten, weil der Einfluß von Amplitude, Frequenz, Beschleunigung und Schwinggeschwindigkeit auf die Verdichtungseffekte theoretisch nicht exakt geklärt ist.
Nach bisherigen Erkenntnissen ist für die Bemessung der Lademenge entscheidend, daß eine rein unterirdische Sprengung ohne Luftdruckwelle erzeugt wird, wobei sich die Spreng- in eine Stoßwelle umsetzt. Für den Bohrlochabstand sind der Dämpfungswiderstand, die Wellenlänge und die Geometrie des zu verdichtenden Dammes wichtig.
Die erfolgreiche technisch-wirtschaftliche Anwendung des Verfahrens ist nicht unproblematisch (Steuerung der bodenphysikalischen Eigenschaften der Damm-

baustoffe, Einfluß des Wassergehalts, geringe Minimalzündabstände usw.). Daher wird die Sprengverdichtung nur zögernd angewendet.

Aus Verdichtungsversuchen (Bild 243) wurden folgende Kennwerte ermittelt:

Bohrarbeiten	7,8 s/m³ Dammbaustoff
Lade- und Verdämmarbeiten	18,7 s/m³ Dammbaustoff
Sprengarbeiten	0,5 s/m³ Dammbaustoff
Nivellierarbeiten	0,9 s/m³ Dammbaustoff

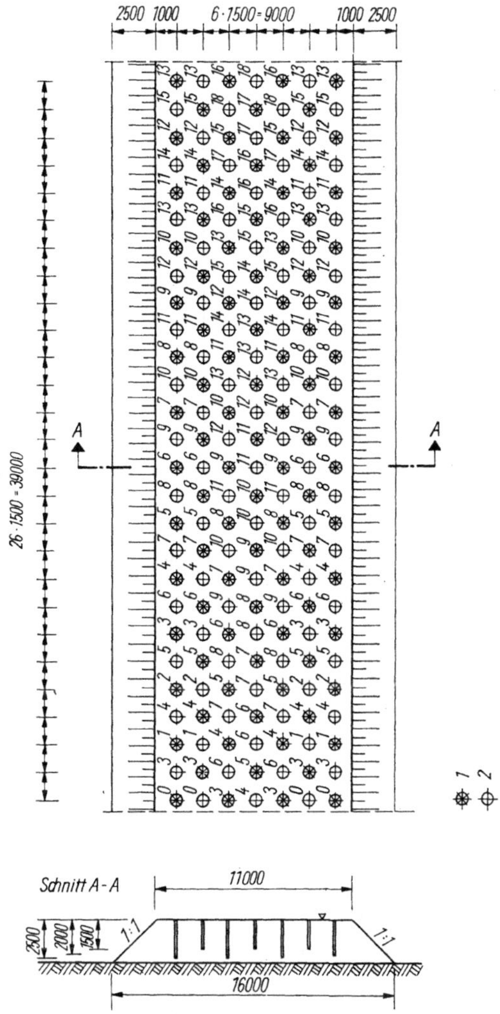

Bild 243
Sprengverdichtung – Lageplan eines Versuchsfeldes; Bohrplan, Ladeschema und Zündfolge
⊠ *2000 mm tiefes Bohrloch, 200 g Gelatine-Donarit*
⊕ *1500 mm tiefes Bohrloch, 150 g Gelatine-Donarit*

5.7.1.7. Leistungsübersicht der Verdichtungsverfahren

Auf Grund der in den vorangegangenen Abschnitten angegebenen Einsatzbereiche wird in Tafel 78 eine Leistungsübersicht der verschiedenen Verdichtungsmaschinen gegeben. Die angegebenen Flächenleistungen sind als Richtwerte aufzufassen.

Tafel 78. Leistungsübersicht von Verdichtungsmaschinen [383 erweitert durch Verfasser]

Verdichtungsmaschinen	Masse [t]	Schütthöhe [m]	Übergänge	Flächenleistung [m^2/h]
Glattradwalzen	> 10	0,20	4 ··· 8	400
Gitterradwalzen	16 ··· 25	0,15 ··· 0,30	4 ··· 8	1280
Gitterradwalzen	14	0,15 ··· 0,30	4 ··· 12	4310
Schaffußwalzen	6	0,15 ··· 0,20	6 ··· 12	4800
Gummiradwalzen				
selbstfahrend	9 ··· 12	0,15 ··· 0,20	8 ··· 12	5175
gezogen	45	0,20 ··· 0,50	4 ··· 12	6000
Stampfbagger	2 ··· 3	0,50 ··· 0,70	2 ··· 4	190
Stampfmaschinen	diverse	0,40 ··· 0,60	4 ··· 9	400 ··· 500 [m^3/h]
Explosionsstampfer	0,5	0,30 ··· 0,40	2 ··· 4	200
	1,0	0,40 ··· 0,50	2 ··· 4	260
Vibrationsplatte	0,5 ··· 0,7	0,40 ··· 0,50	2 ··· 5	250
	> 1,7	0,50 ··· 0,70	2 ··· 5	320
Glattradvibrationswalzen				
selbstfahrend	3 ··· 6	0,40 ··· 0,50	4 ··· 6	1200
gezogen	4 ··· 8	0,40 ··· 0,60	2 ··· 6	1725
Doppelvibrationswalzen	6,0	0,25 ··· 0,60	4 ··· 6	1060
Schaffußvibrationswalzen	4 ··· 6	0,30 ··· 0,40	4 ··· 6	1250
Gummiradvibrationswalzen	5 ··· 14	0,20 ··· 0,45	2 ··· 6	6000

5.8. Dichtung von Staudämmen

Da die Funktionstüchtigkeit und Sicherheit eines Staudammes vor allem von seiner Wasserdichtigkeit abhängt, verdient die Ausführung von Dichtungen höchste Aufmerksamkeit. Neben hoher Produktivität muß höchste Sorgfalt gefordert werden. Die folgende Darstellung beschränkt sich auf die wichtigsten technologisch-organisatorischen Grundfragen, wobei die gebräuchlichsten Dichtungsarten aus aufbereiteten Dichtungsstoffen (Bitumenbeton, Zementbeton, Tonbeton und Hydraton) in den Mittelpunkt gerückt werden.

5.8.1. Natürliche Dichtungsstoffe

Hierfür gelten sinngemäß die Darlegungen der Abschn. 4.3.3.1 sowie 5.4 bis 5.7.

5.8.2. Aufbereitete Dichtungsstoffe

5.8.2.1. Bitumenbeton

In den letzten Jahrzehnten hat die Bitumenbetondichtung (auch als Asphaltbetondichtung bezeichnet) in Europa bedeutenden Aufschwung genommen und greift verstärkt auch auf außereuropäische Länder über. Inzwischen sind mehr als 40 Talsperren und über 30 andere Becken nach diesen neuzeitlichen Verfahren abgedichtet worden. Eine umfangreiche Spezialliteratur ist entstanden, in der sich die bisherige Entwicklung widerspiegelt.

Tafel 79. Unterbaukonstruktionen für Bitumenbeton-Außendichtungen

Art des Unterbaus	Baustoffe	Technologie	Vorteile	Nachteile	Anwendungsfälle
Rieselbeton	Einkornbeton Körnung 0/15 mm 125 ··· 150 kg Hochofen- oder Traßzement/m^3 Bedarf: etwa 0,07 bis 0,1 m^3/m^2	Transport: leichter, luftbereifter Böschungswagen Einbau: von Hand Verdichten: Stochern		lange Abbindezeit neigt zur Rißbildung	Hennetalsperre Genkeltalsperre Perlenbachtalsperre Riveristalsperre (alle DBR)
Zement-stabilisierung	Ausgleichschicht Körnung 0/40 mm Zementsuspension 1 : 2,4	Ausgleichschicht, von Hand verteilt und mit Lehren abgezogen Suspension, mit Spritzpumpe verteilt	keine Rißbildung einfache Herstellung	lange Abbindezeit	Ohratalsperre (DDR)
Bituminöse Einstreudecke	Heißbitumen zum Anspritzen, Einstreudecke Körnung 0/15 mm 4% Bitumen Bedarf: je nach Rauhigkeit der Böschung etwa 100 kg/m^2	luftbereifter Böschungsspritzwagen luftbereifter Böschungswagen oder spezieller Fertiger (geringe Bodenpressung!) Walzverdichtung	keine Abbindezeit durchgehendes Paket bituminöser Schichten vom Unterbau bis zur Dichtung	vorzeitige Inbetriebnahme der Bitumenbetonkapazität	Biggetalsperre (DBR) Talsperre Montgomery (USA)

An dieser Stelle soll auf die grundlegenden Ausführungsfragen eingegangen werden. In den Mittelpunkt der Betrachtungen werden Herstellung, Transport, Einbau und Verdichtung bei Außendichtungen gestellt. Ferner wird auf die in Entwicklung befindliche Bitumenbeton-Innendichtung eingegangen.

Bitumenbeton-Außendichtung

Die meisten Bitumenbeton-Außendichtungen für Staudämme sind aus Unterbau, Ausgleichsschicht, unterer Dichtungsschicht, Dränageschicht, oberer Dichtungsschicht und Mastix aufgebaut. Mit zunehmenden wissenschaftlichen Erkenntnissen und praktischen Erfahrungen wird künftig auch die Anzahl der Schichten verringert werden können.
Am Enns-Kraftwerk Hieflau [411] wurde erstmalig bei einem Speicherbecken eine einlagige Dichtungsschicht auf einer Binder- und Ausgleichsunterlage eingebaut.

Bild 244. Ohratalsperre (DDR)
Bitumenbetonmischanlage (Teilansicht)

Bitumenbeton-Außendichtungen müssen auf einem Unterbau ruhen, der sowohl der Dichtungshaut eine feste, aber dennoch elastisch-poröse Unterlage als auch dem Böschungsfertiger eine verlagerungssichere Tragschicht bietet.
Die Entwicklung der Unterbau-Konstruktion mit ihren Vor- und Nachteilen ist in Tafel 79 zusammengestellt. Dem gegenwärtigen Erkenntnisstand nach, muß der bituminösen Einstreudecke der Vorzug gegeben werden.

Bei der Biggetalsperre wurde auf die Rohböschung des Stützkörpers zum Ausgleich und als Unterlage für die bituminöse Dichtung eine 10 bis 40 cm dicke Grobschlagschicht 5/15 aufgetragen und mit einer 12 t schweren Gitterradwalze verdichtet. Darauf wurde die bituminöse Einstreudecke aufgezogen [411].
Der Bitumenbeton wird für die einzelnen Schichten nach einer genau vorgeschriebenen und durch Eignungsversuche getesteten Rezeptur hergestellt. Bild 244 und 245 geben den Aufbau von Mischanlagen wieder. Im Wasserbau werden an den Bitumenbeton höhere Qualitätsansprüche als im Straßenbau gestellt.

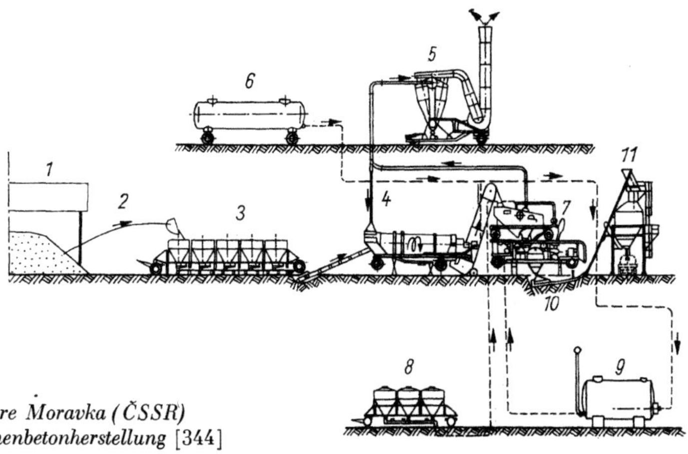

Bild 245. Talsperre Moravka (ČSSR)
Schema der Bitumenbetonherstellung [344]

1 überdachtes Zuschlagstofflager für Körnungen 0 bis 5, 5 bis 8, 8 bis 15 mm; *2* Schaufellader, Transportweite 50 m; *3* Vorratssilos mit Stoßaufgeber; *4* Trockentrommel; *5* Absaugvorrichtung; *6* Heizöltank; *7* Mischer 6 t/h; *8* Füllersilos; *9* Asphaltkessel; *10* Skip; *11* Entnahmesilo mit Heizung

Als Zuschlagstoffe eignen sich vor allem harte, saubere Gesteine von würfliger Kornform. Die Dosierung unterliegt einer strengen Kontrolle. Vom Abzugsband gelangen die Zuschlagstoffe über ein Sammelband in die rotierende Trockentrommel. Dort wird das Gestein mit Hilfe eines Ölbrenners und Gebläses getrocknet, entstaubt und auf die notwendige Verarbeitungstemperatur erwärmt. Die Temperatur, der Verbrennungsgrad des eingesprühten Öles usw. müssen ständig überwacht werden. Von der Trockentrommel werden die Zuschlagstoffe über Heißbecherwerk und Vorsilo zum Waagebehälter befördert. Nach dem Wägevorgang gelangen der erhitzte Zuschlagstoff und der Füller in den Zwangsmischer (meist Doppelwellen-Zwangsmischer). Danach wird das Bitumen mit Hochdruck über Düsen eingespritzt, bis alle Gesteinsteilchen umhüllt sind. In der Regel wird eine Dosierungsgenauigkeit von $\pm 0{,}3\%$ gefordert. Die Temperatur des Gemisches darf 190 °C nicht überschreiten, andernfalls verbrennt das Bitumen, und das Mischgut verliert wesentliche Dichtungseigenschaften. Nach der vorgeschriebenen Mischzeit kommt der Bitumenbeton über einen Aufzugskübel in einen isolierten Silo, bis er zum Abtransport abgezogen wird.
Das Mischgut muß mit möglichst geringen Wärmeverlusten zur Einbaustelle gebracht werden. Dazu werden wärmeisolierte Behälter benutzt, die auf Lastkraftwagen aufgesetzt werden. Auf der Dammkrone wird der Behälter von einem Schwenkkran des Kronengerätes übernommen, über den Beschickerwagen ge-

schwenkt und entleert. Eine neuartige Methode wurde erstmalig an der Biggetalsperre angewendet. Unter Wegfall des Beschickerwagens übernimmt das Transportfahrzeug selbst die Beschickung des Böschungsfertigers. Dazu wird das mit einer stählernen Rohrtraverse versehene Fahrzeug vom Schwenkkran angehoben, auf die Böschung abgesetzt und zum Fertiger auf eigener Achse abgeseilt (Bild 246).

Bild 246. Biggetalsperre (DBR)
Kronengerät, Mischgutbeschickung mit Fahrzeug

Der auf der Krone befindliche kombinierte Winden- und Kranwagen, das Kronengerät, übernimmt folgende Aufgben:

Umsetzen des Mischgutbehälters bzw. Mischgutfahrzeuges
Halten sowie Auf- und Abwärtsbewegen von Beschickerwagen, Böschungsfertiger und Verdichtungsmaschinen
Umsetzen der Einbaugarnitur in die benachbarte Bahn bzw. Längsverfahren

Von den beiden voneinander unabhängigen Winden, gehört die Winde mit hoher Seilgeschwindigkeit zum Beschickerwagen, während die zweite Winde (Seilgeschwindigkeit etwa 0,5 bis 2,0 m/s) den Böschungsfertiger bewegt. Das Kronengerät verfügt über eine Plattform, auf die der Fertiger beim Bahnumsetzen einfährt.
Die modernen Kronengeräte besitzen Raupenfahrzeuge. Kufengeführte Kronengeräte haben sich nicht bewährt, da sie beim Verziehen auf der Kronenfläche Aufwallungen verursachen und darüber hinaus zwei teure Zugmaschinen ständig

in Bereitschaft gehalten werden müssen. Gleisgebundene Kronengeräte verlangen einen aufwendigen stabilen Unterbau für die Gleislage.
Die sogenannte Einbaugarnitur besteht gewöhnlich aus Beschickerwagen, Böschungsfertiger und Verdichtungsmaschinen. Die Beschickerwagen bringen das bituminöse Mischgut von der Krone zum Fertiger. Im Laufe der Zeit haben sich

Bild 247. Biggetalsperre (DBR)
Blick auf Kronengerät, Verdichtungsmaschine und Böschungsfertiger

unterschiedliche Transportformen entwickelt. Während auf der Hennetalsperre noch gleisgebundene Thermoskipper im Portal des Kronengerätes auf den Beschickerwagen gesetzt und zum Fertiger hinabgelassen wurden, werden gegenwärtig mit Mischgut gefüllte thermoisolierte Transportkübel vom Schwenkkran auf den Beschickerwagen abgesetzt bzw. die Transportkübel unter den Auslegerkopf des Schwenkkranes direkt in den Beschickerwagen entleert. Die technologisch-organisatorisch günstigste Form ist die auf der Biggetalsperre durchgeführte Mischgutzuführung. Wird auf den Beschickerwagen verzichtet, muß der Böschungsfertiger zur Übernahme von Mischgut ständig verfahren werden. Infolgedessen müssen geringe Einbauleistungen und unnötig viele Querarbeitsfugen in Kauf genommen werden.
Am Venemo-Damm (Norwegen) mußte aus Zeitgründen auf den Bau eines Beschickerwagens verzichtet werden. Die gesammelten Erfahrungen waren äußerst ungünstig.

Der Böschungsfertiger hat die Aufgabe, das bituminöse Mischgut zu verteilen und einzubauen. Im Prinzip ähneln die Geräte den üblichen Schwarzdeckenfertigern des Straßenbaues. Sie sind für das Arbeiten auf der Böschung umgebaut worden.

Ihre Arbeitsbreite beträgt etwa 5 m. Die üblichen Böschungsfertiger haben etwa eine Masse von 10 bis 15 t. Sie sind luftbereift und besitzen eine Hydraulik, um den Fertiger höhenmäßig zu verstellen, wodurch die Einbaudicke geregelt werden kann. Vom Sammelbehälter des Fertigers aus wird das Mischgut auf die Böschungsfläche aufgetragen und mittels pflugartigen Verteilern bzw. Becherwerken auf die gesamte Arbeitsbreite verteilt. Bei Becherwerken ist die Entmischungsgefahr nur gering.

Beim Venemo-Damm (Norwegen) hat man die Masse des Fertigers auf zwei Walzen abgesetzt. Die vordere Stützwalze verdichtete das verteilte Mischgut sofort, während die größere hintere Druckwalze nachverdichtete. Diese Konstruktion des Fertigers erlaubt es, die Böschung gleichmäßig zu belasten, wodurch Spurbildungen vermieden werden können.

Unmittelbar nach dem Einbau muß das Mischgut, das eine Eigentemperatur von etwa 140 bis 160 °C aufweisen soll, verdichtet werden. Während früher beheizte Vibrier-Bohlen und Vibrationsplatten benutzt wurden, werden heute Vibrationswalzen bevorzugt. An den üblichen Böschungsfertigern sind zwei Vibrationswalzen angehängt, die durch ständiges Auf- und Abfahren die verlegte Bahn verdichten. Eine dritte Vibrationswalze hängt direkt am Kronengerät und verdichtet die Arbeitsfuge. Bei den neueren Dämmen werden die Arbeitsfugen danach noch mit einem fahrbaren propangasbeheizten Infrarotstrahler aufgewärmt und anschließend mit Vibrostampfhämmern nachverdichtet. Somit werden die Bahnen miteinander verschweißt, und es entsteht eine nahtlose Verbindung.

Als Abschluß der Dichtungshaut wird gelegentlich ein Mastix-Belag mit dem Fertiger aufgezogen und durch Schwabber verteilt. In manchen Ländern wird das Aufbringen von Mastix-Belägen aus wirtschaftlich-technischen Überlegungen abgelehnt. Dabei wird ins Feld geführt, die Verwitterung von Bitumenbetonbelägen ohne Mastix sei außerordentlich minimal und beeinträchtige die Dichtungsfunktion in keiner Weise.

Zur Prüfung des Hohlraumgehaltes können unter anderem in den unteren Schichten Bohrkerne entnommen werden. In der oberen Dichtungsschicht werden zerstörungsfreie Verfahren, wie radioaktive Isotope, Vakuumprüfgeräte usw., verwendet.

Bitumenbetondichtungen werden an festen Bauwerken durch Kupferbleche mit Schlaufen eingebunden. Dabei werden die Bleche überlappt, heiß geklebt und die nach außen verbleibende Raumfuge mit Vergußmasse geschlossen.

Bitumenbeton-Innendichtung

Nachdem die ersten Bitumenbeton-Außendichtungen ihre Bewährungsprobe bestanden hatten, wurden Forderungen laut, auch bituminöse Innendichtungen zu entwickeln.

Ihre Vorteile liegen in:

1. sicherem Anschluß der Dammdichtung an den Untergrund
2. besserem Schutz der Dammdichtung gegen mechanische Beschädigungen (Steinfall im Hochgebirge, Kriegseinwirkungen usw.) und gegen Witterungseinflüsse

3. sparsamerem Aufwand von Spezialmaschinen und -kräften vorzugsweise bei niedrigen Dämmen
4. Einstaumöglichkeiten im Verlaufe der Bauzeit

In den letzten Jahren sind zwei Arten bituminöser Innendichtungen bekannt geworden: die sogenannte schrägliegende Hohlraumdichtung und die bituminöse Kern-Innendichtung.

Tafel 80. Angaben zu ausgeführten Bitumenbeton-Innendichtungen

Staudamm Land	Art der Innendichtung	Dichtungsstoff	Einbautemperatur des Dichtungsstoffes [°C]	Verdichtungsmaschine	Nachteile Vorteile
Rotgüldensee (Österreich)	wasserseitig geneigt	40 ··· 50 Vol.-% Steingerüst (Kantenlänge 10 ··· 40 cm) und 50 ··· 60 Vol.-% Bitumengrobmörtel: Splitt, Sand, Steinmehl und Bitumen B 80	160 ··· 200	3-t-Keller-Rüttler	technologische Verflechtung beträchtliche Handarbeit unempfindlich gegen Lawinen
Dhünntalsperre (DBR)	Kerndichtung	Bitumenbeton Splitt, Brechsand, Natursand, Füller und Bitumen B 65	150 ··· 180 (mit beheizter Ziehschalung)	3 gekoppelte Vibrationsplatten	technologische Verflechtung

Die erste fand erstmalig 1957 beim Steinstaudamm Rotgüldensee (Österreich) ihre Anwendung. In Nähe der Dammwasserseite wurden in einer 1 : 2 geneigten Zone des Stützkörpergerüstes die bestehenden Hohlräume mit einem Bitumengrobmörtel ausgefüllt.
Die Zuschlagstoffe setzen sich aus Splitt (höchstens 30 mm Durchmesser) Sand und Steinmehl zusammen. Es wurde Bitumen B 80 verwendet. Der Bitumengrobmörtel wurde in einer Heißmischanlage hergestellt, in elektrisch beheizten Silos gelagert und mittels Kippfahrzeugen zur Einbaustelle gefahren. Im Bereich der Dichtungszone wurde in einer Breite von 1,50 m die Steinschüttung ausgespart und in den so entstandenen Graben der Bitumengrobmörtel mit einer Einbauwärme von 160 bis 190 °C eingefüllt. Daraufhin wurden von Hand saubere Steine, Kantenlänge 10 bis 40 cm, auf das Mörtelbett aufgelegt, so daß etwa 40 bis 50% des Dichtungselements aus Steingerüst besteht. Mit einem 3 t schweren Großvibrator (Keller-Mammutrüttler) wurde so lange verdichtet, bis sämtliche Hohlräume satt mit Mörtel ausgefüllt waren. Die Arbeitsfugen müssen herausragende Steinköpfe aufweisen, um einen festen Verbund sicherzustellen. Nach peinlicher Säuberung wird die Oberfläche mit einem Flammenwerfer aufgeheizt und die nächste Dichtungslage eingebaut. Als Nachteil dieser Innendichtung muß der Umfang der Handarbeit hervorgehoben werden.

Bituminöse Kern-Innendichtungen wurden bei der Dhünntalsperre und den Vordämmen der Biggetalsperre bei Bremge und Eichhagen ausgeführt.
Nach *Osselmann* [413] hatte der Bitumenbeton der Dhünntalsperre nachstehende Zusammensetzung: Splitt 5 bis 30 mm, Brechsand 1 bis 3 mm, Natursand 0 bis 1 mm, 5% Bitumen B 65 sowie Füller.

Bild 248. Vordamm Eichhagen (DBR) Verdichten des Steinskeletts der Bitumenbeton-Innendichtung

Der Bitumenbeton wurde in einer üblichen Mischanlage hergestellt. Mit zunehmender Dammhöhe wurde die Dicke der Innendichtung unter anderem aus einbautechnischen Überlegungen stufenweise von 70 cm auf 60 und 50 cm vermindert. Der Bitumenbeton wurde mit Hilfe einer beheizten Ziehschalung in Lagen von 20 cm bei 150 bis 180 °C eingebaut und durch drei gekoppelte Vibrationsplatten auf etwa 16 bis 17 cm verdichtet. Dabei bearbeiteten die Vibrationsplatten gleichzeitig Stützkörper, Innendichtung und Filterschicht. Die mittlere Vibrationsplatte wurde beheizt. Vor dem Auftragen einer neuen Dichtungslage wurde die Arbeitsfuge sorgsam gesäubert.
Die Homogenität und Wasserdichtigkeit des Bitumenbetons wurden durch 35 cm hohe örtlich entnommene Probezylinder geprüft. Während der Bauzeit konnte der ordnungsgemäße Einbau bescheinigt werden.
Umfassende Betriebserfahrungen von Bitumenbeton-Innendichtungen liegen gegenwärtig noch nicht vor.

5.8.2.2. Zementbeton

Bei dieser Dichtungsart werden Innen- und Außendichtungen unterschieden. Außendichtungen werden entweder monolithisch oder in Fertigteilbauweise ausgeführt.

Innendichtungen werden wegen ihrer bekannten Nachteile selten gebaut. Dagegen finden sich vor allem in den USA noch viele Zementbeton-Außendichtungen.

Monolithische Zementbeton-Außendichtung

Die in einzelne Felder aufgelöste, durch horizontale und vertikale Bewegungsfugen getrennte Zementbetondichtung wird gewöhnlich wie folgt hergestellt:

1. Betonieren der Widerlagerkörper am Böschungsfuß mit umlaufender Ringfuge
2. Betonieren der horizontalen und vertikalen Auflagebalken
3. Bitumenvoranstrich und Verlegen der Dichtungspakete sowie Abdecken der Auflagebalken
4. Verlegen der Gleislage für den Böschungsfertiger
5. Abgleichen und Verdichten der Böschung mit speziellen gleisgeführten Geräten
6. Auftragen der etwa 20 cm dicken Zementbetondichtung in Längs- oder Querrichtung der Platte
7. Deckenschluß mittels Vibrationsbohle
8. Nachbehandlung des Zementbetons
9. Fugenbehandlung

Bild 249. Pumpspeicherbecken Reisach-Rabenleite (DBR)
Einbau der Zementbeton-Außendichtung
vorn Böschungsverdichtung, hinten Böschungsfertiger [414]

Diese Grundtechnologie kann in Abhängigkeit von der Geometrie des Dammes, dem Umfang der Dichtungsarbeiten und der Konstruktion der Platte vielfältig abgewandelt werden.

Spezielle Verfahren mit hohem Mechanisierungsgrad werden bei der Dichtung von Kanaldämmen angewendet.

Zementbetondichtungen aus Fertigteilen

Wölfel [415] beschreibt verschiedene Anwendungsbeispiele, wie Rhein-Seiten-Kanal (Frankreich), Vorsperre im Kerngrund (DDR) usw.

Die neuartige Dichtung der Vorsperre im Kerngrund besteht aus 1,20 m × 1,20 m großen und 20 cm dicken vorgefertigten Zementbetonplatten, die mit einer 1,5 cm dicken Faserasphaltschicht überzogen sind. Mit Hilfe eines Kranwagens und eines auf der Böschung arbeitenden Verlegekranes werden die Platten in einfacher Weise auf einer Magerbetonschicht verlegt. Die Vertikalfugen werden mit einem Zementbeton-Gelenkstab versehen und wie die Horizontalfugen mit Faserasphalt ausgespachtelt.

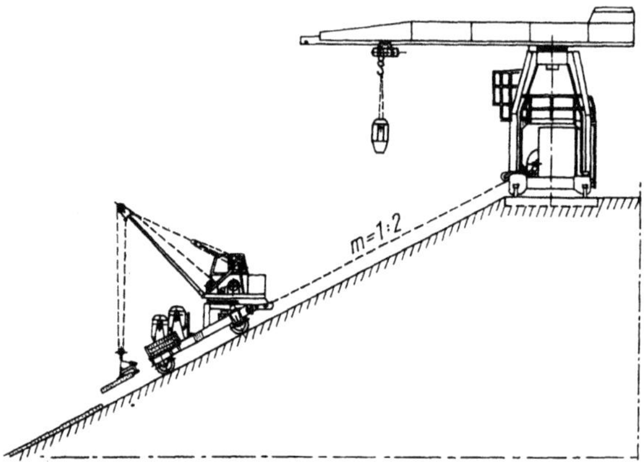

Bild 250. Vorsperre am Kerngrund (DDR)
Einbauschema der Faserasphalt-Fertigteilplatten [416]

5.8.2.3. Tonbeton

Die Herstellung des Tonbetons hängt aufs engste mit den natürlichen Vorkommen der Zuschlagstoffe und Bindemittel sowie deren Kornaufbau zusammen. Dagegen ähneln der Transport, Einbau und die Verdichtung denen der natürlichen Dichtungsstoffe.

Die Zuschlagstoffe können aus örtlichen Lagerstätten, wie Gehängelehm, Talablagerungen, Grundmoränen usw., gewonnen werden. Hierfür können je nach den örtlichen Bedingungen die in Abschn. 5.4. genannten Löse- und Ladeverfahren eingesetzt werden. Die Aufbereitung des Tonbetons kann sehr unterschiedlich sein und richtet sich nach der Kornzusammensetzung der Erdarten. Am geeignetsten sind Erdarten, die einen bestimmten Lehmanteil haben und einen günstigen Kornaufbau aufweisen, so daß nur in geringerem Umfang Kornfraktionen zugegeben bzw. entzogen werden müssen. Aber auch der natürliche Wassergehalt kann die Aufbereitung maßgeblich beeinflussen.

Steht in der Nähe der Baustelle kein geeignetes Ausgangsmaterial für Bindemittel an, wird getrocknetes feingemahlenes Tonpulver u. ä. verwendet, das mit Silowagen zur Baustelle transportiert und pneumatisch in die Vorratssilos gedrückt wird.

Für den Mischprozeß haben sich Zwangsmischer bewährt. Nur bei günstiger Kornzusammensetzung und geringem Größtkorn kann Tonbeton ohne Entmischungsgefahr auch in Freifallmischern hergestellt werden. Die Mischdauer beträgt etwa 2 min. Um Betriebsstörungen zu vermeiden, werden meistens zwei Fertigungsstraßen installiert. Beim Transport muß auf Entmischungserscheinungen geachtet werden. Für die Auswahl des Transportverfahrens gelten die in Abschn. 5.5. aufgestellten Kriterien. Bodenschütter und Flachbagger sind vorzuziehen, weil sie in dünnen Streifenlagen entladen und dadurch Entmischungen verhütet werden.

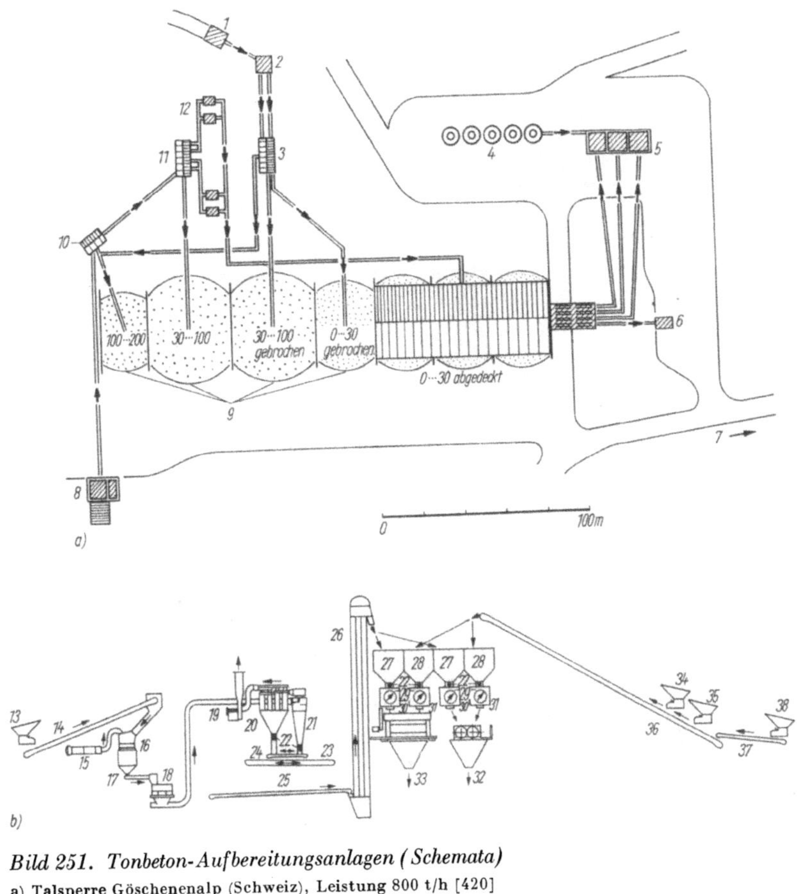

Bild 251. Tonbeton-Aufbereitungsanlagen (Schemata)

a) Talsperre Göschenenalp (Schweiz), Leistung 800 t/h [420]
b) Talsperre Sylvenstein (DBR), Leistung 50 m³/h [419]
1 Eirich-Mischer, 1500 *l*; *2* Sonthofen-Mischer 1250 *l*; *3* Siloverschluß; *4* Kieswaage, 2000 kg; *5* Tonwaage, 300 kg; *6* Zellradaufgeber; *7* Kiessilo; *8* Tonsilo; *9* Becherwerk, 17 m, 10 m³/h; *10* bis *15* Gurtförderer; *16* Zyklon; *17* Vorabscheider; *18* Ventilator; *19* Novorotormühle; *20* Vibrationsspeiserohr, 20 t/h; *21* Hasemag-Prallmühle, 15 t/h; *22* Brennkammer, 500000 kcal; *23* bis *25* Stoßaufgeber

Mit größter Sorgfalt muß der Tonbeton an den Untergrund angeschlossen werden. Der Anschlußbereich ist mit Stahlbesen und Druckluft zu säubern. Es ist plastischer Tonbeton mit erhöhtem Tonanteil zu verwenden, der sich besser an die

Tafel 81. Tonbeton – technologische Linie

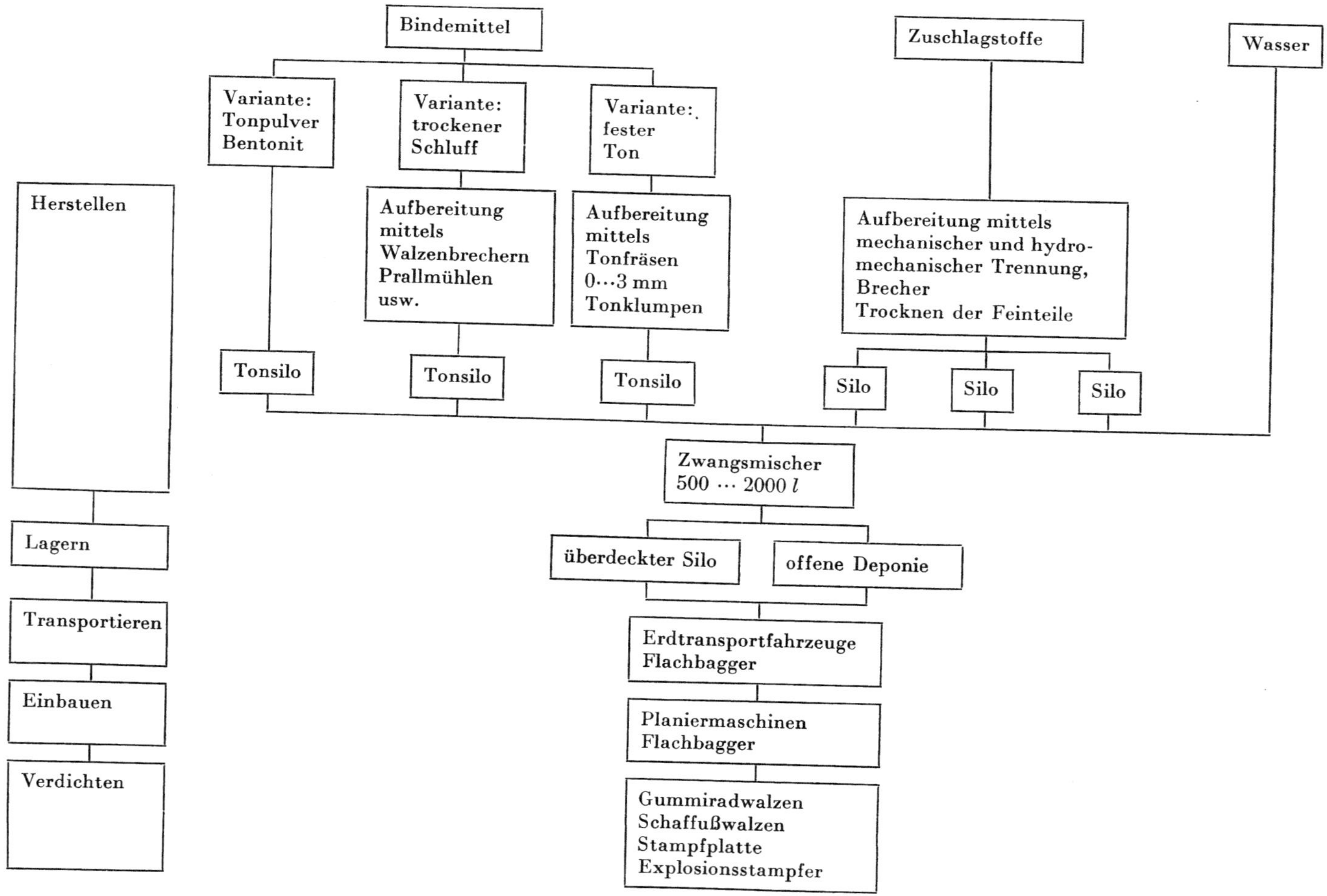

Unebenheiten des Untergrundes anschmiegt und somit einen dichten Übergang bildet.

In der aufgehenden Dichtung muß Tonbeton grundsätzlich bei optimalem Wassergehalt eingebaut werden. Die Lockerschütthöhen betragen gewöhnlich etwa 20 bis 40 cm. Als Verdichtungsmaschinen eignen sich Gummirad- und Schaffußwalzen. Für Anschlüsse werden Stoßverdichtungsmaschinen bevorzugt.

5.8.2.4. Hydraton

Auch die Herstellung des Hydratons wird von der Art der Binde- und Zuschlagstoffe geprägt. Daher gibt die Hydratonrichtlinie vier Grundvarianten der Herstellung an, die bei entsprechenden Bedingungen auch abgewandelt werden können (Tafel 82).

Tafel 82. Hydraton-Herstellung, Varianten der Hydraton-Richtlinie

a) Variante I

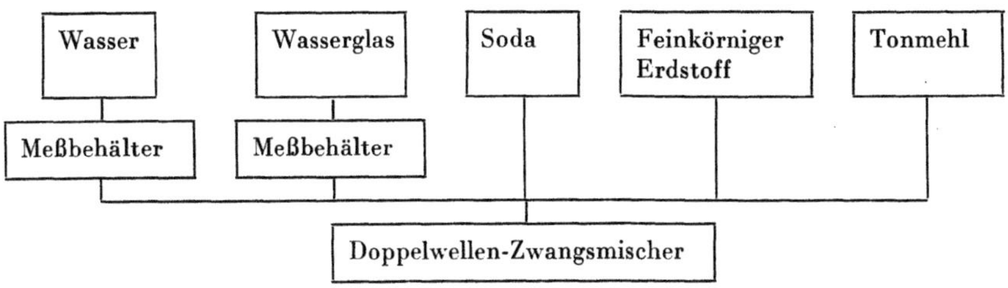

b) Variante II

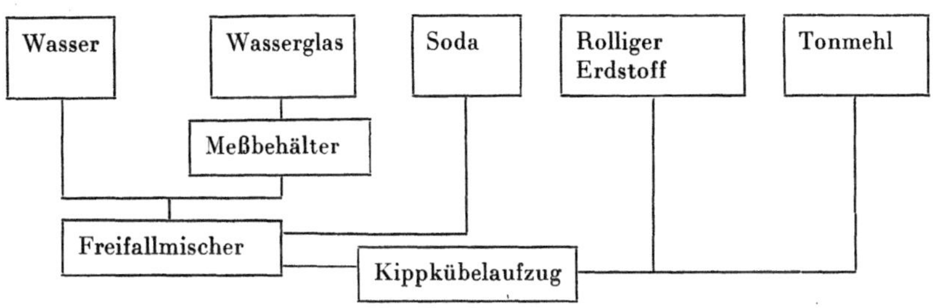

c) Variante III/IV

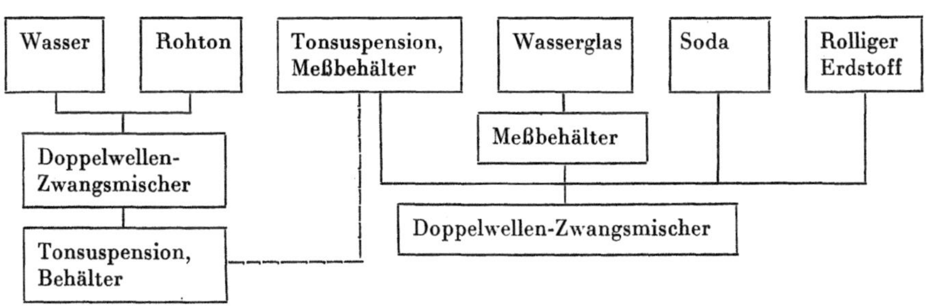

Die Variante I ist auf die Verwendung von Tonmehl und feinkörnigen Erdarten, wie mageren Lehm, Lößlehm, Löß, verwitterten Tonschiefer u. ä., zugeschnitten. Als Größtkorn ist 60 mm zugelassen. Die Mischdauer beträgt etwa 5 min.

Bei rolligen Erdarten (schwach schluffiger Sand, Gesteinsgrus, Sand und Kies) sowie Tonmehl als Bindemittel kommt Variante II in Betracht. Sind die Erdarten sehr ungleichförmig, kann mit einem guten Durchmischen gerechnet werden. Daher können auch Freifallmischer verwendet werden.

Muß der Hydraton aus rolligen Erdarten und Rohton aufbereitet werden, steigert sich der Aufwand erheblich. Es muß nach Variante III/IV verfahren werden. Der gesamte Aufbereitungsprozeß gliedert sich hierbei in die Herstellung der Tonsuspension und des Hydratons. Grundsätzlich werden zuerst die flüssigen (Wasser, Natriumwasserglas, Tonsuspension) und danch die festen Komponenten (Erdstoff, Tonmehl und kalziniertes Soda) in den Mischer gegeben. Die Mischdauer verkürzt sich um so mehr, je krümeliger die Erdstoffe sind. Zähe, klumpige Erdarten müssen in einem Kollergang zerkleinert werden. Der Wassergehalt richtet sich nach der Verarbeitungseignung des Hydratons und kann bis zu 30% betragen. In flüssiger bis breiiger Konsistenz läßt sich Hydraton am besten verarbeiten. Als Transportmittel kommen vor allem Erdtransportfahrzeuge und gleisloser Transport in Frage. Hierfür gelten die Kriterien des Abschn. 5.5. Um den Hydraton vor dem Austrocknen zu bewahren, empfiehlt es sich, der Transportladung Wasser zuzusetzen. Während des Transports nimmt der Hydraton einen thixotrop-verfestigten Zustand an. Gewisse Schwierigkeiten bereitet das schlagartige Entladen mittels Hinter- bzw. Seitenkippern. Damit die Hydratonmasse beim Entladen nicht unkontrolliert breit ausfließt und den Einbau behindert, ist stets nur etwa die Hälfte bzw. ein Drittel der Ladung abzukippen. Mittels Rutschen wird der Hydraton dann der Einbaustelle zugeleitet, die weder eben noch trocken sein muß. Prallwände schützen bereits fertiggestellte Dichtungsflächen vor dem fließenden Hydraton, der sich alsbald wieder verfestigt. Indem der Hydraton mit Schaufeln durchgearbeitet wird, werden die enthaltenen Hohlräume zerstört, und der Hydraton wird verdichtet und geglättet. Hydraton wird gleich in der vorgeschriebenen Dicke eingebaut und zum Schutz gegen Austrocknen mit einer 15 cm dicken Feinsandschicht abgedeckt.

Auf Böschungen wird Hydraton in 3,00 bis 4,00 m breiten Streifen von unten nach oben fortschreitend eingebaut. Neigungen bis 37° bereiten beim Einbau keine Schwierigkeiten.

Bei Schichtschluß wird die Arbeitsfuge aufgerauht und mit einem Falz versehen, so daß bei Wiederaufnahme der Arbeit dicht angeschlossen werden kann.

Niederschläge behindern den Einbau nicht, da Hydraton erosionssicher ist. Hydraton ist auch bis 0 °C noch einbaufähig. Bereits 24 h nach dem Einbau kann die Dichtung mit leichten Transportmitteln befahren werden.

Die Mechanisierung des Hydratoneinbaus wird ständig vorangetrieben.

Im Dammbau wurde Hydraton in den letzten Jahren unter anderem bei der Talsperre Cranzahl, dem Rhein-Hochwasserdamm und dem Donau-Deich Vilshofen verwendet.

5.8.2.5. Kunststoffe

Trotz ihrer vorzüglichen mechanisch-technologischen Eigenschaften sind Kunststoffe bisher erst vereinzelt zur Dichtung von Staudämmen verwendet worden.

Mehrjährige Erfahrungen liegen von dem 1956 mit einer Kunststoffolie gedichteten Staudamm Dobšina (ČSSR) vor [424]. Dort wurde eine dreiteilige Dichtung unter Verwendung von Zementbetonfertigteilen benutzt (Bild 252). Zwischen den zwei gleichartigen Fertigteilen wurde eine 1,1 mm dicke Kunststoffolie wellenförmig eingelegt. Die wellenförmige Trennfläche schützt gegen

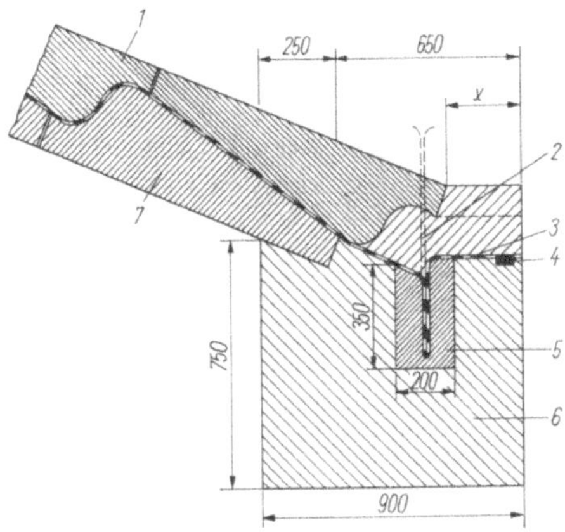

Bild 252. Talsperre Dobšina (ČSSR)
Dreischichtige Fertigteildichtung mit Kunststoffolie [424]

1 obere Fertigteilschicht; *2* Lage der Dichtungshaut beim Einbetonieren; *3* endgültige Lage; *4* Asphalt; *5* Zementmörtel; *6* Herdmauer; *7* untere Fertigteilschicht

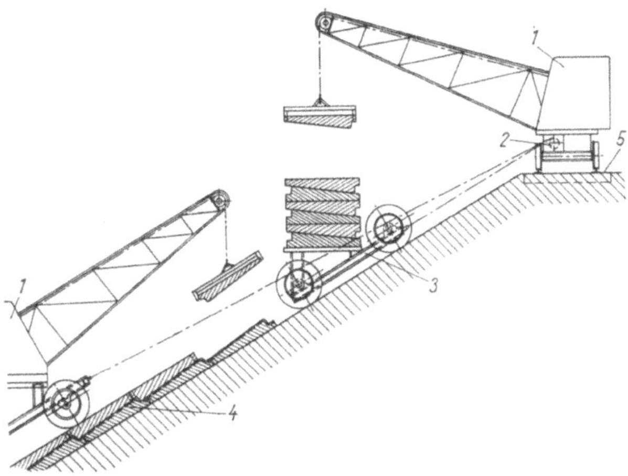

Bild 253. Talsperre Dobšina (ČSSR)
Verlegen der Fertigteile (Schema) [424]

1 Kran; *2* Haspel; *3* Böschungswagen; *4* dreischichtige Betondichtung

Abgleiten und sichert das Einpressen und Befestigen der Dichtungsfolie. Mit einem transportablen Hochfrequenzaggregat wurden auf der Böschung 4,80 m breite und 20,00 m lange Bahnen verschweißt. An beiden Folienseiten ist besandete Pappe angeordnet.

Die horizontalen Fugen sollten künftig durch Plastekitt ausgefüllt und die Fertigteile abgerundet werden, um Beschädigungen vorzubeugen.

Beim Staudamm Dobšina wurden die Bewegungsfugen zwischen Dichtungsfläche und massiven Bauteilen durch Einbetonieren der Folie in einen verankerten Betonbalken hergestellt.
Die Montage ging schnell vonstatten. Sechs Arbeitskräfte konnten in einer Schicht 100 m^2 Dichtungsfläche fertigstellen. Das Verlegen der Betonfertigteile geht aus Bild 253 hervor.
Bisher wurden keine Beschädigungen festgestellt. Auch Frost und Eis hat die Kunststoffdichtung ohne Schaden überstanden. Bei Kontrollen, die 1963 durchgeführt wurden, konnten keine Änderungen der mechanischen Eigenschaften der Folie infolge Alterns usw. nachgewiesen werden.
Es wird erwartet, daß die Kunststoffolie in den kommenden Jahren noch stärker in den Vordergrund treten wird.

6. Überwachung der Bauausführung

Die Stand-, Funktions- und Betriebssicherheit eines Dammbauwerkes werden im Projekt durch Anwenden gesicherter technisch-wirtschaftlicher Erkenntnisse, spezieller Meß- und Untersuchungsergebnisse, Erfahrungswerte, Annahmen usw. des Baugrundes, der Gründung des Dammkörpers und vor allem der bodenmechanischen Eigenschaften der Dammbaustoffe nachgewiesen. Im Zuge der Bauausführung sind die im Projekt zugrunde gelegten Berechnungsdaten zu reproduzieren und objektiv nachzuprüfen. Die Anforderungen an die Güte sind eindeutig zu begründen und möglichst zahlenmäßig definiert unter Angabe von Kontrollsystemen, Verantwortlichkeiten, Art und Umfang der Prüfungen und Dokumentationsformen in einer Gütevorschrift zusammenzufassen.
Beginnend mit den ersten Vorbereitungen (Standort- und Trassenwahl, geologische Voruntersuchungen) bis zum Abschluß des Projektes, muß die Gütevorschrift ständig vervollkommnet werden. Häufig machen sich noch während des Bauablaufs Ergänzungen erforderlich.

Der wesentliche Inhalt der Gütevorschrift umfaßt:

die naturbedingt wechselnden Eigenschaften der Dammbaustoffe in der Entnahmestelle und ihr Einfluß auf die Bauausführung

die klimatische Veränderlichkeit der Dammbaustoffe (Niederschläge, Trockenheit, Frost usw.) und ihre Auswirkungen auf die Bauausführung

Anwenden verbindlicher Normen, Standards, Vorschriften, Richtlinien usw.

technisch schwierige Details, wie Bauwerksanschlüsse, Widerlager, Anschlüsse an besondere Kunstbauten des Dammes usw.

Dichtungen und Dichtungsanschlüsse im Staudammbau

neuartige konstruktive Lösungen und Technologien

Bereits in der Entwurfphase muß sich der Bauingenieur stets vor Augen halten, wie eine Konstruktion mit Hilfe der modernen Bauverfahren errichtet werden kann und wie die Berechnungsdaten reproduziert und nachgewiesen werden können. Dabei müssen den modernen leistungsstarken Dammbauverfahren gleichwertige Prüfverfahren zur Seite gestellt werden.
Die Bauausführung wird im Interesse beider Vertragspartner überwacht. Daher müssen Auftraggeber und -nehmer eng zusammenarbeiten und gemeinsam die Voraussetzungen (geschultes Fachpersonal, Labor- und Meßeinrichtungen) schaffen. Vor Jahren galt der Muskingum-Damm (USA) als Vorbild für die Überwachung der Bauausführung. Anteilig zur Gesamtbausumme von 40 Mill. Dollar wurde 0,1% für die Einrichtung und Unterhaltung der Prüfstelle verwendet. Heute erreichen die einschlägigen Kosten zum Teil schon mehrere Prozent der Gesamtbausumme.

Im folgenden soll der Inhalt der Gütevorschrift für die anerkannten Güteschwerpunkte im Dammbau, wie Anschluß des Baugrundes an den Dammkörper, Eignungs-, Einbau- und Verdichtungskontrolle der Dammbaustoffe, allgemeingültig behandelt werden.
Auf Grund der Besonderheiten der Dammbauwerke können sich zusätzliche Festlegungen notwendig machen.

6.1. Anschluß des Baugrundes an den Dammkörper

In der Gütevorschrift sind die Forderungen an das Erreichen des tragsicheren scherfesten Untergrundes, das Ableiten von Wasser aus dem Gründungsbereich, das Ausführen von besonderen Anschlüssen und die Kontrollzuständigkeit möglichst detailliert zu formulieren.

6.1.1. Erreichen des tragsicheren scherfesten Untergrundes

1. Sträucher, Stubben, Wurzeln, Mutter- und Waldboden, Faulschlamm, Torf und sämtliche anderen organischen Substanzen sind aus dem Gründungsbereich zu entfernen.
2. Kreuzungen des Dammes mit Straßen, Wegen und Gräben sind auszuräumen, bis keine zersetzbaren Massen mehr anstehen.
3. Vertiefungen der Gründungssohle sind mit gleitfesten erosionssicheren Dammbaustoffen aufzufüllen.
4. Schnee- und eisbedeckte Flächen der Gründungssohle dürfen nicht überschüttet werden. Die Gründungssohle ist vor Aufwühlen, Ausspülen und Auffrieren zu schützen und gegebenenfalls nachzuverdichten. Der erforderliche Verdichtungsgrad ist anzugeben.
5. Die Lagerungsdichte des gewachsenen Baugrundes ist zu kontrollieren, und es ist zu entscheiden, ob Sondermaßnahmen – ohne Ausräumen von Überlagerungsmassen, wie Einrammen von Steinen, vertikale Sanddränagen, Tiefensprengungen usw. – vorzunehmen sind.

6.1.2. Ableiten von Wasser aus dem Gründungsbereich

1. Wasseraustritte im Bereich der Gründungssohle sind unter Berücksichtigung der Wasserschwankungen durch Sicker zu fangen und mit ausreichender Vorflut abzuleiten
2. Die Gründungssohle ist, dem Baufortschritt folgend, vor Niederschlagswasser zu schützen
3. Bestehende Brunnen im Gründungsbereich sind zu plombieren oder zu entwässern
4. Bei Wasseraustritten am Hang sind Dränagen anzulegen

6.1.3. Ausführen von besonderen Anschlüssen

1. Festlegungen über die Anschlußart des Dammkörpers an die Talhänge (Abtreppungen usw.)
2. Lockere Felsmassen bzw. Verwitterungen sind zu entfernen

   Die Ausführungsart und das Prüfkriterium sind dabei mit anzugeben.

6.1.4. Kontrollzuständigkeit

1. Festlegung, wie der Baugrubenaushub durch Auftraggeber, Auftragnehmer oder deren Beauftragte überwacht wird
2. Abnahmemodus und Kartierungsform des Baugrundes sowie die Verantwortlichkeit für die Freigabe der Gründungssohle zur Überschüttung sind vorzuschreiben

6.2. Eignungskontrolle der Dammbaustoffe

Die Bauüberwachung hat festzustellen, ob die in den vorgeschriebenen Entnahmestellen tatsächlich angetroffenen Dammbaustoffe den Ansprüchen gerecht werden, ob angelieferte Dammbaumaterialien geeignet sind bzw. den vereinbarten Lieferbedingungen entsprechen. Die Überwachung der Entnahmestelle verlangt äußerste Sorgfalt, da es die hohen Einbauleistungen des neuzeitlichen Dammbaues in der Regel nicht mehr zulassen, ungeeignete Dammbaustoffe noch an der Einbaustelle festzustellen und gegebenenfalls nachträglich auszuschließen. In das Kontrollsystem sind auch die in den Entnahmestellen beschäftigten Arbeitskräfte einzubeziehen. Sie sind gründlich über die Notwendigkeit der Kontrolle und den Inhalt der Gütevorschrift zu unterrichten. Jedem Beschäftigten, vor allem den Bedienungskräften der Gewinnungsmaschinen ist verständlich zu machen, daß von ihrem umsichtigen, verantwortungsvollen Handeln die Sicherheit des Bauwerkes mit abhängt. Auch in der Nachtschicht ist die Entnahmestelle zu beaufsichtigen.

Folgende Punkte sind unter anderem in die Gütevorschrift aufzunehmen:

1. Humose Beimengungen, vor allem aus Überlagerungsschichten, sind auszuschließen
2. Es ist festzulegen, welche Dammbaustoffe bereits durch ihre äußere Erscheinung vor dem Laden einer Kontrolle zu unterziehen sind
3. Angaben, welche Dammbaustoffe nach ihrer äußeren Erscheinung den einzelnen Dammteilen zuzuordnen sind
4. Angabe des zulässigen Streuungsbereiches der Kornverteilung
5. Angabe des zulässigen Streuungsbereiches des natürlichen Wassergehaltes

Die Überwachung der Entnahmestellen für bindige Erdstoffe soll in der Gütevorschrift geregelt werden durch:

1. Angaben, ob und unter welchen Bedingungen andersartige, sandigkiesige, stark plastische oder feste und trockene Dammbaustoffe zum Einbau zugelassen werden bzw. durch welche Prüfungen ihre Einbaueignung entschieden werden muß
2. Zulässiger Anteil von Kies und Sand bei bindigen Erdstoffen unter Festlegung des zulässigen Größtkornes
3. Angabe der Kornverteilung im Feinststoffbereich im Hinblick auf die Frostsicherheit bindiger Erdstoffe im Winterbau
4. Anwenden von Annässungs- und Trocknungsverfahren bei bindigen Erdstoffen, die den vorgeschriebenen Wassergehalt unter- oder überschreiten
5. Festlegung, in welchen Abständen und nach welchen Verfahren die Wasserdurchlässigkeit zu prüfen ist und welcher Toleranzbereich für die Einbaueignung zulässig ist

Die Überwachung der Entnahmestellen für rollige Erdstoffe soll in der Gütevorschrift geregelt werden durch:

1. Angabe von Merkmalen, nach denen witterungsunbeständige Dammbaustoffe zu erkennen sind, und von Festlegungen, wie diese ausgehalten werden müssen
2. Angabe von Eignungskriterien für Dammbaustoffe, die für Filter vorgesehen sind

Die Überwachung der Entnahmestellen für felsige Lockergesteine soll in der Gütevorschrift geregelt werden durch:

1. Kriterium über die Einbaueignung verwitterter felsiger Lockergesteine
2. Begrenzung des zulässigen Größtkornes unter Angabe, wie die Nachzerkleinerung vorzunehmen ist
3. Begrenzung des Anteiles an Feinstoffen

6.3. Einbaukontrolle

Die Gütevorschrift soll vor allen Dingen zur Vorbereitung der Schüttflächen sowie zum Verteilen und Schütten der Dammbaustoffe eindeutig Aussagen enthalten.

6.3.1. Vorbereitung der Schüttflächen

1. Schüttflächen sind von Schlammlöchern, aufgeweichten Schichten bzw. Schnee und Eis zu beräumen. Es ist anzugeben, unter welchen Bedingungen das ausgeräumte Material wieder eingebaut werden kann.
2. Vor Schüttpausen sind bei bindigen Dammbaumaterialien die Schüttflächen zu glätten, insbesondere bei bevorstehenden Niederschlägen.
3. Festlegungen, ob und wie glatte Schüttflächen aufzurauhen sind, um eine ausreichende Verzahnung zwischen den Schüttlagen zu gewährleisten.
4. Angaben, ob bei Wiederaufnahme der Schüttung nach Frostperioden nachverdichtet werden muß.

6.3.2. Verteilen der Dammbaustoffe im Dammkörper

1. Reihenfolge beim Einbau der verschiedenen Dammglieder (Schütten des Dammes in der gesamten Bauwerkshorizontalen oder zeitlich getrenntes Schütten der Dammglieder)
2. Gesichtspunkte, nach denen die angefahrenen Dammbaustoffe den einzelnen Dammgliedern zuzuweisen sind
3. Bei Verkehrsdämmen bindige Erdarten vornehmlich im unteren und rollige im oberen Teil des Dammes einbauen
4. Besondere Anforderungen an Dammdichtungsstoffe und -verfahren beim Anschluß an Untergrundabdichtungen, Herdmauern usw.
5. Bei Verkehrsdämmen felsige und hohlraumreiche Dammbaustoffe nur bis etwa 2 m unter Fahrbahnoberkante einbauen
6. Angabe, welche Dammbaustoffe auf stark durchfeuchtetem Untergrund aufgebracht werden dürfen, unter Festlegung der Schütthöhe
7. Zulässiger Grenzwassergehalt bei durchfrorenen Dammbaustoffen

8. Festlegungen, unter welchen Bedingungen für durchfrorene Dammbaustoffe Einbauverbot besteht
9. Kennzeichnung schnee- und eishaltiger Dammbaustoffe, die vom Einbau ausgeschlossen sind

6.3.3. Schütten der Dammbaustoffe

1. Angabe, ob Vorkopfschüttung zulässig ist und welche maximale Lagendicke statthaft ist
2. Angabe, ob horizontaler Lageneinbau erlaubt ist und welche Lockerschütthöhen einzuhalten sind
3. Angaben, wie die vorgeschriebenen Schütthöhen zu markieren sind (Lehren- oder Höhenmarken, Nivellement usw.)
4. Zulässiger Vorlauf beim Paralleleinbau von Dammgliedern
5. Angabe der Schüttrichtung
6. Festlegung, wie Übergangsschichten zu schütten sind (z. B. zwischen Dammdichtung und Stützkörper bei Staudämmen)
7. Bedingungen für die Wiederaufnahme des Schüttbetriebes nach Niederschlägen unter Angabe, welche Stelle die Erlaubnis ausspricht
8. Angaben, wie Böschungen herzustellen sind und welche Güteparameter zu überwachen sind

6.3.4. Sonstige Forderungen

1. Angaben, unter welchen Bedingungen unverdichtete Dammbaumaterialien im Hinblick auf die Witterung gelagert werden dürfen
2. Festlegung, wie das fertiggestellte Planum von Verkehrsdämmen gegen Niederschläge zu schützen ist

6.4. Verdichtungskontrolle

Die Überwachung muß sich sowohl auf die Technologie und Organisation der Verdichtung als auch auf Lagerungsdichte, Wassergehalt usw. erstrecken. Dabei ist von den geltenden Normen, Standards, Richtlinien usw. auszugehen.

6.4.1. Kontrolle der Verdichtungstechnologie und -organisation

1. Festlegungen, für welche Dammbaustoffe welche Verdichtungsmaschinen vorzusehen sind und welche Lockerschütthöhen, welche Übergangszahl, welche Arbeitsgeschwindigkeiten usw. eingehalten werden müssen
2. Angabe über die Verdichtung schwer zugänglicher Stellen, wie Anschlüsse, Dammschultern usw.
3. Vorschrift, unter welchen Voraussetzungen von den festgelegten Verdichtungstechnologien abgewichen werden kann

6.4.2. Prüfung der Verdichtung

1. Festlegung, in welchen Abständen und mit welchen Verfahren die Verdichtungsgüte der Dammbaustoffe (Proctordichte, Trocken- bzw. Feuchtrohdichte, natürlicher Wassergehalt usw.) nachzuweisen ist. Ferner ist anzugeben, wer für den Nachweis verantwortlich ist

2. Art der Nachverdichtung, wenn vorgeschriebene Gütewerte nicht erreicht werden, bzw. Angaben über die Änderung von Verdichtungstechnologien beim Über- bzw. Unterschreiten vorgeschriebener Gütewerte (z. B. Neuansetzen von Feldversuchen)
3. Angaben über die Lage der Entnahmeorte innerhalb des Dammkörpers (bevorzugte Entnahmeorte)

6.4.3. Verdichtungs-Prüfverfahren

In der Dammbaupraxis wird die Verdichtung im allgemeinen durch die Rohdichte und den Wassergehalt bestimmt. Bei bindigen Erdstoffen werden je nach Streubereich von Kornverteilung, Witterungseinflüssen usw. noch zusätzliche Kennwerte, wie Korngrößenverteilung und Proctordichte, herangezogen. Für die Dichtungselemente im Staudammbau werden darüber hinaus die Durchlässigkeit in manchen Fällen auch die Fließ- und Ausrollgrenze bestimmt. Der erforderliche Prüfumfang zum Nachweis der Verdichtung schwankt in weiten Grenzen (Tafel 83). Er richtet sich nach dem natürlichen Streubereich der Erdstoffeigenschaften, den Ansprüchen an den zu prüfenden Dammteil, der Art der angewandten technologischen Verfahren, der Genauigkeit der Prüfverfahren usw. Die Prüfverfahren zur Feststellung von Rohdichte und Wassergehalt sind in der Spezialliteratur [428, 429] beschrieben.

Tafel 83. Umfang von Verdichtungsprüfungen

Lfd. Nr.	Bauwerksart Dammglied	In der Praxis üblich [433]	In der DDR empfohlen [432]
1.	*Staudämme*		
1.1.	natürliche Dichtungsstoffe	1 Prüfung/170 ··· 3000 m³	1 Prüfung/max. 200 m³ ¹)
1.2.	Stützkörper	1 Prüfung/300 ··· 10000 m³	1 Prüfung/max. 3000 m³ ²)
2.	*Verkehrsdämme*		
2.1.	Unterbau	1 Prüfung/300 ··· 4000 m³	1 Prüfung/2 m Abstand³) der Schütthöhen
2.2.	Tragschicht	1 Prüfung/650 ··· 1750 m²	1 Prüfung g/1500 m² ⁴)

¹) bzw. 1 Prüfung/Schüttlage oder 1 Prüfung/Schicht
²) bzw. 1 Prüfung/Schüttlage
³) für Dämme $\geqq$ 2,50 m Höhe
⁴) gilt für Schutzschichten

Bei der Auswahl der Prüfverfahren für die Praxis sind nach *Jäger* [433] folgende Faktoren zu berücksichtigen:

1. Einfluß der Korngrößenverteilung und der allgemeinen Beschaffenheit des Erdstoffes auf die Prüfmethode
2. Durchführung der Prüfungen unmittelbar an der Entnahmestelle oder im Baustellenlabor
3. herrschende Witterungsbedingungen
4. Einbau- und Verdichtungsverfahren

Von der Prüfmethode wird in der Praxis verlangt:

1. Einfachheit
2. geringe Empfindlichkeit, wenig Fehlerquellen und hohe Genauigkeit
3. schnelle Durchführbarkeit
4. geringer Arbeits- und Geräteaufwand

Auf Grund umfangreicher praktischer Erfahrungen können die Prüfverfahren bewertet und zur Anwendung in der Praxis empfohlen werden (Tafel 84 und 85). Darüber hinaus werden noch radiometrische Messungen zur Bestimmung von Feuchtrohdichte und Wassergehalt sowie refraktionsseismische Messungen zur Bestimmung der Feuchtrohdichte angewandt. Obwohl diese Verfahren schon häufig benutzt werden, stehen sie noch in der Entwicklung.
Das radiometrische Prüfverfahren zum Nachweis der Feuchtrohdichte kann nach dem Absorptions- oder dem Reflexionsprinzip angewandt werden. Es ist sowohl bei bindigen als auch bei rolligen Erdstoffen anwendbar, sofern das Eintreiben der Sonde keine Schwierigkeiten bereitet. Die Vorteile des Verfahrens bestehen in:

schneller, billiger Prüfung bei geringem Arbeitsaufwand

Möglichkeit operativer Einflußnahme auf den Einbau- und den Verdichtungsvorgang infolge der Schnelligkeit des Verfahrens

Die höchste Wirkung erzielen die radiometrischen Verfahren, wenn mittels kombinierter Sonden neben der Feuchtrohdichte auch der Wassergehalt mitbestimmt werden kann. Gewisse Mängel bestehen gegenwärtig noch in der Fehlergenauigkeit und dem Streubereich des Verfahrens. Refraktionsseismische Messungen sind bei allen Erdarten möglich. Nach den Erfahrungen auf der Ohratalsperre [438] können sie vor allem für den Steinschüttdammbau empfohlen werden.

Tafel 84. Zur Anwendung empfohlene Methoden der Wassergehaltsbestimmung [433]

Methode	Anwendungsbereich				Zeitaufwand	Genauigkeit	Anwendungsort	
	bindige Erdstoffe	Sand	Kiessand Kies	Schotter Steine			Feld	Baustellenlabor
Ofentrocknung	×	×	×	×	sehr hoch	gut	–	×
Heizplatte Infrarotofen	×[1]	×	×	×	hoch	gut	–	×
Verbrennung	–	×	×	×	gering	gut	×	–
Destillation	×	×	×[2]	–	gering	gut	–	×
Luftpyknometer	×	×	×	–	gering	gut/ausreichend[3]	×	×
Wasserpyknometer	×	×	×[2]	–	gering	gut/ausreichend[3]	–	×

[1]) eingeschränkt wegen fehlender Temperatur-Regelung

[2]) bis etwa Mittelkies verwendbar

[3]) ausreichend bei bindigen Erdstoffen

Tafel 85. Zur Anwendung empfohlene Methoden der Verdichtungsprüfung [433]

Methoden	Anwendungsbereich				Zeit-aufwand	Genauigkeit	Fehler-empfindlich-keit²) Aufwand an Hilfsgeräten
	bindige Erdstoffe	Sand	Kiessand Kies	Schotter Steine			
Zylinder	×¹)	×	—	—	sehr gering	gut	sehr wenig
Sandersatz	×	×	×	—	groß	ausreichend	hoch
Gipsersatz	×	×	×	×	groß	ausreichend	hoch
Tonsuspensions-ersatz	×	×	×	—	gering	ausreichend	wenig
Wasserersatz	×	×	×	×	gering	ausreichend	wenig
Ballonmethode	×	×	×	—	gering	gut	sehr wenig
Plattendruck-versuch	×	×	×	×	sehr groß	ausreichend	wenig³)
Benkel-mannbalken	×	×	×	×	gering	ausreichend	wenig

¹) nur für rein bindige Erdstoffe bzw. mit einzelnen Steinen

²) bezogen auf Witterung, Baustellenverkehr usw.

³) sehr hoher Aufwand

6.5. Sonstige Kontrollen

Häufig werden Dämme von Kunstbauwerken (Grundablässe, Durchlässe, Rohrleitungen usw.) gekreuzt. Zwischen den auf starrem Untergrund gegründeten Kunstbauwerken und dem Dammkörper, der sich im Laufe der Zeit setzt, treten Setzungsdifferenzen auf. Bei unsachgemäßen Anschlüssen und unzureichender Verdichtung des Dammbaustoffes können vor allem bei höheren Dämmen schädliche Setzungen auftreten. Besonders gefährdet sind Anschlüsse von Brücken an Verkehrsdämmen. Dort können Setzungsmulden die angrenzende Fahrbahndecke bzw. den Oberbau in Mitleidenschaft ziehen.

Daher muß in der Gütevorschrift unter anderem gefordert werden:

1. Nur setzungsunempfindliche Dammbaustoffe im Anschlußbereich einbauen
2. Definition der Eigenschaften bzw. Eignungsnachweis der zulässigen Dammbaustoffe
3. Festlegen der Verdichtungswerte im Anschlußbereich
4. Angabe von Schütthöhe, Verdichtungstechnologie und Verdichtungsprüfung
5. Zusammensetzung der Baustoffe für Rigolen, Sicker usw. sowie Regelung der Vorflut

Es ist zu entscheiden, ob und welche zusätzlichen Sicherungsvorkehrungen zu treffen sind.

Formelzeichen

Für die Formelzeichen wurden die im deutschen Sprachgebiet gebräuchlichen Bezeichnungen unter besonderer Berücksichtigung der in Bearbeitung befindlichen Standards verwendet.
Bezeichnungen, die nur spezielle Bedeutung für ein bestimmtes Verfahren haben, sind nicht im Verzeichnis aufgeführt.

A	Auftrieb, Abstandsverhältnis, Verdichtungsarbeit, Aktivitätszahl
B	Durchlässigkeitswert
b	Breite
b_k	Kronenbreite
C	Formbeiwert, Widerstandsbeiwert, Abstufungsgrad
C_B	Bettungsziffer
c_s	Scherhaftfestigkeit (Kohäsion)
c	wahre Haftfestigkeit
c_k	Kapillarfestigkeit (Verfestigungsbeiwert)
c_0	Zugfestigkeit
c_v, c_h	Verfestigungsbeiwert
D	Korndurchmesser der groben Fraktion
d	Korndurchmesser der feinen Fraktion
max d	Größtkorndurchmesser
$d_{i,m}$	maßgebender Korndurchmesser
d_w	wirksamer Korndurchmesser
$D_{s,n}$	Lagerungsdichte
d_p	Porendurchmesser
E	Steifezahl, Verdichtungszahl
E_{p_2}	Tragfähigkeitswert (Tragwert)
E_w	Eindringwiderstand (Proctornadel)
$E_{v,h}$	Erddruckkomponenten
F	Fläche, Querschnitt
G	Gewicht
g	Erdbeschleunigung
H	Horizontalkraft
h	Höhe
h_k	kapillare Steighöhe
h_c	freie Standhöhe
i	hydraulisches Gefälle
k	Durchlässigkeitsbeiwert (*Darcy*)
l	Länge
l_b	Bogenlänge
M	Formbeiwert, Momente
m	Masse
N	Normalkraft
n	Porenanteil
O_s	spezifische Oberfläche
P	Kraft, Last, Druck
p	vertikale Belastung
Q	Gleitflächenkraft, Wassermenge

q	Sickerwassermenge
R	Resultierende
R, r	Radius
R_e	Reynoldssche Zahl
r_u	Porenwasserdruckparameter
r_g	Rauhigkeitszahl
S_w	Eindringwiderstand (Schneide)
s	Setzung
s'	bezogene Setzung
T	Zeit, Tangentialkraft
t	Dicke
U	Ungleichförmigkeitsgrad, Konsolidationsgrad
u	Porenwasserdruck
V	Volumen, Vertikalkraft
v	Filtergeschwindigkeit
W	Wasserdruck
w_n	natürliche Wasserzahl, natürlicher Wassergehalt
w_ϵ	Einbauwassergehalt
w_a	Ausrollgrenze
w_f	Fließgrenze
w_{fa}	Bildsamkeit
w_0	Breiwasserzahl
w_1	Einheitswasserzahl
$\dot{w}_{01}$	Verformungsindex
w_b	Wasserbindevermögen
w_p	günstiger Wassergehalt an der Proctordichte
w_z	Zustandszahl
α	Zentriwinkel
β	Böschungswinkel
γ	Rohwichte
γ_a	Rohwichte unter Auftrieb
γ_f	Feuchtrohdichte
γ_t	Trockenrohdichte
γ_p	Trockenrohdichte nach Proctor
γ_a	Rohwichte, wassergesättigt
γ_s	Reinwichte
γ_w	Wichte des Wassers
ε	Porenzahl
η	Sicherheitsbeiwert
ϑ	Gleitflächenwinkel
$\varkappa$	Verhältniswert
μ	Reibungsbeiwert
ϱ_f	Feuchtrohdichte
ϱ_t	Trockenrohdichte
ϱ_p	Trockenrohdichte nach Proctor
ϱ_s	Reindichte
σ	Spannung, Normalspannung
σ_D	Druckfestigkeit
σ_1, σ_2, σ_3	Hauptspannungen

τ	Schubspannung, Scherspannung
τ_s	Scherfestigkeit (Bruchzustand)
τ_g	Scherfestigkeit (Gleitzustand)
τ'	Drehscherfestigkeit
φ	Reibungswinkel
Φ	Winkel der inneren Reibung
ψ	Verzahnungswinkel

Literatur- und Quellenverzeichnis

1. Bedeutung des Dammbaues

[1] *Speck, A.:* Der Kunststraßenbau. Verlag Wilhelm Ernst und Sohn, Berlin 1951, B.

[2] *Stark, H.:* Geologie und technische Beobachtungen an alten anatolischen Talsperren. Wasserw. **48** (1957) H. 1.

[3] *Straub, H.:* Die Geschichte der Bauingenieurkunst (ein Überblick von der Antike bis in die Neuzeit). Verlag Birkhäuser Basel, B.

[4] *Terzaghi, K.:* Erdbaumechanik auf bodenphysikalischer Grundlage. Franz Deuticke, Leipzig und Wien 1925, B.

[5] *Terzaghi, K.:* Erdstaudämme und Bodenmechanik. Vortr. Baugr. Tagung 1958 Hamburg. S. 49—67.

[6] *Keil, K.:* Der Dammbau neuzeitlicher Verkehrsstraßen. Verlag von Julius Springer, Berlin 1938, B.

[7] — — Trans. Eighth Intern. Congress on Large Dams. Bd. I bis V, Edingburgh, Mai 1964, Commission Internationale des Grands Barrages, Paris 1964.

[8] *Creager, William, P., Justin, Ivel D., Hinds, Julian:* Engineering for Dams. John Wiley and Sons, Inc. New York Chapman and Hall, Std. London 1947, B.

[9] *Sherard, James, L., Woodward, Richard, J., Gizienski, Stanley, F., Clerenger, William, A.:* Earth and Earth-Rock Dams, John Wiley and Sons, Inc. New York, London, Sydney, 1963, B.

[10] *Grischin, M.M.:* Wasserbauwerke. Staatl. Verlag für Bauwesen, Moskau 1954, B.

2. Die Dammbaustoffe

[11] *Keil, K.:* Der Dammbau. 2. Aufl. Springer-Verlag, Berlin/Göttingen/Heidelberg 1954, B.

[12] *Kédzi, Á.:* Bodenmechanik, VEB Verlag für Bauwesen, Berlin 1964, B.

[13] *Neumann, R.:* Geologie für Bauingenieure. Verlag von Wilhelm Ernst und Sohn, Berlin/München 1964, B.

[14] *Tiedemann, B.:* Über Bodenuntersuchungen beim Entwurf und Ausführung von Ingenieurbauten. 2. Aufl. Berlin 1952, B.

[15] *Keil, K.:* Geotechnik, 3. Aufl. VEB Wilhelm Knapp Verlag, Halle (Saale) 1959, B.

[16] *Zaruba, O., Mencl, V.:* Ingenieurgeologie. Akademie-Verlag, Berlin 1961, B.

[17] *Keil, K.:* Versuch einer Klassifikation der natürlichen Gesteine für die Bautechnik. Baupl. — Baut. **3** (1949) H. 9, S. 291—292.

[18] *Keil, K.:* Das Stabilitätsprinzip in der Ingenieurgeologie. Wiss. Zeitschr., HfV Dresden **5** (1957) H. 4, S. 607—614.

[19] *Klengel, K.-J.:* Möglichkeiten und praktische Bedeutung einer ingenieurgeologischen Gesteinsklassifizierung. Abhandlungen des Zentralen Geolog. Institutes, Berlin 1966, H. 3, S. 59—61.

[20] *Klengel, K.-J.:* Lehrbriefreihe „Einführung in die Ingenieurgeologie für Bauingenieure", HfV Dresden, 1967, Br.

[21] *Casagrande, A.:* Classification and Identification of Soils. Proc. Americ. Soc. civ. Engineers **73** (1947) 6, S. 783—810.

[22] *Casagrande, A.:* Soil Mechanics for Road Engineers. London. Her Majesty's Stationery Office. Reprinted 1955, B.

[23] *Striegler, W.:* Beitrag zur Ermittlung von Grenzwerten für Erddichtungsstoffe im Wasserbau. Habilitationsschrift Hochschule für Verkehrswesen, Dresden 1966.

[24] *Grischin, M.:* Stein- und Erdsteindämme, Vorträge der Fachtagung Talsperrenbau, Weimar 1964, Wiss. Zeitschr. HfAB Weimar (1964) H. 3 u. 4, S. 372–382.

[25] *Stein, D.:* Untersuchungsverfahren zur Ermittlung der Projektierungskennwerte für Steindämme. Mitt. Inst. Wasserwirtsch. Berlin (1966) H. 27, Br.

[26] *Dyck, S.:* Auswertung von Verformungsmessungen an Steinschüttdämmen. Mitt. Inst. Wasserwirtsch. Berlin (1963) H. 15, S. 59–120.

[27] *Nitschiporowitsch, A.A.:* Deformations and Stability of Rockfill Dams, 8th Congress on Large Dams (1964), Question 31, R 19.

[28] *Casagrande, A.:* Hohe Staudämme, Mitt. Grundb. Bodenm. TH Wien, H. 6, S. 7—38, Br.

[29] *Schluttig, H., Schön, J.:* Großversuche zur Bestimmung der Verdichtungszahl grobkörniger Massen. Baupl. — Baut. (1965) H. 3, S. 135–138.

[30] *Siedeck, P., Voß, A.:* Über die Lagerungsdichte und den Verformungswiderstand von Korngemischen. Str. u. Autob. **6** (1955) H. 8, S. 273–377.

[31] *Bernatzik, W.:* Baugrund und Physik. Schweizer Druck- und Verlagshaus, Basel 1947, B.

[32] *Leussink, H.:* Dreiaxiale Scherversuche mit grobkörnigen Erdstoffen. Vortr. Baugr. Tagung. Hamburg 1958, S. 37–47.

[33] *Idel, K.-H.:* Die Scherfestigkeit rolliger Erdstoffe. Veröffentl. Bodenm. Grundb., TH Karlsruhe 1960, H. 2, Br.

[34] *Wittke, W.:* Über die Scherfestigkeit rolliger Erdstoffe. Veröffentl. Bodenm. Grundb., TH Karlsruhe 1962, H. 11, Br.

[35] *Leussink, H., Blinde, A.:* Scherverhalten körniger Erdstoffe bei hohen Normalspannungen. Vortr. Baugr. Tagung Berlin 1964, S. 119–139.

[36] *Schaef, H.-J.:* Betrachtungen zu durch- und übertrömten Steinschüttungen. Mitt. Inst. Wasserwirtsch. (1964) H. 18, Br.

[37] *Leussink, H.:* Durchlässigkeitsversuche mit Steingeröll. Vortr. Baugr. Tagung Köln 1956, S.. 232–238.

[38] *Hänichen, H.:* Großversuche zur Ermittlung gesteinsphysikalischer Kennwerte für natürliche Dammbaustoffe. Zeitschr. angew. Geol. (1964) H. 5, S. 262–267.

[39] *Zeller, J., Zeindler, H.:* Tests Fills with Coarse Shall Materials for Göschenenalp Dam. Proc. 4th Conf. Soil Mech. Found. London 1957, S. 405–409.

[40] *Jänke, S.:* Verfahren zur Bestimmung der Rauhigkeit von Sanden. Baum. u. Baut. **8** (1961) H. 10, S. 417—422.

[41] *Schubert, K.:* Scherfestigkeit sandiger Böden unter hohen Normalspannungen. Bergbautechnik, 17. Jg. (1967) H. 2, S. 92–95.

[42] *Proctor, R. R.:* Fundamental Principles of Soil Compaktion. Engng. News-Rec. **111** (1933) 9, 10, 12 u. 13.

[43] *Bjerrum, L.:* Künstliche Verdichtung der Böden. Str. u. Verk. (1952) S. 52–58, S. 73–78, S. 115–122.

[44] *Brand, W., Floss, R.:* Der Proctorversuch als Eignungsprüfung und Maßstab für die Güteprüfung, Möglichkeiten und Grenzen. Str. u. Autob. (1961) H. 1, S. 16—23.

[45] *Siedeck, P., Voß, R.:* Die Bodenprüfverfahren bei Straßenbauten. Werner-Verlag GmbH, Düsseldorf 1960, Br.

[46] *Strunk, K.:* Bodenverdichtung im Straßenbau und ihre Prüfverfahren. VEB Verlag für Bauwesen, Berlin 1964, Br.

[47] *Voß, R.:* Die Bodenverdichtung im Straßenbau. Werner-Verlag GmbH, Düsseldorf 1956, Br.

[48] *Voß, R.:* Lagerungsdichte und Tragwerte von Böden bei Straßenbauten. Str. u. Autob. XII (1961) H. 4, S. 115–124.

[49] *Voß, R.* Forschungsgesellschaft für das Straßenwesen. „Merkblatt für bodenphysikalische Prüfverfahren im Straßenbau" 1963, Br.
[50] *Floß, R.:* Beitrag zur Durchführung von Plattendruck- und Proctorversuchen bei der Baukontrolle von Erdarbeiten im Straßenbau. Str. u. Autob. (1963) H. 5, S. 163 bis 170.
[51] *Ludewig, M.:* Die Gültigkeitsgrenzen des Darcyschen Gesetzes bei Sanden und Kiesen. Wasserw. – Wassert. **15** (1965) H. 12, S. 415–421.
[52] *Kozeny, J.:* Hydraulik. Wien 1953, B.
[53] *Terzaghi, K., Peck, R.B.:* Die Bodenmechanik in der Baupraxis. Springer-Verlag Berlin/Göttingen/Heidelberg 1961, B.
[54] *Jurina, V.:* Die Durchlässigkeit der bindigen und körnigen Böden. Str. u. Autob. (1961) H. 2, S. 51–57.
[55] *Zunker, F.:* Das Verhalten des Wassers zum Boden. In Blank's Handbuch der Bodenlehre 1930, Bd. 6, B.
[56] *Beyer, W.:* Zur Bestimmung der Wasserdurchlässigkeit von Kiesen und Sanden aus der Kornverteilungslinie. Wasserw. - Wassert. **14** (1964) H. 6, S. 165–168.
[57] — — Ingenieur-Taschenbuch-Bauwesen, Bd. III. Boden-Wasser-Verkehr. BG. Teubner Verlagsgesellschaft, Leipzig 1965, B.
[58] *Hofmann, U.:* Die chemische und mineralogische Zusammensetzung der Böden. Forsch. Straßenw. H. 50.
[59] *Hofmann, U.:* Über die Grundlagen der Plastizität der Tone und Kaoline. Mitt. Deutsche Keram. Gesellsch. 1949. Nr. 2, S. 21 u. 22.
[60] *Schultze, E., Muhs, H.:* Bodenuntersuchungen für Ingenieurbauten. Springer-Verlag, Berlin/Göttingen/Heidelberg 1950, B.
[61] *Lomtadse, W. D.:* Bodenphysikalisches Praktikum, VEB Verlag Technik, Berlin 1955, B.
[62] *Muhs, H.:* Die Prüfung des Baugrundes und der Böden. Springer-Verlag. Berlin/Göttingen/Heidelberg 1957, B.
[63] *Wasiljew, A. M.:* Grundzüge der derzeitigen Methodik und Technik der Laboratoriumsbestimmung der physikalischen Eigenschaften der Böden. Moskau 1949 und 1953.
[64] *Stefanoff, G.:* Zur Bestimmung der Fließgrenzen bindiger Böden. Baupl. – Baut. **12** (1958) H. 8, S. 363–365.
[65] *Matschak, H., Rietschel, A.:* Vereinfachte Fließgrenzenbestimmung an bindigen Bodenarten für ingenieurgeologisch-bodenmechanische Untersuchungen. Zeitschr. angew. Geol., Bd. 11 (1965) H. 3, S. 135–139.
[66] *Neumann, R.:* Die Beeinflussung der bodenphysikalischen Eigenschaften bindiger Böden durch die Kornfraktion $< 0{,}002$ mm ⌀ und Wasseraufnahme. Bauing. **32** (1957) H. 1, S. 6–10.
[67] *Striegler, W.:* Beitrag zur Kenntnis der Wasserbindefähigkeit von Tonen. Wiss. Zeitschr. HfV Dresden **8** (1960/61) H. 2, S. 293–400.
[68] *Ohde, J.:* Neue Erdstoff-Kennwerte. Baut. **27** (1950) H. 11, S. 345–351.
[69] *Skempton, A.W.:* the colloidal „activity" of clays. Proc. Int. Conf. Soil Mech. Found. Aug. 1953, I, 1–4, S. 67–71.
[70] *Enslin, O.:* Chemische Fabrik, **6** (1933) S. 147.
[71] *Neff, K. H.:* Über die Messung der Wasseraufnahme ungleichförmiger bindiger anorganischer Bodenarten in einer neuen Ausführung des Enslingerätes. Baut. **36** (1959) H. 11, S. 415–421.
[72] *Klengel, K.-J.:* Zur ingenieurgeologischen Klassifizierung der Gesteine. Zeitschr. ang. Geol. (1965) H. 5, S. 270–275.
[73] *Cáspár, L.:* Verdichtungsdaten der Böden von Ungarn. Proc. Int. Conf. Soil Mech. Found., Budapest 1963.
[74] *Svilvágyi, I.:* Einfluß der Beschaffenheit des Tones auf die Verdichtbarkeit. V. Internationale Konferenz über Mechanisierung im Erdbau, Warszawa 1965.

[75] *Plehm, H.:* „Scherfestigkeit und Durchlässigkeit von verdichteten tonigen Erdstoffen“. Forschungsbericht Nr. 5/4771/3. Forschungsanstalt für Schiffahrt, Wasser- und Grundbau Berlin.
[76] *Zeller, J., Schneller, A.:* Einige bodenmechanischen Eigenschaften künstlich verdichteter Lockergesteine. Str. u. Verk. **43** (1957) H. 13, S. 577–583.
[77] *Bishop, W. A., Bjerrum, L.:* Bedeutung und Anwendbarkeit des Dreiaxialversuches für die Lösung von Standsicherheitsaufgaben. Norg. Geot. Inst. Oslo 1960, Nr. 34, Br.
[78] *Jurina, V.:* Die Technologie der Erdstoffe vom Gesichtspunkt ihrer physikalisch-chemischen Eigenschaften und ihrer Verdichtbarkeit. Str. u. Tiefb. S. 218–223.
[79] *Nishida, Y.:* Eine einfache Formel zur Abschätzung des Durchlässigkeitskoeffizienten von Tonböden. Bauing. **36** (1961) H. 12, S. 461–463.
[80] *Richter, Fr.:* Entwicklung objektiver Prüfmethoden für die Bestimmung der Gewinnungsfestigkeit und Klassifizierung von Lockergesteinen unter Beachtung der maschinellen Gewinnung der Erdstoffe. Forschungsbericht Nr. 45 17 014/VFo 5–10. Institut für Geotechnik der Hochschule für Verkehrswesen Dresden, bearbeitet im Auftrag der Deutschen Bauakademie. Institut für Ingenieur- und Tiefbau Leipzig.
[81] *Bala, W.:* Einfluß der Bodenart und Feuchtigkeit auf die Größe des Grabwiderstandes. V. Internationale Konferenz über Mechanisierung im Erdbau, Warszawa 1965.
[82] *Dombrowski, N. G.:* Leistungssteigerung der Löffelbagger. VEB Verlag Technik Berlin 1953, B.
[83] *Kühn, G.:* Der gleislose Erdbau. Springer-Verlag, Berlin/Göttingen/Heidelberg 1956, B.
[84] *Keil, K.:* Die Gewinnbarkeit der Gesteine, Erd- und Felsarten. Tiefbau (1965) H. 5, S. 433–440.
[85] *Kühn, G.:* Bodenuntersuchungen im maschinellen Erdbau. Baum. - Baut. (1958) H. 2, S. 33–39; H. 3, S. 85–91.

3. Entwurf und Konstruktion von Verkehrsdämmen

[86] *Schramm, G.:* Oberbautechnik und Oberbauwirtschaft. Otto Elsner Verlagsgesellschaft, Darmstadt 1960, B.
[87] *Schoen, A.:* Der Eisenbahnoberbau, Bd. 1 u. 2, transpress VEB Verlag für Verkehrswesen Berlin 1965, B.
[88] *Thieme, Th.:* Gleisbau-Gleiserhaltung. transpress VEB Verlag für Verkehrswesen, Berlin 1966, B.
[89] *Schachunjanz, G. M.:* Gleis und Gleiswirtschaft. 1. Folge, Fachbuchverlag GmbH, Leipzig 1953, B.
[90] *Neumann, E.:* Neuzeitlicher Straßenbau. Aufbau und Technik, Springer-Verlag, Berlin/Göttingen/Heidelberg 1959, B.
[91] *Zweck, H.:* Kesselflugasche für Dammschüttungen. Str. u. Tiefb. (1949) H. 12, S. 391–393.
[92] *Löser, P.:* Beiträge zur Kenntnis der erdstoffphysikalischen Eigenschaften von Braunkohlenaschen unter Berücksichtigung ihrer Verwertbarkeit als Dammbaustoffe. Dissertation 1965, Hochschule für Bauwesen Leipzig.
[93] *Birmann, F.:* Neuere Messungen an Gleisen mit verschiedenen Unterschwellungen. Eisenbahnt. Rundsch. **6** (1957) S. 229.
[94] *Christoffel, H.:* Das Verhalten von Schotter in Gleisbettungen. Dissertation TH Aachen 1964, Br.
[95] *Coesfeld, G.:* Elastische Eigenschaften von Schotter bei ruhender Belastung. Dissertation TH Aachen 1959, Pr.
[96] *Spang, J.:* Planumsschutzschichten unter Eisenbahngleisen. Archiv für Eisenbahntechnik. Folge 20, November 1965, S. 81–112.
[97] *Schaible, L.:* Frost- und Tauschäden an Verkehrswegen und deren Bekämpfung. Verlag von Wilhelm Ernst und Sohn, Berlin 1957, B.

[98] *Klengel, K.-J.:* Frost und Baugrund. VEB Verlag für Bauwesen, Berlin 1968, B.
[99] *Schaible, L.:* Betonstraße und Untergrund. Str. u. Tiefb. Str. u. Straßenb. (1954) H. 7, S. 1–8.
[100] *Bethäuser, A.:* Betrachtungen zur Entwässerung und Stabilisierung des Bahnkörpers. Eisenbahnt. Rundsch. (Sonderdruck).
[101] *Bethäuser, A.:* Stand der Untergrundverbesserung im Eisenbahnbau. Bundesb. **37** (1963) H. 22, S. 882–888.
[102] *Kraus, J., Tyc, P.:* Sanierung des Unterbauplanums. Verlag für Verkehrswesen, Prag 1962, S. 106–214. Übersetzung Nr. 396 VES-A Magedeburg.
[103] *Nietzsch, H.:* Untergrundverbesserung durch mechanische Bodenverbesserung. Signal u. Schiene (1961) H. 1, S. 31 bis 34; H. 2, S. 63–68.
[104] *Brand, W.:* Der Einfluß von Kalziumhydroxyd auf die Eigenschaften schluffiger Böden im Straßenbau. Dissertation TH Aachen 1962.
[105] *Brand, W.:* Die Bodenstabilisierung mit Kalk. Str. u. Autob. (1958) H. 11, S. 426 bis 432.
[106] *Bethäuser, A.:* Bodenverfestigung mit Kalk als rationelle Planumsverbesserung im Eisenbahnbau. Tiefbau **3** (1961) H. 4, S. 103.
[107] *Linemann, K.:* Erdstabilisierung. VEB Verlag für Bauwesen, Berlin 1966, B.
[108] *Tyc, P.:* Schutz des Eisenbahnplanums mittels PVC-Folien. Dtsch. Eisenbahnt. **9** (1961) H. 1, S. 31–33.
[109] *Strunk, K., Müller, F.:* Flexible Straßenbefestigung. Teil I, Probleme der Bemessung. VEB Verlag für Bauwesen, Berlin 1963.
[110] *Peltier, R.:* Geotechnische Betrachtungen über die Tragkraft des Straßenuntergrundes. Str. u. Verk. 1953. Nr. 9/10. S. 1–14.
[111] *Schnitter, G.:* Aufbau der Straße. Str. u. Verk. (1959) H. 7, S. 316–326.
[112] *Leins, W.:* Entwässerungsprobleme an Straßen. Mitteilg. d. Lehrstuhles f. Straßenwesen, TH Aachen 1964. B.
[113] *Fritzsche, H.:* Tragfähigkeitsanforderungen an die Straßengründung. Straßenwesen (1965) H. 2, S. 39–53.
[114] *Keil, K.:* Der Einfluß des Wassers für die Frosthebungen im Untergrund. Baut. **35** (1958) H. 6, S. 231–236.
[115] *Erlenbach, L.:* Die Tragfähigkeit vorhandener Straßen bei verschiedenem Unterbau und Untergrund. Bitumen, H. 1 (1952), S. 1–5.
[116] Klengel, *K.-J.:* Hauptursachen für Straßenschäden. Straße **6** (1966) H. 1, S. 18.
[117] *Strunk, K.:* Erdarbeiten, allgemeine Grundlagen und zusätzliche Forderungen im Verkehrsbau. Straßenwesen (1966) H. 4, S. 47–62.
[118] *Aichhorn, W., Winterkorn, H.F.:* Grundlagen der Bodenstabilisierung im Straßen- und Wegebau. Selbstverlag der Forschungsgesellschaft für das Straßenwesen, Wien I, Eschenbachstr. 9, B.
[119] *Bethäuser, A.:* Stabilisierung der Erdbauten, Rutschungen, deren Ursachen und Sanierung. Eisenbahnt. Rundsch. (1962) H. 10, S. 495–505.
[120] *Birkel, F.:* Böschungsschäden in bodenphysikalischer Sicht. Eisenbahnt. Rundsch. **6** (1957) H. 8, S. 277–288.
[121] *Birkel, F.:* Empfehlungen für den Bau und die Sicherungen von Böschungen. Baut. (1962) H. 12, S. 404–415.
[122] *Spang, J.:* Technische und biologische Maßnahmen für die Festigung und Sicherung der Erdbauten im Bereich von Verkehrsanlagen. Str. u. Tiefb. **17** (1963) H. 10, S. 1142–1154.
[123] *v. Kruedener, A.:* Ingenieurbiologie. München/Basel 1951, B.
[124] *Bauch, W., Linke, H.:* Ingenieurbiologische Bauweisen. Ingenieurtaschenbuch Bauwesen, Bd. III, S. 165–195.
[125] *Bauch, W., Linke, H.:* Anleitung Nr. 1: Verwendung von Weiden an Wasserläufen und zugehörigen Böschungen. Wasserw. - Wassert. **14** (1964) H. 6, S. 188–191; H. 7, S. 216–221.

[126] *Bauch, W., Linke, H.:* Anleitung Nr. 3: Röhricht als Uferschutz. Wasserw. – Wassert. **9** (1959) H. 5, S. 252 bis 256.

[127] *Bauch, W., Linke, H.:* Anleitung Nr. 5: Ingenieurbiologische Maßnahmen zur Befestigung von Böschungen. Wasserw. – Wassert. **12** (1962) H. 4, S. 171–174.

[128] *Schiechtl, H. M.:* Grundlagen der Grünverbauung. Mitteilg. d. forstl. Bundes-Versuchsanstalt Mariabrunn, 55. Heft, Wien 1958.

[129] *Lorenz, H., Heubling, W.:* Grünverbau im Straßenbau. Forsch. Straßenw. Neue Folge. H. 51, S. 1–56.

[130] *Gillhoff, J., Gelbrich, H.:* Anleitung Nr. 4: Rasen als Bodenschutz im Erd- und Wasserbau. Wasserw. — Wassert. **11** (1961) S. 456–463.

[131] *Schubert, K.:* Einige Betrachtungen zu Stabilitätsproblemen bei Böschungen. Vortr. Baugr. Tagung 1966 München, S. 247–262

[132] *Strzodka, K., Förster, W.:* Der Einfluß der Krümmung von Abraum- und Kippenstrossen auf die Standsicherheit ihrer Böschung. Freib. Forschungsh. 1966.

[133] *Schubert, K.:* Beitrag zur Standsicherheit von Tagebaukippen im Lausitzer Braunkohlengebiet. Wiss. Zeitschr. HfB Cottbus, 4. Jg. (1961) H. 4, S. 359–398.

[134] *Krey, H.:* Erddruck, Erdwiderstand und Tragfähigkeit des Baugrundes. 5. Aufl. Verlag Wilhelm Ernst u. Sohn, 1936 B.

[135] *Ohde, J.:* Einfache erdstatische Berechnungen der Standsicherheit von Böschungen. Archiv der Wasserwirtschaft, H. 67, Berlin 1943, Pr.

[136] *Ohde, J.:* Die Berechnung der Standsicherheit von Böschungen und Staudämmen. Bautechnik-Archiv, H. 8, Verlag Wilhelm Ernst u. Sohn, Berlin 1952, Pr.

[137] *Janbu, N.:* Application of composite slip surface for stability analysis. European Conference on Stability of Earth Slopes, Stockholm, Proceedings, Vol. 3, S. 43–49.

[138] *Fröhlich, O. K.:* Sicherheit gegen Rutschung einer Erdmasse auf kreiszylindrischer Gleitfläche mit Berücksichtigung der Spannungsverteilung in dieser Fläche. Federhofer u. Girkmann-Festschrift, Wien 1950, S. 181–197.

[139] *Fröhlich, O. K.:* Grundzüge einer Statik der Erdböschungen. Bauing. **38** (1963) H. 10, S. 371–378.

[140] *Bishop, A. W.:* The use of the slip circle in the stability analysis of slopes, European Conference of Stability of Earth Slopes, Stockholm 1954, Geotechnique, Vol. V (1955), S. 7–17.

[141] *Breth, H.:* Einige Bemerkungen über die Standsicherheit von Dämmen und Böschungen. Baut. **33** (1956) H. 1, S. 9–12.

[142] *Borowicka, H.:* Über die Standsicherheit von Böschungen. Österreichische Ingenieur-Zeitschrift **2** (1959) H. 1, S. 7–14.

[143] *Borowicka, H.:* Über die Sicherheit im Grundbau. Mitt. Grundb. Bodenm. TH Wien 1961, H. 3, S. 36.

[144] *Borowicka, H.:* Die Standsicherheit einer Böschung in Theorie und Praxis. Bauing. **40** (1965) H. 1, S. 21–24.

[145] *Fellenius, W.:* Erdstatische Berechnungen mit Reibung und Kohäsion. Verlag Wilhelm Ernst u. Sohn, Berlin 1927 u. 1940.

[146] *Little, A., Price, V. E.:* The use of an electronic computer for slope stability analysis. Geotechn. Vol. 8 (1958) H. 3, S. 113–120.

[147] *Fröhlich, O. K.:* General theory of stability of slopes. European Conference on Stability of Earth Slopes, Stockholm 1954, Geotechn. Vol. V (1955) S. 37–47.

[148] *Fröhlich, O.K.:* Basis principles of the computation of the resistance of earth slopes to sliding. Proc. Int. Conf. Soil Mech. Found. Paris, Vol. II (1961) S. 595–602.

[149] *Fröhlich, O. K.:* Einfluß der hydrostatischen Überdrücke im Porenwasser von Erddämmen auf ihre Gleitsicherheit. Österr. Wasserw. **16** (1964) H. 1/2, S. 1–5.

[150] *Taylor, D. W.:* Fundamentals of Soil Mechanics. New Jork: John Wiley a. Sons, 1948, B.

[151] *Reinius, E.:* The stability of the slopes of earth dams. Geotechn. Vol. 5, Nr. 5.

[152] *Christo, K. Chr.:* Über die mathematischen Methoden der Böschungsstabilitätsanalysen. Bauing. **40** (1965) H. 8, S. 306 u. 307.

[153] *Christo, K. Chr.:* Ein neues nomographisches Verfahren zur Bestimmung des Standsicherheitsgrades von Böschungen. Baut. **40** (1963) H. 8, S. 270–272.

[154] *Nonveiller, E.:* The Stability Analysis of Slopes with a Slip Surface of General Shape. Proc. Int. Conf. Soil Mech. Found. Montreal, Vol. II (1965) S. 522—525.

[155] *Fyedorov, I. V.:* Slope Stability in Hydraulic Fill Struktures. Proc. Int. Conf. Soil Mech. Found. Montreal, Vol. II (1965) S. 472–476.

[156] *Sior, G.:* Grenzgleichgewicht und Standsicherheitsgrad von Böschungen in einfachen Fällen. Bauing. **36** (1961) H. 11, S. 423–425.

[157] *John, Kl.:* Über die Verwendung von Elektronenrechenmaschinen beim Entwurf von Erddämmen. Baut. **38** (1961) H. 7. S. 234–240.

[158] *Rendulic, L.:* Der Erddruck im Straßenbau und Brückenbau. Forschungsarbeiten des Straßenwesens. Bd. 10, S. 55, Berlin 1938, Pr.

[159] *Brendlin, H.:* Die Schubspannungsverteilung in der Sohlfuge von Dämmen und Böschungen. Dissertation TH Karlsruhe 1962, Pr.

[160] *Ohde, J.:*Druckverteilung in und unter Erddämmen. Wasserw. – Wassert. (1953) H. 7, S. 248–250.

[161] *Kézdi, Á.:* Untersuchung einiger Grundbruchfälle. Vortr. Baugr. Tagung 1960, S. 59–73.

[162] *Kédzi, Á.:* Einiges über Rutschungen bei Straßenbauten. Str. u. Tiefb. **12** (1958) H. 3, S. 134–139.

[163] *Striegler, W.:* Beispiele wissenschaftlich-technischer Zusammenarbeit zur Gründung von Eisenbahndämmen auf nichttragfähigem Baugrund. Wiss. Zeitschr. HfV Dresden **10** ,1962/63) H. 2, S. 523–529.

[164] *Striegler, W.:* Das „Einbettungsverfahren" als geotechnische Sicherungsmaßnahme zur Gründung eines „schwimmenden" Straßendammes. Wiss. Zeitschr. HfV Dresden **9** (1961/62) H. 1, S. 159–165.

[165] *Erlenbach, L.:* Straßendämme auf weichem Untergrund. Baut. **33** (1956) H. 2, S. 42–44.

[166] *Casagrande, L.:* Erfahrungen beim Bau von Straßendämmen auf weichen Bodenschichten in den USA. Str. u. Autob. (1965) H. 1, S. 1–8.

[167] *Zeller, J., Zeindler, H.:* Vertikale Sanddräns. Str. u. Verk. (1956) S. 278–286, S. 315–323.

[168] *Feuerlein, P.:* Die Konsolidation planparalleler, unendlich ausgedehnter und wassergesättigter Tonschichten unter starren Lastflächen mit Hilfe von Sanddräns. Baut. (1965) H. 4, S. 120–125.

[169] *Kranert, M.:* Standsicherheitsnachweise für einen mit vertikalen Sanddräns gegründeten Verkehrsdamm. Fachtagung Grundbau und Baugrundmechanik des VEB Baugrund Berlin 1966, S. 54–100, Pr.

[170] *Dücker, A.:* Erfahrungen über den Bau vertikaler Sanddränagen im Straßenbau in Schleswig-Holstein. Str. u. Tiefb. (1964) H. 11.

[171] *Usinger, C., Garras, A.:* Die Wirtschaftlichkeit des Moorsprengverfahrens. Forschungsarbeiten aus dem Straßenwesen. Bd. 4, Berlin 1937.

[172] *Dücker, A., Steinmetz, S.:* Das Schüttsprengverfahren zur Beseitigung weicher setzungsempfindlicher Bodenarten. Str. u. Tiefb. (1964) H. 9, S. 992–997.

[173] *Martin, H.:* Erdbaumechanische Probleme beim Bau des Eisenbahndammes durch den Templiner See. Baupl. – Baut. **12** (1958) H. 6, S. 246–253.

[174] *Keil, K., Striegler, W.:* Geotechnische Probleme für die Gründung und Ausführung von Verkehrsdämmen auf unregelmäßigen tiefgründigen Faulschlammablagerungen unter Wasser. Wiss. Zeitschr. HfV Dresden **6** (1958/59) H. 3, S. 647–663.

[175] *Korth, D.:* Bezeichnung und Anwendungsgebiete der Moorsprengverfahren. Straße **7** (1967) H. 3, S. 119–123.

4. Entwurf und Konstruktion von Staudämmen

[176] *Post, G., Londe, P.:* Der Erdstaudammbau – amerikanische Praxis. 1. Aufl. herausgegeben von Bauunternehmung Sager u. Woerner G. m. b. H., München 1955, B.

[177] *Mallet, Ch., Pasquant, J.:* Erdstaudämme. VEB Verlag Technik, Berlin 1954, B.

[178] *Breth, H.:* Grundsätze bei der Planung und Ausführung von Staudämmen. Str. u. Tiefb. **17** (1963) H. 7, S. 811–825.

[179] Kollektiv: Die Talsperren Österreichs. Sammelbericht des 8. Talsperren-Kongresses in Edinburgh 1964, H. 15, Wien 1966. Im Selbstverlag des österreich. Wasserwirtschaftsverbandes, Br.

[180] *v. Posch, E.:* Die Steindamm-Talsperre. Wasserw. **48** (1958) H. 13, S. 339–343; **49** (1959) H. 8, S. 197–203.

[181] *Wagner, H.:* Bestimmung der durch Wind erzeugten stationären Strömungs- und Stauerscheinungen in Seen und Meeren. Dissertation TU Dresden 1967.

[182] *Wagner, H.:* Bestimmung der Wellenauflaufhöhe bei Staudämmen. Forschungsarbeit am Institut für Fluß- und Seebau, TU Dresden, Nr. 4507 026/4-GF-021/4/Z.

[183] — — Der Mittellandkanal. Herausgegeben vom Reichsverkehrsministerium 1938.

[184] *Haesler, Ostmann, D.:* Der Ragöser Damm im Zuge des Hohenzollernkanals. Baut. **14** (1936) H. 54, S. 783–786.

[185] *Dehnert, H.:* Verkehrswasserbau. II, Sammlung Göschen, Band 597. Br.

[186] *Ehlers, P., Winkel, R.:* Bau, Unterhaltung und Verteidigung der Flußdeiche. Verlag von Wilhelm Ernst u. Sohn, Berlin 1950, B.

[187] *Uhlig, D.:* Die Sickerlinie im wasserseitigen Stützkörper von Staudämmen bei Wasserspiegelsenkung. Wasserw. – Wassert. **12** (1962) H. 5, S. 216–222.

[188] *Schmidbauer, J.*, Erb, *Ch.:* Sickerströmung in Deichen. Wasserw. **48** (1957/58) H. 9, S. 232–236.

[189] *Davidenkoff, R.:* Deiche und Erddämme. Werner-Verlag, Düsseldorf 1964, B.

[190] *Keil, K.:* Mindestansprüche an die Güte anorganischer Dichtungen im Wasserbau. Wasserw. (1963) S. 46–52.

[191] *Keil, K.:* Aufgabe und Funktion des Tones in den anorganischen Dichtungen des Erd- und Wasserbaues. Bauing. **38** (1963) H. 10, S. 399–403; H. 11, S. 441–446.

[192] *Keil, K.:* Die Bedeutung der mineralchemischen Eigenschaften für die bodenphysikalischen und bodenmechanischen Kennwerte bindiger Erdarten. Baut. (1963) H. 12, S. 422–430.

[193] *Plehm, H.:* Erdstoffe als Dichtungsmaterial im Wasserbau. Veröffentl. Forschungsanst. Schiff., Wasser- und Grundb. (1959) H. 5, S. 23–36, Akademie-Verlag, Br.

[194] *Striegler, W.:* Zur Frage der Eignung von Erdarten als Dichtungsstoffe im Wasserbau. Wiss. Zeitschr. HfV Dresden, **10** (1962) H. 1, S. 195–204.

[195] *Breth, H.:* Erdbeton für Staudämme. Baum. u. Baut. **2** (1955) H. 10, S. 313–316.

[196] *Breth, H.:* Die erdbaumechanischen und erdbautechnischen Untersuchungen für das Pumpspeicherwerk Happurg. Baut. **35** (1958) H. 6, S. 228–231.

[197] *Jänke, S.:* Ergebnisse von Untersuchungen über die Eigenschaften und Anwendungsmöglichkeiten des Tonbetons. Baum. u. Baut. **8** (1961) H. 12, S. 485–493.

[198] *Schnitter, G.:* Bodenmechanische Probleme beim Entwurf und Bau des Erddammes auf der Göschenenalp (Schweiz). Vortr. Baugr. Tagung Hamburg 1958, S. 69–83.

[199] *Krauß, J.:* Der Hochwasserspeicher am Sylvenstein. Baut. **35** (1958) H. 6, S. 201 bis 205; H. 8, S. 309–316.

[200] *Jänke, S.:* Über die bautechnischen Eigenschaften und die baupraktische Bewährung des Hydratons. Baupl. – Baut. **12** (1958) H. 9, S. 389–392; H. 10, S. 438–443; H. 11, S. 494–505.

[201] *Kranert, M., Formazin, J., Liesche, H.:* Beitrag zum Hydratonverfahren. Baupl. — Baut. (1957) H. 9, S. 398–403; H. 10, S. 430–432.

[202] *Keil, K.:* Praktische Beispiele für die Anwendung des Hydraton-Dichtungsverfahrens im Wasserbau. Baut. (1959) H. 3, S. 100–106.

[203] *Keil, K.:* Das Hydratonverfahren in der Erprobung und Bewährung. Wasserw. (1959) H. 5, S. 114–122.
[204] *Keil, K., Striegler, W.:* Influence of Hydrating Chemical on Rheological Properties of Fine-Grained Soils. Proc. Int. Conf. Soil Mech. Found. Paris (1961) S. 185–188.
[205] Kollektiv: Richtlinie und Kommentar zur Anwendung des Hydratonverfahrens – Bemessungsgrundlage. Herausgegeben vom Amt für Wasserwirtschaft der DDR, Berlin 1964.
[206] *Striegler, W.:* Die Stabilitätsgrundlagen des Hydratons. Freib. Forschungsh. C. 137, VEB Deutscher Verlag für Grundstoffindustrie, Leipzig 1963, Br.
[207] *Röhnisch, A.:* Dichtung des Bettes und der Dämme der schiffbaren Kanäle und Flüsse. Deutsche Berichte zum XIX. Internat. Schiffahrtskongreß, London 1957, S. 101.
[208] *Poremba, H.:* Vergleichsuntersuchungen für die Dichtung von Schiffahrtskanälen. Baum. u. Baut. (1963) H. 10, S. 459–466.
[209] *Dempwolff, R.:* Bitumen und Asphalt im Wasserbau. bitumen u. asphalt taschenbuch, 3. Aufl. 1964, B.
[210] *Schmitz, P.:* Die Genkeltalsperre. Strabag-Schriftenreihe, H. 11, S. 5–39, Br.
[211] *Feiner, A.:* Erd- und Steinschüttdämme. Strabag-Schriftenreihe, 3. Folge, H. 2, S. 135–182, Br.
[212] Kollektiv: Asphalt – Wasserbau. Neue Entwicklungen und Ausführungen. Strabag-Schriftenreihe, 7. Folge, H. 1, Pr.
[213] *Haas, H.:* Technische Eigenschaften von Asphaltbeton für Wasserbauzwecke. Baut. **36** (1959) S. 339–346.
[214] *Schönian, E.:* Dichtung von Talsperrendämmen und Speicherbecken mit Asphalt. Wasser u. Boden (1964) H. 11, S. 378–383.
[215] — —: Böschungsbefestigung mit Asphaltbeton. (Sonderdruck), Bitumen (1964) H. 5 u. (1965) H. 1.
[216] *Zitscher, F. F.:* Neue Erkenntnisse im Asphaltwasserbau. (Sonderdruck), Bitumen (1964) H. 7.
[217] *Sichardt, W.:* Kies- und Sandfilter im Grund- und Wasserbau. Baut. **29** (1952) H. 3, S. 72–76; H. 4, S. 104–108.
[218] *Zweck, H.:* Versuchsergebnisse über die Zusammensetzung von Filtern. Vortr. Baugr. Tagung Hamburg 1958, S. 161–174.
[219] *Čištin, J.:* Zum Problem mechanischer Deformationen nichtbindiger Lockergesteine durch die Sickerwasserströmung in Erddämmen. Wasserw. – Wassert. **17** (1967) H. 2, S. 45–49.
[220] *Ziems, J.:* Erosionsbeständigkeit nichtbindiger Lockergesteine. Forschungsbericht Nr. 4507 026/6–22/5 am Institut für Fluß- und Seebau, TU Dresden.
[221] *Ziems, J.:* Neue Erkenntnisse hinsichtlich der Verformungsbeständigkeit der Lockergesteine gegenüber Wirkungen des Sickerwassers. Wasserw. – Wassert. **17** (1967) H. 2, S. 50–55.
[222] *Schaef, H.-J., Tiemer, K.:* Berechnung der Sickerung durch Erdstaudämme und ihren Untergrund. Mitt. Inst. Wasserwirtschaft. Berlin (1963) H. 16, Br.
[223] *Rehfeld, E.:* Anwendung und Auswahl von Sand- und Kiesfiltern im Wasserbau und ihre zweckmäßige Bemessung. Fachtagung Grundbau und Baugrundmechanik des VEB Baugrund Berlin 1966, S. 101–138, Br.
[224] *Uhlig, D.:* Der Einfluß der Stauspiegelsenkung auf die Standsicherheit der wasserseitigen Böschung eines Staudammes. Wasserw. - Wassert. **12** (1962) H. 8, S. 358–361.
[225] *Sior, G.:* Der Einfluß des Porenwasserdruckes auf die Standsicherheit von Böschungen. VDI-Zeitschr. **30** (1962) S. 1566–1568.
[226] *Patel, V.:* Untersuchungen über den Porenwasserdruck in Erddämmen bei Spiegelabsenkung. Wasserw. **48** (1958) H. 14, S. 367–375.
[227] *Krefft, W. H.:* Erdbebenkräfte auf Staudämmen. Wasserw. **54** (1964) H. 7, S. 201 u. 202.

[228] *Breth, H., Kückelmann, G.:* Der Porenwasserdruck in Erddämmen. Baut. **24** (1954) H. 1, S. 25–29.
[229] *Bjerrum, L.:* Porenwasser-Spannungen beim Bau von Erddämmen. Mitt. Versuchsanst. Wass. Grundb. TH Zürich, Nr. 25, 1953.
[230] *Hilf, J. W.:* Estimating Construction Pore Pressures in Rolled Earth Dams. Proc. Int. Conf. Soil Mech. Found. Rotterdam Vol. III (1948), S. 234.
[231] *Wagner, G.:* Die Bestimmung des Porenwasserdruckes als eine der Grundlagen zur Berechnung der Standsicherheit von Erddämmen und Erdstaudämmen. Dissertation TH Stuttgart 1962.
[232] *Alpman, B.:* Die Theorien über den Porenwasserdruck im Erddammbau und ihre Beurteilung durch Versuche und Messungen. Dissertation TU Berlin 1962.
[233] Kollektiv: Pore pressure and suction in soils. Int. Society of Soil Mechanics and Foundation Engineering, London Butterworth (1961) B.
[234] *Bishop, A. W.:* The use of pore-pressure coefficient in practice. Geotechn. **4** (1954) Nr. 1, S. 148–152.
[235] *Breth, H.:* Erd- und Steinschüttdämme. VDI-Zeitschr. **108** (1966) Nr. 25 (September) S. 1246–1250.
[236] *Haffen, M.:* Behandlung kohäsionsloser Böden mit kolloidalen und flüssigen Injektionsgütern. Vortr. Baugr. Tagung Berlin 1964, S. 339–373.
[237] *Jähde, H.:* Verbesserung des Baugrundes durch Injektionen. VEB Verlag Technik, Berlin 1953, B.
[238] *Lorenz, W.:* Der Staudamm am Sylvenstein mit Dichtungsschürze. Baut. **35** (1958) H. 6, S. 205–209; H. 8, S. 317–324.
[239] *Gilg, B.:* Das Kraftwerk Mattmark. Das Projekt des Dichtungsschirmes unter dem Staudamm Mattmark. Schweiz. Bauztg. **79** (1961) Nr. 35, S. 609–613.
[240] Kollektiv: Pfahl- und Schlitzwände im Grund- und Wasserbau. (Sonderheft) Wiss. Zeitschr. HfB Leipzig, 11. Jg. H. 4, S. 199–259.
[241] *Bross, Metzner, G., Rattay, W.:* Schlitzwandherstellung in der Deutschen Demokratischen Republik. Mitt. Ing. u. Tiefb. DBA Leipzig (1964) H. 14.
[242] *Roye, W.:* Das Speicherbecken Spremberg. Wasserw. - Wassert. **12** (1962) H. 5, S. 202–209.
[243] Kollektiv: Richtlinie, Bemerkungen sowie Abgrenzung der Durchführung geologischer Untersuchungsarbeiten für den Bau von Talsperren. Zeitschr. ang. Geol. (1960) H. 9, S. 418–425.
[244] *Nijboer, L. W.:* Asphaltbauweisen im Deich- und Dammbau. Vortr. Baugr. Tagung, Köln 1956, S. 77–92.
[245] Kollektiv: Empfehlungen für die Ausführung von Asphaltarbeiten im Wasserbau. Essen 1964, herausgegeben von der Deutschen Gesellschaft für Erd- und Grundbau.
[246] *Welzin, K.:* Unterirdische Wände, Herstellungsverfahren und Anwendungsbeispiele, Deutsche Bauakademie zu Berlin, Schriftenreihe der Bauforschung, Reihe Ingenieur- und Tiefbau H. 8 (1968), 44 Seiten, Br.
[247] *Orth, F.:* Der Staudamm Sadd el Aali am Nil. Bauing. **34** (1959) H. 11, S. 447–449.
[248] *Orth, F.:* Der Oroville-Damm. Bauing. **39** (1964) H. 2, S. 76 u. 77.
[249] *Dyck, S.:* Sowjetunion baut höchstes Stauwerk der Welt (Auszug). Wasserw. - Wassert. **11** (1961) H. 2, S. 89.
[250] *Widmann, R.:* Probleme beim Entwurf von Erddämmen. Bauing. **37** (1962) H. 12, S. 473 u. 474.

5. Ausführung von Dammbauten

[251] *Hetzel, K.:* Die Baumaschine. Ursprung, Entwicklung und Ausblick. Baum. u. Baut. (1956) H. 3, S. 65–68.
[252] *Solotnitzki, N. G.:* Technologie der Bauproduktion. VEB Verlag Technik, Berlin 1958, B.

[253] *Gossmann, H.:* Grundlagen der Fertigungsorganisation im Bauwesen. VEB Verlag für Bauwesen, Berlin 1961, B.
[254] *Ledderboge, O.:* Die Bedeutung der Bautechnologie bei der Industrialisierung des Bauwesens. Baupl. - Baut. (1961) H. 11, S. 521–524.
[255] *Friedrich, C.:* Das bautechnologische Projekt und die Steigerung der Arbeitsproduktivität. Baupl. - Baut. (1962) H. 8, S. 368–371.
[256] — — Arbeitsvorbereitung im Baubetrieb. Wirtschaftsvereinigung Bauindustrie Nordrhein-Westfalen, Wiesbaden/Berlin 1965, Br.
[257] *Schmidt, H. I. G.:* Erdbaumaschinen auf einer Großbaustelle der Autobahn. Baum. u. Baut. (1956) H. 6, S. 161–165.
[258] *Kühn, G.:* Bodenuntersuchungen im maschinellen Erdbau. Baum. u. Baut. 1958) H. 2, S. 33–39; H. 3, S. 85–91.
[259] *Renner, A.:* Der kritische Weg. VEB Verlag für Bauwesen, Berlin 1965, Br.
[260] *Burkhardt, G.:* Moderne Methoden der Ablaufplanung. Baubetriebst. (1966) H. 2, S. 35–39.
[261] *Bauer, H.:* Prinzip der Möglichkeiten der Fließfertigung in der maschinellen Bauproduktion. Baum. u. Baut. (1965) H. 1, S. 13–16.
[262] *Durth, W.:* Anwendung der Netzplantechnik beim Bau eines Autobahnknotens. VDI-Zeitschr. (1966) H. 14, S. 636–641.
[263] *Garbotz, G.:* Baumaschinen und Baubetrieb. Carl Hanser-Verlag, München 1957, B.
[264] *Uchow, B. S.:* Arbeitsorganisation im Industrie- und Wohnungsbau. VEB Verlag Technik, Berlin 1958, B.
[265] *Gossmann, H.:* Planung und Einrichtung der Baustelle im Hochbau. Fachbuchverlag, Leipzig 1957, B.
[266] *Deutschmann, E.:* Einrichtung und maschinelle Ausrüstung der Baustelle. B. G. Teubner Verlagsgesellschaft, Leipzig 1964, Br.
[267] *Kühn, G.:* Staudämme im Hochgebirge. Bauverlag GmbH, Wiesbaden-Berlin 1961, Br.
[268] *Komoll, L. H.:* Vergleichende Betrachtungen über Baustelleneinrichtungen und Baumaschineneinsatz österreichischer Großbaustellen. Baum. u. Baut. (1965) H. 6, S. 255 bis 262.
[269] *Reismann, W.:* Der Einsatz von Großgeräten beim Bau der Staudämme Gepatsch und Durchlaßboden. Bauing. (1965) H. 9, S. 369–372.
[270] — — 10 Jahre Kraftwerksbau. Springer-Verlag, Wien 1956, Br.
[271] *Kadlecek, V.:* Montierte Fahrbahnen aus Stahlbeton-Fertigteilplatten für den Verkehr auf Baustellen. Sovetska-Veda-Stavebnictvi, Prag 1954, Nr. 2, S. 140–146.
[272] *Werner, D.:* Baustraßen für gleislosen Transport. Baupl. - Baut. (1964) H. 4, S. 189 bis 194.
[273] *Dimpel, G.:* Richtige Maschinenpflege - ein Beitrag zur Rationalisierung. Baum. u. Baut. (1961) H. 9, S. 381.
[274] — — Fachbereich-Standard „Baustraßen für Großbaustellen der Industrie". Entwurf Februar 1966, unveröffentlicht.
[275] *Duic-Trapp:* Baumaschinen-Handbuch. Bauverlag GmbH Wiesbaden, Berlin 1965, B.
[276] — — Technologische Mappe, VE BMK Kohle und Energie Hoyerswerda, unveröffentlicht.
[277] *Schleicher, F.:* Taschenbuch für Bauingenieure. Springer-Verlag, Berlin/Göttingen/Heidelberg 1955, B.
[278] *Keil, K.:* Der Unsicherheitsfaktor des Baugrundes im Straßenbau. Brücke u. Str. (1962) H. 9, S. 359–368; (1962) H. 10, S. 412–420.
[279] — — Rode-Maschinen. Baum. u. Baut. (1960) H. 3, S. 110.
[280] — — Neuer „Baum-Zertrümmerer" von Le Tourneau. Str. u. Tiefb. (1960) H. 9, S. 734.
[281] — — Rodungsarbeiten in Rhodesien. Baum. u. Baut. (1960) H. 10, S. 441.

[282] *Lemser, D., Buschmann, H.:* Anhängeschürfkübel - günstigste Maschinen für Aufschließungsarbeiten. Baupl.-Baut. (1964) H. 2, S. 75–78.
[283] — — Mechanisierte Erschließungsarbeiten im Taktbau. Bauz. (1960) H. 17, S. 388 bis 390.
[284] *Keil, K.:* Der Dammbau. Springer-Verlag, Berlin/Göttingen/Heidelberg 1954, B.
[285] — — Earth Retaining Structures. Civ. Eng. Code of Practice (1951) Nr. 2.
[286] *Neumann, E.:* Verkehrsbauten im Moor und auf weichem Untergrund. Str. u. Tiefb. Str. u. Straßenbau. (1950) H. 9, S. 229–233.
[287] *Weichelt, F.:* Handbuch der Sprengtechnik. VEB Deutscher Verlag für Grundstoffindustrie, Leipzig 1961, B.
[288] *Krauth, T., Vosberg, G.:* Erdbau. Verlag C. F. Müller, Karlsruhe 1950, B.
[289] *Keil, K.:* Baugrund-Stabilisierung für den Straßenbau. Brücke u. Str. (1964) H. 12, S. 611–617.
[290] *Dücker, A., Steinmetz, S.:* Das Schüttsprengverfahren zur Beseitigung weicher setzungsempfindlicher Bodenarten. Str. u. Tiefb. (1964) H. 9, S. 992–997.
[291] *Striegler, W.:* Beispiele wissenschaftlich-technischer Zusammenarbeit zur Gründung von Eisenbahndämmen auf nichttragfähigem Baugrund. Wiss. Zeitschr. HfV Dresden (1962/63) H. 2, S. 523–529.
[292] *Keil, K., Striegler, W.:* Geotechnische Probleme für die Gründung und Ausführung von Verkehrsdämmen auf unregelmäßigen tiefgründigen Faulschlammablagerungen unter Wasser. Wiss. Zeitschr. HfV Dresden (1958/59) H. 3, S. 647–663.
[293] *Cordes, H.:* Erdbau mit Schürfkübelraupe. Str. u. Autob. (1953) H. 4.
[294] *Werner, D., Spengler, K.:* Einige technologische und konstruktive Erkenntnisse beim Bau der Ohratalsperre. Baupl. - Baut. (1965) H. 9, S. 450–453.
[295] *Teigelkamp, W.:* Transportrationalisierung und Bautechnik bei Erd- und Steinschüttdämmen. Tiefbau (1963) H. 2, S. 77–98.
[296] *Hemmann, H.:* Erdbewegung mit Druckwasser im Talsperrenbau. Baupl. - Baut. (1964) H. 4, S. 185–188.
[297] *Hemmann, H.:* Wasserstrahlen zum Lösen und Verdichten von Erdstoffen. Baupl. - Baut. (1966) H. 5, S. 216–221.
[298] *Wunsch, W.:* Saarmund-Golm, der letzte Teilabschnitt des Berliner Außenringes. Dtsch. Eisenbahnt. (1957) H. 5, S. 201–211; H. 6, S. 272–278.
[299] *Martin, H.:* Erdbaumechanische Probleme beim Bau des Eisenbahndammes durch den Templiner See. Baupl. - Baut. (1958) H. 6, S. 246–253.
[300] *Mayer, P.:* Sprengen im Straßenbau. BSR (1962) H. 5, S. 105–114.
[301] *Müller, K.-H.:* Straßenbau und Sprengungen. Brücke u. Str. (1962) H. 7, S. 299–302.
[302] *Müller, K.-H.:* Bohren und Sprengen im Kaunertal. BSR (1963) H. 11, S. 286–290.
[303] *Bieger, H.:* Großbohrlochtechnik im Talsperrenbau. Baupl. - Baut. (1959) H. 7, S. 313–315.
[304] *Reinar, O.:* Die Gewinnung von Haufwerk durch das Großbohrlochsprengen. Tiefbau (1962) H. 5, S. 327.
[305] *Teigelkamp, W.:* Lösen, Aufnehmen und Verladen von Steinen und Erden. Tiefbau (1966) H. 10, S. 824–848.
[306] *Müller, A.:* Stand der Bohrtechnik im Weltmaßstab. Baustoffind. (1965) H. 2, S. 52–56.
[307] *Kluth, P.:* Erd- und Gesteinsbohrmaschinen. Str. u. Tiefb. (1966) H. 9, S. 830–835.
[308] *Müller, K.-H.:* Drehendes Bohren. Brücke u. Str. (1962) H. 2, S. 45–48.
[309] *Müller, K.-H.:* Massenabbau durch hydraulische Drehbohrmaschinen. Bohr- u. Sprengpr. (1959) H. 2, S. 23–30.
[310] *Quaiser, N.:* Die Bohrkosten bei Großbohrlochsprengungen. Ind. St. u. E. (1965) H. 4, S. 2 u. 3.
[311] *Thum, W.:* Die Druckluft im Steinbruchbetrieb. BSR (1965) H. 9, S. 265–276.
[312] *Markgraf, J.:* Einsatz der AN/DK-Sprengstoffe bei Großbohrlochsprengungen. Baustoffind. (1965) H. 2, S. 57–64.

[313] *Müller, A.:* Frostbodensprengungen in der Bauindustrie. Baupl. - Baut. (1967) H. 4, S. 196–197.
[314] — — Erst messen, dann reißen. Baum. u. Baut. (1961) H. 2, S. 68 u. 69.
[315] *Siewert. R. A.:* Das Reißen von Felsgesteinen mit hydraulischen Aufreißern an Traktoren. Baum. u. Baut. (1961) H. 4, S. 184 u. 185.
[316] — — Wieviel kann Ihnen das Aufreißen sparen? Caterpillar Tractor Co., Pr.
[317] *Dombrowski, N. G.:* Leistungssteigerung der Löffelbagger. VEB Verlag Technik, Berlin 1953, B.
[318] *Nichols jr., H. L.:* Das Arbeiten mit neuzeitlichen Erdbaumaschinen. Bauverlag GmbH, Wiesbaden-Berlin 1957, B.
[319] *Kühn, G.:* Interessante Baggereinsätze. Bauverlag GmbH, Wiesbaden-Berlin, Br.
[320] — — Motorkrane - Bagger - Schleppkübel. Bauverlag GmbH, Wiesbaden-Berlin 1958, Br.
[321] *Frost, G., Meister, K.:* Tiefbau. Band I. VEB Verlag für Bauwesen, Berlin 1966, B.
[322] *Köster, B.:* Wirtschaftlicher Einsatz von Steinbruchgeräten. Zem.-Kalk-Gips (1966) H. 3, S. 105–115.
[323] *Fritz, H.-J.:* Die Arbeitsstudie bei maschinenintensiven Arbeiten. Str. u. Tiefb. (1962) H. 11, S. 1100; H. 12, S. 1234.
[324] — — Ingenieurtaschenbuch Bauwesen. Band III. B. G. Teubner Verlagsgesellschaft, Leipzig 1965, B.
[325] *Bongert, H., Wolf, H.-U.:* Rad-Raupenlader in der Bauindustrie. Bau u. Bauind. (1965) H. 11, S. 575–588.
[326] *Carlsen, C.:* Baggerlader im Einsatz. Baupr. (1966) H. 5, S. 29–35.
[327] *Fritz, H.-J.:* Arbeitstechnische Überlegungen beim Einsatz von Schaufelladern. Str. u. Tiefb. (1961) H. 11, S. 955.
[328] — —.Continental Reifen - Handbuch für Baumaschinen. Continental Gummi-Werke AG, Hannover, Pr.
[329] — — Kostenvergleich zwischen Radladern und Baggern beim Einsatz im gesprengten Fels. BSR (1966) H. 4, S. 98–101.
[330] *Kühn, G.:* Der gleislose Erdbau. Springer-Verlag, Berlin/Göttingen/Heidelberg 1956, B.
[331] *Uhlmann, A.:* Schürfkübelwagen - neuzeitliche Maschinen für Erdarbeiten. Baupl. - Baut. (1964) H. 2, S. 72–74.
[332] *Fauner, W. E.:* Zur Frage: Allrad-Antrieb bei Motorscrapern. Baum. u. Baut. (1961) H. 2, S. 43 u. 44.
[333] *Garbotz, G., Küppers:* Warum verwendet man Anhängeschürfwagen mit Raupenschleppern? Baum. u. Baut. (1962) H. 7, S. 305–308.
[334] *Kremer, P.:* Das Arbeitsspiel und die Leistungsbestimmung beim Einsatz von Motorschürfwagen mit Schubraupen im gleislosen Erdbau. Str. u. Autob. (1960) H. 4, S. 145–149.
[335] *Müller, K.-H.:* Bundesautobahn Sauerlandlinie. Brücke u. Str. (1964) H. 5, S. 226 bis 230.
[336] *Kühn, G.:* Menck-Schürfkübelraupe SR 53, Anwendungsbereich - Einsatzmöglichkeiten. Fa. Menck und Hambrock GmbH Hamburg-Altona, Pr.
[337] *Apollosow, W. M., Gradow, B. W.:* Organisation und Durchführung wasserbaulicher Arbeiten. Fachbuchverlag Leipzig 1955, B.
[338] *Alfjorow, K. W.:* Die Technik der hydromechanischen Erdbewegung. VEB Verlag Technik, Berlin 1958, Br.
[339] *Löwenberg, H.:* Das Autobahnkreuz Hannover-Ost. Brücke u. Str. (1964) H. 9, S. 436 bis 444.
[340] *Gorjunow, S. I.:* Methode zur angenäherten Berechnung des hydraulischen Transportes bei nichtbindigen Böden. Moskau 1950, B.
[341] *Wolnin, B. A.:* Aufspülen eines Dammes. Gidrot.-stroit. (1960) H. 6, S. 24–27.
[342] *Schulz, L.:* Stand der Saugbaggerentwicklung. Wasserw. – Wassert. (1963) H. 4, S. 186–188.

[343] *Cooke:* Wishon and Courtright Concrete Face Dams. Proc. ASCE Power Div. Vol. 86, June 1960.
[344] *Werner, D.:* Entwicklungstendenzen im Staudammbau der ČSSR. Wasserw. - Wassert. (1966) H. 2, S. 55–60
[345] *Mölle, E.:* Gleislose Förderung und Transport von Erdstoffen im Erdbau. Bauinf., Berlin (1966) Br.
[346] *Rothkegel, U.:* Spezielle Probleme des gleislosen Transportes. Baupl. - Baut. (1962) H. 12, S. 603–606.
[347] *Werner, D.:* Zur wirtschaftlichen Fahrzeuggröße bei umfangreichen Erdbewegungen. Baupl. - Baut. (1965) H. 1, S. 21–23.
[348] *Eberhard, F.:* Transporter für die Bauwirtschaft. Tiefbau (1966) H. 1, S. 31–42.
[349] *Kohler, W.-U.:* Leichte und schwere LKW für die Baustelle. Bau u. Bauind. (1965) H. 9, S. 486–503.
[350] *Schwarz, E.:* Über den Einsatz von Luftreifen im gleislosen Betrieb. Str. u. Tiefb. (1962) H. 6, S. 621 u. 622.
[351] *Schwarz, E.:* Baumaschinenbereifung als Kostenfaktor. Bauwirtsch. (1966) H. 23, S. 561–563.
[352] *Ehses, G.:* Baumaschinen-Reifen - Wertvolle Betriebsmittel. Baubetriebst. (1966) H. 1, S. 24–27.
[353] *Müller, W.:* Erdbau. Verlag Wilhelm Ernst, Berlin 1948, B.
[354] *Wunsch, K.:* Organisation der Arbeit auf Großbaustellen - dargestellt am Beispiel des Südringes. VEB Verlag Technik, Berlin 1952, Br.
[355] *Rossius, H.:* Der Erdbau in der DDR und seine Perspektive. Baupl. - Baut. (1964) H. 7, S. 344–346.
[356] *Eckert, H.:* Bandstraßen im Baubetrieb. Springer-Verlag, Berlin/Göttingen/Heidelberg 1957, B.
[357] — — Stahlkord-Transportbänder beim Bau der größten Talsperre Europas. Baum. u. Baut. (1956) H. 2, S. 62.
[358] *Christoffel, H.:* Förderbänder transportieren einen Berg in einen See. Bauing. (1958) H. 4, S. 162 u. 163.
[359] — — Eickhoff-Mitteilungen (1960) H. 2/3 u. 5/6, Br.
[360] *Lippert, E.:* Großförderbandstraße als Massentransportmittel im Baubetrieb. Förd. u. Heb. (1962) Sonderausgabe, S. 183–190.
[361] *Rendberg, D.:* Der Gurtförderer - vielseitiger Helfer im Baubetrieb. Bau u. Bauind. (1962) H. 8, S. 306–311.
[362] — — Der Abiquin-Staudamm in Neu-Mexiko. Bauing. (1964) H. 9, S. 388.
[363] *Kühn, G.:* Bemerkenswerte Bauarbeiten in Israel. Baum. u. Baut. (1965) H. 2, S. 45–56.
[364] *Papp, R.P.:* Das „California Water Project". Baum. u. Baut. (1965) H. 10, S. 457 bis 468.
[365] *Hoy, G., Cappek, J.:* Bandförderung im konstruktiven Erdbau. Baupl. - Baut. (1966) H. 2, S. 62 u. 63.
[366] *Hájek, V.:* Hydromechanisace v ČSSR. Vod. Hosp. (1953) H. 5, S. 139–141; H. 6, S. 180 u. 181.
[367] *Trajnis, V. V.:* Bestimmung der Parameter der drucklosen hydraulischen Förderung von Schotter und Kies. Gidrot.-stroit. (1960) S. 40 u. 41.
[368] *Grischin, M.:* Stein- und Erdsteindämme. Wiss. Zeitschr. HfAB Weimar (1964) H. 4, S. 372–382.
[369] *Werner, D.:* Anwendungsbeispiel einer dreidimenionalen Modellprojektierung zur Rationalisierung des gleislosen Transportes im Staudammbau. Wasserw. - Wassert. (1965) H. 9, S. 316–320.
[370] *Klinger, W.:* Das Wasser - der Hauptfeind im Erd- und Straßenbau. Tiefbau (1963) H. 7, S. 553–559.
[371] *Meffert, R.:* Der Schutz des Erdplanums. Str. u. Tiefb. (1966) H. 5, S. 407–412.

[372] *Meffert, R.:* Schlechtwetter und schwierige Baustoffbeschaffung verlangsamen den Baufortschritt der höchsten Steindammes der Welt. Bauing. (1964) H. 8, S. 333.
[373] *Brand, W.:* Die Verbesserung der technologischen Eigenschaften von Schluffböden im Erdbau. Str. u. Tiefb. (1959) H. 5, S. 346.
[374] *Brand, W.:* Möglichkeiten und Grenzen der Anwendung von Kalk zur Stabilisierung bindiger Erdstoffe. Bauing. (1966) H. 3, S. 94–97.
[375] *Keil, K.:* Ingenieurgeologie und Geotechnik. VEB Wilhelm Knapp Verlag, Halle (Saale) 1954, B.
[376] *Keil, K.:* Der Dammbau bei Frost. Baupl.-Baut. (1954) H. 9, S. 410 u. 411.
[377] *Gyalokay, S., Pernaux, A., Spohr, R.:* Handbuch für das Bauen im Winter. VEB Verlag für Bauwesen, Berlin 1961, B.
[378] *Boullioc, Guiquard, Janin:* Die Talsperre von Serre-Ponçon. Tiefbau (1960) H. 9, S. 479–489.
[379] *Pösch, H.:* Verdichtungstechnik und Verdichtungsgeräte im ausländischen Erdbau. Verlag Wilhelm Ernst u. Sohn, Berlin 1953, Br.
[380] *Keil, K.:* Verdichtungsfragen im Staudammbau. Wasserw. - Wassert. (1956) H. 4, S. 105.
[381] *Voß, R.:* Die Bodenverdichtung im Straßenbau. Werner-Verlag GmbH, Düsseldorf 1956, Br.
[382] *Christoffel, G.:* Forschung und Praxis der Bodenverdichtung im Vergleich zur USA. Str. u. Tiefb. (1960), H. 9, S. 735–739.
[383] *Voß, R.:* Die Leistung der Bodenverdichtungsgeräte im Straßenbau. Str. u. Autob. (1960) H. 11, S. 493–505.
[384] *Strunck, K.:* Bodenverdichtung im Straßenbau. VEB Verlag für Bauwesen, Berlin 1961, Br.
[385] *Riedig, F.:* Verdichtungsgeräte für den Straßenbau. Tiefbau (1966) H. 2, S. 97–102.
[386] *Kluth, P.:* Straßenwalzen. Str. u. Tiefb. (1959) H. 2, S. 75.
[387] *Menkhoff, H.:* Welche Bedeutung haben Glattwalzen für den Straßenbau. Str. u. Tiefb. (1960) H. 4, S. 280.
[388] *Kremer, P.:* Verdichtungstechnik und Geräteeinsatz im Tiefbau. Tiefbau (1960) H. 1, S. 16.
[389] — — Selbstfahrende Schaffußwalzen. Baum. u. Baut. (1960) H. 9, S. 379.
[390] *Neidhardt, K.:* Gummiradwalzen. Str. u. Autob. (1958) H. 8, S. 305–310.
[391] *Tisdel, R. R., Schmakow, M. J.:* Probeverdichtung von Kiesböden durch Gummiradradwalzen' Gidrot.-stroit. (1959) H. 1, S. 26–29.
[392] *Banaschek, K., Fischer, F.:* Der Einsatz von Gummiradwalzen im Erdbau und im bituminösen Straßenbau. Str. u. Autob. (1965) H. 3, S. 2–12.
[393] *Strunck, K.:* Der Raupenschlepper als Verdichtungsgerät im Erdbaubetrieb. Baupl. - Baut. (1956) H. 8, S. 85–89.
[394] *Menkhoff, H.:* Die stampfenden Verdichtungsgeräte. Str. u. Tiefb. (1960) H. 4, S. 300 u. 301.
[395] *Garbotz, G.:* Zum Stand der Technik und Forschung. Baum. u. Baut. (1962) H. 9, S. 377–382.
[396] *Hille, B.:* Die Rüttelgeräte des Erd- und Straßenbaus. Str. u. Tiefb. (1962) H. 11, S. 1087–1097.
[397] *Jurecka, W.:* Neuere ausländische Untersuchungen zur Frage der Vibrationsverdichtung von Böden. Baum. u. Baut. (1966) H. 8, S. 393–401.
[398] *Streck, Schmidbauer:* Bodenverdichtungsversuche mit Schwingungs- und Rüttelverdichtern. Str. u. Autob. (1954) H. 12, S. 400–406.
[399] *Fauner, W. E.:* Selbstfahrende Vibrations-Verdichtungsmaschine. Baum. u. Baut. (1956) H. 2, S. 41 u. 42.
[400] *Michaelis:* Vibrations-Bodenverdichtungsgeräte, Pr.
[401] *Feil, W.:* Gesichtspunkte für die Beurteilung von Vibrationsplatten zur Bodenverdichtung. Baum. u. Baut. (1966) H. 4, S. 192 u. 193.

[402] *Kjaernsli, B.:* Beispiele von Verdichtungen an Staudämmen in Norwegen. Str. u. Tiefb. (1965) H. 10, S. 1132–1138.
[403] *Theiner, J.:* Der maschinelle Aufbau von Vibrationswalzen und Plattenrüttlern. Bauing. (1966) H. 4, S. 146–156.
[404] *Garbotz, G.:* Ein offenes Wort zur Frage der Schlagkraft, der Verdichtungswirkung und der Verdichtungsleistung von Vibrationswalzen. Tiefbau (1966) H. 7, S. 589 u. 590.
[405] — — Cedarapids-Vibrations-Gummiradwalzen. Baum. u. Baut. (1962) H. 9, S. 412.
[406] *Rappert, C.:* Die Entwicklung von Großrüttlern und ihre Einsatzmöglichkeit im Talsperrenbau. Wasserw. (1952) H. 4, S. 148–153.
[407] *Fauner, W. E.:* Kranrüttler und ihr Einsatz. Baum. u. Baut. (1956) H. 5, S. 141 bis 144.
[408] *Schwarzer, J.:* Anwendung der hydromechanischen Verdichtung beim Bau des Steinschüttdammes Jirkow in der ČSSR. Wiss. Zeitschr. HfAB Weimar (1964) H. 3/4, S. 395–397.
[409] *Schönian, E.:* Asphalt im Wasserbau. Bauing. (1964) H. 9, S. 376–381.
[410] *Löhr, A.:* Von Asphaltbetondichtungsbelägen aus deutscher Sicht. Wasserw. (1967) H. 1, S. 46–53.
[411] — — Asphalt-Wasserbau, neue Entwicklungen und Ausführungen. Strabag-Schriftenreihe, 7. Folge, 1, Br.
[412] *v. Posch, E., Wintersteiger, A.:* Die Steindamm-Talsperre am Rotgüldensee. Österr. Ing.-Zeitschr. 1959. H. 2.
[413] *Osselmann, C. R.:* Der Bau der Dhünntalsperre. Wasser u. Boden (1964) H. 2, S. 44.
[414] — — Pumpspeicherwerk Reisach-Rabenleite. Hochtief-Nachrichten, 1956, Juli/Aug.
[415] *Wölfel, W.:* Stahlbetonfertigteile im Grund- und Wasserbau. VEB Verlag für Bauwesen, Berlin 1966, B.
[416] *Wölfel, W.:* Faserasphaltdichtung an der Vorsperre am Kerngrund. Baupl. - Baut. (1964) H. 4, S. 178–181.
[417] *Breth, H.:* Erdbeton für Staudämme - ein Herstellungsverfahren. Baum. u. Baut. (1955) H. 10, S. 313–316.
[418] *Krauss, J.:* Die Ausführung des Staudammes Sylvenstein. Baum. u. Baut. (1959) H. 10, S. 359–366.
[419] *Altinger, L.:* Sylvensteinspeicher mit Deutscher Alpenstraße. Sonderdruck aus Deutsche Bauzeitschrift, März 1960.
[420] — — Kraftwerk Göschenen. Elektro-Watt, Zürich, Pr.
[421] *Keil, K.:* Das Hydratonverfahren in der Erprobung und Bewährung. Wasserw. (1959) H. 5, S. 116.
[422] *Lembach, H.:* Maschineneinsatz bei der Herstellung der Hydraton-Dichtung für den Rhein-Main-Donau-Kanal oberhalb Bamberg. Baum. u. Baut. (1965) H. 5, S. 209 bis 212.
[423] *Kuhn, R.:* Die Hydratondichtung in der Haltung Bamberg der Großschiffahrtsstraße Rhein-Main-Donau. Wasserw. (1965) H. 5, S. 140–145.
[424] *Hobst, L.:* Betondichtung von Erd- und Steinschüttdämmen in der ČSSR. Wiss Zeitschr. HfAB Weimar (1964) H. 11. S. 285–288.

6. Überwachung der Bauausführung

[425] *Rath, F.:* Über die Praxis der Bodenprüfungen auf der Baustelle. Bauwirtsch. (1956) H. 14, S. 357–363.
[426] *Zeindler, H.:* Das Feldlaboratorium auf der Dammbaustelle Göschenenalp. Schweiz. Bauztg. (1959) H. 33, S. 331–336.
[427] *Floß, R.:* Beitrag zur Durchführung von Plattendruck- und Proctorversuchen bei der Baukontrolle von Erdarbeiten im Straßenbau. Str. u. Autob. (1963) H. 5, S. 163–170.

[428] *Siedeck, P. Voß, R.:* Die Bodenprüfverfahren bei Straßenbauten. Werner-Verlag, Düsseldorf 1966, Br.
[429] *Muhs, H.:* Die Prüfung des Baugrundes und der Böden. Springer-Verlag, Berlin 1957, B.
[430] *Siedeck, P.:* Die Baukontrolle von Erdarbeiten im Straßenbau. Str. u. Autob. (1960) H. 1, S. 1.
[431] *Gilg, B.:* Erdbaumechanische Probleme bei der Projektierung und beim Bau des Staudammes Mattmark. Schweiz. Bauztg. (1965) H. 11, S. 169—178.
[432] — — Amt für Standardisierung. TGL 11482, Blatt 1—4 (Entwurf, unveröffentlicht).
[433] *Jäger, Th.:* Abschlußbericht „Vereinheitlichung der Verdichtungsmethoden im Erdbau" VEB Baugrund Berlin i. A. der Deutschen Bauakademie (unveröffentlicht).
[434] *Sperling, G.:* Ermittlung der Rohdichte grobkörniger Erdstoffe durch Tonsuspension. Baupl. - Baut. (1963) H. 4, S. 169 u. 170.
[435] *Lorenz, H.:* Über die Messung der Lagerungsdichte des Baugrundes mittels radioaktiver Isotope. Baum. u. Baut. (1954) H. 8, S. 173—178.
[436] *Hörnig, G.:* Feuchtrohdichtemessungen im Erdbau mit Hilfe radioaktiver Isotope. Bauz. (1964) H. 1, S. 43—46, H. 2, S. 91—94.
[437] *Schluttig, H., Schön, J.:* Großversuche zur Bestimmung der Verdichtungszahl grobkörniger Massen. Baupl. - Baut. (1965) H. 3, S. 135.
[438] *Schäffner, H. J.:* Verdichtungskontrolle eines Steinschüttdammes mit verschiedenen Verfahren. Mitteilung der Forschungsanstalt für Schiffahrt, Wasser- und Grundbau, Berlin 1962, Br.

Abkürzungen

Bau u. Bauind. „Bau und Bauindustrie“, Werner-Verlag GmbH, Düsseldorf
Baubetriebst. „Baubetriebstechnik“, Krausskopf-Verlag, Mainz
Bauinf. „Bauinformation“, Deutsche Bauakademie, Berlin
Bauing. „Der Bauingenieur“, Springer-Verlag Berlin/Göttingen/Heidelberg
Baum. u. Baut. „Baumaschine und Bautechnik“, Bauverlag GmbH, Wiesbaden
Baupl. - Baut. „Bauplanung - Bautechnik“, VEB Verlag für Bauwesen, 108 Berlin
Baupr. „Baupraxis“, Konradin-Verlag, Stuttgart
Baustoffind. „Baustoffindustrie“, VEB Verlag für Bauwesen, 108 Berlin
Baut. „Die Bautechnik“, Verlag Wilhelm Ernst und Sohn, Berlin-Wilmersdorf
Bauwirtsch. „Die Bauwirtschaft“, Zentralblatt für das gesamte Bauwesen, Bauverlag GmbH, Wiesbaden-Berlin
Bergbautechnik „Zeitschrift für Bergbautechnik“, VEB Deutscher Verlag für Grundstoffindustrie, Leipzig
Bitumen „Arbeitsgemeinschaft der Bitumenindustrie“, Hamburg
Bohr- u. Sprengpr. „Bohr- und Sprengpraxis“, Erwin Barth Verlag KG, Mannheim
Brücke u. Str. „Brücke und Straße“, Verlag und Druck H. Wigankow, Berlin N 65
BSR „Bohren, Sprengen, Räumen“, Erwin Barth Verlag KG, Mannheim
Bundesb. „Die Bundesbahn“, Hestra-Verlag, Darmstadt
Civ. Eng. Code of Practice „Civil Engineering Code of Practice“ London
Civ. Engng. „Civil Engineering ASCE“, New York
Dtsch. Eisenbahnt. „Deutsche Eisenbahntechnik“, VEB Verlag Technik, Berlin
Eisenbahnt. Rundsch. „Eisenbahntechnische Rundschau“, Hestra-Verlag, Darmstadt
Engng. News-Rec. „Engineering News-Record“, McGraw-Hill Publication New York
Förd. u. Heb. „Fördern und Heben“, Krausskopf-Verlag für Wirtschaft GmbH u. Co., Wiesbaden
Forsch. Straßenw. „Forschungsarbeiten aus dem Straßenwesen“, Neue Folge, Kirschbaumverlag, Bad Godesberg
Freib. Forschungsh. „Freiberger Forschungshefte“, VEB Deutscher Verlag für Grundstoffindustrie, Leipzig
Geotechn. „Geotechnique“, The Institution of Civil Engineers, London S. W. 1
Gidrot.-stroit. „Gidrotechniceskoe stroitel'stvo“, Gosenergezdat., Moskva
Ind. St. u. E. „Industrie der Steine und Erden“, Verlag Gebrüder Jänecke, Hannover
Mitt. Bund. Straßenb. „Mitteilungen der Bundesanstalt für Straßenbau“ Köln
Mitt. Bund. Wasserb. „Mitteilungen der Bundesanstalt für Wasserbau“ Karlsruhe
Mitt. Deutsche Keram. Gesellsch. „Mitteilungen der Deutschen Keramischen Gesellschaft“
Mitt. Ing. u. Tiefb. „Mitteilungen des Instituts für Ingenieur- und Tiefbau“, DBA Leipzig
Mitt. Inst. Grundb. Bodenm. TH Wien „Mitteilungen des Instituts für Grundbau und Bodenmechanik der TH Wien
Mitt. Inst. Wasserwirtsch. „Mitteilungen des Instituts für Wasserwirtschaft“, VEB Verlag für Bauwesen, 108 Berlin
Mitt. Schiff., Wass.- u. Grund. „Mitteilungen der Forschungsanstalt für Schiffahrt, Wasser- und Grundbau“, Berlin-Alt Stralau
Mitt. Versuch. Wass. Erd. „Mitteilungen der Versuchsanstalt für Wasserbau und Erdbau“, Eidgen. TH Zürich
Norg. Geot. Inst. „Norges Geotechniske Institutt“, Norwegian Geotechnical Institut, Oslo
Österr. Wasserw. „Österreichische Wasserwirtschaft“, Springer-Verlag Wien/New York
Proc. ASCE, Power Div. „Proceedings ASCE“ Power Division American Society of Civil Engineering, New York
Proc. Int. Conf. Soil Mech. Found. „Proceedings of the International Conference on Soil Mechanics and Foundation Engineerings“

Schweiz. Bauztg. „Schweizerische Bauzeitung", Herausgeber W. Jegher u. A. Ostertag, Zürich
Signal u. Schiene „Zeitschrift Signal und Schiene", transpress VEB Verlag für Verkehrswesen
Str. u. Autob. „Straße und Autobahn", Kirschbaum-Verlag, Bielefeld
Str. u. Tiefb. Str. u. Straßenb. „Straßen- und Tiefbau, Straßen- und Straßenbaustoffe", Straßenbau, Chemie und Technik Verlagsgesellschaft GmbH, Heidelberg
Str. u. Tiefb. „Straße und Tiefbau", Verlag: Straßenbau, Chemie und Technik, Verlagsgesellschaft m. b. H., Heidelberg
Str. u. Verk. „Straße und Verkehr", Schweizerische Zeitschrift für den Straßenbau, Solothurn
Straße „Die Straße", transpress VEB Verlag für Verkehrswesen, 108 Berlin
Straßenwesen „Das Straßenwesen", Versuchs- und Entwicklungsstelle des Straßenwesens Berlin
Talsperr. Österreichs „Die Talsperren Österreichs" Wien, Selbstverlag des Österreichischen Wasserwirtschaftsverbandes
Tiefbau „Der Tiefbau", C. Bertelsmann-Verlag, Gütersloh
VDI-Zeitschr. „Zeitschrift des Vereins Deutscher Ingenieure", VDI-Verlag Düsseldorf
Veröffentl. Bodenm. Grundb. TH Karlsruhe „Veröffentlichungen des Instituts für Bodenmechanik und Grundbau, TH Karlsruhe"
Vortr. Baugr. Tagung „Vorträge der Baugrundtagung der Deutschen Gesellschaft für Erd- und Grundbau", Verlag Wilhelm Ernst und Sohn, Berlin-Wilmersdorf
Wasser u. Boden „Wasser und Boden, Axel Lindow u. Co., Hamburg
Wasser- u. Energiew. „Wasser- und Energiewirtschaft", Schweizer Spiegel Verlag AG, Zürich
Wasserw. „Die Wasserwirtschaft", Franckh'sche Verlagsbuchhandlung, Stuttgart
Wasserw. - Wassert. „Wasserwirtschaft - Wassertechnik", VEB Verlag für Bauwesen, 108 Berlin
Wiss. Zeitschr. HfAB Weimar „Wissenschaftliche Zeitschrift der Hochschule für Architektur und Bauwesen Weimar"
Wiss. Zeitschr. HfB Leipzig „Wissenschaftliche Zeitschrift der Hochschule für Bauwesen Leipzig"
Wiss. Zeitschr. HfV Dresden „Wissenschaftliche Zeitschrift der Hochschule für Verkehrswesen Dresden"
Wiss. Zeitschr. TU Dresden „Wissenschaftliche Zeitschrift der Technischen Universität Dresden"
Zeitschr. ang. Geol. „Zeitschrift für angewandte Geologie", Akademie-Verlag, Berlin
Zem.-Kalk-Gips „Zement, Kalk, Gips", Bauverlag GmbH, Wiesbaden
Vod. Hosp. „Vodni Hospodarstvi", Praha

B Buch
Pr Prospekt, Werbeschrift
Br Broschüre

Bildquellenverzeichnis

Dipl.-Ing. *H. Nietzsch*, Dresden
Bild 31c
Entwurfs- und Vermessungsbüre der Deutschen Reichsbahn, Zentrale Berlin
Bild 39, 46d und 70
Gartenbauing. *Thimm*, Vieselbach bei Erfurt
Bild 47c
Gebr. Eickhoff, Bochum
Bild 189, 204, 205 und 206
Gradall Division, Cleveland
Bild 209
VE Bau- und Montagekombinat Kohle und Energie, Hoyerswerda
Bild 210
Hüttenwerk Weiherhammer/Opf.
Bild 213
VEB Baumaschinen Gatersleben
Bild 217a und 234
Albaret, Rantigny (Oise)
Bild 217b und 218a
Richier, Paris
Bild 218b
Scheid, Maschinenfabrik GmbH, Limburg/Lahn
Bild 219
Delmag-Maschinenfabrik, Eßlingen a. Neckar
Bild 224 und 225
Bohn & Kähler, Kiel
Bild 228a und 228c
VEB Baumaschinen Steinach
Bild 228b
Losenhausenwerk Düsseldorf
Bild 230 und 241
Wilhelm Weller GmbH, Düsseldorf
Bild 237
ABG, Allgemeine Baumaschinen-Gesellschaft, Hameln
Bild 232b und 233
Bopparder Maschinenbaugesellschaft mbH, Boppard/Rhein
Bild 235 und 236
Iowa Manufacturing Company, Iowa
Bild 238
Joh. Keller, Frankfurt/Main
Bild 239a und b
Tiroler Wasserkraftwerke AG, Innsbruck
Bild 240 und 242a
Rheinstahl Hanomag, Hannover
Bild 246 und 247
Archiv Ruhrtalsperrenverein
Bild 248
Zentralbild Berlin
Bild 121, 131, 151, 154, 155, 182, 194, 212b und 214
VE Spezialbaukombinat Wasserbau, Weimar
Bild 123, 126, 138, 143, 147, 178, 222, 223 und 232a
Presseagentur Nowosti, Moskau
Bild 124, 198, 211 und 212a

C. Kaelbe GmbH, Backnang
Bild 128, 175 und 176
Gebr. Frisch KG, Augsburg
Bild 129
H. Zettelmeyer, Konz bei Trier
Bild 130
VE Spezialbaukombinat Verkehrsbau Magdeburg
Bild 135, 243 und 244
Dr.-Ing. *H. Hemmann*, Weimar
Bild 141, 191 und 242b
Atlas Copco AB, Stockholm
Bild 144a bis d
A. Wirth & Co., Erkelenz
Bild 145
Caterpillar Tractor Co.
Bild 148a und b, 149, 166, 169, 181, 201 und 208
Weserhütte Otto Wolff GmbH, Bad Oeynhausen
Bild 150
Hochschule für Verkehrswesen Dresden, Lehrstuhl für Baubetrieb
Bild 153a
Rheinstahl Union Brückenbau AG, Dortmund
Bild 153b
Philipp Holzmann AG, Frankfurt a. Main
Bild 153c
Allis-Chalmers, Milwaukee
Bild 159, 165 und 167
Hatra-Maschinenfabrik, Lübeck-Travemünde
Bild 162
Strojexport Praha
Bild 170
Menck & Hambrock GmbH, Hamburg-Altona
Bild 172
Euclid, Hudson (Ohio)
Bild 179

Sachwörterverzeichnis

GPSR Compliance

The European Union's (EU) General Product Safety Regulation (GPSR) is a set of rules that requires consumer products to be safe and our obligations to ensure this.

If you have any concerns about our products, you can contact us on ProductSafety@springernature.com

In case Publisher is established outside the EU, the EU authorized representative is:

Springer Nature Customer Service Center GmbH
Europaplatz 3
69115 Heidelberg, Germany

Batch number: 10577878

Printed by Printforce, the Netherlands